中国医学科学院药用植物研究所　组织编写

国家药用植物种质资源库
种质圃迁地物种名录

◎　陈士林　魏建和　主编

U0271887

中国农业科学技术出版社

图书在版编目（CIP）数据

国家药用植物种质资源库种质圃迁地物种名录／陈士林，魏建和编著．
北京：中国农业科学技术出版社，2011.1
　ISBN　978-7-5116-0384-5

Ⅰ.①国…　Ⅱ.①陈…②魏…　Ⅲ.①药用植物–种质资源–中国–名录
Ⅳ.①S567.024-63

中国版本图书馆 CIP 数据核字（2010）第 261891 号

责任编辑	崔改泵
责任校对	贾晓红　范　潇
出 版 者	中国农业科学技术出版社
	北京市中关村南大街 12 号　邮编：100081
电　　话	（010）82109704（发行部）　（010）82109194（编辑室）
	（010）82109703（读者服务部）
传　　真	（010）82106636
网　　址	http：//www.castp.cn
经 销 者	新华书店北京发行所
印 刷 者	北京建宏印刷有限公司
开　　本	787 mm×1 092 mm　1/16
印　　张	41
字　　数	940 千字
版　　次	2013 年 9 月第 1 版　2013 年 9 月第 1 次印刷
定　　价	120.00 元

前　言

国家药用植物种质资源库于 2006 年在北京中国医学科学院药用植物研究所建成并投入使用，现已成为我国收集、保存药用植物种质资源最多的专业种质库，也是全世界收集和保存药用植物种质资源最多的专业库。同时，为实现各地野生濒危药用植物种质资源保护、种质资源更新及中药材新品种选育，还在广西、云南、海南、新疆、湖北和宁夏 6 个省区设立了药用植物种质资源圃。其中广西药用植物种质资源圃位于广西南宁市，占地 202.36 公顷；云南药用植物种质资源圃位于云南西双版纳景洪市，占地 11.3 余公顷；海南药用植物种质资源圃位于海南省万宁市兴隆镇，占地 13 余公顷；北京药用植物种质资源圃位于北京市海淀区西北旺药用植物研究所园内，占地 70 余公顷。

国家药用植物种质资源库种质资源圃是目前收集和保存南药资源最多的研究机构之一。其中包括国家一级珍稀濒危保护植物 51 种；国家二级珍稀濒危保护植物 173 种。国家三级珍稀濒危保护植物 71 种。从国外成功引种栽培的珍稀药用植物有印度尼西亚、马来西亚引进的肉豆蔻；越南引种的越南桂、清化桂、大叶藤黄；印度尼西亚引种的大叶丁香、小叶丁香、爪哇白豆蔻；泰国引种的泰国白豆蔻、泰国槟榔、泰国大风子；印度引种的印度黄檀、印度马钱等 22 种。

本名录收载了国家药用植物种质资源库种质资源圃，即广西、云南、海南、新疆、湖北、宁夏及北京种质资源圃从建圃至 2008 年成功保存的药用植物，包括蕨类植物 38 科 122 种，裸子植物 11 科 76 种，被子植物 207 科 4 809 种，合计 256 科，5 007 种（包括亚种、变种、变型和部分栽培类型）。部分植物的别名和功效尚在进一步查对，暂未列入。本名录科的排序依次按下列系统：蕨类植物按秦仁昌 1978 年系统；裸子植物按郑万钧 1975 年系统；被子植物按哈钦松系统（双子叶植物 1926 年，单子叶植物 1934 年），种按拉丁字母顺序排列。为便于查阅，书后附有中文名及拉丁名索引。

本名录每种药用植物收录的内容包括：中文名、别名、药用部位、功效与主治、保存地及来源，并对有毒的植物作了文字标明。植物名和学名原则上以《Flora of China》或《中国植物志》为准，其他与药用相关的内容依次参考《中华人民共和国药典》《中华本草》《中药大辞典》等文献。

名录编写过程中，得到了中国医学科学院药用植物研究所专家学者的指导和大力支持，特此致谢。由于我们的专业水平有限和编写时间紧张，书中难免存在错误和缺点，敬请同行及读者不吝指教。

作者

2012 年 8 月

目　　录

蕨类植物门　Pteridophyta

科名	植物名	拉丁学名	别名	药用部位及功效	保存地及来源
石杉科 Huperziaceae	蛇足石杉	Huperzia serrata (Thunb.) Trev.	千层塔、伸筋草、数命王、塔玄草	药用全草。味苦、辛、微甘、性平。有小毒。散瘀止血，消肿止痛，除湿，清热解毒。用于跌打损伤，劳伤吐血，痔疮下血，水湿臌胀，白带，尿血，溃疡久不收口，烫火伤。	广西：来源于广西那坡县、金秀县。
	马尾杉	Phlegmariurus phlegmaria (L.) Holub	牛尾草、六角草、树灵芝、龙胡子	药用全草。味苦、性凉。有小毒。祛风止痛，解毒消肿。用于跌打劳伤，风湿疼痛，高热，水肿，毒蛇咬伤，麻疹。	广西：来源于防城港、上思县。
	粗糙马尾杉	Phlegmariurus squarrosus (Forst.) Löve et Löve	杉叶石松、马尾千金草	药用全草。用于坐骨神经痛，风湿性腰痛。	广西：来源于广西那坡县。
	藤石松	Lycopodiastrum casuarinoides (Spring) Holub	石子藤、无病草、吊壁伸筋草	药用全草。味微甘、性温。舒筋活血，祛风湿。用于风湿关节痛，跌打损伤，月经不调，夜盲症。	海南：来源于海南兴隆南药园。
	东北石松	Lycopodium clavatum Linn.			湖北：来源于湖北恩施。
石松科 Lycopodiaceae	石松	Lycopodium japonicum Thunb.	筋骨草、蜈蚣藤、九龙草、过山龙、曲干草、山龙	药用全草。味甘、性温。祛风活络，镇消肿，调经。用于风湿痹痛，四肢麻木，跌打损伤，月经不调，外伤出血，缅腰火丹。	北京：来源于广西。
	垂穗石松	Palhinhaea cernua (L.) Franco et Vasc.	铺地蜈蚣、灯笼石松、伸筋草	药用全草。味甘、微涩、性平。祛风湿，舒筋络，活血，止血用于风湿骨痛，四肢麻木，跌打，损伤，小儿麻痹后遗症，小儿疳积，吐血，血崩，癣疥，痈肿疮毒。	广西：来源于广西靖西县、上思县。海南：来源于海南万宁市。

（续表）

科名	植物名	拉丁学名	别名	药用部位及功效	保存地及来源
卷柏科 Selaginellaceae	二形卷柏	Selaginella biformis A.Br.	绿地柏、地柏	药用全草。清热解毒，降火消肿。用于烫火伤，无名肿毒，疔疮。	云南：来源于云南勐海县。海南：来源于海南万宁市。
	深绿卷柏	Selaginella doederleinii Hieron.	石上柏、山扁柏、水柏枝、金龙草	药用全草。味甘，性凉。消炎解毒，驱风消肿，止血生肌。用于鼻咽癌、肺癌，肺热咳嗽，咯血，肝炎，痢疾。	广西：来源于广西防城县。云南：来源于云南勐海县。海南：来源于海南万宁市。
	兖州卷柏	Selaginella involvens (Sw.) Spring	烂皮蛇、千年柏、金木换、柏叶草、鹿草、卷筋草	药用全草。味苦、微甘，性凉。解毒、止血，清热黄湿，用于湿热黄疸、淋证、腹水、便血、痔疮，咯血、癥瘕，外伤出血、乳痈，水火烫伤。	广西：来源于广西崇左市，南宁市。
	江南卷柏	Selaginella moellendorffii Hieron.	摩来卷柏、岩柏、石金草、花、油面风、金花草	药用全草。味辛、微甘，性平。止血，清热、利湿，便血，小儿惊风，吐血，鼻衄，痔疮出血，外伤出血，发热，湿热黄疸、水肿，水火烫伤。	广西：来源于广西苍梧县。北京：来源于广西。
	疏叶卷柏	Selaginella remotifolia Spring	小爬岩草、地氢子	药用全草。味淡，性平。清热解毒，消炎止血。用于疮疖、狂犬咬伤，烧、烫伤。	湖北：来源于湖北恩施。
	卷柏	Selaginella tamariscina (Beauv.) Spring	山拳柏、还魂草、回阳草	药用全草。味辛，性平。活血通经，用于经闭、癥瘕，跌打损伤，炒炭化瘀止血。用于吐血、衄血，便血，尿血。	广西：来源于广西金秀县、恭城县。北京：来源于北京金山。
	翠云草	Selaginella uncinata (Desv.) Spring	地柏叶、剑柏、翠羽草	药用全草。味淡、微苦，性寒。清热利湿，解毒，止血。用于黄疸、痢疾，泄泻，水肿、淋病，便血、咳血，外伤出血，痔漏，烫火伤，蛇咬伤。	广西：来源于广西天等县。云南：来源于云南景洪市。海南：来源于海南万宁市。北京：来源于广西。

科名		植物名	拉丁学名	别名	药用部位及功效	保存地及来源
木贼科	Equisetaceae	问荆	*Equisetum arvense* L.	笔头草、接骨草、锁眉草、黄剪草	药用全草。味甘，苦，性平。止血，利尿，明目。用于鼻衄，吐血，咯血，便血，崩漏，外伤出血，淋症，目赤翳膜。	广西：来源于广西靖西县。北京：来源于北京西北旺。湖北：来源于湖北恩施。
		散生问荆	*Equisetum diffusum* D.Don	小笔筒草、马浮草、散生木贼、密枝问荆	药用全草。味甘，微苦，性平。清热利尿，明目退翳，接骨。用于感冒发热，小便不利，目赤肿痛，翳膜遮眼，骨折。	广西：来源于广西凌云县。云南：来源于云南勐腊县。
		木贼	*Equisetum hiemale* Linn.	节骨草、笔头草、擦草、节节草	药用地上部分。味甘，苦，性平。散风热，退目翳利尿。用于风热目赤，迎风流泪，目生云翳。	北京：来源于北京。湖北：来源于湖北恩施。
		笔管草	*Equisetum ramosissimum* Desf. ssp. *debile* (Roxb. ex Vaucher) Hauke	纤弱木贼、驳骨草、节节草	药用全草。味甘，苦，性平。祛风清热，除湿利尿。用于目赤肿痛，翳膜遮眼，淋浊，便血，尿血，牙痛。	云南：来源于云南勐腊县。
松叶蕨科	Psilotaceae	松叶蕨	*Psilotum nudum* (L.) Griseb.	石刷把、羊须、石寄生	药用全草。味辛，性温。祛风除湿，活血止血。用于风湿痹痛，风疹，吐血，跌打损伤。	广西：来源于广西上思县。北京：来源于云南。
七指蕨科	Helminthostachyaceae	七指蕨	*Helminthostachys zeylanica* (L.) Hook.	入地蜈蚣、假七叶一枝花	药用全草。味苦，微甘，性凉。清肺化痰，散瘀解毒。用于咳嗽，哮喘，咽痛，痈疽，跌打肿痛，毒蛇咬伤。	广西：来源于广西天等县、靖西县。海南：来源于海南万宁市。
阴地蕨科	Botrychiaceae	阴地蕨	*Botrychium ternatum* (Thunb.) Sw.	蛇不见、春不见、破天云、蛇背生、鸡爪莲	药用全草。味甘，淡，性微寒。清热解毒，平肝散结，润肺止咳。用于小儿惊风，痞积，肺热咳嗽，顿咳，瘰疬，痈肿疮毒，毒蛇咬伤。	湖北：来源于湖北恩施。

（续表）

科名	植物名	拉丁学名	别名	药用部位及功效	保存地及来源
瓶尔小草科 Ophioglossaceae	心脏叶瓶尔小草	*Ophioglossum reticulatum* L.	蛇咬子、心叶一支箭、一支箭	药用全草。味微苦，性平。清热解毒，消肿止痛。用于蛇咬伤，痈疖疮毒。	湖北：来源于湖北恩施。
	瓶尔小草	*Ophioglossum vulgatum* L.	单枪一枝箭、拨云草、盘龙箭	药用全草。味甘，性微寒。清热凉血，解毒镇痛。用于肺热咳嗽，肺痨吐血，小儿高热惊风，目赤肿痛，胃痛，疔疮痈肿，蛇虫咬伤，跌打肿痛。	广西：来源于广西南宁市。
观音座莲科 Angiopteri-daceae	披针叶莲座蕨	*Angiopteris caudatiformis* Hieron.	披针观音座莲	药用根。味苦，涩性寒。清热解毒，止血，祛湿利尿。用于肠炎，痢疾，食滞腹胀，肾炎水肿，跌打损伤，指肠溃疡。	云南：来源于云南景洪市。北京：来源于云南。
	福建观音座莲	*Angiopteris fokiensis* Hie-ron.	马蹄香、马蹄蕨	药用根状茎。味微苦，性凉。清热解毒，祛瘀止血，镇痛安神。用于跌打肿痛，痈痛，乳痈，疔疮，肿疔疮、风湿痹痛，产后腹痛，心烦失眠，毒蛇咬伤。	广西：来源于广西邕宁县、靖西县、恭城县。北京：来源于云南。
	滇南莲座蕨	*Angiopteris late-marginata* Ching	宽边观音座莲蕨	药用根状茎。用于泄泻，痢疾，月经不调。	云南：来源于云南勐腊县。
	紫萁	*Osmunda japonica* Thunb.	贯芽、紫萁贯芽、黑龙骨	药用根状茎。叶柄残基。味苦，性微寒。有小毒。清热解毒，杀虫。祛瘀止血，清热流感，痈疮肿毒、麻疹，水痘，乙脑，腮腺炎，痢疾，吐血，衄血，便血，崩漏，带下，蛲虫，钩虫等肠道寄生虫病。	广西：来源于广西武鸣县、恭城县、那坡县。
紫萁科 Osmundaceae	华南紫萁	*Osmunda vachellii* Hook.	大凤尾蕨、鲁萁、马肋巴	药用根状茎。叶柄的髓部。味微苦，涩，性平。清热解毒，祛湿舒筋，驱虫。用于流感，痄腮，痈肿疮疖，妇女带下，筋脉拘挛，胃痛，肠道寄生虫病。	广西：来源于广西邕宁县。

科名	植物名	拉丁学名	别名	药用部位及功效	保存地及来源
瘤足蕨科 Plagiogyriaceae	瘤足蕨	Plagiogyria adnata (Bl.) Bedd.		药用全草或根状茎。味辛，性凉。清热发表，参疹，止痒。用于流行性感冒，麻疹，皮肤瘙痒，血崩，扭伤。	广西：来源于广西上林县。
里白科 Gleicheniaceae	大芒萁	Dicranopteris ampla Ching et Chiu	大羽芒萁	药用嫩苗，味甘，性平。解毒，止血。用于喉蛾咬伤，创伤出血。	海南：来源于海南万宁市。
	芒萁	Dicranopteris dichotomum (Thunb.) Bernh.	芒萁骨	药用幼叶、叶柄，味微苦、涩，性凉。化瘀止血，清热利尿，解毒消肿。用于血崩，跌打损伤，外伤出血，热淋涩痛，小儿腹泻，目赤肿痛，烫火伤，毒虫咬伤。	广西：原产于广西药用植物园。
	铁芒萁	Dicranopteris linearis (Burm.) Underw.	狼萁草	药用全草。味苦，甘，性平。止血，接骨，清热利湿，解毒消肿，跌打骨折，鼻衄，咳血，外伤出血，白带，风疹瘙痒，疮疖，热淋涩痛，蛇虫咬伤，痔瘘，咳嗽。	广西：原产于广西药用植物园。海南：来源于海南万宁市。
海金沙科 Lygodiaceae	掌叶海金沙	Lygodium conforme C.Chr.	海南海金沙、转转藤	药用全草。味淡，性寒。清热利尿。用于砂淋，热淋，血淋，小便不利，痢疾，水肿，风湿疼痛。	广西：来源于广西上林县。
	曲轴海金沙	Lygodium flexuosum (L.) Sw.	柳叶海金沙、坐转藤、驳筋藤	药用全草。味甘，性寒。清热利湿，舒筋通络，止血。用于风湿感染，尿路结石，跌打损伤，泌尿系结石，水肿，疮痈肿毒，小儿口疮，火眼，癣疮，外伤出血。	广西：来源于广西邕宁县。
	海金沙	Lygodium japonicum (Thunb.) Sw.	铁丝蕨、罗网藤、铁线藤、扫帚藤	药用孢子、茎藤。味甘，咸，性寒。清热利湿，通淋止痛。用于热淋，砂淋，石淋，血淋，膏淋，尿道涩痛。	广西：原产于广西药用植物园。云南：来源于云南景洪市。海南：来源于海南万宁市。北京：来源于四川南川。湖北：来源于湖北恩施。
	小叶海金沙	Lygodium scandens (L.) Sw.	扫把藤、左转藤	药用全草。孢子，味甘，性寒。利湿，舒筋活络，止血。用于尿淋，肾盂肾炎，尿路感染，尿路结石，痢疾，目赤肿痛，肾炎水肿，肝炎，筋骨疼痛，跌打骨折，外伤出血。	广西：原产于广西药用植物园。海南：来源于海南万宁市。

科名	植物名	拉丁学名	别名	药用部位及功效	保存地及来源
蚌壳蕨科 Dicksoniaceae	金毛狗	Cibotium barometz (L.) J. Smith.	狗脊、金毛狗脊、怕弯脊（傣语）	药用根状茎。味苦、甘，性温。补肝肾，强腰膝，祛风湿。用于腰膝酸软，下肢无力，风湿痹痛。	广西：来源于广西邕宁县。云南：来源于云南勐腊县。海南：来源于海南万宁市。北京：来源于云南。
桫椤科 Cyatheaceae	大黑桫椤	Alsophila gigantea Wall.	黑狗头、大沙椤	药用全株。味涩，性平。祛风壮筋，祛风湿关节痛，跌打损伤。	海南：不明确。
	桫椤	Alsophila spinulosa (Wall. ex Hook.) Tryon	龙骨风、大贯众、树蕨	药用根状茎。味微苦，性平，祛风除湿，活血通络，止咳平喘，清热解毒，杀虫。用于风湿痹痛，肾虚腰痛，跌打损伤，咳嗽，哮喘，疥癣，肠气痛，蛔虫病，蛲虫病及预防流感。	广西：来源于广西那坡县、上林县。
碗蕨科 Dennstaedtiaceae	华南鳞盖蕨	Microlepia hancei Prantl.	鳞盖蕨、凤尾草、千金草	药用全草。味微苦，性寒。清热，利湿。用于黄疸，流行性感冒，风湿骨痛。	广西：来源于广西邕宁县。
鳞始蕨科 Lindsaeaceae	团叶鳞始蕨	Lindsaea orbiculata (Lam.) Mett.ex Kuhn	团叶林蕨、团叶陵齿蕨	药用全草。味苦，性凉。清热解毒，止血。用于痢疾，痉挛，枪弹伤。	广西：来源于广西邕宁县、恭城县。
	乌蕨	Stenoloma chusana (L.) Ch-ing	大叶金花草	药用全草或根状茎。味微苦，性寒。清热解毒，利湿。用于感冒发热，咳嗽，咽喉肿痛，肠炎，痢疾，肝炎，湿热带下，痈疖肿毒，疔疮，口花，皮肤湿疹，火伤，毒蛇咬伤，狂犬咬伤，吐血，尿血，便血，外伤出血。	广西：原产于广西药用植物园。北京：来源于广西。
蕨科 Pteridiaceae	蕨	Pteridium aquilinum (L.) Kuhn var. latiusculum (Desv.) Underw.ex Heller	蕨菜、拳头菜、米蕨	药用嫩苗、根状茎。味甘，性寒。清热利湿，降气化痰，止血。用于感冒发热，黄疸，痢疾，带下，肠风便血，咳血，噎嗝，肺结核。	广西：原产于广西药用植物园。海南：来源于海南万宁市。
	食蕨	Pteridium esculentum (Forst.) Cokayne		药用根状茎。用于疮毒。	海南：来源于海南万宁市。

科名	植物名	拉丁学名	别名	药用部位及功效	保存地及来源
	凤尾蕨	*Pteris cretica* Linn. var. *nervosa* (Thunb.) Ching et S. H. Wu	红尾草、井口边草	药用全草。味甘、淡，性凉。清热利湿，止血生肌，解毒消肿。用于泄泻，痢疾，黄疸，淋症，水肿，尿血，便血，刀伤，跌打肿痛，疮痈，水火烫伤。	广西：原产于广西药用植物园。北京：来源于云南。
	剑叶凤尾蕨	*Pteris ensiformis* Burm.	凤冠草、井边茜、凤尾草、三叉草	药用全草。味微苦，性寒。清热解毒，祛风活络。用于湿痹痛，跌打损伤。	广西：来源于广西龙州县。云南：来源于云南勐腊县。海南：来源于海南万宁市。北京：来源于广西。
	傅氏凤尾蕨	*Pteris fauriei* Hieron.	金钗凤尾蕨、东南亚凤尾蕨、冷蕨草	药用叶。味苦，性凉。清热利湿，祛风定惊，敛疮止血。用于痢疾，泄泻，黄疸，小儿惊风，疮疖，外伤出血，烫火伤。	广西：来源于广西龙州县、隆安县。
Pteridaceae 凤尾蕨科	井栏边草	*Pteris multifida* Poir.	小凤尾草、凤尾草、栏草	药用全草。味微苦，性凉。清湿热，解毒，止血。用于痢疾，黄疸，肝炎，乳腺炎，白带，崩漏，外伤出血，烧、烫伤。	广西：原产于广西药用植物园。海南：来源于海南万宁市。湖北：来源于湖北恩施。
	半边旗	*Pteris semipinnata* L.	半边蕨、单片锯、甘草蕨	药用全草。味苦、辛，性凉。清热利湿，凉血止血，解毒消肿。用于泄泻，痢疾，黄疸，目赤肿痛，牙痛，痔疮出血，外伤出血，跌打损伤，皮肤瘙痒，毒蛇咬伤。	广西：原产于广西药用植物园。海南：来源于海南万宁市。
	蜈蚣草	*Pteris vittata* L.	长叶甘草蕨、大仙鸡尾、蜈蚣连	药用全草及根状茎。味淡、苦，性凉。用于祛风除湿，舒筋活络，解毒杀虫，感冒，痢疾，蛔虫症，蛇虫咬伤。风湿筋骨疼痛，腰痛，跌打损伤，肢麻屈伸不利，半身不遂，疮疡，痄腮，乳痈。	广西：来源于广西上林县。海南：来源于海南万宁市。

7

科名	植物名	拉丁学名	别名	药用部位及功效	保存地及来源
中国蕨科 Sinopteridaceae	野雉尾金粉蕨	Onychium japonicum (Thunb.) O.Kunze	小野鸡尾、日本金粉蕨、解毒蕨	药用全草。味苦，性寒。清热解毒，利湿，止血。用于风热感冒，咳嗽，咽喉痛，泄泻，痢疾，小便淋痛，湿热黄疸，吐血，便血，痔血，尿血，跌打损伤，毒蛇咬伤，烫火伤。	广西：来源于广西武鸣县、凭祥市。
	铁线蕨	Adiantum capillus-veneris L.	猪鬃草、铁丝草	药用全草。味苦，性凉。清热解毒，利水通淋。用于感冒发热，肺热咳嗽，淋浊，带下，痢疾，湿热泄泻，瘰疬，疔毒，烫伤，打损伤。	广西：来源于广西隆林县。北京：来源于云南。湖北：来源于湖北恩施。
	鞭叶铁线蕨	Adiantum caudatum L.	有尾铁线蕨、旱猪鬃草、尖尾铁线蕨、孔雀尾	药用全草。味苦，微甘，性寒。清热解毒，利水消肿。用于痢疾，水肿，小便淋涩，乳痈，烧烫伤，毒蛇咬伤，口腔溃疡。	广西：来源于广西崇左市。云南：来源于云南景洪市。海南：来源于海南万宁市。
	扇叶铁线蕨	Adiantum flabellulatum L.	过坛龙、黑脚蕨、乌脚枪、芽呼话（傣语）	药用全草。味苦，辛，性凉。清热利湿，解毒散结。用于流感发热泄泻，痢疾，黄疸，石淋，痈肿，蛇虫咬伤，跌打肿痛。	广西：来源于广西邕宁县。云南：来源于云南景洪市。海南：来源于海南万宁市。湖北：来源于湖北恩施。
铁线蕨科 Adiantaceae	假鞭叶铁线蕨	Adiantum malesianum Gh-atak	岩风子、马来铁线蕨	药用全草。味苦，性凉。利水通淋，清热解毒。用于淋症，水肿，乳痈，疮毒。	广西：来源于广西崇左市。
	掌叶铁线蕨	Adiantum pedatum L.	铁丝七、铁线草、铜丝草、乌脚枪	药用全草。味苦，微湿，性平。除湿利水，调经止痛，消炎解毒。用于淋症，水肿，风湿骨痛，月经不调，肺热咳嗽，痈肿，瘰疬，崩漏，烧、烫伤，蛇咬伤。	湖北：来源于湖北恩施。
	半月形铁线蕨	Adiantum philippense L.	黑龙丝、菲岛铁线蕨	药用全草。味淡，微辛，性平。活血祛瘀，利尿，止咳。用于乳汁不通，产后瘀血，膀胱炎，尿道疼，发热，咳嗽，血崩。	海南：来源于海南万宁市。

科名	植物名	拉丁学名	别名	药用部位及功效	保存地及来源
水蕨科 Parkeriaceae	水蕨	*Ceratopteris thalictroides* (L.) Brongn.	水松草，水扁柏，水柏枝	药用全草。味苦，性寒。消积，散瘀，解毒，止血。用于腹中痞块，痢疾，小儿胎疔，疮疖，跌打损伤，外伤出血。	广西：来源于广西南宁市。海南：来源于海南万宁市。
书带蕨科 Vittariaceae	书带蕨	*Vittaria flexuosa* Fée	水连金，晒不死	药用全草。味苦，涩，性凉。清热息风，舒筋活络。用于小儿惊风，疳积，妇女干血劳，目翳，瘫痪，跌打损伤。	湖北：来源于湖北恩施。
	丝蕨	*Monogramma paradoxa* (Fée) Bedd.	连孢一条线蕨	祛风除湿，利尿，解热。	北京：来源于云南。
蹄盖蕨科 Athyriaceae	中华短肠蕨	*Allantodia chinensis* (Bak.) Ching	华双盖蕨	药用根状茎。味微苦，涩，性凉。清热，祛湿。用于黄疸，流感。	广西：来源于广西上林县。
	软刺蹄盖蕨	*Athyrium strigillosum* Moore		药用全草及嫩叶。味微苦，性凉。清热解毒，收敛止血。用于痢疾，下肢疔肿，外伤出血。	湖北：来源于湖北恩施。
金星蕨科 Thelypteridaceae	渐尖毛蕨	*Cyclosorus acuminatus* (Houtt.) Nakai ex H.Ito	尖羽毛蕨，小黑水火蕨，舒筋	药用全草。味微苦，性平。清热解毒，祛风除湿，健脾。用于泄泻，痢疾，淋，咽喉肿痛，风湿痹痛，小儿疳积，狂犬咬伤，烧烫伤。	广西：来源于广西凤山县。北京：来源于广西。
	干旱毛蕨	*Cyclosorus aridus* (D. Don) Tagawa	凤尾草，密腺小毛蕨	药用全草。味微苦，性凉。清热解毒，止痢。用于菌痢。	云南：来源于云南景洪市。
	华南毛蕨	*Cyclosorus parasiticus* (L.) Farwell	密毛毛蕨，凤寨草，金星蕨	药用全草。味辛，微苦，性平。祛风，除湿。用于感冒，风湿痹痛，痢疾。	广西：来源于广西邕宁县。海南：来源于海南万宁市。
	单叶新月蕨	*Pronephrium simplex* (Hook.) Holtt.	草鞋青，鹅仔草	药用全草。味甘，微涩，性凉。清热解毒，利咽消肿。用于乳蛾，疮疡肿毒，蛇咬伤。	海南：来源于海南万宁市。
	三羽新月蕨	*Pronephrium triphyllum* (Sw.) Holtt.	蛇退步，三枝标，上树楸	药用全草。味微苦，辛，性平。清热解毒，散瘀消肿，化痰止咳，用于痈疮疔肿，毒蛇咬伤，跌打损伤，湿疹，皮肤瘙痒，急、慢性气管炎。	广西：来源于广西武鸣县。

科名	植物名	拉丁学名	别名	药用部位及功效	保存地及来源
铁角蕨科 Aspleniaceae	胎生铁角蕨	Asplenium planicaule Wall.		药用全草。味浓、涩，性凉。舒筋活血。用于腰痛。	湖北：来源于湖北恩施。
	长叶铁角蕨	Asplenium prolongatum Hook.	倒生莲、长生铁角蕨、水柏枝	药用全草。味辛、微苦，性凉。清热除湿，化瘀止血。用于咳嗽痰多、风湿痹痛、肠炎痢疾、尿路感染、乳腺炎、吐血、外伤出血、跌打损伤、烧烫伤。	广西：来源于广西龙州县、马上县。
	岭南铁角蕨	Asplenium sampsonii Hance	肥蕨	药用全草。味微苦，性凉。清热解毒，化痰止咳，消积止血。用于感冒咳嗽、痢疾、小儿疳积、外伤出血、蜈蚣咬伤。	广西：来源于广西大新县、南宁市、靖西县。
	狭基巢蕨	Neottopteris antrophyoides (Christ) Ching	斩妖剑、黔怒蕨、狭翅巢蕨	药用全草。味微苦，性凉。解毒消肿，利尿通淋。用于急性肾炎、风湿痹痛、疮疡肿毒、尿路感染、毒蛇咬伤。	广西：来源于广西金秀县。
	巢蕨	Neottopteris nidus (L.) J.Sm.	铁蚂蝗、山苏花、鸟巢蕨、尖刀如意草、公鸡尾	药用全草。味苦，性温。强筋壮骨，活血祛瘀。用于骨折、阳痿、跌打损伤。	广西：来源于广西龙州县。云南：来源于云南景洪市。海南：来源于海南万宁市。北京：来源于北京。
	东方荚果蕨	Matteuccia orientalis (Hook.) Trev.	马来巴、大叶蕨	药用根状茎。味苦，性凉。祛风，止血。用于风湿骨痛、创伤出血。	湖北：来源于湖北恩施。
球子蕨科 Onocleaceae	荚果蕨	Matteuccia struthiopteris (L.) Todoro	黄瓜香、野鸡膀子	药用根状茎。味苦，性微寒。杀虫。清热解毒，止血。用于风湿热肿痛、疥癣、虫积腹痛、便血、崩漏、蛲虫病。	北京：来源于北京。

科名	植物名	拉丁学名	别名	药用部位及功效	保存地及来源
乌毛蕨科 Blechnaceae	乌毛蕨	*Blechnum orientale* L.	乌毛蕨贯众、龙船蕨、大凤尾草、黑狗脊	药用根状茎。味苦，性凉。清热解毒，活血止血，驱虫。用于感冒，头痛，腮腺炎，痈肿，跌打损伤，鼻衄，血崩，带下，肠道寄生虫。	广西：原产于广西药用植物园。海南：来源于海南万宁市。北京：来源于广西。
	苏铁蕨	*Brainea insignis* (Hook.) J.Sm.	贯众	药用根状茎。味浓，微涩，性凉。清热解毒，杀虫止血，活血散瘀。用于流脑，乙脑，子宫出血，痢疾。	云南：来源于云南景洪市。
	单芽狗脊蕨	*Woodwardia unigemmata* (Makino) Nakai	虾公草、冷卷子挖搭	药用根状茎。味苦，性凉。清热解毒，杀虫，散瘀。用于虫积腹痛，感冒，便血，血崩，痈疖肿毒。	湖北：来源于湖北恩施。
	多羽复叶耳蕨	*Arachniodes amoena* (Ching) Ching	小狗脊、美丽复叶耳蕨	药用根状茎。清热解毒，祛风止痒，活血散瘀。用于热痹，风疹，跌打瘀肿。	广西：来源于广西恭城县。
	中华复叶耳蕨	*Arachniodes chinensis* (Rosenst.) Ching		药用全草或根状茎。清热解毒，消肿散瘀，止血。	广西：来源于广西恭城县。
	斜方复叶耳蕨	*Arachniodes rhomboidea* (Wall.ex Mert.) Ching	大叶鸭胸莲、可赏复叶耳蕨	药用根状茎。味微苦，性温。祛风止痛，益肾止咳。用于关节痛，肺痨咳嗽。	广西：来源于广西恭城县。
	镰羽贯众	*Cyrtomium balansae* (Christ) C.Chr.	巴兰贯众、小羽贯众	药用根状茎。味苦，性寒。清热解毒，驱虫。用于流行性感冒，肠寄生虫病。	广西：来源于广西金秀县、靖西县。
鳞毛蕨科 Dryopteridaceae	贯众	*Cyrtomium fortunei* J.Sm.	小金鸡尾	药用根状茎。味苦，性微寒。清热平肝，解毒，止血。用于麻疹，流行性感冒，流行性脑脊髓膜炎，头晕目眩，高血压，痢疾，尿血，便血，崩漏，白带。	广西：来源于广西田林县。北京：来源于辽宁千山。湖北：来源于湖北恩施。
	绵马鳞毛蕨	*Dryopteris crassirhizoma* Nakai	野鸡膀子、东绵马	药用根状茎。味苦，止血。驱虫，清热解毒，感冒，虫积腹痛，崩漏。有小毒。用于预防时行感冒。	北京：来源于辽宁千山。
	革叶耳蕨	*Polystichum neolobatum* Nakai	凤凰尾巴草	药用根状茎。味苦，性微寒。止血。用于内热腹痛。	湖北：来源于湖北恩施。

科名	植物名	拉丁学名	别名	药用部位及功效	保存地及来源
三叉蕨科 Aspidiaceae	地耳蕨	Querciflilix zeylanica (Houtt.) Cop.	干肚药、散血草	药用全草。清热止血，用于红白痢，便赤白，小便短少，衄血，便血。	广西：来源于广西靖西县。
	下延三叉蕨	Tectaria decurrens (Persl) Cop.	五指蕨、沙皮蕨	药用全草。清热解毒。用于痢疾。	广西：来源于广西上思县。
	三叉蕨	Tectaria subtriphylla (Hook. et Am.) Cop.	三羽叉蕨、鸡爪蕨	药用叶。味涩，性平。祛风除湿，解毒止血。用于风湿骨痛，痢疾，外伤出血，毒蛇咬伤。	广西：来源于广西邕宁县，防城县。
实蕨科 Bolbitidaceae	长叶实蕨	Bolbitis heteroclita (Presl) Ching	鸭公尾、尾叶实蕨	药用全草。味淡，性凉。清热止咳，凉血止血。用于肺热咳嗽，咯血，痢疾，烧烫伤，毒蛇咬伤。	广西：来源于广西苍梧县。云南：来源于云南景洪市。
肾蕨科 Nephrolepidaceae	肾蕨	Nephrolepis auriculata (L.) Trimen	蜈蚣草、圆羊齿、石黄皮、天鹅抱蛋	药用全草、根状茎、叶。味甘、淡、微涩，性凉。清热利湿，通淋止咳，消肿解毒。用于感冒发热，肺热咳嗽，黄疸，淋浊，小便涩痛，泄泻，痢疾，疝气，乳痈，瘰疬，烫伤，刀伤，淋巴结核，睾丸炎。	广西：来源于广西上林县。云南：来源于云南景洪市。海南：来源于海南万宁市。北京：来源于云南。

科名		植物名	拉丁学名	别名	药用部位及功效	保存地及来源
骨碎补科 Davalliaceae		华南骨碎补	*Davallia austro-sinica* Ching		药用根状茎。活血散瘀，止痛。用于腰腿痛，扭挫伤。	海南：来源于海南万宁市。
		大叶骨碎补	*Davallia formosana* Hayata	华南骨碎补	药用根状茎。味苦，性温。活血化瘀，补肾壮骨，祛风止痛。用于跌打损伤，肾虚腰痛，风湿骨痛。	广西：来源于广西上思县。
		阴石蕨	*Humata repens* (L.f.) Diels	红毛蛇、平卧阴石蕨	药用根状茎。味甘，淡，性平。活血止血，清热利湿，续筋接骨。用于风湿痹痛，腰肌劳损，吐血，便血，尿路感染，白带，痈疮肿痛。	广西：来源于广西金秀县、恭城县、靖西县。
		圆盖阴石蕨	*Humata tyermanni* Moore	白毛蛇、阴石蕨	药用根状茎。味微苦，甘，性凉。清热解毒，祛风除湿，活血通络。用于肺热咳嗽，咽喉肿痛，风火牙痛，带状疱疹，风湿痹痛，湿热黄疸，跌打骨折。	广西：来源于广西桂林市。北京：来源于广西。
		掌叶线蕨	*Colysis digitata* (Baker) Ching	石壁莲、一包针	药用叶。味微苦，涩，性凉。活血散瘀，解毒止痛，利尿通淋。用于跌打损伤，风湿疼痛，毒蛇咬伤，热淋，石淋。	广西：来源于广西上林县。
		线蕨	*Colysis elliptica* (Thunb.) Ching	羊七莲	药用全草。味微苦，性凉。清热利尿。用于跌打损伤，尿路感染，肺结核。	广西：来源于广西金秀县、靖西县。湖北：来源于湖北恩施。
水龙骨科 Polypodiaceae		褐叶线蕨	*Colysis wrightii* (Hook.) Ching	蓝天草、莱氏线蕨	药用全草。味甘，性平。补肺镇咳，散瘀止血，止带。用于肺痨咳嗽，妇女血崩，白带。	广西：来源于广西南宁市。
		肉质伏石蕨	*Lemmaphyllum carnosum* Presl	棚硬、豆瓣绿衔、石韦莲	药用全草。味苦，辛，性凉。活血散瘀，润肺止咳，清热解毒。用于小儿惊风，肺热咳嗽，风湿骨痛，骨折中耳炎，毒蛇咬伤。	北京：来源于广西。

科名	植物名	拉丁学名	别名	药用部位及功效	保存地及来源
	伏石蕨	*Lemmaphyllum microphyllum* Presl	螺厣草、抱树莲	药用全草。味辛、微苦，性凉。清肺止咳，凉血止血，清热解毒。用于肺热咳嗽、肺痛、咯血、吐血、衄血、尿血、便血、崩漏，咽喉肿痛、腮腺炎、痢疾、瘰疬、痈疖肿毒，皮肤湿痒、风火牙痛，风湿骨痛。	广西：来源于广西金秀县。
	抱石莲	*Lepidogrammitis drymoglossoides* (Baker) Ching	石豆、金丝鱼鳖草、风不动、石钱草、石瓜子	药用全草。清热解毒，祛风化痰，凉血。用于小儿高热、肺结核，风湿关节痛，跌打损伤，疔疮肿毒。	广西：来源于广西武鸣县。
	骨牌蕨	*Lepidogrammitis rostrata* (Bedd.) Ching	上树咳、瓜核草	药用全草。味甘、微苦，性平。清热利水，除烦质清热。用于淋沥涩痛、热咳，心烦、淋症、感冒，疮肿。	湖北：来源于湖北恩施。
	彩虹瓦韦	*Lepisorus iridescens* Ching ex Y.X.Lin		祛风除湿，利尿，解热。	北京：来源于北京。
水龙骨科 Polypodiaceae	大瓦韦	*Lepisorus macrosphaerus* (Baker) Ching	金星草、观音莲、大冷蕨旗、金星凤尾草	药用全草。味苦，性凉。清热解毒，除湿利尿。用于小便淋涩痛、便秘，血崩、淋症，月经不调。	湖北：来源于湖北恩施。
	瓦韦	*Lepisorus thunbergianus* (Kaulf.) Ching	七星草、小叶骨牌草、小舌头草、千只眼、小肺筋	药用全草。味淡，性寒。清热解毒，利尿，止血。用于淋浊、痢疾，牙疳、小儿惊风，跌打损伤，蛇咬伤。	湖北：来源于湖北恩施。
	阔叶瓦韦	*Lepisorus tosaensis* (Makino) H.Ito	拟瓦韦	药用全草。利尿，通淋。用于淋浊、小便淋痛。	湖北：来源于湖北恩施。
	江南星蕨	*Microsorium fortunei* (Moore) Ching	一包针、七星剑	药用全草或根状茎。清热利湿，凉血止血，消肿止痛。用于黄疸、痢疾，淋巴结结核，白带，风湿关节痛，感染、尿路结核，咳血、吐血、便血，骨折，外用于跌打损伤，毒蛇咬伤，疔疮肿毒。	广西：来源于广西上林县、靖西县。 北京：来源于陕西太白山。

14

科名	植物名	拉丁学名	别名	药用部位及功效	保存地及来源
	盾蕨	*Neolepisorus ovatus*（Bedd.）Ching	大金刀、卵叶盾蕨	药用全草。味苦，性凉。清热利湿，止血，解毒。用于热淋，小便不利，尿血，肺痨咯血，吐血，外伤出血，痈肿。	广西：来源于广西那坡县。
	光亮瘤蕨	*Phymatodes cuspidata*（D. Don）Pic. Serm.	猪毛蕨、光亮密网蕨	药用根状茎。味辛、涩，性温。小毒。活血消肿，续骨。用于无名肿毒，小儿疳积，跌打损伤，骨折，腰腿痛。	广西：来源于广西凭祥市。
	水龙骨	*Polypodiodes niponica*（Mett.）Ching	石倒水莲、拐金枣	药用根状茎。味苦，性凉。解毒退热，祛风利湿，止咳止痛。用于小儿高热，急性结膜炎，尿路感染，风湿关节痛，牙痛；外用于荨麻疹，疮疖肿毒，跌打损伤。	广西：来源于广西全州县、资源县。 湖北：来源于湖北恩施。
水龙骨科 Polypodiaceae	光石韦	*Pyrrosia calvata*（Baker）Ching	大鱼刀、大肺筋草、牛皮风尾草、梭标草	药用全草。味苦，酸，性凉。清热，利尿，止咳，止血，小便不利，带血，烧烫伤，外伤出血。清热，利尿，痰中结核，瘰疬，热淋，砂淋，颈淋巴结核。	广西：来源于广西靖西县、金秀县。
	石韦	*Pyrrosia lingua*（Thunb.）Farw.	石剑、岩山莲、石耳朵、小叶下红	药用叶。味甘、苦，性微寒。利尿通淋，清热止血。用于肺热咳嗽，石淋，血淋，吐血，尿血，崩漏，肺热喘咳。	广西：来源于广西金秀县、上林县、靖西县。 云南：来源于云南勐腊县。 北京：来源于广西。 湖北：来源于湖北恩施。
	有柄石韦	*Pyrrosia petiolosa*（Christ）Ching	石茶、石韦、打不死、猫耳朵、小石韦	药用部位及功效参阅石韦 *Pyrrosia lingua*（Thunb.）Farw.。	广西：来源于广西金秀县。 湖北：来源于湖北恩施。

（续表）

科名	植物名	拉丁学名	别名	药用部位及功效	保存地及来源
水龙骨科 Polypodiaceae	柔软石韦	*Pyrrosia porosa* （C. Presl) Hovenk.	小石韦	药用全草。用于小便不利，尿血。	广西：来源于广西龙州县。
	庐山石韦	*Pyrrosia sheareri* (Baker) Ching	大叶石韦，金石韦，叶下红，金腰带，血公鸡	药用部位及功效参阅石韦 *Pyrrosia lingua* (Thunb.) Farw.。	广西：来源于广西金秀县、恭城县。湖北：来源于湖北恩施。
	石蕨	*Saxiglossum angustissimum* (Gies.) Ching	石豇豆、鸭舌韦、卧龙草、回阴草、止血草	药用全草。味淡、性凉。活血调经，镇惊。用于月经不调，小儿惊风，跌打损伤。	湖北：来源于湖北恩施。
	团叶槲蕨	*Drynaria bonii* Christ	猴姜、爬崖姜、骨碎补	药用根状茎。味微苦，性温。益肾气，壮筋骨，散瘀止血。用于肾虚耳鸣，牙痛，跌打损伤，骨折，风湿腰痛，外伤出血。	广西：来源于广西武鸣县。海南：来源于海南万宁市。
	栎叶槲蕨	*Drynaria quercifolia* （L.) J.Sm.	骨碎补	药用根状茎。味微苦，性温。活血止血。用于跌打损伤，风湿关节痛。	海南：来源于海南万宁市。
槲蕨科 Drynariaceae	槲蕨	*Drynaria roosii* Nakaike	猴姜、骨碎补	药用根状茎。味苦，性温。补肾强骨，续伤止痛。用于肾虚腰痛，耳鸣耳聋，牙齿松动，跌打闪挫，筋骨折伤，外用于斑秃，白癜风。根状茎鳞毛用于外伤出血，火伤。	广西：来源于广西邕宁县。
	崖姜蕨	*Pseudodrynaria coronans* (Wall.) Ching	岩姜蕨、崖姜蕨、石岩姜、玛留姜，故望（傣语）	药用根状茎。味微苦，涩，性温。祛风除湿，舒筋活络。用于风湿疼痛，跌打损伤，中耳炎。	广西：来源于广西武鸣县。云南：来源于云南景洪市。海南：不明确。

（续表）

科名	植物名	拉丁学名	别名	药用部位及功效	保存地及来源
剑蕨科 Loxogrammaceae	柳叶剑蕨	*Loxogramme salicifolia* (Makino) Makino	肺痨草	药用全草。味微苦，性凉。用于肺痨咳嗽。	湖北：来源于湖北恩施。
蘋科 Marsileaceae	蘋	*Marsilea quadrifolia* L.	蘋、田字草、十字草	药用全草。味甘，性寒。清热解毒，利尿消肿，安神，截疟。用于泌尿系感染，肾炎水肿，肝炎，神经衰弱，急性结膜炎；外用于乳腺炎，疔疮疖肿，蛇咬伤。	广西：原产于广西药用植物园。海南：来源于海南万宁市。
满江红科 Azollaceae	满江红	*Azolla imbricata* (Roxb.) Nakai	绿苹、紫藻、紫蒪浮萍、紫苹、紫澡	药用全草。味辛，性寒。祛风除湿，发汗透疹。用于风湿疼痛，麻疹不透，胸腹结块，带下病，烧、烫伤。	北京：来源于北京。

种子植物门 Spermatophyta
裸子植物亚门 Gymnospermae

科名	植物名	拉丁学名	别名	药用部位及功效	保存地及来源
苏铁科 Cycadaceae	篦齿苏铁	*Cycas pectinata* Griff.	凤凰蛋	药用根、叶、花及种子。功效参阅苏铁 *Cycas revoluta* Thunb.。	广西：来源于广东深圳市。云南：来源于云南景洪市。北京：来源于云南。
	苏铁	*Cycas revoluta* Thunb.	铁树、避火蕉、凤尾蕉	药用根、叶、花及种子。根味甘、淡，性平。祛风活络，补肾止血。用于肺痨咯血，肾虚，腰痛，带下病，风湿关节痛，跌打损伤。叶味甘，性微温。收敛止血，理气活血。用于肝胃气痛，经闭，刀伤。花味甘，性微温。活血祛瘀，益精固精，止痛。用于胃痛，痛经，遗精，带下病；种子有小毒，理气祛瘀，平肝，降血压。用于高血压症。	广西：来源于广西南宁市。云南：来源于云南景洪市。海南：来源于海南海口市。北京：来源于北京花木公司。湖北：来源于湖北恩施。

科名	植物名	拉丁学名	别名	药用部位及功效	保存地及来源
苏铁科 Cycadaceae	云南苏铁	Cycas siamensis Miq.	神仙米、凤凰蛋、泰国苏铁	药用根、茎、叶及种子。根用于黄疸、黄道、难产、癌症，叶用于慢性肝炎，黄疸症，叶用于高血压症，种子用于泄泻、痢疾、消化不良，呃逆，咳嗽痰喘。	广西：来源于广西大新县。海南：来源于广西药用植物园。
	台湾苏铁	Cycas taiwaniana Garruth. (Cycas rumphii Miq.)	广东苏铁、龙尾苏铁、华南苏铁、海南苏铁	药用叶、花序、种子及根叶收敛止血，解毒止痛。用于各种出血，胃炎，胃溃疡、高血压、神经闭经、癌症。花序理气止痛，益肾固精。用于胃痛、白带，痛经。根补肾，祛风活络。种子平肝降压。	海南：来源于海南万宁市。
	摩瑞大泽米	Macrozamia moorei F. Mu-ell.		药用植株提取物，其含有苏铁苷（cycasin）等。有毒。抗肿瘤。	广西：来源于广东深圳市。
	美洲铁	Zamia furfuracea L.	鳞批泽米铁、蕨批苏铁、南美苏铁	药用植株提取物，其含肉桂酸（cinnamic）等。抗菌。	广西：来源于海南兴隆市。
银杏科 Ginkgoaceae	银杏	Ginkgo biloba L.	白果树、鸭脚树、鸭脚子	药用种子、叶。种子味甘、苦、涩、性平。生食有毒。敛肺定喘，止带浊，缩小便。用于痰多喘咳，带下白浊，遗尿，尿频。叶味苦、甘、性平。敛肺，平喘，活血化瘀，止痛。用于肺虚咳喘，冠心病，心绞痛，高脂血症。	广西：来源于广西桂林市。北京：来源于北京。湖北：来源于湖北恩施。
松科 Pinaceae	黄枝油杉	Keteleeria davidiana var. calcarea (W.C.Cheng et L.K.Fu) Silba		药用嫩枝水蒸气精油，抗肿瘤，平喘，用于老年性支气管炎。	广西：来源于广西桂林市。
	油杉	Keteleeria fortunei (Murr.) Carr.	松梧、杜松、海罗松	药用根皮、叶。根皮味淡、性平。叶味微酸、性平。消肿解毒，用于深部脓肿，穿掌疮，痈肿初起。	广西：来源于广西南宁市。

（续表）

科名	植物名	拉丁学名	别名	药用部位及功效	保存地及来源
松科 Pinaceae	红皮云杉	*Picea koraiensis* Nakai	虎尾松、高丽云杉、红皮松、针皮臭、沙树	药用树皮、枝叶。用于风湿痛。	湖北：来源于湖北恩施。
	白杆	*Picea meyeri* Rehd.et Wils.	白儿松、罗汉松、红杆云杉、利儿松	药用节、根、树皮、叶、花粉、树脂。节味苦，性温。祛风除湿，活络止痛。根树皮味苦，性温。止痛。用于风湿骨痛，跌打肿痛，外伤出血。叶味苦，涩，性温。祛风活血，明目安神。解毒止痒。用于风湿关节痛，跌打肿痛，感冒，夜盲，高血压症。花粉味甘，性温，祛风益气，收敛止血。用于眩晕，痢疾，疮毒湿烂，创伤出血。树脂味甘，苦，性温。燥湿祛风，生肌止痛。用于痈疽，疔毒，痔瘘。	北京：不明确。
	青杆	*Picea wilsonii* Mast.		药用部位及功效参阅白杆 *Picea meyeri* Rehd. et Wils.。	北京：不明确。
	华山松	*Pinus armandii* Franch.	五叶松、白松、五须松、果松	药用部位及功效参阅马尾松 *Pinus massoniana* Lamb.。	北京：来源于陕西太白山。湖北：来源于湖北恩施。
	白皮松	*Pinus bungeana* Zucc. ex Endl.	白果松、蟠龙松、虎皮松、白骨松、三针松	药用果实，味苦，性温。镇咳，祛痰，平喘。用于咳嗽痰喘。	北京：来源于北京植物园。
	湿地松	*Pinus elliottii* Engel.		药用树脂，燥湿祛风，生肌止痛。	广西：来源于广西南宁市。
	思茅松	*Pinus kesiya* Royle et Gord. var. *langbianensis* (A. Chev.) Gaussen	松树、白松、松节、松毛尖	药用嫩果、花粉、松节，味微苦，性温。气香。用于跌打损伤，风湿关节炎，上吐下泻。	云南：来源于云南景洪市。

19

科名	植物名	拉丁学名	别名	药用部位及功效	保存地及来源
	华南五针松	*Pinus kwangtungensis* Chun ex Tsiang	广东松	药用油树脂。用于肌肉痛,关节痛。	广西:来源于贵州贵阳市。
松科 Pinaceae	马尾松	*Pinus massoniana* Lamb.	山松、青松、枞松、铁甲松、厚皮松	药用全株。根味苦,性温。祛风,燥湿,舒筋,通络。用于风湿骨痛,风痹损伤,外伤出血,活络止痛。祛风除湿,骨痛,跌打肿痛。用于腰腿痛,骨痛,跌打肿痛。叶味苦,涩,性温。祛风活血,安神,解毒止痒。用于感冒,风湿关节痛,高血压;外用于风疹,湿疹,疥疮,树皮味苦;涩,性温。收敛止血。用于筋骨损伤;外用于疮疖初起,头癣,金疮出血。果实味苦,性温。用于风疹,痔疮,肠燥便难。种子味甘,性温。润肺,滑肠。用于肺燥咳嗽,慢性便秘,花粉性燥湿,收敛。止血。用于金疮出血,皮肤湿疹。	广西:原产于广西药用植物园。海南:来源于海南万宁市。北京:来源于杭州。
	黑松	*Pinus thunbergii* Parl.	日本黑松	药用叶、花粉,叶味苦,涩,性温。祛风止痛,活血消肿,明目。用于时行感冒,风湿关节痛,跌打肿痛。花粉味甘,性温。收敛,止血。用于胃痛,咳血,外伤出血。	广西:来源于浙江杭州市。
	金钱松	*Pseudolarix amabilis* (Nelson) Rehd.	土荆皮、金松、水树	药用根皮。味辛,性湿。有毒。杀虫,止痒。用于疥癣瘙痒。	广西:来源于云南昆明市。

科名	植物名	拉丁学名	别名	药用部位及功效	保存地及来源
	柳杉	*Cryptomeria fortunei* Hooi-brenk ex Otto et Dietr.	宝树、长叶孔雀树	药用根皮、树皮、枝叶。味苦、辛，性寒。根皮、树皮解毒，杀虫，止痒。用于癣疥、鹅掌风，烫伤。枝叶清热解毒。用于痈疽疮毒。	广西：来源于江苏南京市。 海南：来源于广西药用植物园。 湖北：来源于湖北恩施。
	日本柳杉	*Cryptomeria japonica* (L. f.) D.Don	孔雀松	药用部位及功效参阅柳杉 *Cryptomeria fortunei* Hooibrenk ex Otto et Dietr.。	广西：来源于日本。
杉科 Taxodiaceae	杉木	*Cunninghamia lanceolata* (Lamb.) Hook.	沙木、沙树、正杉、木头树、刺杉、杉	药用根皮、树皮、枝干结节、心材、枝叶及种子。根皮味辛，性温。用于淋症、疝气，淋浊，腹痛，关节痛，跌打损伤，疥癣。树皮祛风止痛、燥湿、止血。用于水肿，脚气，漆疮，烫伤。枝干结节用于脚气，痔疮，心材、枝叶味辛，带下病，跌扑血瘀，心材、枝叶味辛，性微温。辟秽，止痛，降逆气。用于漆疮，脚气，心腹胀痛；外用于跌打损伤、风湿毒疮，脚气，散湿毒，降腹胀痛，乳痈。种子散瘀消肿。用于疝气，乳痈。木材蒸馏出的油脂用于尿闭。	广西：来源于广西邕宁县、江苏南京市。 北京：来源于广西。 湖北：来源于湖北恩施。

21

（续表）

科名	植物名	拉丁学名	别名	药用部位及功效	保存地及来源
杉科 Taxodiaceae	水松	*Glyptostrobus pensilis*（Staunt.）Koch	水松柏、孔雀松、卧子松、泪杉	药用树皮、球果、枝叶，味苦、性平。树皮杀虫止痒，用于水疱疮，水火烫伤。球果味苦、祛火毒，性平。果味苦、理气止痛，用于胃痛、疝气痛。枝叶味苦、性寒，祛风湿，通络止痛，杀虫止痒。用于风湿湿痹痛、高血压、腰痛、皮炎。	广西：来源于广东湛江市。
	水杉	*Metasequoia glyptostroboides* Hu et Cheng		药用叶、果实。清热解毒，消炎止痛。用于痈疮肿毒、瘫疮。	广西：来源于云南昆明市。北京：来源于杭州。湖北：来源于恩施。
	北美红杉	*Sequoia sempervirens*（Lamb.）Endl.		全株提取物含有双黄酮类化合物红杉黄酮。	广西：来源于广西桂林市。
	台湾杉	*Taiwania oryptomerioides* Hayata	土杉、秃杉	叶提取物含有 taiwaniatriol，senecrassidio-9-O-β-D-glucopyranoside，triterpenoids，diterpene，phenols 等。	广西：来源于广西桂林市。
	落羽杉	*Taxodium distichum*（L.）Rich.var.dictichun		药用种子。抗癌。用于鼻咽癌。	广西：来源于广西桂林市、南宁市。
	池杉	*Taxodium distichun*（L.）Rich. var. imbricatum（Nuttall）Croom		药用根皮、叶、根皮味苦、性寒。解毒杀虫，用于瘫疮。叶抗菌。	广西：来源于广西凭祥市。

（续表）

科名	植物名	拉丁学名	别名	药用部位及功效	保存地及来源
	翠柏	*Calocedrus macrolepis* Kurz	长柄翠柏	药用根、种子。根用于吐血、咯血，便血、崩漏下血，须发早白。种子用于虚烦失眠，阴虚盗汗，肠燥便秘。叶在台湾作侧柏代用品。	广西：来源于广西桂林市、南宁市。
	凤尾柏	*Chamaecyparis obtusa* cv.*filicoides*		药用叶、木材、树脂及精油。叶祛郁解热，利气，镇咳，利尿消毒。用于吐血、腹痛，淋病及肺病。木材、树脂、精油利尿，消毒。用于淋病。	广西：来源于广东广州市。
	绒柏	*Chamaecyparis pisifera* (Sieb. et Zucc.) Endl.cv.*Squrrosa*		药用枝、叶。用于风疹。	广西：来源于江西庐山市。
柏科 Cupressaceae	柏木	*Cupressus funebris* Endl.	香扁柏、垂丝柏、黄柏、扫帚柏	药用根、叶、树干、果实及树脂。根、树干。清热利湿，止血生肌。叶味苦，辛，性温。生肌，止血。用于外伤出血，吐血，痢疾，痔疮，烫伤。果实味苦，涩，性平。祛风解表，和中止血。用于感冒头痛，发热烦躁，吐血。树脂解毒，生肌，燥湿，镇痛。用于风热头痛，带下病；外用于外伤出血。	湖北：来源于湖北恩施。
	地中海柏木	*Cupressus sempervirens* L.	意大利柏	药用木材、果实及其提取物。收敛，驱虫，用作收敛剂和驱虫剂。用于小便失禁，腹泻，低血糖。提取物用于防止紫外光照皮肤黑色素形成与沉着。	广西：来源于西班牙。
	福建柏	*Fokienia hodginsii* (Dunn) Henry et Thomas	滇柏、建柏、广柏	药用心材。味苦、辛，性温。行气止痛，降逆止呕。用于脘腹疼痛，呃逆反胃，恶心呕吐。	广西：来源于广西南宁市、桂林市、金秀县。海南：来源于福建。
	欧洲刺柏	*Juniperus communis* L.	缨络柏、欧桧	药用果实、树脂油。果实止胃痛，祛痰，利尿，树脂油外用于风湿关节痛，皮炎，风湿痛。	广西：来源于广西崇左市。

23

(续表)

科名	植物名	拉丁学名	别名	药用部位及功效	保存地及来源
	刺柏	*Juniperus formosana* Hayata	刺杨柏、山刺柏、刺松、台桧、山杉	药用根、枝叶。味苦，性寒。清热解毒，退热透疹，杀虫。用于低热不退，皮肤癣症，麻疹。	海南：来源于浙江。
	杜松	*Juniperus rigida* Sieb.et Zucc.	刚桧、桎桧、朋松、棒松	药用果实。味辛，性温。发汗，利尿，祛风除湿，镇痛。用于小便淋痛，水肿，风湿性关节痛。	北京：来源于北京。 湖北：来源于湖北恩施。
	侧柏	*Platycladus orientalis* (L.) Franco	扁柏、崖柏、香柏、扁桧	药用根皮、种仁及树脂。根皮味苦，性平。收敛止痛；外用于烫伤。枝节用于霍乱转筋，齿眼肿痛。叶味苦，涩，性寒。凉血止血，祛风清尿。用于吐血，衄血，尿血，痢疾，肠风，崩漏，风湿痹痛，种仁味甘，性平。养心安神，润肠通便。用于惊悸失眠，遗精，便秘，树脂味甘，性平。解毒，消炎，止痛。用于疥癣，癞疮，黄水疮，丹毒。	广西：来源于广西南宁市。 云南：来源于云南景洪市。
柏科 Cupressaceae	千头柏	*Platycladus orientalis* (L.) Franco cv.Sieboldii	子孙柏	药用枝梢、叶。止血。	广西：来源于广西南宁市。
	圆柏	*Sabina chinensis* (L.) Ant.	桧叶、松柏	药用叶。味辛、苦，性温。有小毒。祛风散寒，活血解毒，等麻疹。用于风寒感冒，湿关节痛，阴疽肿毒初起，尿路感染。	广西：来源于云南省昆明市，广西南宁市。 海南：不明确。
	球柏	*Sabina chinensis* (L.) cv.globosa		药用部位及功效 参阅圆柏 *Sabina chinensis* (L.) Ant.	广西：来源于广西桂林市。
	龙柏	*Sabina chinensis* (L.) cv.Kaizuca		药用枝叶。杀虫，止痒。用于皮肤湿疹。	广西：来源于云南省昆明市，广西南宁市。 海南：来源于浙江。
	铺地柏	*Sabina Procumbens* (Sieb. ex Endl.) Miq.	匍地柏	收载于《药用植物词典》，为中国台湾药用植物。	广西：来源于广西南宁市，江西庐山市。 北京：来源于北京。

科名	植物名	拉丁学名	别名	药用部位及功效	保存地及来源
南洋杉科 Araucariaceae	贝壳杉	Agathis dammara (Lamb.) Rich.		树脂为制作药膏粘固粉原料。	海南：来源于海南乐东县。
	南洋杉	Araucaria cunninghamii Aiton ex D. Don		药用南洋杉酊。用于皮肤过敏。	广西：来源于广东湛江市。海南：来源于海南海口市。北京：来源于广西。
罗汉松科 Podocarpaceae	陆均松	Dacrydium pierrei Hickel	泪柏	药用全株。散热消肿。	广西：来源于广东湛江市。
	小叶罗汉松	Podocarpus brevifolius (stapf.) Foxw.		祛风，利尿，解热。	北京：来源于北京。
	长叶竹柏	Podocarpus fleuryi Hickel		药用根、茎、叶及种子。驱蚊虫，抗菌。用于肿瘤。	广西：来源于广西南宁市、广东深圳市。海南：来源于海南乐东县尖峰岭。
	鸡毛松	Podocarpus imbricatus Bl.	爪哇罗汉松、松竹叶、异叶罗汉松	药用全株。味淡、涩，性平。散热消肿，杀虫止痒。	广西：来源于广西南宁市、桂林市。云南：来源于云南勐腊县。
	罗汉松	Podocarpus macrophyllus (Thunb.) D.Don	土杉、土松、大叶罗汉松、罗汉杉	药用根皮、叶、种子及花托。根皮味甘，性微温。活血，止痛杀虫；外用于跌打损伤，疥癣，叶味淡，性平。止用于咳血，吐血，种子、花托味甘，性平。益气补中，补肾，益肺。用于心胃疼痛，血虚面色萎黄。	北京：来源于云南。湖北：来源于湖北恩施。
	短叶罗汉松	Podocarpus macrophyllus (Thunb.) D.Don var.maki Endi.	小叶罗汉松	药用部位及功效参阅罗汉松 Podocarpus macrophyllus (Thunb.) D.Don。	广西：来源于广西金秀县。
	竹柏	Podocarpus nagi (Thunb.) Zoll.et Mor.ex Zoll.	猪肝树、铁甲树、罗汉柴、山杉、宝芳	药用叶、根及树皮。叶味淡，性平。止血，接骨，用于外伤出血，根、骨折。根皮味淡、涩，性平。祛风除湿，用于风湿痹痛。	广西：来源于广西南宁市。云南：来源于云南勐腊县。海南：不明确。北京：来源于广西。

科名	植物名	拉丁学名	别名	药用部位及功效	保存地来源
罗汉松科 Podocarpaceae	脉叶罗汉松	Podocarpus neriifolius D.Don	百日青、竹叶松、竹柏松	药用根、根皮及枝、叶。根用于水肿。根皮用于瘫疥、痢疾。枝、叶用于骨质增生，关节肿痛。	海南：来源于海南万宁礼纪。
	肉托竹柏	Podocarpus wallichiana Presl	大叶竹柏	药用枝、叶及根。用于关节红肿，水肿。	云南：来源于云南景洪市。
三尖杉科 Cephalotaxaceae	三尖杉	Cephalotaxus fortunei Hook.f.	血榧、岩杉木、山榧树、臭杉	药用叶、根及种子。叶抗癌，用于肿瘤、性寒。抗癌，活血，止痛。根味苦、涩，用于直肠癌。种子味甘、涩、性平。跌打损伤。用于食积腹胀，小儿消积，润肺止咳。用于燥咳嗽，虫积，痔积，肺燥咳嗽。	广西：来源于广西上林县。云南昆明市，上海市。北京：来源于广西。湖北：来源于湖北恩施。
	版纳粗榧	Cephalotaxus mannii Hook.f.	版纳三尖杉、南三尖杉、海南粗榧、红壳松、薄叶篦子杉	药用部位及功效参阅粗榧 Cephalotaxus sinensis (Rehd.et Wils.) Li.	云南：来源于云南勐海县。海南：来源于海南陵水罗山。
	篦子三尖杉	Cephalotaxus oliveri Mast.	花枝杉	药用部位及功效参阅粗榧 Cephalotaxus sinensis (Rehd.et Wils.) Li.	广西：来源于广西上林县。
	粗榧	Cephalotaxus sinensis (Rehd.et Wils.) Li	中国粗榧、野榧、木榧、水松	药用根皮、枝、叶。根皮、枝，抗癌、用于味苦、涩、性寒。祛风湿，于淋巴癌、白血病。种子味甘、涩、性平。润肺止咳，种子驱虫、消积，用于食积，咳嗽，蛔虫病，钩虫病，咳嗽。	广西：来源于广西武鸣县。海南：来源于海南陵水罗山。北京：来源于杭州。
红豆杉科 Taxaceae	穗花杉	Amentotaxus argotaenia (Hance) Pilger.	杉枣、华西穗花杉、水杉树	药用种子、枝叶、根、种子驱虫、消积。用于虫积腹痛，小儿疳积，枝叶清热解毒，用于毒蛇咬伤，湿疹。根活血、止痛，用于跌打损伤，骨折。生肌，生肌，用于跌打损伤。	广西：来源于广西金秀县。

科名	植物名	拉丁学名	别名	药用部位及功效	保存地及来源
红豆杉科 Taxaceae	白豆杉	*Pseudotaxus chienii*（W. C. Cheng）W. C. Cheng		药用根皮、树皮及叶。抗肿瘤。用于白血病、上胃肠道肿瘤、前列腺肿瘤、晚期卵巢癌、转移性乳腺癌、非细胞肺肿瘤等。	广西：来源于广西武鸣县。
	红豆杉	*Taxus chinensis*（Pilger）Rehd.	红豆树、观音杉、美丽红豆杉、卷柏、血柏、扁柏	药用种子、叶、根及树皮。种子消积食，驱蛔虫，叶杀虫，止痒。用于疥癣。根、树皮抗肿瘤。用于白血病、乳腺癌等。	广西：来源于湖南长沙市。湖北：来源于湖北恩施。
	南方红豆杉	*Taxus chinensis*（Pilger）Rehd. var. *mairei*（Lemée et Lévl.）Cheng et L.K.Fu	红榧、杉公子、美丽红豆杉、海罗松、红叶水杉	药用种子、叶、根及树皮。种子味苦甘，性寒。消积食，驱蛔虫。叶用于咽喉痛。根、树皮。用于白血病、卵巢肿瘤等。	广西：来源于湖南长沙市，浙江杭州市。
	东北红豆杉	*Taxus cuspidata* Sieb. et Zucc.	赤柏松、紫柏松、紫杉	药用枝、叶、根。利尿，通经。用于肾炎、小便涩痛、消渴。	北京：来源于吉林省，辽宁、黑龙江。
	榧树	*Torreya grandis* Fort. ex Lindl.	药榧、圆榧、芝麻榧、野杉、香榧	药用种子、根皮及花。种子味甘、涩，性平。驱虫、消积、润燥。用于虫积腹痛、食积痔闷、痔疮、便秘。花味苦。祛水气，根皮用于风湿肿痛，驱蛔虫。	北京：来源于浙江诸暨。
	长叶榧树	*Torreya jackii* Chun	浙榧	药用枝叶。用于降压，抗肿瘤。	北京：来源于浙江。
麻黄科 Ephedraceae	草麻黄	*Ephedra sinica* Stapf	麻黄	药用茎、根。茎味辛，性温。发汗散寒，宣肺平喘，利水消肿，用于风寒感冒，胸闷喘咳，支气管哮喘，风水浮肿。止汗，性平，用于自汗、盗汗。根味甘。根味甘，性平。止汗，盗汗。	广西：来源于内蒙古通辽市。北京：来源于河北宣化，山西大同。

27

（续表）

科名	植物名	拉丁学名	别名	药用部位及功效	保存地及来源
买麻藤科 Gnetaceae	海南买麻藤	*Gnetum hainanense* C.Y.Cheng		药用部位及功效参阅垂子买麻藤 *Gnetum pendulum* C.Y.Cheng。	海南：来源于海南万宁市。
	买麻藤	*Gnetum montanum* Markgr.	大麻骨风、接骨藤、倪藤、山花生	药用根、茎及叶。味苦，性温。祛风除湿、活血散瘀，行气健胃，接骨。用于风湿关节痛，腰痛，咽喉痛，咳嗽，胃脾虚弱，跌打损伤，骨折。	广西：来源于广西武鸣县、恭城县。云南：来源于云南西双版纳、云南勐腊县。海南：来源于海南万宁市。
	小叶买麻藤	*Gnetum parvifolium* (Warb.) C.Y.Cheng ex Chun	大节藤、海风藤	药用部位及功效参阅买麻藤 *Gnetum montanum* Markgr.。	广西：来源于广西上林县、恭城县。海南：来源于海南万宁市。
	垂子买麻藤	*Gnetum pendulum* C.Y.Cheng	藤子果	药用藤茎、叶、果实，祛风湿、生肌，风湿骨痛，止血。用于刀枪伤，跌打损伤，骨痛。	云南：来源于云南勐海县。

被子植物亚门 Angiospermae
双子叶植物亚纲 Dicotyledoneae

科名	植物名	拉丁学名	别名	药用部位及功效	保存地及来源
木麻黄科 Casuarinaceae	木麻黄	*Casuarina equisetifolia* Forst.	驳骨松、马尾树、驳骨树、短枝木麻黄	药用幼嫩枝叶或树皮、种子。幼嫩枝叶或树皮味微苦、辛，性温。宣肺止咳、行气止痛、利湿、温中止泻，涩肠止泻。用于感冒发热，咳嗽，泄泻，腹痛，疝气，小便不利，脚气肿毒。种子味微涩，性温。涩肠止泻。用于慢性腹泻。	广西：来源于广西钦州市。北京：来源于广西临桂。海南：来源于海南万宁市。
杨梅科 Myricaceae	青杨梅	*Myrica adenophora* Hance	青梅、火梅	药用果实。祛痰，解酒，止吐。	海南：来源于海南万宁市。
	毛杨梅	*Myrica esculenta* Buch.-Ham.	野杨梅、火杨梅、杨梅	药用根皮、树皮、果实。性平。味涩，收敛，止泻，用于消炎，止血，痢疾，泄泻，崩漏，胃痛。	云南：来源于云南勐海县。

科名	植物名	拉丁学名	别名	药用部位及功效	保存地及来源
杨梅科 Myricaceae	杨梅	Myrica rubra (Lour.) Sieb. et Zucc.	山杨梅、酸梅、树梅	药用果实、核仁、树皮和叶。果实味酸、甘，性温。生津除烦，和中消食，解酒，涩肠，止血。用于烦渴，呕吐，呃逆，胃痛，食欲不振，咽血，痢疾，跌打损伤，骨折，烫火伤。核仁味辛、苦，性微温。利水消肿，敛疮。用于胸气，牙疳。树皮味苦、辛，性温，微涩。行气活血，止痛，解毒消肿。用于脘腹疼痛，胁痛，牙痛，疝气，跌打损伤，骨折，吐血，痔血，崩漏，外伤出血，疮疡肿痛，疬疮，湿疹，疥癣，感冒，泄泻，赤白痢疾。叶味苦、微辛，性温。燥湿祛风，止痒。用于皮肤湿疹。	广西：来源于广西邕宁县。
	山核桃	Carya cathayensis Sarg.	小核桃	药用种仁、根皮、果皮。润肺滋养，益胃养颜，乌须黑发。	北京：来源于浙江。
	美国山核桃	Carya illinoensis (Wangenh.) K.Koch		药用种仁。种仁滋养强壮，润肺通便。果实含有胡桃醌，该成分有抗菌作用，对细菌、真菌都有较强的抗菌活性，抗菌谱广。	广西：来源于浙江省杭州市。
胡桃科 Juglandaceae	毛叶黄杞	Engelhardtia colebrookeana Lindl.ex Wall.	短翅黄杞、纯叶云南黄杞	药用根、茎皮。味涩，性凉。用于痢疾、慢性肠炎，脱肛，外伤出血。	海南：来源于海南保亭县。
	黄杞	Engelhardtia roxburghiana Wall.	假玉桂、黄古木、黑油换、黄泡木	药用皮、叶。皮味微苦、辛，性平。行气，化湿，导滞。用于脾胃湿滞，脘腹胀闷，泄泻。叶味微苦，性凉。清热，止痛。用于感冒发热，疝气腹痛。	广西：来源于广西凭祥市。海南：来源于海南万宁市。
	野核桃	Juglans cathayensis Dode	串桃、巴核桃、山核桃	药用种仁、根皮及果皮。种仁味甘，性温。朴养气血，润燥化痰，利三焦，温肺润肠。用于虚寒咳嗽，下痰酸痛。根皮、果皮发杀虫止氧。	北京：来源于新疆。

科名	植物名	拉丁学名	别名	药用部位及功效	保存地来源
胡桃科 Juglandaceae	胡桃楸	Juglans mandshurica Maxim.	山核桃、核桃楸、马核果	药用树皮或青果皮、种仁。树皮味苦、辛，青果或青果皮味辛，性平。清热解毒，用于痢疾，胃痛。用于胃痛，腹痛，性温。止痛。敛肺定喘，温肾消肠，用于体质虚弱，肺弱咳嗽，肾虚腰痛，便秘遗精，石淋，乳汁缺少。	北京：来源于北京。
	胡桃	Juglans regia L.	核桃	药用种仁、根、嫩皮、叶、外果皮、种仁及种仁油。种仁味甘，性温。补肺肾，润肠通便。气喘，阳痿，腰痛，用于肾虚耳鸣，中耳炎，便秘。根杀虫，攻癌，用于瘰疬，嫩枝味甘，性平。用于头痛，叶味苦、涩，性平。有毒。解毒消肿。用于食道癌、象皮腿。带下病，疥癣。外果皮味苦、涩，性平。有毒。消肿止痒；外用于头癣，牛皮癣，疮疡肿毒。内果皮味涩，胃痉挛痛。固肾涩崩，乳痈。种隔味苦、涩，滑精，遗尿。种仁油精。用于肾虚遗精，滑精。用于绦虫病。	北京：来源于北京。 湖北：来源于湖北恩施。
	圆果化香树	Platycarya longipes Wu		药用叶、果实。叶味苦，化痰，消肿痛，解毒，燥湿，无名肿毒，疮，止痛。用于痈肿，祛风，用于癞头，杀虫。果实顺气，祛风，化痰，消疮，果实痈肿，疥癣。	广西：来源于上海市、法国。
	化香树	Platycarya strobilacea Sieb. et Zucc.	花椰果、化皮树、山柳	药用叶、果序。叶味辛，有毒。解毒，止痒。用于味苦，性寒。有毒，阴囊湿疹，顽癣。杀虫。用于疮疖肿毒，阴祛风，消肿止痛，果序温杀虫，性温。用于内伤。胸痛，腹痛，筋骨疼痛，跌打损伤，痈肿，湿疹，疥癣。鼻炎，过敏性鼻炎，以及急性上呼吸道感染等引起的各种不适症状。	广西：来源于云南省昆明市。 北京：来源于广西。 湖北：来源于湖北恩施。
	华西枫杨	Pterocarya insignis Rehd. et Wils.	麻柳	药用树皮、叶。味苦、辛，性温。杀虫。	湖北：来源于湖北恩施。

科名	植物名	拉丁学名	别名	药用部位及功效	保存地及来源
胡桃科 Juglandaceae	枫杨	Pterocarya stenoptera C.DC.	蜈蚣柳、水柳树、麻柳树、鬼柳、枫柳	药用皮、果实、根及叶。皮味辛，性温。有小毒。祛风止痛，杀虫，敛疮。用于风湿麻木、寒湿骨痛、头痛伤痛、疥癣、浮肿、痔疮。果实味苦，性温。温肺止咳、解毒敛疮。用于风寒咳嗽、痈疡肿毒。根味苦，辛，性温。有毒。祛风止痛，杀虫止痒，解毒敛疮。用于风湿痹痛、牙痛、疮疡肿毒、溃疡日久不敛、疥癣、咳嗽、叶味苦，辛，性温。解毒敛疮、杀虫止痒，祛风湿。用于湿疹、疮疡、牙痛、膝关节痛、创伤、溃疡不敛、阴道滴虫。	广西：来源于广西南宁市。北京：来源于广西。
	东京枫杨	Pterocarya tonkinensis (Franch) Dode	越南枫杨	药用树皮、枝叶。杀虫，用于疥癣、皮肤病。	云南：来源于云南景洪市。
	大叶杨	Populus lasiocarpa Oliv.		药用根皮。止咳，驱虫。	湖北：来源于湖北恩施。
杨柳科 Salicaceae	垂柳	Salix babylonica L.	水杨柳	药用根、枝、叶、花序、果实及茎皮。根味苦，性寒。利水通淋，泻火除湿。用于风湿拘挛、筋骨疼痛、湿下带下、牙龈肿痛。枝叶味苦，性寒。消肿散结，利水。解毒透疹。用于小便淋痛、黄疸、风湿痹痛、恶疮。花序味苦，性凉。果实味苦，性寒。止血，散瘀止血。用于吐血、花序味苦，性寒。祛风利湿，祛湿，溃疡、茎皮味苦，性寒。消肿止痛。用于黄水疮。	广西：来源于广西南宁市。云南：来源于云南景洪市。海南：来源于海南万宁市。湖北：来源于湖北恩施。
	中华柳	Salix cathayana Diels	山柳	药用枝叶。用于感冒发热。	湖北：来源于湖北恩施。
	旱柳	Salix matsudana Koidz.		药用部位及功效参阅垂柳 Salix babylonica L.。	北京：来源于北京。
	馒头柳	Salix matsudana Koidz. var. matsudana f. umbraculifera Rehd.		清热，解毒，散寒。	北京：来源于北京。
	山柳	Salix pseudotangii C. Wang et C.Y.Yu			北京：来源于北京。
	台湾水柳	Salix warburgii Seemen		清热解毒，利尿通淋，祛瘀止痛。	北京：来源于北京。

科名	植物名	拉丁学名	别名	药用部位及功效	保存地及来源
桦木科 Betulaceae	尼泊尔桤木	*Alnus nepalensis* D.Don	蒙自桤木、旱冬瓜（榛语）	药用树皮。味苦、涩，性平。清热解毒，利湿止泻，接骨续筋。用于腹泻，痢疾，水肿，疮毒，骨折，鼻衄，跌打损伤。	广西：来源于广西桂林市。云南：来源于云南景洪市。
	西桦	*Betula alnoides* Buch.-Ham. ex D.Don	西南桦木	药用叶、树皮。解毒，敛疮。用于疮毒，溃后久不收口。	广西：来源于广西凭祥市。
	亮叶桦	*Betula luminifera* H.Winkl.	光皮桦、桦树皮、狗晴木	药用根、皮及叶。根味甘、微辛，性凉。清热利尿。用于小便淋痛，水肿。皮味苦，性微温，除湿，消食，解毒。用于食积停滞，乳痈红肿。叶味甘，性凉。清热解毒，利尿。用于疖毒，水肿。	湖北：来源于湖北恩施。
	海南鹅耳枥	*Carpinus lanceolata* Hand.	披针叶鹅耳枥		海南：来源于海南琼中县。
	雷公鹅耳枥	*Carpinus viminea* Wall.		收载于《浙江天目山药用植物志》。	广西：来源于浙江省杭州市。
	榛	*Corylus heterophylla* Fisch. ex Trautv.	榛子、平榛	药用种仁、雄花穗。种仁味甘，性平。调中，开胃，明目，用于食欲不振，视物昏花。雄花穗消肿，止痛。	北京：来源北京植物园。
壳斗科 Fagaceae	锥栗	*Castanea henryi*（Skan）Rehd.et Wils.	珍珠栗	药用叶、壳斗及种子。叶、壳斗味苦、涩，性平。用于湿热，泄泻。种子味甘，性平。用于肾虚，痿弱，消瘦。	湖北：来源于湖北恩施。

科名		植物名	拉丁学名	别名	药用部位及功效	保存地及来源
壳斗科	Fagaceae	板栗	*Castanea mollissima* Bl.	板栗、栗子、毛栗壳	药用种仁、叶。种仁味甘、微咸，性平。益气健脾，补肾强筋，活血消肿，止血。用于脾虚泄泻，反胃呕吐，脚膝酸软，筋骨折伤肿痛，瘰疬，吐血，衄血，便血。叶味微甘，性平。清肺止咳，解毒消肿。用于百日咳，肺结核，咽喉肿痛，肿毒，漆疮。	广西：来源于广西隆安县。 海南：不明确。 湖北：来源于湖北恩施。
		红锥	*Castanopsis hystrix* Miq.	红椽木子	药用种仁。味甘，性温。健胃消食。用于脾胃虚弱，食欲不振，泄泻。	广西：来源于广西南宁市。 海南：来源于海南万宁市。
		苦槠	*Castanopsis sclerophylla* (Lindl.et Paxton) Schott.	血槠、槠子	药用种仁、树皮及叶。种仁味苦、涩，止泄痢，除恶血，止渴。树皮及叶止血。	广西：来源于浙江省杭州市。
		竹叶青冈	*Cyclobalanopsis bambusaefolia* (Hance) Y. C.Hsu et H.W.Jen		药用叶。用于尿石症。	海南：来源于海南乐东县尖峰岭。
		青冈	*Cyclobalanopsis glauca* (Thunb.) Oerst.			北京：来源于广西。

科名	植物名	拉丁学名	别名	药用部位及功效	保存地及来源
	竹叶栎	*Cyclobalanopsis neglecta* Schott.	扫把锥	药用叶。用于尿石症。	广西：来源于广西南宁市。
	烟斗柯	*Lithocarpus corneus* (Lour.) Rehd.	烟斗柯		海南：来源于海南万宁市。
	柯	*Lithocarpus glaber* (Thunb.) Nakai	木奴树、柯树皮、石栎、石头树	药用树皮。味辛、性平。有小毒。行气，利水。用于腹水肿胀。	广西：来源于广西南宁市。
	水仙柯	*Lithocarpus naiadarum* (Hance) Chun			海南：来源于海南万宁市。
壳斗科 Fagaceae	麻栎	*Quercus acutissima* Carr.	橡栎、籽头、青杠转	药用果实。味苦、涩、性微温。收敛固涩、止血、解毒。用于泄泻痢疾，便血，痔血，脱肛，小儿疝气，疮痈久溃不敛，乳腺炎，睾丸炎。	广西：来源于广西南宁市。
	柞栎	*Quercus dentata* Thunb.	波罗栎、金鸡树、大叶栎	药用种子、树皮、叶。种子味苦、涩、性平。涩肠止痢。用于小儿佝偻病。树皮味苦。树皮恶疮、瘰疬，肠风下血，叶味甘、性平，用于吐血，衄血，血痢，血痔，淋症。	北京：来源于北京。
	青冈栎	*Quercus glauca* Thunb.	橡子、米椎	药用种仁、树皮、嫩叶。种仁止渴，破恶血，止痢，健行。树皮止产妇流血，嫩叶用于臁疮。	广西：来源于广西桂林市。
	大叶栎	*Quercus griffithii* Hook.f. et Thoms.ex Mig.		药用树皮、叶、果实。味苦、涩、收敛、消肿。	广西：来源于广西南宁市。
	栓皮栎	*Quercus variabilis* Bl.	青杠碗、软木栎、花栎木	药用壳斗或果实。味苦、涩、性平、健胃、收敛、止咳、涩肠。用于水泻，咳嗽，痔疮，恶疮，头癣。	北京：来源于北京。

科名	植物名	拉丁学名	别名	药用部位及功效	保存地及来源
	糙叶树	*Aphananthe aspera* (Thunb.) Planch.	粗叶树	药用树皮、根皮。舒筋活络，止痛。用于腰肌劳损疼痛。	广西：来源于广西南宁市。
	滇糙叶树	*Aphananthe cuspidata* (Bl.) Planch.		药用根皮、茎皮。消炎，止痛，消肿。用于腰扭损疼痛。	云南：来源于云南景洪市。
	紫弹树	*Celtis biondii* Pamp.	紫弹朴、牛筋树、粗壳椰	药用根皮、茎枝及叶，味甘，性寒。茎、枝。清热解毒，祛痰，利尿。用于腰骨酸痛，乳腺炎，疮毒，溃烂。	云南：来源于云南景洪市。
	黑弹树	*Celtis bungeana* Blume	棒棒木、小叶朴	药用树干、枝条。味辛，微苦，性凉。祛痰，止咳，平喘。用于慢性咳嗽，哮喘。	广西：来源于上海市。
	大叶朴树	*Celtis cinnamomea* Lindl. ex Planch.	香胶木、假玉桂、相思朴、玉桂朴	药用根皮、叶。根皮味涩，性平。活血消肿，止血。用于跌打损伤，疮疡肿痛，外伤出血。叶味涩，性平。活血消肿，止血。用于跌打损伤，疮疡肿痛，外伤出血。	广西：原产于广西药用植物园。 海南：来源于海南万宁市。
	珊瑚朴	*Celtis julianae* Schneid.	沙棠子	药用茎叶。用于咳喘。	广西：来源于浙江省杭州市。
榆科 Ulmaceae	菲律宾朴树	*Celtis philippensis* Blanco	香胶木、假玉桂	药用叶、花及根皮。叶用于外伤出血。花用于胃肠炎。根皮祛瘀散结，消肿止血。用于跌打瘀肿，扭挫伤，外伤出血，疮疖肿痛。	广西：原产于广西药用植物园。

35

科名	植物名	拉丁学名	别名	药用部位及功效	保存地及来源
榆科 Ulmaceae	朴树	*Celtis sinensis* Pers.	崖棗树、沙朴	药用树皮、叶，性平。树皮味辛、苦，祛风透疹，消食化滞。用于麻疹透发不畅，消化不良。叶味微苦，性凉，清热、凉血、解毒。用于漆疮、荨麻疹。果实味苦、涩，性平。清热利咽。用于感冒咳嗽音哑。根皮味苦、辛，性平，祛风透疹，消食止泻。用于麻疹透发不畅，消化不良，食积泻痢，跌打损伤。	广西：原产于广西药用植物园。海南：来源于海南陵水市。北京：来源于广西。
	黄果朴	*Celtis tetrandra* Roxb.	四蕊木	药用叶。消肿。外用于浮肿。	云南：来源于云南景洪市。
	白颜树	*Gironniera subaequalis* Planch.	大板王	药用叶。祛寒除湿。	海南：来源于海南万宁市。
	青檀	*Pterocelits tatarinowii* Maxim.	檀树、翼朴	药用茎、叶。祛风，止血，止痛。	广西：来源于江苏省南京市。
	狭叶山黄麻	*Trema angustifolia* (Planch.) Bl.	麻脚树	药用根、叶及皮，叶止痛，清凉。皮舒筋活络。	广西：来源于江苏省南京市。上海：来源于上海市。
	山油麻	*Trema cannabina* Lour var. *dielsiana* (Hand.-Mazz.) C. J. Chen	椰木、山脚麻、山水麻	药用叶、根，味甘，性微寒，解毒消肿，止血。用于疮疖肿痛，外伤出血。	广西：来源于江苏省南京市。
	山黄麻	*Trema orientalis* (L.) Bl.	银毛叶山黄麻、九层麻、山王麻、麻桐树、埋呼（傣语）	药用叶、根，叶味苦，性平，祛风透疹，消食止泻。用于麻疹透发不畅，消化不良，食积泻痢，跌打损伤。根味辛、性平，散瘀消肿，止痛。用于跌打损伤，瘀肿疼痛，腹痛。	广西：原产于广西药用植物园。云南：来源于云南景洪市。海南：来源于海南万宁市。
	常绿榆	*Ulmus lanceaefolia* Roxb. ex Wall.	滇榆	药用树内皮。收敛止血。用于胃肠出血，尿血，各种外伤出血。	广西：来源于云南省景洪市。

科名	植物名	拉丁学名	别名	药用部位及功效	保存地及来源
榆科 Ulmaceae	榔榆	Ulmus parvifolia Jacq.	小叶榆、排线树、牛筋树、豹皮榆	药用树皮、根皮、叶及茎。树皮或根皮味甘、微苦，性寒。清热利水，解毒消肿，凉血止血。用于热淋，水火烫伤，乳痈，痔血，尿血，腰背酸痛，外伤出血。叶清热解毒，牙痛。用于腰背酸痛。树皮或根皮小便不利，痢疾，胃肠出血，疮疡，消肿止痛。用于热毒疮疡，茎通络止痛。用于腰背酸痛。	广西：来源于湖北省武汉市。
	榆树	Ulmus pumila L.	家榆、榆钱树、白榆	药用树皮或根皮韧皮部（榆白皮）、叶、花、果实（种子）。树皮或根皮韧皮部（榆白皮）味甘，性平。利水通淋，消肿。用于小便不通，淋浊，水肿，痈疽发背，丹毒，疥癣，用于石淋，小便不利。叶（榆叶）利小便。花（榆花）用于小儿癫痫。果实或种子（榆荚仁）味甘，酸，寒。清湿热，杀虫。用于带下病，小儿疳热，赢瘦。	北京：来源于北京。
杜仲科 Eucommiaceae	杜仲	Eucommia ulmoides Oliv.	扯丝皮、思仲、玉丝皮	药用树皮、叶。树皮味甘，性温。补肝肾，强筋骨，安胎。用于肾虚腰痛，筋骨无力，妊娠漏血，胎动不安，高血压。叶味微辛，性温。补肝肾，强筋骨。用于肝肾不足，头晕目眩，腰膝酸痛，筋骨痿软。	广西：来源于北京市。云南：来源于贵州省。北京：来源于浙江。湖北：来源于湖北省恩施。

科名	植物名	拉丁学名	别名	药用部位及功效	保存地及来源
桑科 Moraceae	见血封喉	*Antiaris toxicaria* （Pers.） Lesch.	箭毒木、箭毒树、剪刀树、加毒树、大药树、埋广（傣语）	药用乳汁、种子。味苦，性温。有大毒。鲜树汁强心、催吐、泻下、麻醉；种子淋巴结结核。用于痢疾。外用于解热。	广西：来源于广西龙州县。云南：来源于云南景洪市。海南：来源于海南万宁市。
	面包树	*Artocarpus altilis* （Park） Fosberg.		药用花、叶。花用于牙痛。叶外用于疮疹、脾肿。	海南：来源于海南万宁市。
	波萝蜜	*Artocarpus heterophyllus* Lam.	木波萝、牛肚子果、麻蜜（傣语）、包蜜	药用果实、种仁、树液及叶。果实味甘、微酸，性平。生津除烦、解酒醒脾。种仁味甘，性平。益气、通乳。用于产后脾虚气弱，乳少或乳汁不行。树液味涩，性平。消肿散结、收湿止痒。用于痈疖疔疮赤肿肿痛、湿疹。叶活血消肿，解毒敛疮。用于跌打损伤、疮疡、湿疹。	广西：来源于广西龙州县。云南：来源于云南景洪市。海南：来源于海南万宁市。
	白桂木	*Artocarpus hypargyreus* Hance	胭脂木、将军木、将军树、狗卵果	药用果实、根。果实味甘、酸，性平。生津止血、健胃化痰。用于热渴、咳血、吐血、衄血、食欲不振。根味甘，性温。祛风利湿、活血通络。用于风湿痹痛、头痛、产妇乳汁不足。	广西：来源于广西那坡县。云南：来源于云南勐腊县。海南：来源于海南万宁市。

科名	植物名	拉丁学名	别名	药用部位及功效	保存地及来源
	桂木	*Artocarpus lingnanensis* Merr.	狗果	药用果实、根。果实味甘、酸，性平。用于肺热咳血、支气管炎、鼻衄、吐血，清热止咳。根味辛，性微温，咽喉肿痛，活血祛风，健胃行气，活血祛风。用于胃炎、食欲不振，风湿痹痛，跌打损伤。	广西：来源于广西南宁市。海南：来源于海南万宁市。
	二色波萝蜜	*Artocarpus styracifolius* Pierre	红枫荷、二色桂木、沙雷木	药用根。味甘，性温，祛风除湿，舒筋活血。用于风湿性关节炎，腰肌劳损，慢性腰腿痛，跌打损伤，半身不遂，扭挫伤。	海南：来源于海南万宁市。
	胭脂	*Artocarpus tonkinensis* A. Chev. ex Gagnep.			海南：来源于海南乐东县尖峰岭。
桑科 Moraceae	藤构	*Broussonetia kaempferi* Sieb. et Zucc.	葡蟥、谷皮藤	药用全株。清热，止渴，利尿。用于砂淋，肺热咳嗽。	广西：来源于广西凌云县。
	小构树	*Broussonetia kazinoki* Sieb. et Zucc.	藤构、黄道藤、构皮麻、野构桃	药用全株或根、全株、根、根皮、叶、树汁。全株、根皮味甘、淡，性平。祛风除湿、散瘀消肿，痛疯、泄泻，利尿。用于风湿痹痛，痢疾、黄疸、浮肿，性凉。用于痢疾，清热解毒，敛疮止血，祛风止痒，叶味淡，性凉。神经性皮炎，疥癣、疔肿，用于刀伤出血，祛风止痒，性凉。树汁味涩，性凉，清热解毒，疥癣、蛇虫犬咬。用于皮炎，	广西：来源于广西金秀县。海南：来源于海南万宁市。

科名	植物名	拉丁学名	别名	药用部位及功效	保存地及来源
桑科 Moraceae	构树	Broussonetia papyrifera (L.) Vent.	楮实、沙纸树、钩沙（傣语）	药用果实、枝条、除去外皮的内皮、根、乳汁和叶。果实味甘。滋肾益阴，清肝明目，健脾利水。用于肾虚，腰膝酸软，阳痿，目昏，水肿，尿少。枝条祛风，明目，利尿。用于风疹，目赤肿痛，小便不利。除去外皮的内皮味甘，性平。止血，利水。用于小便不利，水肿胀满，便血，崩漏，跌打损伤。茎皮部的乳汁味甘，性平。利水，清热利湿。用于水肿，疥癣，利尿，虫咬。叶味苦，性凉。凉血止血，利尿，解毒。用于吐血，衄血，崩漏，痢疾，金疮出血，水肿，疝气，毒疮。	广西：来源于广西邕宁县。云南：来源于云南景洪市。海南：来源于海南南乐东县尖峰岭。北京：来源于广西、北京。湖北：来源于湖北恩施。
	大麻	Cannabis sativa L.	黄麻、线黄、火麻仁、麻、野麻	药用成熟的果实、根、叶及花。成熟的果实味甘，性平。润燥滑肠，通便。用于血虚，津亏肠燥便秘。根用于崩中带下。叶驱蛔虫。花通经。	广西：来源于广西凌云县。云南：来源于云南景洪市。北京：来源于西宁、北京。湖北：来源于湖北恩施。
	号角树	Cecropia peltata L.	山木瓜	药用叶、树液。叶散结，消肿。用于肠炎，肝炎；外用于跌打损伤，阴疽。印第安人嫩叶用于治肝病、浮肿、赤痢，树液用于代皂用。	广西：来源于广西南宁市。

(续表)

科名	植物名	拉丁学名	别名	药用部位及功效	保存地及来源
桑科 Moraceae	构棘	Cudrania cochinchinensis (Lour.) Kudo et Masam.	葨芝、房著刺、勒路子、穿破石、黄龙脱壳	药用根、棘刺及果实。根味淡、微苦,性凉。用于风湿除湿,祛风通络,跌打损伤,黄疸,腮腺炎,肺结核,盅胀,淋浊,劳伤咳嗽,经闭;棘刺味苦,性微温,用于痈肿;果实味微甘,性温。用于腹中积聚,化瘀消积,搭块;果实味微甘,性温。用于疝气。	广西:原产于广西药用植物园。云南:来源于云南景洪市。海南:来源于海南万宁市。
	海南葨芝	Cudrania crenata Wright			海南:来源于海南万宁市。
	柘藤	Cudrania fruticosa (Roxb.) Wight	柘藤	药用根。清热活血,舒筋活络。用于跌打损伤,风湿骨痛。	云南:来源于云南景洪市。
	柘树	Cudrania tricuspidata (Carr.) Bur.	柘骨针、黄桑、穿破石	药用木材、树皮或根皮、果实。木材味甘,性温。用于虚损,疟疾。树皮或根皮味甘,微苦,性平。化瘀。用于补肾固精,利湿解毒,止血,肾虚耳鸣,腰膝冷痛,遗精,带下,黄疸,疮疖,咯血,崩漏,跌打损伤。果实味甘,性凉。清热解毒,舒筋活络。用于痔疮,腰腿痛。	广西:来源于广西南宁市。北京:来源于海南。
	水蛇麻	Fatoua villosa (Thunb.) Nakai	地桑、桑草、桑麻	药用根皮及叶。根皮清热解毒,凉血止血。用于喉炎,流行性腮腺炎,无名肿毒,刀伤出血。叶用于风热感冒,头痛,咳嗽。	广西:原产于广西药用植物园。北京:来源于北京。
	石榕	Ficus abelii Miq.	水榕、水牛乳树	药用叶及根状茎。叶清热解毒,止血。用于崩漏、痢疾、糖尿病、乳痈。根状茎用于风湿痹痛,哮喘。	海南:来源于海南万宁市。

科名	植物名	拉丁学名	别名	药用部位及功效	保存地及来源
桑科 Moraceae	高山榕	*Ficus altissima* Bl.	鸡榕、大叶榕	药用叶及根。叶用于跌打损伤。根清热解毒，活血止痛。	广西：来源于广西邕宁县。
	大果榕	*Ficus auriculata* Lour.	木瓜榕、象耳榕、大象耳朵榕	药用果实。祛风除湿。	广西：来源于广西凭祥市。云南：来源于云南景洪市。海南：来源于海南万宁市。
	垂叶榕	*Ficus benjamina* L.	吊丝榕、小叶榕、细叶榕	药用气根、树皮、叶芽、果实、枝、叶和乳汁。气根、树皮、叶芽和果实清热解毒，祛风凉血，滋阴润肺，发表透疹。催乳，用于风湿麻木、出鼻血，枝、叶通经活血。用于月经不调、跌打损伤。乳汁用于衰弱。	广西：来源于广西北海市。云南：来源于云南景洪市。海南：来源于海南万宁市。
	无花果	*Ficus carica* L.	奶浆果、天生子、密果、买花果	药用果实、根、叶。果实味甘，性平。润肺止咳，清热润肠。根、叶味淡，性平，涩。用于泄泻，散瘀消肿，止泻，痢疾；外用于痈肿。	广西：来源于云南省昆明市。北京：来源于北京。湖北：来源于湖北恩施。
	白肉榕	*Ficus championii* Benth.	鸡仔榕、黄果榕、水榕	药用根及叶。根用于乳痈，叶用于漆疮、鹅口疮、乳腺炎。	海南：来源于海南万宁市。
	歪叶榕	*Ficus cyrtophylla* (Wall.ex Miq.) Miq.	当茶	药用叶。用于支气管炎。	广西：来源于广西龙州县。
	印度榕	*Ficus elastica* Roxb. ex Hornem	橡胶榕、印度胶榕、橡皮树、印度橡皮树	药用树胶。味酸、苦涩，性凉。止血。用于外伤出血，越南传统药用植物，利尿和治疗胆病。	广西：来源于广西北海市。云南：来源于云南景洪市。海南：来源于海南万宁市。北京：来源于北京植物园，广西。

科名	植物名	拉丁学名	别名	药用部位及功效	保存地及来源
	花叶橡胶榕	*Ficus elastica* Roxb. var. *variegata* Hort.	斑叶印度橡胶榕	药用树胶。止血。用于外伤出血。	广西：来源于广西北海市。
	黄毛榕	*Ficus esquiroliana* Levl. (*Ficus fulva* Reinw.)	老鸦风、金毛榕、大暗婆树、毛果	药用根皮。味甘、性平。健脾益气，活血祛风。用于气血虚弱、子宫脱垂、脱肛、水肿、风湿痹痛、便溏泄泻。	广西：来源于广西隆安县。云南：来源于云南景洪市。海南：来源于海南万宁市。
	台湾榕	*Ficus formosana* Maxim.	水牛奶、狗奶木	药用全株。全株用于风湿性心脏病、肺虚咳嗽。叶清热解毒，消肿止痛。用于毒蛇咬伤、乳痈、风湿痹痛。	广西：原产于广西药用植物园。
	空管榕	*Ficus harlandii* Benth.	水桐木、哈正榕	药用根皮、叶，补气、润肺、活血、利尿。用于五劳七伤、跌打、湿热腹泻。	广西：来源于广西武鸣县。
桑科 Moraceae	藤榕	*Ficus hederacea* Roxb.			海南：来源于海南万宁市。
	异叶榕	*Ficus heteromorpha* Hemsl.	斑鸠树、山枇杷	药用根及果实。果实味甘，酸，性温。缺乳。根补血，下乳。用于脾胃虚弱、用于牙痛、久痢。	湖北：来源于湖北恩施。
	粗叶榕	*Ficus hirta* Vahl	佛掌榕、掌叶榕、入山虎	药用根。果实，清热解毒，祛风利湿，活血祛瘀。用于风湿骨痛、闭经、产后淤血腹痛、白带、睾丸炎、跌打损伤。	海南：来源于海南万宁市。
	三指粗毛榕	*Ficus hirta* Vahl var.*imberbis* Gagnep.		药用根。味甘，苦，性平。祛风湿，壮筋骨，祛瘀消肿。用于风湿痿痹、劳伤、浮肿、跌打损伤、带下病、乳少。	云南：来源于云南景洪市。
	对叶榕	*Ficus hispida* L.f.	大牛奶、牛奶子、牛奶树、麻勒朋（傣语）	药用根、树皮及叶。味甘、性凉。花托有毒。清热祛湿，消积化痰。用于痢疾、结膜炎、赤眼、感冒、支气管炎、风湿、跌打。	广西：原产于广西药用植物园。云南：来源于云南景洪市。海南：来源于海南万宁市。

科名	植物名	拉丁学名	别名	药用部位及功效	保存地及来源
	尖尾榕	Ficus langkokensis Drake.	青藤公、金钱桔		海南：来源于海南万宁市。
	榕树	Ficus microcarpa L.f.	小叶榕	药用气根、叶、皮、果实及树脂。气根味苦、涩，性平。祛风清热，活血解毒。用于流感，百日咳，麻疹不透，扁桃体炎，眼结膜炎，风湿骨痛，鼻衄，血淋，跌打损伤。叶活血散瘀，解热理湿。用于跌打损伤，慢性气管炎，流感，百日咳，菌痢，肠炎，痔疮，牙痛。皮用于脏疮、树脂（胶汁）用于目翳，赤眼，瘰疬，唇疗，牛皮癣。	广西：原产于广西药用植物园。云南：来源于云南景洪市。海南：来源于海南万宁市。
桑科 Moraceae	黄斑榕	Ficus microcarpa L. f. cv. Yellow Stripe		药用部位及功效参阅榕树 Ficus microcarpa L.f.。	广西：来源于广东省广州市。
	海南榕	Ficus oligodon Miq.	苹果榕	用于癫痫，痢疾，便血，妇女月经过多。	海南：来源于海南。北京：来源于广西。
	琴叶榕	Ficus pandurata Hance	香人乳、牛奶子、猫奶子、小无花果	药用根、叶。味涩、微辛，性平。祛风利湿，活血调经，清热解毒。用于百日咳，齿龈炎，蛇伤，黄疸，乳痈，胃痛，疟疾，腰腿痛，闭经，月经不调。	广西：来源于广东省湛江市。北京：来源于北京。海南：来源于海南万宁市。
	条叶榕	Ficus pandurata Hance var. angustifolia Cheng	竹叶榕、狭叶榕	药用根、叶。味甘、微辛，性平。祛风除湿，解毒消肿，活血通经。用于风湿痹痛，黄疸，疟疾，闭经，乳汁不通，乳痈，痛经，百日咳，痈疖肿痛，跌打损伤，毒蛇咬伤。	广西：原产于广西药用植物园。

44

科名	植物名	拉丁学名	别名	药用部位及功效	保存地及来源
	全缘榕	*Ficus pandurata* Hance var. *holophylla* Migo	全叶榕、牛奶子、猫奶子	药用根、叶。味甘、微辛，性温。祛风除湿，解毒消肿。用于风湿痹痛，风寒感冒，血淋，带下，乳少、乳痈，痈疽，溃疡，跌打损伤，毒蛇咬伤。	广西：来源于广西金秀县。海南：不明确。
	狭叶全缘榕	*Ficus pandurata* Hance var. *linearis* Migo	牛奶子、猫奶子		海南：来源于海南万宁市。
	大果褐叶榕	*Ficus pubigera*（Wall. ex Miq.）Miq. var. *maliformis*（King）Corner		药用根。祛风湿，行气血。用于风湿疼痛。	云南：来源于云南景洪市。
桑科 Moraceae	薜荔	*Ficus pumila* L.	鬼馒头、凉粉果、王不留行、馒头果	药用茎叶、果实、根及乳汁。茎叶味酸，性凉。祛风除湿，活血通络，消肿。用于风湿痹痛，坐骨神经痛，泻痢，尿血，水肿，咽喉肿痛，跌打损伤，痈肿疮毒，清热利湿。果实味甘，性平。催乳，补肾固精，解毒消肿。用于肾虚遗精，小便淋浊，久痢，痔血，肠风下血，疝气，闭经，痈肿，疥癣，痛经，乳汁不下，咽喉肿痛。根祛风除湿，舒筋通络。用于风湿痹痛，坐骨神经痛，腰肌劳损，慢性肾炎，慢性肠炎，产后瘀滞，跌打损伤。乳汁祛风杀虫止痒，壮阳固精，遗精。用于白癜风、瘰疬，疥癣瘙痒，阳痿、遗精。	广西：来源于广西龙州县。海南：来源于海南万宁市。北京：来源于庐山植物园。

科名	植物名	拉丁学名	别名	药用部位及功效	保存地来源
桑科 Moraceae	爱玉子	Ficus pumila L. var. awkeotsang (Makino) Corner		药用果实、叶、根和茎。果实清热解毒，为热带著名饮料。藤及粗大的根切片成药材，用于风湿病。叶用做强壮药。根、茎、果实形态似薜荔，福建民间二者常混用。	广西：来源于台湾省。
	梨果榕	Ficus pyriformis Hook. et Arn.	舶梨榕、水棉木、瘦柄榕	药用茎。味涩，性凉。清热利水，止痛。用于小便淋沥，尿路感染，水肿，胃脘痛，腹痛。	广西：来源于广西金秀县。海南：来源于海南万宁市。
	聚果榕	Ficus racemosa L.		药用全株。用于湿疹，斑疹。	云南：来源于云南景洪市。
	菩提树	Ficus religiosa L.	印度波树、大青树、思维树	药用树皮、树皮汁及花和种子。树皮止痛，固齿。用于牙痛，牙齿浮动。树皮汁收敛。用于牙痛，种子发汗解热，镇静。花、种子发汗解热，镇静。	广西：来源于广西凭祥市。云南：来源于云南景洪市。海南：来源于海南乐东县尖峰岭。北京：来源于云南。
	匍茎榕	Ficus sarmentosa Buch.-Ham. ex J.E.Sm.	崖石榴	药用茎、叶、藤。祛风除湿，止痛。用于感冒发热、痢疾，止痛，用于白癜风，恶疮癣疥。藤、根，根去风化湿。用于慢性关节炎、乳腺炎。果实消肿败毒，止血。用于心痛，阴癞囊肿，妇人乳汁不通。久痢肠痔，妇人乳汁不通。	广西：来源于广西金秀县。
	鸡嗦果榕	Ficus semicordata Buch.-Ham. ex J.E.Smith	鸡嗦果	药用果皮。味微酸，涩。收敛，用于脱肛。	云南：来源于云南景洪市。
	极简榕	Ficus simplicissima Lour.	粗叶榕、五指毛桃、裂掌榕、土北芪	药用根、果实。根味甘，性平。健脾补肺，行气利湿，舒筋活络。用于脾胃虚浮肿，食少无力，肺痨咳嗽，盗汗，带下，产后无乳，肝炎，水肿，肝硬化腹水，跌打损伤，果实滋润生津，通便，催乳。用于津少便秘，产后缺乳。	广西：原产于广西药用植物园。海南：来源于海南万宁市。

科名	植物名	拉丁学名	别名	药用部位及功效	保存地及来源
	竹叶榕	*Ficus stenophylla* Hemsl.	水稻清、竹叶牛奶榕	药用全株。味苦，性温。祛痰止咳，祛风除湿，活血消肿，通乳。用于咳嗽胸痛，风湿骨痛，胎动不安，肾炎，乳痈，疮疖肿毒，跌打损伤。	广西：原产于广西药用植物园。北京：来源于广西。
	地果	*Ficus tikoua* Bur.	地瓜榕、地枇杷、地石榴、地瓜虎、地石榴花、地板藤、地瓜	药用茎叶、根、花、果及根。茎叶味苦，性寒。清热利湿，活血通络，解毒消肿。用于肺热咳嗽，风湿疼痛，痢疾，水肿，经闭，小儿消化不良，痔疮出血，无名肿毒。根味苦、涩，性凉。清热利湿，消积化瘀。用于泄泻，痢疾，黄肿，风湿痹痛，遗精，白带，瘰疬，痔疮，牙痛，跌打伤痛。花用于遗精，滑精，果味甘，性微寒。清热解毒，涩精止遗。用于咽喉肿痛，遗精滑精。	广西：来源于广西邕宁县。云南：来源于云南景洪市。北京：来源于北京。湖北：来源于湖北恩施。
桑科 Moraceae	斜叶榕	*Ficus tinctoria* forst. f. var. *gibbosa* (Bl.) Corner		药用叶、根皮及果实。叶祛痰镇咳，用于支气管炎，树皮解热解毒，祛风通络，用于跌打损伤，高热抽搐，腹泻痢疾，用于感冒，风热眼痛。根皮用于腹痛。果实。外用茎、解毒，根皮用于皮肤病。	海南：来源于海南万宁市。
	三角榕	*Ficus triangularis* Warb.		药用叶。用于皮肤病。	广西：来源于广东省湛江市。
	青果榕	*Ficus variegata* Bl.var.*chlorocarpa* (Benth.) King			海南：来源于海南万宁市。

科名	植物名	拉丁学名	别名	药用部位及功效	保存地及来源
桑科 Moraceae	黄葛榕	Ficus virens Ait. var. sublanceolata (Miq.) Corner	黄桷树、黄葛树、万年榕、雀树	药用根、叶。根味微辛，性凉。祛风除湿。味咸涩，性平。用于风湿骨痛，感冒，目赤；外用于跌打损伤。	云南：来源于云南景洪市。海南：来源于海南万宁市。
	笔管榕	Ficus wightiana Wall. (Ficus superba var. japonica Miq.)	笔管树、漆娘舅、雀榕	药用根、叶。味苦，微苦，性平。清热解毒。用于漆疮、鹅儿疮、乳腺炎。	广西：来源于广西凭祥市。海南：不明确。
	啤酒花	Humulus lupulus L.	忽布、蛇麻草	药用未成熟的绿色果穗。味苦，性微凉。健胃消食，养心安神，利尿消肿。用于消化不良，腹胀，失眠，肺痨，结核病。	广西：来源于荷兰。北京：来源于山东青岛。
	葎草	Humulus scandens (Lour.) Merr.	锯锯藤、拉拉藤、割人藤、五爪龙	药用全草、根。全草味甘、苦，性寒。清热解毒，利尿消肿。用于淋症，小便淋痛，泄泻，痔疮，风热咳嗽。根用于石淋、疝气、瘰疬。	广西：原产于广西药用植物园。云南：来源于云南景洪市。北京：来源于北京西北旺。湖北：来源于湖北恩施。
	滇葎草	Humulus yunnanensis Hu		药用部位及功效阅葎草 Humulus scandens (Lour.) Merr.。	广西：来源于云南省昆明市。
	牛筋藤	Malaisia scandens (Lour.) Planch.	蛙皮藤、谷沙藤、鹊鸪藤、包饭果藤	药用根、叶。祛风湿，止痛。用于风湿痹痛；外用杀虫。	广西：原产于广西药用植物园。海南：来源于海南万宁市。

科名	植物名	拉丁学名	别名	药用部位及功效	保存地及来源
桑科 Moraceae	桑	Morus alba L.	桑树	药用叶、根皮、嫩枝及果穗。叶味甘、苦，性寒。疏散风热，清肝明目。用于风热感冒，头痛，目赤昏花。根皮（桑白皮）。用于肺热喘咳，水肿胀满，面目肌肤浮肿。嫩枝（桑枝）。祛风湿，利关节。用于肩臂、关节酸痛。麻木，干燥果穗（桑椹）。味甘，酸，性寒。补血滋阴，生津润燥，须发早白，津伤口渴，心悸失眠，血虚消渴。用于眩晕耳鸣，内热消渴。	广西：来源于广西南宁市。云南：来源于云南景洪市。海南：来源于海南万宁市。北京：来源于四川南川。湖北：来源于湖北恩施。
	鲁桑	Morus alba L. var. multicaulis (Perrott.) Loud.	桑白皮	药用根皮、果穗。根皮（桑白皮）。泻肺平喘，利水消肿。用于肺热喘咳，水肿胀满，尿少，面目肌肤浮肿。干燥果穗（桑椹）。补血滋阴，生津润燥。用于眩晕耳鸣，心悸失眠，内热消渴，津伤口渴，肠燥便秘。	广西：来源于广西南宁市。
	鸡桑	Morus australis Poir.	心叶桑、小叶桑、野桑	药用叶、根。叶味甘。根味辛，性寒。叶清热。用于风热感冒，肺热咳嗽，头痛，咽痛。根清肺，凉血，利湿。用于肺热咳嗽，鼻衄，水肿，腹泻，黄疸。	广西：原产于广西药用植物园。海南：来源于海南兴隆南药园。北京：来源于北京。湖北：来源于湖北恩施。
	鹊肾树	Streblus asper Lour.	鸡仔、鸾哥果、鸡啄树	药用树皮、根。树皮止痢，止泻。用于痢疾，腹泻。根解蛇毒。用于创伤。	广西：来源于云南省景洪市。云南：来源于云南省景洪市。海南：来源于海南兴隆南药园。

科名	植物名	拉丁学名	别名	药用部位及功效	保存地及来源
桑科 Moraceae	假鹊肾树	*Streblus indicus* (Bur.) Corner	消叶跌打、青树跌打、埋央蒿（傣语）	药用树皮。味苦、辛、性温。用于消化道出血，胃痛；外用于外伤出血，骨折，跌打损伤。	广西：来源于云南省景洪市。 云南：来源于云南景洪市。 海南：来源于海南万宁市。 北京：来源于北京。
	叶被木	*Streblus taxoides* (Heyne) Kurz			海南：来源于海南万宁市。
	米扬噎	*Streblus tonkinensis* (Dub. et Eberh.) Corner	米浓液、条隆胶树	药用根皮、叶。拔毒消肿。用于痛疮肿毒。	广西：来源于广西崇左市。
	刺桑	*Streblus ilicifolius* (Vidal) Corner		药用根皮、叶。消肿拔毒，清热凉肝。消滞。	海南：来源于海南万宁市。 广西：来源于广西武鸣县。
	圆叶刺桑	*Taxotrophis aquifolioides* Ko			海南：来源于海南万宁市。
荨麻科 Urticaceae	叶序苎麻	*Boehmeria clidemioides* Mig. var.*diffusa* (Wedd.) Ha-nd.-Mazz.	团水麻	药用根、根状茎及全草。根、根状茎祛风解毒，止痒消肿。全草祛风除湿。用于水肿。	湖北：来源于湖北恩施。
	大叶苎麻	*Boehmeria grandifolia* Wedd.	方麻、蒙自苎麻、火麻、山麻	药用根、全草。味甘、辛、性平。清热祛风，解毒杀虫，化瘀消肿，止血安胎。用于风热感冒，麻疹，痈肿，毒蛇咬伤，皮肤瘙痒，疥疮，风湿劳痛，跌打伤肿，骨折。	广西：来源于四川省成都市。
	灰绿苎麻	*Boehmeria macrophylla* Hor-nem.var.*canescens* (We-dd.) Long.	水麻	药用全草。清热解毒，祛风除湿。用于风湿关节炎。	云南：来源于云南景洪市。 湖北：来源于湖北恩施。

50

科 名	植物名	拉丁学名	别 名	药用部位及功效	保存地及来源
荨麻科 Urticaceae	苎麻	*Boehmeria nivea* (L.) Gaud.	青麻、白背苎麻、天青地白、白麻	药用根、根茎。味甘，性寒。凉血止血，清热安胎，利尿，解毒。用于热行所致的咯血、吐血、衄血、血淋、便血、崩漏、紫癜、胎动不安、胎漏下血、小便淋沥、痈疮肿毒、虫蛇咬伤。	广西：来源于广西南宁市。 海南：来源于海南万宁市。 北京：来源于广西。 湖北：来源于湖北恩施。
	伏毛苎麻	*Boehmeria nivea* (L.) Gaud. var. *nipononivea* (Koidz.) W. T.Wang	苎麻	药用根。用于骨刺鲠喉。	广西：来源于广西防城市。
	青叶苎麻	*Boehmeria nivea* (L.) Gaud. var. *tenacissima* (Gard) Miq.		药用根。止血，散瘀。	海南：来源于海南万宁市。
	长叶苎麻	*Boehmeria penduliflora* Wedd. ex Long	水苎麻、假密蒙、沟边木	药用根、全草。味微苦、辛，性温。祛风除湿，通络止痛。用于风湿痹痛、跌打损伤。	广西：来源于广西龙州县。
	束序苎麻	*Boehmeria siamensis* Craib	野麻、老母猪挂面、大接骨、牙呼光（傣语）	药用全草或根。味微苦、甘，性凉。清热解毒，凉血散瘀。用于麻疹高热、急性膀胱炎、尿血、胎动不安、子宫脱垂。叶外敷用于疮疡肿毒、创伤出血。	云南：来源于云南景洪市。
	小赤麻	*Boehmeria spicata* (Thunb.) Thunb.	小红活麻	药用根。用于跌打损伤。	湖北：来源于湖北恩施。
	悬铃叶苎麻	*Boehmeria tricuspis* (Hance) Makino	山麻、透骨风、白薴麻		湖北：来源于湖北恩施。

51

科名	植物名	拉丁学名	别名	药用部位及功效	保存地及来源
	长叶水苎麻	Debregeasia longifolia (Burm.f.) Wedd.	长叶水麻	药用根、叶。祛风湿，消炎。用于风湿肿痛，无名肿毒，牙痛。	云南：来源于云南景洪市。
	水苎麻	Debregeasia orientalis C. J.Chen	水麻、水麻柳、水苏麻	药用根、叶。味甘，性凉，止血。活血利湿，麻疹不透，风湿关节炎，咳血，痢疾，咳疮。	云南：来源于云南景洪市。北京：来源于云南。
	鳞片水麻	Debregeasia squamata King ex Hook.f.		药用全株。止血。用于跌打损伤，刀伤出血。	云南：来源于云南勐腊县。
	南海楼梯草	Elatostema edule C. B. Robinson		药用根、叶。根退热，叶用于毒蛇咬伤；外用于创伤。	湖北：来源于湖北恩施。
	平滑楼梯草	Elatostema laevigatum (Bl.) Hassk.	石羊草	药用全草。味涩，微苦，性凉。接骨，消肿散瘀，凉血解毒，用于骨折，跌打损伤，痈伤，无名肿毒，皮肤溃疡。	广西：来源于广西金秀县。
Urticaceae 荨麻科	江南楼梯草	Elatostema ichangense H.Sch.	宜昌楼梯草	药用全草。消炎，拔毒，接骨。	湖北：来源于湖北恩施。
	狭叶楼梯草	Elatostema lineolatum Wight var.majus Wedd.		药用全草。味微苦，性平。清热利湿，活血消肿，用于痢疾，风湿痛，水肿，无名肿毒，骨折。性温，用于寒风冷气。	湖北：来源于湖北恩施。
	石生楼梯草	Elatostema rupestre (Buch.-Ham.) Wedd.	多序楼梯草	药用全草。味甘，性凉。清热凉肝，凉润肺止咳。	广西：来源于广西百色市。
	粗糙楼梯草	Elatostema scabrum (Benth.) Hall.f.		药用全草。用于毒疮，外伤出血。	广西：来源于广西陵云县。
	庐山楼梯草	Elatostema stewardii Merr.	乌骨草、接骨草、鸡血七	药用根状茎、全草。味苦、辛、性温。活血祛瘀，解毒消肿，止咳，用于跌打扭伤，骨折，闭经，风湿痹痛，痒腮，带状疱疹，疮肿，毒蛇咬伤，咳嗽。	广西：来源于广西百色市。

（续表）

科名	植物名	拉丁学名	别名	药用部位及功效	保存地及来源
	蝎子草	*Girardinia cuspidata* Wedd. (*G. suborbiculata* C. J. Chen)			北京：来源于北京。
	糯米团	*Gonostegia hirta* (Bl.) Miq.	米荞子，山笋草，贯菜菜，猪鹊菜	药用带根全草。味甘、微苦，性凉。清热解毒，健脾消积，利湿消肿，散瘀止血，用于乳痛，肿毒，痢疾，消化不良，食积腹痛，痔疮，带下，水肿，小便小利，痛经，跌打损伤，咳血，吐血，外伤出血。	海南：来源于海南万宁市。广西：原产于广西 药用植物园。北京：来源于四川、杭州植物园。湖北：来源于湖北恩施。
	蟴麻	*Laportea bulbifera* (Sieb. et Zucc.) Wedd.	珠芽艾麻，野绿麻	药用块根、全草。块根味辛，性温。祛风除湿，调经，月经不调。用于风湿关节痛，皮肤瘙痒。全草用于疥积。	湖北：来源于湖北恩施。
荨麻科 Urticaceae	艾麻	*Laportea macrostachya* (Maxim.) Ohwi	红线麻，山苎麻	药用根。味辛、苦，性寒。有小毒。祛风湿，通经络，解毒消肿，无名肿痛。用于风湿痛。	云南：来源于云南景洪市。
	火麻树	*Laportea urentissima* (Gagnep.) Chew	树火麻，麻风树，电树，蜜掌（傣语）	药用树皮。有毒。驱蛔虫。用于蛔虫病。	广西：来源于广西桂林市。云南：来源于云南勐腊县。
	紫麻	*Oreocnide frutescens* (Thunb.) Miq.	水麻叶，野麻，大叶麻	药用根、叶及全草。味甘，性平。行气，活血。用于跌打损伤，牙痛；外用于小儿麻疹发热。	云南：来源于云南景洪市。
	药用墙草	*Parietaria officinalis* L.		药用根。味苦、酸，性平。清热解毒，消肿，拔脓。用于痈疽疔疮，乳腺炎，深部脓肿，蜂丸炎，多发性脓肿，秃疮。	广西：来源于法国。

科名	植物名	拉丁学名	别名	药用部位及功效	保存地及来源
荨麻科 Urticaceae	吐烟花	Pellionia repens (Lour.) Merr.	吐烟草	药用全草。味甘、微涩，性凉。清热利湿，宁心安神。用于湿热黄疸，腹水，失眠，健忘，过敏性皮炎，下肢溃疡，疮疖肿毒。	广西：来源于广东省广州市。云南：来源于云南勐腊县。海南：来源于海南万宁市。
	多苞冷水花	Pilea bracteosa Wedd.		药用全草。清热解毒，散瘀消肿。用于跌打劳伤，风湿痛。	云南：来源于云南勐腊县。
	花叶冷水花	Pilea cadierei Gagnep.et Guill.	石苋菜	药用全草。味甘、淡，性凉。清热解毒，利尿。用于疔疮肿毒，肾炎水肿，小便不利。	广西：来源于广西南宁市。云南：来源于云南景洪市。海南：来源于广西药用植物园。
	波缘冷水花	Pilea cavalerei Lévl.	石油菜、岩鸡、心草	药用全草。味微苦，性凉。清肺止咳，利水消肿，解毒止痛。用于肺热咳嗽，肺结核，肾炎水肿，烧烫伤，疮疖肿毒。	广西：来源于广西靖西县。湖北：来源于湖北恩施。
	歪叶冷水花	Pilea cordifolia Hook.f.		药用全草。消肿散瘀。用于跌打损伤，烧烫伤。	云南：来源于云南勐腊县。
	大叶冷水花	Pilea martinii (Lévl.) Hand.-Mazz.	大水边麻、到老嫩	药用全草。清热解毒，消肿止痛，利尿。用于扭伤，接骨。	北京：来源于广西。
	小叶冷水花	Pilea microphylla (L.) Liebm.	玻璃草、透明草	药用全草。味淡、涩，性凉。清热解毒。用于痈疖肿痛，丹毒，无名肿毒，烧伤烫伤，毒蛇咬伤。	广西：来源于广西南宁市。云南：来源于云南景洪市。海南：不明确。
	冷水花	Pilea notata C.H.Wright	心叶冷水花、接骨风	药用全草。味淡，性凉。清热解毒，散瘀消肿。用于湿热黄疸，跌打损伤，肺痨，外伤感染。	海南：来源于广西药用植物园。湖北：来源于湖北恩施。
	镜面草	Pilea peperomioides Diels	跌打散、翠屏草	药用全草。味微苦、辛，性寒。清热解毒，祛瘀消肿。用于丹毒，骨折。	广西：来源于广西南宁市。

科名	植物名	拉丁学名	别名	药用部位及功效	保存地及来源
	西南冷水花	Pilea plataniflora C. H.Wright	石筋草、石头花	药用全草、根。全草祛风胜湿，止痛，舒筋活络，消肿，利尿。用于风寒湿痹、手足麻木，肾炎水肿，尿闭，腹泻，痢疾，肝炎，类风湿疾病；外用于跌打损伤、疮疡肿毒。根利尿，解毒，消炎。	广西：来源于广西凭祥市。
	透茎冷水花	Pilea pumila (L.) A.Gray	亮杆芹、野麻	药用全草。味甘，性寒。清热利尿，消肿解毒，安胎。用于消渴，孕妇胎动先兆流产，水肿，小便淋痛，阴挺，带下病。叶止血。	北京：来源于广西。
	粗齿冷水花	Pilea sinofasciata C.J.Chen	扇花冷水花	药用全草。味辛，性平。清热解毒，活血祛风，理气止痛。用于高热，风湿痹痛，鹅口疮，跌打损伤，骨折。	广西：来源于广西南宁市。 云南：来源于云南勐腊县。
荨麻科 Urticaceae	雾水葛	Pouzolzia zeylanica (L.) Benn.	糯米藤、啜脓膏	药用带根全草。味甘、淡，性寒。清热解毒，消肿排脓，利水通淋。用于疮疡痈疽、乳痈，风火牙痛，痢疾，腹泻，小便淋痛，白浊。	广西：原产于广西药用植物园。 海南：来源于海南万宁市。
	狭叶荨麻	Urtica angustifolia Fisch. ex Hornem	蝎子草、哈拉海	药用全草。味苦、辛，性温。有小毒。祛风定惊，消积，通便，解毒。用于风湿关节痛，产后抽风，小儿惊风，小儿麻痹后遗症，高血压症，消化不良。	北京：来源于河北。
	宽叶荨麻	Urtica laetevirens Maxim.	螫麻子	药用全草。味苦、辛，性温。有小毒。祛风定惊，消积通便，大便不通，小儿麻痹后遗症，高血压症，消化不良。用于风湿关节痛，小儿惊风，外用于瘾疹，蛇咬伤。	湖北：来源于湖北恩施。

55

（续表）

科名	植物名	拉丁学名	别名	药用部位及功效	保存地及来源
	银桦	Grevillea robusta A.Cunn.	凤尾七、银橡树、丝树	药用树脂、叶。树脂（艾松胶）用于胃痛，疮溃久不收口。叶用于跌打损伤。	广西：来源于广西南宁市。海南：不明确。北京：来源于北京植物园。
	越南山龙眼	Helicia cochinchinensis Lour.	小果山龙眼、黑炭树、羊仔屎、红叶树	药用根、叶及种子。根，性凉、行气活血，叶味苦，祛瘀止痛。用于跌打损伤、肿痛，外伤出血，种子外用于烧伤、烫伤。	海南：来源于海南万宁市。
	海南山龙眼	Helicia hainanensis Hayata	火炭树	药用根、叶及果，味涩，性凉。收敛、解毒。	海南：来源于海南万宁市。
	常绿山龙眼	Helicia nilagirica Bedd.	豆腐渣果、母猪果	药用根、叶用于肠炎，腹泻，果用于神经衰弱。	云南：来源于云南景洪市。
山龙眼科 Proteaceae	倒卵叶山龙眼	Helicia obovatifolia Merr. et Chun	红心割、山枇杷	药用叶。止咳化痰。	海南：来源于海南万宁市。
	网脉山龙眼	Helicia reticulata W. T. Wang	亮光子、仇木	药用枝、叶。止血。用于跌打刀伤出血。	广西：来源于广西桂林市。
	潞西山龙眼	Helicia tsaii W.T.Wang		药用根、叶及果，镇静，止痛，头昏，睡眠障碍。	云南：来源于云南勐腊县。
	调羹树	Heliciopsis lobata（Merr.）Sleum.	那托	药用根皮、叶。味淡、涩，性凉。清热解毒。用于腮腺炎。	海南：来源于海南保亭县。
	疟喂树	Heliciopsis terminalis（Kurz）Sleum.	鹅掌枫、调羹树	药用叶。味淡、涩，性凉。有小毒。用于腮腺；外用于皮炎。	云南：来源于云南勐腊县。
	澳洲坚果	Macadamia integrifolia Maiden et Betche	昆士兰山龙眼、澳洲胡桃	药用种子油。用于制造药皂。	广西：来源于广东省湛江市。海南：不明确。

科名		植物名	拉丁学名	别名	药用部位及功效	保存地及来源
铁青树科	Olacaceae	赤苍藤	*Erythropalum scandens* Bl.	腥藤、来藤、龙须藤、牛耳藤	药用全株。味微苦，性平。清热利尿。用于肝炎、肠炎、尿道炎、急性肾炎，小便不利。	广西：来源于广西龙州县。海南：来源于海南万宁市。
山柚子科	Opiliaceae	山柑藤	*Cansjera rheedii* J.F.Gmel.	捞饺藤、山柑	药用茎。用于小儿惊风。	海南：来源于海南万宁市。
		寄生藤	*Dendrotrophe frutescens* (Champ.ex Benth.) Danser	人地寄生、熊胆藤、藤香	药用全株。味微苦、涩，性平。活血止血，疏风解表，除湿，跌打损伤。用于流行性感冒，跌打损伤。	海南：来源于海南万宁市。
		沙针	*Osyris wightiana* Wall.	土檀香、豆瓣香、山苏木	药用根、叶。味辛、微苦，性凉。安胎，解毒，止血，接骨，用于咳嗽，胃痛，外伤出血，骨折，疟疾，疥癣，疔肿，痈疮。	广西：来源于广西宜州市。
檀香科	Santalaceae	油葫芦	*Pyrularia edulis* (Wall.) A.DC.	檀梨	药用茎皮、种子。清热消肿，消炎止痛，收敛止血。茎皮用于跌打损伤。种子用于烧烫伤。	云南：来源于云南景洪市。
		檀香	*Santalum album* L.	白檀、浴香、尖蒿（傣语）	药用心材。味辛，性温。行气温中，开胃止痛。用于寒凝气滞，胸痛，腹痛，胃痛食少，冠心病，心绞痛。	广西：来源于广东省广州市。云南：来源于广州省。海南：来源于海南乐东县尖峰岭。

科名	植物名	拉丁学名	别名	药用部位及功效	保存地及来源
	枫木鞘花	Elytranthe cochinchinensis G.Don		药用全株。补肝肾，清热，止咳，祛湿。用于痧气，痢疾，咳嗽，咳血。	海南：来源于海南万宁市。
	栗寄生	Korthalsella japonica (Thunb.) Engl.	胡龙须、方叶子	药用茎枝。祛风除湿，养血安神。用于胃病，跌打损伤。	海南：来源于海南万宁市。
	澜沧江寄生	Scurrula chingii (Cheng) H.S.Kiu	卵叶寄生	药用全草。祛风湿，消炎。用于风湿疼痛，关节炎，小儿睾丸炎。	云南：来源于云南景洪市。
	小叶梨果寄生	Scurrula notothixoides (Hance) Danser	蓝木桑寄生		海南：来源于海南万宁市。
桑寄生科 Loranthaceae	红花寄生	Scurrula parasitica L.	桑寄生、柠檬寄生	药用全株。补肝肾，强筋骨，养血，安胎，降血压。用于风湿痹痛，腰膝酸软，筋骨无力，胎动不安，妊娠出血，崩漏经多，高血压。	海南：来源于海南万宁市。
	广寄生	Taxillus chinensis (DC.) Danser	松树桑寄生、寄生茶	药用带叶茎枝。补肝肾，祛风湿，强筋骨。用于风湿痹痛，腰膝酸软，筋骨无力，胎动不安，妊娠漏血，崩漏漏血，高血压。	海南：来源于海南万宁市。
	四川寄生	Taxillus sutchuenensis (Lecomte) Danser	桑上寄生、桑寄生、板栗寄生	药用全株。味苦、甘，性平。补肝肾，安胎。用于腰膝酸痛，风湿痹痛，肢体偏枯，头晕目眩，胎动不安，崩漏下血。	广西：原产于广西药用植物园。
	大苞寄生	Tolypanthus maclurei (Merr.) Danser		药用带叶茎枝。味苦，甘，性微温。补肝肾，祛风除湿。用于头目眩晕，腰膝酸痛，风湿麻木。	广西：原产于广西药用植物园。
	白果槲寄生	Viscum album L.		药用全株。强壮，消肿，催乳。	广西：原产于广西药用植物园。

58

科名	植物名	拉丁学名	别名	药用部位及功效	保存地及来源
桑寄生科 Loranthaceae	扁枝槲寄生	*Viscum articulatum* Burm.f.	榕树寄生, 麻栎寄生	药用全株。味微苦, 性平。祛风利湿, 舒筋活络, 止血。用于风湿性关节炎, 腰肌劳损, 鼻衄, 白带, 尿路感染。	海南: 来源于海南万宁市。
	东方槲寄生	*Viscum orientale* Willd.		印度民族药。当地用于耳痛。	广西: 原产于本广西药用植物园。
	瘤果槲寄生	*Viscum ovalifolium* DC.	柚寄生	药用全株。祛风, 止咳, 化痰, 清热解毒。用于风湿痹痛, 小儿疳积, 痢疾, 产后风湿。	海南: 来源于海南万宁市。
蓼科 Polygonaceae	金线草	*Antenoron filiforme* (Thunb.) Rob.et Vau.	重阳柳, 蟹壳草, 毛蓼	药用全草。味辛, 苦, 性凉, 有小毒。凉血止血, 清热利湿, 散瘀止痛。用于咳嗽, 吐血, 便血, 血崩, 泄泻, 痢疾, 胃痛, 经期腹痛, 产后血瘀腹痛, 跌打损伤, 风湿痹痛, 瘰疬, 痈肿。	广西: 来源于广西武鸣县。 北京: 来源于四川南川。
	短毛金线草	*Antenoron neofiliforme* (Nakai) Hara		药用部分及功效阅金线草 *Antenoron filiforme* (Thunb.) Rob. et Vau.	北京: 来源于四川南川。
	珊瑚藤	*Antigonon leptopus* Hook. et Arn.		药用叶。杀虫, 解毒。外用于湿疹, 痈疮肿毒。	广西: 来源于广东省广州市。 海南: 来源于广西药用植物园。
	金荞麦	*Fagopyrum dibotrys* (D. Don) Hara	甜荞, 野荞麦, 荞麦三七	药用根状茎。味微辛, 涩, 性凉。清热解毒。排脓祛瘀。用于肺脓疡, 扁桃体周围脓肿。	广西: 来源于广西武鸣县。 云南: 来源于云南勐腊县。 湖北: 来源于湖北恩施。
	荞麦	*Fagopyrum esculentum* Mo-ench	甜荞, 三角荞, 乌麦, 猎积草	药用种子。健脾消积, 下气宽肠, 解毒敛疮。用于肠胃积滞, 泄泻, 痢疾, 绞肠痧, 白浊, 带下, 自汗, 盗汗, 疱疹, 丹毒, 瘰疬, 烫火伤, 高血压。	广西: 来源于广西武鸣县。 海南: 不明确。 北京: 来源于河北。 湖北: 来源于湖北恩施。
	苦荞麦	*Fagopyrum tataricum* (L.) Gaertn.	野荞麦, 万年荞, 帕荞荞(傣语)	药用根, 根状茎。味苦, 性平。理气止痛, 健脾利湿。用于胃痛, 消化不良, 腰腿疼痛, 跌打损伤。	云南: 来源于云南景洪市。 北京: 来源于四川。

科名	植物名	拉丁学名	别名	药用部位及功效	保存地	保存地及来源
蓼科 Polygonaceae	竹节蓼	Homalocladium platycladium (F. Muell. ex Hook.) L. H.Bailey	蜈蚣竹、飞天蜈蚣、扁竹花、百足草、扁茎蓼	药用全草。味甘，淡，性平。清热解毒，去瘀消肿。用于痈疽肿毒，跌打损伤，蛇、虫咬伤。	广西： 云南： 海南： 北京：	广西梧州市。 来源于云南景洪市。 来源于广西药用植物园。 来源于北京中山公园。
	两栖蓼	Polygonum amphibium L.	小黄药	药用全草。味苦，性平。清热解毒，利湿。用于痢疾；外用于疔疮。	北京：	来源于北京。
	中华抱茎蓼	Polygonum amplexicaule D. Don var. sinense Forb. et Hemsl.	血三七、红孩儿	药用根状茎。味微苦，涩，性平。收敛止泻，活血止痛，清热解毒，泄泻，跌打损伤，外伤出血。	湖北：	来源于湖北恩施。
	萹蓄	Polygonum aviculare L.	牛筋草、太阳草、地蓼	药用地上部分。味苦，性微寒。利尿通淋，杀虫，止痒。用于膀胱热淋，小便短赤，淋沥涩痛，皮肤湿疹，阴痒带下。	广西： 北京： 湖北：	来源于广西南宁市。 来源于北京。 来源于湖北恩施。
	冉毛蓼	Polygonum barbatum L.	毛蓼、四季青、水辣蓼	药用全草。味辛，性温。有毒。拔毒生肌，引脓排血。用于脓肿，皮肤病，毒毒病，痈肿，瘰疬。	云南： 海南：	来源于云南景洪市。 来源于海南万宁市。
	拳参	Polygonum bistorta L.	虾参、紫参、倒根草	药用根状茎。味苦，涩，性凉。泻热解毒，利湿止痢，消肿。用于热泻，赤痢，肺热咳嗽，吐血，衄血，痔疮出血，口舌生疮，外用于毒蛇咬伤。	北京： 湖北：	来源于小五台山。 来源于湖北恩施。
	丛枝蓼	Polygonum caespitosum Bl.	簇蓼、水江花、丛里蓼	药用全草。味辛，性温。祛风利湿，散瘀消肿，杀虫止痒。用于痢疾，胃肠炎，腹泻，风湿关节痛，跌打肿痛，功能性子宫出血；外用于毒蛇咬伤，皮肤湿疹。	云南：	来源于云南景洪市。
	头花蓼	Polygonum capitatum Buch.-Ham.ex D.Don	石莽草、太阳草、草石椒	药用全草。味苦，辛，性凉。清热利湿，活血止痛。用于痢疾，膀胱炎，尿路结石，肾盂肾炎，风湿痛，跌打损伤，疮疡，湿疹。	广西： 云南： 北京： 湖北：	来源于广西金秀县。 来源于云南勐海县。 来源于云南。 来源于湖北恩施。
	火炭母草	Polygonum chinense L. var. umbellatum Makino	冷饭藤、赤地利	药用全草。益气行血，祛风解热，用于病后体虚，身热，头晕，气虚耳鸣，月经不调，白带。	广西：	来源于四川省成都市。

科名	植物名	拉丁学名	别名	药用部位及功效	保存地及来源
蓼科 Polygonaceae	火炭母	Polygonum chinensis L.	白饭草、火炭、金不换、蝴蝶藤、饭藤	药用全草。味辛、苦，性凉，有毒。清热利湿，凉血解毒，平肝明目，活血舒筋。用于痢疾、咽喉肿痛、白喉、肺热咳嗽、泄泻、百日咳、肝炎、带下、痈肿、中耳炎、湿疹、眩晕耳鸣、角膜云翳，跌打损伤。	广西：来源于广西南宁市。云南：来源于云南景洪市。海南：来源于海南万宁市。北京：来源于南京。湖北：来源于湖北恩施。
	硬毛火炭母	Polygonum chinensis var. hispidum Hooker	小红人、粗毛火炭母	药用块根。味酸，性凉。清大肠热毒，活血止血。用于泄泻、痢疾、月经不调，崩漏，跌打损伤。	广西：来源于广西宁明县。
	雄黄连	Polygonum ciliinerve Nakai Ohwi.	红药子	药用块根。味苦、微涩，性凉。清热解毒，散瘀止痛，凉血止血。	北京：来源于陕西。湖北：来源于湖北恩施。
	虎杖	Polygonum cuspidatum Sieb. et Zucc.	花斑竹、老君丹、阴阳莲、比比牟（傣语）	药用全草。味酸，性凉。清火解毒，祛瘀生新，疏肝理气。用于风湿关节炎、支气管炎、肝炎、肠炎、咽喉炎、痢疾、尿路感染、疮肿毒、扁桃体炎、腮腺炎、痈肿毒，外用于跌打损伤，风湿关节红肿疼痛。	广西：来源于广西宁明县。云南：来源于云南景洪市。海南：来源于北京药用植物园。北京：来源于庐山。湖北：来源于湖北恩施。
	二歧蓼	Polygonum dichotomum Bl.		收载于《彩色生草药图谱》第一辑。	广西：来源于广西南宁市。
	长箭叶蓼	Polygonum hastato-sagittatum Mak.		药用全草。用于蛇咬伤。	广西：来源于广西南宁市。
	水蓼	Polygonum hydropiper L.	辣蓼、蓼	药用全草。味辛、苦，性平。行滞化湿，散瘀止血，祛风止痒，解毒。用于湿滞内阻、脘闷腹痛、泄泻、痢疾、小儿疳积、崩漏、风湿痹痛、痛经、经闭，便血，外伤出血，皮肤瘙痒、湿疹、风疹、足癣、痈肿，毒蛇咬伤。	广西：来源于广西南宁市。云南：来源于云南景洪市。海南：来源于海南万宁市。湖北：来源于湖北恩施。
	酸模叶蓼	Polygonum lapathifolium L.	蓼吊子、大马蓼	药用全草。味辛、苦，性微温。解毒，除湿，活血。用于疮疡肿痛、瘰疬、腹泻、痢疾、湿疹、痈疡、风湿痹痛，跌打损伤，月经不调。	广西：来源于德国。云南：来源于云南勐海县。

科名	植物名	拉丁学名	别名	药用部位及功效	保存地及来源
	何首乌	Polygonum multiflorum Thunb.	首乌、首乌藤、夜交藤、地精、马肝石	药用块根、藤。块根味苦、甘、涩，性温。解毒，消痈，润肠通便。用于瘰疬疮痈，风疹瘙痒，肠燥便秘，高血脂。制何首乌补肝肾，益精血，强筋骨。用于血虚萎黄，眩晕耳鸣，须发早白，腰膝酸软，肢体麻木，崩漏带下，久疟体虚，高血脂。藤味甘，性平。养血安神，祛风通络。用于失眠多梦，血虚身痛，风湿痹痛；外用于皮肤瘙痒。	广西：来源于广西天等县。海南：来源于广西药用植物园。北京：来源于杭州。湖北：来源于湖北恩施。
	尼泊尔蓼	Polygonum nepalense Meisn.	猫儿眼睛	药用全草。味苦、酸，性寒。清热解毒，除湿通络。用于咽喉肿痛，目赤，牙龈肿痛，赤白痢疾，风湿痹痛。	广西：来源于四川省成都市。
蓼科 Polygonaceae	红蓼	Polygonum orientale L.	荭草、水红花、大蓼、东方蓼	药用全草。性辛，性平。清热解毒，活血，除湿。湿痹痛，痢疾，腹泻，脚气，跌打损伤。有小毒。祛风。用于风水肿，吐泻转筋，蛇虫咬伤，疝气，痈疖，疟疾。	广西：来源于广西南宁市。海南：来源于海南万宁市。北京：来源于内蒙古。湖北：来源于湖北恩施。
	草血竭	Polygonum paleaceum Wall.	一口血、虾子七、紫花根	药用根状茎。味苦、涩，性微温。散瘀，止痛，用于胃痛，活血，食积，月经不调，浮肿，跌打损伤。	湖北：来源于湖北恩施。
	杠板归	Polygonum perfoliatum L.	万病回春、猫爪刺、蛇不过、贯叶蓼、老虎剌	药用全草。味酸、苦，性平。清热解毒，利湿消肿，散瘀止血。用于疔疮痈肿，丹毒，乳腺炎，感冒发热，肺热咳嗽，百日咳，瘰疬，痔瘘，带下，水肿，淋浊，泻痢，疟疾，黄疸，吐血，风火赤眼，便血，跌打肿痛，蛇虫咬伤。	广西：来源于广西南宁市。云南：来源于云南景洪市。海南：来源于海南万宁市。北京：来源于贵州。湖北：来源于湖北恩施。

科名	植物名	拉丁学名	别名	药用部位及功效	保存地及来源
蓼科 Polygonaceae	习见蓼	*Polygonum plebeium* R.Br.	腋花蓼、铁马齿苋	药用全草。味苦，性凉。利尿通淋，清热解毒，化湿杀虫。用于热淋，石淋，黄疸，痢疾，恶疮疥癣，外阴湿痒，蛔虫病。	广西：来源于广西邕宁县。
	伏毛蓼	*Polygonum pubescens* Bl.	软水蓼、辣蓼	药用全草。味辛，性温。解毒，除湿，散瘀，止血。用于痢疾，泄泻，乳蛾，疟疾，风湿痹痛，跌打肿痛，崩漏，痈肿疔疮，瘰疬，毒蛇咬伤，湿疹，脚癣，外伤出血。	广西：来源于广西南宁市。
	华赤胫散	*Polygonum runcinatum* Buch.-Ham. ex D. Don var. *sinense* Hemsl.	散血丹	药用根及全草。味苦，微酸，涩，性平。清热解毒，活血舒筋。用于痢疾，蛇伤，经闭，无名肿毒，乳腺炎，跌打损伤，劳伤腰痛。	广西：来源于广西乐业县。北京：来源于四川南川。湖北：来源于湖北恩施。
	支柱蓼	*Polygonum suffultum* Maxim.	血三七、算盘七、红三七	药用根状茎。味苦，涩，性凉。收敛止血，止痛生肌。用于跌打损伤，外伤出血，便血，崩漏，痢疾，脱肛。	湖北：来源于湖北恩施。
	戟叶蓼	*Polygonum thunbergii* Seib. et Zucc.	水麻蓼、鹿蹄草	药用根状茎或全草。味酸，微辛，性平。清热解毒，凉血止血，祛风镇痛，止咳。用于痧症，蛇咬伤，痢疾。	湖北：来源于湖北恩施。
	香蓼	*Polygonum viscosum* Buch.-Ham.ex D.Don	粘毛蓼	药用茎叶。味辛，性平。理气除湿，健胃消食。用于胃气痛，消化不良，小儿疳积，风湿疼痛。	广西：来源于广西武鸣县。
	珠芽蓼	*Polygonum viviparum* L.	红三七、猴儿七、野高粱	药用根状茎。味苦，涩，性凉。清热解毒，散瘀止血，泄泻，带下病。用于乳蛾，咽喉痛，便血。	北京：来源于太白山。湖北：来源于湖北恩施。
	阿尔泰大黄	*Rheum altaicum* A.Los.		药用根状茎、根。消炎，止血。用于疗痈肿，泻实热通大便，破积行瘀，消肿。	广西：来源于广西。北京：来源于原苏联。

科名	植物名	拉丁学名	别名	药用部位及功效	保存地及来源
	华北大黄	*Rheum franzenbachii* Münt.	波叶大黄、唐大黄	药用根状茎。味苦，性寒。泻热，通便，破积，行瘀。用于热结便秘，湿热黄疸，痈肿疔毒，跌打瘀痛，口疮糜烂、烧、烫伤。	北京：来源于原苏联。
	药用大黄	*Rheum officinale* Baill.	大黄、南大黄、西大黄	药用根、根状茎。味苦、性寒。泻热通肠，凉血解毒，逐瘀通经。用于实热便秘，积滞腹痛，泻痢不爽，湿热黄疸，血热吐衄，目赤咽肿，肠痈腹痛，痈肿疔疮，瘀血经闭，跌扑损伤；外用于水火烫伤，上消化道出血。	广西：来源于波兰。北京：来源于保加利亚。湖北：来源于湖北恩施。
蓼科 Polygonaceae	掌叶大黄	*Rheum palmatum* L.	蓉叶大黄、北大黄	药用部位及功效参阅药用大黄 *Rheum officinale* Baill.。	广西：来源于波兰。北京：来源于甘肃岷县。湖北：来源于湖北恩施。
	食用大黄	*Rheum rhaponticum* L.	土大黄、圆叶大黄	药用根状茎。用做缓和通便药，亦为兽药通便用。	广西：来源于北京。
	鸡爪大黄	*Rheum tanguticum* Maxim. et Balf.	唐古特大黄	药用部位及功效参阅药用大黄 *Rheum officinale* Baill.。	北京：来源于甘肃。
	喜马拉雅大黄	*Rheum webbianum* Royle		药用根。泻实热，下积滞，行瘀，解毒。	北京：来源于原苏联。

科名	植物名	拉丁学名	别名	药用部位及功效	保存地及来源
蓼科 Polygonaceae	酸模	*Rumex acetosa* L.	酸浆、山菠菜、牛耳大黄	药用根、茎叶。味酸、微苦,性寒。根凉血止血,泄热通便,利尿,杀虫。用于吐血、便血,月经过多,目赤,便秘,小便不利,淋浊,恶疮,疥癣,湿疹。茎叶泄热通便,利尿,凉血止血,解毒。用于便秘,小便不利,内痔出血,疮疡,丹毒,湿疹,疥癣,烫伤。	广西:来源于法国。北京:来源于杭州。湖北:来源于湖北恩施。
	小酸模	*Rumex acetosella* L.		药用全草。清热解毒,凉血活血,利尿通便,杀虫。用于肠炎、痢疾、黄疸、尿路结石,内出血,目赤肿痛,肺结核,发热,湿疹,疥癣,神经性皮炎,皮肤癌,乳腺癌,内脏肿瘤。维生素C缺乏症	广西:来源于法国。
	高山酸模	*Rumex alpinus* L.		药用根状茎。用做龙胆代用品。有泻下作用。	广西:来源于法国。
	水生酸模	*Rumex aquaticus* L.		药用根。用于消化不良,急性肝炎,湿疹,顽癣。	北京:来源于河北。
	网果酸模	*Rumex chalepensis* Mill.	土大黄	药用根。味苦,酸,性寒。用于吐血,略血,清热通便,凉血止血,解毒杀虫,痈肿疮毒,便秘,崩漏,疥癣,湿疹。	广西:来源于广西金秀县。
	皱叶酸模	*Rumex crispus* L.	牛舌头、羊蹄根	药用根、叶。味苦,性寒。根清热解毒,凉血止血,通便杀虫。用于急性肝炎、肠炎、痢疾、慢性气管炎,吐血、衄血,崩漏,便血,秃疮,疥癣,叶清热通便,止咳。用于咳嗽,热结便秘,痈肿疮毒。	广西:来源于法国。

科名	植物名	拉丁学名	别名	药用部位及功效	保存地及来源
蓼科 Polygonaceae	齿果酸模	*Rumex dentatus* L.	牛舌草	药用叶。味苦，性寒。清热解毒，杀虫止痒。用于乳痈，疮疡肿毒，疥癣。	广西：来源于上海市。
	羊蹄	*Rumex japonicus* Houtt.	牛舌大黄、牛利菜	药用根、叶。味苦，性寒。清热通便，凉血止血，杀虫止痒。用于大便秘结，吐血衄血，肠风便血，痔血，崩漏，疥癣，白秃，痈疮肿毒，跌打损伤。	广西：来源于广西博白县。北京：来源于北京。
	土大黄	*Rumex madaio* Mak.		药用根及叶。味苦，辛，性凉。清热解毒，祛瘀，通便，杀虫。用于肺脓疡，肺结核咯血，急，慢性肝炎，烧烫伤，痈疖肿毒，流行性腮腺炎，皮炎，疥疮，湿疹，皮炎。	湖北：来源于湖北恩施。
	刺酸模	*Rumex maritimus* L.	假菠菜、野菠菜	药用根或全草。味酸，苦，性寒。凉血，解毒，杀虫。用于肺结核咯血，痔疮出血，痈疮肿毒，疥癣，皮肤瘙痒。	广西：原产于广西药用植物园。
	尼泊尔酸模	*Rumex nepalensis* Spreng.	尼泊尔羊蹄	药用根。味苦，性寒。清热通便，凉血止血，杀虫止痒。用于大便秘结，肠风便血，痔血，崩漏，白秃，痈疮肿毒，跌打损伤。	广西：来源于日本。湖北：来源于湖北恩施。

科名	植物名	拉丁学名	别名	药用部位及功效	保存地及来源
蓼科 Polygonaceae	钝叶酸模	Rumex obtusifolius L.	血三七、化血莲	药用根、叶。根味苦、辛，性凉。清热解毒，凉血止血，祛瘀消肿，通便，杀虫。用于肺痨咳血，跌打损伤，痈肿毒，疥癣，湿疹。叶味苦、酸，性平。清热解毒，凉血止血，消肿散瘀。用于肺痈，肺结核咯血，痈疮肿毒，疥癣，咽喉肿痛，跌打损伤。	广西：来源于法国 北京：来源于北京 湖北：来源于湖北恩施。
	巴天酸模	Rumex patientia L.	牛西西	药用根。味苦，性凉。有小毒。凉血止血，清热解毒，通便杀虫。用于痢疾，泄泻，肝炎，跌打损伤，大便秘结，痈疮疥癣。	北京：来源于四川。
	美丽酸模	Rumex pulcher L.	琴叶酸模	解热药。	广西：来源于法国。
	狭叶酸模	Rumex stenophyllus Ledeb.	窄叶酸模	药用根。味苦、酸，性寒。凉血止血，清热解毒，杀虫。用于崩漏，胃出血，便血，紫癜，水肿。	广西：来源于德国。
	直根酸模	Rumex thyrsiflorus Fingerh.		收载于《内蒙古药材选编》。	广西：来源于法国。
商陆科 Phytolaccaceae	商陆	Phytolacca acinosa Roxb.	见肿消、风肿消、山萝卜参、萝卜、花商	药用根。味苦，性寒。有毒。逐水消肿，通利二便，解毒散结。用于水肿胀满，二便不通；外用于痈疮肿毒。	广西 云南：来源于云南省昆明市。 云南：来源于云南景洪市。 海南：来源于广西药用植物园。
	垂序商陆	Phytolacca americana L.	美洲商陆、商陆	药用部位及功效参阅商陆 Phytolacca acinosa Roxb.。	北京：来源于辽宁千山。 湖北：来源于湖北恩施。 广西：来源于广西龙州县。 北京：来源于南京。 湖北：来源于湖北恩施。
	蕾芬	Rivina humilis L.	数珠珊瑚		海南：来源于广西药用植物园。

科名	植物名	拉丁学名	别名	药用部位及功效	保存地及来源
	黄细心	*Boerhavia diffusa* L.	黄寿丹、老米青	药用根。味苦、辛，性温。活血散瘀，强筋骨，调经，消疳。用于跌打损伤，筋骨疼痛，月经不调，小儿疳积。	广西：来源于广西北海市。海南：来源于海南万宁市。
	光叶子花	*Bougainvillea glabra* Choisy	宝巾、三角梅、叶子花、紫三角、紫亚兰、簕杜鹃、九重葛	药用花。味苦、涩，性温。调和气血，收敛止带。用于月经不调，赤白带下。	广西：来源于广西合浦县。云南：来源于云南景洪市。海南：来源于海南万宁市。北京：来源于广西。
紫茉莉科 Nyctaginaceae	白宝巾	*Bougainvillea glabra* Choisy var.alba		药用部位及功效参阅光叶子花 *Bougainvillea glabra* choisy。	广西：来源于广西南宁市。
	花叶宝巾	*Bougainvillea glabra* cv. Har-risii		药用部位及功效参阅光叶子花 *Bougainvillea glabra* choisy。	广西：来源于广西南宁市。
	砖红宝巾花	*Bougainvillea spectabilis* Wi-lld.	红宝巾	药用全株。用于跌打损伤，痈疮。	海南：来源于海南万宁市。北京：来源于云南。
	淡红宝巾花	*Bougainvillea spectabilis* Wi-lld.var.lateritiica Law.		药用部位及功效参阅砖红宝巾花 *Bougainvillea spectabilis* willd.。	海南：来源于海南万宁市。

（续表）

科名	植物名	拉丁学名	别名	药用部位及功效	保存地及来源
紫茉莉科 Nyctaginaceae	紫茉莉	*Mirabilis jalapa* L.	胭脂花、粉葛花、野丁香、贺罗外亮（傣话）	药用全株。味甘、淡，性微寒。清热利湿，解毒活血。根，叶用于热淋，白浊，水肿，赤白带下，关节肿痛，痈疽肿毒，乳痈，跌打损伤。果实用于面生斑痣，脓疱疮。花用于咯血。	广西：来源于广西南宁市。云南：来源于云南景洪市。海南：来源于海南万宁市。北京：来源于北京。湖北：来源于湖北恩施。
	避霜花	*Pisonia aculeata* L.	腺果藤	药用树皮、叶。用于肿毒疼痛，风湿疼痛。	海南：来源于海南万宁市。
	胶果树	*Pisonia umbellifera* （Forst）Seem.	牛大力树	药用树皮、叶。用于肿毒，风湿疼痛。	海南：来源于海南万宁市。
栗米草科 Molluginaceae	星毛栗米草	*Mollugo lotoides* （L.）O. Kuntz.	栗米草	药用全草。清热解毒，利湿。用于腹痛，泄泻，感冒咳嗽，皮肤风疹，外用于目赤红痛，疮疖肿毒。	海南：来源于海南万宁市。
	裸茎栗米草	*Mollugo nudicaulis* Lam.			海南：来源于海南万宁市。
	簇花栗米草	*Mollugo oppositifolia* L.	米碎草、圆根草	药用全草。清热解毒，利湿。	海南：来源于海南万宁市。
	栗米草	*Mollugo pentaphylla* L.	地麻黄	药用全草。味淡、涩，性凉。清热化湿，解毒消肿。用于腹痛泄泻，痢疾，感冒咳嗽，中暑，皮肤热疹，目赤肿痛，疮疖肿毒，毒蛇咬伤，烧烫伤。	海南：来源于海南万宁市。
番杏科 Aizoaceae	海马齿苋	*Sesuvium portulacastrum* （L.）L.			海南：来源于海南万宁市。
	美丽日中花	*Mesembryanthemum spectabile* Haw.	龙须海棠	药用花。含有甜菜色苷、甜菜黄素。	广西：来源于福建省厦门市。北京：来源于北京。

科名	植物名	拉丁学名	别名	药用部位及功效	保存地及来源
马齿苋科 Portulacaceae	大花马齿苋	Portulaca grandiflora Hook.	太阳花、半枝莲、洋马齿苋、午时花、松叶牡丹	药用全草。味淡、微苦，性寒。清热解毒，散瘀止血。用于咽喉肿痛，疔疮，湿疹，跌打肿痛，烫火伤，外伤出血。	广西：来源于北京。云南：来源于云南景洪市。北京：来源于北京。湖北：来源于湖北恩施。海南：来源于海南万宁市。
	马齿苋	Portulaca oleracea L.	瓜子菜、蚂蚁菜、长寿菜、老鼠耳、猪母菜、酸甜菜、帕拔凉（傣语）	药用地上部分。味酸，性寒。凉血止血，清热解毒，湿疹，丹毒，蛇虫咬伤，便血，痈疖，崩漏下血。用于热毒血痢，痈肿疔疮，种子明目，利大小肠。	广西：来源于广西南宁市。云南：来源于云南景洪市。海南：来源于海南万宁市。北京：来源于北京。
	毛马齿苋	Portulaca pilosa L.	多毛马齿苋、禾日中花、禾雀草	药用全草。用于刀伤，烧、烫伤。	海南：来源于海南万宁市。
	土人参	Talinum paniculatum (Jacq.) Gaertn.	土高丽参、假人参、锥花土人参、飞来参、玉参	药用根、叶。味苦，淡，性平。补气润肺，止咳，调经。用于气虚劳倦，肺痨咳血，眩晕，潮热，盗汗，自汗，月经不调，带下，产妇乳汁不足。	广西：来源于广西龙州县。海南：不明确。北京：来源于四川。湖北：来源于湖北恩施。
	棱轴土人参	[Talinum triangulare (Jacq.) Willd.]	土人参	药用根。补中益气，润肺生津。用于肺热咳嗽，月经不调。	广西：来源于广西南宁市。海南：不明确。
	土洋参	Talinum portulacifolium (For-ssk.) Aschers et Schweinf		药用根、叶，性甘。味甘，性平。补中益气，润肺生津，体虚自汗，脾虚泄泻，肺燥泄泻，乳汁稀少。	云南：来源于景洪市。

科名	植物名	拉丁学名	别名	药用部位及功效	保存地及来源
落葵科 Basellaceae	落葵薯	Anredera cordifolia (Tenore) Van Steen	藤三七、土三七、藤子三七、小年药、心叶落葵薯	药用藤及珠芽。味微苦，性温。补肾强腰，散瘀消肿，跌打损伤，用于腰膝痹痛、病后体弱、骨折。	广西：来源于广西南宁市。云南：来源于云南景洪市。海南：不明确。北京：来源于广西。
	落葵	Basella alba L.	红藤菜、豆腐菜、胭脂菜、藤菜、木耳菜、白落葵	药用叶或全草。味甘、酸，性寒。凉血解痰，活血。用于大便秘结、跌打损伤、小便短涩、痢疾。热毒疮疡。果实：花。滑肠通便，清热利湿，美容泽肌肤，用于痘疹、花容。性凉。血解毒。用于痘疹、乳头破裂。	广西：来源于广西龙州县。云南：来源于云南景洪市。海南：不明确。北京：来源于海南。
	红落葵	Basella rubra L.		清热解毒，散热	北京：来源于海南。
	麦仙翁	Agrostemma githago L.	麦毒草	药用全草。接骨止痛，滑肠，崩漏。	北京：来源于保加利亚。
石竹科 Caryophyllaceae	无心菜	Arenaria serpyllifolia L.	小无心菜、蚤缀	药用全草。味苦、辛，性凉。清热，明目，止咳。用于肝热目赤、翳膜遮睛、肺痨咳嗽、咽喉肿痛、牙龈炎。	广西：来源于法国。德国。
	短瓣花	Brachystemma calycinum D.Don	白牛藤、抽筋草、短瓣石竹、土牛七	药用根或全草。味甘、苦，性平。活血化瘀，通淋泄浊，解毒消肿。用于血瘀疼痛、经闭、倒经、痰结块、热淋、血淋、跌打损伤、疮疡、经脉入络、乳蛾、白喉。	广西：来源于广西上林县。云南：来源于云南勐腊县。
	卷耳	Cerastium arvense L.	田野卷耳、田卷耳	药用全草，性温。滋阴补阳。用于阴阳亏虚。	广西：来源于法国。荷兰。
	狗筋蔓	Cucubalus baccifer L.	伸筋草、舒筋草	药用全草。味甘、苦，性温。活血定痛，接骨生肌，用于跌打损伤、骨折、风湿骨痛、月经不调、瘰疬、痈疽。	广西：来源于法国。北京：来源于杭州。
	球序卷耳	Cerastium glomeratum Thuill.	婆婆指甲菜、瓜子草	药用全草。味甘、微苦，性凉。清热，消湿，凉血解毒，泄泻，肠风下血，用于感冒发热、湿热、疔疮、乳痈；外用于乳痈。	广西：来源于法国。
	须苞石竹	Dianthus barbatus L.	红苞石竹、五彩石竹	药用全草。清热，活血调经，消肿通络，利尿通淋。花用做芳香新味剂，解痉剂、镇静剂。	广西：来源于德国。北京：来源于北京。湖北：来源于湖北恩施。

科名	植物名	拉丁学名	别名	药用部位及功效	保存地及来源
石竹科 Caryophyllaceae	麝香石竹	*Dianthus caryophyllus* L.		药用地上部分。清热利尿，破血，通便。	北京：来源于北京。
	石竹	*Dianthus chinensis* L.	石柱花、中国石竹	药用地上部分。味苦，性寒。利尿通淋，破血通经。用于热淋、血淋、石淋，小便不通，淋沥涩痛，月经闭止。	广西：来源于广西桂林市。海南：来源于海南海口市。北京：来源于河北安国。湖北：来源于湖北恩施。
	一叶石竹	*Dianthus deltoides* L.	美女石竹	药用根。含有石竹皂苷（dianthussaponin）A，B 和石竹皂苷（dianthoside）C。	广西：来源于法国。
	日本石竹	*Dianthus japonicus* Thunb.	滨瞿麦	药用全株。用于跌打，毒疮等。	广西：来源于法国。
	瞿麦	*Dianthus superbus* L.	竹节草、稠子花	药用部位及功效参阅石竹 *Dianthus chinensis* L.。	广西：来源于广西桂林市。北京：来源于北京中山公园。湖北：来源于湖北恩施。
	荷莲豆草	*Drymaria cordata* （L.） Wi-lld.	荷莲豆菜、串莲草、月光草、有米草	药用全草。味苦，性凉。清热利湿，活血解毒。用于黄疸，水肿，疟疾，惊风，风湿脚气，疮痛疔毒，小儿疳积，目翳。	广西：来源于广西武鸣县。云南：来源于云南景洪市。海南：来源于海南万宁市。
	缕丝花	*Gypsophila elegans* M.Bieb.		止血敛带。	北京：来源于北京。
	长蕊石头花	*Gypsophila oldhamiana* Miq.	霞草、欧石头花	药用根。味甘，性微寒。凉血，清虚热。用于跌打损伤，骨折，外伤，小儿疳热，久疟不止。	广西：来源于英国。北京：来源于东北。
	圆锥石头花	*Gypsophila paniculata* L.	山银柴胡	药用根。味甘，性微寒。凉血，清虚热。用于阴虚肺劳，骨蒸潮热，盗汗，小儿疳热，久疟不止。	广西：来源于波兰。
	丝石竹	*Gypsophila scorzonerifolia* Ser.		退虚热，清疳热。	北京：来源于保加利亚。

科名	植物名	拉丁学名	别名	药用部位及功效	保存地及来源
	三岐丝石竹	Gypsophila trichotma Wend.		退虚热，清疳热。	北京：来源于保加利亚。
	治疝草	Herniaria glabra L.	脱肠草	药用全草。利尿，排石，疗伤。用于膀胱结石，创伤。	广西：来源于法国。
	毛剪秋罗	Lychnis coronaria（L.）Desr.	毛缕、醉仙翁	药用带根全草。根带全草发汗，生津。根清热止痛。	广西：来源于法国，德国。
	剪春罗	Lychnis coronata Thunb.	剪夏罗	药用根，全草。味甘，微苦，性寒。泻火解毒，用于感冒发热，泄泻。	广西：来源于四川省成都市。湖北：来源于湖北恩施。
	剪秋罗	Lychnis fulgens Fische.	大花剪秋罗	药用根，全草。味甘，性寒。清热利尿，健脾，安神，用于小便不利，小儿疳积，盗汗，头痛，失眠。	广西：来源于云南省昆明市。北京：来源于北京。
	剪秋罗	Lychnis senno Sieb.et Zucc.	地黄连、见肿消、散血沙	药用根及全草。味甘，性寒。清热，止痛，止泻。用于感冒，风湿关节痛，泄泻。	北京：来源于四川南川。
石竹科 Caryophyllaceae	白花紫萼女娄菜	Melandrium tatkrinowii（Regel）Y. W.Tsui var.albiflorum（Franch.）Z.Cheng		药用块根。补虚，益精，健肠胃。	湖北：来源于湖北恩施。
	鹅肠菜	Myosoton aquaticum（L.）Moench	牛繁缕、鹅肠草	药用全草。味甘，酸，性平。清热解毒，散瘀消肿，用于肺热喘咳，痢疾，痈疽，痔疮，牙痛，月经不调，小儿疳积。	广西：来源于广西桂林市。
	白鼓钉	Polycarpaea corymbosa（L.）Lam.	星色草、白花草	药用全草。味淡，性凉。清热解毒，除湿利尿。用于急性细菌性痢疾，肠炎，实症腹水，消化不良。	海南：来源于海南万宁市。
	大花白鼓钉	Polycarpaea gaudichaudii Gagnep.			海南：来源于海南万宁市。

科名	植物名	拉丁学名	别名	药用部位及功效	保存地及来源
	太子参	*Pseudostellaria heterophylla* (Miq.) Pax	孩儿参	药用块根。味甘、微苦，性平。补益脾肺，益气生津。用于脾虚体倦，气阴不足，病后虚弱，自汗口渴，肺燥干咳。	北京：来源于南京。
	漆姑草	*Sagina japonica* (Sw.) Ohwi	踏地草	药用全草。味苦、辛，性凉。凉血解毒，杀虫止痒。用于漆疮、秃疮、湿疹、丹毒、无名肿毒、毒蛇咬伤、鼻渊、龋齿痛、跌打内伤。	广西：来源于广西那坡县。
	肥皂草	*Saponaria officinalis* L.		药用根。祛痰、利尿，杀虫。用于咳嗽，祛风除湿，抗菌，皮肤病。	北京：来源于北京。
	高雪轮	*Silene armeria* L.		药用全草。清热解毒。	北京：来源于民主德国。湖北：来源于湖北恩施。
	麦瓶草	*Silene conoidea* L.	米瓦罐、灯笼草	药用全草。味苦，性凉。清热凉血，止血调经。用于鼻衄，吐血，尿血，肺痛，月经不调。	北京：来源于北京。
石竹科 Caryophyllaceae	坚硬女娄菜	*Silene firma* Sieb. et Zucc.	粗壮女娄菜	药用全草。味苦、淡，性凉。清热解毒，利尿，调经。用于咽喉肿痛，聤耳出脓，小便不利，种子活血通经，消肿止痛。	广西：来源于日本。
	石生蝇子草	*Silene tatarinowii* Regel	米洋参、瓦草	药用全草。用于清热，通淋，止痛。	北京：来源于北京。
	大爪草	*Spergula arvensis* L.		药用种子。可提取细胞分裂素，促进植物在组织培养中产生更多的生物活性成分。	广西：来源于德国。
	雀舌草	*Stellaria alsine* Grimm.	天蓬草、寒草、雪里开花	药用全草。味辛，性平。祛风除湿，活血消肿，解毒止血。用于伤风感冒，泄露泻，痢疾，风湿骨痛，跌打损伤，骨折，痈疖肿毒，痔漏，毒蛇咬伤，吐血，衄血，外伤出血。	广西：来源于广西融水县。

科名	植物名	拉丁学名	别名	药用部位及功效	保存地及来源
石竹科 Caryophyllaceae	银柴胡	Stellaria dichotoma L. var. lanceolata Bunge	牛肚根、白根子	药用根。味甘，性微寒，清虚热，除疳热。用于阴虚发热，骨蒸劳热，小儿疳热。	广西：来源于北京。
	繁缕	Stellaria media (L.) Cyr.	鹅肠菜、圆酸菜、小鸡草	药用全草。味甘，酸，性凉。清热解毒，化瘀止痛，催乳。用于肠炎，痢疾，肝炎，阑尾炎，产后瘀血腹痛，子宫收缩痛，牙痛，乳汁不下，乳腺炎，跌打损伤，疮痈肿毒。	海南：来源于海南万宁市。北京：来源于北京。湖北：来源于湖北恩施。
	王不留行	Vaccaria segetalis (Neck.) Garcke	麦篮子	药用种子。味苦，性平。活备通经，下乳消肿。用于乳汁不下，经闭，痛经，乳痈肿痛。	广西：来源于北京。北京：来源于北京。湖北：来源于湖北恩施。
	匍匐滨藜	Atriplex repens Roth.	伏地滨藜	药用全草。祛风行湿，固肾，消肿解毒。用于耳源性眩晕，下消，白带，月经不调，关节炎，口疮，皮炎。	海南：不明确。
	甜菜	Beta vulgaris L.	糖萝卜	药用根。味甘，性平。通经脉，下气，开胸膈。用于经脉不通，气滞胸闷。	北京：来源于辽宁。
	厚皮菜	Beta vulgaris L. var.cicla L.	海白菜、莙荙菜	药用茎叶及种子。味甘，性凉。清热凉血，行瘀止血。用于麻疹透发不快，热毒下痢，经闭，淋浊，痈肿，骨折，种子用于小儿发烧，痔瘘下血。	北京：来源于辽宁。
藜科 Chenopodiaceae	藜	Chenopodium album L.	灰菜、灰条	药用幼嫩全草、果实或种子。全草味甘，性平。有小毒。清热祛湿，解毒消肿，杀虫止痒。用于发热，咳嗽，湿疹，腹泻，疝气，龋齿痛，痢疾，疥癣，白癜风，疮疡肿痛，毒虫咬伤。果实或种子味苦，微甘，性寒。有小毒。清热祛湿，杀虫止痒。用于小便不利，水肿，皮肤湿疮，头疮，耳聋。	广西：来源于广西苍梧县。北京：来源于北京。湖北：来源于湖北恩施。

75

科名	植物名	拉丁学名	别名	药用部位及功效	保存地及来源
藜科 Chenopodiaceae	土荆芥	*Chenopodium ambrosioides* L.	钩虫草、臭草、臭蒿、杀虫芥	药用带果穗全草。味辛、苦，性微温。有大毒。祛风除湿，杀虫止痒，活血消肿。用于钩虫病、蛔虫病，头风，皮肤湿疹、疥癣，风湿痹痛，经闭，痛经，口舌生疮，咽喉肿痛，跌打损伤，蛇虫咬伤。	广西：原产于广西药用植物园。云南：来源于云南景洪市。北京：来源于原苏联。
	驱虫土荆芥	*Chenopodium ambrosioides* (L.) Mos. et clem var.*anthelminticus* A.Gray		药用全草。驱虫，抗疟。	广西：来源于日本。北京：来源于原苏联。
	香藜	*Chenopodium botrys* L.	总状花藜	药用全草。用于皮肤湿疹，肠道虫症。	广西：来源于法国。
	灰绿藜	*Chenopodium glaucum* L.		药用幼嫩全草。清热利湿。	广西：来源于法国。
	杂配藜	*Chenopodium hybridum* L.	大叶藜、血见愁	药用全草。味甘，性平。调经止血，解毒消肿。用于月经不调，崩漏，吐血，咯血，尿血，血痢，便血，疮疡肿毒。	广西：来源于北京市。
	昆诺阿藜	*Chenopodium quinoa* Willd.		药用提取物。抑制黑色素形成和抑制酪氨酸酶活性。用于防治皮肤斑点，雀斑、黄褐斑。	广西：来源于波兰。
	小藜	*Chenopodium serotinum* L.	灰藋、灰灰菜	药用全草。味苦，甘，性平。疏风清热，解毒去湿，杀虫。用于风热感冒，疮疡肿毒，疥癣，湿疮，白癜风，蛔虫、绦虫，虫咬伤。	广西：原产于广西药用植物园。北京：来源于广西。

（续表）

科名	植物名	拉丁学名	别名	药用部位及功效	保存地及来源
藜科 Chenopodiaceae	地肤	Kochia scoparia (L.) Schrad.	地肤子、地麦、铁扫把、扫帚草、观音草	药用成熟果实。味辛、苦，性寒。清热利湿、祛风止痒。用于小便涩痛、阴痒带下、风疹、湿疹、皮肤瘙痒。	广西：来源于广西南宁市。云南：来源于云南景洪市。海南：来源于广西药用植物园。北京：来源于辽宁。湖北：来源于湖北恩施。
	扫帚菜	Kochia scoparia f. trichophila (Hort. ex Tribune)		药用部位及功效 参阅地肤 Kochia scoparia (L.) Schrad.。	北京：来源于北京。
	扫帚苗	Kochia scoparia var. cultae Farwell		清湿热，利小便。	北京：来源于四川。
	猪毛菜	Salsola collina Pall.	扎蓬棵、牛尾巴	药用全草。味甘，淡，性凉。平肝。用于肝阳头痛。	北京：来源于辽宁。
	菠菜	Spinacia oleracea L.	鼠根菜、飞龙菜	养。全草味甘，性平。用于瘾血，止血，润燥，目眩，目赤，夜盲症，消渴引饮，便闭，痔疮。种子清肝明目，止咳平喘。用于风火目赤肿痛，咳喘。	广西：来源于广西南宁市。海南：来源于海南万宁市。湖北：来源于湖北恩施。
苋科 Amaranthaceae	土牛膝	Achyranthes aspera L.	倒扣草、倒挂刺、倒钩草、怀哦龙（傣语）	药用全草。味苦、酸，性微寒。活血化瘀，利尿通淋，清热解表。用于经闭，痛经，月经不调，跌打损伤，风湿关节痛，淋病，水肿，湿热带下，外感发热，疟疾，痢疾，咽痛，疔疮痈肿。	广西：来源于广西武鸣县。云南：来源于云南景洪市。海南：来源于海南万宁市。北京：来源于广西。湖北：来源于湖北恩施。
	红牛膝	Achyranthes aspera var. rubro-fusca Hook.f.		通经，利尿。	北京：来源于四川。
	牛膝	Achyranthes bidentata Bl.	山牛膝、白牛膝、怀牛膝、鸡胶骨、怀哦图（傣语）	药用根。味苦、酸，性平。补肝肾，强筋骨，逐瘀通经，引血下行。用于腰膝酸痛，筋骨无力，经闭癥瘕，肝阳眩晕。	广西：来源于河南省。云南：来源于云南景洪市。海南：来源于海南万宁市。北京：来源于河南怀庆。湖北：来源于湖北恩施。

科名	植物名	拉丁学名	别名	药用部位及功效	保存地及来源
苋科 Amaranthaceae	少毛牛膝	Achyranthes bidentata Bl. var. japonica Miq.	尖叶牛膝	药用根味，微苦，性凉。解表清热，利湿。利尿。	广西：来源于日本。
	日本牛膝	Achyranthes fauriei Lévl. et Vant.	和牛膝	药用根。散瘀血，补肝肾。	广西：来源于日本。
	柳叶牛膝	Achyranthes longifolia (Makino) Makino	长叶牛膝	药用根。补肝肾，强筋骨，逐瘀通经，尿血症，风湿关节痛。引血下行。用于淋症，	广西：来源于广西桂林市。湖北：来源于湖北恩施。
	白花苋	Aerva sanguinolenta (L.) Bl.	绢毛苋、白牛膝、广牛膝、白牛膝	药用根或花。活血散瘀，清热除湿。血瘀崩味辛，性微寒。漏，经闭，跌打损伤，用于月经不调，风湿关节痛，湿热黄疸，痢疾，炒用补肝肾角膜云翳。强筋骨。	广西：来源于广西田林县。云南：来源于云南景洪市。海南：来源于海南万宁市。
	锦绣苋	Alternanthera bettzichiana (Regel) Nich.	红草、红莲子草	药用全草。味甘、微酸，性凉。凉血止血，散瘀解毒。用于吐血，咯血，痢疾。跌打损伤，结膜炎，	广西：来源于广西南宁市。海南：来源于海南万宁市。
	喜旱莲子草	Alternanthera philoxeroides (Mart.)Griseb.	空心莲子草、空心苋、水花生	药用全草。味苦、甘，性寒。清热凉血，解毒，利尿。用于咳血，尿血，感冒发热，麻疹，乙型脑炎，黄疸，淋浊，湿疹，痈肿疔疮，毒蛇咬伤。	广西：原产于广西药用植物园。云南：来源于云南景洪市。
	虾钳菜	Alternanthera sessilis (L.) R.Br.	水牛膝、节节花、百花子、莲子草	药用全草。味甘，性寒。凉血散瘀，清热解毒，除湿通淋。用于咳血，吐血，便血，湿热黄疸，痢疾，泄泻，牙龈肿痛，咽喉肿痛，肠痈，乳痈，疔疮，疮肿毒草，湿疹，淋症，跌打损伤，蛇咬伤。	广西：原产于广西药用植物园。云南：来源于云南景洪市。

科名	植物名	拉丁学名	别名	药用部位及功效	保存地及来源
苋科 Amaranthaceae	尾穗苋	Amaranthus caudatus L.	老枪谷、红苋菜	药用根、叶及种子。根味甘，性平。健脾，消疳。用于脾胃虚弱，倦怠乏力，食少，小儿疳积。叶解毒消肿。用于疔疮疔肿，风疹盛痒。种子味辛，性凉，清热透表。用于小儿水痘，麻疹。	广西：来源于德国。北京：来源于四川。湖北：来源于湖北恩施。
	千穗谷	Amaranthus hypochondriacus L.	仙米菜	药用全草。消食健胃，止痒。皮肤疮疹，食积腹胀。	广西：来源于广西南宁市。
	凹头苋	Amaranthus lividus L.	野苋菜、野苋	药用全草或根。味甘，性微寒。清热解毒，利尿。用于痢疾，腹泻，蛇蝎咬伤，毒蛇咬伤，小便不利，水肿。种子用于祛寒热，利小便，明目。	广西：来源于法国。
	繁穗苋	Amaranthus paniculatus L.	红粘谷	药用全草、种子。全草味甘，性凉。清热解毒，利湿。用于痢疾，活血消肿。种子味甘，性微寒。用于痢疾，黄疸，子宫癌，活血消肿，跌打损伤，痈疮肿毒。	广西：：来源于上海市
	反枝苋	Amaranthus retroflexus L.	野苋菜	药用全草或根。味甘，性微寒。清热解毒，利尿。用于痢疾，腹泻，蛇蝎咬伤，毒蛇咬伤，小便不利，水肿。	广西：来源于法国。北京：来源于天津。湖北：来源于湖北恩施。
	刺苋	Amaranthus spinosus L.	勒苋菜、野勒苋、野刺花、百刺花	药用全草或根。味甘，性微寒。凉血止血，清利湿热，解毒消痈。用于胃出血，便血，痔血，胆囊炎，胆结石症，带下，小便涩痛，痢疾，湿热泄泻，湿疹，咽喉肿痛，痈肿，牙龈糜烂，蛇咬伤。	广西：原产于广西药用植物园。云南：来源于云南景洪市。海南：来源于海南万宁市。北京：来源于云南。

科名	植物名	拉丁学名	别名	药用部位及功效	保存地及来源
苋科 Amaranthaceae	苋	*Amaranthus tricolor* L.	赤苋、花苋、红苋、雁来红、三色苋	药用茎叶、种子及根。茎叶味甘、性微寒，清热解毒，通利二便。用于痢疾，蛇虫螫伤，疮毒。种子味甘，性寒。清肝明目，视物昏暗，通利二便。用于青盲翳障，视物昏暗，白浊血尿，二便不利。根味辛、性微寒，清解热毒，散瘀止痛。用于痢疾，泄泻，痔疮，牙痛，漆疮，阴囊肿痛，跌打损伤，崩漏，带下。	广西：原产于广西药用植物园。云南：来源于云南景洪市。海南：来源于海南万宁市。北京：来源于北京。湖北：来源于湖北恩施。
	皱果苋	*Amaranthus viridis* L.	绿苋、白苋、细苋	药用全草或根。味甘、性寒，清热，利湿，解毒。用于痢疾，便血，泄泻，疮肿，蛇虫螫伤，牙痛。	广西：原产于广西药用植物园。云南：来源于云南景洪市。海南：来源于海南万宁市。北京：来源于云南。
	青葙	*Celosia argentea* L.	青葙子、红牛夕、野鸡冠花、狗尾苋	药用种子。味苦，性寒，清肝，明目，退翳。用于肝热目赤，眼生翳膜，视物昏花，肝火眩晕。	广西：来源于广西百色市。云南：来源于云南景洪市。海南：不明确。北京：来源于北京，四川南川，海南。湖北：来源于湖北恩施。
	鸡冠花	*Celosia cristata* L.	鸡公花、海冠花、鸡冠头	种子凉血，止血。用于肠风便血，赤白痢疾，崩带，淋浊。花序收敛止血，止带。用于吐血，崩漏，便血，赤白带下，久痢不止，痔疮，痢疾，吐血，衄血，血崩。茎叶用于痔疮。	广西：来源于广西南宁市。云南：来源于云南景洪市。海南：来源于海南海口市。北京：来源于北京，四川南川。湖北：来源于湖北恩施。
	浆果苋	*Cladostachys frutescens* D.Don	九层风、地灵苋	药用全株。味淡、性平。祛风除湿，清热解毒。用于风湿痹痛，痢疾，泄泻。	广西：来源于广西上林县。

科名	植物名	拉丁学名	别名	药用部位及功效	保存地及来源
苋科 Amaranthaceae	头花杯苋	*Cyathula capitata* Moq.	麻牛膝、白中膝	药用根。祛风除湿，祛瘀通经，强筋壮骨。	北京：来源于四川南川。
	川牛膝	*Cyathula officinalis* Kuan	毛中膝	药用根。味甘、微苦，性平。逐瘀通经，通利关节，利尿通淋。用于经闭症瘕，胞衣不下，关节痹痛，足痿筋挛，尿血血淋，跌扑损伤。	湖北：来源于湖北恩施。
	杯苋	*Cyathula prostrata* (L.) Bl.	蛇见怕、拔弹草、银丝扣、倒扣草	药用全草。味苦、甘，性平。消积除痰，消肿止痛。用于小儿疳积，肝脾肿大，肺结核，蛇咬伤，疮疡肿毒。根清热解毒。用于细菌性痢疾。	海南：来源于海南万宁市。
	银花苋	*Gomphrena celosioides* Mart	地稍苋	药用全草。味甘，性凉。清热利湿，凉血止血。用于痢疾。	海南：来源于海南万宁市。
	千日红	*Gomphrena globosa* L.	百日红、千年红	药用花序或全草。味甘，微咸，性平。止咳平喘，哮喘，清肝明目，解毒。用于咳嗽，百日咳，小儿夜啼，头痛，肝热头晕，痢疾，疮疖。	广西：来源于广西南宁市。海南：来源于海南海口市。北京：来源于广西。
	千日白	*Gomphrena globosa* L. f. alba Hort.		药用花序。清热退热，祛痰平喘，明目。	广西：来源于广西南宁市。
	千日粉	*Gomphrena globosa* L. f. rubra Hort.	火球花	药用部位及功效参阅千日红 *Gomphrena globosa* L.。	广西：来源于广西南宁市。
	血苋	*Iresine herbstii* Hook. f. ex Lindl.	红木耳、红苋、一口红、红洋苋、红叶苋	药用全草。味甘、微咸，性凉。凉血止血，清热利湿，解毒。用于吐血，衄血，咳血，崩漏，痢疾，泄泻，便血，湿热带下，痈肿。	广西：来源于广西龙州县。云南：来源于云南景洪市。海南：来源于海南万宁市。

科名	植物名	拉丁学名	别名	药用部位及功效	保存地及来源
	仙人柱	Cereus peruvianus (L.) Mill.		药用茎。外用于跌打损伤。	海南：不明确。
	鹿角掌	Echinocereus procumbens Lem.			北京：来源于北京植物园。
	仙人球	Echinopsis multiplex Zucc.	仙人拳、薄荷包掌	药用全株。味甘，性平。清热止咳，凉血解毒，消肿止痛。用于肺热咳嗽，痰中带血，衄血，吐血，胃溃疡，痈肿，蛇虫咬伤；外用于蛇、虫咬伤，烧，烫伤。	广西：来源于广西南宁市。海南：来源于海南万宁市。湖北：来源于湖北恩施。
	昙花	Epiphyllum oxypetalum (DC.) Haw.	琼花、月下美人、金钩莲	药用花、茎。花味甘，性平。清肺止咳，凉血止血，略血，养心安神。用于肺热咳嗽，肺痨，崩漏，心悸，失眠，茎味酸、咸，性凉。清热解毒。用于疔疮疖肿。	广西：来源于广西南宁市。云南：来源于云南景洪市。海南：来源于广西药用植物园。北京：来源于北京植物园。
仙人掌科 Cactaceae	量天尺	Hylocereus undatus (Haw.) Britt.et Rose	霸王花、三角柱、三棱箭、三菱柱、剑花	药用花、茎。花味甘，性微寒。清热润肺，止咳化痰，解毒消肿，疔疮，瘰疬，肺痨，痄腮。茎味甘，淡，性凉。舒筋活络，解毒消肿。用于跌打骨折，疮肿，痄腮，烧烫伤。	广西：来源于广西南宁。云南：来源于云南景洪市。海南：来源于海南万宁市。北京：不明确。
	仙人笔	Kleinia articulata Haw.			北京：不明确。
	乌羽玉	Lophophora williamsii (Lem.) Coult	老头掌	药用茎。有毒。麻醉。	广西：来源于上海市。
	八掛掌	Mammillaria longimamma DC.	长疣仙人掌	药用全株。止血，止痛。用于内伤出血，腹痛。	北京：来源于北京植物园。
	绒仙人球	Mammillaria rhodantha Link	朝日球	药用茎。味甘，性凉。散积消滞。用于消化不良，饮食积滞。	广西：来源于广西南宁。

科名	植物名	拉丁学名	别名	药用部位及功效	保存地及来源
仙人掌科 Cactaceae	令箭荷花	Nopalxochia ackermannii Kn-uth		药用全株。用于精神病。	海南：来源于广西药用植物园。北京：来源于北京植物园。
	仙人鞭	Nyctocereus serpentinus (Lag.) Britt.et Rose	万年刺	药用茎。味辛、苦、涩，性凉。理气消積，清热解毒。用于疹瘕、泄泻，乳痛，蛇咬伤。	广西：来源于广西南宁。
	锁链掌	Opuntia cylindrica (Lam.) DC.	大蛇		北京：来源于北京植物园。
	仙人掌	Opuntia dillenii (Ker-Gawl.) Haw.	观音掌、半天仙	药用根、茎、花、果实。根、茎味苦，性寒。行气活血，凉血止血，解毒消肿。用于胃痛、痞块、痢疾，喉痛，肺热咳嗽，肺痨略血，吐血，疮示血，疔疮，瘰疬，乳痈，疥癣，冻伤，蛇虫咬伤，烫伤。花味苦，性凉。凉血止血。用于吐血。果实味甘，性凉。益胃生津，除烦止渴。用于胃阴不足，烦热口渴。	广西：来源于广西南宁市。海南：不明确。
	黄毛掌	Opuntia microdasys Pfeiff.		清热解毒，消肿。	北京：来源于北京植物园。
	无刺仙人掌	Opuntia vulgaris Mill.	扁仙人掌、绿仙人掌	药用部位及功效参阅仙人掌 Opuntia dillenii (Ker-Gawl.) Haw.	广西：来源于广西凭祥市。海南：不明确。
	木麒麟	Pereskia aculeata Mill.	虎刺、仙人叶、叶仙人掌		海南：不明确。北京：不明确。
	圆齿蟹爪兰	Schlumbergera bridgesii (Lem.) Lofgr.		药用茎。用于痉疡肿毒。	海南：来源于海南海口市。

科名	植物名	拉丁学名	别名	药用部位及功效	保存地及来源
仙人掌科 Cactaceae	蟹爪兰	Schlumbergera truncata (Haw.) Moran	锦上添花、蟹足霸王鞭、半边旗、蟹爪花	药用地上部分。味苦，性寒。解毒消肿。用于疮疡肿毒，腮腺炎。	广西：来源于广西南宁市。北京：来源于北京植物园。湖北：来源于湖北恩施。
	大轮柱	Selenicereus grandiflorus (L.) Britt.et Rose			海南：不明确。
木兰科 Magnoliaceae	鹅掌楸	Liriodendron chinense (Hemsl.) Sarg.	凹朴皮、马褂木、马褂树、遮阳树	药用树皮、根。味辛，性温。树皮祛风除湿，散寒止咳。用于风湿痹痛，风寒咳嗽。	广西：来源于广西乐业县。海南：来源于海南万宁市。湖北：来源于湖北恩施。
	绢毛木兰	Magnolia albosericea Chun et C.Tsoong	棱叶树		海南：来源于海南保亭县三道镇。
	望春玉兰	Magnolia biondii Pamp.	望春花、法氏辛夷	药用花蕾。味辛，性温。祛风通窍，镇痛杀菌，鼻塞流鼻涕。用于头痛，鼻塞流鼻涕。	北京：来源于北京。
	夜香木兰	Magnolia coco (Lour.) DC.	夜合花、合欢花	药用花。味辛，性温。行气祛瘀，止咳止带。用于胁肋胀痛，乳房胀痛，跌打损伤，失眠，白带过多。	广西：来源于广西南宁市、梧州市。云南：来源于云南勐腊县。海南：来源于广西药用植物园。

（续表）

科名	植物名	拉丁学名	别名	药用部位及功效	保存地及来源
木兰科 Magnoliaceae	山白兰	*Magnolia delavayi* Franch.	野厚朴、土厚朴、野玉兰、波罗花	药用树皮、花及花蕾。树皮味苦、辛，性温。温中理气，健脾利湿。用于消化不良，慢性胃炎，呕吐，腹痛，腹泻。花、花蕾味苦、辛，性平。宣肺止咳。用于鼻炎，鼻窦炎，支气管炎，咳嗽。	广西：来源于云南西双版纳。
	玉兰	*Magnolia denudata* Desr.	辛夷、白玉兰、姜朴、迎春花、玉堂春	药用花蕾。味辛，性温。散风寒，通鼻窍。用于风寒头痛，鼻塞，鼻渊，鼻流浊涕。	广西：来源于浙江杭州市、江苏南京市。北京：来源于北京。湖北：来源于湖北恩施。
	荷花玉兰	*Magnolia grandiflora* L.	广玉兰、洋玉兰	药用花、树皮。味辛，性温。祛风散寒，行气止痛。用于外感风寒，头痛鼻塞，脘腹胀痛，呕吐腹泻，偏头痛。	广西：来源于广西桂林市，浙江南京市，上海市。北京：来源于北京花木公司。
	狭叶广玉兰	*Magnolia grandiflora* L.var. lanceolata Ait.		药用部位及功效参阅荷花玉兰 *Magnolia grandiflora* L.。	广西：来源于浙江杭州市。
	大叶木兰	*Magnolia henryi* Dunn	思茅玉兰、傻东化（傣语）	药用花、树皮。温中理气。	广西：来源于云南西双版纳。云南：来源于云南勐腊县。
	日本木兰	*Magnolia kobus* DC.	日本辛夷	药用花蕾。祛风散寒。	广西：来源于日本。
	紫玉兰	*Magnolia liliflora* Desr.	木笔花、木兰花、辛夷花、春花	药用花蕾。味辛，性温。散风寒，通鼻窍。用于鼻塞，头痛，齿痛。	广西：来源于湖北武汉市。北京：来源于北京。湖北：来源于湖北恩施。
	馨香玉兰	*Magnolia odoratissima* Law et R.Z.Zhou	馨香木兰	药用花、叶。其提取物含香叶烯（Myrcene）、芳樟醇（linalool），香叶烯祛痰、镇咳，芳樟醇抗菌、抗病毒、镇静。	广西：来源于广西桂林市。

科名	植物名	拉丁学名	别名	药用部位及功效	保存地及来源
木兰科 Magnoliaceae	厚朴	*Magnolia officinalis* Rehd. et Wils.	川朴、紫油厚朴、厚朴实、厚朴子、赤朴	药用树皮、根皮、花及果实。树皮、根皮味辛，性温，温中下气，化湿行滞。用于胸腹胀痛，食积气滞，泄泻，痢疾，气逆喘咳。花味甘，性温，宽中理气，开郁化湿。用于胸脘胀闷，果实用于感冒咳嗽，胸闷。	广西：来源于广西资源县。北京：来源于四川、江西庐山、江西庐山。湖北：来源于湖北恩施。
	凹叶厚朴	*Magnolia officinalis* Rehd. et Wils.ssp.*biloba* (Rehd. et Wils.) Law	庐山厚朴、厚朴	药用花蕾，味苦，性微温。理气，化湿。用于胸脘痞闷胀满。	广西：来源于广西资源县，贵州贵阳市。
	长叶木兰	*Magnolia paenetalauma* Da-ndy	水铁萝木，含笑花木	药用树皮、叶及果实。树皮消积。用于脘腹胀痛。叶、果实用于风湿骨痛，咳嗽。	海南：来源于海南万宁市。北京：来源于北京。
	二乔木兰	*Magnolia soulangeana* Soul.-Bod.		药用花蕾。用于头痛鼻炎。	广西：来源于浙江杭州市。北京：来源于北京花木公司。
	武当玉兰	*Magnolia sprengeri* Pamp.	迎春树、应春花、辛夷、湖北木兰、二月花	药用树皮、花蕾。树皮味辛，性温。功效同厚朴。花蕾味辛，性温，散风寒，通鼻窍。用于风寒头痛，鼻塞，鼻渊，鼻流浊涕。	广西：来源于广西桂林市。
	宝华玉兰	*Magnolia zenii* Cheng	宝华玉兰	药用花蕾。祛风散寒，通鼻窍。	广西：来源于广西桂林市。
	灰木莲	*Manglietia glauca* Dandy		收载于《广西医药研究所药用植物名录》。	广西：来源于广西武鸣县。海南：来源于广西药用植物园。
	海南木莲	*Manglietia hainanensis* Da-ndy	绿楠、龙楠		海南：来源于海南万宁市。
	巴东木莲	*Manglietia patungensis* Hu		药用树皮、花及果实。树皮用于高血压。花祛风止痛，收敛止血。果实通便，止咳。	广西：来源于湖南长沙市。

科名	植物名	拉丁学名	别名	药用部位及功效	保存地及来源
木兰科 Magnoliaceae	白兰	*Michelia alba* DC.	黄桷兰、缅桂花、白玉兰、白缅桂	药用叶、花及根。叶味苦、辛，性温。芳香化湿，止咳化痰，利尿。用于小便淋痛，老年咳嗽气喘，叶蒸馏液镇咳平喘。花味辛、苦，性平。行气通窍，芳香化湿。用于气滞腹胀，带下病，鼻塞。根用于小便淋痛，痈肿。	广西：来源于广西南宁市。云南：来源于云南景洪市。海南：来源于海南海口市。北京：来源于北京。
	黄兰	*Michelia champaca* L.	黄玉兰、黄缅桂、黄缅花、含笑、章巴勒（傣语）	药用根、果实。根味苦，性凉。根祛风湿，利咽喉。用于风湿痹痛，咽喉肿痛，果实健胃止痛。用于胃痛，消化不良。	广西：来源于广西南宁市。云南：来源于云南景洪市。海南：来源于海南乐东县尖峰岭。
	乐昌含笑	*Michelia chapensis* Dandy	景烈含笑、南子香	药用树皮、叶。用于胃脘痛，咳嗽。	广西：来源于云南昆明市，浙江杭州市。
	紫花含笑	*Michelia crassipes* Law	粗柄含笑	药用枝、叶。活血散瘀。清热利湿。用于肝炎。	广西：来源于湖南长沙市，上海市。
	含笑花	*Michelia figo* (Lour.) Spreng.	含笑、紫莲木	药用叶、花蕾。叶用于跌打损伤。花蕾用于月经不调。	广西：来源于广西南宁市。海南：来源于广西药用植物园。北京：来源于广西，北京花木公司。
	多花含笑	*Michelia floribunda* Finet et Gagnep.		药用叶。其提取物含月桂烯（myrcene）。有毒。祛痰，镇咳。	广西：来源于云南西双版纳。
	香子含笑	*Michelia hedyosperma* Law	香籽楠、八角香兰、麻罕（傣语）	药用种子。味辛，性温。消食，健脾胃。用于胸膈痞满，腹痛，感冒。	广西：来源于广西凭祥市。云南：来源于云南景洪市。

87

科名	植物名	拉丁学名	别名	药用部位及功效	保存地及来源
木兰科 Magnoliaceae	醉香含笑	*Michelia macclurei* Dandy	火力楠	药用树皮、叶。用于跌打损伤，痈疮肿毒。	广西：来源于广西南宁市、凭祥市，上海市。
	深山含笑	*Michelia maudiae* Dunn		药用根、花。花味辛，性温。散风寒，通鼻窍，行气止痛。根，花清热解毒，行气化浊，止咳。	广西：来源于广西金秀县、云南昆明市。
	阔瓣含笑	*Michelia platypetala* Hand.-Mazz.	阔瓣白兰花	药用花、树干。花芳香化湿，利尿，止咳。树干降气止痛。	广西：来源于湖南长沙市。
	球花含笑	*Michelia sphaerantha* C.Y.Wu	毛果含笑	药用地上部分。其提取物含β-谷留醇（β-sitosterol），含笑内酯A（sphaelactoneA），芥子醛（sinapldehyde），丁香脂素（syringarosinal）等。降血胆固醇，止渴，抗癌，抗炎。	广西：来源于云南昆明市、广东深圳市。
	云南含笑	*Michelia yunnanensis* Fra-nch.	皮袋香、广东含笑、山辛夷、山枝子、羊皮袋	药用花、根。花味微苦、涩，性凉。清热解毒。用于咽喉炎、鼻炎、结膜炎、脑漏。根收敛止血。用于妇女崩漏。	广西：来源于云南昆明市。
	乐东拟单性木兰	*Parakmeria lotungensis* (Chun et C.Tsoong) law		药用花被片。用于咳嗽气喘，胸腹胀满，泻痢，抗菌。	广西：来源于湖南长沙市。
	云南拟单性木兰	*Parakmeria yunnanensis* Hu	云南拟克林丽木、黑心绿豆	药用植物提取物精油，含小茴香烯（α-fenchene），月桂烯（myrcene），槲皮素（quercetin）等。镇咳，祛痰，抗病毒。	广西：来源于广西南宁市、湖南长沙市。
	假含笑	*Paramichelia baillonii* (Pierre) Hu	山白兰、合果含笑、合果木	药用根、树皮。消炎清热。用于风湿头痛。	广西：来源于广西凭祥市、南宁市。

科名	植物名	拉丁学名	别名	药用部位及功效	保存地及来源
木兰科 Magnoliaceae	观光木	Tsoongiodendron odorum Ch-un	香花木	药用树皮、根皮。中国南方民间用于治疗癌症，有一定疗效。乙醇提取物及从中分离的木香烯内酯、小白菊内酯、鹅掌楸碱等化合物体外对不同癌细胞株有较好的细胞毒活性。	广西：来源于广西桂林市、凭祥市。海南：来源于广西药用植物园。
	海南阿芳	Alphonsea hainanensis Merr.et Chun	海南藤春		海南：来源于海南乐东县。
	阿芳	Alphonsea monogyan Merr. et Chun	藤春、金容、山坝		海南：来源于海南万宁三更罗。
番荔枝科 Annonaceae	圆滑番荔枝	Annona glabra L.	牛心果	药用果实、叶。果实健脾胃。叶用于慢性支气管炎。	广西：来源于广西南宁市、印度尼西亚。云南：来源于云南景洪市。海南：来源于海南兴隆热带植物园。
	山刺番荔枝	Annona montana Macf.			海南：来源于海南万宁市。
	刺果番荔枝	Annona muricata L.	红毛榴莲	药用根、果实及种子。根祛风活络，止痛。果实用于坏血病，赤痢，肿瘤。种子用于杀虫。	广西：来源于多哥。海南：来源于海南万宁市。
	牛心番荔枝	Annona reticulata L.	牛心梨、牛心果	药用树皮、果实及叶。树皮味涩，性平。收敛。果实味苦，性寒，驱虫。果实味苦，止痢，健脾胃。叶用于咳嗽痰喘。	云南：来源于云南景洪市。海南：来源于海南万宁市。

科名	植物名	拉丁学名	别名	药用部位及功效	保存地及来源
番荔枝科 Annonaceae	番荔枝	Annona squamosa L.	洋波罗、唛螺陀、林檎、蚁果	药用果实、根及叶。果实味甘，性寒。朴脾胃，清热解毒，杀虫，肠寄生虫病。根味苦，性寒。解毒。用于热毒血痢。叶味甘，涩，性寒。收敛涩肠，恶疮肿痛，小儿脱肛，恶疮肿痛。	广西：来源于广西南宁市。 云南：来源于云南景洪市。 海南：来源于海南万宁市。
	狭瓣鹰爪	Artabotrys hainanensis R. E. Fries			海南：来源于海南乐东县。
	鹰爪花	Artabotrys hexapetalus (L. f.) Bhandari	鹰爪、鸡爪兰、鹰爪兰	药用根、果实。根味苦，性寒。杀虫，用于疟疾。果实味微苦，涩，性凉。清热解毒，散结。用于瘰疬。	广西：来源于广西龙州县。 云南：来源于云南景洪市。 海南：来源于广西药用植物园。 北京：来源于海南。
	香港鹰爪花	Artabotrys hongkongensis Hance	铁钩藤、钩枝藤	药用全株。用于风湿骨痛。总花梗用于狂犬咬伤。	海南：来源于海南三亚市。
	依兰	Cananga odorata (Lamk.) Hook.f.et Thoms.	依兰香、香水树、钢锣刹板那（傣语）	药用花、叶。花用于疟疾，头痛，眼炎，痛风，哮喘。叶用于瘙。	广西：来源于云南昆明市。 云南：来源于云南景洪市。 海南：来源于海南热带植物园。
	小依兰	Cananga odorata (Lamk.) f. et Thoms var. fruticosa (Craib) Sincl.	矮依兰香	药用花、叶。花用于疟疾，哮喘。叶用于瘙。	广西：来源于云南西双版纳。
	皂帽花	Dasymaschalon trichophorum Merr.	毛皂帽花、乌木兰、鸡朵子		海南：来源于海南陵水市。

科名	植物名	拉丁学名	别名	药用部位及功效	保存地及来源
番荔枝科 Annonaceae	假鹰爪	Desmos chinensis Lour.	酒饼叶、假酒饼叶、鸡爪香、鸡爪风	药用全株、根。味微辛、性温。有小毒。祛风利湿、健脾理气、产后风痛及腹痛、胃痛、泄泻、跌打损伤。	广西：原产于广西药用植物园。海南：来源于海南万宁兴隆。
	毛叶假鹰爪	Desmos dumosus (Roxb.) Saff.	灯笼木、云南山指甲、都蝶、火神	药用根、叶。根用于疟疾，叶用于疟疾、水肿、风湿、疥癣。	云南：来源于云南勐腊县。
	排骨灵	Fissistigma bracteolatum Chatt.	满山香	药用根皮。味辛、涩、性温。养血、舒筋活血、止血、清热、解毒、外伤出血。用于跌打损伤、骨折、骨痛。	云南：来源于云南勐腊县。
	大叶瓜馥木	Fissistigma latifolium (Dun.) Merr.		药用全株。用于产后风痛。	广西：来源于广西南宁市。
	瓜馥木	Fissistigma oldhamii (Hemsl.) Merr.	广香藤、钻山风、香藤、狗夏茶、飞扬藤	药用根。味微辛、性平。祛风除湿、活血止痛。用于风湿痹痛、腰痛、胃痛、跌打损伤。	广西：来源于广西金秀县。云南：来源于云南勐腊县。海南：来源于海南陵水猴岛。
	小萼瓜馥木	Fissistigma polyanthoides (A. DC.) Merr.	黑皮跌打、大力刃、过山王	药用根、藤。味辛、性热。祛风湿、筋骨、温中健脾、通经络、强散瘀消肿、风湿性关节炎、类风湿、感冒、月经不调。	云南：来源于云南勐腊县。
	香港瓜馥木	Fissistigma uonicum (Dunn) Merr.	打鼓藤、山龙眼藤、大酒饼子、除骨风、角洛子藤	药用茎。祛风除湿、消肿止痛。	广西：来源于广西桂林市。
	长叶哥纳香	Goniothalamus gardneri Hookf. et Thoms.			海南：来源于海南万宁市。
	海南哥纳香	Goniothalamus howii Merr. et Chun			海南：来源于海南万宁市。

科名	植物名	拉丁学名	别名	药用部位及功效	保存地及来源
番荔枝科 Annonaceae	独活木	*Miliusa chunii* W.T.Wang	算盘子、密榴木、铁皮青	药用根。用于胃脘痛，肾虚腰痛。	广西：来源于广西环江县、龙州县。
	山蕉	*Mitrephora maingayi* Hook. f.et Thoms.	叭达	药用植株提取物。抗病毒。用于多种癌症。	广西：来源于广西靖西县。
	银钩花	*Mitrephora thorelii* Pierre			海南：来源于海南陵水市。
	蕉木	*Oncodostigma hainanense* (Merr.) Tsiang et P.T.Li.			海南：来源于海南乐东县尖峰岭。
	囊瓣亮花木	*Phaeanthus saccopetaloides* W.T.Wang	鸡爪暗罗	药用全株。根止痛，散结气。植株提取物含有胡萝卜苷等。抗病毒。	广西：来源于云南西双版纳。云南：来源于云南景洪市。
	细基丸	*Polyalthia cerasoides* (Roxb.) Benth et Hook.f.ex Bedd.	黄肖、红英、老人皮		海南：来源于海南万宁市。
	沙煲暗罗	*Polyalthia consanguinea* Merr.	山蕉树		海南：来源于海南陵水市。
	海南暗罗	*Polyalthia laui* Merr.	大叶黑皮椿、山蕉槁		海南：来源于海南陵水市。
	垂枝暗罗	*Polyalthia longifolia* Thwaites cv. Pendula			海南：海南兴隆热带植物园。
	陵水暗罗	*Polyalthia nemoralis* A.DC.	黑根皮、落坎薯	药用根。味甘，性平。健脾胃，补肾固精。用于慢性胃炎，食欲不振，四肢无力，遗精。	海南：来源于海南万宁市沉香湾。
	暗罗	*Polyalthia suberosa* (Roxb.) Thw.	鸡爪树、眉尾木、山观音、老人皮	药用根。味辛，性温。止痛，散结气。	海南：来源于海南万宁市。

科名	植物名	拉丁学名	别名	药用部位及功效	保存地及来源
番茄枝科 Annonaceae	囊瓣木	Saccopetalum prolificum (Chun et How) Tsiang	黄皮椿		海南：来源于海南保亭县。
	光叶紫玉盘	Uvaria boniana Finet et Gagnep.			海南：来源于海南万宁市。
	山椒子	Uvaria grandiflora Roxb.	红肉梨、山芭蕉萝、葡萄木	药用根。用于咽喉肿痛	海南：来源于海南万宁市。
	紫玉盘	Uvaria microcarpa Champ. ex Benth.	酒饼婆、山巴豆、牛头萝、石龙叶	药用根。味辛、苦，性微温。祛风除湿，行气健胃，止痛，化痰止咳。用于风湿痹痛，腰腿痛，跌打损伤，消化不良，腹胀腹泻，咳嗽痰多。	广西：来源于广西宁明县、钦州市。海南：来源于海南万宁市。
	乌藤紫玉盘	Uvaria tonkinensis var. subglabra Finet et Gagnep.	乌藤	药用根、茎。用于尿路感染。	海南：来源于海南昌江。
	风吹楠	Horsfieldia glabra (Bl.) Warb.	阿斯菲木、光叶血树、霍而飞	药用果实、树皮。果实味辛，性温。暖脾胃，涩肠。用于胃寒久泻，脘腹胀痛。树皮补血。	云南：来源于云南景洪市。海南：来源于广西药用植物园。
	海南风吹楠	Horsfieldia hainanensis Merr.	海南阿斯菲木、木枇杷、咪桉	药用树皮、叶。补血。用于小儿疳积。	海南：来源于海南琼中县。
肉豆蔻科 Myristicaceae	肉豆蔻	Myristica fragrans Houtt.	玉果、肉果、迦拘勒、麻尖（傣语）	药用果实、种子。行气止痛，温脾健胃。用于虚泻冷痢，脘腹冷痛，祛风湿，呕吐；外用于风湿痛，并作寄生虫驱除剂。	云南：来源于印度尼西亚。海南：来源于马来西亚。北京：来源于海南。
	云南肉豆蔻	Myristica yunnanensis Y.H.Li		药用果实、种子。味辛，性温。温中行气，涩肠止泻。用于脾胃虚寒，久泻不止，脘腹胀痛，食少呕吐。	海南：来源于云南西双版纳植物园。

科名	植物名	拉丁学名	别名	药用部位及功效	保存地及来源
五味子科 Schisandraceae	白五味子	Schisandra henryi C. B. Clarke var. yunnanensis A. C.Sm.	小血藤、铁骨散、吊石藤、香石藤、山花根、云南五味子、滇缅硬五味子	药用根、茎及果实。根、茎味辛，性温。舒筋活血，止痛生肌，跌打损伤，补肾，敛肿，肾虚腰痛，盗汗，白汗，用于咳嗽。果实味酸，甘，止汗。	云南：来源于云南勐海县。
	翼梗五味子	Schisandra henryi C. B. Cla-rke	峨眉五味子、毛香藤、血藤、黄皮血藤、气藤、棱枝五味子	药用果实、茎藤。果实功效同五味子。茎藤味酸，涩，微咸，苦，性温。理气止痛，舒筋活络，通经。用于风湿麻木，脱疽，跌打损伤，月经不调。	湖北：来源于湖北恩施。
	复瓣黄龙藤	Schisandra plena A.C.Sm.		药用全株。清热解毒，消肿止痛。	云南：来源于云南景洪市。
	黑老虎	Kadsura coccinea（Lem.）A.C.Sm.	墨钻、钻地风、酒饭团、过山龙、冷饭团、臭饭团、大钻	药用藤、根及果实。藤、根味微苦，性温。散瘀消肿，祛风除湿，行气止痛。用于胃脘满胀，风湿关节痛，痛经。果实用于肺虚久咳。实用于肺虚久咳。	广西：来源于广西南丹县、恭城县、桂林市。
	异味南五味子	Kadsura heteroclita (Roxb.) Craib	血藤、过山龙藤、海风藤、风藤、地血香、通血香、吹风散、异形叶南五味子	药用根、藤茎及果实。苦，性温。祛风除湿，舒筋止痛，胃痛，跌打损伤，产后腹痛，慢性腰腿痛。果实味辛，性微温。用于肾虚腰痛，神经衰弱，支气管炎。	广西：来源于广西南丹县、凌云县。
	南五味子	Kadsura longipedunculata Finet et Gagnep.	长梗南五味子、南蛇风、红木香、小钻、大活血、紫金藤、钻骨风	药用藤茎。苦，性温。理气止痛，祛风通络，活血消肿。用于胃痛，腹痛，风湿痹痛，痛经，月经不调，产后腹痛，咽喉肿痛，痔疮，无名肿毒，跌打损伤。	广西：来源于广西邕宁县、防城县。北京：来源于浙江杭州。

科名	植物名	拉丁学名	别名	药用部位及功效	保存地及来源
	冷饭藤	*Kadsura oblongifolia* Merr.	吹风散、饭团藤、细风藤、五香血藤	药用茎藤、根及果实、茎藤、根祛风湿、和胃肠，行气止痛。用于感冒、风湿痹痛，腹泻、呕吐，跌打损伤。果实敛肺益肾。用于失眠。	广西：来源于广西上林县、金秀县。
	五味子	*Schisandra chinensis* (Turcz.) Baill.	北五味子、血藤、乌梅子、山花椒	药用果实。味酸、甘，性温。收敛固涩，益气生津，补肾宁心。用于久嗽虚喘，梦遗滑精，遗尿尿频，久泻不止，自汗、盗汗，津伤口渴，内热消渴，心悸失眠。	广西：来源于北京市、湖北安国市、日本。北京：来源于辽宁宁千山。湖北：来源于湖北恩施。
五味子科 Schisandraceae	铁箍散	*Schisandra propinqua* (Wall.) Baill.var.*sinensis* Oliv.	天青地红、香巴载、钻石风、爬岩香、小血藤、接叶五味子	药用茎藤、根及叶。茎藤、根味辛，性温。祛风活血、解毒消肿，止血。用于风湿麻木，筋骨疼痛，跌打损伤，痈肿疮毒，劳伤吐血，月经不调，胃痛、腹胀，解毒消肿。叶味甘、辛，微涩，性平。用于疮疖肿毒、乳痈红肿，散瘀止血。用于外伤出血，骨折，毒蛇咬伤。	广西：来源于广西金秀县。北京：来源于广西。
	华中五味子	*Schisandra sphenanthera* Rehd.et Wils.	红铃子、大血藤、活血藤、山包谷、南五味子	药用干燥成熟果实、茎藤及根。果实味酸、甘，性温。收敛固涩，益气生津，补肾宁心。用于久咳虚喘，梦遗滑精，遗尿尿频，久泻不止，自汗、盗汗，津伤口渴，内热消渴，心悸失眠。茎藤、根味辛，性温。祛风活血，理气化湿。	广西：来源于广西金秀县、环江县。北京：来源于湖北。
	绿叶五味子	*Schisandra viridis* A.C.Sm.	风沙藤	药用藤茎、根及果实。藤茎、根味辛，性温。祛风活湿，行气止痛。用于风湿骨痛、疝气痛，月经不调，跌打损伤，带状疱疹，果实味辛，微涩，性温。敛肺止泻，涩精止泻，补肾生津。	广西：来源于广西金秀县。

科名	植物名	拉丁学名	别名	药用部位及功效	保存地及来源
八角科 Illiciaceae	地枫皮	Illicium difengpi K. I. B et K.I.M.	钻地枫、野八角、追地枫	药用树皮。味微辛、涩，性温。有小毒。祛风除湿，行气止痛。用于风湿痹痛，腰肌劳损。	广西：来源于广西那坡县。
	红茴香	Illicium henryi Diels	红毒茴、野八角、桂花钻、土八角	药用根、根皮。味辛，性温。有毒。祛风除湿，活血止痛。用于跌打损伤，风寒湿痛，胸腹胀痛。	湖北：来源于湖北恩施。
	厚皮香八角	Illicium ternstroemioides A. C.Sm.	厚皮香	药用果实。味辛，微苦，性温。温中理气，健胃止吐。	广西：来源于广西西林市，云南昆明市。海南：来源于海南陵水市吊罗山。
	八角	Illicium verum Hook.f.	八角茴香、大茴香、大料、五香八角	药用果实。味苦，性温。温阳散寒，理气止痛。用于寒疝腹痛，肾虚腰痛，胃寒呕吐，脘腹疼痛。	广西：来源于广西南宁市，龙州县。北京：来源于海南。
	山腊梅	Chimonanthus nitens Oliv.	亮叶腊梅、鸡卵果、牛榔铃、秋蜡梅	药用叶。味辛，微苦，性温。祛风解表，芳香化湿。用于流感，中暑，慢性支气管炎，湿困胸闷，蚊叮咬。	广西：来源于云南省昆明市。
腊梅科 Calycanthaceae	腊梅	Chimonanthus praecox (L.)	大叶腊梅	药用花蕾、花蕾味辛、甘、微苦，性凉。有小毒。解暑清热，理气开郁，用于暑热烦渴，咽喉肿痛，梅核气，胸闷脘痞，小儿麻疹，百日咳，性温。根味辛，有毒。祛风止痛，理气活血，止咳平喘，用于风湿痹痛，风寒感冒，跌打损伤，脘腹疼痛，哮喘，劳伤咳嗽，疔疮肿毒。	广西：来源于上海市，日本。海南：来源于广西药用植物园。北京：来源于南京。
	柳叶腊梅	Chimonanthus salicifolius S. Y. Hu	香风茶	药用叶。解表祛风，清热解毒。用于风寒感冒，头痛，咳嗽，胃寒腹痛。	广西：来源于四川省成都市。
	夏腊梅	Calycanthus chinensis Cheng et S.Y.Chang	夏梅、黄梅花	药用花。味微苦，辛，性温。行气止痛。用于胃气痛，健胃。	广西：来源于云南省昆明市。北京：来源于杭州植物园。

科名	植物名	拉丁学名	别名	药用部位及功效	保存地及来源
樟科 Lauraceae	倒卵叶黄肉楠	*Actinodaphne obovata* (Nees) Bl.	七叶一把伞、倒卵叶六驳	药用树皮。味辛、香，性温。温经活络，接骨；外用于骨折。	云南：来源于云南勐腊县。
	毛黄肉楠	*Actinodaphne pilosa* (Lour.) Merr.	香胶木、老人木、刨花树	药用根、树皮及叶。味辛、苦，性平。活血止痛，解毒消肿，用于跌打伤痛，坐骨神经痛，胃痛，疮疖肿毒。	广西：来源于广西南宁市。海南：来源于海南万宁市。北京：来源于海南。
	豺皮黄肉楠	*Actinodaphne rotundifolia* Hemsl. var. *oblongfolia* (Nees) Allen	豺皮樟	药用根。祛风除湿，行气止痛。	广西：原产于广西药用植物园。
	油丹	*Alseodaphne hainanensis* Me-rr.	硬壳果、黄丹公	药用种皮。用于风湿痛。	广西：来源于广西凭祥市。海南：不明确。
	皱皮油丹	*Alseodaphne rugosa* Merr.	黄丹		海南：来源于海南乐东县尖峰岭。
	琼楠	*Beilschmiedia intermedia* Al-len	荔枝公、二色琼楠	药用叶、果实、叶活血、果实用于跌打损伤，消肿，用于跌打损伤。	海南：来源于海南乐东县尖峰岭。
	无根藤	*Cassytha filiformis* L.	无爷藤、无娘藤、无头藤	药用全草。味微苦、甘，性凉。有小毒。清热利湿，凉血解毒。用于感冒发热，热淋，石淋，湿热黄疸，泄泻，痢疾，咯血，风火赤眼，跌打损伤，外伤出血，疮疡溃烂，水火烫伤，疥疮癣癞。	广西：原产于广西药用植物园。海南：来源于海南万宁市。

（续表）

科名	植物名	拉丁学名	别名	药用部位及功效	保存地及来源
樟科 Lauraceae	肉桂	*Cinnamomum cassia* Presl	木桂、桂树、桂枝、玉桂	药用树皮、枝。树皮味甘、辛，性大热。暖脾胃，除积冷，通血脉。用于腰膝冷痛，阳痿，阴疽，宫冷，腹痛，泄泻，经闭症瘕，阴疽。枝味辛、甘，性温。发汗，通经脉，助阳化气。用于风寒感冒，脘腹冷痛，经闭，关节痹痛，水肿。	广西：来源于广西平南县。 云南：来源于广西省。 海南：不明确。 北京：来源于广西柳州。
	钝叶桂	*Cinnamomum bejolghota* (Bu-ch.-Ham.) Sweet	山桂楠、青樟、山肉桂、三条筋、梅崇英龙（傣语）	药用树皮、叶。味辛、甘，性温。温中散寒，理气止痛，止血生肌，消肿。用于脾胃寒冷，虚寒泄泻，溃疡出血，创伤出血，跌打瘀肿，风湿骨痛，骨折，蛇咬伤。	云南：来源于云南景洪市。
	猴樟	*Cinnamomum bodinieri* Lévl.	香樟、大胡椒树、香树、猴挼木、楠木	药用根、果皮。味微辛，性温。祛风，温中，镇痛，行气。用于风寒感冒，风湿痹痛，劳伤咳嗽，泄泻，烫伤。	广西：来源于贵州贵阳市。
	阴香	*Cinnamomum burmannii* (C.G.et Th.Nees) Bl.	山肉桂、小桂皮、土肉桂、顺红木	药用根皮、树皮、叶及枝。味辛，微甘，性温。祛风散寒，温中止痛。用于虚寒胃痛，腹泻，风湿关节痛，疮疖肿毒；外用于跌打肿痛，外伤出血。	广西：来源于广西金秀县。 云南：来源于云南勐腊县。 海南：来源于海南万宁市。 湖北：来源于湖北恩施。

98

科名	植物名	拉丁学名	别名	药用部位及功效	保存地及来源
樟科 Lauraceae	樟	*Cinnamomum camphora* (L.) Presl	樟木、香樟、乌樟	药用木材，全株提制的结晶，木材味辛，性温，祛风湿，行血气，利关节。用于跌打损伤，痛风，心腹胀痛，胸气，疥癣。全株提制的结晶味辛，性热，通窍，杀虫，止痛，辟秽。用于心腹胀痛，跌打损伤，疮疡疥癣。	广西：原产于广西药用植物园。 海南：来源于云南景洪市。 海南：来源于海南兴隆南药园。 北京：来源于广西、北京中山公园。 湖北：来源于湖北恩施。
	大叶肉桂	*Cinnamomum cassia* Blume. var.*macrophyllum* Chu	清化桂、越南桂	药用树皮、嫩枝及果托。树皮补火助阳，引火归源，散寒止痛，活血通经。用于阳痿，宫冷，腰膝冷痛，肾虚作喘，阳虚眩晕，目赤咽痛，心腹冷痛，虚寒吐泻，寒疝，闭经，痛经，嫩枝发汗解表，温通经脉，助阳化气，平冲降气。用于风寒感冒，脘腹冷痛，血寒闭经，关节痹痛，痰饮，追中，心悸，油驱风，健胃。果托用于胃痛。	海南：来源于广西药用植物园。
	细叶香桂	*Cinnamomum chingii* Metcalf	细叶月桂、香树皮、月桂	药用树皮、叶及果实。味辛，性温，温胃散寒，宽中下气。用于胃寒气痛，腹胀痛，寒结肿毒。	湖北：来源于湖北恩施。

99

（续表）

科名	植物名	拉丁学名	别名	药用部位及功效	保存地及来源
	大叶桂	*Cinnamomum iners* Reinw. ex Bl.	土桂皮、假桂皮	药用树皮。味辛、甘，性温。祛风散寒，温经活血，止痛。用于风寒痹痛，腰痛，经闭，经闭，跌打肿痛，胃脘寒痛，腹痛，虚寒泄泻，蛇咬伤。外用于外伤出血。	广西：来源于那坡县、靖西县。
	野黄桂	*Cinnamomum jensenianum* Hand.-Mazz.	山玉桂、桂皮树、官桂	药用树皮、枝。味辛、甘，性温。行气活血，散寒止痛。用于脘腹冷痛，风寒湿痹，跌打损伤。	广西：来源于广西金秀县。
	油樟	*Cinnamomum longepaniculatum* (Gamble) N. Chao. ex H.W.Li	雅樟	药用全株。提取药用芳香油。	海南：不明确。
樟科 Lauraceae	台湾土桂	*Cinnamomum osmophloeum* Kanehira	台湾桂、双吉树、土肉桂、山肉桂	药用茎皮。祛风除湿，理气止痛，止血。用于腹痛，风湿痛，创伤出血。	云南：来源于云南景洪市；海南：来源于海南乐东县尖峰岭。
	黄樟	*Cinnamomum parthenoxylum* (Jack) Nees	香樟、香湖、香喉、黄樟	药用根、茎、叶及果实。味微苦、辛，性温。茎温中散寒，消食化滞。用于感冒，支气管炎，肠胃炎，胃寒腹痛，风湿性关节炎，消化不良，百日咳，痢疾。叶止血，用于外伤出血。果解表退热，用于高热，麻疹。	云南：来源于云南勐海县；海南：来源于海南万宁市。
	卵叶桂	*Cinnamomum rigidissimum* H.T.Chang	卵叶樟、便叶樟	药用叶。其提取物精油（黄樟素）用于合成医药中间体。	广西：来源于广西桂林市。
	香桂	*Cinnamomum subavenium* Miq.	香桂皮、细叶香桂、香篙树	药用树皮、枝叶及果实。味辛，性温。温中下气，宽中下气。用于胸腹胀痛，痛经，风湿关节痛；外用于跌打损伤，骨折。	广西：来源于浙江杭州市。

科名	植物名	拉丁学名	别名	药用部位及功效	保存地及来源
樟科 Lauraceae	柴桂	*Cinnamomum tamala* (Buch.-Ham.) Th.G.Fr.Nees	三条筋、肉桂、柴樟、皮树	药用树皮。味辛、甘、性温。温经散寒，行气活血，通经，止痛。用于感冒风寒，胃腹冷痛，风湿关节疼痛；外用于跌打损伤，骨折。	云南：来源于云南勐海县。
	锡兰肉桂	*Cinnamomum zeylanicum* Bl.	斯里兰卡肉桂	药用树皮、枝叶、行气活血、温经散寒，止血。用于感冒风寒，胃酸冷，跌打损伤，骨折，消化道出血，外伤出血。	云南：来源于云南勐腊县。海南：来源于斯里兰卡。
	乌药	*Lindera aggregata* (Sims) Kosterm.	铜钱树、天台乌药、矮樟、山二女	药用块根。味辛、性温。顺气止痛，温肾散寒。用于胸腹胀痛，气逆喘急，膀胱虚冷，遗尿尿频，疝气，痛经。	广西：来源于广西邕宁县、浙江杭州市。海南：来源于广西药用植物园。北京：来源于上海。
	小叶乌药	*Lindera aggregata* (Sims) Kosterm. var. *playfairii* (Hemsl.) H.P.Tsui	小叶钩樟、香桂樟、小辣子、细叶乌药	药用根。消肿止痛，理气散寒。用于跌打损伤，胃脘疼痛，尿频，疝气。	海南：来源于海南万宁市。
	狭叶山胡椒	*Lindera angustifolia* Cheng	见风消、鸡婆子、小鸡条	药用根、枝叶。味辛、性温。祛风，除湿，行气散寒，解毒消肿。用于感冒，头痛，风湿界痛，四肢麻木，痢疾，肠炎，跌打损伤，疮疡肿毒，淋巴结结核。	广西：来源于浙江杭州市。
	香叶树	*Lindera communis* Hemsl.	亮叶香、香果树、红果树	药用叶、茎皮。味微苦、性温。散瘀消肿，止血，止痛，解毒。用于骨折，跌打肿痛，外伤出血，疮疖痈肿。种子油作轻泻皮剂。	广西：来源于云南昆明市。云南：来源于云南景洪市。

101

（续表）

科名	植物名	拉丁学名	别名	药用部位及功效	保存地及来源
	山胡椒	Lindera glauca (Sieb.et Zucc.) Bl.	香叶子、野胡椒、假死柴、牛筋树、雷公子	药用全株。味辛，性温。止血止痛，祛风活络，解毒消肿，跌打损伤，脾炎水肿，虚寒胃痛，肾炎水肿，风寒胃痛，叶外用于外伤出血，疗疮肿毒，毒蛇咬伤，祛湿瘙痒。	湖北：来源于湖北恩施。
	红脉钓樟	Lindera rubronervia Gamble			北京：来源于庐山。
樟科 Lauraceae	山鸡椒	Litsea cubeba (Lour.) Pers.	毕澄茄、木姜子、山苍子、豆豉姜、臭油果树	药用根、叶及果实。味辛、微苦，性温。祛风散寒，理气止痛。根用于风湿骨痛，四肢麻木，感冒头痛，叶外用于痈肿疖疮，乳痛，蛇、虫咬伤，果实用于食积气滞，胃痛，感冒头痛，血吸虫病。	广西：来源于广西邕宁县、江西庐山市。云南：来源于云南景洪市。海南：来源于海南万宁市。北京：来源于海南。湖北：来源于湖北恩施。
	五桠果木姜子	Litsea dilleniifolia P.Y.Pai et P.H.Huang		药用根、果实。用于胃寒腹痛，食滞饱服，疝气，风湿骨痛。	云南：来源于云南勐腊县。
	黄丹木姜子	Litsea elongata (Wall. ex Nees) Benth.et Hook.f.	野枇杷木、毛丹公、黄壳兰、木姜子、毛牛尾木姜	药用果实、根。味辛、苦，性温。果实温中行气止痛。用于胃寒腹痛，疝痛，痛经，暑湿吐泻，根温中理气，散寒止痛。用于胃寒腹痛，疝痛，痛经。	广西：来源于广西桂林市。
	潺槁木姜子	Litsea glutinosa (Lour.) C.B.Rob.	青野槁、大潲根、香胶木、油槁、潺槁、埋迷龙（傣语）	药用树皮、叶及根。味甘、苦，性凉。用树皮、叶拔毒痈肿，消肿止痛，外伤出血，根用于跌打损伤，祛风湿，跌打损伤，止痛，糖尿清湿热，干腹泻痢疾，急慢性胃炎及风湿骨痛。	广西：原产于广西药用植物园。云南：来源于云南景洪市。海南：来源于海南兴隆药园。

102

科名	植物名	拉丁学名	别名	药用部位及功效	保存地及来源
樟科 Lauraceae	假柿木姜子	Litsea monopetala (Roxb.) Pess.	柳叶木姜、接口木、毛腊树、毛黄木、纳槁、母猪槁	药用叶。外用治骨折,脱臼。	广西:来源于广西陵云县。云南:来源于云南景洪市。海南:来源于海南兴隆南药园。
	黄椿木姜子	Litsea variabilis Hemsl.	黄心槁、黄椿		海南:不明确。湖北:来源于湖北恩施。
	轮叶木姜	Litsea verticillata Hance	槁木姜、过山风、五叉灵	药用根、树皮及叶。味辛,性温。祛风通络,活血消肿,止痛,跌打损伤,胃脘痛。	广西:来源于广西南宁市、那坡县、钦州市。
	宜昌润楠	Machilus ichangensis Rehd. et Wils.	竹叶楠	药用树皮。舒经络,止呕吐。	湖北:来源于湖北恩施。
	梨润楠	Machilus pomifera (Kosterm.) S.Lee	梨旗楠		海南:来源于海南万宁市。
	柳叶润楠	Machilus salicina Hance	柳叶桢楠、水边楠、柳楠	药用叶。消肿解毒。	广西:来源于广西上林县、金秀县。云南:来源于云南勐腊县。海南:来源于海南万宁市。
	绒毛润楠	Machilus velutina Champ.ex Benth.	猴哥铁、绒毛桢楠	药用根、叶。味苦,性凉。化痰止咳,消肿止痛,用于支气管炎;外用于烧、伤,痈肿,骨折。	海南:来源于海南东乐东尖峰岭。
	滇润楠	Machilus yunnanensis Lec.	铁香樟、白香樟、冻青叶、滇楠、云南润楠	药用叶。味苦,涩,性凉。清热解毒,消肿止痛,用于疔疮,疮毒,水火烫伤,风湿痹痛,跌打骨折。	广西:来源于云南西双版纳。
	新木姜子	Neolitsea aurata (Hayata) Koidz.	新木姜、金新木姜子、毛木姜子	药用树皮。味辛,性温,行气止痛,利水消肿。用于脘腹胀痛,水肿。	广西:来源于广西金秀县。

科名	植物名	拉丁学名	别名	药用部位及功效	保存地及来源
樟科 Lauraceae	保亭新木姜子	*Neolitsea howii* Allen	宽昭新木姜子		海南：来源于海南万宁市。
	舟山新木姜子	*Neolitsea sericea* (Bl.) Koidz.	男刁樟	药用全株。其提取物含波尔定（boldine）。用作利尿剂。	广西：来源于广西桂林市，日本。
	南亚新木姜子	*Neolitsea zeylanica* (Nees) Merr.	南亚新木姜	药用根。祛风止痛。用于风湿痛。	广西：来源于广西武鸣县。
	鳄梨	*Persea americana* Mill.	油梨、樟梨	药用果实。用于消渴。	广西：来源于印度尼西亚。云南：来源于云南景洪市。海南：来源于海南兴隆热带植物园。
	湘楠	*Phoebe hunanensis* Hand.-Mazz.	湖南楠	药用根、叶。用于小儿疳积，风湿痛。	广西：来源于贵州贵阳市。
	滇楠	*Phoebe nanmu* (Oliv.) Gamble		清热解毒，消肿止痛。	北京：北京植物园。湖北：来源于湖北恩施。
	紫楠	*Phoebe sheareri* (Hemsl.) Gamble	野枇杷、山枇杷、黄心楠、金丝楠、紫楠	药用叶、根。味辛，性微温。叶顺气，暖胃，祛湿，散瘀。用于气滞脘腹胀痛，胸闷，胸气浮肿，行气消肿，根活血祛瘀，转筋，用于跌打损伤，水肿腹胀，催产，孕产妇过月不产。	广西：来源于浙江杭州市。
	峨嵋紫楠	*Phoebe sheareri* (Hemsl.) Gamble var. omeiensis (Yang) N.Chao	桢楠树	药用根。活血祛瘀，止痛。用于跌打损伤。	广西：来源于贵州贵阳市。
	乌心楠	*Phoebe tavoyana* (Meissn.) Hook.f.	白榄槁、尖尾槁		海南：来源于海南乐东县尖峰岭。

科名	植物名	拉丁学名	别名	药用部位及功效	保存地及来源
莲叶桐科 Hermandiaceae	香青藤	Illigera aromatica S. Z. Huang et S.L.Mo	黑吹风	药用藤茎。用于风湿痛。	广西：来源于广西南宁市。
	觅药青藤	Illigera celebica Miq.	大青藤、瑶山青藤、麻骨风	药用根、藤茎。祛风除湿，行气止痛。用于风湿骨痛，肥大性脊椎炎。	广西：来源于广西龙州县。海南：来源于海南乐东县尖峰岭。
	大花青藤	Illigera grandiflora W.W. Sm. et J.F.Jeffr.	红豆七、通气跌打、青藤	药用根、藤，味辛、性凉。消肿解热，散瘀接骨。用于跌打损伤，骨折。	云南：来源于云南勐海县。
	圆叶青藤	Illigera orbiculata C.Y.Wu		药用根、茎。驱风除湿，散瘀止痛。用于跌打。	云南：来源于云南景洪市。
	红花青藤	Illigera rhodantha Hance	毛青藤、三叶青藤、三姐藤	药用根、茎藤。味甘、辛，性温。祛风止痛，散瘀消肿。用于风湿性关节疼痛，跌打肿痛，蛇虫咬伤，小儿麻痹后遗症。	广西：来源于广西上林县。海南：来源于海南兴隆南药园。
领春木科 Eupteleaceae	多蕊领春木	Euptelea polyandra Sieb. et Zucc.		药用叶。其提取物含领春木苷（eupteleodide）A, B。对白色念珠菌、稻梨孢和酿酒酵母菌有抑制作用，消炎抗菌。树皮为中国台湾台湾药用。	广西：来源于日本。
毛茛科 Ranunculaceae	乌头	Aconitum carmichaeli Debx.	川乌、附子、鹅儿花、铁花	药用母根、子根（川乌）味苦、辛，性热。有大毒。祛风除湿，温经止痛。用于风寒湿痹，关节疼痛，心腹冷痛，寒凝作痛，麻醉止痛。子根（附子）有毒。回阳救逆，补火助阳，逐风寒湿邪。用于亡阳虚脱，肢冷脉微，阴寒水肿，阳虚外感，寒湿痹痛。	广西：来源于广西靖西、恭城县，贵州兴义市。北京：来源于四川。湖北：来源于湖北恩施。
	薄叶乌头	Aconitum fischeri Rchb.			北京：来源于四川。
	瓜叶乌头	Aconitum hemsleyanum Pritz.	鱼夫子、血乌	药用块根。味辛，性温。有大毒。用于跌打损伤，关节疼痛，外用于无名肿毒，疥癣。	湖北：来源于湖北恩施。

科名	植物名	拉丁学名	别名	药用部位及功效	保存地及来源
毛茛科 Ranunculaceae	北乌头	*Aconitum kusnezoffii* Rchb.	兰靰鞁花、断肠草	药用块根、叶。块根味辛、苦，性热。有大毒。祛风除湿，关节痛，心腹冷痛，寒湿痹痛，麻醉作用。有小毒。叶味辛、涩，性平。清热，止痛。用于热病发热，泄泻腹痛，头痛，牙痛。	北京：来源于辽宁千山。
	细叶乌头	*Aconitum macrorhynchum* Tu-rcz.		药用部位及功效阅北乌头参 *Aconitum kusnezoffii* Rchb.。	北京：来源于辽宁千山。
	高乌头	*Aconitum sinomontanum* Na-kai	通天袋、穿心莲	药用根。味辛、苦，性温。有毒。祛风除湿，理气止痛，活血散瘀。用于风湿腰腿痛，胃痛，心悸，跌打损伤，痹疬，疮疖。	湖北：来源于湖北恩施。
	聚叶花葶乌头	*Aconitum vaginatum* Pritz.	血三七、独儿七、笋尖七	药用块根。味辛、苦，性温。有小毒。祛风散寒，除湿止痛，活血调经。用于风湿痛，月经不调，跌打损伤，五劳七伤。	湖北：来源于湖北恩施。
	蔓乌头	*Aconitum volubile* Pall. ex Koelle		药用根。味辛，性温。有剧毒。镇痛镇静。用于神经痛，风湿痛。	北京：来源于太行山。
	类叶升麻	*Actaea asiatica* Hara	绿豆升麻、米升麻	药用根状茎或全草。味辛、微苦，性凉。祛风止咳，清热解毒。用于感冒头痛，顿咳；外用于犬咬伤。	北京：来源于北京。湖北：来源于湖北恩施。
	阿尔泰银莲花	*Anemone altaica* Fisch. ex C.A.Mey.	鸡爪连、九节离、九节菖蒲、穿骨七	药用根状茎。味辛，性微温。开窍化痰，醒脾安神。用于热病神昏，癫痫，神经官能症，耳鸣耳聋，胸闷腹胀，外用于痈疽疮癣。	广西：来源于浙江。北京：来源于原苏联。

科名	植物名	拉丁学名	别名	药用部位及功效	保存地及来源
	二歧银莲花	Anemone dichotoma L.	土黄芩	药用根状茎。味苦，性凉，舒筋活血，清热解毒。用于跌打损伤、痢疾、风湿关节痛；外用于疮痈。	北京：来源于原苏联。
	鹤峰银莲花	Anemone flaccida Fr. Schmidt var.hofengensis Wuzhi		药用根状茎。用于小儿消化不良、干扭伤，风湿痛。	湖北：来源于湖北恩施。
	打破碗花花	Anemone hupehensis Lem.	野棉花、霸王草	药用根状茎、鲜草。味苦、辛，性凉。有毒。利湿，祛瘀，驱虫。用于痢疾、肠炎，蛔虫病，跌打损伤；外用于体癣、胸痛，灭蛆，杀孑孓。	广西：来源于广西大化县。北京：来源于杭州。
	秋牡丹	Anemone hupehensis Lem. var. japonica (Thunb.) Bowles et Stearn	土牡丹	药用根。味苦，性寒。有毒。杀虫，清热解毒。用于蛔虫病，驱虫病、体癣、肌癣，中暑发热。	北京：来源于原苏联。
毛茛科 Ranunculaceae	草玉梅	Anemone rivularis Buch.-Ham. ex DC.	虎掌草、汉虎草、水乌头、鬼打青	药用根、叶。味苦、辛，性温。有小毒。根清热解毒，活血舒筋，疔疮，止痛。用于咽喉肿痛、疮疖肿毒，咳嗽，消肿，瘰疬结核，风湿疼痛、胃痛，牙痛，湿热黄疸，跌打损伤，叶治疔疮，止痛。用于疟疾，牙痛。	广西：来源于贵州兴义市。
	大火草	Anemone tomentosa (Maxim.) Pei	大头翁、白头翁	药用根。味苦，性温。有小毒。化痰，散瘀，消食化积，截疟，解毒，杀虫。用于劳伤咳喘，跌打损伤，小儿疳积，疟疾，疮疖痈疖，顽癣。	北京：来源于四川。
	野棉花	Anemone vitifolia Buch.-Ham.	清水胆、满天星	药用根。味苦、辛，性寒。有毒。清湿热，解毒杀虫，祛瘀。用于泄泻，痢疾，黄疸，蛔虫病，小儿疳积，脚气肿痛，风湿骨痛，跌打损伤，痈疽肿毒，蜈蚣咬伤。	广西：来源于云南昆明市，广东深圳市。

科名	植物名	拉丁学名	别名	药用部位及功效	保存地及来源
	无距耧斗菜	*Aquilegia ecalcarata* Max-im.	野前胡、官前胡	药用根。味甘，性平。生肌拔毒，清热解毒。用于烂疮、黄水疮，久不收口，溃疡。	湖北：来源于湖北恩施。
	大花耧斗菜	*Aquilegia glandulosa* Fisch. ex Link.		镇静，解热，强心。具毒。	北京：来源于英国、波兰。
	西伯利亚耧斗菜	*Aquilegia sibirica* Lam.		药用全草。清热凉血，调经止血。	北京：来源于保加利亚。
	耧斗菜	*Aquilegia viridiflora* Pall.	绿花耧斗菜	药用全草。味微苦、辛，性凉。清热解毒，调经止血。用于月经不调，崩漏，咽喉痛，咳嗽，痢疾，腹痛。种子及花用于烧伤。	北京：来源于北京。
	欧洲耧斗菜	*Aquilegia vugaris* L.	普通耧斗菜	药用全草种子。用于黄疸，咽喉痛，坏血病。	广西：来源于法国、荷兰。北京：来源于北京。
毛茛科 Ranunculaceae	裂叶星果草	*Asteropyrum cavaleriei* (Lévl. et Vant.) Drumm. et Hutch.	鸭脚黄连、水八角	药用根及根状茎。味苦，性寒。清热解毒，除湿利水。用于热病，腹痛，痢疾。	湖北：来源于湖北恩施。
	单叶升麻	*Beesia calthaefolia* (Maxim.) Ulbr.	土黄连、贝茜花、花椒七、滇豆根	药用根状茎、全草。味辛、苦，性温。驱风散寒，除湿止痛。用于风寒感冒，风湿关节痛，跌打损伤；外用于毒蛇咬伤。	湖北：来源于湖北恩施。
	小升麻	*Cimicifuga acerina* (Sieb. et Zucc.) Tanaka	金龟草、独叶八角草、金丝三七	药用根状茎。味辛，微苦，性温。有小毒。升阳发汗，理气，散瘀活血，无名肿毒，疔毒，降血压。用于跌打损伤，风湿痛，咽喉痛。	湖北：来源于湖北恩施。
	升麻	*Cimicifuga foetida* L.	绿升麻、西升麻、黑升麻	药用根状茎。味辛，微甘，性凉。发表透疹，清热解毒，升举阳气。用于风热头痛，齿痛，口疮，咽喉痛，麻疹不透，阳毒发斑，脱肛阴挺。	广西：来源于云南昆明市。湖北：来源于湖北恩施。

科名	植物名	拉丁学名	别名	药用部位及功效	保存地及来源
	兴安升麻	Cimicifuga dahurica (Tu-rcz.) Maxim.	升麻、窟窿牙	药用部位及功效参阅升麻 Cimicifuga foetida L.。	北京：来源于东北。
	单穗升麻	Cimicifuga simplex Wormsk.	野升麻	药用根状茎。味甘、辛、微苦，性凉。散风解毒，升阳发表。用于伤风咳嗽。	北京：来源于东北。湖北：来源于湖北恩施。
	芹叶铁线莲	Clematis aethusaefolia Tu-rcz.	透骨草、驴断肠	药用全草。性温。祛风利湿，风湿骨拳痛，脚止痛。用于筋骨拘挛，无名肿毒。	北京：来源于北京。
	女萎	Clematis apiifolia DC.	百根草、方根草、银匙藤	药用根。味辛，性温。有小毒。祛风除湿，利尿，消食。用于风湿痹症，吐泻，痢疾，腹痛肠鸣，小便不利，水肿。	广西：来源于广西融水县。
毛茛科 Ranunculaceae	钝齿铁线莲	Clematis apiifolia DC.var. obtusidentata Rehd.et Wils.	山木通、大木通	药用茎藤。味苦，性凉。有小毒。清热利尿，通经下乳。用于水肿，淋病，小便不通，关节痹痛，经闭乳少。	广西：来源于广西金秀县。
	小木通	Clematis armandii Franch.	川木通、淮木通	药用茎藤。味淡、苦，性寒。清热利尿，通经下乳。用于水肿，关节痹痛，淋病，小便不通，经闭乳少。	广西：来源于广西上林县。云南：来源于云南景洪市。
	短尾铁线莲	Clematis brevicaudata DC.	石通、铜脚灵仙	药用茎。味苦，性凉。除湿热，通血脉，利小便。用于五淋，淋症，腹中胀满。	北京：来源于北京。
	威灵仙	Clematis chinensis Osbeck	铁丝威灵仙、铁脚威灵莲、老虎须、白线草、青龙须	药用根状茎。味辛、咸，性温。祛风除湿，通络止痛。用于风湿痹痛，肢体麻木，筋脉拘挛，屈伸不利，骨哽咽喉。	广西：来源于广西苍梧县。北京：来源于杭州。湖北：来源于湖北恩施。
	粗柄铁线莲	Clematis crassipes Chun et How		药用全草。用于风湿骨痛，腰膝冷痛。	海南：来源于海南万宁市。
	丝铁线莲	Clematis filamentosa Dunn	甘木通、棉藤、喉揩根	药用全草。味甘，性微凉。镇静，镇痛，头痛，高血压病。降压。用于红眼病。	广西：来源于广西南宁市。

（续表）

科名	植物名	拉丁学名	别名	药用部位及功效	保存地及来源
	山木通	Clematis finetiana Lévl.et Vant.	过山照、冲倒山、蓑衣藤、硬骨灵仙	药用根、茎、叶。味苦、辛，性温。祛风湿，通经络，止痛。用于风湿关节肿痛、肠胃炎、疟疾，乳痈、芽疳、目生星翳。	广西：来源于广西恭城县。湖北：来源于湖北恩施。
	褐毛铁线莲	Clematis fusca Turcz.		药用全草。活血祛瘀，消肿止痛。	广西：来源于瑞士。
	粉绿铁线莲	Clematis glauca Willd.	狗肠草、苒苒草	药用全草。味辛，性温。祛风湿，止痒。用于慢性风湿性关节炎、关节疼痛；外用于湿疹、瘙痒症。	广西：来源于广西金秀县。法国。
	单叶铁线莲	Clematis henryi Oliv.	野灵仙、雪里开	药用根、叶。味辛、苦，性平。行气活血，抗菌消炎。用于胃胃痛、腹痛，跌打损伤，小儿高烧；外用于疖肿。	湖北：来源于湖北恩施。
	大叶铁线莲	Clematis heracleifolia DC.	草本女萎、草牡丹、大样十月泡	药用全株。味辛，性平。祛风除湿，解毒消肿。用于风湿疖疮肿毒，结核性溃疡；外用于湿疹疖肿毒、痔瘘。	北京：来源于河北青龙桥、北京。
毛茛科 Ranunculaceae	棉团铁线莲	Clematis hexapetala Pall.	山辣椒秧、威灵仙、山棉花	药用根状茎。味辛，咸，性温。祛风除湿，通络止痛。用于风湿痹痛、肢体麻木、筋脉拘挛，屈伸不利，骨哽咽喉。	广西：来源于北京市。
	黄花铁线莲	Clematis intricata Bunge		药用全草及叶。味辛，性温。祛风除湿，解毒止痛。用于风湿关节痛、痒疹疥癣。	北京：来源于北京市。
	毛柱铁线莲	Clematis meyeniana Walp.	土木通、华南铁线莲、见血愁、过山龙	药用根、藤叶。根祛风除湿，通经止痛。藤叶活络止痛，破血通经，用于风寒感冒、胃痛、风湿麻木、经闭。	广西：来源于广西桂林市、广东深圳市。海南：来源于海南万宁市。
	绣球藤	Clematis montana Buch.-Ham. ex DC.	花叶木通、淮木通	药用部位及功效参阅小木通 Clematis armandii Franch.。	湖北：来源于湖北恩施。
	毛茛铁线莲	Clematis ranunculoides Franch.	铁线牡丹	药用根、全草。味涩、微辛，性平。清热，解毒，祛瘀活络，利尿。用于疔痛、尿闭，乳痈，跌打损伤。	湖北：来源于湖北恩施。

110

（续表）

科名	植物名	拉丁学名	别名	药用部位及功效	保存地及来源
毛茛科 Ranunculaceae	齿叶铁线莲	Clematis serratifolia Rehd.		药用根状茎。有小毒。除风利湿，利尿，止泻，腹胀肠鸣。	广西：来源于法国。
	甘青铁线莲	Clematis tanguica (Maxim.) Korsh.		药用藤茎。消炎，清热，通经。用于消化不良，瘀块食积，腹泻。	广西：来源于法国。
	辣蓼铁线莲	Clematis terniflora DC. var. mandshurica (Rupr.) Oh-wi	辣椒线莲，东北铁线莲	药用部位及功效参阅威灵仙 Clematis chinensis Osbeck。	广西：来源于法国。北京：来源于辽宁千山。
	葡萄叶铁线莲	Clematis vitalba (L.) Schur.		药用全草。利尿，抗菌消炎。用于肾脏疾病，血液疾病，呼吸系统疾病，也作为滋补药物。	广西：来源于荷兰。
	飞燕草	Consolida ajacis (L.) Schur.		药用种子，根。味苦，辛，性温。有毒。种子催吐，泻下，用于喘息，水肿；外用于疥癣，头虱。根用于腹痛；外用于打扑损伤。	广西：来源于北京市，法国。北京：来源于北京，广州。
	黄连	Coptis chinensis Franch.	鸡爪连	药用根状茎。味苦，性寒。清热燥湿，泻火解毒。用于湿热痞满，呕吐吞酸，泻痢，黄疸，高热神昏，心火亢盛，心烦不寐，血热吐衄，目赤，牙痛，消渴，痈肿疔疮；外用于湿疹，湿疮，耳道流脓。	广西：来源于广西恭城县，四川成都市。北京：来源于四川。湖北：来源于湖北恩施。
	三角叶黄连	Coptis deltoidea C. Y. Cheng et Hsiao	峨眉连	药用部位及功效参阅黄连 Coptis chinensis Franch.。	湖北：来源于湖北恩施。
	高翠雀花	Delphinium elatum L.		泻肺，平喘。	北京：来源于原苏联。
	翠雀	Delphinium grandiflorum L.	鸡爪连，土黄连，鹦哥花，瓣根草	药用全草，根。味苦，抗菌除湿，有毒。火止痛，杀虫治癣。	北京：来源于原苏联。
	川陕翠雀花	Delphinium henryi Franch.			湖北：来源于湖北恩施。
	伊犁翠雀花	Delphinium iliense Huth		驱风除湿，解毒杀虫，消瘀，散寒。	北京：来源于原苏联。

科名	植物名	拉丁学名	别名	药用部位及功效	保存地及来源
毛茛科 Ranunculaceae	朝鲜白头翁	Pulsatilla cernua (Thunb.) Bercht.et Opiz.	毛姑朵花	药用根。收敛，消炎，止痢。用于痢疾，经闭。	北京：来源于吉林。
	白头翁	Pulsatilla chinensis (Bunge) Regel	羊胡子花、老冠花、老公花	药用根、茎叶及花。根味苦，性寒。凉血解毒，用于热毒血痢，阿米巴痢，痒带下，茎叶用于暖腰膝，强心。花用于疟疾寒热。	北京：来源于辽宁千山。
	鳞茎毛茛	Ranunculus bulbosus L.		药用全草或根。用于子宫颈癌，乳腺癌，子宫颈癌，皮肤癌，鸡眼，疣，皮脂腺囊肿，关节炎，痛风，胃痛，腹泻，痢疾，瘰疬，脑膜炎，湿疹。	广西：来源于法国。
	禹毛茛	Ranunculus cantoniensis DC.	自扣草、小茴茴蒜、水芹菜、黄花虎掌草	药用全草。味辛，苦，性温。有毒。清肝明目，除湿解毒，截疟，用于眼翳目赤，黄疸，痛肿，风湿性关节炎，疟疾。	广西：来源于广西武鸣县。云南：来源于云南景洪市。
	茴茴蒜	Ranunculus chinensis Bunge	野大蒜、辣辣草	药用全草。味淡，微苦，性温。有毒。消炎退肿，平喘，截疟，外用于肝炎，角膜云翳，牛皮癣。	广西：来源于广西龙州县。北京：来源于广州、北京。
	西南毛茛	Ranunculus ficariifolium Lévl.et Vant.	卵叶毛茛	药用茎叶。利湿消肿，止痛杀虫。	广西：来源于法国。
	毛茛	Ranunculus japonicus Thunb.	五虎草、毛田菜、鸭脚板、辣子草、小梅花草	药用全草、根及果实。味辛，性温。有镇喘，定喘，根退黄，截疟，消黡，用于黄疸，疟疾，偏头痛，牙痛，鹤膝风，风湿关节痛，目生翳膜，瘰疬，痈疮肿毒。果实祛寒，止血，截疟，痈疽冷痛，外伤出血，疟疾。	广西：来源于广西百色市，江苏南京市。北京：来源于杭州。湖北：来源于湖北恩施。

科名	植物名	拉丁学名	别名	药用部位及功效	保存地及来源
	匍枝毛茛	Ranunculus repens L.		药用全草。利湿，消肿，止痛，截疟，杀虫。	来源于法国、德国。
	欧毛茛	Ranunculus sardous Crantz.		药用全草。用作抗刺激剂，发红刺激剂，辛辣剂。新鲜全草用于顺势疗法。	来源于法国、荷兰。
	石龙芮	Ranunculus sceleratus L.	黄瓜草，鸡脚爬草，胡椒草，假芹菜	药用全草。果实：味辛、苦，性寒。有毒。全草清热解毒，消肿散结，止痛，截疟。用于痈疖肿毒，毒蛇咬伤，瘰疬，风湿关节肿痛，牙痛，疟疾。果实：祛风湿，明目，益肾，肾虚遗精，阳痿阴冷，不育无子，风寒湿痹。	广西：来源于广西龙州县、凌云县，云南。北京：来源于四川。
	扬子毛茛	Ranunculus sieboldii Miq.	莱子草，瞌睡果子草，起泡草，鹅脚板	药用全草。味辛、苦，性热。有毒。除痰截疟，解毒消肿，用于疟疾，痰核瘰疬，疮毒，蠒肿，毒疮，跌打损伤。	来源于广西那坡县，四川成都市。
毛茛科 Ranunculaceae	猫爪草	Ranunculus ternatus Thunb.	小毛茛，金花草	药用全草。味甘、辛，性平。化痰散结，解毒。用于瘰疬，结核，咽炎，偏头痛，牙痛，蛇咬伤，疔疮。	广西：来源于广西恭城县、桂林市。
	天葵	Semiaquilegia adoxoides (DC.) Makino	天葵子，麦无踪，小乌头	药用块根。味甘、微辛，性寒。清热解毒，消肿散结。用于痈肿疔疮，乳痈，瘰疬，毒蛇咬伤。	广西：来源于广西桂林市。北京：来源于杭州、南京。湖北：来源于湖北恩施。
	高山唐松草	Thalictrum alpinum L.		药用根及根状茎。清热燥湿，止痢。	广西：来源于法国。
	唐松草	Thalictrum aquilegifolium L. var.sibiricum Regel et Tiling	草黄连，高山野风草	药用根、根状茎。味苦，性寒。清热泻火，燥湿解毒。用于热病心烦，湿热泻痢，肺热咳嗽，目赤肿痛，痈肿疮疖。	广西：来源于辽宁沈阳市，北京市。湖北：来源于湖北恩施。
	贝加尔唐松草	Thalictrum baicalense Tur-cz.	马尾黄连	药用根、根状茎。味苦，性寒。清热，燥湿，解毒。用于痢疾，眼结膜炎。	广西：来源于北京市。北京：来源于北京植物园。

科名	植物名	拉丁学名	别名	药用部位及功效	保存地及来源
毛茛科 Ranunculaceae	大叶唐松草	Thalictrum faberi Ulbr.	蓝蓬草	药用根、根状茎。味苦，性寒。清热解毒，利湿。用于目赤。	北京：来源于北京植物园。湖北：来源于湖北恩施。
	芬氏唐松草	Thalictrum fendleri Eng-elm.ex Grey		药用全草。其提取物含唐松草碱（thalicarpine）。有抗肿瘤活性。	广西：来源于法国。
	腺毛唐松草	Thalictrum foetidum L.	香毛唐松草	药用根、根状茎。清热解毒，祛风凉血，消炎，止痢。用于结膜炎，传染性肝炎，痈肿疔疮，痢疾。	广西：来源于法国。
	多叶唐松草	Thalictrum foliolosum DC.		药用根、根状茎。味苦，性寒。清热燥湿，解毒。用于肠炎，痢疾，黄疸，目赤肿痛。	云南：来源于云南景洪市。
	华东唐松草	Thalictrum fortunei S. Moo-re		药用根、全草。味苦，性寒。清湿热，消肿解毒，杀虫。用于疔疮，痈疖。	广西：来源于上海市。北京：来源于南京。
	盾叶唐松草	Thalictrum ichangense Lecoy.ex Oliv.	岩扫把、连钱草、水香草、倒地掐	药用全草。味苦，性寒。清热解毒，燥湿。用于湿热黄疸，湿热痢疾，小儿惊风，目赤肿痛，丹毒游风，打损伤。	广西：来源于广西武鸣县。
	狭叶唐松草	Thalictrum lucidum L.		药用全草。其提取物含唐松草新碱（thalidasine）。抗癌，抗菌，降压。	广西：来源于法国。
	亚欧唐松草	Thalictrum minus L.	小唐松草	药用根、根状茎。味苦，性寒。清热凉血，理气消肿。用于痢疾，泄泻。	广西：来源于法国。北京：来源于北京。
	瓣蕊唐松草	Thalictrum petaloideum L.	马尾黄连	药用根。味苦，性寒。健胃消食，消肝明目，清热解毒。用于黄疸，泄泻，痢疾，渗出性皮炎。	北京：来源于北京。
	多枝唐松草	Thalictrum ramosum Boivin	软水黄连、水黄连	药用全草。味苦，性寒。清热燥湿，解毒。用于痢疾，黄疸，目赤，痈肿疮疖。	广西：来源于广西武鸣县。湖北：来源于湖北恩施。
	箭头唐松草	Thalictrum simplex L.		药用根、根状茎。清热解毒，健脾，泻火。	广西：来源于四川重庆市。北京：来源于北京。

科名	植物名	拉丁学名	别名	药用部位及功效	保存地及来源
毛茛科 Ranunculaceae	展枝唐松草	Thalictrum squarrosum Steph.ex Willd.		药用全草。味苦，性平。清热解毒，健胃制酸，发汗。	广西：来源于北京市、法国。
	黑种草	Nigella damascena L.		药用种子。散寒通经，活血健脑。	广西：来源于法国。
	黑香种草	Nigella sativa L.	家黑种草	药用幼苗、种子。幼苗散寒，通经，活血，健脑。用于月经不调，风寒感冒，心悸，失眠，尿路结石。种子用于肝炎，肝肿大，胃寒。	广西：来源于法国。
	腺毛黑种草	Nigella glandulifera Freyn et Sint.		药用种子、幼苗。味甘、辛，性温。通经活血，通乳和尿。用于耳鸣健忘，经闭乳少，热淋，石淋，白藏风，疥疥。	北京：来源于新疆。
小檗科 Berberidaceae	锥花小檗	Berberis aggregata Sch-neid.	老鼠刺、小黄连刺、刺黑珠	药用根、茎枝。味寒。清热燥湿，泻火解毒。用于湿热泻痢，热淋，带下，痈肿疮毒，湿疹。	广西：来源于云南昆明市。
	大叶小檗	Berberis amurensis Rupr.	刀口药、黄连、刺黄檗、黄芦木	药用根、叶。味苦，性寒。清热燥湿，泻火泄泻，口疮，湿疹疥疮，丹毒，目赤。叶酊剂作妇科止血药。	北京：来源于小五台山。
	直穗小檗	Berberis dasystachyaMax-im.	山黄檗、刺黄檗、黄檗、三颗针	药用根皮、茎内皮。味苦，性寒。清热燥湿，泻火解毒。用于泄泻，痢疾，黄疸，带下痈疮，关节痛。	湖北：来源于湖北恩施。
	南岭小檗	Berberis impedita Schneid.	三颗针	药用根、茎。用于咽喉肿痛，瘰疬，跌打损伤，痈疽肿毒，毒蛇咬伤。	广西：来源于广西金秀县。 湖北：来源于湖北恩施。
	昆明小檗	Berberis kunmingensis C.Y.Wu		药用根。用于咽喉肿痛，腮腺炎，牙龈肿痛，腮腺炎等各种热症及炎症。	广西：来源于浙江杭州市。
	细叶小檗	Berberis poiretii Schneid.	狗奶子、北常山、刺黄柏、针雀	药用根、根皮。味苦，性寒。清热解毒，健胃。用于吐泻，消化不良，痢疾，咳嗽，胆囊炎，目赤，烫伤，口疮，无名肿毒，高血压症。	北京：来源于陕西。 湖北：来源于湖北恩施。

（续表）

科名	植物名	拉丁学名	别名	药用部位及功效	保存地及来源
小檗科 Berberidaceae	天台小檗	*Berberis lempergiana* Ahre-ndt	长柱小檗，土黄檗	药用根。味苦，性寒。清热解毒，抗菌消炎，用于急性肠胃炎，眼结膜炎，口腔炎，痢疾，无名肿毒，丹毒，湿疹，烫伤，吐血劳伤，跌打损伤。	广西：来源于浙江杭州市。
	粉叶小檗	*Berberis pruinosa* Franch.	黄连刺，鸡脚刺，三颗针，大黄连	药用根、茎。味苦，性寒。清热燥湿，泻火解毒，用于湿热泄泻，咽喉肿痛，口疮眼肿，疔痈，乳腺，目赤眼痛，疔痈，烫伤。	北京：来源于北京。
	日本小檗	*Berberis thunbergi* DC.	童氏小檗，刺檗	药用根、茎枝。清热燥湿，泻火解毒。用于急性肠炎，痢疾，黄疸，热痹，痈肿疖疬，痈肿疮疖，血崩。	广西：来源于湖北武汉市，波兰。
	庐山小檗	*Berberis virgetorum* Sch-neid.	黄疸树，刺黄连，黄刺柏，树黄连	药用茎、根。味苦，性寒。清热解毒，用于肝炎，胆囊炎，肠炎，急性结膜炎，尿道炎，口腔炎，痈肿疮毒，咽喉痛，疖肿，预防流感。	广西：来源于江西庐山市。
	金花小檗	*Berberis wilsonae* Hemsl. et Wils.	猫儿刺，小叶三颗针，刺黄芩，土黄连，小黄连刺，小鸡脚黄刺	药用根。味苦，性寒。清热解毒，止痢。用于咽喉痛，乳蛾，痈肿疮毒，劳伤吐血。亦为提取黄连素的原料植物。	北京：来源于北京。
	南方山荷叶	*Diphylleia sinensis* Li	窝儿七，一把伞，金边七	药用根、根状茎。味苦，辛，性凉。有小毒。祛风除湿，破瘀散结，活血止痛。用于风湿关节痛，骨蒸痨热，跌打损伤，月经不调，疮肿痈疖，毒蛇咬伤。	北京：不明确。湖北：来源于湖北恩施。
	小八角莲	*Dysosma difformis* (Hemsl.et Wils.) T.H.Wang ex Ying		药用根、根状茎。味甘，微辛，性凉。清热解毒，散结祛瘀。用于风热咳嗽，目赤，咽喉痛，乳蛾，瘰疬，胃腹疼痛，痈肿疖疬，跌打损伤，蛇腰火丹，毒蛇咬伤。	湖北：来源于湖北恩施。

科名	植物名	拉丁学名	别名	药用部位及功效	保存地及来源
小檗科 Berberidaceae	乌云伞	*Dysosma lichuanensis* Z. Ch-eng	八角莲	药用根、根状茎。清热解毒，排脓生肌。用于蛇虫咬伤，跌打损伤。	湖北：来源于湖北恩施。
	六角莲	*Dysosma pleiantha* (Hance) Woods.	独脚莲、八角金盘、八角莲、鬼臼	药用根状茎。味苦，性凉。有毒。清热解毒，化痰散结，祛瘀止痛，用于痈肿，疔疮，瘰疬，咽喉肿痛，毒蛇咬伤，跌打损伤。	广西：来源于广西恭城县。湖北：来源于湖北恩施。
	八角莲	*Dysosma versipellis* (Hance) M.Cheng	八角乌、窝儿七、独角莲、独叶一枝花、八角盘	药用根、根状茎。味苦，性凉。有毒。化痰散结，清热解毒。用于咳嗽，咽喉肿痛，瘰疬，疔疮，蛇咬伤，跌打损伤，痈肿，痹症。	广西：来源于广西隆林县，靖西县、防城县。北京：来源于四川、江西。湖北：来源于湖北恩施。
	淫羊藿	*Epimedium brevicornum* Ma-xim.	野黄连、鬼见愁、含阴草、短角淫羊藿	药用全草。性温。补肾壮阳，强筋骨，祛风湿。用于腰膝软弱，阳痿，风湿关节痛，四肢麻木。	北京：来源于南京。
	川鄂淫羊藿	*Epimedium fargesii* Franch.		药用全草。补肾壮阳，祛风除湿。	湖北：来源于湖北恩施。
	朝鲜淫羊藿	*Epimedium koreanum* Nakai	羊藿剌、三枝羊、九叶草、淫羊藿、仙灵脾	药用全草。味辛，甘，性温。补肝肾，益精，祛风湿。用于阳痿，遗精，早泄，风湿痹痛，四肢麻木，肾虚喘咳，胸痛。	北京：来源于吉林。
	三枝九叶草	*Epimedium sagittatum* (Sieb.et Zucc.) Maxim.	淫羊藿、铁箭头、阴阳合、箭叶淫羊藿、三力草、三叉骨	药用全草。味辛，甘，性温。补肾阳，强筋骨，祛风湿，用于阳痿，遗精，筋骨萎软，风湿痹痛，麻木拘挛，更年期高血压症。	广西：来源于广西百色市，四川成都市。北京：来源于山西。
	冬青叶十大功劳	*Mahonia aquifolium* Nutt.		药用果实、根。果实健胃，利胆，利尿，祛泻，消化不良，排尿疼痛，气管炎，关节炎，风湿病，肝炎，湿疹。根用于胆病，胆结石。	广西：来源于法国。
	阔叶十大功劳	*Mahonia bealei* (Fort.) Carr.	刺黄芩、土黄柏、土黄连、刺黄柏	药用根、茎及叶。根、茎味苦，性寒。清热解毒，除湿消肿，用于目赤，痈疽，头晕耳鸣，目赤。叶用于骨蒸潮热，咯血，目赤。	广西：来源于广西上林县，那坡县。海南：来源于海南万宁市。

科名	植物名	拉丁学名	别名	药用部位及功效	保存地及来源
小檗科 Berberidaceae	小果十大功劳	*Mahonia bodinieri* Gagnep.	巴东十大功劳	药用根。清热解毒，活血消肿。	广西：来源于浙江杭州市。
	湖北十大功劳	*Mahonia confusa* Sprague		药用全株。清火解毒。	广西：来源于浙江杭州市。湖北：来源于湖北恩施。
	长柱十大功劳	*Mahonia duclouxiana* Gagnep.	昆明十大功劳	药用茎皮。清热，解毒，燥湿。	广西：来源于云南昆明市。
	十大功劳	*Mahonia fortunei* (Lindl.) Fedde	山黄连、西风竹、细叶十大功劳、竹叶黄连、木黄连	药用茎，性寒。味苦。用于湿热泻痢，黄疸，目赤肿痛，胃火牙痛，疮疖，痈肿，痢疾。	广西：来源于广西龙州县、恭城县。北京：来源于南京。
	沈氏十大功劳	*Mahonia shenii* Chen	无刺十大功劳、北江十大功劳	药用根。清热解毒。用于吐泻，痢疾，肝炎，感冒，咳嗽，小便淋痛，烧烫伤。	广西：来源于广西金秀县、靖西县。
	南天竹	*Nandina domestica* Thunb.	蓝田竹、土黄连、红把子、刺黄连、木黄连	药用果实及根、茎枝及叶。果实味酸，性平。用于久咳，致肺止咳，气喘，百日咳，性寒。有小毒。清热，止咳。根味苦，性寒。有大毒。用于肺热咳嗽，湿热黄疸，腹泻，风湿痹痛，疮疡，瘰疬。茎枝味苦，性寒。清湿热，降逆气。用于湿热黄疸，泻痢，热淋，目赤肿痛，咳嗽，扁食。叶清热利湿，解毒。用于肺热咳嗽，百日咳，热淋，目赤肿痛，疮痈，瘰疬。	广西：来源于广西桂林市。云南：来源于云南景洪市。海南：来源于广西药用植物园。北京：来源于北京植物园。湖北：来源于湖北恩施。
	桃儿七	*Sinopodophyllum hexandrum* (Royle) Ying	铜筷子、鸡素苔、蒿果、小叶莲	药用根、根状茎及果实。根、根状茎味苦，性寒。祛风除湿，止咳，跌打损伤，月经不调。用于风湿痹痛，咳喘，腰痛，月经不调，胎盘不下，带下病，宫颈癌。果实味甘，性平。有小毒。活血通经，止咳平喘，健脾理气。用于劳伤咳喘，月经不调，胎盘不下，带下病，宫颈癌。	广西：来源于云南昆明市。

科名	植物名	拉丁学名	别名	药用部位及功效	保存地及来源
大血藤科 Sargentodoxaceae	大血藤	Sargentodoxa cuneata (Oliv.) Rehd.et Wils.	血木通、槟榔钻、大活血、血藤、红菊花心。	药用藤茎。味苦，性平。清热解毒，活血，祛风。用于肠痈腹痛，经闭经痛，跌打肿痛，风湿痹痛。	广西：来源于广西金秀县。湖北：来源于湖北恩施。
木通科 Lardizabalaceae	木通	Akebia quinata (Thunb.) Decne.	八月炸、野香蕉、野木瓜、五叶木通、冷饭包、野毛蛋。	药用果实、茎藤及根。果实味甘，性寒。舒肝理气，活血止痛。用于肝、胃气痛，疝气，痛经，消化不良，除烦，利尿，腰痛。茎藤、根味苦，性寒。清热利尿，通经活络，风湿关节痛，排脓，镇痛，通乳。用于小便淋痛，乳汁不通，月经不调。	广西：来源于广西凌云县，日本。北京：来源于北京植物园。
	三叶木通	Akebia trifoliata (Thunb.) Koidz.	预知子、八月札。	药用部位及功效参阅木通 Akebia quinata (Thunb.) Decne.。	广西：来源于广西凌云县，云南昆明市。北京：来源于四川南川。湖北：来源于湖北恩施。
	白木通	Akebia trifoliata (Thunb.) koidz. var. australis (Diels) Rehd.	青木香、青防己、八角瓜藤。	药用部位及功效参阅木通 Akebia quinata (Thunb.) Decne.。	湖北：来源于湖北恩施。
	猫儿子	Decaisnea fargesii Franch.	猫尿瓜、矮杞树、都哥杆、鸡尿包、猫尿肠子。	药用根。味甘，性凉。清肺止咳，祛风除湿。用于肺结核咳嗽，风湿关节痛，阴痒；外用于肛门周围糜烂。	湖北：来源于湖北恩施。
	鹰爪枫	Holboellia coriacea Diels.	八月札、牛干斤、八月瓜。	药用根、藤茎及果实。味微苦，性寒。祛风活血。用于风湿筋骨痛，茎藤作木通用。果实作预知子用。	湖北：来源于湖北恩施。
	牛姆瓜	Holboellia grandiflora Réaub.	牛藤、五叶瓜。	药用茎藤。功效参阅木通 Akebia quinata (Thunb.) Decne.。	湖北：来源于湖北恩施。
	野木瓜	Stauntonia chinensis DC.	牛藤、五叶木通、五爪金龙。	药用根、茎及叶。味甘，性温。舒筋活络，散瘀止痛，跌打损伤，风湿痹痛，痛经，水肿，小便淋痛，月经不调。	北京：来源于广西。

科名	植物名	拉丁学名	别名	药用部位及功效	保存地及来源
木通科 Lardizabalaceae	尾叶那藤	Stauntonia obovatifolida ssp. uophylla (Hand.-Mazz.) H. N. Qin	牛藤、七姐妹	药用茎、根及果实。味苦，性凉。茎、根祛风散瘀，镇痛解毒。用于风湿性关节炎，跌打伤痛，各种神经性疼痛，小便不利，水肿。果实解毒消肿，杀虫止痛。用于疮痈，疝气疼痛，蛔虫病，鞭虫病等。	广西：来源于广西东兴市、恭城县、环江县。
	崖藤	Albertisia laurifolia Yamam.	崖爬藤	药用根。用于感冒发热，淋症，小便短小、黄赤。	海南：来源于海南兴隆植物园。
	古山龙	Arcangelisia gusanlung H. S.Lo	黄连藤、黄肚藤、黄藤、木通、黄胆榄	药用根。味苦，性寒。泻火，止痛。有小毒。清热解毒，利湿，杀虫。用于痢疾，肺痨，胃脘痛胀，乳蛾，泄泻，高血压症，神经性头痛，外用于湿疹，皮炎，瘙痒症，目赤。	海南：来源于海南兴隆南药园。
防己科 Menispermaceae	锡生藤	Cissampelos pareira L. var. hirsuta (Buch.-Ham. ex DC.) Forman	鼠耳草亚红隆 (傣语)	药用全株。味淡，微麻，性温。活血散瘀，麻醉止痛，止血生肌。用于跌打损伤，创伤出血，风湿腰疼。	云南：来源于云南景洪市。
	樟叶木防己	Cocculus laurifolius DC.	衡州乌药、矮脚樟、木防己、消食树	药用根、全株。味苦，性凉。散瘀消肿，祛风止痛，消食止泻。用于风湿腰痛，跌打肿痛，腿痛，腹泻，泄泻，头痛，疝气。	广西：来源于广西龙州县。云南：来源于云南景洪市。海南：来源于海南万宁市。

科名	植物名	拉丁学名	别名	药用部位及功效	保存地及来源
	木防己	*Cocculus orbiculatus* (L.) DC.	毛木防己、银锁匙、金钥匙	药用根状茎。味苦、辛,性寒。祛风除湿,通经活络,解毒消肿。用于风湿痹痛,水肿,小便淋痛,闭经,跌打损伤,咽喉肿痛,疮疡肿毒,湿疹,毒蛇咬伤。	广西:来源于广西南宁市、江苏南京市。海南:来源于海南万宁市。
	毛叶轮环藤	*Cyclea barbata* Miers	银不换、散血丹、猪肠换	药用根。味苦,性寒。有小毒。清热解毒,利湿通淋,散瘀。用于风热感冒,咽喉肿痛,痢疾,砂淋,跌打损伤。	海南:来源于海南万宁市。
	粉叶轮环藤	*Cyclea hypoglauca* (Schauer) Diels	百解藤、金锁匙、粉背轮环藤、青藤仔、金线风	药用藤茎、根。味苦,性寒。清热解毒,祛风止痛,利水通淋。用于风热感冒,咳嗽,咽喉肿痛,白喉,风火牙痛,肠炎,痢疾,尿路感染及结石,风湿疼痛,毒蛇咬伤。	广西:来源于广西武鸣县、靖西县、宜州市。海南:来源于海南万宁市。北京:来源于广西。
防己科 Menispermaceae	铁藤	*Cyclea polypetala* Dunm	多瓣轮环藤、海南轮环藤	药用根、叶。味苦,性寒。清热解毒,利尿,止痛。用于咽喉炎,白喉,尿路感染,牙痛,胃痛,风湿骨痛;外用于痈疮,无名肿毒,毒蛇咬伤。	海南:来源于海南万宁市。
	轮环藤	*Cyclea racemosa* Oliv.	金鸦蝗、铁石鞭、青藤细辛	药用根。味苦,性寒。有小毒。清热解毒,理气止痛。用于脘腹疼痛,吐泻,风湿痹痛,毒蛇咬伤。	云南:来源于云南勐腊县。
	称钩风	*Diploclisia affinis* (Oliv.) Diels	清风藤、杜藤、过山龙、花防己	药用根、茎。味苦,性凉。祛风除湿,活血止痛,利尿解毒。用于风湿痹痛,跌打损伤,小便淋涩,毒蛇咬伤。	广西:来源于广西宜州市。
	苍白秤钩风	*Diploclisia glaucescens* (Bl.) Diels	蛇总管、土防己、电藤	药用茎藤、叶。味微苦,性寒。清热解毒,祛风除湿。用于风湿痹痛,胆囊炎,咽喉肿痛,小便淋痛,痢疾,蛇毒咬伤。	云南:来源于云南勐腊县。海南:来源于海南万宁市。

科名	植物名	拉丁学名	别名	药用部位及功效	保存地及来源
防己科 Menispermaceae	天仙藤	Fibraurea recisa Pierre	黄藤、藤黄连、黄连藤	药用藤茎。味苦，性寒。有小毒。清热解毒，泻火通便。用于热毒内盛，便秘，泻痢，咽喉肿痛，目赤红肿，痈肿疮毒。	广西：来源于广西天等县。
	蝙蝠葛	Menispermum dauricum DC.	野豆根、黄条香、狗骨头、金葛子	药用根、茎。味苦，性寒。有小毒。清热解毒，祛风止痛。用于咽喉痛，泄泻，痢疾，风湿痹痛，痔疮肿痛，蛇虫咬伤。	北京：来源于太行山。
	肾子藤	Pachygone valida Diels H.S.Lo	粉绿藤、疟疾草	药用根、藤茎。味苦，性寒。祛风除湿，活血镇痛。用于风湿痹痛，手足麻木，腰肌劳损。	云南：来源于云南勐腊县。
	细圆藤	Pericampylus glaucus (Lam.) Merr.	黑风散、广藤、土藤、小广藤、蓬莱藤、猪菜藤、哈子藤	药用藤茎。味苦，辛，性凉。清热解毒，息风止掌，祛除风湿。用于惊风抽搐，风湿痹痛，跌打损伤，毒蛇咬伤。	广西：来源于广西上思县、云南西双版纳。云南：来源于云南勐腊县。海南：来源于海南万宁市。
	金线吊乌龟	Stephania cepharantha Hayata ex Yamam.	地苦胆、山乌龟、白药子、头花千金藤	药用块根。味苦，性凉。有小毒。清热解毒，祛风止痛，凉血止血。用于咽喉肿痛，热毒痈肿，风湿痹痛，吐血，衄血，外伤出血。	广西：来源于广西上思县、那坡县。北京：来源于北京。
	一文钱	Stephania delavayi Diels.	地乌龟、地不容、白地胆	药用块根。味苦，性寒。清热解毒，利湿，止痛。用于胃痛，腹痛，急性胃肠炎，风湿性关节炎，痢疾，痈疽肿毒。	云南：来源于云南。北京：来源于北京。湖北：来源于湖北恩施。
	血散薯	Stephania dielsiana C.Y.Wu	红藤山乌龟、一点血、独角乌白	药用块根。味苦，性寒。清热解毒，散瘀止痛。用于胃痛，牙痛，肠炎，咽喉炎，上呼吸道感染，神经痛，跌打损伤，痈疮，毒蛇咬伤，瘰疬。	广西：来源于广西金秀县。
	地不容	Stephania epigaea H.S.Lo	山乌龟、地乌龟、金丝荷叶	药用块根。味苦，性寒。清热解毒，截疟，镇静，止痛。用于疟疾，胃痛，腹痛，风湿关节痛，痈疽肿毒。	云南：来源于云南景洪市。

（续表）

科名	植物名	拉丁学名	别名	药用部位及功效	保存地及来源
防己科 Menispermaceae	海南地不容	*Stephania hainanensis* H. S. Lo et Y.Tsoong	金不换	药用块根。味苦，性寒。消肿解毒，健胃止痛。用于胃肠痛，吐泻，痢疾，咽喉痛，跌打损伤。	海南：来源于海南万宁市。北京：来源于海南。
	桐叶千斤藤	*Stephania hernandifolia* (Willd.) Walp.	红山乌龟、干金藤、一滴血	药用块根。味苦、辛，性凉。清热解毒。用于胃炎，腹痛，胃及十二指肠溃疡，跌打损伤，湿疹，疟疾，风湿关节炎，毒蛇咬伤，痈疖肿毒。	云南：来源于云南景洪市。
	千金藤	*Stephania japonica* (Thunb.) Miers	金丝荷叶、天青药、小青藤、土广香、山乌龟、爆竹消	药用根、茎。性寒。清热解毒，利水消肿，祛风止痛。用于咽喉痛，牙痛，胃痛，小便淋痛，风湿关节痛，脚气，痢疾，疟疾，水肿，疟疾关节痛，痈肿。	北京：来源于浙江。
	广西地不容	*Stephania kwangsiensis* H. S.Lo	山乌龟、华千金藤、金不换	药用块根。味苦，性寒。散瘀止痛，清热解毒。用于胃痛，痢疾，跌打损伤，疮疖痈肿，毒蛇咬伤。	广西：来源于广西靖西县、贵州兴义市。北京：来源于广西。
	粪箕笃	*Stephania longa* Lour.	飞天雷公、梨头藤、硬毛千金藤	药用全株。味微苦、涩，性平。清热解毒，利湿消肿，祛风活络。用于泻痢，小便淋涩，水肿，黄疸，风湿痹痛，喉痹，疮痈肿毒，毒蛇咬伤。	广西：原产于广西药用植物园。海南：来源于海南万宁市。
	中华千金藤	*Stephania sinica* Diels	汝兰、山乌龟、金线吊乌龟	药用块根。味苦，性凉。清热解毒，散瘀消肿，健胃止痛。用于咳嗽，胃痛，呕吐腹泻，眼痛，口舌生疮，疮疖，跌打损伤，风湿疼痛。	海南：不明确。北京：来源于广西。
	小叶地不容	*Stephania succifera* H.S.Lo et Y.Tsoong	金不换	药用块根。味苦，性寒。清热解毒，镇痛。用于内、外伤疼痛，神经痛，疟疾，菌痢，上呼吸道感染，慢性胃痛，风火牙痛，急性胃肠炎，口腔炎，跌打损伤；外用于毒蛇咬伤。	海南：来源于海南万宁市。

科名	植物名	拉丁学名	别名	药用部位及功效	保存地及来源
防己科 Menispermaceae	粉防己	Stephania tetrandra S.Moo-re	汉防己、石蟾蜍	药用块根。味苦、辛，性寒。利水消肿，祛风止痛。用于水肿脚气、小便不利，风湿痹痛，高血压。	广西：来源于广西宁明县。
	云南地不容	Stephania yunnanensis H.S.Lo	山乌龟、地不容、一滴血、红藤	药用块根。味苦，性寒。清热解毒，镇痛。用于痈疖疔疮，截疟，胃痛，痢疾。	海南：不明确。 北京：来源于云南。
	青牛胆	Tinospora sagittata (Oliv.) Gagnep.	青鱼胆、金果榄、山茨菇、箭叶青牛胆	药用块根。味苦，性寒。消炎，消肿，止痛。用于炎症，咽喉肿痛，急性菌痢，痈肿疔疖，毒蛇咬伤。	广西：来源于广西龙州县、南丹县、乐业县。 海南：来源于海南万宁市。 湖北：来源于湖北恩施。
	纤细青牛胆	Tinospora capillipes Gag-nep.	地苦胆、青牛胆、金果榄、山茨菇	药用块根。味苦，性寒。清热解毒，利咽，止痛。用于咽喉肿痛，痈疽疔毒，泄泻，痢疾，脘腹热痛。	广西：来源于广西金秀县。
	波叶青牛胆	Tinospora crispa (L.) Mi-ers	金鸡纳藤、绿包藤、发冷藤、嘿柯罗藤（傣语）	药用藤茎。味苦，性凉。活血消肿，清热解毒，止痢，截疟。用于跌打损伤，骨折，毒蛇咬伤，痈疖肿毒，痢疾，疟疾。	广西：来源于广西龙州县。 云南：来源于云南景洪市。
	海南青牛胆	Tinospora hainanensis H.S.Lo et Z.X.Li	机核莲	用于口腔炎，急性胃肠炎。	海南：来源于海南万宁市。
	中华青牛胆	Tinospora sinensis (Lour.) Merr.	宽筋藤、吕天藤、松根藤	药用茎藤。味苦，性寒。祛风止痛，舒筋活络。用于风湿痹痛，腰肌劳损，跌打损伤。	广西：来源于广西龙州县。 海南：来源于海南万宁市。 北京：来源于广西。
	发冷藤	Tinospora thorelii Gagnep.	波叶青牛胆	药用藤及茎、叶。藤用于疟疾。茎、叶用于退热。	海南：不明确。

科名	植物名	拉丁学名	别名	药用部位及功效	保存地及来源
	莼菜	*Brasenia schreberi* J. F. Gm-el.	莼	药用茎叶。味甘，性寒。清热解毒，止呕。用于高血压病，泻痢，胃痛，呃吐，反胃，痈疽疔肿。	湖北：来源于湖北恩施。
	芡实	*Euryale ferox* Salisb.ex DC.	鸡头米、鸡头果、刺莲藕、假莲藕、刺莲蓬实	药用种仁。味甘，涩，性平。益肾固精，补脾止泻，祛湿止带。用于梦遗滑精，遗尿尿频，脾虚久泻，白浊，带下。	北京：来源于云南。
睡莲科 Nymphaeaceae	碗莲	*Nelumbo nucifera* Gaertn. cv. Red Bowl		药用种子、根茎节部、胚根及种子中幼叶（莲子心）、花托、雄蕊、叶。种子味甘，涩，性平。补脾止泻，益肾涩精，养心安神，心悸失眠。根茎节部止血，尿血。用于吐血，咯血，衄血，消瘀，崩漏。胚根及种子中幼叶味苦，性寒。清心安神，交通心肾，涩精止血。用于心热入心包，神昏谵语，心肾不交，失眠遗精，血热吐血。花托散瘀止血，用于崩漏，月经过多，便血，尿血。雄蕊清心益肾，涩精止血。用于遗精，尿频，遗尿，吐血，崩漏。叶清热解暑，升发清阳，散瘀止血，脾虚泄泻，头痛眩晕，大便泄泻，吐血下血，产后恶露不净。用于暑热烦渴。	广西：来源于湖北武市。

科名	植物名	拉丁学名	别名	药用部位及功效	保存地及来源
	莲	Nelumbo nucifera Gaertn.	莲花、莲子、荷、荷花	药用根茎节、叶、基部、花托、雄蕊、种子、花蕾、根茎节、幼叶及胚根、叶基部。味甘，性平。清暑祛湿，止血，散瘀。味苦，性平。解暑清热，升发清阳，散瘀止血。味苦，性平，性凉。清热，散瘀止血。花蕾味苦，甘，性平。化瘀止血。花托味苦，涩，性温。固肾涩精。种子涩精。益肾涩精。雄蕊味甘，涩，性平。幼叶及胚根味苦，性寒。清心安神，交通心肾。止泻，益肾涩精，养心安神。根味苦，性寒。涩精止血。	广西：来源于广西南宁市。云南：来源于云南景洪市。海南：来源于海南万宁市。北京：来源于北京颐和园。湖北：来源于湖北恩施。
睡莲科 Nymphaeaceae	黄萍蓬草	Nuphar luteum (L.) J.E.Sm.	河胃	药用地下根茎。滋养、强壮、健胃。	云南：来源于云南景洪市。
	萍蓬草	Nuphar pumilum (Hof-fm.) DC.	金莲花、叶胃、冷胃风	药用根状茎、种子。根状茎味甘、涩，性平。清虚热。用于劳热，止汗，止咳，止血，祛瘀调经，骨蒸、盗汗，肺痨咳嗽，月经不调，刀伤，种子滋补强壮，健胃，调经。	北京：不明确。
	白睡莲	Nymphaea alba L.var. alba		药用根状茎、花及种子。根状茎含鞣革，用做止泻药。花、种子用于痔疮。	广西：来源于湖北武汉市。北京：来源于北京。
	红睡莲	Nymphaea alba L. var. rubra Lonnr		药用根状茎。用于肺结核、痔疮。	广西：来源于广东湛江市。北京：来源于北京。
	黄睡莲	Nymphaea mexicana Zucc.		药用根状茎。其提取物含黄睡莲生物碱（nuphar）。有毒。抑制免疫，抑制乙酰胆碱酶。抗肿瘤，抗病毒。	广西：来源于湖北武汉市。北京：来源于北京。
	睡莲	Nymphaea tetragona Georgi	蓬蓬草、水莲花、瑞莲、子午莲	药用根状茎、花。滋阴润燥，补虚敛汗。用于小儿惊风，病后体虚，神经衰弱，盗汗。	云南：来源于云南景洪市。海南：来源于海南海口市。北京：来源于北京。

（续表）

科名	植物名	拉丁学名	别名	药用部位及功效	保存地及来源
金鱼藻科 Ceratophyllaceae	金鱼藻	Ceratophyllum demersum L.	虾须草、细草、软草	药用全草。味甘、淡，性凉。凉血止血，清热利水。用于血热，吐血，咳血，疮疡肿痛，热淋涩痛。	广西：来源于广西南宁市。北京：来源于北京。
三白草科 Saururaceae	裸蒴	Gymnotheca chinensis Decne.	水百部、还魂草、土细辛、鱼腥草	药用全草。味辛，性温。消食，利水，解毒。用于食积腹胀，痢疾，泄泻，水肿，小便不利，带下，跌打损伤，疮疡肿毒，蜈蚣咬伤。	广西：来源于广西天等县，广东：来源于广州市。北京：来源于云南。
	蕺菜	Houttuynia cordata Thunb.	鱼腥草、折耳根、鱼鳞草、蒿草、臭短（傣语）	药用带根全草。味辛，性微寒。清热解毒，消痈排脓，利尿通淋。用于肺痈吐脓，痰热喘咳，热痢，热淋，痈肿疮毒。	广西：来源于广西龙州县。云南：来源于云南景洪市。海南：来源于海南保亭县。北京：来源于北京。湖北：来源于四川。
	三白草	Saururus chinensis (Lour.) Baill.	三白根、白舌骨、塘边藕、水九节连	药用全草。味甘、辛，性寒。清热解毒，利尿消肿。用于小便不利，淋沥涩痛，白带，尿路感染，肾炎水肿；外用于疮疡肿毒，湿疹。	广西：来源于广西南宁市。海南：来源于海南万宁市。北京：来源于杭州。湖北：来源于湖北恩施。
胡椒科 Piperaceae	树胡椒	Pothomorphe subpeltata (Willd.) Miq.	胡椒树		海南：来源于云南西双版纳植物园。
	硬毛草胡椒	Peperomia cavaleriei C.DC.	指甲草	药用全草。用于皮肤湿疹。	海南：不明确。
	簇叶豆瓣绿	Peperomia clusiifolia (Jacq.) Hook.	红边椒草	药用全草。味微辛，性平。散瘀，接骨，消积，健脾，止咳。跌打骨折，刀伤，疮折，无名肿毒，小儿疳积，子宫脱垂，痨咳。	海南：不明确。
	石蝉草	Peperomia dindygulensis Miq.	散血胆、火伤草、散血丹、红豆瓣	药用全草。味辛，性凉。清热解毒，化痰散结，利水消肿。用于肺热咳喘，麻疹，疮疖，癌肿，烧烫伤，跌打损伤，肾炎水肿。	广西：来源于广西崇左市、那坡县、西林县。云南：来源于云南勐腊县。海南：来源于海南万宁市。

科名	植物名	拉丁学名	别名	药用部位及功效	保存地及来源
	蒙自草胡椒	*Peperomia heyneana* Miq.	散血丹、狗骨头	药用全草。味甘，性凉。散瘀止血，消肿止痛，清热解毒。用于胃出血，鼻衄，痈肿，疮疖，跌打损伤，肺热咳嗽。	云南：来源于云南勐腊县。
	细穗草胡椒	*Peperomia leptostachya* Hook. et Arn. var. *cambodiana* (C. DC.) Merr.		药用全草。散瘀止血。用于跌打损伤，烧伤，烫伤，痈肿疮疖。	海南：来源于海南琼中五指山。
	草胡椒	*Peperomia pellucida* (L.) Kunth	透明草	药用全草。味辛，性凉。散瘀止痛，止血。用于痈肿疮毒，烧烫伤，跌打损伤，外伤出血。	广西：来源于广西崇左市。云南：来源于云南景洪市。海南：来源于海南文昌市。
Piperaceae 胡椒科	豆瓣绿	*Peperomia tetraphylla* (Forst. f.) Hook. et Arn.	岩筋草、石瓜子、豆瓣菜、四瓣金钗、岩石瓣、如意草	药用全草。味辛、苦，性微温。祛风除湿，舒筋活血，化痰止咳。用于风湿筋骨痛，跌打损伤，痨伤咳嗽，咽喉炎，口腔炎，痢疾，水泻，宿食不消，小儿疳积，劳伤咳嗽，哮喘，百日咳。	广西：来源于广西金秀县，广东广州市。海南：来源于海南保亭县。北京：来源于海南。
	毛叶豆瓣绿	*Peperomia tetraphylla* var. *sinensis* P. S. Chen et P. C.Zhu	石上开花	药用全草。祛湿，消肿，平喘。用于风湿性关节炎，跌打损伤，支气管炎。	海南：不明确。
	蒌叶	*Piper betle* L.	蒌菁、槟榔蒌、芦子、大芦、蒌子	药用茎、叶及果实。味辛、微甘，性温。温中行气，祛风散寒，消肿止痛，消化不良，腹胀，疮疖，湿疹。用于风寒咳嗽，胃寒痛，	海南：来源于海南万宁市。
	苎麻叶胡椒	*Piper boehmeriaefolium* (Miq.) C.DC.	芦子藤、大麻疙瘩、苎叶蒌	药用全草。味辛，性温。散瘀消肿，舒筋活络，通经活血，止血镇痛。用于跌打损伤，风湿骨痛，痛经，闭经，伤风感冒，胃寒痛。	云南：来源于云南景洪市。
	光轴苎叶蒌	*Piper boehmeriaefolium* (Miq.) C.DC.var.*tonkinense* C.DC.		药用部位及功效参阅山蒟 *Piper hancei* Maxim.。	海南：来源于海南琼中县。

科名	植物名	拉丁学名	别名	药用部位及功效	保存地及来源
	黄花胡椒	*Piper flaviflorum* C.DC.	黄花野蒌	药用藤、茎。味辣，性热，杀虫，止痛。用于皮癣，胃腹疼痛。	云南：来源于云南景洪市。
	海南蒌	*Piper hainanense* Hemsl.	海南胡椒、海南蒌、上树胡椒、山胡椒	药用茎叶。味辛，性温。温中健脾，祛风除湿，敛疮。用于胃冷痛，消化不良，风湿痹痛，下肢溃疡，湿疹。	广西：来源于广西邕宁县、龙州县。海南：来源于海南万宁市。
	山蒌	*Piper hancei* Maxim.	石南藤、海风藤、香藤、小风藤、广藤、绿藤、花叶定心草	药用全草。味辛，性温。祛风除湿，活血消肿，行气止咳，化痰止咳。用于风湿痹痛，胃痛，痛经，跌打损伤，风寒咳喘，疝气痛。	广西：来源于杭州植物园。海南：来源于海南万宁市。
	海风藤	*Piper kadsura* (Choisy) Ohwi	大风藤、细叶青风藤、细叶青蒌藤、石楠藤、风藤	药用藤茎。味辛、苦，性微寒。祛风湿，通经络，理气，止痛。用于风寒湿痹，肢节疼痛，筋脉拘挛，脘腹冷痛，水肿。	广西：来源于浙江杭州市。北京：来源于广西。
胡椒科 Piperaceae	大叶蒌	*Piper laetispicum* C.DC.	野胡椒、山胡椒、小肠风	药用全草。味辛，温中散寒，活血通络，祛风湿，蛇咬伤，感冒。用于风湿痛，牙痛，痛经，胃痛，流感。	海南：来源于海南万宁市。
	荜拔	*Piper longum* L.	鼠尾、云南荜拨、里（傣语）	药用果实。味辛，温中散寒，下气止痛。用于脘腹冷痛，吐泻，蛇咬伤，气滞胃痛；外用于牙痛；偏头痛。	广西：来源于广东海南市。云南：来源于云南景洪市。海南：来源于广西药用植物园。北京：来源于广西。
	短蒌	*Piper mullesua* D.Don	钮子跌打、九节风、细叶子藤	药用全草。味辛，性热。温中散寒，舒筋活络，散瘀消肿。用于风湿性关节炎，四肢麻木，胃炎，跌打损伤。	海南：来源于海南琼中县。
	胡椒	*Piper nigrum* L.	坡洼热、古月、麻匹（傣语）	药用果实。味辛，性热。温中散寒，下气，消痰。用于胃寒呕吐，腹痛泄泻，食欲不振，癫痫痰多。	广西：来源于广西龙州县。云南：来源于云南景洪市。海南：来源于广西药用植物园。北京：来源于海南、云南。

（续表）

科名	植物名	拉丁学名	别名	药用部位及功效	保存地及来源
胡椒科 Piperaceae	毛蒟	Piper puberulum (Benth.) Maxim.	小毛蒟、金钱蒌、石南藤、大节蒌子、绒毛胡椒	药用全草。味辛，性温。行气活血止痛，祛风散寒除湿。用于风湿痹痛，疝腹疼痛，风寒头痛，痛经，跌打肿痛。	广西：来源于广西龙州县。
	假蒟	Piper sarmentosum Roxb.	假蒌、荜拨菜、芦子藤、猪拔菜	药用全草或茎、叶、根及果穗。味苦，性温。祛风散寒，行气止痛，活络，消肿。用于风寒咳嗽，风湿痹痛，脘腹胀满，泄泻痢疾，产后脚肿，跌打损伤。	广西：来源于广西龙州县。云南：来源于云南景洪市。海南：来源于海南万宁市。北京：来源于海南。
	石南藤	Piper wallichii (Miq.) Hand.-Mazz.	南藤	药用全株或茎叶。味辛，甘，性温。祛风湿，强腰膝，补肾壮阳，止咳平喘，活血止痛。用于风寒湿痹，腰膝酸痛，阳痿，咳嗽气喘，痛经，跌打肿痛。	广西：来源于广西龙州县。湖北：来源于湖北恩施。
	大胡椒	Pothomorphe subpeltata (Willd.) Miq.			北京：来源于海南。
金粟兰科 Chloranthaceae	丝穗金粟兰	Chloranthus fortunei (A. Gray) Solms	水晶花、四对草、银线草、四块瓦、剪金草、银线草、金粟兰	药用全草。味辛，性温。有小毒。活血，解毒，化痰，泄泻，胃痛，痹痛，皮肤瘙痒。用于风湿关节痛，跌打损伤，经闭；外用于疮，湿疹，皮肤瘙痒。	广西：来源于广西天等县。
	宽叶金粟兰	Chloranthus henryi Hemsl.	四块瓦、长梗金粟兰、四大天王、大叶大王、四叶细辛	药用全草。味辛，性温。祛风除湿，活血散瘀，解毒。用于风湿痹痛，肢体麻木，风寒咳嗽，跌打损伤，疮肿，毒蛇咬伤。	广西：来源于广西恭城县。浙江：来源于浙江杭州市、武汉市。湖北：来源于湖北恩施。
	全缘金粟兰	Chloranthus holostegius (Hand.-Mazz.) Pei et Shan	四块瓦、土细辛、四咪细辛	药用全草。味辛，苦，性温。有毒。活血散瘀，舒筋，活络，止痛。用于跌打损伤，骨折，风湿骨痛，关节痛，月经不调，蛇咬伤，肺结核，痈疽肿毒。	云南：来源于云南景洪市。

科名	植物名	拉丁学名	别名	药用部位及功效	保存地及来源
金粟兰科 Chloranthaceae	多穗金粟兰	Chloranthus multistachys Pei	四叶细辛，大叶四块瓦，四眼牛夕	药用全草。味苦、辛，性微温。有小毒。活血散瘀，解毒消肿，痛疖肿毒，毒蛇咬伤，皮肤瘙痒。	广西：来源于广西龙胜县。北京：来源于南京植物园。湖北：来源于湖北恩施。
	及己	Chloranthus serratus (Thunb.) Roem.et Schult.	四大金刚，四块瓦，四叶对，四大天王	药用全草。味苦，性平。有毒。活血消肿，祛风消肿，解毒。用于跌打损伤，风湿痛。	北京：来源于广西。
	金粟兰	Chloranthus spicatus (Thunb.) Makino	珠兰，鱼子兰，珠兰，滇（榛语）	药用全草。味苦、甘，性温。杀虫。用于风湿疼痛，跌打损伤，偏头痛，顽癣。	广西：来源于广西龙州县。云南：来源于云南景洪市。北京：来源于广西。
	雪香兰	Hedyosmum orientale Merr.et Chun	风吹散	药用全草。祛风。用于风湿骨痛。	海南：来源于海南保亭县。
	草珊瑚	Sarcandra glabra (Thunb.) Nakai	肿节风，接骨金粟兰	药用全草。味苦、辛，性平。祛风除湿，活血散瘀，清热解毒。用于风湿痹痛，跌打损伤，骨折，妇女痛经，产后瘀滞腹痛，肺炎，急性胃肠炎，菌痢，胆囊炎，脓肿，口腔炎等。	广西：来源于广西恭城县、那坡县，南宁市。
	海南草珊瑚	Sarcandra hainanensis (Pei) Swamy et Bailey	骨节菜，山牛耳青，驳节莲，九节风	药用全草。消肿止痛，痛经接骨。用于骨折，风湿骨痛。	云南：来源于云南景洪市。海南：来源于海南万宁市。北京：来源于海南。

科名	植物名	拉丁学名	别名	药用部位及功效	保存地及来源
	长叶马兜铃	*Aristolochia championii* Merr. et Chun	三筒管、竹叶薯、百解薯、绊藤香、青藤	药用块根。味苦，性寒。清热解毒，消肿止痛。用于疮疡肿毒、泄泻、痢疾、牙痛、喉痛、跌打肿痛。	广西：来源于广西靖西县。
	朱砂莲	*Aristolochia cinnabaria* C. Y.Cheng et J.L.Wu	背蛇生、躲蛇生	药用根状茎。味苦、辛，性寒。有小毒。清热解毒，消肿止痛。用于肠炎、痢疾、胃、十二指肠溃疡、咽喉肿痛、毒蛇咬伤、痈疖肿毒、外伤出血。	湖北：来源于湖北恩施。
	铁线莲状马兜铃	*Aristolochia clematitis* L.		药用根状茎。其提取物含欧马兜铃碱（clematine）。用于脘腹痛。	广西：来源于法国、美国。
	北马兜铃	*Aristolochia contorta* Bunge	后老婆罐、万丈龙、铁扁担、土青木香	药用果实及地上部分。果实味苦，性微寒。清肺降气，止咳平喘，清肠消痔。用于肺热咳嗽、痰中带血、肠热痔血、痔疮肿痛。地上部分（天仙藤）味苦，性温。行气活血，利水消肿。用于关节痹痛、妊娠水肿、剌痛。	北京：来源于辽宁。
马兜铃科 Aristolochiaceae	马兜铃	*Aristolochia debilis* Sieb. et Zucc.	三白银药、定海根、兜铃根、蛇参果	药用根、地上部分及果实。根味辛、苦，性寒。用于咳嗽气喘、消食、解毒、清肺镇咳、化痰、利尿。果实味苦、辛，性寒。利胆止痛，痈腹胀满，胸腹胀满，蛇虫咬伤。地上部分，果实功效同北马兜铃。	广西：来源于广西恭城县、上林县，四川峨嵋山市。北京：来源于杭州。湖北：来源于湖北恩施。
	美丽马兜铃	*Aristolochia elegans* Mast.	花纹马兜铃、青木香	药用全株。味辛、苦、辛，性寒。消肿、降血压、清肺镇咳、化痰、利尿、茎疏风活血。根解毒，全株及种子苦，利尿，理气，止痛。用于消化不良、胃痛、咳嗽多痰、高血压病、跌打损伤、流行性腮腺炎、外伤牙痛、湿疹、毒蛇咬伤。	广西：来源于广东广州市。法国。云南：来源于云南景洪市。
	广防己	*Aristolochia fangchi* Y. C.Wu	防己、防己马兜铃	药用根。味苦、辛，性寒。祛风止痛，清热利水。用于风湿痹痛、下肢水肿、小便不利、胸气肿痛。	广西：来源于广西金秀县。
	黄毛马兜铃	*Aristolochia fulvicoma* Merr. et Chun			海南：来源于广西药用植物园。

科名	植物名	拉丁学名	别名	药用部位及功效	保存地及来源
马兜铃科 Aristolochiaceae	异叶马兜铃	Aristolochia kaempferi Willd. f. heterophylla Hemsl. S.M.Hwang	青木香、天仙藤、防己、小南木香	药用根。味苦、辛，性寒。利水消肿，祛风止痛，用于水肿、小便淋痛、风湿关节痛。	湖北：来源于湖北恩施。
	广西马兜铃	Aristolochia kwangsiensis Chun et How ex C.F.Liang	南蛇藤、圆叶马兜铃、九管、大百解薯	药用块根。味苦、性寒。有小毒。理气止痛，清热解毒，止血。用于胃痛、腹痛，急性胃肠炎，胃及十二指肠溃疡、痢疾，跌打损伤，外伤出血，蛇咬伤，骨结核。	广西：来源于广西宁明县。
	鄂西马兜铃	Aristolochia lasipops Stapf			湖北：来源于湖北恩施。
	木通马兜铃	Aristolochia manshuriensis Kom.	木通、关木通、淮通	药用藤茎。味苦、性平。祛风通络，活血止痛，用于风湿关节痛、血淋、疮疖、腹痛、疟疾、痈肿。	北京：来源于吉林。
	寻骨风	Aristolochia mollissima Han-ce	白毛藤、猫耳草、绵毛马兜铃	药用全草。味辛、苦，性平。祛风除湿，活血通络，用于风湿痹痛、肢体麻木、筋骨拘挛、脘腹疼痛、跌打伤痛，外伤出血，乳痈及多种化脓性感染。	广西：来源于贵州贵阳市。北京：来源于江西、江苏、海南。
	耳叶马兜铃	Aristolochia tagala Champ.	黑面防己、卵叶马兜铃、锤果马兜铃、麻枫龙、假大薯	药用根。味微苦、辛，微寒。清热解毒，祛风止痛，利湿消肿。用于疗疮疖肿、风湿性关节痛、瘰疬，水肿、淋症，蛇咬伤。	广西：来源于广西苍梧县。云南：来源于云南景洪市。海南：来源于海南万宁市。北京：来源于广西。
	管花马兜铃	Aristolochia tubiflora Dunn	金丝丸、红白药、一点红、独一味	药用根。味苦、辛，性寒。清热解毒，止痛。用于胃痛；外用于毒蛇咬伤。	北京：来源于江西。湖北：来源于湖北恩施。
	尾花细辛	Asarum caudigerum Hance	白细辛、花乌金草、圆叶细辛、土细辛	药用全草。味辛，性温。有小毒。温经散寒，化痰止咳，消肿止痛，用于感冒咳嗽，支气管炎，头痛、咳嗽哮喘，风湿痹痛，跌打损伤，口舌生疮，毒蛇咬伤，疮疡肿毒。	广西：来源于广西那坡县、环江县，广东广州市。湖北：来源于湖北恩施。

科名	植物名	拉丁学名	别名	药用部位及功效	保存地及来源
马兜铃科 Aristolochiaceae	双叶细辛	*Asarum caulescens* Maxim.	乌金草、草马蹄香	药用全草、根及根状茎。全草味辛，微温。散风寒，镇痛，止咳。用于风寒感冒，头痛咳嗽，劳伤身痛，心腹气痛。根及根状茎用于浑身疼痛，固身疼痛。	湖北：来源于湖北恩施。
	铜钱细辛	*Asarum debile* Franch.	胡椒七、毛细辛	药用全草。味辛，性微温。祛湿，顺气，散寒，止痛。用于感冒风寒，风湿痹痛。	湖北：来源于湖北恩施。
	川滇细辛	*Asarum delavayi* Franch.	牛蹄细辛	药用全草。有小毒。祛风散寒，温肺止咳，开窍止痛。用于感冒咳嗽，关节疼痛，牙痛。	广西：来源云南昆明市。
	杜衡	*Asarum forbesii* Maxim.	双龙麻消、马辛、马细辛	药用全草。味辛，性温。有小毒。祛风，散寒，止痛。用于风寒头痛，关节疼痛，痰饮咳嗽；外用于牙痛。	广西：来源湖北武汉市。北京：来源于浙江。湖北：来源于湖北恩施。
	地花细辛	*Asarum geophilum* Hemsl.	大块瓦、花叶细辛、铺地细辛、矮细辛	药用根。味辛，性温。止痛消肿，宣肺止咳。疏风散寒，头痛，鼻刺，鼻塞。用于风寒感冒，痰饮咳喘，风寒湿痹，毒蛇咬伤。	广西：来源于广西上林县。
	辽细辛	*Asarum heterotropoides* Fr. Schmidt var. *mandshuricum* (Maxim.) Kitag.	烟袋锅花	药用全草。味辛，性温。有小毒。祛风散寒，通窍止痛，温肺化饮。用于风寒感冒，头痛，牙痛，鼻塞鼻渊，风湿痹痛，痰饮喘咳。	北京：来源于辽宁千山。
	单叶细辛	*Asarum himalaicum* Hook.f. et Thomas.ex Klotzsch.	水细辛、土癞蜘蛛香、金七	药用全草。祛风散寒，利水，开窍，止痛。	湖北：来源于湖北恩施。
	小叶马蹄香	*Asarum ichangense* C. Y. Cheng et C.S.Yang	土细辛、独叶细辛	药用全草。祛风散寒，	广西：来源于广东广州市。
	金耳环	*Asarum insigne* Diels	一块瓦	药用全草。味辛、微苦，性温。有小毒。温经散寒，祛痰止咳，行气止痛。用于支气管炎，慢性胃痛，咽喉肿痛，龋齿痛，风寒感冒，风寒痹痛，跌打损伤，毒蛇咬伤。	广西：来源于广西金秀县。

科名	植物名	拉丁学名	别名	药用部位及功效	保存地及来源
	大叶马蹄香	*Asarum maximum* Hemsl.	花脸细辛，马蹄细辛	药用根、根状茎及全草。味辛，性温。有小毒。祛风散寒，止痛，活血解毒。用于风寒头痛，牙痛，喘咳，中暑腹痛，痢疾，吐泻，风湿关节痛。	湖北：来源于湖北恩施。
	南川细辛	*Asarum nanchuanense* C. S. Yang et J.L. Wu		散寒止咳。	北京：来源于四川南川。
	紫背细辛	*Asarum porphyronotum* C. Y. Cheng et C.S. Yang		药用全草。祛风止痛。	广西：来源于四川重庆市。
	长毛细辛	*Asarum pulchellum* Hemsl.	乌金草、牛毛细辛、白三百棒	药用全草及根。味辛，性温。理气止痛。用于胃痛，劳伤。	北京：来源于广西。
	山慈姑	*Asarum sagittarioides* C. F. Liang	岩慈菇	药用全草。味辛、微苦，性温。祛风散寒，解毒止痛，用于感冒，胃痛，牙痛，跌打损伤，蛇咬伤。	广西：来源于广西金秀县。
马兜铃科 Aristolochiaceae	细辛	*Asarum sieboldii* Miq.		药用部位及功效阅辽细辛 *Asarum heterotropoides* Fr. Schmidt var. *mandshuricum* (Maxim.) Kitag.	北京：来源于浙江。 湖北：来源于湖北恩施。
	汉城细辛	*Asarum sieboldii* Miq. f. *seoulense* (Nakai) C. Y. Cheng et C.S.Yang		药用部位及功效阅辽细辛 *Asarum heterotropoides* Fr. Schmidt var. *mandshuricum* (Maxim.) Kitag.	北京：来源于东北。
	青城细辛	*Asarum splendens* (Maekawa) C. Y. Chen et C. S. Yang	花脸王、花脸细辛	药用全草。祛风散寒，通窍止痛，温肺化饮。用于风寒感冒，头痛，牙痛，塞鼻鼻渊，风湿痹痛，痰饮喘咳。	广西：来源于四川成都市。 北京：来源于四川南川。
	粗根细辛	*Asarum thunbergii* A.Br.		药用全草。味辛，性温。祛风止痛。用于跌打损伤，蛇伤。	广西：来源于广州市。

科名	植物名	拉丁学名	别名	药用部位及功效	保存地及来源
芍药科 Paeoniaceae	芍药	Paeonia lactiflora Pall.		药用根。栽培的根（白芍）味辛、酸，性凉。平肝止痛，养血调经，敛阴止汗。用于头痛眩晕，肋痛，腹痛，四肢挛痛，月经不调，自汗，盗汗。野生根（赤芍）味苦，性凉。清热凉血，散瘀止痛。用于温毒发斑，吐血，衄血，目赤，跌打损伤，痈肿疮疡。	广西：来源于北京市。北京：来源于陕西、安徽。湖北：来源于湖北恩施。
	毛果芍药	Paeonia lactiflora Pall. var. trichocarpa (Bunge) Stem		药用根。养血柔肝，缓中止痛。用于血虚肝旺头晕，头痛，痢疾，月经不调，崩漏，带下病，肠痈，腹痛，手足拘挛疼痛。	北京：来源于云南。
	草芍药	Paeonia obovata Maxim.	山芍药、芍药	药用根。味酸、苦，性凉。活血散瘀，清肝，止痛。用于瘀血腹痛，经闭，经，胸胁疼痛。	北京：来源于辽宁千山。湖北：来源于湖北恩施。
	牡丹	Paeonia suffruticosa Andr.		药用根皮。味苦、辛，性凉。清热凉血，活血散瘀。用于温毒发斑，吐血衄血，夜热早凉，无汗骨蒸，经闭痛经，痈疮肿毒，跌打损伤。	广西：来源于北京市。北京：来源于河南。
	软枣猕猴桃	Actinidia arguta (Sieb. et Zucc.) Planch.	软枣子	药用根、果。疗效与中华猕猴桃相似。	北京：来源于北京。湖北：来源于湖北恩施。
猕猴桃科 Actinidiaceae	中华猕猴桃	Actinidia chinensis Planch.	猕猴桃、羊桃	药用果实、根、藤、枝叶。果实味酸、甘，性寒。解渴，止渴，通淋。用于烦热，消渴，石淋，健胃，消化不良，湿热黄疸，痔疮。根味苦、涩，性凉。有小毒。清热解毒，祛风利湿，活血消肿。用于肝炎，痢疾，消化不良，淋浊，带下，风湿关节痛，水肿，跌打损伤，疮疖，瘰疬结核，胃肠道肿瘤及乳腺癌。藤味甘，性寒。和中开胃，清热利湿。用于消化不良，反胃呕吐，黄疸，石淋。枝叶味微苦、涩，性凉。清热解毒，散瘀，止血。用于痈疮肿毒，烫伤，风湿关节痛，外伤出血。	广西：来源于广西桂林市。北京：来源于北京。湖北：来源于湖北恩施。

科名	植物名	拉丁学名	别名	药用部位及功效	保存地及来源
猕猴桃科 Actinidiaceae	美味猕猴桃	Actinidia chinensis Planch. var.deliciosa A.Chev.		药用根。止血，消炎，祛风除湿，解毒，接骨。用于崩漏脱阳，风湿痹痛；外用于皮肤过敏，枪伤，毒蛇咬伤，骨折等。	广西：来源于广西桂林市。
	毛花猕猴桃	Actinidia eriantha Benth.	毛冬瓜，毛花杨桃，白藤梨	药用根，根皮及叶。根用于胃癌，食管癌，乳腺癌，腹股沟淋巴结炎，疮疖。叶用于跌打损伤。叶用抗癌。根皮用于跌打损伤。活血利湿，消肿清热，解毒。用于乳痈。	广西：来源于广西桂林市。
	条叶猕猴桃	Actinidia fortunatii Finet Gagnep.		药用根。用于跌打损伤。	广西：来源于广西金秀县。湖北：来源于湖北恩施。
	黄毛猕猴桃	Actinidia fulvicoma Hance	糙毛猕猴桃	药用根状茎，果实。根状茎清热，化湿，祛淤。用于乳痈，消化不良，骨折，瘰疬。果实用于石淋，尿结石。	广西：来源于广西桂林市。
	狗枣猕猴桃	Actinidia kolomikta (Maxim.et Rupr.) Maxim.	深山木天蓼	药用果实。味酸，甘，性平。滋补强壮，用于坏血病。	北京：来源于东北。
	阔叶猕猴桃	Actinidia latifolia (Gardn. et Champ.) Merr.	多花弥猴桃，多果猕猴桃	药用果实，茎，叶及根。果实味甘，酸，性平。益气养阴，用于久病虚弱，肺痨。茎，叶味淡，涩，性平。消肿止痛，清热解毒。用于咽喉肿痛，痈肿疔疮，烧烫伤，泄泻，毒蛇咬伤，根味涩，性平。清热除湿，消肿解毒，用于腰痛，筋骨疼痛，乳痈，痉挛。	广西：来源于广西金秀县。海南：来源于海南保亭县。
	两广猕猴桃	Actinidia liangguangensis C. F.Liang	鱼网藤	药用根或全株。利尿，清热，舒筋活络。用于小便淋痛，外用于跌打损伤，疮疡肿毒。	广西：来源于广西金秀县。

科名	植物名	拉丁学名	别名	药用部位及功效	保存地及来源
猕猴桃科 Actinidiaceae	美丽猕猴桃	*Actinidia melliana* Hand.-Mazz.	红毛藤、红网藤	药用根。止血，消炎，祛风除湿，解毒接骨。用于崩漏，泄泻，脉管炎，脱疽，风湿痹痛，外于皮肤过敏，枪伤，蛇虫咬伤，老鼠咬伤，骨折。	广西：来源于广西金秀县。海南：来源于海南琼中五指山。
	葛枣猕猴桃	*Actinidia polygama* (Sieb. et Zucc.) Maxim.	葛枣子		北京：来源于浙江。
	山梨猕猴桃	*Actinidia rufa* (Sieb. et Zucc.) Planch.ex Miq.		药用根。根乙醇浸膏正丁醇溶解部分在体外具有较好的抗肿瘤活性。	广西：来源于广西桂林市。
	尼泊尔水东哥	*Saurauia napaulensis* DC.	锥序水东哥、山地水东哥、铜皮、鼻涕果	药用树皮、根或果实。树皮味甘，性凉。用于跌打损伤，骨折，慢性骨髓炎，尿淋。根或果实味苦，性凉。有毒。散淤消肿，止血。用于跌打损伤，骨折，创伤出血，疮疖肿毒。	广西：来源于云南省西双版纳。云南：来源于云南勐海县。
	水东哥	*Saurauia tristyla* DC.	水枇杷、牛嗓管树、鼻涕果树、水冬瓜	药用根或叶。味微苦，性凉。疏风清热，止咳，止痛。用于风热咳嗽，风火牙痛，尿路感染，白浊，白带，疮疖痈肿，骨髓炎，烫伤。	广西：来源于广西崇左县。云南：来源于云南勐海县。海南：来源于海南万宁市。北京：来源于北京。
金莲木科 Ochnaceae	齿叶赛金莲木	*Gomphia serrata* (Gaertn.) Kanis	裂瓣赛金莲木、裂瓣粤里木		海南：来源于海南三亚市。
	赛金莲木	*Gomphia striata* (V.Tiegh.) C.F.Wei	粤里木		海南：来源于海南万宁市。
	金莲木	*Ochna integerrima* (Lour.) Merr.	似梨木	药用根。用于泄痢，淋巴腺失调。	广西：来源于广东省广州市。海南：来源于海南万宁市。
	桂叶黄梅	*Ochna kirkii*	米老鼠树		海南：不明确。

（续表）

科名	植物名	拉丁学名	别名	药用部位及功效	保存地及来源
龙脑香科 Dipterocarpaceae	揭布罗香	*Dipterocarpus turbinatus* Gaertn.f.	龙脑香、油树、理嘀满拜（傣语）	药用树汁、叶。味辛、苦，性凉。通窍、散火，明目、消肿止痛。用于热病神昏，惊痫痰迷，气闭耳聋，口疮，中耳炎，痈肿，痔疮。	云南：来源于云南景洪市。
	无翼坡垒	*Hopea exalata* W. T. Lin, Yang et Hsue	铁棱、铁垒		海南：来源于海南琼中县。
	坡垒	*Hopea hainanensis* Merr. et Chun			海南：来源于海南琼中县。
	望天树	*Parashorea chinensis* H.Wang	擎天树	药用根皮、叶。从根皮的乙醇提取物中分离得到5个三萜化合物，分别鉴定为无羁萜-29-酸（Ⅱ）、乙酰齐墩果酸（Ⅰ）、咖啡酰齐墩果酸（Ⅲ）、桦皮酸（Ⅴ）。其中化合物Ⅳ对四氯化碳引起的小鼠实验性肝损伤有明显的保护作用。叶解毒。外洗疮疖，湿疹。	广西：来源于云南勐仑县。
	青梅	*Vatica mangachapoi* Blanco	海梅、青皮、苦叶、苦香		海南：来源于海南万宁市。
山茶科 Theaceae	阔叶厚皮香	*Ternstroemia gymnanthera* (Wight et Arn.) Beddome var. *wightii* (Choisy) Hand.-Mazz.		药用叶或全株、花、叶或全株味苦，性凉。有小毒。清热解毒，散瘀消肿。用于疮痈肿毒，乳痈。	广西：来源于浙江省杭州市。
	厚皮香	*Ternstroemia gymnanthera* (Wight et Arn.) Sprague	称杆红、珠木树	药用果实、叶及花。清热解毒，消肿。用于疮疡痈肿，乳腺炎。	海南：来源于海南陵水吊罗山。
	石胆	*Tutcheria multisepala* Merr. et Chun	多瓣核果茶、山赤、红由母		海南：来源于海南乐东尖峰岭。

139

科名	植物名	拉丁学名	别名	药用部位及功效	保存地及来源
	海南杨桐	Adinandra hainanensis Hayata	海南黄瑞木、赤点红淡	药用茎、叶。止咳，通窍。用于口腔炎，鼻咽癌。	海南：来源于海南保亭县。
	亮叶杨桐	Adinandra nitida Merr. ex Li	亮叶黄瑞木、亮叶红淡	药用叶。民间当茶饮，消炎、退热、降压，止血。用于肝炎。	广西：来源于广西平乐县。
	杨桐	Adinandra millettii (Hook. et Arn.) Benth. et J. D. Hook.ex Hance	黄瑞木	药用根、嫩叶。性苦，性凉。凉血止血，解毒消肿。用于衄血，尿血，传染性肝炎，腮腺炎，疔肿，蛇虫咬伤，肿瘤。	广西：来源于浙江省杭州市。
	茶梨	Anneslea fragrans Wall.	红香树、猪头果	药用树皮或树叶。味涩，微苦，性凉。行气止痛，消食止泻。用于心胃气痛，消化不良，泻痢，肝炎，湿疹，吐泻，骨折。	广西：来源于浙江省杭州市。
山茶科 Theaceae	抱茎短蕊茶	Camellia amplexifolia Merr. et Chun			海南：来源于海南万宁市。
	普洱茶	Camellia assamica (Mast.) Chang	大叶茶	药用茶叶。清热利尿，消食醒神。用于神疲多眠，头痛，目昏，小便不利，酒毒。	海南：来源于海南琼中县。
	红花油茶	Camellia chekiang oleosa Hu	浙红山茶	药用叶及花。叶止痢，花用于泻痢，于外伤出血。	广西：来源于浙江省杭州市。湖北：来源于湖北恩施施。
	长柱金花茶	Camellia chrysantha (Hu) Tuyama var.longisty S.L.Mo et Y.C.Zhang		药用部位及功效参阅金花茶 Camellia nitidissima Chi。	广西：来源于广西桂林市。
	薄叶金花茶	Camellia chrysanthoides H. T.Chang		药用部位及功效参阅金花茶 Camellia nitidissima Chi。	广西：来源于广西凭祥县。
	红皮糖果茶	Camellia crapnelliana Tutch.		药用部位及功效参阅金花茶 Camellia nitidissima Chi。	广西：来源于广西南宁、桂林市。
	尖连蕊茶	Camellia cuspidata (Kochs) Wright	尖叶山茶、阿连衣	药用根、花。味甘，性温。健脾消食，补虚。用于脾虚食少，病后虚弱，吐血。	广西：来源于浙江省杭州市。

（续表）

<table>
<tr><th>科名</th><th>植物名</th><th>拉丁学名</th><th>别名</th><th>药用部位及功效</th><th>保存地及来源</th></tr>
<tr><td rowspan="8">山茶科
Theaceae</td><td>浓黄金花茶</td><td>Camellia flavida H.T.chang var.flavida H.T.Chang</td><td></td><td>药用部位及功效参阅金花茶 Camellia nitidissima Chi。</td><td>广西：来源于广西桂林市。</td></tr>
<tr><td>多变浓黄金花茶</td><td>Camellia flavida H.T.Chang var.patens（S.L.Mo et Y.C.Zhong）T.L.Ming</td><td></td><td>药用部位及功效参阅金花茶 Camellia nitidissima Chi。</td><td>广西：来源于广西桂林市。</td></tr>
<tr><td>毛花连蕊茶</td><td>Camellia fraterna Hance</td><td>连蕊茶</td><td>药用根、叶及花。味苦，性凉。消肿，活血，清热解毒。用于痈肿，溃烂，跌打损伤。</td><td>广西：来源于法国。</td></tr>
<tr><td>博白大果油茶</td><td>Camellia gigantocarpa Hu et T.C.Huang ex Hu</td><td></td><td>药用部位及功效参阅金花茶 Camellia nitidissima Chi。</td><td>广西：来源于广东省广州市。</td></tr>
<tr><td>凹脉金花茶</td><td>Camellia impressinervis H.T.Chang et S.Ye Liang</td><td></td><td>药用叶、花。叶用于痢疾。花用于便血。</td><td>广西：来源于广西桂林，凭祥市。</td></tr>
<tr><td>柠檬金花茶</td><td>Camellia indochinensis Merr. var.indochinensis Merr.</td><td></td><td>药用叶、花。生津止渴。</td><td>广西：来源于广西桂林市。</td></tr>
<tr><td>东兴金花茶</td><td>Camellia indochinensis Merr. var. tunghinensis（H.T.Chang）T.L.Ming et W.J.Zhang</td><td></td><td>药用部位及功效参阅金花茶 Camellia nitidissima Chi。</td><td>广西：来源于广西桂林市。</td></tr>
<tr><td>山茶</td><td>Camellia japonica L.</td><td>茶花</td><td>药用花、根、叶及种子。花、根味甘，苦、辛，性凉。花凉血止血，散瘀消肿。用于吐血，咳血，便血，痔血，赤白血，血崩，血淋，带下，烫伤，跌打损伤。根散瘀消肿，消食，用于跌打损伤，食积腹胀。叶味苦，涩，性寒。清热解毒，止血。用于痈疽肿毒，烫火伤，出血。种子味甘，性平，去油垢。用于发多油腻。</td><td>广西：来源于湖南。北京：来源于北京花木公司。</td></tr>
</table>

科名	植物名	拉丁学名	别名	药用部位及功效	保存地及来源
	落瓣短柱茶	Camellia kissi Wall.	落瓣油茶	药用种子、果实。种子行气，疏滞。用于气滞腹痛。果实用于妇科病。	广西：来源于深圳。
	金花茶	Camellia nitidissima Chi		药用叶、花。味微苦、涩，性平。叶清热解毒，止痢。具有抑制肿瘤、抗衰老，增强人体免疫机能，平行人体各种机能，增进肝脏代谢，增强心肌收缩力和血管弹性，降低胆固醇，降血压，激活人体各种酶等作用，老叶煎服用于降血脂痢疾。叶的水提物具有明显的降血脂作用。花收敛止血。用于便血，月经过多。	广西：来源于广西桂林市。北京：来源于广西。海南：不明确。
山茶科 Theaceae	油茶	Camellia oleifera Abel	中果油茶、茶树、油茶籽	药用种子、根或根皮、叶、花。味苦、甘，性平。种子行气，润肠，杀虫，用于气滞腹痛，肠燥便秘，蛔虫，钩虫，挢癣蠲痒。根或根皮清热解毒，理气止痛，活血消肿。用于咽喉肿痛，胃痛，牙痛，跌打伤痛，水火烫伤。叶收敛止血，解毒。用于鼻衄，皮肤溃烂，驱痒，疥疮，痤疮。花凉血止血。用于吐血，咳血，衄血，便血，子宫出血，烫伤。	广西：来源于广西武鸣县。海南：来源于海南保亭县。北京：来源于庐山植物园。湖北：来源于湖北恩施。
	小果金花茶	Camellia petelotii（Merr.）Sealy var.microcarpa (S.L. Mo et S. Z. Huang) T. L. Ming et W.J.Zhang		收载于《药用植物辞典》。	广西：来源于广西桂林市。
	平果金花茶	Camellia pinggaoensis D. Fang var. pingguoensis		药用部位及功效参阅金花茶 Camellia nitidissima Chi。	广西：来源于广西桂林市。

142

（续表）

科名	植物名	拉丁学名	别名	药用部位及功效	保存地及来源
山茶科 Theaceae	顶生金花茶	*Camellia pinggaoensis* D. Fang var. *terminalis*（J. Y. Liang et Z. M. Su）T. L. Ming et W.J.Zhang		药用部位及功效参阅金花茶 *Camellia nitidissima* Chi。	广西：来源于广西桂林市。
	皱果茶	*Camellia rhytidocarpa* H. T.Chang et S.Ye Liang		药用部位及功效参阅金花茶 *Camellia nitidissima* Chi。	广西：来源于广西南宁市。
	柳叶毛蕊茶	*Camellia salicifolia* Champ.		药用部位及功效参阅金花茶 *Camellia nitidissima* Chi。	广西：来源于深圳。
	茶	*Camellia sinensis*（L.）O. Ktze.	茗	药用嫩叶或嫩芽、根、花及果实。味甘、苦，性凉。嫩叶或嫩芽清头目，除烦渴，消食，化痰，利尿，解毒。用于头痛，目昏，目赤，多睡善寐，感冒，心烦口渴，食积，口臭，痰喘，水肿，小便不利，泻痢，喉肿，疮疡疥肿，火烫伤。根强心利尿，活血调经，清热解毒。用于心脏病，水肿，肝炎，痛经，疮疡肿毒，口疮，汤火灼伤，带状疱疹，牛皮癣。花清肺平肝。用于鼻疳，高血压，果实味苦，性寒。有毒。降火，消痰，平喘。用于痰热喘嗽，头脑鸣响。	广西：来源于广西凭祥县。海南：来源于海南万宁市。湖北：来源于湖北恩施。
	红淡比	*Cleyera japonica* Thunb.	杨桐	药用花。凉血，止血，消肿。	云南：来源于云南勐腊县。
	米碎花	*Eurya chinensis* R.Br.	梅茶东（侗名）	药用茎、叶及根。味甘、涩，微涩，性凉。清热除湿，解毒敛疮。用于感冒发热，湿热黄疸，疮疡肿毒，水火烫伤，蛇虫咬伤，外伤出血。	广西：原产于广西药用植物园。
	华南毛柃	*Eurya ciliata* Merr.	长毛柃、鱼骨刺	药用叶。用于烧、烫伤，疮疡肿毒，跌打损伤。	海南：来源于海南万宁市。

143

科名	植物名	拉丁学名	别名	药用部位及功效	保存地及来源
山茶科 Theaceae	岗棯	*Eurya groffii* Merr.	蚂蚁木	药用叶。味微苦，性平。祛痰止咳，解毒消肿。用于肺结核咳嗽，无名肿毒，脓疱疮，跌打损伤，骨折。	广西：原产于广西药用植物园。海南：来源于海南万宁市。
	凹脉柃	*Eurya impressinervis* Kobuski Corner	苦白蜡	药用叶、果。祛风除湿，止血。用于风湿，肿毒，外伤出血。	云南：来源于云南景洪市。
	短尾叶柃	*Eurya loquaiana* Dunn.	细枝柃、松木	药用茎。消肿，止痛。用于风湿，跌打损伤。	海南：来源于海南万宁市。
	长毛粗叶柃	*Eurya muricata* Dunn var. *huiana*（Kobuski）Hu et L.K.Ling		药用茎、叶及果实。祛风除湿，消肿止血。用于风湿，肿毒，外伤出血。	云南：来源于云南勐海县。
	细齿叶柃	*Eurya nitida* Korth.	细齿柃、饭风子	药用茎、叶及花。杀虫解毒。用于窗口溃疡，泄泻，口唇糜烂。果祛风消肿，止血。用于风湿性关节炎；外用于外伤出血，无名肿毒。	海南：来源于海南万宁市。
	钝叶柃	*Eurya obtusifolia* H. T. Ch-ang	野茶子	药用果实。味苦、涩，性凉。止渴醒脑。用于暑热口渴，小便不利，肠炎泄痢及头昏目眩。	广西：来源于浙江省杭州市。
	大头茶	*Gordonia axillaris*（Roxb.ex ker.）Dietr.	铁核桃树、羊咪树、香港大头茶	药用茎皮。味辛，性温。果实，味苦，性温。茎皮活络止血。用于风湿腰痛，跌打损伤。果实温中止泻。用于虚寒泄泻。花清热解毒。	广西：来源于广西桂林市，云南凤庆县，深圳。
	大果核果茶	*Pyrenaria spectabilis*（Champ.）C.Y.Wu et S.X.Yang		药用部位及功效参阅金花茶 *Camellia nitidissima* Chi。	广西：来源于广西桂林市。
	银木荷	*Schima argentea* Pritz.		药用茎皮或根皮。味苦，性平。有毒。驱虫，蛔虫。用于痢疾，绦虫病。清热止痢，驱虫。	广西：来源于广西桂林市。

144

科名	植物名	拉丁学名	别名	药用部位及功效	保存地及来源
山茶科 Theaceae	木荷	*Schima superba* Gard. et Champ.	木艾树、何树	药用根皮、叶。味辛，性温。有毒。攻毒、消肿。用于疗疮、无名肿毒。	广西：来源于浙江省杭州市。
	西南木荷	*Schima wallichii* Choisy	峨眉木荷、红木荷	药用树皮、叶。味涩，性平。有小毒。树皮涩肠止泻，驱虫，收敛止血。用于泄泻，痢疾，蛔虫腹痛，疟疾，子宫脱垂，鼻出血。叶收敛止血，解毒消肿。用于外伤出血，虫蛇咬伤。	广西：来源于广西凌云县。
五列木科 Pentaphylac-aceae	五列木	*Pentaphylax euryoides* Gardn. et Champ.			海南：来源于海南陵水市。
	红芽木	*Cratoxylum formosum* (Jacq.) Dyer ssp. *pruniflorum* (Kunz) Gogelein	土茶、苦丁茶	药用嫩叶。味甘，淡，微苦，性凉。解暑清热，化湿消滞。用于感冒，中暑发热，黄疸，急性胃肠炎，阿米巴痢疾，疮疖。	广西：来源于广西上林县。
	黄牛木	*Cratoxylum cochinchinense* (Lour.) Bl.	黄牛茶、满天红、黄牙木、狗牙木、雀笼木、越南黄牛木、黄液	药用根、树皮或茎叶。味甘，微苦，性凉。清热解毒，化湿消滞，祛淤消肿，用于感冒，中暑发热，泄泻，痈肿疮疖，跌打损伤。嫩叶作清理饮料，解暑热烦渴。	广西：原产于广西药用植物园。云南：来源于云南景洪市。海南：来源于海南万宁市。
藤黄科 Cuttiferae	黄海棠	*Hypericum ascyron* L.	红旱莲	药用全草。味苦，性寒。凉血止血，活血调经，清热解毒。用于血热所致吐血，咯血，尿血，便血，崩漏，月经不调，跌打损伤，外伤出血，风热感冒，痛经，疟疾，肝炎，痢疾，乳汁不下，腹泻，毒蛇咬伤，烫伤，湿疹黄水疮。	广西：来源于法国。北京：来源于辽宁。湖北：来源于湖北恩施。
	西南金丝梅	*Hypericum henryi* Lévl. et Vant.	云南连翘、芒种花	药用地上部分。地上部分离获得6个黄酮化合物，为二氢槲皮素，（2R，3R）二氢槲皮素-3-O-α-L鼠李糖苷，二氢槲皮素-7-O-α-L-双鼠李糖苷，槲皮素-3-O-α-L-鼠李糖苷和槲皮素-7-O-α-L-鼠李糖苷。	广西：来源于云南省昆明市。

科名	植物名	拉丁学名	别名	药用部位及功效	保存地及来源
	地耳草	*Hypericum japonicum* Th-unb.	田基黄、上天梯、雀舌草、黄花屎	药用全草。味甘、微苦，性凉。清热利湿，解毒，散淤消肿，止痛。用于湿热黄疸，泄泻，痢疾，疮痈，肺痈，痈疖，毒蛇咬肿毒，乳蛾，口疮，目赤肿痛，跌打损伤。	广西：原产于广西药用植物园。海南：来源于海南万宁市。湖北：来源于湖北恩施。
	元宝草	*Hypericum sampsonii* Hance	对叶草、对对草	药用全草。味苦、辛，性寒。凉血止血，清热解毒，活血调经，祛风通络。用于吐血，咯血，衄血，创伤出血，肠炎，痢疾，蛇咬伤，月经不调，痛经，白带，跌打损伤，风湿痹痛，腰腿痛；外用于头癣，口疮，目翳。	广西：来源于广西柳州市。北京：来源于四川南川。湖北：来源于湖北恩施。
	红厚壳	*Calophyllum inophyllum* L.	琼崖海棠树、胡桃、海棠果	药用根、叶。味微苦，性平。祛淤止痛。用于风湿疼痛，跌打损伤，痛经，外伤出血。	广西：来源于云南省西双版纳。海南：来源于海南万宁市。
	薄叶红厚壳	*Calophyllum membranaceum* Gardn. et Champ.	横经席、薄叶胡桐	药用根、叶。根味苦，活血筋骨，强筋骨，祛风湿，肾虚腰痛，痛经，跌打损伤。叶味涩，性平。止血。用于外伤出血。	广西：来源于广西邑宁县。海南：来源于海南万宁市。
	滇南红厚壳	*Calophyllum polyanthum* Wall. ex Choisy	泰国红厚壳	药用根、叶。祛风止痛，补肾强腰。用于跌打损伤，风湿骨痛，肾虚腰痛，月经不调，痛经。	云南：来源于云南景洪市。
	云树	*Garcinia cowa* Roxb.	歪脖子树、黄心果、果木膀（傣语）	药用茎、叶及枝。味苦，涩，性凉。有小毒。驱虫。用于剪蝗人鼻。	云南：来源于云南景洪市。
藤黄科 Cuttiferae	藤黄	*Garcinia hanburgy* Hook. f.	海藤、玉黄、月黄	药用树脂。味酸，涩，性凉。有毒。杀虫解毒，强壮收敛。用于蛔虫病。	海南：不明确。

科名	植物名	拉丁学名	别名	药用部位及功效	保存地及来源
藤黄科 Guttiferae	李氏山竹子	Garcinia livingstonei T. Anders.		药用根皮。含4种异戊烯基代的叫吨酮类化合物,对植物致病真菌有抑制作用。对4种肿瘤细胞 Co115、SW480、SW620、HT29 都有抑制作用。	广西:来源于法国。
	山竹子	Garcinia mangostana L.	莽吉柿、桔子	药用叶、果汁、果皮、树皮、嫩叶及根。叶止下痢,果实咳嗽哕气,活血补血,嫩叶暖腹益脑,痢疾,小儿慢性腹泻,树皮用于大肠炎,泌尿系统疾皮,嫩叶用于痢疾,腹泻,根用于鹅口疮;外用于月经不调。	海南:来源于海南万宁市。
	木竹子	Garcinia multiflora Champ.	多花山竹子、山竹子、竹节果、竹桔子	药用果实。果实味甘,性凉。清热,生津,用于胃热津伤,热渴,肺热气逆,咳嗽,呕吐,口酸,性凉。树皮味苦,酸,性凉。清热解毒,收敛生肌,牙周炎,用于消化性溃疡,肠炎,口腔炎,下肢溃疡,湿疹,烫伤。	广西:来源于广西龙州县。海南:来源于海南万宁市。
	岭南山竹子	Garcinia oblongifolia Ch-amp.	竹节果、海南山竹子、竹节桔、水竹果	药用部位及功效参阅木竹子 Garcinia multiflora Champ.。	广西:来源于广西博白县。海南:来源于海南万宁市。
	单花山竹子	Garcinia oligantha Merr.	角果山竹子	药用树内皮、果实、根及叶、树内皮。根,叶用于大毒疮。果实消炎止痛,收敛生肌,用于大毒疮。	海南:来源于海南万宁市。
	金丝李	Garcinia paucinervis Chun et How	埋贵、米友波	药用枝叶、树皮,味甘、微涩,性平。有小毒。清热解毒,消肿。用于痈肿疮毒,烫伤。	广西:来源于广西宁明县。
	越南藤黄	Garcinia scheffleri Pierre	长叶山竹子	药用树皮,味微苦、涩,性平。清热解毒,消肿止痛,用于烧、烫伤,消肿,痈肿疮毒。	广西:来源于广西那坡县。

（续表）

科名		植物名	拉丁学名	别名	药用部位及功效	保存地及来源
藤黄科	Guttiferae	菲岛福木	*Garcinia subelliptica* Merr.	近椭圆藤黄、福木、福树、穗花山竹子	药用树皮。外用于烧、烫伤。	广西：来源于广西南宁市。 海南：来源于海南乐东县尖峰岭。
		大叶藤黄	*Garcinia xanthochymus* Hook.f. ex T.Anders.	人面果、歪歪果、歪脖子果、岭南倒捻子、蛋树、锅麻拉（傣语）	药用茎叶的汁及果、树皮。味苦、涩，性凉。有小毒。茎叶的汁解毒，消炎，驱虫。用于湿疹，口腔炎，牙周炎，痈疮溃烂，烫火伤，蚂蝗入鼻鲜汁滴入鼻腔。果用于铁砂入内不出。树皮用做收敛剂。尼泊尔用于肝胆疾病。	广西：来源于广东省广州市。 云南：来源于云南景洪市。 海南：不明确。
		赶山鞭	*Hypericum attenuatum* Ch-oisy	女儿茶、地耳草	药用全草。味苦，性平。止血，镇痛，通乳。用于咯血，吐血，子宫出血，风湿关节痛，神经痛，跌打损伤，乳汁缺乏，乳腺炎；外用于创伤出血，痈疖肿毒。又可作清凉解渴剂。	湖北：来源于湖北恩施。
		小连翘	*Hypericum erectum* Thunb.	小元宝草、麝香草	药用全草。味苦，性平。止血，消肿，解毒。用于吐血，咯血，衄血，便血，外伤出血，风湿关节痛，神经痛，疔疮肿毒，跌打扭伤，肿毒。	北京：来源于四川。 湖北：来源于湖北恩施。
		金丝桃	*Hypericum monogynum* L.	狗胡花、过路黄	药用全株、果实。全株味苦，性凉。清热解毒，散淤止痛，祛风湿。用于肝炎，肝脾肿大，急性咽喉炎，结膜炎，疮疖肿毒，蛇咬及蜂蛰伤，跌打损伤，风湿性腰痛。果实味甘，性凉。润肺止咳。用于虚热咳嗽，百日咳。	广西：来源于广西桂林市。 北京：来源于杭州。
		金丝梅	*Hypericum patulum* Thunb.		药用全株。味苦，性寒。清热利湿解毒，流肝通络，祛淤止痛。用于湿热淋病，肝炎，感冒，扁桃体炎，疝气偏坠，筋骨疼痛，跌打损伤。根用于催乳，利尿。	广西：来源于日本。 湖北：来源于湖北恩施。

（续表）

科名	植物名	拉丁学名	别名	药用部位及功效	保存地及来源
藤黄科 Guttiferae	贯叶连翘	*Hypericum perforatum* L.	小金丝桃、千层楼、贯叶金丝桃	药用全草。味苦、涩，性平。收敛止血，调经通乳，清热解毒，利湿。用于咯血，吐血，肠风下血，崩漏，外伤出血，月经不调，乳妇乳汁不下，黄疸，咽喉疼痛，目赤肿痛，尿路感染，口鼻生疮，痈疖肿毒，烫火伤。	广西：来源于法国。 北京：来源于保加利亚、英国。 湖北：来源于湖北恩施。
	突脉金丝桃	*Hypericum przewalskii* Maxim.	大花金丝桃、老君茶	药用全草。味苦、辛，性平。活血调经，止血止痛，利水消肿，除风除湿。用于月经不调，跌打损伤，骨折出血，小便淋痛，毒蛇咬伤。	湖北：来源于湖北恩施。
	铁力木	*Mesua ferrea* L.	铁栗木、铁栗、三角子、埋莫郎（傣语）	药用树皮。味苦，性凉。止咳祛痰，解毒消肿。用于咳嗽多痰，痔疮肿痛，疮疖肿，烫伤，毒蛇咬伤。花用于痢疾出血，毒蛇咬伤。未成熟的果实芳香，发汗。	广西：来源于广西凭祥市。 云南：全州均有栽培。 海南：来源于海南乐东县尖峰岭。
猪笼草科 Nepenthaceae	猪笼草	*Nepenthes mirabilis* (Lour.) Druce	猴子埕	药用全草。味甘，淡，性凉。清热止咳，利尿，降压。用于风热咳嗽，肺燥咳血，百日咳，尿路结石，糖尿病，高血压。	海南：不明确。 北京：来源于北京。
茅膏菜科 Droseraceae	锦地罗	*Drosera burmannii* Vahl	落地金钱、夜落金钱	药用全草。味苦、淡，性凉。清热祛湿，凉血解毒。用于痢疾，肠炎，肺热咳嗽，咯血，小儿疳积，肝炎，咽喉肿痛，疮疡癣疹。	广西：原产于广西药用植物园。 海南：来源于海南万宁市。
	长叶茅膏菜	*Drosera indica* L.	捕蝇草、满天星、露草	药用全草。用于风湿性关节疼，痈疖初起；外用于跌打损伤，中耳炎，荨麻疹。	海南：来源于海南万宁市。
	茅膏菜	*Drosera peltata* Smith ex Wi-lld.		药用全草。味甘、辛，性平。有毒。祛风止痛，活血，用于风湿痹痛，跌打损伤，腰肌劳损，胃痛，感冒，咽喉肿痛，痢疾，疟疾，小儿疳积，目翳，瘰疬，湿疹，疥疮。	广西：来源于广西邕宁县。

科名	植物名	拉丁学名	别名	药用部位及功效	保存地及来源
罂粟科 Papaveraceae	蓟罂粟	Argemone mexicana L.	刺罂粟	药用全草或根，成熟果实。味辛，苦，性凉。发汗利水，清热解表，止痛止痒。用于感冒无汗，黄疸，淋病，水肿，眼睑裂伤，疝痈，疥癣，梅毒，根利小便，杀虫。用于淋病，绦虫病，果实缓泻，催吐，解毒，止痛，牙痛，秘，疝痛，梅毒。	广西：来源于德国。北京：来源于广西。
	白屈菜	Chelidonium majus L.	土黄连，假黄连，断肠草，牛金花，雄黄草	药用全草及根。味苦，性凉。有毒。镇痛。利尿，止咳，解毒。用于胃痛，腹痛，肠炎，痢疾，慢性支气管炎，百日咳，咳嗽，黄疸，水肿，腹水，疥癣，蛇虫咬伤。	广西：来源于广东深圳市，法国，德国。北京：来源于北京。
	地丁草	Corydalis bungeana Turcz.	苦地丁，紫花地丁，苦丁，小鸡菜	药用全草。味苦，辛，性寒。清热解毒，活血消肿。用于疔疮痈疽，炎症，瘰疬，感冒，咳嗽，肝炎，水肿，肠痈，泄泻。	北京：来源于北京。
	紫堇	Corydalis edulis Maxim.	断肠草，蝎子草，麦黄草，闷头花	药用根或全草。味苦，涩，性凉。消炎解毒，清热解暑，用于腹痛，中暑头痛，肺痨咯血，外用于疮疡肿毒，蛇咬伤，毒蛇咬伤，化脓性中耳炎，刀伤，根用于脱肛。	北京：来源于四川南川。湖北：来源于湖北恩施。
	小花黄堇	Corydalis racemosa (Thunb.) Pers.	野水芹，虾子草，黄堇，深山黄堇，黄花鱼灯草，水黄连，断肠草	药用全草。味苦，涩，性寒。有毒。清热利湿，解毒杀虫。用于湿热泄泻，痢疾，黄疸，目赤肿痛，疥癣，蛇咬伤，毒蛇咬伤。	广西：来源于广西桂林市。
	小黄紫堇	Corydalis raddeana Regel			北京：来源于陕西。
	草黄堇	Corydalis straminea Maxim.	草黄花紫堇	药用全草。味苦，性寒。清热解毒，消肿止痛，利水。用于感冒发烧，伤寒，水肿，外用于痛肿疮毒。	湖北：来源于湖北恩施。

（续表）

科名	植物名	拉丁学名	别名	药用部位及功效	保存地及来源
	石生黄堇	*Corydalis saxicola* Bunting	黄连，菊花黄连，岩黄连，鸡爪连，岩连	药用全草。味苦，性凉。清热解毒，利湿，止痛止血。用于肝炎，口舌糜烂，火眼，目翳，痢疾，腹泻，痔疮出血。	广西：来源于广西马山县，凤山县。
	红花鸡距草	*Corydalis suaveolens* Hance	护心胆	药用根。味苦，性凉。有小毒。清热解毒，消肿止痛。用于蛇伤，湿热胃痛，腹痛泄泻，跌打，痈疽疔肿。	广西：来源于广西桂林市。
	齿瓣延胡索	*Corydalis turtschaninovii* Bess.		活血散瘀，理气止痛。	北京：来源于浙江。
	延胡索	*Corydalis yanhusuo* W. T. Wang	元胡	药用块茎。味微辛，性温。行气止痛，活血散瘀，周身疼痛，痛经，经闭，癥瘕，产后瘀血阻滞，跌打损伤（孕妇忌服）。	北京：来源于浙江。
	荷包牡丹	*Dicentra spectabilis*(L.) Lam.	荷包花	药用全草或根。全草味苦，性寒。清热解毒，消肿止痛，杀虫。用于牙痛，乳蛾，咽喉痛，瘰疬；外用于秃疮，疥癣及痈肿疮毒。	湖北：来源于湖北恩施。
罂粟科 Papaveraceae	秃疮花	*Dicranostigma leptopodum* (Maxim.) Fedde	滇川秃疮花，秃子花，勒马回，负儿草	药用全草。味苦，性寒。清热解毒，消肿止痛，杀虫。用于咽喉痛，牙痛，瘰疬，秃疮，疥疮，痈疖，寻常疣。	广西：来源于法国。
	血水草	*Eomecon chionantha* Hance	水黄连，黄芋芽，见肿消，捆仙绳，兜仙草，蓬莱	药用根状茎。味苦，性寒。有毒。清热解毒，行气止痛，用于目赤，劳损，胃癌，痈肿疔毒，跌打损伤，毒蛇咬伤，疥癣，湿疹。	广西：来源于广西柳州市，桂林市，湖南长沙市。北京：来源于杭州。湖北：来源于湖北恩施。
	花菱草	*Eschscholzia californica* Cham.	金英花	药用花，果实。镇痛，清热。	广西：来源于广西柳州市，法国。北京：来源于英国。
	直立角茴香	*Hypecoum erectum* L.	山黄连，野茴香	药用全草。味苦，辛，性凉。泻火，清热解毒，镇痛，凉血。用于咽喉痛，目赤，伤风感冒，头痛，关节痛，胆囊炎，食物中毒。	北京：来源于北京。

151

科名	植物名	拉丁学名	别名	药用部位及功效	保存地及来源
罂粟科 Papaveraceae	荷青花	*Hylomecon japonica* (Thunb.) Pranl et kündig	刀豆三七、大叶老鼠七、朴血草	药用全草，味苦，性平。散瘀消肿，祛风湿，舒筋活络，止痛止血。用于风湿性关节炎，劳伤，跌打损伤。	北京：来源于吉林。湖北：来源于恩施。
	博落回	*Macleaya cordata* (Willd.) R.Br.	号筒树、喇叭筒、哈哈筒、波罗筒、三钱三	药用全草，味苦，性寒。有大毒。散瘀，祛风，解毒，杀虫，用于痈疮疔肿、脓疱、痔疮、湿疹、蛇虫咬伤、跌打肿痛，风湿关节痛，顽癣，滴虫性阴道炎。	广西：来源于广西柳州市、恭城县。北京：来源于北京植物园。湖北：来源于湖北恩施。
	小果博落回	*Macleaya microcarpa* (Maxim.) Fedde	黄浆苔、吹火筒、泡桐杆、野孤杆	药用全草，味苦，性寒。有毒。杀虫，解毒。用于风湿关节痛，痈疖肿毒、蜂蜇、下肢溃疡、阴痒证，烧、烫伤。	北京：来源于民主德国。湖北：来源于湖北恩施。
	浓红罂粟	*Papaver dubium* L.		药用叶、种子。煎剂口服用于镇静，解挛，胃绞痛。	广西：来源于法国。
	野罂粟	*Papaver nudicaule* L.	山大烟、山罂粟	药用全草，味酸，苦，涩，性凉。有毒。敛肺止咳，涩肠止泻，镇痛。用于久咳喘息，泻痢，便血，脱肛，遗精，带下，头痛，胃痛，痛经。	广西：来源于法国。北京：来源于原苏联。
	鬼罂粟	*Papaver orientale* L.		麻醉止痛，催眠镇痉，止泻止咳。	北京：来源于原苏联。
	虞美人	*Papaver rhoeas* L.	丽春花、仙女蒿	药用全草或果实，味苦、涩，性凉。有毒。镇咳，镇静，止泻。用于咳嗽，久痢，偏头痛，腹痛。果实：味苦，涩，性凉。用于咳嗽。	广西：来源于江苏南京市、四川重庆市、荷兰。海南：来源于海南海口市。北京：来源于原苏联。湖北：来源于湖北恩施。
	罂粟	*Papaver somniferum* L.	米囊花、子壳	药用果实、果壳及种子。果实：味酸，涩。止泻，镇咳，镇静。止咳敛肺，脱肛，久痢，尿频，遗精，心腹痛，带下病，便血，脱肛，涩肠，筋骨痛。种子味甘，性寒。止痢，止泻，久咳，涩肠，心腹痛，润燥。	北京：来源于四川南川。
	白花罂粟	*Papaver somniferum* var. album DC.		止痛，止泻，止咳。	北京：来源于四川南川。

(续表)

科名	植物名	拉丁学名	别名	药用部位及功效	保存地及来源
白花菜科 Capparidaceae	广州山柑	*Capparis cantoniensis* Lour.	山柑子、老虎须、广州槌果藤	药用全株。味辛、苦，性寒。舒筋活络，清热解毒。用于风湿痛、乳蛾、牙痛、痔疮。根用于慢性肝炎。叶、花用于毒蛇咬伤。种子用于咽喉痛、胃脘痛。	云南：来源于云南勐腊县。
	马槟榔	*Capparis masaikai* Lévl.	紫槟榔、大根子、水槟榔	药用种仁。味苦、甘，性寒。清热解毒，催产，生津，止渴。用于热病口渴、难产、咽喉炎、恶疮肿毒、麻疹。	云南：来源于云南勐腊县。
	纤枝槌果藤	*Capparis membranifolia* Kurz.	雷公桔、纤枝山柑、扛板归	药用根、叶及果实。消肿止痛，强筋壮骨，跌打肿痛、胃痛，涩疹。有毒。根味微酸、涩，性温。用于风湿。外用于体癣。叶、果实用于毒蛇咬伤。	云南：来源于云南勐腊县。 海南：来源于海南陵水市。
	梁氏槌果藤	*Capparis micracantha* DC.	海南槌果藤、小刺槌果藤		海南：来源于海南万宁市。
	小绿刺	*Capparis urophylla* F.Chun	尾叶山柑、尾叶槌果藤	药用叶。味微辛，性温。解毒消肿。用于毒蛇咬伤。有小毒。	广西：来源于广西金秀县。 云南：来源于云南勐腊县。
	锡朋槌果藤	*Capparis versicolor* Griff.	屈头鸡、保亭槌果藤	药用根、叶及果实。味微苦、涩，性甘。有小毒。化痰止咳，散瘀止痛，跌打肿痛、痈肿疮疖。用于哮喘。	海南：来源于海南保亭县。
	槌果藤	*Capparis zeylanica* L.		药用根、叶。活血散瘀，解痉止痛。	海南：来源于海南三亚市。
	白花菜	*Cleome gynandra* L.	羊角菜、凤蝶菜、臭腊菜、息花菜	药用全草、根或种子。味苦、辛，性平。全草祛风除湿，清热解毒。用于风湿痹痛、跌打损伤、痢疾、淋浊、白带、痔疮、蛇虫咬伤。根祛风止痛，利湿通淋，小便淋痛。种子有小毒。用于跌打骨折，活血散瘀。用于风寒筋骨麻木、肩背酸痛、腰痛、腿寒、外伤瘀肿疼痛、痔疮漏管。	广西：来源于河北安国市、北京市。 海南：来源于海南万宁市。 北京：来源于河北安国。

153

科名	植物名	拉丁学名	别名	药用部位及功效	保存地及来源
	醉蝶花	*Cleome spinosa* L.	西洋白花菜、紫龙须	药用全草。味辛，涩，性平。有毒。祛风，散寒，除湿。用于急慢性风湿关节炎，布氏杆菌病；叶外用于痛风病。	广西：来源于北京市。海南：来源于海南海口市。北京：来源于江苏南京、广西。
	黄花草	*Cleome viscosa* L.	臭矢菜、黄花菜、毛龙须、羊角草	药用全草。味苦，辛，性温。有毒。生肌止痛。用于跌打肿痛，祛风止痛，劳伤腰痛，疝气疼痛，头痛，眼红痒痛，疮疡溃烂，耳尖流脓，白带淋浊。	广西：来源于广西南宁市，澳门、德国。海南：来源于海南海口市。湖北：来源于湖北恩施。
白花菜科 Capparidaceae	刺籽鱼木	*Crateva nurvala* Buch.-Ham.			海南：来源于海南陵水市。
	赤果鱼木	*Crateva trifoliata* (Roxb.) Sun			海南：来源于海南陵水市。
	树头菜	*Crateva unilocularis* Buch.-Ham.	鱼木、四方灯盏、鸡爪菜、龙头花	药用茎、叶及根。味苦，性寒。茎、叶清热解毒，健胃，毒蛇咬伤，胃痛，烂疮；用于痧症发热，风湿性关节炎。根清热解毒，祛湿活络，止痛。用于肝炎，痢疾，腹泻，尿路结石，扁桃体炎，风湿性关节炎，胃痛。	广西：来源于广西龙州县。云南：来源于云南勐腊县。海南：来源于海南陵水市。
	斑果藤	*Stixis suaveolens* (Roxb.) Pierre	罗志藤、六蔓藤	药用根。味微苦，甘，性凉。止咳，平喘。用于咳嗽，咳血。	云南：来源于云南勐腊县。海南：来源于海南兴隆南药园。
十字花科 Cruciferae	垂果南芥	*Arabis pendula* L.	野白菜、大蒜芥、扁担蒿	药用果实。味辛，性平。清热解毒，消肿。用于疮疡肿毒。	北京：来源于北京。

科名	植物名	拉丁学名	别名	药用部位及功效	保存地及来源
十字花科 Cruciferae	辣根	Armoracia rusticana (Lam.) Gaertn., B.Mey.et Scherb.	马萝卜	药用根。味辛，芳香。利尿，兴奋。外用于引赤发泡，也作食用辛香料。	北京：来源于四川。
	欧白芥	Brassica alba Boiss		止咳平喘，温中散寒，止痒。	北京：来源于保加利亚。
	芥蓝	Brassica alboglabra Bailey	芥蓝菜	药用根，茎，叶。味甘、辛，性凉。解毒利咽，顺气化痰，平喘，气喘，预防白喉。	广西：来源于广西南宁市。
	芸苔	Brassica campestris L.	油菜	药用根，茎，叶，种子及种子油。味甘、辛，性平。茎、叶凉血散血，解毒消肿，用于血痢，丹毒，热毒疮肿，乳痈，风疹。种子油活血化瘀，消肿散结，润肠通便。用于产后恶露不尽，瘀血腹痛，痛经，肠风下血，血痢，乳痈，便秘，粘连性肠梗阻。	广西：来源于贵州兴义市。
	甘蓝	Brassica caulorapa Pasq.	球茎甘蓝，芥蓝头，玉头	药用球茎，叶及种子，解毒。味甘，辛，性凉。健脾利湿，用于脾虚水肿，小便淋浊，大肠下血，湿热疮毒。	广西：来源于广西南宁市。
	白芥子	Brassica cernua Forbes et Hemsl.		理气化痰，温中散寒，通络止痛。	北京：来源于杭州。
	芥菜	Brassica juncea (L.) Czern. et Coss.	芥，黄芥子，霜不老，冲菜	药用种子，性温。味辛，利气，散结通络止痛。用于寒痰喘咳，胸胁胀痛，痰滞经络，关节麻木，疼痛，痰湿流注，阴疽肿毒。	广西：来源于广西南宁市。北京：来源于保加利亚。
	大头菜	Brassica napobrassica Mill.	布留克，洋大头	药用种子。味甘，性凉。泻湿热，消食下气，止咳，止渴。用于热毒肿痛，肝虚目暗，乳痈，便秘，黄疸。	湖北：来源于湖北恩施。

科名	植物名	拉丁学名	别名	药用部位及功效	保存地及来源
	塌棵菜	Brassica narinosa Bailey	塌地白菜、乌塌菜、瓢儿菜、塌菜	药用茎、叶。味甘，性平。清肠，疏肝，利五脏。	湖北：来源于湖北恩施。
	黑芥	Brassica nigra (L.) Koch	黑芥子、排菜	药用种子。催吐。用于中毒时不省人事、窒息危笃、牙痛、风湿牙痛、局部痛、肺炎、支气管炎。	来源于德国。北京：来源于保加利亚、天津。
	羽衣甘蓝	Brassica oleracea L. var. acephala L.f.tricolor Hort.	皱叶椰菜、叶牡丹	药用叶、茎的水浸液。对金黄葡萄菌及大肠杆菌有抗生性。	广西：来源于广西柳州市。
	甘蓝	Brassica oleracea L. var. capitata L.	莲花白、包菜	药用叶子，味甘，性平。清利湿热，散结止痛，益肾补虚。用于湿热黄疸，消化道溃疡疼痛，关节不利，虚损。	广西：来源于广西南宁市。海南：来源于海南万宁市。湖北：来源于湖北恩施。
	白菜	Brassica pekinensis Rupr.	黄芽菜、大白菜、卷心白	药用叶。味甘，性平。利尿。胃，利肠下气，消食下气，淋症；外用于痄腮，漆毒。	广西：来源于广西南宁市。
十字花科 Cruciferae	荠	Capsella bursa-pastoris (L.) Medik.	荠菜、香荠菜、上巳菜、菱角菜、地米菜、护生草	药用全草，种子。全草味甘，性凉。凉肝止血，平肝明目，利湿。用于吐血，衄血，尿血，崩漏，目赤疼痛，眼底出血，高血压，肾炎水肿，乳糜尿。种子祛风明目。用于目痛，青盲翳障。	广西：原产于广西药用植物园。北京：来源于北京。
	亚麻荠	Camelina sativa (L.) Cr-antz		药用全草。润肺止咳。麦喉开音，润肺止咳。	北京：来源于保加利亚。
	弯曲碎米荠	Cardamine flexuosa With.	野菜菜、萝目草、小叶地豆豆	药用全草。味甘，淡，性平。清热利湿。用于湿热泻痢，白带，赤白痢疾，小儿疳积，吐血，便血，疔疮。虚火牙痛。	广西：来源于广西环江县。
	白花碎米荠	Cardamine leucantha (Ta-usch) O.E.Schulz	山芥菜、菜子七、角蒿	药用根状茎。味甘，性凉。清热解毒，化痰止咳。止咳。用于咳嗽痰喘，顿咳，月经不调。	湖北：来源于湖北恩施。

科名	植物名	拉丁学名	别名	药用部位及功效	保存地及来源
	碎米荠	*Cardamine hirsuta* L.	白带草、蔊菜、野芹菜、雀儿菜	药用全草。味甘、性平。清热利湿，安神，止血。用于湿热泻痢，热淋，白带，心悸，失眠，虚火牙痛，小儿疳积，吐血，便血，疔疮。	广西：来源于广西那坡县。海南：来源于海南兴隆南药园。
	小花糖芥	*Chorispora tenella* (Pall.) DC.			北京：来源于北京。
	岩荠	*Cochlearia officinalis* L.		药用全草。用于抗坏血病，消化不良，牙痛，口腔破溃。	北京：来源于德国。
	播娘蒿	*Descurainia sophia* (L.) Sc-hur.		药用种子。味辛、苦、性大寒。泻肺平喘，行水消肿。用于痰涎壅肺，喘咳痰多，胸胁胀满，不得平卧，胸腹水肿，小便不利，肺原性心脏病水肿。	广西：来源于江苏南京市，法国，德国。北京：来源于北京。
	灰毛糖芥	*Erysimum diffusum* Ehrh.		药用全草及种子。味甘、涩、性寒。清热镇咳，强心，解肉食中毒，久病心力不足。用于虚劳发热，肺痨咳嗽。	北京：来源于原苏联。
十字花科 Cruciferae	小花糖芥	*Erysimum cheiranthoides* L.	打水水花、苦葶苈	药用全草及种子。味酸、苦、性平。有小毒。强心利尿。用于心力衰竭。	北京：来源于原苏联。
	山柳菊叶糖芥	*Erysimum hieraciifolium* L.		药用成熟种子。清血热，镇咳，强心，解肉食中毒。用于虚劳发热，久病心力不足，肺结核咳嗽，血病，肉毒症。	广西：来源于德国。
	蜂蜜花	*Iberis amara* L.		调经活血。	北京：来源于保加利亚。
	菘蓝	*Isatis indigotica* Fort.	蓝靛、大靛、靛青	药用叶、根。叶味苦、性寒。清热解毒，凉血消斑。用于温邪入营，高热神昏，发斑发疹，黄疸，热痢，疮肿，丹毒，痈肿。根味苦、性寒。清热解毒，凉血利咽。用于温毒发斑，舌绛紫暗，大头温疫，烂喉丹痧，喉痹，痄腮，丹毒，痈肿。	广西：来源于北京市，河北安国市。海南：来源于北京药用植物园。北京：来源于安国。
	欧洲菘蓝	*Isatis tinctoria* L.		清热解毒，凉血止血。	北京：来源于保加利亚。湖北：来源于湖北恩施。

科名	植物名	拉丁学名	别名	药用部位及功效	保存地及来源
	独行菜	Lepidium apetalum Willd.	芝麻眼草	药用种子。味辛、苦，性大寒。泻肺平喘，行水消肿，用于喘咳痰多，胸胁胀满，不得平卧，胸腹水肿，小便淋痛。	北京：来源于北京。
	密花葶苈	Lepidium densiflorum Sch-rad.	北美独行菜	药用种子。利尿，平喘。用于咳嗽，水肿。	广西：来源于广西全州县。
	北美独行菜	Lepidium virginicum L.	辣菜、大叶香菜、土荆芥穗	药用全草。种子、全草味甘，性平。驱虫，消积。用于虫积腹胀，种子用于水肿，痰喘咳嗽，小便淋痛。	北京：来源于保加利亚。
	紫罗兰	Matthiola incana (L.) R.Br.		药用精制的种子油。用于动脉硬化，慢性炎症，冠心病，糖尿病，癌症。	北京：来源于北京市。
	豆瓣菜	Nasturtium officinale R.Br.	水生菜、西洋菜、水田芥	药用全草。味甘、淡，性凉。清肺，凉血，利尿，泌尿系统。用于肺热燥咳，坏血病，疔毒痈肿，皮肤瘙痒。	广西：来源于广西南宁市。 海南：来源于海南兴隆南药园。
十字花科 Cruciferae	二月蓝	Orychophragmus violaceus (L.) O.E.Schulz			北京：来源于北京。
	萝卜	Raphanus sativus L.	菜头、地灯笼、萝卜、莱菔	药用种子、叶及根。种子味辛、甘，性平。消食除胀，降气化痰。用于饮食停滞，脘腹胀痛，大便秘结，积滞泻痢，痰壅喘咳。叶味辛、苦，性平。消食理气，化痰。根消食积，利尿消肿，用于胃脘疼痛。	广西：来源于广西南宁市。 云南：来源于云南景洪市。 海南：来源于海南万宁市。 湖北：来源于湖北恩施。
	细子萝菜	Rorippa cantoniensis (Lour.) Ohwi	沙地菜	药用全草。清热解毒，镇咳。	广西：来源于广东广州市。
	无瓣蔊菜	Rorippa dubia (Pers.) Ha-ra	野油菜、山芥菜、嗍嘎楼(傣语)	药用全草。味辛，性平。清热解毒，镇咳。用于感冒发热，咽喉肿痛，肺热咳嗽，慢性支气管炎，急性风湿性关节炎，肝炎，小便不利；外用于漆疮，蛇咬伤。	云南：来源于云南景洪市。

科名	植物名	拉丁学名	别名	药用部位及功效	保存地及来源
十字花科 Cruciferae	蔊菜	*Rorippa indica* (L.) Hiem	水蔊菜、野油菜、青蓝菜、天菜子、风花菜	药用全草。味辛，性凉。用于感冒发热，咽喉肿痛，慢性支气管炎，急性风湿性关节炎，肝炎，小便不利；外用于漆疮，蛇咬伤，疔疖痈肿，清热解毒，利尿。	海南：来源于海南兴隆南药园。
	沼生蔊菜	*Rorippa islandica* (Oed.) Borb.	水萝卜、水前草	药用全草。味辛，性凉。用于咽喉痛，风热感冒，肝炎，肺热咳嗽，关节痛，疔疮。活血通经，水消肿，清热解毒，利水消肿。	北京：来源于北京。
	欧白芥	*Sinapis alba* L.	白芥子、菜子、蜀芥	药用种子。性温。用于寒痰喘咳，胸胁胀痛，痰滞经络，关节麻木、疼痛，痰湿流注，阴疽肿毒。温肺豁痰，利气，散结通络，止痛。	广西：来源于四川成都市，法国，德国。
	黄花大蒜芥	*Sisymbrium luteum* (Maxim.) O.E.Schulz.			北京：来源于北京。
	钻果大蒜芥	*Sisymbrium officinale* (L.) Scop	药用大蒜芥	药用全草。用于坏血病及作碎石剂。	广西：来源于法国。
	菥蓂	*Thlaspi arvense* L.	洋辣罐、苦榴、犁头菜、臭虫草、遏蓝菜	药用全草。味甘，性平。和中益气，利肝明目，用于小儿消化不良，水肿，痈肿疔毒，肝炎，种子：味辛，性凉。用于目赤红肿，风温关节痛，脘腹疼痛。清热解毒，明目，利尿。	广西：来源于江苏南京市，荷兰，德国。 北京：来源于甘肃。
悬铃木科 Platanaceae	三球悬铃木	*Platanus orientalis* L.	法国梧桐	药用叶、果实及树皮。用于腹泻，痢疾，疝气，齿痛，叶滋补，退热，发汗，果实解表，发汗，止血，用于血小板减少性紫癜，出血。	广西：来源于广西南宁市。

159

(续表)

科名	植物名	拉丁学名	别名	药用部位及功效	保存地及来源
金缕梅科 Hamamelidaceae	云南蕈树	Altingia yunnanensis Rehd. et Wils.	青皮树、苦梨树、蒙自罩树、白皮树	药用根。祛风除湿。	广西：来源于云南昆明市。
	山铜材	Chunia bucklandioides Chang			海南：来源于海南陵水吊罗山。
	瑞木	Corylopsis multiflora Hance	大果腊瓣花、水茶油、峨眉蜡瓣花	药用根皮、叶。用于恶心呕吐，心悸不安。	广西：来源于广西桂林市。
	杨梅叶蚊母树	Distylium myricoides He-msl.	挺香	药用根。味辛，微苦，性平，利水渗湿，祛风活络。用于水肿，手足浮肿，风湿骨节疼痛，跌打损伤。	广西：来源于江西省。
	蚊母树	Distylium racemosum Sieb. et Zucc.		药用根、树皮。味辛，微苦，性微温，活血祛瘀，抗肿瘤。	广西：来源于浙江省杭州市，湖北省武汉市。海南：来源于广西药用植物园。
	马蹄荷	Exbucklandia populnea (R. Br.) R.W.Brown	马蹄樟、三角枫、白克木	药用茎枝、根。味酸，性温，有小毒。祛风活络，止痛。用于风湿性关节炎、坐骨神经痛。根味苦，酸，性温，清热解毒。用于疮疡肿毒。	广西：来源于广西金秀县。
	大果马蹄荷	Exbucklandia tonkinensis (Lec.) Steen.		药用树皮、根。祛风湿，活血舒筋，止痛。用于偏瘫。	海南：海南陵水吊罗山。
	枫香树	Liquidambar formosana Ha-nce	路路通、六六通、枫香脂、枫木、枫树、九空子	药用果序、树脂。果序味苦，性平，祛风活络，利水通经，水肿胀满，乳少经闭。树脂味辛，微苦，性平，活血止痛，解毒生肌，凉血。用于跌打损伤，痈疽肿痛，吐血，衄血，外伤出血。	广西：来源于广西南宁市。云南：来源于云南勐腊县。海南：来源于海南万宁市。北京：来源于广西。湖北：来源于湖北恩施。

160

科名	植物名	拉丁学名	别名	药用部位及功效	保存地及来源
	甜枫	*Liquidambar styraciflua* L.	胶皮枫香树	药用树脂、树叶。树脂解毒，生肌，止血，止痛。树叶的煎剂内服在美洲用于产后康复。	广西：来源于日本。
	继木	*Loropetalum chinense* (R. Br.) Oliv.	嚓砚木、白花树	药用叶、花及根。叶味苦、涩、性平。止血，止泻，止痛；外用于烧伤，腹泻。花味甘、涩、性平。外伤出血，止血。根味苦，性温，行血去瘀。用于血瘀经闭，跌打损伤，慢性关节炎，外伤出血。	广西：来源于江西省赣州市、九江市。北京：来源于庐山。湖北：来源于湖北恩施。
金缕梅科 Hamamelidaceae	壳菜果	*Mytilaria laosensis* Lec.	米老排、三角枫、鹤掌叶	药用全草。味淡、性平。清热，祛风。用于内热，风湿骨痛。	广西：来源于广西上思县。云南：来源于云南景洪市。
	红花荷	*Rhodoleia championii* Hook.f.	节红子、红花木	药用叶。味辛、性温。活血止血。用于寒凝血脉之出血症。	广西：来源于广西金秀县。

科名	植物名	拉丁学名	别名	药用部位及功效	保存地及来源
	落地生根	Bryophyllum pinnatum (L. f.) Oken	打不死、晒不死、火炼山、土三七、晚菲（傣语）	药用全草。味苦、酸，性寒。凉血止血，清热解毒。用于吐血，外伤出血，跌打损伤，疔疮痈肿，乳痈，乳岩，丹毒，溃疡，胃痛，关节痛，咽喉肿痛，肺热咳嗽。	广西：来源于广西龙州县、南宁市。云南：来源于云南景洪市。海南：来源不明确。北京：来源于海南、北京。
	燕子掌	Crassula perforata Thunb.	星乙女		北京：来源于北京植物园。
	玉莲	Echeveria elegans Rose	白雪莲座草	药用全草。清热利湿。	广西：来源于西南宁。
	绒毛掌	Echeveria pulvinata Rose	锦晃星	防蚊虫叮咬。	北京：北京植物园。
	拟石莲花	Echeveria secunda Booth	石莲花	药用叶汁。用于跌打损伤，疼痛。	广西：来源于西南宁市。
	肉莲	Graptopetalum poraguayenss (N.E.Br.) E.Walth.		药用全草。消肿。	广西：来源于广西龙州县。
景天科 Crassulaceae	长药八宝	Hylotelephium spectabile (Bor.) H.Ohba	长药景天	药用全草。清热解毒，消肿排脓。	北京：来源于江苏南京。
	景天	Hylotelephium erythrostictum (Miq.) H.Ohba	活血三七、八宝、胡豆七、大打不死	药用全草。味酸、苦，性平。祛风利湿，活血散瘀，止血止痛。用于喉炎，乳腺炎，小儿丹毒，鸡眼，烧烫伤，跌打疔疮痈肿，跌打损伤，毒蛇咬伤，带状疱疹，脚癣。	湖北：来源于湖北恩施。
	肉叶落地生根	Kalanchoe carnea Mast.	日本海棠	药用全株。味酸、性凉。清热消肿；外用于跌打损伤，疮疖。	广西：来源于广西南宁市。
	大叶落地生根	Kalanchoe diagremontiana Hamet et Perril	戴氏伽蓝、缀弗庆	收载于《药用植物词典》，为原苏联药用植物。	广西：来源于广西荔浦县。
	伽蓝菜	Kalanchoe laciniata (L.) DC.	土三七、裂叶落地生根、鸡爪三七、五爪三七	药用全草。味甘、微苦，性寒。散瘀止血，清热解毒。用于跌打损伤，扭伤，外伤出血，咽喉炎，疭伤，湿疹，痈疖肿毒，毒蛇咬伤。	广西：来源于广西南宁市。海南：来源于海南三亚南山岭。北京：来源于广州。

科名	植物名	拉丁学名	别名	药用部位及功效	保存地及来源
景天科 Crassulaceae	匙叶伽蓝菜	Kalanchoe spathulata DC.	倒吊莲、白背子草	药用全草。味苦、甘，性寒。清热解毒，活血消肿。用于拦疡肿毒，目赤肿毒，中耳炎，创伤。	广西：来源于广西南宁市。海南：来源于海南三亚市。北京：来源于广西。
	洋吊钟	Kalanchoe verticillata Ellit	肉吊钟、落地生根	药用茎、叶。味酸，性凉。清热解毒。用于烧、烫伤，外伤出血，疮疖肿痛。	广西：来源于广西苍梧县。海南：不明确。
	豌豆七	Rhodiola henryi (Diels) S.H.Fu	还阳参、接骨丹、岩活阳，接骨七	药用带根全草。味苦、涩，性平。理气，活血，接骨消肿，解毒消肿。用于痢疾，泄泻，跌打损伤，疮痛。	湖北：来源于湖北恩施。
	狭叶红景天	Rhodiola kirilowii (Regel) Regel.	高壮景天、大株红景天、石莱兰、九莲花	药用根及根状茎。味涩，性温。止泻痢，消肿止痛。用于痢疾，腹泻，喉炎，跌打损伤，风湿疼痛。	广西：来源于广西。
	苔景天	Sedum acre L.		止血，消肿，定痛。	北京：来源于南京。
	玉瓣	Sedum adolphi Hamet		植株中分离到D-甘油基-D-甘露基-辛糖、β-景天庚醇，D-甘露醇和肌醇等，药理药效研究有待考究。	广西：来源于法国。
	费菜	Sedum aizoon L.	景天三七、土三七	药用全草。味甘、微酸，性平。散瘀止血，安神。用于溃疡病，肺结核，支气管扩张及血小板减少性紫癜等病的中小量出血，外用于外伤出血，烦躁不安。	广西：来源于云南昆明市，法国。北京：来源于广东。湖北：来源于湖北恩施。
	白景天	Sedum album L.	玉米石	收载于《药用植物辞典》，俄罗斯野用植物。	广西：来源于法国。
	对叶景天	Sedum baileyi Praeg.			北京：来源于广西。
	珠芽景天	Sedum bulbiferum Makino	珠芽半支、零余子景天、水三七	药用全草。味酸、涩，性温。清热解毒，截疟。用于热毒痈肿，牙龈肿痛，毒蛇咬伤，疟疾，疔疮。	广西：来源于广西金秀县。
	细叶景天	Sedum elatinoides Franch.	小鹅儿肠、半边莲、崖松、灯台草	药用全草。味酸、涩，性寒。清热解毒，止痢。用于痢疾，蛇咬伤。	湖北：来源于湖北恩施。

科名	植物名	拉丁学名	别名	药用部位及功效	保存地及来源
景天科 Crassulaceae	凹叶景天	*Sedum emarginatum* Migo	马牙半枝莲、石板菜、九月寒、六月雪、山马齿苋	药用全草。味苦、酸，性凉。清热解毒，凉血止血，利湿。用于痈疖、疔疮、带状疱疹、咯血、吐血、衄血、便血、痢疾、黄疸、崩漏、带下。	广西：来源于广西天等县、上海市。云南：来源于云南景洪市。北京：来源于北京。
	小山飘风	*Sedum filipes* Hemsl.	豆瓣还阳	药用全草。清热凉血。用于痢疾。	湖北：来源于湖北恩施。
	宽叶景天	*Sedum fui* Rowley			北京：来源于北京。
	勘察加景天	*Sedum kamtschaticum* Fisch.	金不换	药用全草。味甘、微酸，性平。活血止血，镇静止痛。用于吐血、衄血、崩漏、便血、烧、烫伤，外伤出血。	北京：来源于北京植物园。
	佛甲草	*Sedum lineare* Thunb.	佛指甲、麻雀甲、麻雀花、禾雀舌、雀舌、禾雀刷、狗牙菜	药用茎叶。味辛、凉，性寒。清热解毒，利湿。用于咽喉肿痛，目赤肿痛，热毒痈肿、疔疮、丹毒，蝇腰火丹、痈疽，毒蛇咬伤，黄疸，湿热泻痢、便血，崩漏，外伤出血，扁平疣。	广西：来源于广西桂林市。云南：来源于云南景洪市。海南：来源于广西药用植物园。北京：来源于江苏南京、广西。
	山飘风	*Sedum major* (Hemsl.) Mi-go	半边莲、豆瓣七	药用全草。味酸、涩，性寒。清热解毒，活血止痛。用于月经不调，劳伤腰痛，鼻衄，外伤出血，烧伤等症。	湖北：来源于湖北恩施。
	红景天	*Rhodiola rosea* L.	蔷薇红	药用全草，其提取物含毛柳甙（salidroside）。解热镇痛。	广西：来源于日本、英国。
	垂盆草	*Sedum sarmentosum* Bunge	葡茎佛甲草、土三七	药用全草。味甘、淡，性凉。清利湿热，解毒。用于湿热黄疸，痈肿疮疡，急、慢性肝炎。	广西：来源于广西隆林县。云南：来源于云南景洪市。北京：来源于北京。湖北：来源于湖北恩施。
	紫景天	*Sedum telephium* L.	紫花景天	药用鲜叶。西班牙用作创伤药，免疫抗炎药。	广西：来源于法国。
	石莲	*Sinocrassula indica* (Decne.) Berger	梅花狗牙瓣、景天还阳、石山莲	药用全草。味酸，性平。有毒。清热解毒，止血止痢。用于咽喉肿痛，崩漏，便血，烫伤；外用于疮疡久不收口及烧、烫伤。	湖北：来源于湖北恩施。

（续表）

科名	植物名	拉丁学名	别名	药用部位及功效	保存地及来源
虎耳草科 Saxifragaceae	落新妇	Astilbe chinensis (Maxim.) Franch. et Sav.	金毛七、红三七、红升麻、水三七、水升麻	药用根状茎。味苦、涩，性温。祛风除湿，强筋壮骨，活血祛瘀，止痛，镇咳。用于筋骨痛，头痛，跌打损伤，毒蛇咬伤，咳嗽，小儿惊风，术后痛，胃痛，泄泻。	北京：来源于北京。湖北：来源于湖北恩施。
	多花落新妇	Astilbe myriatha Diels	金毛七、铁杆升麻	药用部位及功效参阅落新妇 Astilbe chinensis (Maxim.) Franch.et Sav.。	湖北：来源于湖北恩施。
	厚叶岩白菜	Bergenia crassifolia (L.) Fritsch		药用根状茎或全草。根全草用于痢疾，泄泻。全草滋补，壮阳，敛肺。	北京：来源于广西。
	绣毛金腰	Chrysosplenium davidianum Decne.ex Maxim.		药用全草。清热解毒。	湖北：来源于湖北恩施。
	绢毛金腰	Chrysosplenium lanuginosum Hook.f.	红地棉	药用全草。味甘，性寒。清热解毒，生肌收敛，活血通络。用于跌打损伤，劳伤，退黄疸。	湖北：来源于湖北恩施。
	大叶金腰	Chrysosplenium macrophyllum Oliv.	马耳朵草、龙舌草、虎皮草	药用全草。味苦、涩，性寒。清热解毒，平肝，收敛生肌。用于小儿惊风，臁疮，烧、烫伤。	湖北：来源于湖北恩施。
	柔毛金腰	Chrysosplenium pilosum Maxim.var.valdepilosum ohwi			湖北：来源于湖北恩施。
	突隔梅花草	Parnassia delavayi Franch.	芒药苍耳七、肺心草	药用全草。味甘，性寒。清热润肺，消肿止痛。用于肺痨，风热咳嗽，咽喉痛，带下病，痈肿疮毒，跌打损伤。	湖北：来源于湖北恩施。
	鸡眼梅花草	Parnassia wightiana Wall.	鸡肫草	药用全草。味淡，性平。清肺止咳，补虚益气，利湿排石。用于咳嗽，砂淋，胆石症，痈疖肿毒，跌打损伤，带下病。	湖北：来源于湖北恩施。
	扯根菜	Penthorum chinense Pursh	水杨柳、水泽兰	全草药用。味甘，性微温。利水，止血，通经活血，散瘀消肿。用于水肿，崩漏，带下病，胃脘疼痛，跌打肿痛。	北京：来源于北京。

165

科名	植物名	拉丁学名	别名	药用部位及功效	保存地及来源
虎耳草科 Saxifragaceae	鬼灯檠	Rodgersia aesculifolia Batal.	称杆七、红药子、厚朴七、老蛇莲	药用根状茎。味涩、微甘，性平。清热解毒，止血生肌，止痛消癥。用于吐血、衄血，崩漏，肠风下血，外痔，瘿瘤，咽喉痛，疮痈，毒蛇咬伤。	广西：来源于云南省昆明市。湖北：来源于湖北恩施。
	羽叶鬼灯檠	Rodgersia pinnata Franch.	羽状鬼灯檠、羽叶岩陀	药用根状茎。味苦、微涩，性温。活血调经，祛风湿。用于跌打、骨折，月经不调，风湿性关节炎，甲状腺机能方进。	广西：来源于云南省昆明市。
	红毛虎耳草	Saxifraga rufescens Balf.f.	扇叶虎耳草	药用全草。清热解毒，祛风，镇痛。用于风湿痛，中风，头晕，胃痛，腹痛，中耳炎。	广西：来源于云南省昆明市。湖北：来源于湖北恩施。
	虎耳草	Saxifraga stolonifera Curt.var. stolonifera	金丝叶、金线吊芙蓉、老虎草	药用全草。味苦、辛，性寒。小毒。疏风，清热，凉血，解毒。用于风热咳嗽，肺痈，吐血，瘴耳流脓，风火牙痛，风疹瘙痒，痈肿丹毒，痔疮肿痛，毒虫咬伤，皴伤，外伤出血。	广西：来源于湖北省武汉市。北京：来源于北京。湖北：来源于湖北恩施。
	花叶虎耳草	Saxifraga stolonifera Curt. var.variegate		药用部位及功效参阅虎耳草 Saxifraga stolonifera curt. var. stolonifera。	广西：来源于湖北省武汉市。
	黄水枝	Tiarella polyphylla D.Don	防风七、紫背金钱	药用全草。味辛、苦，性凉。清热解毒，活血祛瘀，消肿止痛。用于痈疖肿毒，跌打损伤，肝炎，咳嗽气喘。	湖北：来源于湖北恩施。

科名	植物名	拉丁学名	别名	药用部位及功效	保存地及来源
	大叶鼠刺	Itea macrophylla Wall.		药用根、花。根用于滋补。花用于咳嗽、喉干。	广西：来源于广西金秀县。
	华蔓茶藨子	Ribes fasciculatum Sieb. et Zucc. var.chinense Maxim.	华茶藨、大蔓茶藨、三升米	药用根。味微苦，性凉。凉血清热，调经。用于虚热乏力，月经不调，痛经。	广西：来源于浙江省杭州市。
	美丽茶藨	Ribes pulchellum Turcz.	小叶茶藨	药用果实、茎枝。味甘、涩，性平。解毒清热。用于肝炎。	广西：来源于辽宁省沈阳市。
	齿叶溲疏	Deutzia crenata Sieb. et Zu-cc.		民间用作退热剂。有毒。	广西：来源于浙江省杭州市。
	宁波溲疏	Deutzia ningpoensis Rehd.	老鼠竹、观音竹、空心常山	药用叶或根。味辛，性寒。清热利尿，祛痰。用于感冒发热，小便不利，疟疾，跌打，骨折。	广西：来源于浙江省杭州市。
虎耳草科 Saxifragaceae	重瓣溲疏	Deutzia scabra var.plena Schneid.			北京：来源于北京。
	溲疏	Deutzia scabra Thunb.	野茉莉	药用全株。味辛，性寒。有毒。用于胃痛，遗尿，疟疾，疥疮，关节痛，骨折。民间用作退热剂。	北京：来源于北京。
	常山	Dichroa febrifuga Lour.	南常山、鸡骨常山	药用根。味苦、辛，性寒。有毒。截疟，劫痰。用于疟疾，痰饮停积，感冒。	广西：来源于广西金秀县。海南：来源于云南保亭县。北京：来源于四川南川。湖北：来源于湖北恩施。
	绣球	Hydrangea macrophylla (Th-unb.) Ser.	八仙花、粉团花、紫绣球、绣球花	药用根、叶或花。味苦、微辛，性寒。抗疟，清热，解毒，杀虫。用于小毒，疟疾，心热惊悸，烦躁，喉痹，阴囊湿疹，疥癣。	广西：来源于广西南宁市。云南：来源于云南景洪市。北京：来源于浙江。湖北：来源于湖北恩施。海南：来源于广西药用植物园。

科名	植物名	拉丁学名	别名	药用部位及功效	保存地及来源
虎耳草科 Saxifragaceae	山梅花	*Philadelphus incanus* Koehne	兴隆荼、鸡骨头	药用根皮。用于挫伤，腰胁痛，胃痛，头痛。	北京：来源于北京。
	疏花山梅花	*Philadelphus laxiflorus* Rehder		药用根。用于疟疾，消肿毒。	广西：来源于浙江省杭州市。
	太平花	*Philadelphus pekinensis* Rupr.	银盘盘花	药用根。解热镇痛，截疟。用于疟疾，胃痛，腰痛，挫伤。	北京：来源于北京。
	绢毛山梅花	*Philadelphus sericanthus* Koehne	土常山、鸡骨头、小苦通	药用根皮。味苦，性平。活血镇痛，截疟。用于疟疾，头痛，挫伤，腰胁疼痛及胃痛。	湖北：来源于湖北恩施。
海桐花科 Pittosporaceae	秀丽海桐	*Pittosporum pulchrum* Gagnep.		药用全株。用于跌打损伤。	广西：来源于广西凭祥市。
	海桐	*Pittosporum tobira* (Thunb.) Ait.	海桐枝叶、七里香叶、七里香、金边海桐	药用枝、果实及叶。解毒，杀虫。用于疥疮、肿毒。叶外用于疥疮。根散瘀止痛。用于活络。果实用于疝痛。	广西：来源于湖北省武汉市。海南：不明确。北京：来源于浙江。湖北：来源于湖北恩施。
	菱叶海桐	*Pittosporum truncatum* Pr-itz.	岩子花、山茶椒	药用全株。散瘀止痛，祛风活络。用于胁痛，风湿骨痛。	湖北：来源于湖北恩施。
	牛耳枫叶海桐	*Pittosporum daphniphylloides* Hayata			湖北：来源于湖北恩施。

168

（续表）

科名	植物名	拉丁学名	别名	药用部位及功效	保存地及来源
海桐花科 Pittosporaceae	光叶海桐	*Pitosporum glabratum* Lin-dl.	广枝仁、芭豆、长果满天香、野连翘	药用根、茎及叶。根、茎散瘀消肿，祛风止痛。用于湿关节痛，产后风瘫，刀伤，蛇咬伤，疮性皮炎，外伤肿毒。叶用于过敏性皮炎，外伤出血。	广西：来源于广西陵云县。
	狭叶海桐	*Pitosporum glabratum* Li-ndl. var. *neriifolium* Rehd. et Wils.	山栀子、黄枝子、金刚口摆	药用全草。味、苦性寒。清热除湿，祛风活络，消肿解毒。用于骨折，跌打骨折，胃痛，湿热黄疸，疮疡肿毒，毒蛇咬伤，外伤出血。	湖北：来源于湖北恩施。
	海金子	*Pitosporum illicioides* Ma-kino	山栀茶、崖花海桐	药用根、根及种子。根皮味苦、辛，性温。活络止痛，宁心益肾，解毒。用于风湿痹痛，骨折，失眠，遗精，毒蛇咬伤，胃痛。枝叶味苦，性微温。消肿解毒，止血。用于疮疖肿毒，皮肤湿痒，外伤出血，毒蛇咬伤，涩肠固精。种子味苦，性寒。清热利咽，肠炎，白带，滑精。用于咽喉痛，	广西：来源于上海市。
	台琼海桐	*Pitosporum pentandrum* (Bl-anco) Merr. var. *hain-anense* (Gagnep.) Li.	台湾海桐花、七里香	药用根、叶。活血消肿，解毒止痢。用于跌打损伤，痢疾。	广西：来源于广西凭祥市。 海南：来源于海南万宁市。
蔷薇科 Rosaceae	欧龙芽草	*Agrimonia eupatoria* L.		药用全草。收敛，止血，止泻，消炎。用于咳血，吐血，尿血，便血。	广西：来源于法国。
	龙芽草	*Agrimonia pilosa* Ledeb.	地仙草、仙鹤草、鹤草芽、黄龙尾	药用地上部分。味苦、涩，性平。收敛止血，截疟，止痢，解毒，用于咯血，吐血，崩漏下血，疟疾，血痢，脱力劳伤，痈肿疮毒，阴痒带下。	广西：来源于广西邕宁县。 云南：来源于云南景洪市。 北京：来源于太白山，江西。 湖北：来源于湖北恩施。

169

科名	植物名	拉丁学名	别名	药用部位及功效	保存地及来源
蔷薇科 Rosaceae	唐棣	Amelanchier sinica (C. K. Schneid.) Chun	红栒子、扶移	药用树皮。味苦，性平。有小毒。祛风活血，止痛，用于脚气疼痛，折损瘀血，白带。	广西：来源于广西桂林市。
	山桃	Amygdalus davidiana (Carr.) C.de Vos ex Henry	野桃、山毛桃	药用种子。味苦，甘，性平。祛瘀活血，润肠通便。用于经闭，痛经，症瘕痞块，损打损伤，肠燥便秘。	北京：来源于北京。
	桃	Amygdalus persica L.	毛桃、白桃、桃仁	药用种子或嫩枝。味苦，甘，性平。活血祛瘀，润肠通便。用于经闭，痛经，癥瘕痞块，跌打损伤，肠燥便秘。	广西：来源于广西南宁市。北京：来源于北京。
	榆叶梅	Amygdalus triloba (Lindl.) Ricker	榆梅	药用种子。润燥，滑肠，下气，利水。	北京：来源于北京。
	梅	Armeniaca mume Sieb.	乌梅、梅花	药用果实、花蕾。味酸，涩，性平。果实敛肺，涩肠，生津，安蛔。用于肺虚久咳，久痢滑肠，虚热消渴，蛔厥呕吐腹痛，胆道蛔虫症。花蕾开郁和中，化痰，解毒。用于郁闷心烦，肝胃气痛，梅核气，瘰疬疮毒。	广西：来源于广西邕宁县。
	山杏	Armeniaca sibirica (L.) Lam.	西伯利亚杏	药用种子。味苦，性微温。有小毒。降气，止咳，平喘，润肝。清热解毒，生津止渴。用于咳嗽气喘，胸满痰多，肠燥津枯，血虚津枯。	北京：来源于北京。
	杏	Armeniaca vulgaris Lam.	杏树、杏花	药用种子。味苦，性微温。有小毒。降气，止咳，平喘，润肠通便。用于咳嗽气喘，胸满痰多，血虚津枯，肠燥便秘。	北京：来源于北京。
	假升麻	Aruncus sylvester Kostel.	棣棠升麻	药用根。用于跌打损伤，劳伤，筋骨痛。	湖北：来源于湖北恩施。

科名	植物名	拉丁学名	别名	药用部位及功效	保存地及来源
蔷薇科 Rosaceae	麦李	*Cerasus glandulosa* (Thunb.) Lois.		药用种子。味苦、甘，性平。润燥滑肠，下气，利水。用于津枯肠燥，食积气滞，腹胀便秘，水肿，脚气，小便淋痛。	湖北：来源于湖北恩施。
	欧李	*Cerasus humilis* (Bunge.) Sok.		药用种子。味辛、苦，性甘。润燥滑肠，下气，利水。用于津枯肠燥，食积气滞，腹胀便秘，水肿，脚气，小便淋痛。	北京：来源于北京。
	郁李	*Cerasus japonica* (Thunb.) Lois.	雀梅、寿李	药用种子。味辛、苦，性甘。润燥滑肠，下气，利水。用于津枯肠燥，食积气滞，腹胀便秘，水肿，脚气，小便淋痛。	北京：来源于杭州。
	毛樱桃	*Cerasus tomentosa* (Thunb.) Wall.		药用种子。味辛，性平。润燥滑肠，下气，利水。用于津枯肠燥，食积气滞，腹胀便秘，水肿，脚气，小便淋痛不利。	北京：来源于陕西。
	东京樱花	*Cerasus yedoensis* (Mats.) A.V.Vassiljeva	日本樱花	药用树皮。镇咳。	广西：来源于广西南宁市。
	和圆子	*Chaenomeles japonica* (Thunb.) Lindl.ex Spach	日本木瓜、倭海棠、和木瓜	药用果实。味酸，性温。祛湿和胃，镇静，止咳，利尿。用于霍乱，中暑，心烦失眠，咳嗽，水肿。	广西：来源于波兰。
	木瓜	*Chaenomeles sinensis* (Thouin) Koehne	榠楂、光皮木瓜、木李	药用果实。味酸、涩，性平。和胃舒筋，祛风湿，消痰止咳。用于吐泻转筋，风湿痹痛，咳嗽痰多，泄泻，痢疾，跌打伤痛，脚气水肿。	广西：来源于广西凌云县。海南：来源于海南。北京：来源于江西庐山。
	贴梗海棠	*Chaenomeles speciosa* (Sweet) Nakai	木瓜、皱皮木瓜、贴梗木瓜	药用果实。味酸，性温。平肝舒筋，和胃化湿。用于湿痹拘挛，腰膝关节酸重疼痛，吐泻转筋，脚气水肿。	广西：来源于广西龙胜县。北京：来源于山东。
	恩施栒子	*Cotoneaster fangianus* Yü			湖北：来源于湖北恩施。

科名	植物名	拉丁学名	别名	药用部位及功效	保存地及来源
	西南栒子	*Cotoneaster franchetii* Bois S.	马蝗果	药用根。味苦、涩，性凉。清热解毒，消肿止痛，淋巴腺炎，麻疹。	广西：来源于法国。
	平枝栒子	*Cotoneaster horizontalis* De-cne	栒刺子、矮红子	药用根、全草。味酸、涩，性凉。清热化湿，止血止痛。用于泄泻，腹痛，吐血，痛经，带下病。	湖北：来源于湖北恩施。
	西北栒子	*Cotoneaster zabelii* Schneid.	土兰条	药用果实。枝叶。止血，凉血。	北京：来源于北京。
	野山楂	*Crataegus cuneata* Sieb. et Zucc.	小叶山楂、收虎梨	药用果。味酸，甘，性微温。消食健胃，行气散瘀。用于肉食积滞，脘腹胀满，血瘀，产后腹痛，恶露不净。	北京：来源于北京金山。湖北：来源于湖北恩施。
蔷薇科 Rosaceae	甘肃山楂	*Crataegus kansuensis* Wils	面旦子	药用果实。健胃消食，散瘀止痛，化滞，降压。	北京：来源于甘肃。
	山楂	*Crataegus pinnatifida* Bu-nge	山里红	药用果实。味酸，甘，性微温。消食健胃，行气散瘀。用于肉食积滞，脘腹胀满，血瘀，产后腹痛，恶露不尽。	北京：来源于北京。
	云南移依	*Docynia delavayi* (Franch.) Schneid.	酸移依、小木瓜、南果（傣语）	药用果实、树皮及叶。果味酸、涩，性温。消食，健胃，止泻，驱蛔，收敛。树皮及叶味苦、涩，性凉。消炎，舒筋活血。接骨，用于烧烫伤，骨折，黄水疮，湿疹，风湿骨痛，赤白痢，烫伤。果用于腹泻，消化不良。	云南：来源于云南勐海县。
	蛇莓	*Duchesnea indica* (Andr.) Focke	落地杨梅、含珠草、蛇泡草、三叶梅、地锦、三脚虎、三爪风	药用全草。味甘、苦，性寒。清热解毒，凉血止血，散瘀消肿。用于热病，惊痫，感冒，痢疾，黄疸，口疮、咽喉肿痛，疔肿，毒蛇咬伤，吐血，崩漏，月经不调，烫火伤，跌打肿痛。	广西：原产于广西药用植物园。云南：来源于云南景洪市。海南：来源于广西药用植物园。北京：来源于浙江。湖北：来源于湖北恩施。

科名	植物名	拉丁学名	别名	药用部位及功效	保存地及来源
蔷薇科 Rosaceae	枇杷	Eriobotrya japonica (Thunb.) Lindl.	卢桔、枇杷叶、白花木	药用叶、果。味苦，性微寒。清肺止咳，降逆止呕。叶用于肺热咳嗽，气逆喘急，胃热呕逆，果用于烦热口渴。	广西：来源于广西南宁市。云南：来源于云南勐海县。海南：来源于海南万宁市。北京：来源于北京、浙江。湖北：来源于湖北恩施。
	白鹃梅	Exochorda racemosa (Lindl.) Rehd.	茧子花、金瓜果	药用根皮、树皮。用于腰背酸痛。	北京：来源于杭州。
	草莓	Fragaria ananassa Duch.	凤梨草莓	药用果实。清热止咳，利咽生津，健脾和胃，滋养补血。	北京：来源于北京。
	东方草莓	Fragaria orientalis Lozinsk.		药用果实。止渴生津，祛痰。	湖北：来源于湖北恩施。
	路边青	Geum aleppicum Jacq.	水杨梅、兰布政	药用全草或根。味苦、辛，性微寒。清热解毒，活血止痛，调经止带。用于疔疮肿痛，口疮咽痛，跌打伤痛，风湿痹痛，泻痢腹痛，月经不调，崩漏带下，脚气水肿，小儿惊风。	广西：来源于日本。北京：来源于波兰。湖北：来源于湖北恩施。
	日本水杨梅	Geum japonicum Thunb.		清热解毒，散瘀止痛，生津止渴。	北京：来源于四川峨眉山。
	欧亚路边青	Geum urbanum L.		药用全草。滋阴补肾，平肝明目，消肿止痛。用于感冒，头晕头痛，高血压，收敛止泻，贫血，慢性肠胃炎，腹泻，月经不调，乳腺炎，疮毒。	广西：来源于法国、德国。北京：来源于波兰。
	棣棠花	Kerria japonica (L.) DC.	鸡蛋黄花、榆叶梅	药用花、枝叶及根。味微苦、涩，性平。祛风除湿，解毒消肿。用于风湿痹痛，水肿，痈疽肿毒，湿疹。	广西：来源于上海。湖北：来源于湖北恩施。
	重瓣棣棠花	Kerria japonica (L.) DC. f.pleniflora (Witte) Rehd.		药用部位及功效见棣棠花 Kerria japonica (L.) DC.。	北京：来源于北京。

173

科名	植物名	拉丁学名	别名	药用部位及功效	保存地及来源
蔷薇科 Rosaceae	大叶桂樱	Laurocerasus zippeliana (Miq.) Brow.	大叶野樱，大驳骨，古影树	药用叶。味涩，微涩，性平。用于全身瘙痒，祛风止痒，通络止痛，跌打损伤。	广西：来源于云南省西双版纳。
	台湾海棠	Malus doumeri (Boiss.) Chev.	台湾林檎，山楂	药用果实或叶。果实味甘，酸，涩，性微温。消食导滞，理气健脾。用于食积停滞，脘腹胀痛，泄泻。叶味微苦，微温，性平。祛暑化湿，开胃消积。用于暑湿庆食，食积。	广西：来源于广西宁明县。
	湖北海棠	Malus hupehensis (Pamp.) Rehd.	茶海棠，野花红，小石枣	药用根，果实。活血，健胃。用于食滞，筋骨扭伤。	湖北：来源于湖北恩施。
	西府海棠	Malus micromalus Makino	海红，子母海棠	药用果实。味酸，甘，性平。用于泄痢。	北京：来源于北京。
	苹果	Malus pumila Mill.	柰	药用果实。味甘，性凉。生津润肺，除烦，解暑，开胃，醒酒。	北京：来源于北京。湖北：来源于湖北恩施。
	三叶海棠	Malus sieboldii (Regel) Re-hd.	山茶果，野黄子，山楂子	药用果实。味酸，性微温。消食健胃。用于食饮食积滞。	广西：来源于云南省。
	海棠	Malus spectabilis (Ait.) Bo-rkh.	海棠花	药用果实。理气健脾，消食导滞。	北京：来源于河北昌黎。
	中华石楠	Photinia beauverdiana C.K. Schneid.	波氏石楠，假思胀，牛筋木	药用根。根，叶行气活血，祛风止痛。根用于风湿痹痛，肾虚脚膝酸软，头风头痛，跌打损伤。果实补肾强筋，用于劳伤疲乏。	广西：来源于广西南宁市。
	闽粤石楠	Photinia benthamiana Ha-nce	边沁石斑木	药用叶。补肾，强腰膝，除风湿。用于肾虚腰膝软弱，风湿痹痛。	广西：来源于云南省西双版纳。
	倒卵叶石楠	Photinia benthamiana Ha-nce.var.obovata Li	满院春	药用部位及功效参阅闽粤石楠 Photinia benthamiana Hance。	广西：来源于浙江省杭州市。海南：不明确。
	贵州石楠	Photinia bodinieri Levl.	楞木石楠	药用根。祛风镇痛。	广西：来源于武汉市。

科名	植物名	拉丁学名	别名	药用部位及功效	保存地及来源
蔷薇科 Rosaceae	光叶石楠	*Photinia glabra* (Thunb.) Maxim.	醋林子、山官木、石斑木	药用果实、叶。果实味酸，性温。杀虫、止血、涩肠，生津，解酒。用于蛔虫腹痛，痔漏下血，久痢，辛，性凉。清热利尿，消肿止痛。叶味苦。用于小便不利，跌打损伤，头痛。	广西：来源于云南省西双版纳，浙江省杭州市。
	全缘石楠	*Photinia integrifolia* Lindl.	蓝靛树	药用浸膏（50%醇提）。抗癌。	广西：来源于云南省昆明市。
	桃叶石楠	*Photinia prunifolia* (Hook. et Arn.) Lindl.	山杠木、石笔木	药用叶。有小毒。祛风、通络，益肾。用于肾虚脚软，风痹，腰背酸痛。	广西：来源于浙江省杭州市。
	绒毛石楠	*Photinia schneideriana* Rehd.et Wils.	鄂西石楠	药用叶。补肾，强腰膝，除风湿。用于肾虚腰膝软弱，风湿痹痛。	广西：来源于浙江省杭州市。
	石楠	*Photinia serrulata* Lindl.	将军柴、石斑木	药用叶。味辛、苦，性平。有小毒。祛风、通络，益肾。用于风湿痹痛，腰背酸痛，足膝无力，偏头痛。	广西：来源于湖北省武汉市，浙江省杭州市。北京：来源于浙江、北京、广西。海南：不明确。
	鹅绒委陵菜	*Potentilla anserina* L.	蕨麻、延寿草	药用块根。味甘，性平。健脾益胃，生津止渴。用于贫血，营养不良。	北京：来源于北京。
	银背委陵菜	*Potentilla argentea* L.		药用全草。清热解毒，收敛，止血，解痉。用于关节炎，月经痛。	广西：来源于法国，德国。北京：来源于保加利亚。
	委陵菜	*Potentilla chinensis* Ser.	一白草、天青地白	药用全草。味苦，性寒。清热解毒，凉血止痢。用于赤痢腹痛，久痢不止，痔疮出血，痈肿疮毒。	广西：来源于北京市，云南省。北京：来源于北京。
	翻白草	*Potentilla discolor* Bunge	鸡爪莲、鸭脚参、白背艾	药用带根全草。味甘、微苦，性平。清热解毒，凉血止血。用于肺热咳喘，泻痢，疟疾，咳血，吐血，便血，崩漏，痈肿疮毒，瘰疬结核。	广西：来源于广西南宁市。北京：来源于四川南川。

科名	植物名	拉丁学名	别名	药用部位及功效	保存地及来源
蔷薇科 Rosaceae	莓叶委陵菜	*Potentilla fragarioides* L.	雉子筵	药用全草。味甘，性温，补益中气。用于妇女产后出血，肺出血，疝气。	北京：来源于北京。
	三叶委陵菜	*Potentilla freyniana* Bornm.	地蜂子、三张叶、三叶蛇子草	药用根或全草。味苦、涩，性微寒。清热解毒，敛疮止血，散瘀止痛。用于咳喘，痢疾，肠炎，痈肿疔疮，烧烫伤，口舌生疮，毒蛇咬伤，瘰疬，痔疮结核，月经过多，产后出血，外伤出血，胃痛，牙痛，胸骨痛，腰痛，跌打损伤。	广西：来源于浙江省杭州市。北京：来源于北京。湖北：来源于湖北恩施。
	耐寒委陵菜	*Potentilla gelida* C.A.Mey		解热散寒，凉血止痢。	北京：来源于保加利亚。
	蛇含委陵菜	*Potentilla kleiniana* Wight et Arn.	蛇含、地爪龙、五皮草	药用带根全草。味苦，性微寒。清热定惊，截疟，止咳化痰，解毒活血。用于高热惊风，疟疾，肺热咳嗽，百日咳，痢疾，疮疖肿毒，咽喉肿痛，风火牙痛，带状疱疹，目赤肿痛，虫蛇咬伤，跌打损伤，风湿麻木，月经不调，外伤出血。	广西：来源于广西隆林县。北京：来源于北京。湖北：来源于湖北恩施。
	直立委陵菜	*Potentilla recta* L.		清热解毒，凉血止痢。	北京：来源于保加利亚。
	匍匐委陵菜	*Potentilla reptans* L.	金棒锤	药用块根或全草。味甘、辛、性平。滋阴除热，生津止渴，解毒。用于外感风热，咳嗽，虚喘，热病伤津，口渴咽干，妇女带浊，疟疾。	广西：来源于法国。北京：来源于北京。
	钉柱委陵菜	*Potentilla saundersiana* Ro-yle		药用全草。清热解毒，凉血。	湖北：来源于湖北恩施。
	朝天委陵菜	*Potentilla supina* L.	仰卧委陵菜、铺地委陵菜、鸡毛菜	药用全草。味甘、酸，性寒。收敛止泻，凉血止血，滋阴益肾，用于泄泻，吐血，尿血，便血，血痢，须发早白，牙齿不固。	广西：来源于德国。
	东北蕤核	*Prinsepia sinensis* (Oliv.) Oliv.ex Bean	东北扁核木	药用果实。清肝明目。用于目赤肿痛，昏暗羞明，眼烂多泪。	广西：来源于辽宁省沈阳市。北京：来源于内蒙古。

科名	植物名	拉丁学名	别名	药用部位及功效	保存地及来源
蔷薇科 Rosaceae	樱桃李	*Prunus cerasifera* Ehrh.		药用种子。镇咳，活血，止痢，润肠。	北京：来源于杭州。
	冬花樱	*Prunus majesrica* Koehne	滇樱桃、苦樱桃、大樱	药用叶、树皮、果核、花、叶、树皮用于鼻衄，胃出血。叶还可用于疗疮肿毒。果核用于麻疹。花用于百日咳。	广西：来源于云南省西双版纳。云南：来源于云南景洪市。
	毛桃	*Prunus persica* L.Bartsch	桃子、桃花	药用桃仁、树皮及叶。桃仁味甘、苦，性平。破瘀通经，通便，降血压。树皮及叶味苦，性平，消炎止痒。用于皮癣。桃仁用于痈道，闭经，产后腹痛，阑尾炎，便秘，狂犬咬伤。	云南：来源于云南景洪市。海南：不明确。
	腺叶野樱	*Prunus phaeosticta* (Hance) Maxim.		药用全株。活血行瘀，镇咳，利尿，润燥滑肠。用于闭经，痈疽，大便燥结。	海南：来源于海南万宁市。
	樱桃	*Prunus* Li-ndl.	樱珠、樱球	药用果核、叶及果实。果核味辛，热。发表，透疹，透疹用于麻疹不透。叶平喘，叶用于慢性咳嗽痰喘，阴道滴虫。杀虫，果实味甘，性温，益气。果实用于风湿，祛风湿。	北京：来源于北京。
	李	*Prunus salicina* Lindl.	李仁、李子	药用果实、种子、叶、花、根、根皮。果实味甘、酸，性平。清热生津，利尿，消食积，壮热惊痫，肿毒贵烂。种子、花味苦，性平。种子祛瘀，利水，润肠。用于血瘀疼痛，跌打损伤，水肿膨胀，肠燥便秘。花用于面上粉刺黑斑。根、树脂味苦，性寒。根清热，根皮清热痢解毒，利湿。用于痈肿肿毒，热淋，痢疾，白带。树脂透发不畅，目生翳障，透疹，退疹。用于麻疹透发不畅，目生翳障。叶、性寒。降逆，清热解毒。用于气逆奔豚，湿热痢疾，赤白带下，消渴，脚气，丹毒疮痈。	广西：来源于广西邕宁县。云南：来源于云南景洪市。海南：来源于海南万宁市。湖北：来源于湖北恩施。

科名	植物名	拉丁学名	别名	药用部位及功效	保存地及来源
	野樱花	*Prunus serrulata* Lindl. G. Don	山樱花、山樱桃	药用种子。味辛，性平。解毒，利尿，透发麻疹。	湖北：来源于湖北恩施。
	杏李	*Prunus simonii* Carr.		药用根、叶。味苦，性平。活血，调经，用于跌打损伤，经闭，吐血。	北京：来源于云南。
	日本樱花	*Prunus yedoensis* Matsum.		清热解毒，抑菌消炎。	北京：来源于日本、北京。
	全缘火棘	*Pyracantha atalanthoides* (Hance) Stapf	救军粮、木瓜刺	药用根、叶。解毒拔脓，消肿止痛。用于胃胃髓炎。	广西：来源于广西凭祥市。
Rosaceae 蔷薇科	西南细圆齿火棘	*Pyracantha crenulata* (D. Don) Roem. var. *rogersiana* Chitt.		药用部位及功效参阅细圆齿火棘 *Pyracantha crenulata* (D.Don) Roem.。	广西：来源于法国。
	火棘	*Pyracantha fortuneana* (Maxim.) Li	救荒粮	药用果实、根及叶。果实味酸、涩，性平。健脾消食，收涩止痢。用于食积停滞，脘腹胀满，痢疾，泄泻，崩漏，跌打损伤。根味酸，性凉。清热凉肝，化瘀止痛。用于潮热盗汗，肠风下血，崩漏，疮疖痈疡，目赤肿痛，风火牙痛，跌打损伤，劳伤腰痛，外伤出血。叶味苦，涩，性凉。清热解毒，止血。用于疮疡肿痛，目赤，痢疾，便血，外伤出血。	广西：来源于广西凭祥市、福建省武夷山、上海市、浙江省杭州市。北京：来源于四川南川、广西。

178

科名	植物名	拉丁学名	别名	药用部位及功效	保存地及来源
蔷薇科 Rosaceae	豆梨	Pyrus calleryana Decne.	糖梨子、山沙梨	药用果实、果皮、叶、枝条、根皮及根皮。果实味酸、甘、涩。用于饮食积滞，泻痢消食，涩肠止痢，性凉。果皮味甘、涩，性凉。清热生津，涩肠止痢。用于热病伤津，久痢。叶、根味涩、微甘，性凉。润肺止咳。胃肠炎。枝条味微苦，性凉。用于霍乱吐泻，反胃吐食。根皮味酸、涩，性寒。清热解毒，敛疮。用于疮疡。根及根皮，性凉。健脾消食，泻痢消食，涩肠止泻，疥癣。用于清热解毒，毒蛇咬伤，毒菇中毒。根用于疮疡肿痛，行气和胃食。	广西：原产于广西药用植物园。
	棠梨	Pyrus pashia Buch.-Ham. ex D.Don	川梨、棠梨刺	药用果实及种子。味酸、甘，性温。润肠通便，利水，消积食，化瘀滞，止泻痢。用于四肢浮肿，高血压，消渴。种子生津，润燥，清热，化痰，消瘀。	云南：来源于勐腊县。
	沙梨	Pyrus pyrifolia（N. L. Burman）Nakai	柳州雪梨、梨子干	药用果实、果皮、花、叶、树枝、树皮及根。果实味甘。生津止渴，润肺化痰。用于肺燥咳嗽，热病烦躁，津少口干，消渴，目赤，性凉，降火解毒，清心润肺。花、叶味甘，性平。用于暑热烦渴，肺燥咳嗽，吐血，痢疾，疔疮，疥癣。花味淡，性平。发背，用于面生黑斑粉滓。叶、树枝味辛、涩、微苦，性平。用于霍乱吐泻腹痛，利水解毒，小儿疝气，水肿，菌菇中毒。树皮味苦，性寒。清热解毒。根皮味甘、涩。用于热病发热，疮癣。根味甘，性平。润肺止咳，理气止痛，肺虚咳嗽，疝气腹痛。	广西：来源于广西邕宁县。

科名	植物名	拉丁学名	别名	药用部位及功效	保存地及来源
	麻梨	Pyrus serrulata Rehd.	黄皮梨	药用果实。生津，润燥，清热，化痰。	广西：来源于北京、山东。
	石斑木	Raphiolepis indica (L.) Lindl.	春花木、石棠木、铁里木	药用根、叶。味微苦，涩，性寒。消肿，凉血解毒。用于跌打损伤，骨髓炎，关节炎。活血出血，创伤，烫伤，毒蛇咬伤。	广西：来源于广西北海市、防城县。
	月季花	Rosa chinensis Jacq.	四季红、月月花	药用花。味甘，性温。活血调经。用于月经不调，痛经。	广西：来源于广西南宁市。海南：来源于海南万宁市。北京：来源于北京。湖北：来源于湖北恩施。
蔷薇科 Rosaceae	单瓣月季花	Rosa chinensis Jacq. var. spontanea (Rehd. et wils.) Yü et Ku			湖北：来源于湖北恩施。
	小果蔷薇	Rosa cymosa Tratt.	箭血飞、白花刺、藤勾椒、山木香	药用根、茎、叶、果实及花。根味苦，酸，性微温。散瘀，止血，消肿解毒。用于跌打损伤，外伤出血，月经不调，腹泻，痢疾。茎味酸，微苦，性平。固涩益肾。用于遗尿，子宫脱垂，脱肛，痔疮。叶味苦，性平。解毒，活血散瘀，跌打损伤，风湿痹痛。用于疮痈肿痛，烫火伤，跌打损伤，风湿痹痛。果实味甘，养肝明目，眼目昏糊，益肾固涩，遗精遗尿，白带。花味甘，酸，性凉。健脾，解暑。用于食欲不振，暑热口渴。	广西：来源于广西上林县。北京：来源于广西。

科名	植物名	拉丁学名	别名	药用部位功效	保存地及来源
蔷薇科 Rosaceae	卵果蔷薇	*Rosa helenae* Rehd.et Wils.	巴东蔷薇、牛黄树剌、野枯牛剌	药用果实。味涩，性凉。润肺，止咳。用于咳嗽，咽喉痛。	湖北：来源于湖北恩施。
	金樱子	*Rosa laevigata* Michx.	糖罂簕、金樱果、藤钩	药用果实，根及叶。果实味酸，甘，涩，性平。固精缩尿。遗精滑精，遗尿尿频，崩漏带下，久泻久痢。根活血止血，收敛解毒。叶解毒消肿。	广西：原产于广西药用植物园。北京：来源于四川。湖北：来源于湖北恩施。
	野蔷薇	*Rosa multiflora* Thunb.	营实、墙蘼、剌花	药用花、叶、枝、根及果实。花味苦，涩，性凉。清暑，和胃，活血止血，解毒。用于暑热烦渴，胃脘胀闷，吐血，衄血，口疮，痈疖，月经不调。叶，枝甘，味苦，性凉。枝可治疖发。枝解毒消肿。用于疮痈肿毒，性凉。根味苦，涩，性凉。清热解毒，祛风除湿，活血调经，固精缩尿，消肿。用于疮痈肿毒，烫伤，月经不调，痔疮，关节疼痛，白带过多，子宫脱垂，遗尿，尿频，口疮，久痢不愈，骨鲠。果实味酸，性凉。清热解毒，祛风活血，利水消肿。用于疮痈肿毒，风湿痹痛，关节不利，月经不调，水肿，小便不利，	广西：来源于广西南宁市。北京：来源于北京。湖北：来源于湖北恩施。
	蔷薇	*Rosa multiflora* Thunb. f. inermis		药用部位及功效参阅野蔷薇 *Rosa multiflora* Thunb.。	广西：来源于广西南宁市。
	粉团蔷薇	*Rosa multiflora* Thunb. var. cathayensis Rehd.et wils.		药用部位及功效参阅野蔷薇 *Rosa multiflora* Thunb.。	北京：来源于太白山。
	七姐妹	*Rosa multiflora* Thunb. var. carnea Thory.		药用部位及功效参阅野蔷薇 *Rosa multiflora* Thunb.。	北京：来源于北京。

科名	植物名	拉丁学名	别名	药用部位及功效	保存地及来源
蔷薇科 Rosaceae	香水月季	*Rosa odorata* (Andr.) Sw-eet	黄酴醾、芳香月季	药用根、叶及花。根，叶调和气血，止痢，调经，止咳，定喘，消炎，杀菌。花活血，消肿止痛。	广西：来源于广西南宁市，乐业县。北京：来源于北京。
	峨眉蔷薇	*Rosa omeiensis* Rolfe	刺石榴、山石榴	药用根、花瓣、果实。根，果实味涩，性平。止血，止痢，用于吐血，崩漏，白带，蛔虫症。花瓣味甘，酸，性凉。清热解毒，活血调经。用于肺热咳嗽，吐血，血脉瘀痛，月经不调，赤白带下，乳痈。	广西：来源于上海市。湖北：来源于湖北恩施。
	缫丝花	*Rosa roxburghii* Tratt.	刺梨	药用果实及根。果实味酸，涩，性平。解暑，消食。用于中暑，食滞痢疾。根味酸，涩，性平。消食健胃，收敛止泻。用于食积腹胀，痢疾，泄泻，自汗盗汗，遗精，带下病，月经过多，烧烫出血。	湖北：来源于湖北恩施。
	悬钩子蔷薇	*Rosa rubus* Lévl.et Vant.			湖北：来源于湖北恩施。
	玫瑰	*Rosa rugosa* Thunb.	玫瑰花	药用花蕾。味甘，微苦，性温。行气解郁，和血，止痛。用于肝胃气痛，食少呕恶，月经不调，跌打伤痛。	广西：来源于广西南宁市。海南：来源于海南万宁市。北京：来源于北京。湖北：来源于湖北恩施。
	钝叶蔷薇	*Rosa sertata* Rolfe		药用根。味辛，性平。活血止痛，清热解毒。用于月经不调，风湿痹痛，疮疡肿痛。	广西：来源于上海市。
	单瓣黄刺玫	*Rosa xanthina* Lindl. f. normalis Rehd.et Wils.		药用花。理气解郁，和血散瘀。	北京：来源于北京。
	黄刺玫	*Rosa xanthina* Lindl.		药用果实。活血舒筋，祛湿利尿。	北京：来源于北京。
	粗叶悬钩子	*Rubus alceaefolius* Poir.	大叶蛇泡簕、海南悬钩子	药用根、叶。味甘，淡，性平。活血祛瘀，清热止血，慢性肝炎，肝脾肿大，乳痈，外伤出血，口腔破溃。	广西：原产于广西药用植物园。海南：来源于海南万宁市。

科名	植物名	拉丁学名	别名	药用部位及功效	保存地及来源
蔷薇科 Rosaceae	掌叶覆盆子	*Rubus chingii* Hu	华东覆盆子	药用果实。味甘、酸，性温。益肾，固精，缩尿。用于肾虚遗尿，小便频数，阳痿早泄，遗精滑精。	湖北：来源于湖北恩施。
	甜茶	*Rubus chingii* H.H.Hu var. *suavissimus*（S. Lee）L. T.Lu		药用叶。补肾，降压，清热生津。用于糖尿病，高血压病。	广西：来源于广西桂林市。
	越南悬钩子	*Rubus cochinchinensis* Tr-att.	蛇泡筋、五爪风、鸡脚剌、猫妆筋	药用根、叶。根味苦，辛，性温。祛风除湿，行气止痛。用于风湿痹痛，跌打伤痛，腰腿痛。叶味苦，性平。散瘀止痛。用于跌打损伤。	广西：原产于广西药用植物园。海南：来源于海南万宁市。
	插田泡	*Rubus coreanus* Miq.	高丽悬钩子、覆盆子	药用根。味酸、咸，性平。行气活血，补肾固精，助阳明目，缩小便。用于劳伤吐血，衄血，月经不调，跌打损伤。	湖北：来源于湖北恩施。
	栽秧泡	*Rubus ellipticus* Smith var. *obcordatus*（Franch.）Fo-cke	黄泡、长圆叶莓、红毛悬钩子、黄龙须	药用根、叶及果实。根味酸、涩，性微温。清热利湿，消肿解毒。用于筋骨疼痛，赤白久痢，黄疸型肝炎，扁桃体炎，无名肿毒。叶味苦，性平。止血，敛疮。用于外伤出血，湿疹，黄水疮。果实味甘、酸，性平。补肾涩精。用于神经衰弱，遗精，多尿，早泄。	广西：来源于广西那坡县。云南：来源于云南勐腊县。
	鸡爪茶	*Rubus henryi* Hemsl. et Kt-ze.			湖北：来源于湖北恩施。
	蓬蘽	*Rubus hirsutus* Thunb.	泼盘、饭消扭	药用根、叶。味酸，性平。清热解毒，活血止痛。用于伤暑吐泻，风火头痛，感冒，黄疸。	湖北：来源于湖北恩施。
	灰毛泡	*Rubus irenaeus* Focke	地五泡藤	药用根、叶。味咸，性平。理气止痛，散毒生肌。用于气滞腹痛，口角生疮。	湖北：来源于湖北恩施。

科名	植物名	拉丁学名	别名	药用部位及功效	保存地及来源
蔷薇科 Rosaceae	白花悬钩子	*Rubus leucanthus* Hance	白钩簕藤、吊杆泡	药用根。用于腹泻，赤痢。	海南：来源于海南万宁市。湖北：来源于湖北恩施。
	大乌泡	*Rubus multibracteatus* Lévl. et Vant.		药用根。味微涩，性凉。清热利湿，凉血，止血，咳血，妇女倒经，风湿痹痛，骨折。	北京：来源于广西。
	茅莓	*Rubus parvifolius* L.	红梅梢、小叶悬钩子、草杨梅子	药用地上部分或根。味苦、涩，性凉。清热解毒，散瘀止血，杀虫疗癣。用于感冒发热，咳嗽痰血，痢疾，跌打损伤，产后腹痛，疥疮，疖肿，外伤出血。	广西：原产于广西药用植物园。
	盾叶莓	*Rubus peltatus* Maxim.		药用果实。味涩，性凉。消炎利尿，清热排石。	湖北：来源于湖北恩施。
	梨叶悬钩子	*Rubus pirifolius* Smith	红簕钩、铜皮、包铁骨、九层皮	药用根。味淡、涩，性凉。清肺止咳，行气解郁。用于肺热咳嗽，气滞胁痛，脘腹胀痛。	广西：来源于广西西林市。
	空心泡	*Rubus rosaefolius* Smith	蔷薇莓	药用根。味辛、微苦，性凉。清热解毒，活血止痛，止带，止汗，止咳，益肾。用于倒经，咳嗽痰喘，脱肛，红白痢，小儿顿咳。	北京：来源于广西。
	重瓣空心泡	*Rubus rosaefolius* Smith var. *coronarius* (Sims) Focke	重瓣蔷薇莓、佛见笑	药用根、叶。清热，收敛，凉血止血，益肾。用于倒经，喘咳，盗汗。	广西：来源于广东省广州市。
	甜茶莓	*Rubus suavissimus* S.Lee.	甜叶莓、甜茶	药用叶。补肾，降压，清热生津。用于糖尿病，高血压症。	海南：来源于海南万宁市。
	三花悬钩子	*Rubus trianthus* Focke		药用根、叶。味苦、涩，性平。凉血调经，活血调经，收敛解毒。	湖北：来源于湖北恩施。
	矮地榆	*Sanguisorba filiformis* (Hook. f) Hand.-Mazz.	虫莲	药用根。味辛，性温。补血调经。用于月经不调，痛经，不孕症。	湖北：来源于湖北恩施。

科名	植物名	拉丁学名	别名	药用部位及功效	保存地及来源
蔷薇科 Rosaceae	地榆	*Sanguisorba officinalis* L.	血箭草、马连鞍、山红枣	药用根。味苦、酸、涩，性微寒。凉血止血，解毒敛疮。用于便血，痔血，血痢，崩漏，水火烫伤，痈肿疮毒。	广西：来源于广西桂林市。北京：来源于广西。湖北：来源于湖北恩施。
	细叶地榆	*Sanguisorba tenuifolia* Fisch.ex Link.	垂穗粉花地榆	药用根。凉血止血，解毒敛疮。	广西：来源于上海市。日本。北京：来源于原苏联。
	白花细叶地榆	*Sanguisorba tenuifolia* Fisch. et Link var. *alba* Trautv. et Mey.	小白花地榆	药用部位及功效参阅细叶地榆 *Sanguisorba tenuifolia* Fisch. ex Link.。	北京：来源于北京。
	华北珍珠梅	*Sorbaria kirilowii* (Regel) Maxim.	珍珠梅	药用根、叶及果实。清热凉血，祛瘀，消肿，止痛。	北京：来源于北京。
	珍珠梅	*Sorbaria sorbifolia* (L.) A.Br.	山高粱条子、高楷子	药用茎皮。味苦，性寒。活血祛瘀，消肿止痛。	北京：来源于太白山。
	绣球绣线菊	*Spiraea blumei* G .Don	绣球、珍珠梅	药用根。味辛，性微温。调气止痛，散瘀，利湿，跌打内伤，疟病。用于腹胀满，带下病。	北京：来源于庐山。
	麻叶绣线菊	*Spiraea cantoniensis* Lour.	麻叶绣球、石糖梨、土常山	药用全株。清热，凉血，祛瘀，消肿止痛。用于跌打损伤，疥癣。	广西：来源于广西桂林市。云南省昆明市。
	绣线菊	*Spiraea salicifolia* L.	空心柳、珍珠梅	药用全草。味苦，性平。通络活血，通便利水。用于关节痛，周身酸痛，咳嗽多痰，刀伤，闭经。	湖北：来源于湖北恩施。
	三裂绣线菊	*Spiraea trilobata* L.	石棒子、三桠绣球	药用果实。活血祛瘀，消肿止痛。	北京：来源于北京。

科名	植物名	拉丁学名	别名	药用部位及功效	保存地及来源
	阿拉伯胶树	Acacia senegal (L.) Wi-lld.	阿拉伯胶、剌合欢	药用树胶。收敛。用于腹泻，痢疾，呼吸器官疾患，发烧，子痛，肾脏慢性病，水蛭咬伤出血不止，衄血；外用于保护发炎创面，如火烧，乳头疾患等。	广西：来源于广西南宁市。
	海红豆	Adenanthera pavonina L. var.microsperma (Teijsm.et Binnend.) Nielsen	孔雀豆、红金豆、麻亮（傣语）	药用种子。味微苦、辛，性微寒。有小毒。疏风清热，燥湿止痒，润肤养颜。用于面部黑斑，痤疮，花斑癣。	云南：来源于云南省景洪市。北京：来源于广西。
豆科 Leguminosae	薄叶猴耳环	Archidendron utile (Chun et How) Nielsen	薄叶围诞树		海南：不明确。
	大叶相思	Acacia auriculiformis A. Gumn.ex Benth.	耳叶相思、耳状金欢	用于风湿肿胀。	广西：来源于广西南宁市。海南：来源于海南万宁市。
	儿茶	Acacia catechu (L. f.) Wi-lld.	百药煎、孩儿茶、乌爸泥、锅西泻（傣语）	药用树干。味苦、涩，性微寒。收敛止血，止痛，生肌，清热，生津，化痰。用于小儿中毒性消化不良，痢疾，肺结核咯血，吐血，鼻衄，外伤出血，烧烫伤，口腔炎，宫颈糜烂，痈疮溃烂，湿疹水肿。	云南：来源于云南景洪市。海南：来源于缅甸。
	台湾相思	Acacia confusa Merr.	相思树、相思仔、相思柳	药用枝叶、芽。去腐生肌，疗伤。用于疮疡溃烂，跌打损伤。	广西：来源于云南省。云南：来源于云南景洪市。海南：来源于海南万宁市。北京：来源于广东。

科名	植物名	拉丁学名	别名	药用部位及功效	保存地及来源
豆科 Leguminosae	金合欢	Acacia farnesiana (L.) Willd.	鸭皂树、牛角花、刺球花	药用树皮、根。止血，收敛，涩，性平。用于咳嗽，慢性咳喘，根味微酸、苦，性凉。清热解毒，消痈排脓，祛风除湿。用于痄疾、丹毒、肺结核，结核性脓疡，骨髓炎，风湿性关节炎。	云南：来源于云南景洪市。海南：来源于海南万宁、陵水。北京：来源于广东、云南。
	绢毛相思	Acacia holosericea A. Cunn ex G.Don		用于喉炎。	广西：来源于云南西双版纳。
	羽叶金合欢	Acacia pennata (L.) Willd.	南蛇藤、加力酸藤、臭菜、宋拜（傣语）	药用叶、根。味微苦，性平。清热解毒，涩肠止泻，祛风止痒。用于风热感冒，腹泻，腹痛，泻下红白，水肿病，等麻疹，疔疮肿痛，蛇咬伤。	云南：来源于云南景洪市。海南：来源于海南万宁、陵水市。
	楹树	Albizia chinensis (Osb.) Merr.	牛尾木、合欢、华楹	药用树皮。味涩，涩，性平。生肌，止血，涩肠止泻。用于痢疾，肠炎腹泻，疮疡溃烂久不收口，外伤出血。	广西：来源于广西南宁市。云南：来源于云南景洪市。
	南洋楹	Albizia falcataria (L.) Fosberg	仁仁树、仁人木、麻六甲合欢	药用树皮。味涩，涩，性平。生肌，止血，涩肠止泻。用于痢疾，疮疡溃烂久不收口，外伤出血。	广西：来源于广西南宁市。
	合欢	Albizia julibrissin Durazz.	合欢皮、合欢花、白合欢	药用树皮、花。活血消肿，解郁安神。用于心神不安，忧郁失眠，肺痈，筋骨损伤，跌打伤痛。	广西：来源于江苏省南京市。北京：来源于日本。湖北：来源于湖北恩施。
	山槐	Albizia kalkora (Roxb.) Prain	白夜合、合欢皮、山合欢	药用树皮、花。树皮味苦，性平。解郁安神，活血消肿。用于心神不安，忧郁失神不安，痈肿、瘰疬，筋骨损伤，痔疮作痛。花味甘，性平。安神解郁，理气活络。用于郁结胸闷，失眠健忘，视物不清，咽喉肿痛，痈肿，跌打损伤。	广西：来源于云南省。湖北：来源于湖北恩施。

187

科名	植物名	拉丁学名	别名	药用部位及功效	保存地及来源
豆科 Leguminosae	阔荚合欢	Albizia lebbeck (L.) Benth.	大叶合欢、印度合欢	药用树皮、根皮。味苦，性平。消肿止痛，收敛止泻。用于跌打肿痛，疮疖，腹泻，肿毒，眼炎，牙床溃疡，痔疮。	广西：来源于广西南宁市。海南：来源于海南海口市。
	毛叶合欢	Albizia mollis (Wall.) Bo-iv.	大毛毛花	药用树皮。味苦，性平。理气安神，活血消肿。用于心烦失眠，胸闷不舒，跌打损伤，痈肿，瘰疬，痔疮疼痛。	广西：来源于云南省昆明市。
	朱缨花	Calliandra haematocephala Hassk.	美蕊花、血头朱缨花	药用树皮。利尿，驱虫。	广西：来源于海南省万宁市。海南：来源于海南海口市。
	苏里朱缨花	Calliandra surinamensis Br-oiz.	美丽朱缨花、长蕊合欢	药用部位及功效参阅朱缨花 Calliandra haematocephala Hassk.。	广西：来源于广西南宁市。云南：来源于云南景洪市。海南：来源于海南海口市。
	合欢草	Desmanthus pernambucanus Thell.		药用全草。清热利湿。	广西：来源于广西金秀县。
	楹藤	Entada phaseoloides (L.) Merr.	榼藤子、过岗龙、左右扭藤	药用藤茎、种子。味涩，性平。有毒。用于脘腹胀痛，黄疸，脚气水肿，痢疾，痔疮，脱肛，喉痹，藤茎祛风除湿，活血通络，跌打损伤，腰肌劳损，用于风湿痹痛，四肢麻木。	广西：来源于广西龙州县。云南：来源于云南景洪市。海南：来源于海南万宁市。
	青皮象耳豆	Enterolobium contortisiliquum (Vell.) Morong	密茂象耳豆	药用果荚。祛风痰，除湿毒，杀虫。用于头风，头痛，咳嗽痰喘，下痢，痈肿便毒，肠风便血，疥癣疬疮。	广西：来源于云南省勐仑县。

科名	植物名	拉丁学名	别名	药用部位及功效	保存地及来源
豆科 Leguminosae	象耳豆	*Enterolobium cyclocarpum* (Jacq.) Grieseb.	红皮象耳豆	药用树胶、果荚。树胶用于支气管炎。果荚祛风痰，除湿痰，杀虫。咳嗽痰喘，支气管炎，疮癣疥癞。头痛。	广西：来源于云南省。云南：来源于云南景洪市。海南：来源于广西药用植物园。
	银合欢	*Leucaena leucocephala* (Lam.) de Wit	白合欢	药用根皮及种子。味甘，性平。解郁宁心，解毒消肿。用于心烦失眠，心悸怔忡，跌打损伤，骨折，肺痈，疥疮。种子用于消渴。	广西：来源于广西南宁市。云南：来源于云南景洪市。海南：来源于海南三亚市。
	巴西含羞草	*Mimosa diplotzicha* Sauvalle.			海南：不明确。
	含羞草	*Mimosa pudica* L.	知羞草、怕丑草、喝呼草、芽对约（傣语）	药用全草或根。味甘、涩、微苦，性微寒。有小毒。凉血解毒，清热利湿，镇静安神。用于感冒，小儿高热，支气管炎，肝炎，胃炎，肠炎，结膜炎，泌尿系结石，水肿，劳伤咳血，鼻衄，血尿，神经衰弱，失眠，疮疡肿毒，带状疱疹，跌打损伤。	广西：来源于广西百色市。云南：来源于云南景洪市。海南：来源于海南万宁市。北京：来源于杭州植物园。湖北：来源于湖北恩施。
	光荚含羞草	*Mimosa sepiaria* Benth.			海南：来源于海南万宁市。
	球花豆	*Parkia timoriana* (A. DC.) Merr.	大花球花豆	药用根。味微苦，涩，性凉。祛风除湿，消肿拔脓。用于风湿骨痛，疮疡疔肿。	云南：来源于云南景洪市。
	猴耳环	*Pithecellobium clypearia* (Jack) Benth.	蛟龙木、假南蛇、雷婆醉、鸡心树、围涎树	药用叶、果实。味微苦，涩，性凉。有小毒。清热解毒，凉血消肿。用于肠风下血，痔疮，疮痈疔肿，烧烫伤，湿疹。	广西：来源于广西防城县、金秀县。海南：来源于海南万宁市。云南：来源于云南景洪市。北京：来源于海南。
	牛蹄豆	*Pithecellobium dulce* (Roxb.) Benth.	甜肉围涎树、勒豆	药用树皮。清热收敛；外用于痈疮溃烂久不收口，湿疹。	广西：来源于云南省。海南：来源于海南万宁市。

（续表）

科名	植物名	拉丁学名	别名	药用部位及功效	保存地及来源
豆科 Leguminosae	亮叶猴耳环	Pithecellobium lucidum Be-nth.	尿桶公、亮叶围涎树、雷公藤	药用枝叶。味微苦、辛，性凉。有小毒。祛风消肿，凉血解毒，收敛生肌。用于风湿骨痛，跌打损伤，烫火伤，溃疡。	广西：来源于广西隆安县。海南：来源于海南万宁市。
	藤金合欢	Senegalia concinna (willd.) I. C. Nielsen	小叶南蛇簕	药用叶。味甘、微苦，性凉。清热解毒，活血止痛。用于痈肿疮毒，急性腹痛，牙龈肿痛，风湿骨痛。	广西：来源于广西金秀县。
	水果缅茄	Afzelia xylocarpa (Kurz) Craib	木茄、丙茄、吗嘎祸汉（傣语）	药用种子。清热解毒，消肿止痛。用于赤眼，眼生云翳，疮毒，火热牙痛。	广西：来源于广西南宁市。云南：来源于云南勐腊县。
	白花羊蹄甲	Bauhinia acuminata L.	马蹄豆、渐尖羊蹄甲	药用根及叶。根用于咳嗽。叶用于鼻部溃疡。	海南：不明确。
	红花羊蹄甲	Bauhinia blakeana Dunn	紫荆		海南：不明确。
	锈芰藤	Bauhinia erythropoda Hayata			海南：来源于海南万宁市。
	牛蹄麻	Bauhinia khasiana Baker	侯氏羊蹄甲	清热收敛。树皮外用于痛疮溃烂，湿疹。	海南：来源于海南万宁市。
	琼岛羊蹄甲	Bauhinia ornate var. austrosinensis (Tang et Wang) T.Chen	羊蹄藤、绸缎木	药用叶。叶清热解毒；外用于洗疮。	海南：来源于海南万宁市。
	羊蹄甲	Bauhinia purpurea L.	玲甲花、白紫荆	药用根、叶。根驱风，消肿，止痛；外用于痰伤，叶用于骨折，跌打损伤，咳嗽；外用溃疡疮疖。	海南：来源于海南海口市。北京：来源于海南。
	湖北羊蹄甲	Bauhinia hupehana Craib	马蹄、双肾藤	药用根。味苦，性平。清热利湿，消肿止痛。用于防治痢疾，睾丸肿痛，阴囊湿疹。	湖北：来源于湖北恩施。

190

科名	植物名	拉丁学名	别名	药用部位及功效	保存地及来源
豆科 Leguminosae	龙须藤	*Bauhinia championii* (Benth.) Benth.	双木蟹、九龙藤、乌郎藤	药用根、茎、叶及种子。味苦，性温。行气活血，祛风除湿，跌打损伤，胃脘痛。	广西：来源于广西隆安县。北京：来源于广西。
	首冠藤	*Bauhinia corymbosa* Roxb. ex DC.	深裂叶羊蹄甲、总管藤	药用叶。味苦、涩，性凉。清热利湿，解毒止痒。用于痢疾、湿疹、疥癣，痈疮肿毒。	广西：来源于广西龙州县。海南：不明确。
	单蕊羊蹄甲	*Bauhinia monandra* Kurz		药用根皮、茎皮及叶的提取物。用于腹泻，风湿病，糖尿病。	广西：来源于云南省西双版纳。
	多脉羊蹄甲	*Bauhinia pernervosa* L.Chen	羊蹄甲、大夜关门、猪腰藤	药用根叶。味甘、微苦，性温。朴肾固精，止咳，止血。用于脱肛及子宫脱垂，咳嗽，遗精，滑精，遗尿。	云南：来源于云南勐腊县。
	黄花羊蹄甲	*Bauhinia tomentosa* L.		药用藤。祛风除湿，活血止痛，健脾理气。用于风湿性关节炎，腰腿痛，跌打损伤，胃痛，小儿疳积。	广西：来源于福建省厦门市，云南省西双版纳。
	囊托羊蹄甲	*Bauhinia touranensis* Gagnep.	越南羊蹄甲	药用茎。祛风活络。用于疮疖，风湿痹痛。	广西：来源于广西龙州县。云南：来源于云南景洪市。
	洋紫荆	*Bauhinia variegata* L.	羊蹄甲、红紫荆、弯叶树	药用根、树皮、叶及花。根，性平。健脾去湿。叶、花味淡，性凉。止咳。用于消化不良。用于咳嗽，支气管炎。	广西：来源于广西环江县，那坡县。
	白花洋紫荆	*Bauhinia variegata* L. var. *candida* (Roxb.) Voigt	白花羊蹄甲、粉花羊蹄甲、大白花、羊蹄甲	药用根、花、叶及树皮。根强壮，驱肠虫，止血。用于蛔虫病，消化不良。健胃。花消炎解毒。用于肝炎，肺炎，咯血。气管炎，叶润肺止咳。用于咳嗽，树皮健胃燥湿，消炎解毒，收敛。用于消化不良，急性胃肠炎。	广西：来源于云南省西双版纳。云南：来源于云南景洪市。

科名	植物名	拉丁学名	别名	药用部位及功效	保存地及来源
	白枝羊蹄甲	Bauhinia viridescens Desv. var.laui (Merr.) T.Chen		药用根皮，茎皮及叶的提取物。用于腹泻，风湿病和糖尿病。	广西：来源于广西凭祥市。
	刺果苏木	Caesalpinia bonduc (L.) Roxb.	大托叶云实、柠果钉	药用叶。味苦，性凉。清热解毒。用于急慢性胃炎，胃溃疡，痈疖疔肿。	海南：来源于海南万宁市。
	小叶见血飞	Caesalpinia enneaphylla Ro-xb.		药用根，枝及果。利尿，清热消炎，散瘀消肿。用于虚弱，干瘦，跌打劳伤，筋骨痛疼。	云南：来源于云南勐腊县。
	华南云实	Caesalpinia crista L.	南天藤、假老虎簕	药用叶及种子。味苦，性凉。清热解毒，利尿通淋。用于疮疡疔肿，小便不利，热淋，砂淋，消肿止痛。种子行气祛瘀，泻火解毒。	广西：来源于广西宁明县。
豆科 Leguminosae	见血飞	Caesalpinia cucullata Ro-xb.	大见血飞、麻药	药用茎藤。活血，止痛。用于跌打损伤，筋骨痛疼。	云南：来源于云南勐腊县。
	云实	Caesalpinia decapetala (Ro-th) Alston	药王子、铁场豆、马豆、粘刺	药用种子，根及叶。种子味辛，性温。解毒除湿，止咳化痰，杀虫。用于痢疾，疟疾，慢性支气管炎，小儿疳积，虫积，根味苦，性平。祛风除湿，解毒消肿。用于感冒发热，咳嗽，咽喉肿痛，牙痛，风湿痹痛，肝炎，痢疾，皮肤瘙痒，毒蛇咬伤，叶味苦，性凉。除湿解毒，活血消肿。用于皮肤瘙痒，痈疽肿毒，淋症，口疮，痢疾，跌打损伤，产后恶露不尽。	广西：来源于广西崇左市。 北京：来源于北京植物园。
	肉荚苏木	Caesalpinia digyna Rottl.	肉荚云实	药用根。清热消炎，拔毒消肿。用于瘰疬。	云南：来源于云南景洪市。

科名	植物名	拉丁学名	别名	药用部位及功效	保存地及来源
	臭云实	*Caesalpinia mimosoides* Lam.	芽旧压（傣语），含羞云实	药用根、叶。味微苦，性平。清热解毒，涩肠止泻，祛风止痒。用于风热感冒，腹痛，泻下红白，水肿病，蛇咬伤，疔疮肿痛等麻疹。	云南：来源于云南景洪市。
	喙荚云实	*Caesalpinia minax* Hance	南蛇簕、苦石莲、石莲子、老鸦枕头	药用种子、嫩茎叶及根。种子味苦，性凉。清热解毒，散瘀止痛。用于呃逆，痢疾，淋浊，尿血，跌打损伤。根味苦，性寒。祛瘀，发热，痧症，风湿关节痛，疮肿，跌打损伤，嫩茎叶味苦，性寒。泻热，祛瘀解毒。用于风热感冒，湿热痧气，跌打损伤，疮疡肿毒。	广西：原产于广西药用植物园。 云南：来源于云南勐腊县。
豆科 Leguminosae	金凤花	*Caesalpinia pulcherrima* (L.) Sw.	洋金凤、红紫	药用花、根。花解热，止咳，驱虫。用于支气管炎，哮喘，疟疾，发热。根镇痉，发热。用于小儿惊风。	广西：来源于法国。 云南：来源于云南景洪市。 海南：来源于海南万宁市。
	苏木	*Caesalpinia sappan* L.	苏方、苏方木、苏锅（傣语）	药用心材。味甘、咸，性平。行血祛瘀，消肿止痛。用于经闭痛经，产后瘀阻，胸腹刺痛，外伤肿痛。	广西：来源于广西宁明县。 云南：来源于云南景洪市。 海南：来源于海南陵水市。 北京：来源于印尼、海南、云南。
	神黄豆	*Cassia agnes* (de Wit) Brenan	缅豆、回回豆、排线豆、雄黄豆、树黄鳞	药用果实。味苦，性凉。清热解毒，润肠通便。用于麻疹，水痘，便秘。	广西：来源于云南省西双版纳。 云南：来源于云南景洪市。
	翅荚决明	*Cassia alata* L.	对叶豆、有翅决明	药用叶。味苦，性寒。祛风燥湿，止痒，缓泻。用于湿疹，皮肤瘙痒，牛皮癣，神经性皮炎，疱疹，疮疖肿扬，便秘。	广西：来源于广西凭祥市，云南省西双版纳。 云南：来源于云南景洪市。 海南：来源于广西药用植物园。 北京：来源于广西。

193

科名	植物名	拉丁学名	别名	药用部位及功效	保存地及来源
豆科 Leguminosae	狭叶番泻	*Cassia angustifolia* Vahl.		药用叶。味甘、苦，性寒。泻热行滞，通便，利水。用于热结积滞，便秘腹痛，水肿胀满。	广西：来源于日本。
	双荚决明	*Cassia bicapsularis* L.	腊肠仔树	药用叶。泻下。用于便秘。	广西：来源于广西南宁市。海南：来源于北京药用植物园。
	腊肠树	*Cassia fistula* L.	婆罗门皂荚、阿勃勒、牛角树、锅挞良（傣语）	药用果实、叶。果实味苦，性寒。有小毒。清热通便，化瘀止痛。用于便秘，胃脘痛，痔积，解毒杀虫，轮癣。叶味苦，性凉。祛风通络，解毒杀虫。用于中风面瘫，冻疮，脓疱疮，轮癣。	广西：来源于广西南宁市。云南：来源于云南景洪市。海南：不明确。
	光叶决明	*Cassia floribunda* Cav.		药用根、叶。味苦，性凉。清肝明目，通便。用于感冒发热，肝热目赤，云翳障目，大便秘结。	广西：来源于日本。
	粉叶山扁豆	*Cassia glauca* Lam.	粉叶决明		海南：来源于云南西双版纳植物园。
	毛荚决明	*Cassia hirsuta* L.	毛决明	药用种子。味苦，性凉。清热，解毒。用于痛疽，肿毒，疮疖。	广西：来源于云南省西双版纳。云南：来源于云南景洪市。
	含羞草决明	*Cassia mimosoides* L.	山扁豆、水皂角	药用全草。味甘、微苦，通便。用于黄疸，暑热吐泻，小儿疳积，水肿，习惯性便秘，疔疮痈肿，毒蛇咬伤。根用于痢疾。	广西：来源于广西贺州市。云南：来源于云南景洪市。海南：来源于海南万宁市。
	节果决明	*Cassia nodosa* Buch.-Ham. ex Roxb.	粉花山扁豆、多花山扁豆、神黄豆	药用果实。味甘、苦，性温。稀痘，解毒。用于发疹，发痘。	广西：来源于云南省景洪市。云南：来源于云南景洪市。海南：不明确。

194

科名	植物名	拉丁学名	别名	药用部位及功效	保存地及来源
豆科 Leguminosae	豆茶决明	Cassia nomame (Sieb.) Kitag.	关门草	药用全草。味甘、苦，性平。清热利尿，通便。用于水肿、脚气、黄疸、咳嗽，习惯性便秘。	广西：来源于日本。
	决明	Cassia tora L.	决明子、假羊角菜、草决明、芽拉勐（傣语）	药用种子。味甘、苦、咸，性微寒。润肠通便。用于目赤涩痛、羞明多泪，头痛眩晕，目暗不明，大便秘结。	广西：来源于河北省安国市、日本。云南：来源于云南省景洪市。湖北：来源于湖北恩施。
	望江南	Cassia occidentalis L.	野扁豆、羊角豆、山绿豆、锅拢浪（傣语）	药用茎叶及种子。味苦，性寒。有毒。清肝，通便，解毒，痛肿疮毒。用于头痛目赤，便秘，蛇虫咬伤。	广西：来源于日本。云南：来源于云南景洪市。海南：来源于海南万宁市。北京：来源于印度、广西。
	铁刀木	Cassia siamea Lam.	黑心树、黑心木、埋习列（傣语）	药用心材、叶、果及根。叶、果有毒。用于痔疮满腹胀泻。根驱除肠寄生虫，脚转筋，用于小儿惊厥。心材缓泻。	广西：来源于广西凭祥市。云南：来源于云南景洪市。海南：来源于海南万宁市。
	槐叶决明	Cassia sophora L.	芒芒决明、江南决明、豆瓣叶、野苦参	药用种子、根、种子味甘。健胃调中，润肠解毒。清肝明目，目赤肿痛，头晕头胀，小儿疳积，痢疾，疳毒。性便秘，用于痢疾、咽喉炎、淋巴结炎，阴道滴滴虫，烧烫伤。	广西：来源于北京市。云南：来源于云南景洪市。海南：来源于海南万宁市。北京：来源于杭州。
	美丽决明	Cassia spectabilis DC.	绚丽决明	药用花。制成洗剂用于眼病。	广西：来源于广西南宁市。
	黄槐决明	Cassia surattensis Burm.f.	黄槐、粉叶决明、凤凰花	药用叶、树皮、花及果实。叶泻下，润肺，解毒。树皮用于痛风，花、果用于痔疮出血。糖尿病，淋病。	广西：来源于广西南宁市。云南：来源于云南景洪市。海南：来源于海南海口市。北京：来源于云南。

科名	植物名	拉丁学名	别名	药用部位及功效	保存地及来源
豆科 Leguminosae	长角豆	Ceratonia siliqua L.		药用种子、果实。种子用于胃肠病、胃溃疡病。果实用于感冒和咳嗽。	广西：来源于美国。
	黄山紫荆	Cercis chingii Chun	浙皖紫荆	药用根、根皮。活血，消肿，止痛。	北京：来源于杭州
	紫荆	Cercis chinensis Bunge	紫荆皮、裸枝树、紫珠	药用树皮、木部、根、根皮、花及果实。味苦，性平。活血，通淋，解毒，止咳。用于妇女月经不调，小便淋痛，痈肿疮痛，跌打损伤，蛇虫咬伤，咳嗽多痰。	广西：来源于广西桂林市，云南省昆明市。北京：来源于北京。湖北：来源于湖北恩施。
	凤凰木	Delonix regia (Boj. ex Hook.) Raf.	红花楹树、火树	药用树皮。味甘、淡，性寒。平肝潜阳。用于肝热型高血压，眩晕，心烦不宁。	广西：来源于广西龙州县。云南：来源于景洪市。海南：不明确。北京：来源于海南。
	格木	Erythrophleum fordii Oliv.	斗登风、孤坟柴、赤叶柴、赤叶树	药用种子、树皮。有毒。含强心苷，有强心、益气活血等作用。用于心气不足所致的气虚血瘀之症。	广西：来源于广西南宁市。云南：来源于云南景洪市。海南：来源于海南乐东县尖峰岭。
	几内亚格木	Erythrophleum guineense G.Don		药用树皮。用做催吐剂，麻醉剂，泻剂，驱虫剂，洋地黄样强心剂，箭毒剂。	来源于云南省西双版纳。
	小果皂荚	Gleditsia australis Hemsl.	角刺	药用果实。味苦，性寒。解毒消肿，驱虫。用于痈植肿毒，肠寄生虫病。	广西：来源于广西天等县。海南：来源于海南万宁市。
	华南皂荚	Gleditsia fera (Lour.) Merr.		药用果实。杀虫，开窍，祛痰。用于中风昏迷，口噤不语，痰涎壅塞。	海南：来源于海南万宁市。
	山皂荚	Gleditsia japonica Miq.	山皂角、日本皂荚	药用棘刺、果实。棘刺味辛，性温。消肿排脓，下乳，杀虫除癣。用于瘰疬，乳痈，痈肿不溃，痈肿通药。果实味辛，性温。祛痰通药，消肿，祛痰。用于中风，癫痫，痰液正涌盛，痰多咳喘。	广西：来源于日本。

（续表）

科名	植物名	拉丁学名	别名	药用部位及功效	保存地及来源
豆科 Leguminosae	滇皂荚	*Gleditsia japonica* Miq. var. *delavayi* (Franch.) L.C.Li	云南皂荚	药用果实、刺，味辛、性温。拔毒，水肿。用于疮疖痈肿，恶疮。	广西：来源于云南省昆明市。
	绒毛皂荚	*Gleditsia japonica* var. *velutina* L.C.Li		药用刺，性温。活血消肿，搜风拔毒，排脓通乳。用于痈肿疔毒，疮癣，急性乳腺炎，产后缺乳。	广西：来源于湖南省。
	野皂荚	*Gleditsia microphylla* Gordon ex Y.T.Lee	山皂角、马角刺、短荚皂角	药用枝、刺。消肿排脓，杀虫。	广西：来源于广西隆安县，河南郑州市。
	皂荚	*Gleditsia sinensis* Lam.	皂角	药用刺、不育果实（猪牙皂）。皂角刺味辛、性温。消肿脱毒，排脓，杀虫。用于痈疽初起或脓成不溃，外用于疥癣麻风。不育果实味辛、咸，性温。有小毒。祛痰开窍，散结消肿，用于中风口噤，昏迷不醒，癫痫痰盛，关窍不通，喉痹痰阻，顽痰喘咳，咯痰不爽，大便燥结；外用于痈肿。	广西：来源于广西凭祥市。北京：来源于北京市。湖北：来源于湖北恩施。
	采木	*Haematoxylon campechianum* L.	墨水树、洋苏木	药用木材。收敛，用于小儿腹泻，痢疾，肺出血，子宫出血，肠出血。	广西：来源于云南省。云南：来源于埃及。海南：来源于印度。
	仪花	*Lysidice rhodostegia* Hance	铁罗伞、单刀木、单刀根	药用根、叶。根味苦、辛，性温，有小毒。散瘀，止血。用于跌打损伤，风湿骨痛，创伤出血，叶有小毒。用于外伤出血。	广西：来源于云南省西双版纳。云南：来源于云南景洪市。
	盾柱木	*Peltophorum pterocarpum* (DC.) Baker ex K. He-yne.	双翼豆	药用树皮。用于痢疾；外用于跌伤，筋痛，溃疡。	海南：来源于海南万宁市。
	银珠	*Peltophorum tonkinense* (Pierre) Gagnep.			海南：来源于海南乐东县尖峰岭。

197

科名	植物名	拉丁学名	别名	药用部位及功效	保存地及来源
豆科 Leguminosae	垂枝无忧花	Saraca declimata Miq.		药用树皮。祛风除湿，舒筋活络，消肿止痛。用于风湿疼痛，跌打损伤，月经过多。	云南：来源于云南景洪市。
	中国无忧花	Saraca dives Pierre.	无忧花、火焰木、四方木、黄莺花	药用树皮、叶。祛风除湿，消肿止痛。用于风湿骨痛，跌打肿痛。	广西：来源于广西龙州县。云南：来源于云南景洪市。
	油楠	Sindora glabra Merr.	蚌壳树		海南：来源于海南乐东县尖峰岭。
	海滨油楠	Sindora maritima Pierre		收藏于《广西药用植物名录》药用植物园。	广西：来源于广西南宁市。
	酸豆	Tamarindus indica L.	酸角、酸梅、酸豆、罗望子、麻夯（傣语）	药用果实。味甘、酸，性凉。清热解暑，和胃消积。用于中暑，食欲不振，小儿疳积，妊娠呕吐，便秘。	广西：云南省。云南：来源于云南景洪市。海南：来源于海南万宁市。北京：来源于北京植物园，海南。
	披针叶野决明	Thermopsis lanceolata R.Br.	披针叶黄华、牧马豆	药用全草或根。全草味甘，性微温。有毒。祛痰止咳，润肠通便。用于咳嗽痰喘，大便干结，性凉。根味辛，微苦，清热解毒，利咽。用于感冒，肺热咳嗽，咽痛。	广西：来源于法国。
	野决明	Thermopsis lupinoides (L.) Link.	黄华、花豆秧	药用全草、种子。味苦，性寒。有毒。解毒消肿，祛痰催吐。用于恶疮，疥癣。	广西：来源于法国。北京：来源于原苏联。
	直立黄芪	Astragalus adsurgens Pall.		药用种子。补肝肾，固精，明目。	北京：来源于北京中医研究院。
	扁茎黄芪	Astragalus complanatus R. Br.ex Bunge		药用种子。味甘，性温。温补肝肾，固精，缩尿，明目。用于肾虚腰痛，遗精早泄，带下病，小便余沥，眩晕目昏。	北京：来源于陕西西安。

科名	植物名	拉丁学名	别名	药用部位及功效	保存地及来源
豆科 Leguminosae	达呼里黄芪	Astragalus dahuricus (Pall.) DC.	鸡食花、野豆角花	药用种子。补肾益肝，固精明目。	北京：来源于北京。
	膜荚黄芪	Astragalus membranaceus (Fisch.) Bunge	东北黄芪	药用根。味甘，性温。补气固表，排脓，敛疮收肌。用于气虚乏力，中气下陷，久泻脱肛，便血崩漏，表虚自汗，气虚水肿，内热消渴，血虚萎黄，慢性肾炎蛋白尿。	北京：来源于四川。 湖北：来源于湖北恩施。
	蒙古黄芪	Astragalus membranaceus var. mongolicus Hsiao		补气固表，利水消肿。	北京：来源于山西应县。
	糙叶黄芪	Astragalus scaberrimus Bunge	粗糙紫云英、掐不齐	药用种子。补肾益肝，固精明目。	北京：来源于北京。
	山蚂蝗	Desmodium racemosum (Thunb.) DC.	逢人打、扁草子	药用根、全草。味苦，性平。祛风活络，解毒消肿。用于跌打损伤，风湿性关节炎，腰痛，乳腺痛，毒蛇咬伤。	湖北：来源于湖北恩施。
	米口袋	Gueldenstaedtia multiflora Bunge		清热解毒，消肿。	北京：来源于北京。
	狭叶米口袋	Gueldenstaedtia stenophylla Bunge		药用全草。清热解毒。用于痈疽疔毒，恶疮瘰疬。	北京：来源于北京。
	长萼鸡眼草	Kummerowia stipulacea (Maxim.) Makino	鸡眼草	药用全草。味甘，性平。健脾利湿，解热止痢。	北京：来源于北京。
	马鞍树	Maackia australis Takeda		回阳救逆。	北京：来源于江西庐山。
	白花草木樨	Melilotus alba Medic. ex Desr.	金花草、白草木樨	药用全草。味辛、苦，性凉。清热解毒，化湿杀虫，截疟，止痢。用于暑热胸闷，疟疾，痢疾，淋症，皮肤疮疡。	湖北：来源于湖北恩施。
	细齿草木樨	Melilotus dentata (Waldst. et kit.) Pers.		药用全草。芳香化浊，截疟。	湖北：来源于湖北恩施。

科名	植物名	拉丁学名	别名	药用部位及功效	保存地及来源
	长柄山蚂蝗	Podocarpium podocarpium (DC.) Yang et P. H. Huang	圆菱叶山蚂蝗、山豆子	药用根。味苦，性温。发表散寒，止血，破瘀消肿，健脾化湿。用于感冒，咳嗽，脾胃虚弱。	北京：来源于北京。
	刺槐	Robinia pseudoacacia L.	洋槐	药用花。止血。用于大肠下血，咯血，叶血及妇女红崩。	北京：来源于北京。湖北：来源于湖北恩施。
	高山黄华	Thermopsis alpina (Pall.) Ledeb		药用根、花及果实。味苦，性寒。有小毒。截疟疾，镇痛，降压，清热化痰。根用于疟疾，高血压症。花，果实用于狂犬病。	北京：来源于河北。
	小叶野决明	Thermopsis chinensis Benth.	野决明	药用根及种子。用于目赤肿痛。	北京：来源于原苏联，浙江。
	红车轴草	Thermopsis pretense L.			北京：来源于北京。
	白车轴草	Thermopsis repens L.			北京：来源于北京。
	狸尾草	Uraria lagopodioides (L.) Desv.	龙狗尾、孤狸尾、兔尾草、青尾尾草	药用全草。味甘，液，性平。清热解毒，散结消肿。用于牙疳疾，痔疮，青蛇咬伤，瘰疬。	湖北：来源于湖北恩施。
豆科 Leguminosae	紫穗槐	Amorpha fruticosa L.	棉槐、紫槐、苕条	药用叶及花。叶味微苦，性凉。祛湿消肿。用于痈疮疖，烧伤，湿疹。花清热，凉血，止血。	广西：来源于河北省安国市，云南省昆明市，江苏省南京市。北京：来源于北京。
	落花生	Arachis hypogaea L.	花生、地豆、长生果	药用种子、种子榨出的脂油、种皮、果皮、茎叶、根。种皮、种子榨出的脂肪防油，种子榨出的脂肪润肺补胃，润肺虚不运，反胃不舒，乳妇奶少，脚气，肺燥咳嗽，大便燥结。用于蛔虫性肠梗阻，胎衣不下，烫伤。种皮、种子凉血止血，血小板性紫癜去病，衄血，咳血，便血，根味淡，性平。果皮，茎叶用于降压。根祛风除湿，通络。用于风湿关节痛。	广西：来源于法国。海南：来源于海南万宁市。北京：来源于北京。湖北：来源于湖北恩施。

200

科名	植物名	拉丁学名	别名	药用部位及功效	保存地及来源
豆科 Leguminosae	藤槐	Bowringia callicarpa Champ.ex Benth.	放屁藤	药用根、叶。清热解毒。用于跌打损伤。	海南：来源于海南万宁市。
	毛蔓豆	Calopogonium mucunoides Desv.			海南：来源于海南万宁市。
	刀豆	Canavalia gladiata (Jacq.) DC.	关刀豆、刀鞘豆、菜刀豆	药用种子及豆荚（刀豆壳）。种子味甘，性温，温中，下气，止呃。用于虚寒呃逆，呕吐。豆荚味淡，性平。益肾，温中，除湿。用于腰痛，久痢，痹痛。	广西：来源于广西南宁市。海南：来源于海南万宁市。北京：来源于广东广州、广西。湖北：来源于湖北恩施。
	海刀豆	Canavalia maritima (Aubl.) Thou.		药用全株。祛风止痒；外用于皮肤瘙痒、湿疹。种子外用于疥癣。	海南：来源于海南万宁市。
	金雀儿	Caragana rosea Turcz.ex Maxim.	红花锦鸡儿、黄枝条	药用根。味甘、微辛。健脾强胃，活血催乳、利尿通经。用于虚损劳热，阴虚喘咳，带下病。	北京：来源于北京。
	锦鸡儿	Caragana sinica (Buchoz) Rehd.	阳雀儿、雀儿花根、土黄芪	药用花、根，性平。味甘，解毒。健脾益肾，活血祛风，用于虚劳倦怠，腰膝酸软，气虚，乳痈，痛风，跌打损伤。	广西：来源于江苏省南京市。北京：来源于北京。湖北：来源于湖北恩施。
	距瓣豆	Centrosema pubescens Be-nth.			海南：来源于海南万宁市。
	海南蝙蝠草	Christia hainanensis Yang et Huang			海南：来源于海南万宁市。
	台湾乳豆	Galactia formosana Matsum.			海南：来源于海南万宁市。
	山羊豆	Galega officinalis L.		滋阴生津。	北京：来源于保加利亚。
	草香豌豆	Lathyrus sativus L.	家山黧豆	药用全株。味苦、涩，性温。祛瘀散结，清热解毒。	北京：来源于保加利亚。

科名	植物名	拉丁学名	别名	药用部位及功效	保存地及来源
豆科 Leguminosae	绿叶胡枝子	*Lespedeza buergeri* Miq.[20]	女金丹、三叶青	药用根、皮及叶。性平、微苦，化痰、利湿，活血止痛。清热解表，用于感冒发热、咳嗽、小儿哮喘、黄疸、胃痛、胸痛、风湿痹痛，疗疮痈，皮用于四肢背关节红肿。叶用于痈疽发背。	广西：来源于日本。北京：来源于江西西庐山。
	中华胡枝子	*Lespedeza chinensis* G.Don		药用全草。清热解痢，祛风止痛，截疟。用于急性菌痢，关节痛，疟疾。	北京：来源于四川南川。湖北：来源于湖北恩施。
	截叶胡枝子	*Lespedeza cuneata* (Dum.-Cours.) G.Don	老牛筋、夜关门、铁扫帚	药用全草。味甘、苦、涩，性凉。清热解毒，利湿消积，用于遗精、遗尿、白浊，带下病，哮喘、劳伤，小儿疳积、泻痢，跌打损伤，视力减退，目赤红痛，乳痈。	北京：来源于四川南川。
	美丽胡枝子	*Lespedeza formosa* (Vog.) Koehne[16]	马扫帚、红花羊帖爪	药用根、茎叶及花。根味苦，性平。清肺热，祛风湿，散瘀止血。用于肺痈，风湿痛，跌打损伤，小便淋痛。茎叶味苦，性平。用于肺热咳血，便血。花味苦，性平。清热凉血。	湖北：来源于湖北恩施。
	细梗胡枝子	*Lespedeza virgata* (Th-unb.) DC.[16]		药用全草。味甘，性平，清热止血。截疟，镇咳。用于疟疾，中暑。	湖北：来源于湖北恩施。
	亮叶崖豆藤	*Millettia nitida* Benth.	亮叶鸡血藤、光叶崖豆藤	药用根及藤茎。味苦，性温。用于痢疾，贫血，风湿关节痛。	海南：来源于海南万宁市。
	皱果鸡血藤	*Millettia oosperma* Dunn	皱果崖豆藤	药用茎及种子。种子用于贫血，茎用于痢疾。	海南：来源于海南万宁市。
	海南崖豆藤	*Millettia pachyloba* Drake	毛蕊鸡血藤、毛瓣崖豆藤	药用全株。味苦，有毒。杀虫止痒，逐湿痹，消炎止痛。	海南：来源于海南万宁市。
	喙果崖豆藤	*Millettia tsui* Metc.	喙果鸡血藤、老虎豆	药用藤茎。味微苦、涩，性平。补血，驱风湿。用于风湿关节痛，调经，月经不调。	海南：来源于海南万宁市。

（续表）

科名	植物名	拉丁学名	别名	药用部位及功效	保存地及来源
豆科 Leguminosae	海南红豆	Ormosia pinnata (Lour.) Merr.	鸭公青		海南：来源于海南万宁市。
	硬毛棘豆	Oxytropis hirta Bunge		药用全草。味辛，性寒。清热解毒，消肿，祛风湿，止血。用于疮疡肿毒、瘰疬、乳痈、感冒、湿疹。	北京：来源于北京。
	山绿豆	Vigna minima (Roxb.) Ohwi et Ohashi	贼小豆	药用种子。清热解毒，消暑利尿。	北京：来源于北京。
	龙爪槐	Sophora japonica L. var.japonica f.pendula Hort.		龙爪槐为栽培品种，功效同槐树	北京：来源于北京。
	堇花槐	Sophora japonica L. var.violacea Carr.		凉血止血，清肝明目。	北京：来源于北京。
	苦马豆	Swainsona salsula Taub.	羊奶奶	药用全草、根及果实。味微苦，性平。利尿，消肿，用于肾炎水肿，有小毒，慢性肝炎，肝硬化腹水，血管神经性水肿。	北京：来源于原苏联。
	眉豆	Vigna unguiculata (L.) Walp. var. catjang (Burm. f.) Bertoni	饭豆	药用种子。味甘，咸，性平。调中益气，健脾益肾。	北京：来源于北京。
	广州相思子	Abrus cantoniensis Hance	鸡骨草、假牛甘子、铁丝草、鸡母草、地根香	药用全株。味甘，微苦，性凉。清热解毒，舒肝止痛，用于黄疸，胁肋不舒，胃脘胀痛，急、慢性肝炎，乳腺炎。	广西：来源于广西南宁。 海南：不明确。 北京：来源于广西南宁。
	毛相思子	Abrus mollis Hance	毛鸡骨草、牛甘藤	药用全草。味甘，淡，性凉。清热解毒，利湿，用于传染性肝炎，乳痈，疔肿，烧、烫伤，小儿疳积。	广西：来源于广西南宁市。 海南：来源于海南万宁市。 北京：来源于广西。
	相思子	Abrus precatorius L.	相思豆、相思藤、红豆树、红豆、小红豆	药用种子及根。种子辛，性平。有大毒。清热解毒，祛痰，杀虫。用于痈疮、腮腺炎、疥癣、风湿骨痛。茎叶、根味甘，性凉，清热解毒，利尿，用于咽喉肿痛，肝炎。	广西：来源于法国。 云南：来源于云南景洪市。 海南：来源于海南万宁市。 北京：来源于广西、云南。

（续表）

科名	植物名	拉丁学名	别名	药用部位及功效	保存地及来源
豆科 Leguminosae	田皂角	*Aeschynomene indica* L.	水皂角、合萌、梗通草	药用地上部分、茎的木质部、根及叶。地上部分、茎的木质部，根味苦，性寒。清热、利湿、血淋、明目，通乳。用于热淋、疮疥、水肿、泄泻、痢疾、夜盲、产妇乳少。叶味甘，性寒。解毒，消肿，止血。用于痈肿疮疡，创伤出血，毒蛇咬伤。	广西：来源于广西南宁市。海南：来源于海南万宁市。北京：来源于北京。
	猪腰豆	*Afgekia filipes* (Dunn) Geesinh	猪腰子、大荚藤、细梗密束花	药用种子、茎。味甘、微辛，性凉。清热解毒，祛风补血。用于疮疡热毒，风湿骨痛，跌打损伤，贫血，月经不调。	广西：来源于云南省西双版纳。
	天香藤	*Albizia corniculata* (Lour.) Druce	刺藤、藤山丝、白格	药用老茎。行气止痛。	海南：来源于海南万宁市。
	皱缩链荚豆	*Alysicarpus rugosus* (Willd.) DC.	牙拎比（傣语）	药用全草。清热利尿，活络，除湿。用于跌打损伤，黄疸型肝炎。	云南：来源于云南景洪市。
	链荚豆	*Alysicarpus vaginalis* (L.) DC.	狗蚁草、红豆藤、假花生	药用全草。味甘、苦，性凉。活血通络，接骨消肿，清热解毒，外伤出血，疮疡溃烂。用于跌打打骨折，筋骨酸痛，慢性肝炎，腮腺炎。	广西：原产于广西药用植物园。海南：来源于海南万宁市。
	异叶链荚豆	*Alysicarpus vaginalis* (L.) DC. var. *diversifolius* Chun	利通草、投牛转	药用全草。味苦、涩，性凉。解毒消肿，止血生肌。用于刀伤，疮疡溃烂久不收口。	广西：原产于广西药用植物园。
	疗伤绒毛花	*Anthyllis vulneraria* L.		药用全草。止血，收敛。用于跌打损伤。	广西：来源于荷兰、法国。

204

科名	植物名	拉丁学名	别名	药用部位及功效	保存地及来源
豆科 Leguminosae	土圞儿	*Apios fortunei* Maxim.	地栗子，乳薯，疬子薯	药用块根。味甘，微苦，性平。清热解毒，止咳祛痰。用于感冒咳嗽，咽喉肿痛，百日咳，乳痈，瘰疬，无名肿毒，毒蛇咬伤，带状疱疹。	广西：来源于广西金秀县。
	华黄芪	*Astragalus chinensis* L.	沙苑子	药用种子。味甘，性温。补肾，固精，养肝，明目。	广西：来源于北京市。北京：来源于内蒙古。
	紫云英	*Astragalus sinicus* L.	石叶风，红花草，米布袋	药用全草或种子。全草味微甘、辛，性平。清热解毒，祛风明目，凉血止血。用于咽喉肿痛，风痰咳嗽，目赤肿痛，疔疮，带状疱疹，疥癣，痔疮，齿衄，外伤出血，月经不调，带下，血小板减少性紫癜，种子味辛，性凉，祛风明目。用于目赤肿痛。	广西：来源于广西那坡县。湖北：来源于湖北恩施。
	木豆	*Cajanus cajan* (L.) Millsp.	树豆，大木豆，三叶豆，拖些（傣语）	药用种子、根及叶。种子味辛，涩，性平。利湿，散瘀，止血。用于风湿痹痛，跌打肿痛，衄血，便血，水肿，产后恶露不尽，黄疸型肝炎。根味苦，性寒。清热解毒，利湿，止血。用于咽喉肿痛，痈疽肿痛，痔疮出血，血淋，水肿，小便不利，叶味淡，性平。解毒消肿。用于小儿水痘，痈肿疮毒。	广西：来源于广西南宁市、马山县。云南：来源于云南景洪市。海南：来源于海南万宁市。北京：来源于海南。
	蔓草虫豆	*Cajanus scarabaeoides* (L.) Thouars	虫豆	药用全草。味甘、淡、微辛，性平。疏风解表，化湿，止血。用于伤风感冒，咽喉肿痛，牙痛，暑湿腹泻，水肿，腰痛，外伤出血。	广西：原产于广西药用植物园。
	绒毛杭子梢	*Camptotropis pinetorum* (Kurz) Schindl. subsp. *velutina* (Dunn) Ohashi		药用根。味苦，涩，性平。通经活血，舒筋络，收敛，止痛。用于泄泻，赤白痢，慢性肝炎，风湿关节痛，腹痛，痛经。	云南：来源于云南勐腊县。

科名	植物名	拉丁学名	别名	药用部位及功效	保存地及来源
豆科 Leguminosae	铺地蝙蝠草	Christia obcordata (Poir.) Bahn.f.	半边钱、半边草、罗瑞草、蝴蝶草	药用全草。味苦、辛，性寒。清热解毒，利水通淋，散瘀止血。用于小便不利，石淋、水肿，白带，目赤痛，吐血、血崩，血尿，乳痈，毒蛇咬伤。	广西：来源于澳门。海南：来源于海南万宁市。
	蝙蝠草	Christia vespertilionis (L.f.) Bahn.f.	双飞蝴蝶、飞机草、蝴蝶草、月见罗藟草、蝴蝶叶	药用全草。味甘、微辛，性平。活血祛风，解毒消肿。用于风湿痹痛，跌打损伤，肺热咳嗽，痈肿疮毒。	广西：来源于广西宁明县。云南：来源于勐腊县。海南：不明确。北京：不明确。
	翅荚香槐	Cladrastis platycarpa (Maxim.) Makino	香槐	药用根或果实。祛风止痛。用于关节疼痛。	广西：来源于广西桂林市。
	三叶蝶豆	Clitoria mariana L.	花蝴蝶豆、三叶蝴蝶花豆、顺气豆	药用根、叶及花。味甘，性温。补肾，止血，舒筋、活络，带下病，水肿，肠出血，风湿夹节痛。	云南：来源于云南景洪市。
	蝶豆	Clitoria ternatea L.	蝴蝶花豆、蓝蝴蝶、蓝花豆、蓝蝶豆	药用种子。有毒。止痛。用于关节疼痛。	广西：原产于广西药用植物园。云南：来源于云南勐腊县。海南：不明确。北京：来源于广西、云南。
	舞草	Codariocalyx motorius (Hutt.) Ohashi	跳舞草、无风自动草、无风独摇草、红毛鸡母草、壮阳草	药用全株。味微涩，性平。安神，镇静，祛瘀生新，活血消肿。用于肾虚胎动不安，跌打肿痛，骨折，风湿腰痛。	广西：来源于广西邕宁县。云南：来源于云南景洪市。北京：来源于云南。
	巴豆藤	Craspedolobium schochii Harms	铁血藤	药用根。味涩，性寒。祛瘀活血，调经，除风痛。用于内脏出血，风湿痹痛，跌打损伤。	云南：来源于云南勐腊县。
	翅茎猪屎豆	Crotalaria alata Buch.-Ham.	翅托叶野百合	药用全草。消积，补肾，消炎，止痛。用于小儿疳积，肾虚，阳痿，骨折。	云南：来源于云南勐腊县。

科名	植物名	拉丁学名	别名	药用部位及功效	保存地及来源
豆科 Leguminosae	响铃豆	*Crotalaria albida* Heyne ex Roth.	响铃草、摆子药	药用全草。味苦、辛，性凉。清热，解毒，利尿，截疟，涩淋，痈疽疔疮。用于久咳痰喘，小便	云南：来源于云南景洪市。
	大猪屎豆	*Crotalaria assamica* Benth.	通心者、响铃豆、大马铃、山豆根、白消者	药用茎叶、根及种子。味淡，性微凉。有毒。清热解毒，凉血降压，止血。用于牙痛，口疮，肺热咳嗽咯血，跌打损伤，外伤出血，水肿，高血压病。	广西：来源于广西龙州县。云南：来源于云南景洪市。北京：来源于广西。
	毛果猪屎豆	*Crotalaria bracteata* Roxb. ex DC.	大苞叶猪屎豆	药用根或全草。根清热解毒，理气消积。用于膀胱炎，全草补中益气。	云南：来源于云南省西双版纳。
	假地蓝	*Crotalaria ferruginea* Grah. ex Benth.	狗响铃、马铃草、假花生、响铃草、野花生	药用根或全草。味苦、微酸，性平。滋肾养肝，止咳平喘，用于耳鸣，耳聋，头目眩晕，遗精，月经过多带，久咳痰血，哮喘，肾炎，小便不利，扁桃体炎，腮腺炎，疔疮肿毒。	广西：来源于广西那坡县。北京：来源于广西。云南：来源于云南景洪市。
	猪屎豆	*Crotalaria pallida* Ait.	大马铃、假兰豆、三圆叶猪屎豆	药用全草或根。味苦、辛，性平。有毒。清热利湿，解毒散结，消积止滞。用于痢疾，湿热腹泻，小儿疳积，乳腺炎，淋巴结核。	广西：原产于广西药用植物园。海南：来源于海南万宁市。北京：来源于云南。湖北：来源于湖北恩施。
	黄野百合	*Crotalaria pallida* Ait. var. obovata（G.Don）Polhill	水蓼竹、猪屎青、大眼蓝	药用种子、根及全草。种子补肾肝肾，固精，明目，全草开郁散结，解毒除湿。用于风湿骨痛。种子用于肾虚，目昏花。	云南：来源于云南景洪市。
	野百合	*Crotalaria sessiliflora* L.	农吉利、马留甲	药用全草。味甘、淡，性平。有毒。清热，利湿，消积，喘咳。用于痢疾，淋，风湿痹痛，疔疮疖肿，小儿疳积，咬伤，毒蛇咬伤，恶性肿瘤。	广西：来源于广西贺州市、恭城县。
	大托叶猪屎豆	*Crotalaria spectabilis* Roth	美丽猪屎豆、丝毛野百合、紫花野百合	药用全草。抗肿瘤。	广西：来源于福建省武夷山、日本。北京：来源于广西。

科名	植物名	拉丁学名	别名	药用部位及功效	保存地及来源
豆科 Leguminosae	光萼猪屎豆	Crotalaria zanzibarica Benth.	苦罗豆、光萼野百合	药用全草。清热解毒，散结松浆。用于疮疖，抗肿瘤。	广西：原产于广西药用植物园。
	南岭黄檀	Dalbergia balansae Prain	南岭檀、水相思、茶丫藤	药用木材。味辛，性温。行气止痛，解毒消肿。用于跌打瘀痛，外伤疼痛，疮疡毒。	云南：来源于云南景洪市。海南：来源于海南万宁市。北京：来源于广西。广西：来源于广西武鸣县。海南：来源于海南万宁市。北京：来源于广西临桂。
	两广黄檀	Dalbergia benthamii Prain	粤桂黄檀、蕉藤麻、两粤黄檀	药用茎。活血通经。	海南：来源于海南万宁市。
	版纳黑檀	Dalbergia fusca Pierre	黑黄檀	药用根、叶。消肿止痛，消炎解毒。根用于疔疮，叶用于跌打损伤，毒蛇咬伤。	云南：来源于云南景洪市。
	海南黄檀	Dalbergia hainanensis Merr. et Chun	海南檀、花梨公、牛筋树	药用心材。味辛，性温。止血，止痛。用于胃气痛，刀伤出血。	海南：来源于海南乐东县尖峰岭。
	藤黄檀	Dalbergia hancei Benth.	藤檀、大香藤、白鸡刺藤、痛必灵	药用藤茎、树脂及根。味辛，性温。藤茎、树脂理气止痛，用于胸胁痛，胃脘痛，腹痛。根舒筋活络，强壮筋骨，用于腰腿痛，关节痛，跌打损伤，骨折。	广西：来源于广西陆川县。海南：来源于海南万宁市。
	黄檀	Dalbergia hupeana Hance	檀根、白檀、檀木	药用根或根皮、叶。味辛，苦，性平。有小毒。清热解毒，止血消肿，用于疔疮肿毒，跌打损伤。	上海：来源于上海市。湖北：来源于湖北恩施。
	钝叶黄檀	Dalbergia obtusifolia (Baker) Prain	牛肋巴、牛筋木	药用木材。味辛，性温。行气止痛。用于胸腹胀痛。	广西：来源于广西南宁市。云南：来源于云南景洪市。
	降香	Dalbergia odorifera T.Chen	降香檀、花梨木、降香黄檀	药用树干、根的心材。味辛，性温。行气活血，止血，止痛。用于脘腹疼痛，肝郁胁痛，胸痹刺痛，跌打损伤，外伤出血。	广西：来源于广西南宁市。云南：来源于云南勐腊县。海南：来源于海南乐东县尖峰岭。北京：来源于海南。

科名	植物名	拉丁学名	别名	药用部位及功效	保存地及来源
豆科 Leguminosae	斜叶黄檀	*Dalbergia pinnata* (Lour.) Prain	羽叶檀、斜叶檀、罗望子叶黄檀	药用根、茎叶。味苦、辛，性温。祛风止痛，活血，敛疮。用于风湿痹痛，跌打损伤，月经不调，下肢溃疡。	广西：来源于广西钦州市。
	多裂黄檀	*Dalbergia rimosa* Roxb.	老鹰爪、米辣蚕	药用根、叶。根味辛，性温。接骨，止痛。用于骨折，头痛，叶味苦，性温。清热解毒。用于黄水疮。	广西：来源于广西博白县。
	印度黄檀	*Dalbergia sisso* Roxb.	降紫香、印度檀	药用根部心材，叶、紫胶虫寄生于干树枝上所生产的紫胶。心材行气活血，止痛止血。叶用于急性淋病出血，口腔炎。紫胶用于外伤。	广西：来源于广西南宁市。海南：来源于印度。
	白花鱼藤	*Derris albo-rubra* Hemsl.			海南：来源于海南万宁市。
	毛鱼藤	*Derris elliptica* (Roxb.) Benth.	鱼藤、毒鱼藤	药用根。有毒。外用于癣疥湿疹。	广西：来源于广西南宁市。海南：来源于海南万宁市。
	毛果鱼藤	*Derris eriocarpa* How	土甘草	药用藤茎及根。藤茎味甘、苦，性平。咽喉止咳化痰，解毒利咽。用于咳嗽，小便涩痛，水肿，根补血，润肠。用于发烧胸闷，咳嗽，咽喉痛。	广西：来源于广西上林县。
	锈毛鱼藤	*Derris ferruginea* (Roxb.) Benth.	毒鱼藤	药用根。味苦，性平。有毒。杀虫止痒。用于疥癣。	广西：来源于云南省勐仑县。
	大鱼藤树	*Derris robusta* (Roxb. ex DC.) Benth.		药用枝、叶根、枝、叶消炎止痛，散瘀活血。用于跌打。根杀虫。用于癣疥湿疹。	云南：来源于云南景洪市。
	鱼藤	*Derris trifoliata* Lour.	三叶毒鱼藤	药用根及枝叶。味辛，性温。有毒。散瘀，止痛，杀虫。用于跌打损伤，疥癣症。	海南：来源于海南万宁市。
	大叶山蚂蝗	*Desmodium gangeticum* (L.) DC.	大叶山绿豆、红母鸡草、恒河山绿豆	药用全草。味甘、微辛，性平。祛瘀调经，止痛，解毒，脱肛，子宫脱垂，牛皮癣，闭经，牙痛，头痛。用于跌打损伤，	广西：原产于广西药用植物园。海南：来源于海南万宁市。

科名	植物名	拉丁学名	别名	药用部位及功效	保存地及来源
	假地豆	Desmodium heterocarpon (L.) DC.	山花生、异果山绿豆、狗尾花	药用全株。味甘、微苦，性寒。清热利尿，解毒。用于肺热咳喘，淋症，尿血，跌打肿痛，毒蛇咬伤，暑温，疔疮，疬腺。	广西：原产于广西药用植物园。
	糙毛假地豆	Desmodium heterocarpon (L.) DC. var. strigosum van Meeuwen	伏毛假地豆、假花生	药用全草或根。叶。全草止痛止血，胃出血。用于砂淋，毒蛇咬伤，头痛。叶用于毒蛇咬伤。根生肌。用于感冒发热。	广西：原产于广西药用植物园。
	小叶三点金	Desmodium microphyllum (Thunb.) DC.	铺地山绿豆、飞扬草、耳挖草、小叶山绿豆	药用全草或根。味甘，性平。全草清热，利湿，解毒。用于泌尿道结石，慢性吐泻，慢性咳嗽痰喘，小儿疳积，痈疮背，痔疮，漆疮。根清热利湿，止血，通络。用于黄疸，痢疾，咯血，风湿痛，崩漏，带下病，痔疮，跌打损伤。	广西：原产于广西药用植物园。海南：来源于海南万宁市。
豆科 Leguminosae	俄鹤鹑	Desmodium multiflorum DC.	多花山蚂蟥、吊马草、粘身草	药用全株或种子。味苦，性凉。活血止痛，解毒消肿。用于脘腹疼痛，小儿疳积，妇女干血痨，腰扭伤，创伤，蛇咬伤，腮腺炎，膀胱炎。	广西：来源于广西融水县。
	波叶山蚂蟥	Desmodium sequax Wall.	牛巴嘴、波状叶山蚂蟥、粘人花、山蚂蟥	药用茎叶、根及果实。茎叶、果实味涩，性平。用于风热泻火，胞衣不下，血瘀经闭，烧伤。果实收涩止血，用于内伤出血。根味微苦，涩，性温。润肺止咳，驱虫。用于肺结核咳嗽，蛔虫，蛲虫。茎叶活血祛瘀，盗汗，产后瘀滞腹痛。	广西：来源于广西环江县。云南：来源于云南勐腊县。北京：来源于云南。
	广金钱草	Desmodium styracifolium (Osbeck) Merr.	金钱草、银蹄草、根、广金钱草、落地金钱	药用全草。味甘、淡，性凉。清热除湿，利尿通淋，石淋。用于热淋，砂淋，石淋，小便涩痛，黄疸尿赤，水肿尿少，尿路结石。	广西：原产于广西药用植物园。海南：来源于海南万宁市。北京：来源于广西。

科名	植物名	拉丁学名	别名	药用部位及功效	保存地及来源
豆科 Leguminosae	三点金	*Desmodium triflorum* (L.) DC.	三点金草，苍蝇草、细叶野花生	药用全草。味苦、微辛，性凉。理气中和，祛风活血。用于中暑腹痛，泄泻，疝气，月经不调，漆疮，产后关节痛，跌打损伤，乳腺炎。	广西：原产于广西药用植物园。海南：来源于海南万宁市。
	单叶拿身草	*Desmodium zonatum* Miq.	单叶山蚂蝗	药用根。健胃消食，消炎止痛，消积。用于胃痛，小儿疳积。	云南：来源于云南勐腊县。
	长柄野扁豆	*Dunbaria podocarpa* Kurz.	水芽豆，金钱风	药用全草或种子。味甘，性平。清热解毒，消肿止带。用于咽喉肿痛，乳痈，牙痛，肿毒，毒蛇咬伤，白带过多。	广西：原产于广西药用植物园。
	圆叶野扁豆	*Dunbaria rotundifolia* (Lour.) Merr.	罗网藤、小黄藤	药用全草。性凉，味淡。清热解毒，止血生肌。用于急、慢性肝炎，外伤出血，烧烫伤。	广西：来源于广西南宁市。
	鸡头薯	*Eriosema chinense* Vog.	猪仔笠、鸡心薯、坡参	药用块根。味甘，性平。清肺化痰，生津止渴，消肿。用于肺热咳嗽，肺痈，发热烦渴，痢疾，食积不消，跌打肿痛。	广西：原产于广西药用植物园。海南：来源于海南万宁市。
	龙牙花	*Erythrina corallodendron* L.	象牙红、珊瑚树、珊瑚桐、海桐皮	药用树皮。味辛，性温。疏肝行气，止痛。用于胸胁胀痛，乳房胀痛，痛经。作麻醉剂和止痛镇静剂。	广西：来源于广西南宁市。云南：来源于云南勐腊县。北京：来源于广州。
	鸡冠刺桐	*Erythrina cristagalli* L.		药用树皮。散瘀止痛。用于腹泻。	广西：来源于广东省湛江市。海南：来源于海南万宁市。北京：来源于广西。
	刺桐	*Erythrina variegata* L.	鸡公木、广东象牙红	药用树皮、根皮、叶、花及果实。树皮、根皮祛风湿，舒筋活络。用于风湿麻木，腰膝筋骨痛，跌打损伤，各种顽癣。叶用于小儿疳积，蛔虫病。花止血。果实解毒。用于胆汁病。	海南：来源于海南万宁市。北京：来源于广东。

科名	植物名	拉丁学名	别名	药用部位及功效	保存地及来源
	伏毛山豆根	Euchresta horsfieldii (Lesch.) J.Benn.	苦参、山豆根	药用根。味苦，性寒。清热，解毒，消肿，止痛。用于肠炎腹泻，腹胀，胃痛，咽喉痛。	云南 来源于云南勐腊县。
	宽叶千斤拔	Flemingia latifolia Benth. in Miq.		药用部位及功效参阅蔓性千斤拔 Flemingia philippinensis Merr. et Rolfe.	云南 来源于云南勐腊县。
	锈毛千斤拔	Flemingia ferruginea Grah. ex Wall.		药用根、叶。味苦、涩，性寒。清热利湿，镇静，健脾补虚。用于红白痢，补虚。根外用于外感咳嗽，小儿高烧，惊厥，小儿奶寒，腹痛，神经痛。	云南 来源于云南勐腊县。
	海南千斤拔	Flemingia latifolia Benth. var.hainanensis Y.T.Wei et S.Lee.		药用根。用于黄疸病，腰酸腿痛。	海南 来源于海南万宁市。
豆科 Leguminosae	大叶千斤拔	Flemingia macrophylla (Willd.) Prain	老鼠尾、大猪尾、千金红、钻地风、穿地龙、嘎三比龙（傣语）	药用根。味甘、淡，性平。祛风湿，益脾肾，强筋骨。用于风湿骨痛，四肢痿软，偏瘫，阳痿，月经不调，带下，腹胀，气虚足肿。	广西 原产于广西药用植物园。云南 来源于云南景洪市。海南 来源于海南万宁市。北京 来源于广西。
	蔓性千斤拔	Flemingia philippinensis Merr.et Rolfe	蔓性千斤拔、牛尾荡、钻地风、山豆、老鼠尾	药用根。味甘、微涩，性平。祛风除湿，强筋壮骨，活血解毒。用于风湿痹痛，腰肌劳损，四肢痿软，跌打损伤。	广西 原产于广西药用植物本园。云南 来源于广西省。北京 来源于广西、云南。海南 来源于海南万宁市。
	球穗千斤拔	Flemingia strobilifera (L.) Ait.	大苞叶千斤拔、蜂壳草、千斤力、咳嗽草、百咳嗽草	药用根或全草。味苦、甘，性凉。清热除湿，祛风通络，止咳化痰。用于风湿痹痛，腰膝无力，痰热咳嗽，哮喘，百日咳，黄疸。	广西 来源于广西上林县。云南 来源于云南景洪市。
	干花豆	Fordia cauliflora Hemsl.	水罗伞、虾须豆、玉郎伞	药用根、叶。味辛，性平。活血通络，消肿止痛，化痰止咳。用于跌打损伤，痛疖肿痛，风湿痹痛，咳嗽。	广西 原产于广西药用植物园。

科名	植物名	拉丁学名	别名	药用部位及功效	保存地及来源
豆科 Leguminosae	大豆	Glycine max (L.) Merr.	大豆黄卷、黄豆、黑豆、黑豆衣	药用干燥种子（黑豆）、大豆黄卷（成熟种子发芽干燥而得）。味苦、性辛、凉。解表，除烦，宣发郁热，用于感冒，寒热头痛，烦燥胸闷，虚烦不眠。	广西：来源于广西南宁市。北京：来源于北京。湖北：来源于湖北恩施。
	穞豆	Glycine soja Sieb.et Zucc.	野料豆、黑豆、野大豆	药用种子、茎、叶及根。味甘、性凉。补益肝肾，祛风解毒。用于肾虚腰痛，风痹，筋骨疼痛，阴虚盗汗，内热消渴，目昏头晕，产后风痉，小儿疳积，痈肿。	广西：来源于日本。北京：来源于北京。
	刺毛甘草	Glycyrrhiza echinate L.			北京：来源于原苏联。
	洋甘草	Glycyrrhiza glabra L.	甘草、欧甘草、光果甘草	药用根及根状茎。味甘、性平。补脾益气，清热解毒，祛痰止喘，缓急止痛，调和诸药。用于脾胃虚弱，倦怠无力，心悸气短，咳嗽多痰，脘腹痛，四肢挛急疼痛，痈肿疮毒，缓解药物毒性。	广西：来源于法国。北京：来源于新疆。
	刺果甘草	Glycyrrhiza pallidiflora Ma-xim.	胡苍耳、狗甘草、马粮柴	药用果实、根。味甘、辛、性温。果实用于产后缺乳，催乳。根及根茎止痒，镇咳。用于阴道滴虫，百日咳。	广西：来源于北京市。北京：来源于原苏联。
	甘草	Glycyrrhiza uralensis Fisch. ex DC.	国老、甜草、甜根子	药用部位及功效参阅洋甘草 Glycyrrhiza glabra L.	广西：来源于河北省安国市、宁夏银川市。北京：来源于河北青龙桥、新疆、内蒙古、北京。
	尖叶长柄山蚂蝗	Podocarpium podocarpium (DC.) Yang et Huang var. oxyphyllum (DC.) Yang et Huang	尖叶山蚂蝗、三叶拿身草	药用全草。味苦、性平。祛风湿，散瘀，消肿。用于哮喘，风湿痛，乳痈，崩漏带下，跌打损伤。	广西：来源于广西凌云县。

科名	植物名	拉丁学名	别名	药用部位及功效	保存地及来源
豆科 Leguminosae	硬毛木蓝	Indigofera hirsuta L.	毛木蓝、刚毛木蓝	药用枝、叶。味苦、微涩，性凉。解毒消肿，杀虫止痒。用于疮疖，皮肤瘙痒，疥癣。	广西：原产于广西药用植物园。海南：来源于海南万宁市。
	马棘	Indigofera pseudotinctoria Matsum.	野蓝枝子、蓝绿豆、野绿狼牙草	药用根、地上部分。味苦、涩，性平。清热解表，散瘀消积。用于风热感冒，肺热咳嗽，烧烫伤，疔疮，跌打损伤，瘰疬，食积腹胀。	广西：来源于广西邕宁县。
	野青树	Indigofera suffruticosa Mill.	青黛、木蓝、野火蓝、假蓝靛	药用根、茎叶。味苦，性凉。凉血，透疹。用于高热，淋巴结炎，腮腺炎，衄血，斑疹，皮肤瘙痒。	广西：来源于云南省景洪市。云南：来源于云南景洪市。海南：来源于海南万宁市。北京：来源于云南。
	木蓝	Indigofera tinctoria L.	青黛、靛	药用茎叶、根。清热解毒。用于乙型脑炎，急性咽喉炎，腮腺炎，目赤，口疮，虫蛇咬伤。药用茎叶，性平。清热解毒，急性咽喉炎，淋，痈肿疮疖，丹毒，疥癣，吐血。根，性寒。凉血止血。用于热病，痈肿疮疖，咯血，衄血，吐血。	广西：来源于深圳市。北京：来源于广西。
	鸡眼草	Kummerowia striata (Thunb.) Schindl.	三叶人字草、蝇草、苍蝇翅	药用全草。味甘，性平。清热解毒，健脾利湿，活血止血。用于感冒发热，暑湿吐泻，痢疾、疳疾、血淋，赤白带下。	广西：来源于广西南宁市。
	扁豆	Lablab purpureus (L.) Sweet	白扁豆、雪豆、南豆	药用种子。味甘，微苦，性微温。健脾化湿，和中消暑。用于脾胃虚弱，食欲不振，大便溏泻，白带过多，暑湿吐泻，胸闷腹胀。	广西：来源于河北省安国市。北京：来源于北京。
	毒豆	Laburnum anagyroides Medic.		药用种子。含有毒豆碱。镇静安眠药，用做轻泻药。全株有毒。	广西：来源于法国。
	兵豆	Lens culinaris Med.	扁豆、鸡碗豆、小金扁豆	药用种子。作食品营养剂，制成粉状作片剂，丸剂的敷料。	广西：来源于法国。

（续表）

科名	植物名	拉丁学名	别名	药用部位及功效	保存地及来源
豆科 Leguminosae	截叶铁扫帚	*Lespedeza cuneata* (Dum. Cours.) G.Don	蛇利草、青天白、蚊虫草、小夜关门、野合草、铁马鞭	药用全草或根。味苦、涩，性凉。补肾涩精，健脾利湿，祛痰止咳，清热解毒。用于肾虚，遗精，遗尿，尿频，白浊，带下，泄泻，痢疾，水肿，小儿疳积，咳嗽气喘，跌打损伤，目赤肿痛，痈疮肿毒，毒虫咬伤。	广西：来源于广西靖西县。云南：来源于广西省。湖北：来源于湖北恩施。
	铁马鞭	*Lespedeza pilosa* (Thunb.) Sieb.et Zucc.	假山豆	药用全草。味甘、微淡，性平。健脾补虚，活血调经。用于虚劳，血虚头晕，水肿，痢疾，经闭，痛经。	广西：来源于浙江省杭州市。北京：来源于广西。
	美丽胡枝子	*Lespedeza formosa* (Vog.) Koehne	马扫帚、假蓝根、夜关门	药用茎叶、花、根。茎叶味苦，性平。清热利尿通淋，用于热淋，小便不利。花味甘，性平。清热凉血。根味苦，微辛，性平。清热解毒，祛风除湿，活血止痛，用于肺痈，腹泻，风湿痹痛，跌打损伤，骨折。	广西：来源于广西金秀县、隆安县。
	银合欢	*Leucaena leucocephala* (Lam.) de Wit		药用种子。泻火除烦，清热利尿，凉血解毒。	北京：来源于云南。
	百脉根	*Lotus corniculatus* L.	牛角花、五叶草、地羊鹊	药用根、地上部分。花、根味甘、苦，性微寒。补虚，清热，止渴。用于虚劳，阴虚发热，口渴。地上部分味甘，微苦，性凉。清热解毒，止咳平喘，利湿消痞。用于风热咳嗽，咽喉肿痛，湿疹，脘腹满疼痛，疔疮，痔疮便血，辛，性凉。花味微苦，辛，性平。用于风热目赤，视物昏花。清肝明目。	广西：来源于荷兰。北京：来源于北京。湖北：来源于湖北恩施。
	细叶百脉根	*Lotus tenuis* Kit.	金花菜	药用全草。味甘，微涩，性平。清热，止血。用于便血，痢疾。	广西：来源于法国。

215

科名	植物名	拉丁学名	别名	药用部位及功效	保存地及来源
豆科 Leguminosae	翅荚百脉根	*Lotus tetragonolobus* L.	翅荚豌豆	药用嫩叶。其所含的 L-岩藻糖为植物凝集素，对红细胞有凝聚作用。	广西：来源于法国。
	天蓝苜蓿	*Medicago lupulina* L.	杂花苜蓿、三叶草、黑荚苜蓿	药用全草。味甘、苦、微涩，性凉。有小毒。清热利湿，舒筋活络，止咳平喘，凉血解毒。用于湿热黄疸，热淋，石淋，风湿痹痛，咳喘，痔血，指头疔，毒蛇咬伤。	广西：来源于法国。湖北：来源于湖北恩施。
	白花草木犀	*Melilotus alba* Medic ex Desr.	白香草木犀、白花辟汗草	药用全草。味苦、辛，性凉。清热解毒，和胃化湿。用于暑热胸闷，头痛，口臭，疟疾，痢疾，淋病，皮肤痉疡。	广西：来源于德国、法国。北京：来源于四川。
	草木犀	*Melilotus suaveolens* Ledeb.	黄零陵香、黄香草木犀、辟汗草	药用全草。味微甘，性平。止咳平喘，散结止痛。用于哮喘，支气管炎，肠绞痛，创伤，淋巴结肿痛。	广西：来源于上海市、法国、德国。北京：来源于辽宁锦州、四川。
	香花崖豆藤	*Millettia dielsiana* Harms	山鸡血藤、岩豆藤、马下消	药用藤茎、根、花。藤茎味苦、甘，性温。补血活血，通经络。用于气血虚弱，风湿痹痛，跌打损伤。根味苦，微甘，性温。花味甘，性平，微涩。收敛止血。用于鼻衄。	广西：来源于湖南省。湖北：来源于湖北恩施。
	粗枝崖豆藤	*Millettia kangensis* Craib		药用根。补血，行血。用于月经不调。	云南：来源于云南景洪市。
	厚果崖豆藤	*Millettia pachycarpa* Benth.	苦檀子、冲天子、厚果血藤、鸡血藤	药用种子、叶、根。种子味苦、辛，性热，有大毒。攻毒止痛，消积杀虫。用于疥癣疬癞，痧气腹痛，小儿疳积。叶，性温，有毒。祛风杀虫，活血消肿。用于皮肤麻木、癣疥、脓肿。根味苦、辛，性温，有大毒。散瘀消肿。用于跌打损伤，骨折。	广西：来源于广西桂林市。云南：来源于云南景洪市。

科名	植物名	拉丁学名	别名	药用部位及功效	保存地及来源
豆科 Leguminosae	印度崖豆	*Millettia pulchra* (Benth.) Kurz	美花崖豆藤、南亚崖豆、美花鸡血藤	药用茎藤。散瘀，消肿，止痛，凝神。用于跌打损伤，神经衰弱。	云南：来源于云南勐腊县。
	疏叶崖豆	*Millettia pulchra* (Benth.) Kurz var. *laxior* (Dunn) Z.Wei	小牛力、疏叶美花崖豆藤	药用根、叶。味甘、苦、微辛，性平。散瘀消肿，补虚宁神。用于跌打肿痛，风湿关节痛，痔血，疮疡肿毒，风疹发痒，病后虚弱，消化不良。	广西：来源于广西上林县。
	网络崖豆藤	*Millettia reticulata* Benth.	网络鸡血藤、昆明鸡血藤、鸡血藤	药用藤茎、根。味苦、涩，性温。有毒。藤茎养血补虚，活血通经。用于气血虚弱，阳痿，月经不调，痛经，赤白带下，腰膝酸痛，麻木瘫痪，风湿痹痛。根镇静安神。用于狂躁型精神分裂症。	广西：来源于广西邕宁县。湖北：来源于湖北恩施。
	美丽崖豆藤	*Millettia speciosa* Champ.	牛大力、牛牯大力藤、山莲藕	药用藤、根。根味甘，性平。补肺滋肾，舒筋活络。用于肺虚咳嗽，肾虚腰膝酸痛，遗精，跌打损伤。藤味甘，润肺滋肾，清热止咳。用于肺虚咳嗽，跌扬，溃疡，跌打损伤。	广西：来源于广西上林县。海南：来源于海南万宁市。
	白花油麻藤	*Mucuna birdwoodiana* Tu-tch.	大兰布麻、鸡血藤、血枫藤	药用藤茎。味苦、甘，性平。补血活血，通经活络。用于贫血，白细胞减少，月经不调，麻木瘫痪，腰腿酸痛。	广西：来源于广西金秀县。
	黄毛黧豆	*Mucuna bracteata* DC.	黄毛黧豆、细脉黧豆	药用根。清热解毒，止痛。用于疟疾。	海南：来源于海南万宁市。
	海南黧豆	*Mucuna hainanensis* Hayata	琼南油麻藤、水流藤	药用茎。用于风湿痹痛，外用于无名肿毒。	广西：来源于广西武鸣县、隆安县、崇左市。海南：来源于海南万宁市。
	大序油麻藤	*Mucuna macrobotrys* Hance	大球油麻藤、黑血藤	药用茎藤。祛风除湿。用于风湿。	云南：来源于云南勐腊县。

科名	植物名	拉丁学名	别名	药用部位及功效	保存地及来源
豆科 Leguminosae	大果油麻藤	*Mucuna macrocarpa* Wall.	长茎油麻藤、大血藤、老鸦花藤、长茎油麻藤	药用老茎。味苦、涩，性凉。补血活血，清肺润燥，通经活络。用于贫血，月经不调，肺热燥咳，咳血，腰膝酸痛，风湿痹痛，手足麻木，瘫痪。	广西：来源于广西桂林市。云南：来源于云南景洪市。
	黎豆	*Mucuna pruriens* (L.) DC. var.*utilis* (Wall.ex Wight) Baker.ex Burck	狗爪豆、猫豆、龙爪豆、黎豆、毛黎豆	药用种子、叶。补中益气，清热，凉血。用于腰膝酸痛，震颤性麻痹（帕金森氏病）。	广西：来源于广西东兰县。海南：来源于海南万宁市。北京：来源于广西。
	常春油麻藤	*Mucuna sempervirens* He-msl.	牛马藤、常绿油麻藤、棉麻藤	药用茎。味甘、微苦，性温。活血调经，补血舒筋。用于月经不调，痛经，闭经，贫血，风湿痹痛，四肢麻木，跌打损伤。	广西：来源于浙江省杭州市。湖北：来源于湖北恩施。
	吐鲁胶树	*Myroxylon balsamum* (L.) Harm.	拔尔撒摩	药用树脂（香胶）。消炎止痒。作成酊剂，祛痰剂；外用作皮肤杀虫剂，治疥疮及癣，疮及癣，伤损。	云南：来源于云南勐腊县。
	秘鲁胶树	*Myroxylon pereira* (Royle) Klotzch.	百露拔尔撒摩	药用树脂（香胶）。防腐剂，祛痰剂。	云南：来源于云南景洪市。
	肾叶山蚂蝗	*Desmodium renifolium* (L.) C. Chen et C. J. Cui		药用根。祛风除湿，消炎止血。用于风湿疼痛，跌打损伤。	云南：来源于云南勐腊县。
	小槐花	*Ohwia caudata* (Thunb.) H.Ohashi	山蚂蝗、胃痛草	药用全株或根。全株味苦，性凉。清热利湿，消积散瘀。用于劳伤咳嗽，吐血，水肿，小儿疳积，痈疮溃疡，跌打损伤。根味微苦，性温。祛风利湿，化瘀拔毒。用于风湿痹痛，痢疾，黄疸，痈疽，瘰疬，跌打损伤。	广西：来源于广西博白县。

科名	植物名	拉丁学名	别名	药用部位及功效	保存地及来源
	红芒柄花	Ononis campestris Koch et Ziz.	刺芒柄花	药用全草或根。全草利尿，健胃，镇痛，愈伤，抗菌，抗炎，抗病毒。用于尿道炎，根利尿，祛痰。用于慢性皮肤病，创伤，动脉硬化。	广西：来源于波兰。
	长脐红豆	Ormosia balansae Drake			海南：来源于海南省三亚市。
	肥荚红豆	Ormosia fordiana Oliv.	小孔雀豆，青皮木，大红豆	药用树皮。味苦，性凉。消炎解毒。用于牙龈发炎，跌打损伤，烧烫伤。	云南：来源于云南勐腊县。海南：来源于海南省三亚市。
	花榈木	Ormosia henryi Prain	亨氏红豆，花梨木，红豆树	药用木材，根皮或根，叶。味辛，性温。祛风除湿，活血破瘀，用于风湿性关节炎，产后瘀血腹痛，癥瘕，赤白漏下，跌打损伤，骨折，感冒，毒蛇咬伤，无名肿毒。	广西：来源于广西南宁市，桂林市。云南：来源于云南景洪市。
豆科 Leguminosae	秃叶红豆	Ormosia nuda（How）R.H.Chang et Q.W.Yao	秃叶亨氏红豆，秃叶花榈木	药用树皮。味辛，性温。活血止痛。用于跌打损伤。	广西：来源于广西南宁市。
	豆薯	Pachyrhizus erosus（L.）Urb.	凉薯，葛薯，沙葛，草瓜茹，番葛，地瓜	药用块根，种子，花。块根，花味甘，性凉，清肺生津，利尿通乳，解酒毒。用于肺热咳嗽，肺痈，中暑烦渴，消渴，乳少，小便不利，种子味涩，微辛，性凉，有大毒，杀虫止痒。用于疥癣，皮肤瘙痒，痈肿。	广西：来源于广西南宁市。云南：来源于云南景洪市。海南：来源于海南万宁市。北京：来源于广西。
	棉豆	Phaseolus lunatus L.	金甲豆，香豆，荷包豆	药用种子。味甘，苦，性平。补血，活血，消肿。用于血虚，胸腹疼痛，跌打肿痛，水肿。	广西：来源于法国。
	菜豆	Phaseolus vulgaris L.	豆角，四季豆，白饭豆	药用荚果。味甘，淡，性平。滋养解热，利尿消肿。用于暑热烦渴，水肿，脚气。	广西：来源于广西南宁市。北京：来源于北京。湖北：来源于湖北恩施。

科名	植物名	拉丁学名	别名	药用部位及功效	保存地及来源
豆科 Leguminosae	毛排钱树	*Phyllodium elegans* (Lour.) Desv.	毛排钱草、钱草尾、毛亚、山甲叶、叠鳞婆、麒	药用全草。味苦、涩，性平。散瘀消积，止血，咳血、咯血，清热利湿。用于跌打瘀肿，慢性肝炎，湿热下痢，小儿疳积，乳痈，瘰疬。	广西：原产于广西药用植物园。海南：不明确。
	长叶排钱草	*Phyllodium longipes* (Craib) Schindl.		药用根及叶。根疏风解表，温中健脾，利尿通淋。用于感冒，胃炎，黄疸型肝炎，痢疾，胆结石，尿路结石，尿路感染。叶用于目赤肿痛，风湿关节痛。	云南：来源于云南勐腊县。
	排钱树	*Phyllodium pulchellum* (L.) Desv.	排钱草、串钱草、猪肚木、木排钱、鲁里（傣语）	药用全草。味淡、苦，性平。有小毒。清热解毒，祛风行水，活血消肿。用于感冒发热，咽喉肿痛，牙痛，风湿痹痛，水肿，臌胀，肝脾肿大，跌打肿痛，毒虫咬伤。	广西：原产于广西药用植物园。云南：来源于云南勐腊县。海南：来源于海南万宁市。北京：来源于北京、云南。
	豌豆	*Pisum sativum* L.	兰豆、麦豆、雪豆	药用种子、荚果、花、嫩茎叶。种子性平。味甘。种子和中下气，通乳利水，解毒。用于消渴，吐逆，泄痢腹胀，霍乱转筋，乳少，脚气水肿，疮痈。用于耳后疮烂。花疗效过，用于咳血、鼻衄，月经过多。嫩枝叶清热解毒，凉血平肝。用于暑热，消渴、高血压，疔毒，疥疮。	广西：来源于广西南宁市。海南：来源于海南万宁市。湖北：来源于湖北恩施。
	水黄皮	*Pongamia pinnata* (L.) Merr.	野豆	药用种子。性寒。有毒。用于疥癣，脓疱，风湿关节痛。	海南：来源于海南万宁市。
	黄雀儿	*Priotropis cytisoides* (Roxb.ex DC.) Wight et Arn.	思茅小扁豆、思茅猪屎豆、金雀猪屎豆	药用根。味甘。微涩，性微温。解毒。补虚。用于急性胃肠炎，扁桃体炎，乳腺炎，肾虚，腰痛，体虚乏力。咽喉炎，利咽。	广西：来源于云南省西双版纳。北京：来源于云南。

（续表）

科名	植物名	拉丁学名	别名	药用部位及功效	保存地及来源
豆科 Leguminosae	四棱豆	Psophocarpus tetragonolobus (L.) DC.		药用根。味微涩，性凉。清热，止痛，通淋，尿急，尿痛。用于咽喉疼痛，牙痛，口腔溃疡，尿急，尿痛。	广西：来源于日本。云南：来源于云南景洪市。海南：来源于海南万宁市。北京：来源于云南。
	补骨脂	Psoralea corylifolia L.	破故纸、川故芷	药用果实。味辛、苦，性温。温肾助阳，纳气，止泻。用于阳痿遗精，遗尿尿频，腰膝冷痛，肾虚作喘，五更泄泻；外用于白癜风，斑秃。	广西：来源于四川省。北京：来源于北京。
	印度紫檀	Pterocarpus indicus Willd.	紫檀、红木	药用心材。味咸，性平。消肿，止血。定痛。用于肿毒，金疮出血。	云南：来源于云南景洪市。海南：来源于海南海口市。
	马拉巴紫檀	Pterocarpus marsupium Ro-xb.	囊状紫檀、奇诺树、吉纳檀	药用树胶、树皮及叶。树胶用于牙痛，外用于疔疮，皮肤病。树皮、叶用于腹泻，收敛。	海南：来源于印度尼西亚。
	檀香紫檀	Pterocarpus santalinus L. (Pterocarpus indicus Willd.)	紫檀香、赤檀、酸枝树	药用木部、心材。味咸，性平。祛瘀和营，止血定痛。用于头痛，心腹痛，恶露不尽，小便淋痛，风毒痈肿，金疮出血。解毒消肿。	广西：来源于广西南宁市。海南：不明确。
	菲律宾紫檀	Pterocarpus vidaliana Ro-lfe.	八重山紫檀		海南：不明确。
	狐尾葛	Pueraria alopecuroides Cr-aib	密花葛	药用根。解表退热，生津止渴，透疹，止泻，杀虫。用于热病初起，发热口渴，泄泻，肠风下血，豆疹初起未透，灭血吸虫尾蚴，钉螺子孓。	云南：来源于景洪市。

科名	植物名	拉丁学名	别名	药用部位及功效	保存地及来源
豆科 Leguminosae	葛	Pueraria lobata (Willd.) Ohwi	野葛、葛根	药用根。味甘、辛，性凉。解肌退热，生津，透疹，升阳止泻，项背强痛，口渴，消渴，泄泻，高血压。用于外感发热头痛，热痢，麻疹不透。	广西：原产于广西药用植物园。海南：来源于海南万宁市。北京：来源于四川南川。湖北：来源于湖北恩施。
	粉葛	Pueraria lobata (Willd.) Ohwi. var. thomsonii (Benth.) van de Maesen	甘葛、葛麻藤	药用部位及功效参阅葛 Pueraria lobata (willd.) Ohwi。	广西：原产于广西药用植物园。海南：来源于海南万宁市。
	苦葛	Pueraria peduncularis (Grah.ex Benth.) Benth.	云南葛藤	药用根。升阳，解表。用于阳痿，感冒。	北京：来源于四川南川。
	三裂叶野葛	Pueraria phaseoloides (Roxb.) Benth.		药用根、花。味甘、辛，性凉。解肌退热，生津止渴，透发麻疹。	海南：不明确。
	密子豆	Pycnospora lutescens (Poir.) Schindl.	假地豆	药用全草。味淡，性凉。利水通淋，消肿解毒。用于砂淋，癃闭，白浊，水肿，无名肿毒。	广西：原产于广西药用植物园。
	鹿藿	Rhynchosia volubilis Lour.	山黑豆、假棉花、老鼠眼	药用茎叶、根。味苦，性平。活血，解毒。用于痛经，瘀血腹痛，瘰疬，疔肿，小儿疳积。	广西：来源于广西马山县。日本：来源于日本。
	雨树	Samanea saman (Jacq.) Merr.		润肺止咳，润肠通便，提浆生津。	海南：来源于海南乐南县尖峰岭。北京：来源于海南。
	田菁	Sesbania cannabina (Retz.) Poir.	向天蜈蚣、小野鹧鸪豆、牙喊散（傣语）	药用叶、根。味甘、微苦，性平。叶清热凉血，用于发热，目赤肿痛，小便淋痛，尿血，毒蛇咬伤。根涩精缩尿，止带，用于下消，遗精，妇女子宫下垂，赤白带下。	广西：来源于广西南宁市。云南：来源于云南景洪市。北京：来源于广西、云南。

科名	植物名	拉丁学名	别名	药用部位及功效	保存地及来源
豆科 Leguminosae	大花田菁	Sesbania grandiflora (L.) Pers.	木田菁、红蝴蝶	药用树皮。味甘、涩，性寒。清热解毒，收湿敛疮。用于疮痈肿毒、湿疹，慢性溃疡。	广西：来源于福建省厦门市。
	宿苞豆	Shuteria involucrata (Wall.) Wight et Arn.	铜钱麻黄	药用根、全草。味苦，性凉。清热解毒，驱风止痛。用于流感、感冒，咳嗽、咽喉炎、扁桃体炎。	云南：来源于普洱市。
	坡油柑	Smithia sensitiva Ait.	敏感施氏豆、田基豆	药用全草。清热，除蒸，消肿。用于小便涩痛、砂淋，毒蛇咬伤，疮疡肿毒，钩端螺旋体病。	海南：来源于海南万宁市。
	苦豆子	Sophora alopecuroides L.	苦豆根	药用全株、根、种子。味苦，性寒。有毒。清肠燥湿，止痛。用于湿热痢疾、肠炎泄泻、黄疸、湿疹、咽痛、牙痛，顽癣。	广西：来源于宁夏银川市。
	白刺花	Sophora davidii (Franch.) Skeels	苦刺	药用根、花、果实及叶。味苦，性凉。清热，凉血，消肿，解毒。用于咽喉肿痛、胃痛、腹痛，水肿，便血，尿血。	广西：来源于云南省昆明市。
	苦参	Sophora flavescens Ait.	地槐、苦槐、流产草、牛人参	药用根。味苦，性寒。清热燥湿，杀虫，利尿。用于热痢、便血、黄疸尿闭，赤白带下，阴肿阴痒，湿疹，皮肤瘙痒、疥癣麻风；外用于滴虫性阴道炎。	广西：来源于日本。海南：来源于北京药用植物园。北京：来源于四川南川。湖北：来源于湖北恩施。
	毛苦参	Sophora flavescens Ait. var. kronei (Hance) C.Y.Ma		药用部位及功效参阅苦参 Sophora flavescens Ait.	云南：来源于云南省西双版纳。
	槐	Sophora japonica L.	槐花树	药用花、花蕾、果实、嫩枝。味苦，性微寒。凉血止血，清肝泻火。用于便血、痔血、血痢、崩漏、吐血、肝热目赤，头痛眩晕。	广西：来源于广西南宁市。北京：来源于北京。

科名	植物名	拉丁学名	别名	药用部位及功效	保存地及来源
豆科 Leguminosae	越南槐	Sophora tonkinensis Gagnep.	山豆根、广豆根	药用根、根状茎。味苦，性寒。有毒。清热解毒，消肿利咽。用于火毒蕴结，咽喉肿痛，齿龈肿痛。	广西：来源于广西那坡县。北京：来源于广西。
	鹰爪豆	Spartium junceum L.		药用花、种子。用做通便药。	广西：来源于法国。
	红血藤	Spatholobus sinensis Chun et T.Chen	中华密花豆	药用茎藤。味甘，性温。补血，活血。用于贫血，闭经，月经不调，疼痛。	广西：来源于广西隆安县。
	密花豆	Spatholobus suberectus Dunn	鸡血藤、九层风、三叶鸡血藤	药用藤茎。味苦，甘，性温。补血，活血，通络。用于月经不调，血虚萎黄，麻木瘫痪，风湿痹痛。	广西：来源于广西靖西县。云南：来源于云南景洪市。
	圭亚那柱花草	Stylosanthes guianensis (Aubl.) Sw.	牧草		海南：来源于海南万宁市。
	蔓茎葫芦茶	Tadehagi triquetrum (L.) Ohashi subsp. pseudotriquetrum (DC.) Ohashi	龙舌黄、一条根、麻草	药用部位及功效参阅葫芦茶 Tadehagi triquetrum (L.) Ohashi。	广西：原产于广西药用植物园。云南：来源于云南景洪市。
	葫芦茶	Tadehagi triquetrum (L.) Ohashi	百劳舌、牛虫草、懒狗舌、田刀柄、咸鱼草、蒲虫草、丹火马（傣语）	药用枝叶、根。枝叶味苦，涩，性凉。清热解毒，利湿退黄，消积杀虫。用于中暑烦渴，感冒发热，咽喉肿痛，肺病，痢疾，黄疸，泄泻，肾炎，风湿，咳血，小儿疳积，钩虫病，疥疮。根味微苦，辛，性平。清热止咳，拔毒散结。用于风热咳嗽，肺痈，痈肿，瘰疬，黄疸。	广西：原产于广西药用植物园。云南：来源于云南景洪市。海南：来源于海南万宁市。北京：来源于广西。

科名	植物名	拉丁学名	别名	药用部位及功效	保存地及来源
豆科 Leguminosae	白灰毛豆	*Tephrosia candida* Roxb. DC.	短萼灰叶	药用叶。毒鱼，杀虫。	广西：来源于云南省。
	灰毛豆	*Tephrosia purpurea*（L.）Pers.	红花灰叶、灰叶豆、野蓝	药用全株。味微苦，性凉。解表，健脾，行气止痛。用于风热感冒，消化不良，腹胀腹痛，慢性胃炎；外用于湿疹，皮炎。	海南：来源于海南万宁市。
	黄灰毛豆	*Tephrosia vestita* Vogel			海南：来源于海南万宁市。
	杂种车轴草	*Trifolium hybridum* L.	杂三叶、金花草	药用种子。用于各种肿痛。	广西：来源于法国。
	红车轴草	*Trifolium pratense* L.	红菽草、红三叶、红荷兰翘摇	药用花序，带花枝叶。味甘、苦，性微寒。清热止咳，散结消肿。用于感冒咳嗽，硬肿，烧伤。	广西：来源于德国、荷兰。湖北：来源于湖北恩施。
	白车轴草	*Trifolium repens* L.	菽草翘摇、三消草、白花苜蓿、白三叶草	药用全草。味微甘，性平。清热，凉血，宁心。用于癫痫，痔疮出血，硬结肿块。	广西：来源于法国。湖北：来源于湖北恩施。
	蓝胡芦巴	*Trigonella coerulea* Ser.		温肾，祛寒，止痛。	北京：来源于保加利亚。
	胡芦巴	*Trigonella foenum-graecum* L.	香草、香豆	药用种子。味苦，性温。温肾阳，逐寒湿。用于寒疝，腹胁胀满，肾虚腰痛，阳痿遗精，腹泻。	广西：来源于河北省安国市。北京：来源于北京、保加利亚。
	猫尾草	*Uraria crinita*（L.）Desv.	虎尾轮、猫尾射、千斤拔	药用全草。味甘、微苦，性平。清肺止咳，散瘀止血。用于肺热咳嗽，肺痈，肺痿，咳血，吐血，子宫脱垂，脱肛，尿血，外伤出血。	广西：原产于广西药用植物园；北京：来源于广西。
	长穗猫尾草	*Uraria crinita*（L.）Desv. ex DC. var. *macrostachya* Wall.	布狗尾、防虫草、猫上树	药用枝叶。味涩，性凉。杀虫，消积，清热，止血，吐血，咯血，尿血，外伤出血，小儿疳积，丝虫病。	广西：原产于广西药用植物园。

（续表）

科名	植物名	拉丁学名	别名	药用部位及功效	保存地及来源
	狸尾豆	*Uraria lagopodioides*（L.）Desv.	狸尾草、大叶兔尾草、狐狸尾	药用全草。味甘、淡，性平。清热解毒，散结消肿，利水通淋。用于感冒，小儿肺炎，黄疸，腹痛腹泻，瘰疬，痈疮肿毒，毒蛇咬伤，砂淋尿血。	广西：原产于广西药用植物园。海南：来源于海南省宁市。
	美花狸尾豆	*Uraria picta*（Jacq.）Desv. ex DC.	美花兔尾草、牵筋草、猫尾风	药用枝叶、根。味甘，性平。枝叶散寒除湿。用于感冒发热，肌肉酸痛。根平肝和胃。用于头晕，安神。用于头晕，食欲不振，心烦不宁。	广西：来源于广西宁明县。
	广布野豌豆	*Vicia cracca* L.	蓝花草、肥田草、落豆秧、草藤	药用全草。味辛、苦，性温。祛风除湿，活血消肿，解毒止痛。用于风湿痹痛，肢体痿废，跌打肿痛，湿疹，疮毒。	广西：来源于广西凌云县。湖北：来源于湖北恩施。
豆科 Leguminosae	蚕豆	*Vicia faba* L.	南豆、罗汉豆	药用茎、叶、花、豆荚及种子。茎止血，止泻，用于各种内出血，水泻，烫伤；叶味微甘，性温，用于肺痨咯血，消化道出血，外疮出血。花味甘，性平。凉血，止血。用于咳血，鼻衄，血痢，带下病，高血压症。豆荚利尿渗湿用于水肿，天疱疮，黄水疮。种子味甘，性平。健脾，利湿。用于膈食，水肿。	湖北：来源于湖北恩施。
	假香野豌豆	*Vicia pseudo-orobus* Fisch.et C.A.Mey.	芦豆苗、大叶野豌豆、槐条花	药用全草。清热解毒。用于风湿，毒疮。	北京：来源于辽宁千山。
	野豌豆	*Vicia sativa* L.	大巢菜	药用全草。味辛，性平。清热解毒，活血祛瘀。用于黄疸，浮肿，疟疾，鼻衄，心悸，梦遗，月经不调。	湖北：来源于湖北恩施。

226

科名	植物名	拉丁学名	别名	药用部位及功效	保存地及来源
豆科 Leguminosae	歪头菜	*Vicia unijuga* A.Br.	两叶豆苗、草豆、山豌豆	药用全草。味甘，性平。补虚，调肝，利尿，解毒。用于虚劳，头晕，胃痛，浮肿，疔疮。	广西：来源于北京市。
	赤豆	*Vigna angularis* (Willd.) Ohwi et Ohashi	赤小豆、红小豆	药用种子。味甘，酸，性平。利水消肿，解毒排脓。用于水肿胀满，脚气肢肿，黄疸尿赤，风湿热痹，痈肿疮毒，肠痈腹痛。	广西：来源于四川省成都市。海南：来源于海南省宁市。
	蒙戈豇豆	*Vigna mungo* (L.) Hepper		药用干种子。磨成干粉，提取物作成外用制剂，预防和治疗色素沉着，色斑、雀斑。斯里兰卡用于蝎蜇伤。	广西：来源于法国。
	绿豆	*Vigna radiata* (L.) Wilczek		药用种子。味甘，性寒。清热，消暑，利水，解毒。用于暑热烦渴，感冒发热，霍乱吐泻，痰热哮喘，头痛目赤，口舌生疮，水肿尿少，疮疡痈肿，丹毒，药物及食物中毒。	广西：来源于广西南宁市。海南：来源于海南万宁市。
	赤小豆	*Vigna umbellata* (Thunb.) Ohwi et Ohash	米豆、饭豆、竹豆	药用种子。味甘，酸，性平。利水消肿，解毒排脓。用于水肿胀满，脚气肢肿，黄疸尿赤，风湿热痹，痈肿疮毒，肠痈腹痛。	广西：来源于四川省成都市。海南：不明确。
	豇豆	*Vigna unguiculata* (L.) Walp.	豆角、腰豆、浆豆	药用种子。荚壳，叶，根。味甘，咸，性平。健脾利湿，补肾涩精。用于脾胃虚弱，泄泻痢疾，吐逆，肾虚腰痛，遗精，消渴，白带，白浊，小便频数。	广西：来源于广西南宁市。海南：不明确。北京：来源于北京。湖北：来源于湖北恩施。

科名	植物名	拉丁学名	别名	药用部位及功效	保存地及来源
豆科 Leguminosae	野豇豆	Vicia vexillata (L.) A. Rich.	山豆	药用根。味甘，苦，性微凉。补中益气，清热解毒。	海南：来源于海南万宁市。
	多花紫藤	Wisteria floribunda (Willd.) DC.		药用根，茎皮，花。根用于水癥病，筋骨疼痛。种子缓泻，花解毒驱虫，止吐泻。	广西：来源于日本。
	紫藤	Wisteria sinensis (Sims) Sweet	葛萝树，绞藤	药用茎或茎皮，根，种子。性温，有小毒，除痹，杀虫，利水。关节疼痛，腹痛吐泻，肠寄生虫病。	广西：来源于云南省昆明市，江苏省南京市。 海南：来源于广西药用植物园。 北京：来源于杭州。
	丁癸草	Zornia gibbosa Spanog.	人字草，金线吊虾蟆，敷地草，苍蝇草	药用全草。味甘，性凉。清热解表，凉血解毒，除湿利尿。用于风热感冒，咽痛，目赤，乳痈，疔疮肿毒，毒蛇咬伤，黄疸，泄泻，痢疾，小儿疳积。	广西：原产于广西药用植物园。 海南：来源于海南万宁市。
酢浆草科 Oxalidaceae	酸阳桃	Averrhoa bilimbi L.	三酸子，三稔	药用果实，花，叶。果实收敛，健胃。叶用于梅毒，皮肤瘙痒，耳下腺炎，关节炎，小丘疹。花用于咳嗽，鹅口疮。	海南：来源于海南万宁市。
	阳桃	Averrhoa carambola L.	杨桃，三敛子，五敛子，羊桃，五酸梭，五角梨	药用果实，花，叶，根。果实味酸，甘，性寒。生津，利尿，解毒。用于风热咳嗽，酒渴，烦渴，石淋，口糜，牙痛，止痛。花味甘，解毒，杀虫。用于寒热往来，疟疾，漆疮，疥癣。叶味涩，清热解毒，利湿，小便不利，产后浮肿，痈疽肿毒，漆疮，跌打肿痛，根味酸，涩，性平。祛风除湿，行气止痛，用于风湿痹痛，骨节风，瘫缓不遂，慢性头风，心胃气痛，遗精，白带。	广西：来源于广西南宁市。 云南：来源于云南省景洪市。 海南：来源于海南万宁市。

科名	植物名	拉丁学名	别名	药用部位及功效	保存地及来源
	感应草	Biophytum sensitivum (L.) DC.	罗伞草，一把伞，小礼花，还生命草，还魂草	药用全草。味甘，微苦，性平。化痰定喘，消积利水。用于肾虚，失眠，安胎，脱肛，阴挺；外敷黄水疮，蛇咬水丹。	广西：来源于广西苍梧县。 海南：来源于海南万宁市。
	山酢浆草	Oxalis acetosella L.	酸酢浆草，三块瓦	药用全草。味酸，微辛，性平。活血化瘀，清热解毒。用于小便淋病，痔痛，脱肛，无名肿毒，跌打损伤，蛇虫咬伤，疥癣。	北京：来源于北京。
	大花酢浆草	Oxalis bowiei Lindl.		药用部位及功效参阅酢浆草 Oxalis corniculata L.。	北京：来源于北京。
酢浆草科 Oxalidaceae	酢浆草	Oxalis corniculata L.	酸箕，三叶酸草，酸迷迷草，酸浆草，酸酸酸，米香嘎（傣语）	药用全草。味酸，性寒。清热利湿，凉血散瘀，解毒消肿。用于湿热泄泻，痢疾，黄疸，淋证，带下，吐血，衄血，尿血，月经不调，咽喉肿痛，跌打损伤，痈肿疔疮，丹毒，湿疹，疥癣痔，麻疹，烫火伤，蛇虫咬伤。	广西：原产于广西药用植物园。 云南：来源于云南景洪市。 海南：来源于海南万宁市。 北京：来源于浙江杭州。 湖北：来源于湖北恩施。
	红花酢浆草	Oxalis corymbosa DC.	铜锤草，大酸味草，大叶酢浆草，三夹莲，红花酸浆草	药用全草。味酸，解毒，性寒。散瘀消肿，清热利湿。用于跌打损伤，月经不调，咽喉肿痛，水泻，痢疾，痈肿疮疖，烧烫伤。用于小儿肝热，惊风。	广西：原产于广西药用植物园。 云南：来源于云南景洪市。 海南：来源于广西药用植物园。 北京：来源于南川。 湖北：来源于湖北恩施。
	白花酸浆草	Oxalis griffithii Edegw. et Hook.f.	飞天蛾	药用全草。味淡，微辛，性平。清热利尿，解毒消肿，咳嗽痰喘。用于目赤红痛，小儿咳喘。	湖北：来源于湖北恩施。
	直酢浆草	Oxalis stricta L.	酸溜溜，扭伤草	药用全草。味苦，性寒。有小毒。清热消肿，止痛，丝虫病，杀虫，祛痰。用于淋症。外用于跌打损伤，肿毒，疥癣，烫伤。	北京：来源于北京。
	紫酢浆草	Oxalis violacea L.	紫花酢浆草	药用叶。消肿，疔疮。	广西：来源于福建省厦门市。

科名	植物名	拉丁学名	别名	药用部位及功效	保存地及来源
牻牛儿苗科 Geraniaceae	老鹳草	Geranium wilfordii Maxim.	鸭脚草	药用全草。味辛，苦，性平。祛风湿，通经络，止泻利。用于风湿痹痛，麻木拘挛，筋骨酸痛，泄泻，痢疾。	湖北：来源于湖北恩施。
	洋香葵	Pelargonium capitatum Ait.		药用茎叶蒸馏所得挥发油。用于咳嗽，肋膜炎，呼吸器官疾患。	广西：来源于美国。
	香叶天竺葵	Pelargonium graveolens L' Herit.	香叶、香艾、香叶草、香水花	药用茎叶。味辛，性温。祛风除湿，杀虫。用于风湿痹痛，疝气，阴囊湿疹，疥癣。	广西：来源于广西南宁市。海南：来源于广西热带作物所。北京：来源于北京。
	天竺葵	Pelargonium hortorum Ba-iley	石蜡红、月月红、木海棠	药用花。味苦，涩，性凉。清热解毒。用于中耳炎。	广西：来源于广西南宁市。北京：来源于北京。湖北：来源于湖北恩施。
	茸毛天竺葵	Pelargonium tomentosum Ja-cq.		药用挥发油。含有异薄荷酮，胡椒酮、柠檬烯。	广西：来源于荷兰。
	塊牛儿苗	Erodium stephanianum Wi-lld.		药用地上部分。味辛，苦，性平。祛风湿，通经络，止泻痢。用于风湿痹痛，麻木拘挛，筋骨酸痛，泄泻，痢疾。	北京：来源于北京。
	野老鹳草	Geranium carolinianum L.		药用部位及功效参阅老鹳草 Geranium wilfordii Maxim.。	广西：湖北：来源于湖北恩施。
	血风愁 老鹳草	Geranium henryi R. Knuth		药用全草。清热解毒，驱风活血。用于咽喉痛，筋骨酸痛，四肢发麻。	湖北：来源于湖北恩施。

科名	植物名	拉丁学名	别名	药用部位及功效	保存地及来源
牻牛儿苗科 Geraniaceae	柔毛老鹳草	*Geranium molle* L.		收藏于《英汉医学词汇》。	广西：来源于法国。
	尼泊尔老鹳草	*Geranium nepalense* Sweet	老鹳草、短嘴老鹳草、五叶草	药用全草。味苦、微辛，性平。祛风通络，活血，清热利湿。用于风湿痹痛，肌肤麻木，筋骨酸楚，跌打损伤，泄泻，痢疾，疮毒。	广西：来源于广西那坡县。
	草地老鹳草	*Geranium pratense* L.	草原老鹳草、红根草	药用全草、根、根茎。全草消炎止血，祛风湿，通经活络。用于咯血，胃痛，风湿性关节炎，肾结核尿血，痢疾，肠炎。根、根茎清热消肿。用于肿炎，传染病发烧，感冒，水肿。	广西：来源于德国。
	汉荭鱼腥草	*Geranium robertianum* L.	纤细老鹳草、猫胸印	药用全草。味苦、微辛，性平。祛风除湿，解毒消肿。用于风湿痹痛，麻疹，扭挫损伤，疮疖痈肿，子宫脱垂。	广西：来源于荷兰。
	血红老鹳草	*Geranium sanguineum* L.		药用全草。全草收敛，止血。用于坏疽性溃疡。根收敛，强壮。	广西：来源于法国。
	童氏老鹳草	*Geranium thunbergii* Sieb.et Zucc.		药用叶。富含鞣质。日本用做治疗肠道疾病的药物。	广西：来源于日本。
	鼠掌老鹳草	*Geranium sibiricum* L.		药用全草。祛风止泻，收敛。用于风湿关节痛，痢疾泻下，疮口不收。	北京：来源于浙江、北京。
	家天竺葵	*Pelargonium domesticum* Bailey		收敛，止血，健脾，祛湿。	北京：来源于北京中山公园。
	盾叶天竺葵	*Pelargonium peltatum* (Limn.) Ait.		行气止痛，消肿解毒，清热化痰，止咳降气。	北京：来源于北京。

科名	植物名	拉丁学名	别名	药用部位及功效	保存地及来源
旱金莲科 Tropaeolaceae	旱金莲	*Tropaeolum majus* L.	金莲花、旱莲花	药用全草。味辛，性凉，无毒。清热解毒，凉血止血。用于目赤肿痛，疮疖，吐血，咯血。	广西：来源于广西南宁市。北京：来源于北京。
蒺藜科 Zygophyllaceae	蒺藜	*Tribulus terrestris* L.	刺蒺藜	药用果实。味苦、辛，性微温。平肝解郁，活血祛风，明目，止痒。用于头痛眩晕，胸胁胀痛，乳闭乳痈，目赤翳障，风疹瘙痒。	广西：来源于广西百色市。海南：来源于海南陵水市。北京：来源于北京。
	骆驼蹄瓣	*Zygophyllum fabago* L.	豆叶霸王	药用根。味辛，性凉。止咳化痰，止痛消炎。用于咳嗽痰喘，感冒，牙痛，顽固性头痛。	北京：来源于原苏联。
亚麻科 Linaceae	野亚麻	*Linum stelleroides* Planch.	山胡麻、疗毒草、黄花香草、野胡麻	药用种子。味甘，性平。养血润燥，祛风解毒。用于血虚便秘，皮肤瘙痒，疮痈肿毒。	北京：来源于辽宁千山。
	宿根亚麻	*Linum perenne* L.	豆麻	药用花、果。味淡，性平。通经活血。用于血瘀经闭。	广西：来源于日本东京。北京：来源于保加利亚。
	亚麻	*Linum usitatissimum* L.	亚麻子	药用成熟种子。味甘，性平。润燥，祛风。用于肠燥便秘，皮肤干燥瘙痒，毛发枯萎脱落。	广西：来源于四川南川。北京：来源于北京。
	石海椒	*Reinwardtia indica* Dumort.	迎春柳、过山青、黄花香草	药用嫩枝叶。味甘，性寒。清热利尿。用于小便不利，肾炎，黄疸型肝炎。	广西：来源于广西桂林市。云南：来源于云南勐腊县。
	米念芭	*Turpizia ovoidea* Chun et How ex W.L.Sha	白花柴、石银花	药用枝叶。味微甘，性平。用于风湿性关节炎，舒筋通络，慢性肝炎，散瘀止痛，跌打瘀痛，骨折，外伤出血。	广西：来源于广西靖西县。
金虎尾科 Malpighiaceae	倒心盾翅藤	*Aspidopterys obcordata* He-msl.	嘿盖贲（傣语）	药用根、藤。味涩，性温。消炎利尿，清热排石。用于尿路感染，泌尿系结石，风湿骨痛，产后体虚，食欲不振。	云南：来源于云南景洪市。

科名	植物名	拉丁学名	别名	药用部位及功效	保存地及来源
金虎尾科 Malpighiaceae	风筝果	Hiptage benghalensis (L.) Kurz	风车藤	药用藤茎。味涩、微苦，性温。温肾益气，涩精止遗。用于肾虚阳痿，遗精，尿频，自汗盗汗，风寒湿痹。	广西：来源于云南。
	西印度樱桃	Malpighia glabra L.		药用果。抗环血酸，补充维C各症状，预防感冒。	云南：来源于云南景洪市。
古柯科 Erythroxylaceae	古柯	Erythroxylum coca Lam.	爪哇古柯、古加、高柯、高根	药用叶。味苦、涩，性温。提神，补肾助阳，镇痛，强壮，局部麻醉，肾虚遗精，梦遗，滑泄，各种疼痛。水用做兴奋剂，强壮剂，并作为提取古柯碱的原料。	广西：来源于海南。云南：来源于印尼。海南：不明确。北京：来源于海南。
	东方古柯	Erythroxylum sinense C.Y.Wu		药用叶。味微苦、涩，性温。定喘，止痛，恢复疲劳。用于哮喘，骨折疼痛，疟疾，劳累。	广西：来源于广西金秀县。
粘木科 Ixonanthaceae	粘木	Ixonanthes chinensis Champ.			海南：来源于海南万宁市。
大戟科 Euphorbiaceae	铁苋菜	Acalypha australis L.	铁苋、蚌壳草、血见愁	药用全草。味苦、涩，性凉。清热利湿，凉血解毒，消积。用于痢疾，泄泻，吐血，衄血，便血，小儿疳积，痈疖疮疡，皮肤湿疹。	广西：原产于广西药用植物园。海南：来源于海南万宁市。北京：来源于北京。
	红穗铁苋菜	Acalypha hispida Burm.f.	狗尾红、长穗铁苋菜	药用花、叶、根、树皮。花、叶、根皮收敛。用于溃疡病，腹泻，吐血。树皮泻。用于哮喘。	广西：来源于广东省深圳市。海南：来源于海南万宁市。
	印度铁苋菜	Acalypha indica L.	印度人苋	药用全株。祛痰，利尿，缓泻，用于支气管炎，喘息症，肺炎，耳炎。用于疥癣，痛风，毒虫咬伤。嫩枝叶驱虫。	海南：来源于海南万宁市。
	麻叶铁苋菜	Acalypha lanceolata Willd.	光茎铁苋菜、细叶人苋	药用枝叶。用于肺结核吐血。	海南：来源于海南万宁市。
	银边红桑	Acalypha wikesiana cv. Ob-ovata			海南：来源于海南万宁市。

科名	植物名	拉丁学名	别名	药用部位及功效	保存地及来源
	金边红桑	Acalypha wilkesiana Muell. Arg.cv.marginata		药用叶。味微苦，性凉。清热，凉血，止血。用于牙龈出血，紫癜，再生障碍性贫血，咳嗽，血小板降低，暑热。	海南：来源于海南万宁市。
	红桑	Acalypha wilkesiana Muell.Arg.	木本金线连	药用部位及功效参阅金边红桑 Acalypha wilkesiana Muell. Arg. cv. marginata。	广西：来源于广西南宁市。云南：来源于云南景洪市。海南：来源于海南万宁市。北京：来源于北京。
	喜光花	Actephila merrilliana Chun			海南：来源于海南万宁市。
	羽脉山麻杆	Alchornea rugosa (Lour.) Muell.-Arg.	三稔蒟，苦茶，山麻杆	药用嫩枝叶。接骨生肌。用于跌打损伤，骨折，外伤不愈。	海南：来源于海南万宁市。
大戟科 Euphorbiaceae	红背山麻杆	Alchornea trewioides (Benth.) Muell.-Arg.	红背叶、红丹树	药用叶及根。味甘，性凉。清热利湿，凉血解毒，杀虫止痒。用于痢疾，热淋，石淋，血尿，崩漏，带下，风疹，湿疹，疥癣，龋齿痛，褥疮。	广西：来源于广西邕宁县。海南：来源于海南万宁市。
	石栗	Aleurites moluccana (L.) Willd.	黑桐油树	药用成熟种子和叶。种子味甘，有小毒。活血，润肠。用于闭经，便秘。叶味微苦，性寒。有小毒。用于闭经，通经，止血。金疮出血，肠燥。	广西：来源于广西南宁市。云南：来源于云南景洪市。海南：来源于海南万宁市。
	西南五月茶	Antidesma acidum Retz.	假南五月茶、二药五月茶	药用叶。收敛止泻，活血。	云南：来源于云南勐腊县。
	五月茶	Antidesma bunius (L.) Spreng.	污糟树，酸味树	药用根、叶或果。味酸，性平。健脾，生津，活血，解毒。用于食少泄泻，津伤口渴，跌打损伤，痈肿疮毒，咳嗽口渴。	广西：来源于广西凭祥市。云南：来源于云南勐腊县。海南：来源于海南万宁市。

科名	植物名	拉丁学名	别名	药用部位及功效	保存地及来源
	方叶五月茶	Antidesma ghaesembilla Gaertn.	四边木，旱禾木	药用茎，叶。茎通经。用于月经不调。叶拔脓止痒。用于小儿头疮。	广西：来源于广西邕宁县。云南：来源于云南景洪市。海南：来源于海南万宁市。
	日本五月茶	Antidesma japonicum Sieb. et Zucc.	酸咪子，禾串果	药用全株，根。全株祛风湿，叶、根止泻，生津。用于食欲不振，胃脘痛，痈疮肿毒，吐血。	广西：原产于广西药用植物园。
	山地五月茶	Antidesma montanum Bl.			海南：来源于海南万宁市。
	银柴	Aporusa dioica (Roxb.) Muell.Arg.	大沙叶，厚皮稔	药用叶。拔毒生肌。用于痈疮肿毒。	海南：来源于海南万宁市。
	毛银柴	Aporusa villosa (Lindl.) Baill.	南罗米，毛大沙叶	药用全株。用于麻风。	海南：来源于海南万宁市。
	云南银柴	Aporusa yunnanensis (Pax et Hoffm.) Metc.	云南大沙叶，橄榄树，舔糖树		海南：来源于海南万宁市。
大戟科 Euphorbiaceae	木奶果	Baccaurea ramiflora Lour.	枝花木奶果，铁东木，麦穗，屙尿酸，三丫果，锅麻飞（傣语）	药用果实，茎木或皮。果实祛湿解毒，用于香港脚，稻田皮炎。茎木或皮止咳定喘，健脾补虚。用于咳嗽，产后消瘦，恶露不尽，食欲减退。	广西：来源于云南省西双版纳。云南：来源于云南景洪市。海南：来源于海南万宁市。北京：来源于海南。
	散微籽	Baliospermum effusum Pax et Hoffm.	抱冬电（傣语）	药用根，皮，叶。气微苦，涩，性平。根除风解毒，通气活血。用于跌打损伤，骨折，风湿骨痛，肢体麻木，胃脘胀满，助助作痛，黄疸病，蛔虫症。	云南：来源于云南景洪市。
	山微籽	Baliospermum montanum (Willd.) Muell.-Arg.	斑仔，括帮（傣语）	药用种子。味辛，性温，大毒。泻下祛积，逐水消肿。用于冷积凝滞，胸膜胀满急痛，血痕，痰癖，泻痢，喉痹，水肿；外用于喉风，恶疮疥癣。	云南：来源于云南勐腊县。

科名	植物名	拉丁学名	别名	药用部位及功效	保存地及来源
	秋枫	Bischofia javanica Bl.	万年青树、梁木、秋枫、红桐、水加、大果重阳木、埋皮（傣语）	药用根、叶、树皮。根、树皮味辛、涩，性凉。祛风除湿，化瘀消积。用于风湿骨痛，噎膈，反胃，痢疾。叶味苦、涩，性凉。反胃，解毒散结。用于噎膈，传染性肝炎，小儿消积，疮疡。	广西：来源于广西邕宁县。云南：来源于云南景洪市。海南：来源于海南万宁市。北京：来源于广西临桂。
	重阳木	Bischofia polycarpa（Lévl.）Airy-Shaw	乌杨、水枧木	药用部位及功效参阅秋枫 Bischofia javanica Bl.。	广西：来源于广西邕宁县。
	留萼木	Blachia pentzii（Muell.-Arg.）Benth.	柏启木		海南：来源于海南万宁市。
大戟科 Euphorbiaceae	黑面神	Breynia fruticosa（L.）Hook.f.	青丸木、狗脚刺、鬼画符、黑面神树、帕弯藤（傣语）	药用嫩枝叶、根。味微苦，性凉。有毒。清热祛湿，凉血解毒。用于腹痛吐泻，湿疹，缠腰火丹，皮炎，漆疮，风湿痹痛，产后乳汁不通，阴痒。	广西：原产于广西药用植物园。云南：来源于云南景洪市。海南：来源于海南万宁市。北京：来源于海南。
	广西黑面神	Breynia hyposaurop Croiz.	红子仔、节节红花、小黑面叶	药用根。味苦，性寒。清热解毒，消肿止痛。用于感冒发烧，咳嗽，泄泻，蛇咬伤，跌打肿痛。	云南：来源于云南勐腊县。
	跳八丈	Breynia retusa（Dumst.）Alston	地石榴、小柿子、牙万荚（傣语）	药用根、叶。止血止痛，用于月经过多，痛经，带下，痢疾，感冒发热，预防流脑，乳蛾。味苦、涩，性凉。清热解毒，崩漏，咽喉痛。	云南：来源于云南勐腊县。
	喙果黑面神	Breynia rostrata Merr.	尾叶黑面神、小面瓜	药用根、叶。止血止痛，用于感冒发热，乳蛾，咽喉痛，痢疾，崩漏，带下病，痛经，吐泻，用于外伤出血，疮疖，湿疹，皮肤瘙痒，烧伤。味苦、涩，性凉。清热解毒。	海南：来源于海南万宁市。

科名	植物名	拉丁学名	别名	药用部位及功效	保存地及来源
	小叶黑面神	*Breynia vitis-idaea* (Burm. f.) C.E.C.Fisch.	红子仔、鼠李、状山漆茎、一叶一枝花	药用全株或根。味苦，性寒，解毒。用于外感发热、蛇伤，风湿骨痛，跌打损伤，清热，泻，燥湿，泄，咳喘，痉疬。	广西：原产于广西药用植物园。
	尖叶土蜜树	*Bridelia insulana* Hance	禾串树、禾川树、猪牙木	药用根、叶。根用于骨折、跌打损伤，叶化痰止咳。用于支气管炎。	广西：来源于广西龙州县 海南：来源于海南屯昌树木园 云南：来源于云南勐腊县。
	土蜜藤	*Bridelia stipularia* (L.) Bl.	大串连果、狗舌果	药用根、茎、叶。性平，安神，清热解毒，消炎止泻，味浓。用于神经衰弱，月经不调，根、茎、叶用于食物中毒。果催吐，解毒。	云南：来源于云南勐腊县。
大戟科 Euphorbiaceae	土蜜树	*Bridelia tomentosa* Bl.	逼迫子、猪牙木、朴锅树	药用茎叶、根。味浓，微苦，性平，叶清热，败毒。用于疔疮，狂犬咬伤，失眠，月经不调。根宁心，安神，调经。	广西：原产于广西药用植物园 云南：来源于云南景洪市 海南：来源于海南万宁市。
	肥牛树	*Cephalomappa sinensis* (Chun et How) Kosterm.	肥牛木	药用叶。用于痈疮肿毒。	广西：来源于广西桂林市。
	白桐树	*Claoxylon indicum* (Reinw. ex Bl.) Hassk.	丢丁棒、威鱼头	药用根、叶。味苦、辛，性微温。有小毒。祛风除湿，散瘀止痛。用于风湿麻痹痛，跌打肿痛，脚气水肿，烫伤及外伤出血。	广西：来源于广西南宁市 海南：来源于海南万宁市。
	蝴蝶果	*Cleidiocarpon cavaleriei* (Lévl.) Airy Shaw	山板栗	药用果壳、种子。外用于烧、烫伤，疮毒。	广西：来源于广西南宁市。

（续表）

科名	植物名	拉丁学名	别名	药用部位及功效	保存地及来源
	棒柄花	*Cleidion brevipetiolatum* Pax et Hoffm.	大树三台、三合花	药用树皮。味苦，性寒。消炎解表，利湿解毒，通便。用于感冒，急慢性肝炎，痔疮，脱肛，阴挺，月经过多，产后出血，疝气，便秘；外用于疮，疖。	广西：来源于广西桂林市。
	闭花木	*Cleistanthus sumatranus* (Miq.) Muell.-Arg.	火炭木、闭花、尖叶闭花木、尾叶木	药用叶。味苦，性凉。解毒，止咳，润肺。民间用于硅沉着病（矽肺），苯中毒。	广西：来源于广西崇左县。云南：来源于云南景洪市。海南：来源于海南万宁市。
	变叶木	*Codiaeum variegatum* (L.) Bl.	洒金榕	药用叶、根。味苦，性寒。有毒。散瘀消肿，清热理肺。用于跌打肿痛，肺热咳嗽。	云南：来源于云南景洪市。海南：来源于海南万宁市。
大戟科 Euphorbiaceae	细叶变叶木	*Codiaeum variegatum* (L.) Bl.var.pictum	细叶洒金榕	药用叶。有毒。散瘀消肿，清热理肺。用于发热咳嗽，烫火，小儿泌尿系统疾患，跌打损伤，痈疽肿毒，毒蛇咬伤。	广西：来源于广西南宁市。海南：来源于海南万宁市。北京：来源于北京植物园。
	长叶变叶木	*Codiaeum variegatum* (L.) Rumph.ex A.Juss.f.ambiguum		药用部位及功效参阅变叶木 *Codiaeum variegatum* (L.) Bl.。	广西：来源于广西南宁市。
	母子变叶木	*Codiaeum variegatum* (L.) Rumph.ex A.Juss.f.appendiculatum		药用部位及功效参阅变叶木 *Codiaeum variegatum* (L.) Bl.。	广西：来源于广西南宁市。
	角叶变叶木	*Codiaeum variegatum* (L.) Rumph.ex A.Juss.f.cornutum		药用部位及功效参阅变叶木 *Codiaeum variegatum* (L.) Bl.。	广西：来源于广西南宁市。
	扭叶变叶木	*Codiaeum variegatum* (L.) Rumph.ex A.Juss..crispum		药用部位及功效参阅变叶木 *Codiaeum variegatum* (L.) Bl.。	广西：来源于广西南宁市。

科名	植物名	拉丁学名	别名	药用部位及功效	保存地及来源
	戟叶变叶木	Codiaeum variegatum（L.）Rumph.ex A.Juss.f.lobatum		药用部位及功效参阅变叶木 Codiaeum variegatum（L.）Bl.。	广西：来源于广西南宁市。
	宽叶变叶木	Codiaeum variegatum（L.）Rumph.ex A.Juss.f.platyphyllum		药用部位及功效参阅变叶木 Codiaeum variegatum（L.）Bl.。	广西：来源于广西南宁市。
	大变叶木	Codiaeum variegatum（L.）Rumph. ex A. Juss. var. lobatum Pax.		清热理肺，散瘀消肿。	北京：来源于北京植物园。
	蜂腰变叶木	Codiaeum interruptum Bail.	蜂腰酒金榕	药用叶。散瘀消肿。	海南：来源于海南万宁市。
大戟科 Euphorbiaceae	银叶巴豆	Croton cascarilloides Raeusch.	叶下白	药用根。祛风，壮筋骨。用于瘰疬，咽喉肿痛，疟疾。外用于风湿性骨痛。	海南：来源于海南万宁市。
	石山巴豆	Croton euryphyllus W.W.Smith		药用根。用于风湿骨痛，跌打损伤。	广西：来源于广西桂北。
	越南巴豆	Croton kongensis Vahl	芽扎乱（傣语）	药用根，叶。味涩，性凉。清火解毒。用于消肿止痛，敛水止泻，杀虫止痒。用于腹痛腹泻，呕吐，口角生疮，风湿性关节痛，跌打损伤。	云南：来源于云南景洪市。
	毛果巴豆	Croton lachnocarpus Benth.	小叶双眼龙、山辣蓼	药用根，叶。味辛、苦，性温。有毒。散寒除湿，祛风活血，用于寒湿痹痛，淤血腹痛，产后风瘫，跌打肿痛，皮肤瘙痒。	广西：来源于广西金秀县。
	光叶巴豆	Croton laevigatus Vahl	羊奶浆叶、抱尤（傣语）	药用根，叶。味辛，性温。调经活血，骨折，疟疾。用于外伤肿痛，疟疾。	广西：来源于云南省西双版纳。云南：来源于云南景洪市。海南：来源于海南万宁市。

科名	植物名	拉丁学名	别名	药用部位及功效	保存地及来源
	海南巴豆	Croton laui Merr.et Metc.		通窍，逐痰，行水，杀虫。	海南：不明确。
	巴豆	Croton tiglium L.	老阳子、双眼龙、猛子树、麻杆（傣语）	药用种子、种皮、根、叶。味辛，性热，有大毒。峻下积滞，逐水消肿，豁痰利咽。用于寒积便秘、乳食停滞、腹水肿、二便不通、喉痹。	广西：来源于广西邕宁县。云南：来源于云南景洪市。海南：来源于海南万宁市。北京：来源于四川。
	云南巴豆	Croton yunnanensis W.W.Smith		通窍，逐痰，行水，杀虫。	北京：来源于广西。
	东京桐	Deutzianthus tonkinensis Gagnep.		药用根、叶。根用于风湿、血。用于硅沉着病（矽肺）。叶凉肝散，苯中毒。	广西：来源于广西崇左县。海南：来源于广西药用植物园。
	马蹄金	Dichondra repens Forst.	黄胆草、金线草	药用全草。消炎解毒，接骨。用于黄疸肝炎、尿路结石、血虚、四肢无力、肾炎水肿等症。	北京：来源于北京。
大戟科 Euphorbiaceae	黄桐	Endospermum chinense Benth.		药用树皮、叶、根。树皮、叶簇生新，消肿镇痛，舒筋活络，跌打损伤，风寒湿痹，关节疼痛，四肢麻木。用于胃折、腰腿痛。根用于黄疸肝炎、毒蛇咬伤。	海南：来源于海南万宁市。
	火殃勒	Euphorbia antiquorum L.	火殃簕、金刚、刺金刚、霸王鞭、蓥柃（傣语）	药用茎、叶、花蕊。味苦，性寒。有毒。利尿通便，拔毒去腐，杀虫止痒。用于水肿、臌胀、泄泻、食积、痈疮、疔疮、痛疽、疥癣。	广西：原产于广西药用植物园。云南：来源于云南景洪市。海南：来源于海南万宁市。
	海滨大戟	Euphorbia atoto Forst.f.	滨大戟	药用全草。用于泻下，痛经。	海南：来源于海南万宁市。
	三棱柱	Euphorbia barnhartii L.			海南：不明确。
	紫锦木	Euphorbia cotinifolia L.	肖黄栌	药用枝叶。抗感染。用于溃疡。	广西：来源于广西南宁市。海南：来源于广西药用植物园。

科名	植物名	拉丁学名	别名	药用部位及功效	保存地及来源
大戟科 Euphorbiaceae	猩猩草	*Euphorbia cyathophora* Murr.	叶象花、草一品红	药用全草。调经，止血，止咳，接骨，消肿。用于月经过多，跌打损伤，外伤出血，骨折，风寒咳嗽，肺部疾病。	广西：来源于广西南宁市。海南：来源于海南万宁市。
	柏大戟	*Euphorbia cyparissias* L.		药用全草。含有大戟酮。	广西：来源于法国。
	月腺大戟	*Euphorbia ebracteolata* Ha-yata		药用根。味辛。有毒。散结，杀虫。外用于瘰疬，皮癣，阴道滴虫。	北京：来源于韩国。
	乳浆大戟	*Euphorbia esula* L.	猫眼草	药用全草。性凉。有毒。利尿消肿，拔毒止痒。用于四肢乳肿，小便淋痛不利，疟疾，外用于瘰疬，疮癣瘙痒。	北京：来源于北京。
	大戟狼毒	*Euphorbia fischeriana* St-eud.		药用根。味辛。有大毒。破积杀虫，除湿止痒。用于淋巴结结核，骨结核，皮肤结核，牛皮癣，神经性皮炎，慢性支气管炎，阴道滴虫。	北京：来源于四川。湖北：来源于湖北恩施。
	泽漆	*Euphorbia helioscopia* L.	五朵云、五灯草、乳浆草	药用全草。味辛、苦。性微寒。有毒。用于行水消肿，化痰止咳，解毒杀虫。水气肿满，痰饮喘咳，疟疾，菌痢，瘰疬，结核性瘘管，骨髓炎。	广西：来源于法国。北京：来源于贵州。湖北：来源于湖北恩施。
	草一品红	*Euphorbia heterophylla* L.	猩猩草、叶象花	药用全草。味苦、涩。性寒。有毒。调经止血，止咳，接骨消肿。用于月经过多，风寒咳嗽，跌打损伤，外伤出血，骨折。	云南：来源于云南景洪市。北京：来源于北京。
	飞扬草	*Euphorbia hirta* L.	乳籽草、乳汁草、飞相草、大飞扬、节节草、翻毛鸡、芽嘀嗷（傣语）	药用带根全草。味辛、酸。性凉。有小毒。清热解毒，利湿止痒，通乳。用于肺痈，乳痈，痢疾，泄泻，热淋，尿，脚肿，湿疹，皮肤瘙痒，疔疮肿毒，牙猎，产后少乳。	广西：原产于广西药用植物园。云南：来源于云南景洪市。海南：来源于海南万宁市。

科名	植物名	拉丁学名	别名	药用部位及功效	保存地及来源
	地锦	*Euphorbia humifusa* Willd.	地锦草、铺地锦、奶浆草、卧蛋草、血见愁	药用全草。味辛，性平。清热解毒，利湿退黄，活血止血。用于痢疾，泄泻，黄疸，咳血，吐血，尿血，便血，崩漏，乳汁不下，跌打肿痛及热毒疮疡。	广西：来源于广西南宁市。云南：来源于云南景洪市。
	西南大戟	*Euphorbia hylonoma* Hand.-Mazz.	湖北大戟		湖北：来源于湖北恩施。
	通奶草	*Euphorbia hypericifolia* L.	乳汁草、大地锦	药用全草。味辛，微苦，性平。通乳，利尿，清热解毒。用于妇人乳汁不通，水肿，泄泻，痢疾，皮炎，湿疹，烧烫伤。	广西：原产于广西药用植物园。海南：来源于海南万宁市。北京：来源于北京。
	大狼毒	*Euphorbia jolkinii* Boiss.	岩大戟、台湾大戟	药用全草。清热凉血，润肺，止咳，杀菌，接骨。用于感冒，肺热咳嗽，劳伤出血，跌打损伤，风湿，水肿，消化不良。	广西：来源于广西邕宁县。北京：来源于广西。
大戟科 Euphorbiaceae	甘遂	*Euphorbia kansui* T. N. Liou ex S. B. Ho	肿手花根	药用块根。味苦，性寒。有毒。泻水逐饮。用于水肿胀满，胸腹积水，痰饮积聚，气逆喘咳，二便不利。	北京：来源于四川。
	续随子	*Euphorbia lathyris* L.	千金子	药用种子、叶。种子味辛，性温，有毒。逐水消肿，破血消症，用于水肿，痰饮积滞胀满，二便不通，血淤闭经，外用于顽癣，疣赘，解毒。用于白癜，蝎螫。	广西：来源于广西百色市。北京：来源于原江苏联，广西。湖北：来源于湖北恩施。
	斑地锦	*Euphorbia maculata* L.	血筋草	药用全草。味辛，性平，清湿热，通乳，止血。用于黄疸，泄泻，痢积，血痢，尿血，血崩，外伤出血，乳汁不多，痈肿疮毒。	北京：来源于北京。

科名	植物名	拉丁学名	别名	药用部位及功效	保存地及来源
大戟科 Euphorbiaceae	银边翠	Euphorbia marginata Pursh.	高山积雪	药用全草。活血调经,消肿拔毒。用于月经不调,跌打损伤,无名肿毒。	广西:来源于北京。北京:来源于北京植物园。湖北:来源于湖北恩施。
	铁海棠	Euphorbia milii Ch. des Moulins	麒麟刺,虎刺,万年刺	药用茎、叶、根及乳汁。味苦、涩,性凉。有小毒。解毒,排脓,活血,逐水。用于痈疮肿毒,烫火伤,跌打损伤,横接,大腹水肿。	广西:来源于广西南宁市。云南:来源于云南景洪市。海南:来源于海南万宁市。北京:来源于北京、广东。
	麒麟冠	Euphorbia neriifolia cv. cri-stata		药用部位及功效阅金刚篹 Euphorbia neriifolia L.	广西:来源于广西南宁市。
	金刚篹	Euphorbia neriifolia L.	霸王鞭,五楞金刚,火殃勒	药用茎、叶、梅汁、根、茎清凉解毒。用于皮肤皲裂,小儿头臭。叶用于水肿,根泄腹水。皮下水肿,气鼓。用于毒蛇咬伤,皮下水肿,气鼓。	广西:来源于广西南宁市。海南:来源于海南万宁市。北京:来源于北京植物园。
	虎刺梅叶大戟	Euphorbia neriifolia L. var. cristata Hort.	霸王鞭	药用叶、液汁及根、叶,液汁用于痉挛性哮喘,溃疡,皮肤病,肠阻塞;外用于耳痛。用于毒蛇咬伤,根泻腹水。气鼓。叶用于疮疖肿毒。	海南:不明确
	大戟	Euphorbia pekinensis Rupr.	龙虎草,京大戟	药用根,味苦,性寒。有毒。泻水逐饮。用于水肿,核性腹膜炎引起的腹水,血吸虫病,肝硬化,胸腔积液,痰饮积聚;外用于疮疖肿毒。	北京:来源于北京。湖北:来源于湖北恩施。
	一品红	Euphorbia pulcherrima Willd.ex Klotzsch	猩猩木,老来娇,圣诞花	药用全株。味苦、涩,性凉。有小毒。调经止血,活血定通,用于月经过多,跌打肿痛,骨折,外伤出血。	广西:来源于广西南宁市。云南:来源于云南景洪市。海南:不明确。北京:来源于北京中山公园。
	霸王鞭	Euphorbia royleana Boiss.	霸王草,刺金刚,金刚杵	药用全草、乳汁。味微苦、涩,性平。有毒,祛风,消炎,解毒。用于疮疡肿毒,皮癣。	云南:来源于云南景洪市。

243

科名	植物名	拉丁学名	别名	药用部位及功效	保存地及来源
大戟科 Euphorbiaceae	千根草	*Euphorbia thymifolia* L.	小飞羊草、小飞扬、地锦草	药用全草。味微酸、涩，性寒。清热祛湿，收敛止痒。用于痢疾，泄泻，疟疾，痈疮，湿疹。	广西：原产于广西药用植物园。海南：来源于海南万宁市。
	绿玉树	*Euphorbia tirucalli* L.	光棍树、绿珊瑚	药用全草。味辛、微酸，性凉。有毒。催乳，杀虫，解毒。用于产后乳汁不足，癣疮，关节肿痛。	广西：来源于广西南宁市。云南：来源于云南景洪市。海南：来源于海南万宁市。北京：来源于云南。
	云南土沉香	*Excoecaria acerifolia* Didr.	刮筋板	药用嫩幼全株。味苦、辛，性微温。行气，破血，消积，抗疟，祛疾。用于症瘕，膨胀，黄疸，疟疾，食积。	广西：来源于四川省成都市。北京：来源于云南。
	海漆	*Excoecaria agallocha* L.		药用根茎、树汁及叶。根茎壮阳，泻下。叶用于癫痫，溃疡，麻风。树汁用于麻风。	海南：来源于海南万宁市。
	红背桂	*Excoecaria cochinchinensis* Lour.	叶背红、金锁玉、红背桂花	药用全株。味辛、微苦，性平。小毒。通经活络，止痛。用于麻疹，腮腺炎，心绞痛，背绞痛，腰肌劳损。	广西：来源于广西梧州市。云南：来源于云南景洪市。海南：来源于海南万宁市。北京：来源于云南。
	绿背桂花	*Excoecaria cochinchinensis* Lour. var. *viridia* (Pax et Hoffm) Merr.	箭毒木、鸡尾木	药用叶。味辛，性温。有大毒。杀虫止痒。用于牛皮癣，慢性湿疹，神经性皮炎。	广西：来源于广西崇左县。海南：来源于海南万宁市。
	一叶萩	*Flueggea suffruticosa* (Pall.) Baill.	白几木、叶底珠	药用嫩枝叶或根。味辛、苦，性微温。有小毒。祛风活血，益肾强筋。用于风湿腰痛，四肢麻木，阳痿，小儿疳积，面神经麻痹，小儿麻痹症后遗症。	广西：来源于北京。

（续表）

科名	植物名	拉丁学名	别名	药用部位及功效	保存地及来源
	白饭树	Securinega Virosa (Roxb. ex Willd.) Baill.	金柑藤、鱼骨菜、白鱼眼、白倍子	药用枝叶、根。微苦、涩，性凉。枝叶祛风除湿，杀虫拔脓。根清热止痛，杀虫、解毒。用于风湿关节痛，咳嗽、湿疹、肿疱疮，蛇咬伤。	广西：原产于广西药用植物园。云南：来源于云南景洪市。海南：不明确。
	红算盘子	Glochidion coccineum (Buch.-Ham) Muell.Arg.			海南：来源于海南万宁市。
	毛果算盘子	Glochidion eriocarpum Champ.ex Benth.	漆大姑、大浑木、磨子果、野南瓜	药用枝叶、根。味苦、涩，性平。清热解毒，祛湿止痒。用于漆生过敏、皮肤瘙痒、湿疹、稻田皮炎，乳腺炎，急性胃肠炎，烧伤。	广西：原产于广西药用植物园。云南：来源于云南景洪市。海南：来源于海南万宁市。
大戟科 Euphorbiaceae	厚叶算盘子	Glochidion hirsutum (Roxb.) Voigt	大云药、朱口沙、大叶水榕、大洋算盘、水泡木、出山虎、水冬瓜	药用根、叶。味微甘、涩，性平。根清热解毒，收敛，止痛。用于泄泻，痢疾，咳嗽、哮喘，带下、脱肛，子宫下垂，风湿骨痛，跌打损伤。叶清热解毒，祛风止痒。用于牙痛，疮疡，湿疹。	广西：来源于广西龙州县。云南：来源于云南勐腊县。海南：来源于海南万宁市。
	泡叶算盘子	Glochidion lanceolarium (Roxb.) Voigt	艾胶树、艾胶算盘果、膨胀果、果盒子	药用枝叶、根。消炎，消肿，散瘀。枝叶用于跌打损伤，口腔炎，牙龈炎。根用于黄疸。	云南：来源于云南景洪市。海南：来源于海南万宁市。
	算盘子	Glochidion puberum (L.) Hutch.	野南瓜、红毛馒头果、馒头果、山金瓜	药用果实、根、叶。味苦，性凉。有小毒。清热除湿，泄泻，解毒利咽，行气活血。用于痢疾，黄疸，疟疾，淋浊，带下，咽喉肿痛，牙痛，疝痛，产后腹痛，乳痈，跌打蛇伤；外用于疮疖肿痛，打损伤。	广西：原产于广西药用植物园。云南：来源于云南勐腊县。湖北：来源于湖北恩施。

科名	植物名	拉丁学名	别名	药用部位及功效	保存地及来源
	圆果算盘子	Glochidion sphaerogynum (Muell.-Arg.) Kurz	山柑树、山柑算盘子	药用枝叶。味苦、甘，性凉。清热解毒。用于感冒发烧，暑热口渴，口腔炎，湿疹，疮疡溃烂。	广西：来源于广西上林县。
	香港算盘子	Glochidion zeylanicum (Gaertn.) A.Juss.	金龟树	药用根皮、树皮、茎、叶。根止咳平喘，叶用于咳嗽，气喘，树皮、肝炎，跌打损伤，鼻衄，腰痛。	广西：来源于广西凌云县。海南：来源于海南万宁市。
	橡胶树	Hevea brasiliensis (H. B. K.) Muell.-Arg.	三叶橡胶、巴西橡胶	药用种子油。降血压，降血脂，抗癌症。用于高血压，高血脂，癌症。	云南：来源于云南景洪市。海南：来源于海南万宁市。
	水柳	Homonoia riparia Lour.	水柳、水杨柳子、椎木	药用根。味苦，性寒。清热利胆，消炎解毒。用于急慢性肝炎，膀胱结石。	海南：来源于海南万宁市。
大戟科 Euphorbiaceae	麻疯树	Jatropha curcas L.	膏桐、黄肿树、假白榄、亮桐、毒花生、麻疯生（傣语）	药用树皮、叶、果实、树皮、叶味苦、涩，性凉。有毒。散瘀消肿，止血止痛，杀虫止痒。用于跌打瘀肿，骨折挫伤，关节扭伤，创伤出血，疥癣，湿疹，癞头疮，下肢溃疡，脚癣，阴道滴虫，果实味苦、辛，性温。有大毒。杀虫止痒，泻下攻积，用于头癣，慢性溃疡，麻风溃疡，阴道滴虫，便秘，食积。	广西：来源于广西邕宁县。云南：来源于云南景洪市。海南：来源于海南万宁市。北京：来源于海南。
	棉叶木花生	Jatropha gossypiifolia L. var. elegans Muell.-Arg.		药用叶、种子、树皮。叶用于疥疮，溃疡，疥癣，湿疹。亦作泻下剂。种子催吐，泻下。用于胃病，急腹症。树皮健胃。	广西：来源于广西。
	棉叶珊瑚花	Jatropha gossypiifolia L.		清热解毒，消肿止痛。	北京：来源于广西。

科名	植物名	拉丁学名	别名	药用部位及功效	保存地及来源
大戟科 Euphorbiaceae	珊瑚花	Jatropha multifida L.		药用种子、茎皮。种子在美洲热带用于皮肤病，做通便药、呕吐药。茎皮用做止泻药。	广西：来源于广东省湛江市。
	佛肚树	Jatropha podagrica Hook.	佛肚、苦肚、独角莲、麻枫亮（傣语）	药用全株或根。味甘、苦，性寒。清热解毒。用于毒蛇咬伤，尿急，尿痛，尿血。	广西：来源于广西北海市。云南：来源于云南景洪市。海南：来源于海南万宁市。北京：来源于北京植物园、云南。
	白茶树	Koilodepas hainanense (Merr.) Airy Shaw.	包果木	解暑清热。	海南：来源于海南万宁市。北京：来源于海南。
	中平树	Macaranga denticulata (Bl.) Muell.-Arg.	牟麻、灯笼树、糠皮树	药用根、树皮。味苦，性凉。根清热利湿，退黄。用于黄疸型肝炎，胃脘疼痛。树皮清热利水，通便。用于腹水，便秘。	广西：来源于广西上思县。海南：来源于海南万宁市。
	海南血桐	Macaranga hemsleyana Pax et Hoffm.	山中平树	行气，破血，消积。	海南：来源于海南万宁市。北京：来源于海南。
	草鞋木	Macaranga henryi (Pax et Hoffm.) Rehd.	大戟解毒树、鞋底叶树	药用根。用于风湿骨痛，跌打损伤。	广西：来源于广西防城市。
	血桐	Macaranga tanarius (L.) Muell.-Arg.		药用根、树皮、叶、心材、果实。根解热，催乳、止血。用于咯血，树皮、根皮用于痢疾。叶外用敷治创伤。心材用于癌症。果实含生物碱。	广西：来源于广西邕宁县。
	锈毛野桐	Mallotus anomalus Merr. et Chun		清肺止咳，清热利湿，补气固脱。	海南：来源于海南万宁市。北京：来源于海南。

科名	植物名	拉丁学名	别名	药用部位及功效	保存地及来源
	白背叶	Mallotus apelta (Lour.) Mu-ell.-Arg.	野桐、吊栗、白帽顶、白泡树	药用根、叶。祛湿，收涩，涩，性平，清热，祛湿，收涩，消淤。用于肝炎，肠炎，淋浊，带下，脱肛，子宫下垂，脾肿大，跌打扭伤，叶味苦，性平，肝炎，解毒，祛湿，止血。用于蜂窝组织炎，化脓性中耳炎，鹅口疮，湿疹，跌打损伤，外伤出血。	广西：原产于广西药用植物园。海南：来源于海南万宁市。
	毛桐	Mallotus barbatus (Wall.) Muell.-Arg.	毛果桐、红帽顶、谷栗麻	药用根、叶。性平，清热，利湿。用于肺热吐血，湿热泄泻，小便淋痛，带下。叶味苦，性寒，清热解毒，燥湿止痒，凉血止血。用于子宫脱垂，下肢溃疡，湿疹背癣，漆疮，外伤出血。	云南：来源于云南景洪市。北京：来源于云南川。湖北：来源于湖北恩施。
大戟科 Euphorbiaceae	海南野桐	Mallotus hainanensis S. M. Hwang.	云南野桐		海南：来源于海南万宁市。
	粗毛野桐	Mallotus hookerianus (Seem.) Muell.-Arg.			海南：来源于海南万宁市。
	野桐	Mallotus japonicus (Thunb.) Muell.-Arg. var.floccosus (Muell.-Arg.) S. M. Hwang	野梧桐、巴巴树	药用树皮、根和叶。味微苦，性平，清热解毒，收敛止血。用于胃，十二指肠溃疡，肝炎，血尿，带下，疮疡，外伤出血。	广西：来源于福建。
	大穗野桐	Mallotus macrostachys (Miq.) Muell.-Arg.		药用根、茎皮。清热消炎，止痛消肿，止血。根用于骨折。茎皮用于狂犬咬伤。	云南：来源于云南景洪市。
	山苦茶	Mallotus oblongifolius (Miq.) Muell.-Arg.	鹧鸪茶、禾姑茶、毛茶	清热解毒。	海南：来源于海南万宁市。

科名	植物名	拉丁学名	别名	药用部位及功效	保存地及来源
	白背桐	*Mallotus paniculatus* (Lam.) Muell.-Arg.	白楸、力树、黄背桐、白叶子。	药用根、茎。清热利湿，活血解毒，消炎止痛。用于痢疾，阴挺，中耳炎。	云南：来源于云南景洪市。海南：来源于海南万宁市。
	粗糠柴	*Mallotus philippensis* (Lam.) Muell.-Arg.	吕宋楸毛、香桂树、菲律宾桐、菲岛桐、红果果、锅麦解（傣语）	药用腺毛、毛茸、根、叶。腺毛、毛茸有小毒。味淡，性平，缘虫病。苦，微涩，性凉，解毒消肿。叶清热祛湿，泻，风湿痹痛，烫伤。毛茸驱虫病。用于蛲虫病。根清热祛湿，根有毒。咽喉肿痛。用于湿热痢疾，止血，生肌，外伤出血，疮疡，水火烫伤。	广西：来源于广西邕宁县。云南：来源于云南景洪市。海南：不明确。
大戟科 Euphorbiaceae	石岩枫	*Mallotus repandus* (Willd.) Muell.-Arg.	杠香藤、赪桐、黄蜂叶	药用根、茎、叶。味苦、辛，性温。祛风除湿，活血通络，解毒消肿，驱虫止痒。用于风湿痹症，腰腿疼痛，痈肿疮疡，湿疹，顽癣。斜，跌打损伤，蛇犬咬伤。	广西：来源于广西金秀县。海南：来源于海南万宁市。
	木薯	*Manihot esculenta* Crantz	树葛、树薯、树薯、改伞（傣语）	药用叶或根。味苦，性寒。有小毒。解毒消肿。用于疮疡肿毒，蛇咬伤。	广西：来源于广西南宁市。云南：来源于云南景洪市。海南：来源于海南万宁市。
	一年生山靛	*Mercurialis annua* L.		药用全草。用于利尿，调经，通便，逐水，驱虫，湿疹，痛食，黏膜充血，癌症。	广西：来源于法国。
	小盘木	*Microdesmis caseariifolia* Planch.	海南柑、枸骨树	药用嫩枝及树汁。散瘀消肿，止痛。用于顽癣，树汁用于齿痛。	海南：来源于海南万宁市。
	花叶红雀珊瑚	*Pedilanthus tithymaloides* (L.) Poit. var. veriegatus Poit.		药用部位及功效参阅红雀珊瑚 *Pedilanthus tithymaloides* (L.) Poit.。	广西：来源于广西南宁市。

（续表）

科名		植物名	拉丁学名	别名	药用部位及功效	保存地及来源
大戟科	Euphorbiaceae	红雀珊瑚	*Pedilanthus tithymaloides*（L.）Poit.	扭曲草、洋珊瑚、青竹标、百足草、广蒿修（傣语）	药用全草。味酸、微涩，性寒。有小毒。清热解毒，散淤消肿，止血生肌。用于疮疡肿毒，疥癣，跌打肿毒，骨折，外伤出血。	广西：来源于广西南宁市。 云南：来源于云南景洪市。 海南：来源于海南万宁市。 北京：来源于北京。
		西印度醋栗	*Phyllanthus acidus*（L.）Skeels.		药用汁液和叶。在印度作为肝滋补品。全株提取的汁液作泻药和通便作用。叶有镇痛作用。	广西：来源于中国香港、泰国。
		苦味叶下珠	*Phyllanthus amarus* Shumacher et Thonning	小返魂、霸贝菜、珠子草	药用全草。味淡，性微寒。清热，利湿，化痰，解毒。用于黄疸，泄泻，痢疾，热淋，石淋，水肿，痰咳，目赤肿痛，毒蛇咬伤。	广西：来源于广西邕宁县。 云南：来源于云南景洪市。
		沙地叶下珠	*Phyllanthus arenarius* Beille			海南：来源于海南万宁市。
		越南叶下珠	*Phyllanthus cochinchinensis*（Lour.）Spreng.	狗脚迹、苍蝇草	药用全草。味甘、淡、微涩，性凉。清热解毒，消肿止痛。用于牙龈脓肿，哮喘，泄泻，痢疾，小儿疳积，烂头疮。	海南：来源于海南万宁市。
		余甘子	*Phyllanthus emblica* L.	滇橄榄、米含、油甘、望果、麻夯板（傣语）	药用成熟果实、根、树皮、叶。果实味甘、酸，涩，性凉。清热凉血，消食健胃，生津止咳。用于血热血瘀，肝胆病，消化不良，腹痛，咳嗽，喉痛，口干。根味甘、微苦，性凉。清热利湿，解毒散结。用于泄泻，痢疾，黄疸，瘰疬，皮肤湿疹，蜈蚣咬伤。树皮、叶味甘，性凉。清热解毒。用于口疮，疔疮，湿疹，跌打损伤。	广西：原产于广西药用植物园。 云南：来源于云南景洪市。 海南：来源于海南万宁市。 北京：来源于云南。
		落萼叶下珠	*Phyllanthus flexuosus*（Sieb. et Zucc.）Muell.-Arg.	青灰叶下珠	药用根。清热利尿，消积。用于小儿疳积。	云南：来源于云南景洪市。

科名	植物名	拉丁学名	别名	药用部位及功效	保存地及来源
	海南叶下珠	*Phyllanthus hainanensis* Merr.	海南油柑子	药用全株。清肝明目，散结。用于目赤肿大，肝肿大。	海南：来源于海南万宁市。北京：来源于海南。
	锡兰叶下珠	*Phyllanthus myrtifolius* (Wight.) Muell.-Arg.			海南：海南兴隆热带花园。
	单花水油柑	*Phyllanthus nanellus* P.T.Li			海南：来源于海南万宁市。
	珠子草	*Phyllanthus niruri* L.	霸贝菜，月下株	药用全草。止咳祛痰，消积。用于痰咳，小儿疳积，目赤。	北京：来源于广西。
	水油柑	*Phyllanthus parvifolius* Buch.-Ham ex D.Don.		根用于黄疸。	海南：来源于海南万宁市。
大戟科 Euphorbiaceae	小果叶下珠	*Phyllanthus reticulatus* Poir.	山兵豆，龙眼睛，烂头钵，鱼眼睛	药用根、茎、叶。味辛、甘，性平。祛风，利湿，活血。用于风湿关节痛，肝炎，肾炎，肠炎，痢疾，跌打损伤。	广西：来源于广西上林县。海南：来源于海南硇水猴岛。
	红叶下珠	*Phyllanthus ruber* (Lour.) Spreng.			海南：来源于海南万宁市。
	叶下珠	*Phyllanthus urinaria* L.	珍珠草，阴阳草，叶后珠，芽害巴（傣语）	药用带根全草。味微苦，性凉。清热解毒，利水消肿，明目，消积。用于痢疾，泄泻，黄疸，水肿，热淋，石淋，目赤，夜盲，疳积，痈肿，毒蛇咬伤。	广西：原产于广西药用植物园。云南：来源于云南景洪市。海南：来源于海南万宁市。北京：来源于广西。
	蜜甘草	*Phyllanthus ussuriensis* Rupr.et Maxim.	飞蛇仔，夜关门	药用全草。味苦，性寒。清热利湿，清肝明目。用于黄疸，痢疾，泄泻水肿，淋病，小儿疳积，目赤肿痛，痔疮，毒蛇咬伤。	广西：来源于广西邕宁县。北京：来源于北京。

251

科名	植物名	拉丁学名	别名	药用部位及功效	保存地及来源
	黄珠子草	Phyllanthus virgatus Forst.f.	细叶油树	药用全草。味甘、苦，性平。健脾消积，利尿通淋，清热解毒。用于疳积，痢疾、淋病，乳痈，牙疳，毒蛇咬伤。	广西：来源于广西邕宁县。
	红蓖麻	Ricinus communis L. var. sanguineus J.B.B.	蓖麻，麻烘亮（傣语）	药用根，叶。根清热除疲劳。用于疲劳。叶清热消炎，消肿止痛。用于跌打损伤。	云南：来源于云南景洪市。北京：来源于内蒙古。
大戟科 Euphorbiaceae	蓖麻	Ricinus communis L.	红大麻子、麻烘亮（傣语）	药用干燥成熟种子，叶，根。干燥成熟种子味甘、辛，性平。有毒。消肿拔毒，泻下通滞，大便燥结。用于痈疽肿毒，喉痹，瘰疬，大便燥结。叶味苦、辛，性平，有小毒。祛风除湿，拔毒消肿，用于脚气，风湿痹痛，痈疮肿毒，疥癣瘙痒，子宫下垂，脱肛，咳嗽痰喘。根味辛、性平。有小毒。祛风解痉，活血消肿，用于破伤风，癫痫，风湿痹痛，痈肿瘰疬，跌打损伤，子宫脱垂。	广西：来源于广西南宁市。云南：来源于云南景洪市。海南：来源于海南万宁市。北京：来源于广西、云南。湖北：来源于湖北恩施。
	意大利蓖麻	Ricinus microcarpus G. M.Popova		药用部位及功效参阅蓖麻 Ricinus communis L.。	广西：来源于北京市。
	浆果乌桕	Sapium baccatum Roxb.	埋西哩藤（傣语）	药用根皮，树皮，叶。解毒，消肿，逐水，通便，利尿。用于泌尿系感染，肠炎，痢疾。	云南：来源于云南勐腊县。
	巴西乌桕	Sapium biglandulosum Muell.-Arg.		药用根皮，树皮，叶。杀虫，解毒，消肿，逐水，通便，利尿。用于泌尿系感染，肠炎，痢疾，水肿；外用于毒虫咬伤。	云南：来源于云南勐腊县。

科名	植物名	拉丁学名	别名	药用部位及功效	保存地及来源
	山乌桕	*Sapium discolor*（Champ.et Benth.）Muell.-Arg.	红心乌桕、红乌桕、山柳乌桕、膜叶乌桕	药用根、根皮、叶、根及根皮味苦、性寒。有小毒。利水通便，消肿散瘀，解毒。用于大、小便不通、水肿、腹水、白浊、疮痈、湿疹、跌打损伤、蛇咬伤。叶活血、解毒。用于跌打损伤、毒蛇咬伤、湿疹、过敏性皮炎、缠腰火丹、乳痈。	广西：来源于广西武鸣县。云南：来源于云南景洪市。海南：来源于海南万宁市。
	白木乌桕	*Sapium japonicum*（Sieb.et Zucc.）Pax et Hoffm.	野蓖麻、白乳木	药用根、叶。味微苦，性寒。有小毒，散瘀消肿，利尿，通便。用于腰部劳损酸痛，二便不通。种子作缓泻剂。	北京：来源于北京。
	圆叶乌桕	*Sapium rotundifolium* He-msl.	雁来红、红叶树	药用叶或果实。味苦，性凉。解毒消肿，杀虫。用于蛇伤、疥癣、湿疹、疮毒。	广西：来源于广西天等县。北京：来源于广西临桂。
大戟科 Euphorbiaceae	乌桕	*Sapium sebiferum*（L.）Roxb.	蜡子树、柏子树、白乌桕、白乳木、猛树	药用根皮或树皮、叶、种子。味苦，性微温。有毒。泻下逐水，消肿散结，膨胀，蛇虫毒。用于水肿、症瘕积聚，疗毒痈肿，湿疹疥癣，大、小便不通，毒蛇咬伤。	广西：原产于广西药用植物园。海南：来源于海南万宁市。北京：来源于海南，广州。湖北：来源于湖北恩施。
	鸡爪乌桕	*Sapium sebiferum*（L.）Roxb.var.*laxicarpa* Hu		药用部位及功效参阅乌桕 *Sapium sebiferum*（L.）Roxb.。	广西：来源于广西南宁市。
	守宫木	*Sauropus androgynus*（L.）Merr.	甜菜、越南菜、树仔菜、哈帕弯（傣语）	药用根、味甜，性凉。清火解毒，消肿止痛。用于咽喉肿痛，扁桃体炎，疥疮。	云南：来源于景洪市。海南：不明确。
	龙脷叶	*Sauropus spatulifolius* Beill.（*Sauropus rostratus* Miq.）	龙俐叶、龙珠叶	药用叶、花。叶味甘，性平。清热润肺，化痰止咳。用于肺热咳嗽痰多，口干、便秘。花味甘，淡，性平。止血。用于咯血。	广西：来源于广东省。海南：不明确。北京：来源于广州。

253

科名	植物名	拉丁学名	别名	药用部位及功效	保存地及来源
大戟科 Euphorbiaceae	地杨桃	Sebastiania chamaelea (L.) Muell.-Arg.	荔枝草、色柏木、坡荔枝	药用全株。祛风除湿，舒筋活血，止痛。用于美尼尔氏综合症。树汁收敛，强壮。	海南：来源于海南南万宁市。
	一叶萩	Securinega suffruticosa (Pall.) Rehd.	叶底珠	药用嫩枝叶或根。味辛、苦，性微温。祛风活血，益肾强筋。用于风湿腰痛，四肢麻木，阳痿，小儿疳积，面神经麻痹，小儿麻痹症后遗症。	北京：来源于广州。
	地构叶	Speranskia tuberculata (Bunge) Baill.	透骨草	药用全草。味辛、苦，性温。散风祛湿，解毒止痛，活血，舒筋。用于风湿关节痛；外用于疮疡肿毒。	北京：来源于北京。
	饼树	Suregada glomerulata (Bl.) Baill.	白树	药用叶。性凉。清热消炎，消肿拔毒；用于毒蛇咬伤，疥疮肿痛。	云南：来源于云南景洪市。海南：来源于海南南万宁市。
	滑桃树	Trewia nudiflora L.	马尿子、马尿子、苦皮树子	药用叶及种子。叶用于挤癣。种子的美登素类抗癌成分含量较高。用于癌症。	云南：来源于云南景洪市。海南：来源于海南南万宁市。
	异叶三宝木	Trigonostemon heterophyllus Merr.		祛风去湿，止痢止血。	海南：来源于海南南。北京：来源于海南。
	剑叶三宝木	Trigonostemon xyphophylloides (Croiz.) L.K.Dai et T.L.Wu			海南：来源于海南南万宁市。
	油桐	Vernicia fordii (Hemsl.) Airy-Shaw	桐油树、桐子树、三年桐、光桐	药用种子、未成熟果实、花、叶及根。味甘、微辛，性寒。有大毒。吐风痰，消肿毒，食积腹胀，大，利二便。用于风痰喉痹，瘰疬，疥癣，烫伤，小便不通，丹毒，急性软组织炎症，寻常疣，花用于秃疮、热毒疮，天疱疮。	广西：来源于广西南宁市。海南：来源于海南南万宁市。北京：来源于北京植物园。湖北：来源于湖北恩施。
	木油桐	Vernicia montana Lour.	皱果桐、千年桐、山桐	药用根、叶、果实。杀虫止痒，拔毒生肌。用于疥疮肿毒，湿疹。	广西：来源于广西南宁市。海南：来源于海南南万宁市。

（续表）

科名	植物名	拉丁学名	别名	药用部位及功效	保存地及来源
虎皮楠科 Daphmiphyllaceae	牛耳枫	Daphmiphyllum calycinum Benth.	南岭虎皮楠、牛耳铃、假鸦胆子	药用果实、枝、叶、根。果实味苦、涩，性平。有毒。止痢，用于久痢。枝、叶味辛、甘，性凉。有小毒，祛风湿骨痛，跌打骨折，毒蛇咬伤，疮疡肿痛，消肿。用于风湿骨痛。根味辛，苦，性凉。有小毒，清热解毒，活血化瘀，消肿止痛，胁下结块。用于外感发热、咽喉肿痛、跌打损伤。	广西：来源于广西龙州县。
	交让木	Daphmiphyllum macropodum Miq.	山黄树、豆腐头、枸血子	药用叶、种子。味苦，性凉。清热解毒。用于疮疖肿毒。	广西：来源于广西桂林市，贵州省。
	虎皮楠	Daphmiphyllum oldhami (Hemsl.) Rosenth.	南宁虎皮楠、猪络木	药用根、叶。味苦、涩，性凉。清热解毒，活血散瘀。用于感冒发热、脾脏肿大、毒蛇咬伤、骨折创伤。	广西：来源于贵州省，云南省。
	臭节草	Boenninghausenia albiflora (Hook.) Reichb.	松风草	药用全草。味苦，性温。解表截疟，活血散瘀。用于疟疾、感冒发热、支气管炎、跌打损伤；外用于外伤出血，痈疽疮疡。	湖北：来源于湖北恩施。
芸香科 Rutaceae	贡甲	Acronychia oligophlebia Me-rr.			海南：来源于海南万宁市。
	降真香	Acronychia pedunculata (L.) Miq.	降真香、沙塘木、沙柑木、山油柑	药用心材、根、叶。味辛、苦，性平。行气活血，祛风止痛，用于风湿性腰腿痛、胃痛、气管炎。	广西：原产于广西药用植物园。云南：来源于云南勐腊县。
	三叶木桔	Aegle marmelos (L.) Corr.	印度枳、孟加拉苹果、麻比罕(傣语)	药用幼果。味微涩，酸，性凉。用于痢疾腹泻、咽喉肿痛。	云南：来源于云南景洪市。
	酒饼簕	Atalantia buxifolia (Poir.) Oliv.	东风桔、狗桔树	药用根、叶。味辛、苦，性微温。祛风解表，化痰止血，行气活血，止痛。用于感冒、咳嗽、疟疾、胃痛、疝气痛、风湿痹痛、跌打肿痛。	广西：来源于广西钦州市。海南：来源于海南万宁市。北京：来源于广西。

（续表）

科名	植物名	拉丁学名	别名	药用部位及功效	保存地及来源
芸香科 Rutaceae	广东酒饼簕	*Atalantia kwangtungensis* Merr.	无刺东风桔，无刺酒饼簕	药用叶及根。叶清热解毒，消肿止痛，用于毒蛇咬伤，跌打损伤，根味微苦，辛，性温。祛风，解表，化痰止咳，行气止痛。用于疟疾，感冒头痛，咳嗽，风湿痹痛，胃脘寒痛，牙痛。	海南：不明确。
	香肉果	*Casimiroa edulis* La Llave et Lex		药用树皮，叶及种子，树皮，叶，种子解热镇静，催眠，发热。叶用于痢疾。	广西：来源于美国。
	齿叶黄皮	*Clausena dunniana* Lévl.		药用根，叶。解表疏风，理气，除湿活血，消肿，止咳。用于感冒高热，头痛，头昏，咳嗽，胃痛，水肿，疟疾，咽喉肿痛，麻疹，湿疹，骨折，扭挫伤，风湿性关节痛，脱白。	广西：来源于湖南省长沙市。
	酸橙	*Citrus aurantium* L.	枳实，皮头橙	药用幼果皮，幼果。幼果皮理气宽中，行滞消胀。用于胸胁气滞，腹胀疼痛，食积不化，痰饮内停，胃下垂，子宫下垂。幼果破气消积，化痰散痞。用于积滞内停，痞满胀痛，泻痢后重，大便不通，痰滞气阻胸痹，结胸，胃下垂，脱肛，子宫下垂。	海南：来源于海南万宁市。北京：来源于北京植物园。
	代代花	*Citrus aurantium* L. var. *amara* Engl.	枳壳，枳实	药用果实及花蕾。味苦，辛，酸，性温。理气宽中，行滞消胀。用于脘腹胀满疼痛，食积不化，痰饮内停，胃下垂，脱肛，子宫脱垂。	广西：来源于广西南宁市。北京：来源于北京植物园。湖北：来源于湖北恩施。
	柚	*Citrus grandis* (L.) Osb-rck	香抛，化桔红柚子，桔红，柚，麻景丈（傣语）	药用未成熟外层果皮味辛，苦，性温，散寒，燥湿，利气，消痰。用于风寒咳嗽，喉痒痰多，食积伤酒，呕恶痞闷。叶用于头风痛，乳痈，乳娥。种子用于疝气痛，性平。	广西：来源于广西容县。云南：来源于云南景洪市。海南：来源于海南万宁市。北京：来源于广西。湖北：来源于湖北恩施。
	化州桔红	*Citrus grandis* (L.) Osbeck cv.Ju hong	毛桔红	药用果皮。行气止痛，化痰止咳，健胃消食。用于咳嗽，胃脘痛。	广西：来源于广西陆川县。

科名	植物名	拉丁学名	别名	药用部位及功效	保存地及来源
芸香科 Rutaceae	香橙	*Citrus junos* Tanaka	广柑、橙子、黄果	药用果实。味辛、苦、酸，性温。理气宽中，化痰，止痛。用于气滞腹胀痛，胃痛，咳嗽气喘，疝气痛。	北京：北京植物园。
	黎檬	*Citrus limonia* Osbeck	宜母子、药果、柠檬果、麻脑（傣语）	药用果实、外果皮、叶、根。果实味酸、甘，性凉。生津解署，和胃安胎。用于胃热伤津，中暑烦渴，肺燥痨嗽，妊娠呕吐。外果皮味酸、辛，性温，行气，和胃。用于脾胃气滞，脘腹胀痛，食欲不振。根味辛、微苦，性微温，用于咳喘痰多。叶味辛、苦，性微温，理气和胃，泄泻，行气活血，气滞腹胀，行气止痛，疝气痛，止痛，止咳，咳嗽。用于胃痛，疝气痛，跌打损伤。	广西：来源于广西南宁市。云南：来源于云南景洪市。海南：来源于海南万宁市。
	桔柑	*Citrus madurensis* Lour.	桔	药用根、果实、果皮。根涩精利尿精，五淋。果皮下气调中，解毒止渴。用于伤风感冒，胃热食积。	海南：来源于海南万宁市。
	香橼	*Citrus medica* L.	枸橼、香园、陈香园、蜜罗柑	药用果实。味辛、苦、酸，性温。舒肝理气，宽中，化痰。用于肝胃气滞，胸胁胀痛，脘腹痞满，呕吐噫气，痰多咳嗽。	广西：来源于广西博白县。云南：来源于云南勐海县。海南：来源于海南万宁市。
	佛手	*Citrus medica* L. var. *sarcodactylis* (Noot.) Swingle	佛手柑、佛指柑、麻威（傣语）	药用果实、花。果实味辛、苦、酸，性温。舒肝理气，和胃止痛，用于肝胃气滞，胸胁胀痛，胃脘痞满，食少呕吐。花味苦、微苦，性温，理气。用于肝胃气痛，月经不调。散痰。用	广西：来源于广西隆林县。云南：来源于云南勐海县。海南：来源于广西药用植物园。北京：来源于广东。湖北：来源于湖北恩施。
	四季桔	*Citrus mitis* Blanco		药用果实、汁液。可清除口腔及咽喉黏液。	广西：来源于广西南宁市。海南：来源于海南万宁市。

257

科名	植物名	拉丁学名	别名	药用部位及功效	保存地及来源
苦香科 Rutaceae	桔	Citrus reticulata Blanco	陈皮、青皮、桔核、桔皮、柑、荼枝柑、广陈皮	药用果皮、种子。成熟果皮（陈皮）味苦、辛，性温。理气健脾，燥湿化痰。用于胸脘胀满，食少吐泻，咳嗽痰多。未成熟果皮（青皮）味苦、辛，性温。疏肝破气，消积化滞。用于胸胁胀痛，疝气，乳核，食积腹痛。种子味苦，性平。理气，散结，止痛。用于小肠疝气，睾丸肿痛，乳痈肿痛。	广西：来源于广西柳州市。云南：来源于云南勐海县。海南：来源于海南万宁市。
	甜橙	Citrus sinensis (L.) Osbeck.	枳实、橙	药用幼果。味苦、酸，性温。破气消积，化痰散痞。用于积滞内停，痞满胀痛，泻痢后重，大便不通，痰滞气阻胸痹，结胸，胃下垂，脱肛，子宫脱垂。	广西：来源于广西邕宁县。海南：来源于海南万宁市。
	香圆	Citrus wilsonii Tanaka		药用部位及功效参阅香橼 Citrus medica L.。	北京：来源于北京植物园。
	细叶黄皮	Clausena anisum olens (Blanco) Merr.	鸡皮果	药用叶。中国民间用于流行性感冒。	广西：来源于云南景洪市。
	黑果黄皮	Clausena dunniana Lévl.	齿叶黄皮、野黄皮	药用根、叶。味苦、辛，性温。解表祛风，化气止痛，除湿消肿。用于感冒高烧，疟疾，胃痛，水肿，湿疹，脱白，风湿关节炎，骨折。叶用于麻疹不透，扭挫伤。	云南：来源于云南景洪市。
	假黄皮	Clausena excavata Burm.f.	臭黄皮、野黄皮、臭黄皮、小叶臭黄皮、山黄皮、假黄皮	药用枝、叶。味苦、辛，性温。疏风解表，行气利湿，截疟。用于上呼吸道感染，流行性感冒，疟疾，痢疾，急性胃肠炎，外用于湿疹。	广西：来源于广西龙州县。云南：来源于云南景洪市。海南：来源于海南万宁市。

（续表）

科名	植物名	拉丁学名	别名	药用部位及功效	保存地及来源
	黄皮	Clausena lansium (Lour.) Skeels	黄皮叶、油皮	药用果实、果核、叶、根。果实味辛、甘、酸，性微温。消食，行气，化痰。用于食积胀满，脘腹疼痛，疝痛，痰饮咳喘。果核味辛、微苦，性微温，行气止痛，解毒散结。用于气滞脘腹疼痛，疝痛，睾丸肿痛，小儿头疮，蜈蚣咬伤。叶味辛，性平，解表散热，行气化痰，利尿。用于温病发热，咳嗽痰喘，小便不利，热毒疥癣，流脑，疟疾，黄肿，蛇虫咬伤。根味苦，性微温，行气止痛。用于气滞胃痛，风湿骨痛，痛经。	广西：来源于广西南宁市。云南：来源于云南景洪市。海南：来源于海南万宁市。北京：来源于广西。
芸香科 Rutaceae	白鲜	Dictamnus dasycarpus Turcz.	白羊鲜、白檀	药用根皮。味苦，性寒。清热燥湿，祛风解毒。用于湿热疮毒，黄水淋漓，湿疹，疥癣疮癞，风湿热痹，黄疸尿赤。	北京：来源于辽宁。
	川西吴茱萸	Evodia baberi Rehd.et Wils.	臭椿黄	药用果实。温中散寒，止痛。用于经行腹痛，头痛，寒疝腹痛。	广西：来源于四川省。
	密果吴茱萸	Evodia compacta Hand.-Mazz.	野吴黄	药用果实。味辛、苦，性热。有小毒。散寒止痛，降逆止呕，助阳止泻。用于厥阴头痛，寒湿腹痛，寒湿脚气，经行腹痛，脘腹胀痛，呕吐吞酸，五更泄泻，外治口疮，高血压。	广西：来源于浙江省杭州市。
	臭檀吴茱萸	Evodia daniellii (Benn.) Hemsl.	臭檀	药用果实。味辛、甘，性温。温中散寒，行气止痛。用于脾胃虚寒，脘腹腹冷痛，呕吐，泄泻，少食，腹痛，腹胀满，嗳气。	广西：来源于法国。

科名	植物名	拉丁学名	别名	药用部位及功效	保存地及来源
芸香科 Rutaceae	楝叶吴茱萸	*Evodia meliaefolia* (Henth) Benth.	楝叶吴茱萸、檫树	药用全株、根、叶。味辛、性温。全株温中散寒，理气止痛，暖胃。用于胃痛，吐清水，头痛，心腹气痛。根、叶清热化痰，止咳。用于肺结核，疮痈疔肿。	广西：来源于广东省深圳市。云南：来源于云南勐腊县。
	三桠苦	*Evodia lepta* (Spreng.) Merr.	爬公英、小黄散、三叉苦、三桠枪、楠晚（傣语）	药用根、叶。味苦、性凉。清热解毒，祛风止痒。用于胃脘胀闷，灼热疼痛，口干舌燥，口舌生疮，心胸发热，烦躁不安，妇女月经过多，小便热涩疼痛，产后出血不止，恶露不绝，周身皮肤起丘疹瘙痒难忍。	广西：原产于广西药用植物园。云南：来源于云南景洪市。海南：来源于海南万宁市。
	吴茱萸	*Evodia rutaecarpa* (Juss.) Benth.	茶辣、臭泡子、如意子	药用未成熟的果实。有小毒。散寒止痛，降呃逆，助阳止泻。用于厥阴头痛，寒疝腹痛，脘腹胀痛，经行腹痛，呕吐吞酸，五更泄泻；外用口疮，高血压症。	云南：来源于云南景洪市。湖北：来源于湖北恩施。广西：来源于广西隆林县。
	疏毛吴茱萸	*Evodia rutaecarpa* Benth. var. *bodinieri* (Dode) Huang	吴茱萸	药用部位及功效参阅吴茱萸 *Evodia rutaecarpa* (Juss.) Benth.。	广西：来源于广西乐业县。
	石虎	*Evodia rutaecarpa* Benth. var. *officinalis* (Dode) Huang		药用部位及功效参阅吴茱萸 *Evodia rutaecarpa* (Juss.) Benth.。	广西：来源于广西玉林市。
	单叶吴茱萸	*Evodia simplicifolia* Ridl.		药用叶。味苦，性凉。消肿止痛，祛风除湿。用于跌打损伤，风湿疼痛。	云南：来源于云南景洪市。
	牛纠树	*Evodia trichotoma* (Lour.) Pierre	牛纠茱萸、大漆王叶、山茱萸	药用果。味辛、性热。小毒。散寒止痛，降呃逆，助阳止泻。用于厥阴头痛，寒疝腹痛，脘腹胀痛，寒湿脚气，经行腹痛，呕吐吞酸，五更泄泻；外用于口疮，高血压症。	云南：来源于云南景洪市。

科名	植物名	拉丁学名	别名	药用部位及功效	保存地及来源
芸香科 Rutaceae	金桔	Fortunella margarita (Lour.) Swingle	罗浮、金枣、牛奶桔	药用果实、果实蒸馏液、核、叶及根。果实味辛、甘，性温。理气解郁，消食化痰，醒酒。用于胸闷闷郁郁结，脘腹痞胀，食滞纳呆，伤酒口渴。果实蒸馏液（金桔露）味辛、甘，性温。舒肝理气，化痰和中。用于气滞胃痛，食积呕吐，咳嗽痰多。核味酸、辛，性平。化痰散结，理气止痛。用于喉痹，瘰疬结核，疝气，睾丸肿痛，乳房结块。叶味辛，苦，性微寒。舒肝解郁，理气散结。用于噎膈，瘰疬，乳房炎，乳腺炎。根味酸、苦，性温。行气止痛，化痰散结。用于胃脘胀痛，疝气，产后腹痛，子宫下垂，瘰疬初起。	广西：来源于广西容县。海南：来源于海南万宁市。湖北：来源于湖北恩施。
	海南山小桔	Glycosmis montana Pierre			海南：不明确。
	山桔树	Glycosmis parviflora (Sims) Little	水禾木、山小桔、山油柑、酒饼木	药用根、叶、果实。味微辛、苦，性平。祛痰止咳，理气消积，散瘀消肿。用于感冒咳嗽，消化不良，食欲不振，食积腹痛，疝痛，稻田皮炎。	广西：来源于广西南宁市。海南：来源于海南万宁市。
	五叶山小桔	Glycosmis pentaphylla (Retz.) Correa	比郎（傣语）	药用根茎。味甘、涩，性平。补土健胃，强身健体，除风通血止痛。用于久病不愈或体弱多病，肢体关节、肌肉、腰腿、酸麻用痛或红肿热痛，跌打损伤。	云南：来源于云南景洪市。

261

科名	植物名	拉丁学名	别名	药用部位及功效	保存地及来源
芸香科 Rutaceae	三叶藤桔	*Luvunga scandens* (Roxb) Buch.-Ham.		药用全草。味辛，性温。活血化瘀，杀虫止痒。用于胸部刺痛，心悸，皮肤湿痒，湿疮，湿疹，疥癣。	海南：来源于海南万宁市。
	大管	*Micromelum falcatum* (Lour.) Tanaka	小柑、野黄皮树	药用根、根皮及叶。味微苦、辛，性凉。活血散瘀，行气止痛，祛风除湿。用于胸痹，跌打损伤，闪挫扭伤，骨折、毒蛇咬伤，风湿痹痛，喉痛。	广西：来源于广西陵云县。海南：来源于海南万宁市。
	小芸木	*Micromelum integerrimum* (Buch.-Ham.) Roem.	半边枫、鸡屎木、山黄皮、癞哈蟆跌打	药用根皮、树皮及叶。味苦、辛，性温。散瘀中，疏风，祛湿，温中，胃痛，跌打损伤。疟疾，风湿痹痛。	广西：来源于广西陵云县。
	豆叶九里香	*Murraya euchrestifolia* Ha-yata	千只眼、臭漆、透光草	药用枝、叶及根。祛风活络，舒经活血，消肿止痛。用于疟疾，感冒，头痛，消化性胃盂炎，急慢性肾盂炎，筋骨疼痛，跌打损伤，骨折，风湿麻木，肿痛。	广西：来源于上海市。云南：来源于云南景洪市。
	广西九里香	*Murraya kwangsiensis* (Huang) Huang	山柠檬	药用枝叶、根。味辛、苦，性微温。枝叶疏风解表，活血消肿，用于感冒，麻疹，角膜炎，跌打损伤，骨折。根行气健胃。用于胃脘痛。	广西：来源于广西宜州市。
	小叶九里香	*Murraya microphylla* (Merr.et Chun) Swingle			海南：来源于海南陵水市。
	九里香	*Murraya paniculata* (L.) Jack	千里香、万里香、黄金桂、七里香、五里香	药用茎叶、根及花。茎叶味辛，微苦，性温。有小毒。行气活血，散瘀止痛，解毒消肿。用于胃脘疼痛，风湿痹痛，跌打肿痛，疮痛，蛇虫咬伤。亦用于麻醉止痛。根味辛、微苦，性温。祛风除湿，行气止痛，散瘀通络，痛风，跌打损伤，腰膝冷痛，痛风，睾丸肿痛，湿疹，疥癣。花味辛、苦，性温。理气止痛。用于气滞胃痛。	广西：来源于广西宁明县。云南：来源于云南景洪市。海南：来源于海南万宁市。北京：来源于广西。

科名	植物名	拉丁学名	别名	药用部位及功效	保存地及来源
	日本常山	Orixa japonica Thunb.	臭常山	药用根。味苦、辛、性凉。清热利湿，安神止痛，截疟，涌吐痰涎，舒经活络。用于风热感冒，咳嗽，咽喉痛，牙痛，胃痛，风湿性关节痛，疟疾，跌打损伤，神经衰弱；外用于痈疮。	广西：四川省成都市。 北京：来源于杭州。 湖北：来源于湖北恩施。
	密叶藤桔	Paramignya confertifolia Sw-ingle			海南：来源于海南南万宁市。
	黄檗	Phellodendron amurense Ru-pr.	黄檗	药用树皮。味苦，性寒。清热燥湿，泻火除蒸，解毒疗疮。用于湿热泻痢，黄疸，带下病，脚淋，脚气，骨蒸劳热，盗汗，遗精，疮疡肿毒，湿疹瘙痒。	北京：来源于吉林。 湖北：来源于湖北恩施。
芸香科 Rutaceae	秃叶黄檗	Phellodendron chinense Sc-hueid. var. glabriusculum Sc-hneid.	秃叶黄皮树、广西黄柏	药用部位及功效参阅黄柏 Phellodendron amurense Rupr.。	广西：来源于广西资源县。
	黄皮树	Phellodendron chinense Sc-hneid.	檗木、灰皮树、小黄连树	药用部位及功效参阅黄柏 Phellodendron amurense Rupr.。	广西：来源于四川省。 北京：来源于四川省。
	枸桔	Poncirus trifoliata (L.) Raf.	枳、臭桔	药用幼果。味苦、辛、酸，性温。破气消积，化痰散痞。用于积滞内停，痞满，泻痢后重，大便不通，痰滞气阻，胸痹，结胸，胃下垂，子宫脱垂。	广西：来源于广西金秀县。 北京：来源于四川。

263

科名	植物名	拉丁学名	别名	药用部位及功效	保存地及来源
	芸香	*Ruta graveolens* L.	臭草	药用全草。味微苦、性寒。祛风解毒，凉血活瘀，镇痉通经，杀虫。用于头痛，牙痛，疝气痛，跌打，蛇伤，小儿惊风，感冒发热，暑湿吐泻，疮疖肿痛。	广西：来源于广西南宁市。北京：来源于保加利亚。
	飞龙掌血	*Toddalia asiatica* (L.) Lam.	血见飞、小金藤	药用根或根皮、叶。根或根皮味辛、微苦，性温。有小毒。祛风止痛，散瘀止血。用于风湿痹痛，腰痛，胃痛，痛经，经闭，跌打损伤，劳伤吐血，衄血，瘵瘕崩漏，疮痈肿毒。叶味辛、微苦，性温。用于刀伤出血，疮疖肿毒，毒蛇咬伤。	广西：原产于广西药用植物园。海南：来源于海南万宁市。湖北：来源于湖北恩施。
芸香科 Rutaceae	椿叶花椒	*Zanthoxylum ailanthoides* Sieb. et Zucc.	樗叶花椒	药用树皮、果实。树皮味甘、辛，性平。祛风通络，活血散瘀，外伤出血。用于跌打损伤，风湿痹痛，蛇伤肿痛。果实味辛，性温。有毒。温中，燥湿，杀虫，止痛。用于心腹冷痛，寒饮，泄泻，冷痢，湿痹，赤痛，肠风痔疾。	广西：来源于广西那坡县。
	竹叶花椒	*Zanthoxylum armatum* DC.	竹叶椒、野花椒、狗花椒、锅子（傣语）	药用果实、根或根皮、叶、种子。果实味辛、微苦，性温。有小毒。温中燥湿，散寒止痛，驱虫止痛。用于腹冷痛，胸腹吐泻，蛔蛛腹痛，龋齿牙痛，湿疮，疥癣。根或根皮味辛、微苦，性温。祛风散寒，温中理气，活血止痛。用于风湿痹痛，胃脘冷痛，泄泻，痛经，牙痛，跌打损伤，毒蛇咬伤。叶味辛，活血消肿，跌打损伤，痈疮肿毒，皮肤瘙痒。种子味苦、辛，性微温。平喘利水，散瘀止痛。用于痰饮喘息，水肿胀满，小便不利，脘腹冷痛，关节痛，跌打肿痛。	广西：来源于广西靖西县。云南：来源于云南景洪市。海南：来源于广西药用植物园。北京：来源于广西。湖北：来源于湖北恩施。

科名	植物名	拉丁学名	别名	药用部位及功效	保存地及来源
芸香科 Rutaceae	岭南花椒	*Zanthoxylum austrosinensis* Huang	总管	药用根皮及嫩叶。味辛，性温。祛风除湿，散瘀消肿，行气止痛。用于感冒咳嗽、顿咳、心胃气痛、跌打损伤、风湿痹痛、骨折、龋齿痛，毒蛇咬伤。	广西：来源于广西恭城县。
	勒壳花椒	*Zanthoxylum avicennae* (Lam.) DC.	鹰不占、乌不宿、画眉跳、山胡椒、土花椒、簕党、刺倒树	药用根、叶、果实。根味苦，性微温。祛风除湿，活血止痛。用于风湿痹痛、跌打损伤、黄疸水肿、腰肌劳损、胃脘痛，白带。叶味苦，性微温。用于跌打肿痛、疮疡肿毒、乳痈、肠痈、痔疮、黄疸，蛔虫病。果实味苦，性微温。有小毒。行气活血，散寒止痛。用于胃痛、腹痛，小儿腹胀。	广西：来源于广西邕宁县。海南：来源于海南万宁市。北京：来源于广西。
	花椒	*Zanthoxylum bungeanum* Maxim.		药用果实、种子。果实味辛，性温。温中止泻，杀虫止痒。用于脘腹冷痛、蛔虫病、湿疹瘙痒、吐泻，虫积腹痛。种子味苦，性寒。行水消肿。用于胸腹胀满，小便淋痛。	湖北：来源于湖北恩施。
	花椒勒	*Zanthoxylum cuspidatum* Champ.	凸尖花椒	药用根及果实。活血化瘀，镇痛，清热解毒，祛风行气。用于胃寒腹痛、牙痛、风寒痹痛，龋齿疼痛，湿疹。	广西：来源于广西靖西县。
	砚壳花椒	*Zanthoxylum dissitum* He-msl.	蚌壳椒、白皮、两面针	药用果实、根、茎枝或叶。果实味辛，性温。散寒止痛，调经。用于疝气痛，月经过多。根味苦，性温。祛风散瘀，理气活血，牙痛。用于风寒湿痹、跌打损伤、气滞脘痛、寒加腹痛、牙痛。茎枝或叶味苦，辛，性温。用于风寒湿痹、胃痛、疝气痛、腰痛，跌打损伤。	广西：来源于广西乐业县。湖北：来源于湖北恩施。

科名	植物名	拉丁学名	别名	药用部位及功效	保存地及来源
芸香科 Rutaceae	拟砚壳花椒	Zanthoxylum laetum Drake	拟山枇杷、滑叶花椒	药用根。用于跌打损伤，扭挫伤，风湿痹痛，牙痛，疝气，月经过多。	广西：来源于广西靖西县。海南：不明确。
	疏剌花椒	Zanthoxylum nitidum (Roxb.) DC.fastuosum Huang	毛两面针	药用部位及功效参阅两面针 Zanthoxylum nitidum (Roxb.) DC.。	海南：来源于海南万宁市。
	两面针	Zanthoxylum nitidum (Roxb.) DC.	人地金牛、双面剌、喱喃活（傣语）	药用根。味苦、辛，性平。有小毒。气滞止痛，活血化瘀，祛风通络。用于气滞血瘀引起的跌打损伤，风湿痹痛，胃痛，牙痛，毒蛇咬伤。外用于汤火烫伤。	广西：原产于广西药用植物园。云南：来源于云南勐腊县。海南：来源于海南万宁市。北京：来源于海南。湖北：来源于湖北恩施。
	毛叶两面针	Zanthoxylum nitidum (Roxb.) DC. var. tomentosum Huang		药用部位及功效参阅两面针 Zanthoxylum nitidum (Roxb.) DC.。	广西：来源于广西南宁市。
	山花椒	Zanthoxylum piperitum DC.		药用果实。芳香辛味健胃剂，利尿剂。用于胃肠冷痛，驱除肠虫。	广西：来源于福建省厦门市。
	青花椒	Zanthoxylum schinifolium Sieb.et Zucc.			湖北：来源于湖北恩施。
	野花椒	Zanthoxylum simulans Ha-nce		药用根、叶、果皮及种子。根味辛、性温。用于劳损，胸腹酸痛，止痛，祛风湿，毒蛇咬伤。叶味辛，性微温。祛风散寒，健胃驱虫，除湿止泻，活血通经。用于跌打损伤，风湿痹痛，瘀血作痛，经闭，咯血，吐血。果皮味辛，性温，有小毒。温中止痛，驱虫健胃，用于胃寒腹痛，蛔虫病；外用于牙痛、皮肤瘙痒、齲齿痛。种子味苦、辛，性凉。利尿消肿，用于水肿，腹水。	北京：来源于杭州。湖北：来源于湖北恩施。

科名	植物名	拉丁学名	别名	药用部位及功效	保存地及来源
芸香科 Rutaceae	狭叶花椒	*Zanthoxylum stenophyllum* Hemsl.		用于跌打损伤。	湖北：来源于湖北恩施。
	臭椿	*Ailanthus altissima* (Mill.) Swingle	臭椿皮、凤眼草、樗、白椿	药用根皮或树干皮、果实、叶。根皮或树干皮味苦、涩，性寒。清热燥湿，涩肠，止血，止带，杀虫。用于泄泻，痢疾，便血，崩漏，痔疮出血，蛔虫症，疮癣。果实味苦、涩，性凉。止痢，止血，崩漏。用于痢疾，白浊，带下，便血，尿血，崩漏。叶味苦，性凉。清热燥湿，杀虫止痒。用于湿热带下，泄泻，痢疾，湿疹，疮疥，疔肿。	广西：来源于广西大新县。 北京：来源于北京。 湖北：来源于湖北恩施。
	鸦胆子	*Brucea javanica* (L.) Me-rr.	老鸦胆、苦参子、羊尿豆	药用果实。味苦，性寒。有小毒。清热解毒，截疟，止痢，腐蚀赘疣；外用蔑疣，疟疾，疣疣。用于痢疾，鸡眼。	广西：来源于广西邕宁县。 云南：来源于云南景洪市。 海南：来源于海南万宁市。 北京：来源于海南。
苦木科 Simaroubaceae	牛筋果	*Harrisonia perforata* (Blanco) Merr.	弓刺、连江藤	药用根、叶。根清热解毒，疟疾，疮疖。叶味苦，性寒。用于眼痛。	海南：来源于海南万宁市。
	苦树	*Picrasma quassioides* (D. Don) Benn.	苦木、苦楝、赶狗木	药用木材、茎皮、根、叶。性寒。木材或根味苦，性寒。有小毒。清热解毒，燥湿杀虫。用于呼吸道感染，肺炎，急性胃肠炎，胆道感染，疥疮，疥癣，湿疹，水火烫伤，毒蛇咬伤。茎皮味苦，性寒。清热燥湿，解毒杀虫，急性胃肠炎。用于湿疹，疥癣，蛔虫病，急性胃肠炎，疥癣。根味苦，性寒。清热解毒，燥湿杀虫。用于感冒发热，急性胃肠炎，痢疾，胆道感染，蛔虫病，毒蛇咬伤，疮疖，疥癣，湿疹，烫伤，叶味苦，性寒。有小毒。用于疮疖痈肿，无名肿毒，烫伤，外伤出血。	广西：来源于广西龙州县。 北京：来源于北京植物园。

科名	植物名	拉丁学名	别名	药用部位及功效	保存地及来源
苦木科 Simaroubaceae	柔毛鸦胆子	*Brucea mollis* Wall.		药用部位及功效参阅鸦胆子 *Brucea javanica* (L.) Merr.。	云南：来源于云南景洪市。
橄榄科 Burseraceae	橄榄	*Canarium album* (Lour.) Raeusch.	青果、白榄、黄榄、麻梗（傣语）	药用果实。味甘、酸，性平。清热，利咽，生津，解毒。用于咽喉肿痛，咳嗽，烦渴，鱼蟹中毒。	广西：来源于广西博白县。云南：来源于云南景洪市。海南：来源于海南万宁市。
	方榄	*Canarium bengalense* Roxb.	三角榄	药用果实。味酸、涩，性平。清肺利咽，生津止渴，解毒。用于咽喉痛，咳嗽，烦渴，鱼蟹毒。	广西：来源于云南景洪市。
	乌榄	*Canarium pimela* Leenh.	黑榄	药用果实、果核、种仁、叶、根及树皮。果实味酸、涩，性平。止血，咳嗽痰血，解毒。用于内伤吐血，水肿，乳痈，外伤出血。果核味甘、涩，性平。止血。用于外伤出血。种仁味甘、淡，性平。润肺，下气，补血。用于肺燥咳嗽，血虚症。叶味微苦，涩，性凉。清热解毒，止血。用于感冒发热，肺热咳嗽，丹毒，疔肿，崩漏，根味涩，性平。止血，祛风湿，舒筋络。用于内伤吐血，风湿痹痛，腰腿疼痛，手足麻木。树皮味微苦，涩，性凉。止血。用于内伤吐血。	广西：来源于广西邕宁县。海南：来源于海南琼中县。
	滇榄	*Canarium strictum* Roxb.	漾短（傣语）	药用根、果实。根舒经活络，祛风止痛。果实止血，化痰，利水。	广西：来源于云南省景洪市。

268

科名		植物名	拉丁学名	别名	药用部位及功效	保存地及来源	
橄榄科	Burseraceae	羽叶白头树	*Garuga pinnata* Roxb.	毛叶嘉榄、棵麻、理航（傣语）	药用叶、茎皮。味涩，性凉。清热解毒，化腐生肌。用于烧伤，疮疡溃烂，过敏性皮炎。	云南：	来源于云南景洪市。
楝科	Meliaceae	四季米兰	*Aglaia duperreana* Pierre	四季米籽兰	药用叶、花。含芳香油。	广西： 海南：	来源于广西凭祥市。 来源于海南万宁市。
		米仔兰	*Aglaia odorata* Lour.	碎米兰、山胡椒、鱼子兰、夜兰、树兰、米兰	药用枝叶、花。枝叶味辛，性微温。祛风湿，散瘀肿。用于风湿关节痛，跌打损伤，痈疽肿毒。花味辛、甘，性平。行气宽中，宣肺止咳。用于胸膈满闷，噎膈初起，感冒咳嗽。	广西： 云南： 海南： 北京：	来源于广西苍梧县。 来源于云南勐腊县。 来源于海南万宁市。 来源于云南。
		铁榄	*Aglaia tsangii* Merr.		药用树皮。除氲。	海南：	来源于海南万宁市。
		大叶山楝	*Aphanamixis grandifolia* Bl.	苦油木、罗浪果、山楞、红萝木	药用树皮、叶。味苦、辛，性温。祛风止痛。用于风湿关节痛，四肢麻木。	广西： 云南：	来源于广西龙州县。 来源于云南景洪市。
		山楝	*Aphanamixis polystachya* (Wall.) R.N.Parker	铁罗、红罗、沙罗	药用树皮、叶。祛风消肿。	广西： 云南：	来源于云南勐仑县。 来源于云南景洪市。
		印度楝	*Azadirachta indica* A.Juss		药用部位及功效参阅川楝 *Melia toosendan* sieb. et zucc.。。	云南：	来源于云南景洪市。

269

科名	植物名	拉丁学名	别名	药用部位及功效	保存地及来源
棟科 Meliaceae	麻楝	Chukrasia tabularis A.Juss.	白椿	药用根皮。味苦，性寒。疏风清热。用于感冒发热。	广西：来源于广西南宁市。海南：来源于海南万宁市。
	毛麻楝	Chukrasia tabularis A.Juss. var.velutina (Wall.) King		药用部位及功效参阅麻楝 Chukrasia tabularis A. Juss.	广西：来源于广西南宁市。
	灰毛浆果楝	Cipadessa cinerascens (Pell.) Hand.-Mazz.	野桐椒、假茶辣、大苦木	药用根、叶。味苦，辛，性微温。祛风除湿，行气，止痛。用于风湿跌打，腹痛，痢疾，疟疾。	广西：来源于广西崇左市。云南：来源于云南景洪市。海南：来源于广西药用植物园。
	小果海木	Heynea trijuga Roxb. var. microcarpa Pierre		药用根。清热解毒，祛风湿，利咽喉。用于风湿性关节炎，风湿腰腿痛，咽喉炎，扁桃体炎，心胃气痛。	广西：来源于广西凭祥市。
	革果鹧鸪花	Heynea velutina How et T.Chen	白皮走马、绒果海木	药用根、果、叶。味苦，性寒。有小毒。杀虫祛毒，用于蛔虫证腹痛，下肢溃疡，慢性骨髓炎，挤疮疥湿疹，外伤出血。	广西：来源于广西邕宁县。海南：来源于海南万宁市。
	非洲楝	Khaya senegalensis A.Juss.	非洲桃花心木	药用树皮、花。树皮解热，止血。花用于胃病。	广西：来源于海南省儋州市。海南：来源于海南万宁市。
	楝	Melia azedarach L.	苦楝、楝树、楝枣子	药用树皮或根皮、花、果实。根皮味苦，性寒。有毒。驱虫，疗癣。用于蛔蛲虫病，虫积腹痛，外用于疥癣瘙痒。果实有毒。泻火，止痛，杀虫。用于胃痛，虫积腹痛，疝痛，痛经。鲜叶可以灭钉螺。	广西：原产于广西药用植物园。海南：来源于海南万宁市。北京：来源于广西临桂。湖北：来源于湖北恩施。

（续表）

科名	植物名	拉丁学名	别名	药用部位及功效	保存地及来源
楝科 Meliaceae	川楝	Melia toosendan Sieb.et Zucc.	川楝皮、川楝子、大苦楝子、金铃子、锅享（傣语）	药用果实、树皮或根皮、叶。果实味苦、性寒。有小毒。舒肝行气止痛，用于脚痛、疝痛，杀虫。树皮或根皮有毒。虫积腹痛。用于蛔螬虫病、虫积腹痛，驱蛔虫。叶用于疝气，驱蛔虫、疥秃、丝虫病、外伤出血，蜈蚣、毒蛇咬伤，湿瘆、小儿痱痛，牙痛。	广西：来源于广西隆林县。云南：来源于云南景洪市。
	地黄连	Munronia sinica Diels	花叶矮陀陀	药用全株。味淡、性平。活血止痛。用于跌打损伤，风湿疼痛，无名肿毒。	广西：来源于广西靖西县。
	大叶桃花心木	Swietenia macrophylla King.		药用树皮。解热、强壮、收敛。	广西：来源于海南省儋州市。海南：不明确。
	桃花心木	Swietenia mahagoni (L.) Jacq.		药用树皮。解热、强壮、收敛。	海南：不明确。北京：来源于云南。
	红椿	Toona ciliata Roem.	香铃子、赤蛇公	药用根皮、叶。味苦、涩、性温。根皮祛风利湿，用于痢疾，肠炎，泌尿系统感染，风湿腰腿痛。叶用于痢疾。果用于慢性胃炎。	广西：来源于四川成都市。云南：来源于云南景洪市。海南：来源于海南保亭县。
	毛红椿	Toona ciliata Roem. var. pubescens (Franch) Hand.-Mazz.		药用部位及功效参阅红椿 Toona ciliata Roem.。	云南：来源于云南景洪市。
	紫椿	Toona microcarpa (C. DC.) Harms	小果香椿、红椿树	药用根皮、嫩叶、果实。味苦、甘、涩、性温。根皮收敛止血。根皮用于胃肠出血，血崩，风湿痛，痢疾，泄泻，皮肤瘙痒，痈疮。嫩叶用于痔疮。果实用于溃疡病。	云南：来源于云南景洪市。海南：来源于海南昌江。

271

科名	植物名	拉丁学名	别名	药用部位及功效	保存地及来源
楝科 Meliaceae	香椿	Toona sinensis (A. Juss.) Roem.	椿白皮、春尖油、椿芽树、毛椿、椿、马泡子果	药用树皮或根皮、树干的液汁、叶、果实、花。树皮或根皮味苦、涩、性微寒。清热燥湿、涩肠、止血、杀虫。用于泄泻、痢疾、肠风便血、崩漏、带下、蛔虫病、丝虫病、疮癣。树干的液汁味辛、苦、性温。润燥解毒、通窍。用于手足皲裂、手足疣瘰、疔疮。叶味苦、性平。祛暑化浊、解毒、杀虫。用于暑湿伤中、恶心呕吐、食欲不振、泄泻、痢疾、痈疽肿毒、疥疮、白秃疮。果实味苦、性温。祛风、散寒、止痛。用于外感风寒、风湿痹痛、胃痛、疝气痛、痢疾、花味辛、苦、性温。用于风湿痹痛、久咳、痔疮。	广西：来源于广西龙州县。云南：来源于云南景洪市。海南：来源于海南万宁市。北京：来源于庐山。湖北：来源于湖北恩施。
	老虎楝	Trichilia connaroides (Wight et Arn.) Bentv.	假黄皮、小黄伞	药用根。味苦、性凉。有小毒。清热解毒、祛风除湿。用于咽喉肿痛、胃气痛、风湿。	云南：来源于云南勐腊县。
	鹧鸪花	Trichilia connaroides (Wight et Arn.) Bentv. f. glabra Bentv.		药用根。味苦、性凉。有小毒。清热解毒、祛风湿、利咽喉。用于风湿腰腿痛、风湿关节炎、咽喉炎、扁桃体炎、心胃气痛。	云南：来源于云南勐海县。
	小果鹧鸪花	Trichilia connaroides (Wight et Arn.) var. microcarpa (Pierre) Bentv.		药用根。清热解毒、祛风湿、利咽喉。用于风湿腰腿痛、咽喉炎、扁桃体炎、胃痛。	海南：来源于海南乐东县尖峰岭。
	杜楝	Turraea pubescens Hellen	手掌灵、钮扣丹、金银楝	药用全株。解毒、收敛、止泻。用于急慢性菌痢、泄泻、咽喉痛、内外伤出血。	海南：来源于海南万宁市。
木犀草科 Resedaceae	黄木犀草	Reseda lutea L.	细叶木犀草	药用根。土耳其民族药、用于胃痛。	广西：来源于德国、法国。
	淡黄木犀草	Reseda luteola L.		药用全草。欧洲许多国家用作发汗药、利尿药。	广西：来源于德国、法国。

（续表）

科名	植物名	拉丁学名	别名	药用部位及功效	保存地及来源
	远志	*Polygala tenuifolia* Willd.	线儿茶、神砂草、小草根、红籽细辛	药用全草。味辛，苦，性温。安神益智，祛痰，消肿，用于心肾不交引起的失眠多梦，健忘惊悸，神志恍惚，咳痰不爽，疮疡肿毒，乳房肿痛。	广西：来源于广西恭城县、贵州兴义市，河南禹州。北京：来源于北京。
	长毛远志	*Polygala wattersii* Hance	西南远志、山桂花、大毛根黄山桂	药用根。味甘，涩，性温。滋补强壮，活血解毒，舒筋散血。用于跌打损伤，乳房肿痛。	湖北：来源于湖北恩施。
	黄花远志	*Polygala arillata* Buch.-Ham.	树参、荷包山桂花、鸡肚子果、桂花岩陀	药用根或根皮。味甘，性微温。补气活血，祛风利湿，消食健胃。用于病后体虚，肺结核，脾虚，月经不调，神经衰弱，胃虚弱，脚气水肿。	云南：来源于云南勐海县。湖北：来源于湖北恩施。
	小花远志	*Polygala arvensis* Willd.	小金牛草、细叶金不换、白金、七寸金、辰沙草	药用全草。味苦，性平。清热解毒，活血散瘀，解毒消肿。用于咳嗽胸痛，肺结核，尿血，月经不调，跌打损伤，小儿麻痹后遗症，肝炎，毒蛇咬伤。	海南：来源于海南万宁市。
	金花远志	*Polygala linarifolia* Willd.	线电远志	药用根。味辛，苦，性温。安神益智，祛痰，消肿，用于失眠多梦，神志恍惚，咳痰不爽，乳房肿痛。	海南：来源于海南万宁市。
远志科 Polygalaceae	西伯利亚远志	*Polygala sibirica* L.	小叶远志、大叶远志、卵叶远志	药用根。味辛，消肿，消痰，神志恍惚，咳痰不爽，乳房肿痛。	北京：来源于北京。
	黄花倒水莲	*Polygala fallax* Hemsl.	倒吊黄、黄金印、木本远志	药用全株。味甘，微苦，性平。散瘀通络，补虚健脾。用于劳倦乏力，子宫脱垂，带下清稀，风湿痹痛，腰膝酸痛，月经不调，痛经，跌打损伤。	广西：来源于广西恭城、靖西县。
	华南远志	*Polygala glomerata* Lour.	瘴积草、大金牛草、金不换、银不换	药用全草。味辛，苦，性平。祛痰，消积，解毒，散瘀。用于小儿疳积，咳嗽痰多，跌打损伤，痈肿，瘰疬，毒蛇咬伤。	广西：来源于广西南宁市。海南：来源于海南万宁市。
	瓜子金	*Polygala japonica* Houtt.	小叶地丁草、瓜子金、散血丹、小金不换、竹叶地丁、金牛草	药用全草或根。味苦，微辛，性平。祛痰止咳，散瘀止血，宁心安神，解毒消肿。用于咳嗽痰多，吐血，便血，失眠，心悸，咽喉肿痛，痈肿疮毒，毒蛇咬伤。	广西：来源于广西南宁州。北京：来源于杭州。湖北：来源于湖北恩施。

科名	植物名	拉丁学名	别名	药用部位及功效	保存地及来源
远志科 Polygalaceae	小扁豆	*Polygala tatarinowii* Regel	野豌豆草、东北金牛草、小远志	药用全草。益智安神，散郁，化痰。用于神经衰弱、心悸、失眠、健忘、支气管炎、咳嗽，痰多。	广西：来源于贵州兴义市、云南昆明市。湖北：来源于湖北恩施。
	齿果草	*Salomonia cantoniensis* Lour.	吹云草、一碗泡	药用全草。味微辛、性平。用于痛疖肿疡、无名肿毒、风湿关节痛，散瘀止痛，毒蛇咬伤，跌打损伤，牙痛。	广西：来源于广西邕宁县。
	蝉翼藤	*Securidaca inappendiculata* Hassk.	五味藤、蝉翼木、丢了棒、象皮藤、中腊安（傣语）	药用根、根皮。味辛、甘、苦、酸，性微寒。活血散瘀，消肿止痛，清热利尿。用于跌打损伤，风湿骨痛，急性胃肠炎。	广西：来源于广西龙州县、隆安县。云南：来源于云南景洪市。
时钟花科 Turneraceae	黄时钟花	*Turnera ulmifolia* L.	榆叶时钟花	药用叶。煎服止痛，解热。用于感冒腹泻。	广西：来源于云南西双版纳。
马桑科 Coriariaceae	毒空木	*Coriaria japonica* A.Gray	日本马桑、日本毒空木	药用根、叶。有剧毒。祛风除湿，镇痛，杀虫。	广西：来源于波兰。
	马桑	*Coriaria nepalensis* Wall.	红娘子、乌龙须	药用叶、根。叶味辛、苦，性寒。有毒。清热解毒，消肿疮肿毒，疥癣，烫火伤，杀虫。用于痈疽疔疮，跌打损伤。根味苦，性凉、酸。有毒。祛风除湿，清热解毒。用于风湿麻木、痈疮肿毒、风火牙痛、瘰疬、痔疮、急性结膜炎，跌打损伤。	广西：来源于贵州省。湖北：来源于湖北恩施。
海桐花科 Pittosporaceae	聚花海桐	*Pittosporum balansae* DC.	山辣椒、山霸王	药用根、叶。解毒散结，消肿止痛。用于淋巴结结核，跌打肿痛，蛇咬伤。	广西：来源于广西凭祥市。海南：来源于海南文昌市。
	皱叶海桐	*Pittosporum crispulum* Gagnep.	岩花树、臭皮、黄木	药用根皮、树皮。味苦、涩，性凉。祛风湿，收敛止血，清热解毒，跌打肿痛，腰膝酸痛，外伤出血，肺热咳嗽，便漏、崩漏、痢疾，黄疸，无名肿毒。	广西：来源于广东省深圳市。

科名	植物名	拉丁学名	别名	药用部位及功效	保存地及来源
	清香木	*Pistacia weinmannifolia* J. Poiss.ex Franch.	紫油木、假樟、清香树、对节皮	药用嫩叶。味涩、微苦，性凉。清热，祛湿，导滞。用于痢疾、泄泻、食积、湿疹、风疹。	广西：来源于广西靖西县。云南：来源于云南景洪市。
漆树科 Anacardiaceae	盐肤木	*Rhus chinensis* Mill.	五倍子树、盐酸树、浜盐肤木、锅麻婆（傣语）	药用树叶上五倍子蚜的虫瘿（五倍子）、果实、根或根皮、叶。根皮部及花。五倍子味酸、涩，性寒。收湿敛疮。敛肺降火，涩肠止泻，敛汗，止血，用于肺虚久咳，咯血，衄血，便血，痔血，肾虚，遗精，阴挺，遗尿，湿疮，自汗，盗汗；外用于脱肛，宫颈糜烂，疮疖肿毒，外伤出血，润肺化痰，祛火咳嗽，痰火喉痹，体虚多汗，头风白眉，咸，性凉。根或根皮味酸，散瘀血，用于感冒发热，崩漏，咳嗽咯血，泄泻，黄疸，水肿，便血，痔疮出血；外用风湿痹痛，乳痈，跌打损伤，创伤出血，蛇咬伤，疮疖，湿疹，癣。叶味酸，性凉。化痰止咳，解毒。用于痰嗽，咳，大咬伤，湿疹，创伤出血，黄蜂蜇伤，蛇、大咬伤，根韧皮，牛皮癣，涩，性凉。漆疮。散瘀血，清部味咸，痰，性凉。祛风湿，风湿骨痛，水肿，黄热解毒，用于咳嗽，风湿骨痛，蛇咬伤。疮痈，跌打损伤，中毒疮疖，肿毒，疮疖。花用于的韧皮部用于吐血痢，鼻衄，痈肿溃烂。	广西：原产于广西药用植物园。云南：来源于云南景洪市。海南：来源于海南万宁市。北京：来源于广西临桂。湖北：来源于湖北恩施。
	滨盐肤木	*Rhus chinensis* Mill. var.*roxburghii* (DC.) Rehd.	盐霜白	药用根、叶、果实。味酸、咸，性寒。收根祛风湿，化湿，消肿，叶化痰止咳，敛，解毒。果实生津润肺，降火化痰，敛汗，止痢。	广西：原产于广西药用植物园。

275

科名	植物名	拉丁学名	别名	药用部位及功效	保存地及来源
	红麸杨	*Rhus punjabensis* Stew. var. *sinica* (Diels) Rehd. et Wils.		药用树叶上五倍子蚜的虫瘿及根。树叶上五倍子蚜的虫瘿（五倍子）功效参阆盐肤木 *Rhus chinensis* Mill.。根涩肠，用于痢疾，腹泻。	湖北：来源于湖北恩施。
	火炬树	*Rhus typhina* L.		药用树皮、根皮。止血。用于外伤出血。	北京：来源于北京。
	槟榔青	*Spondias pinnata* (L. f.) Kurz	嘎里洛（傣语）	药用茎皮。味酸、涩，性凉。用于心慌、心悸，气促、子痫，睾丸炎。	广西：来源于广西南宁市、云南省景洪市。云南：来源于云南景洪市。海南：来源于海南万宁市。
	紫槟榔青	*Spondias purpurea* L.		药用果实。味酸、涩，性凉。清热解毒，消肿止痛，止咳化痰。用于心慌气短、咳嗽，哮喘，睾丸肿痛。	云南：来源于云南勐腊县。
	野漆	*Toxicodendron succedaneum* (L.) O.Kuntze	漆木	药用根、叶、树皮及果实。味苦、涩，性平。有小毒。平喘解毒，散瘀消肿，止痛止血。用于哮喘，急、慢性肝炎，胃痛，跌打损伤；外用于胃折，创伤出血。	广西：来源于广西金秀县。北京：来源于北京。海南：不明确。
漆树科 Anacardiaceae	木蜡树	*Toxicodendron sylvestre* (Sieb. et Zucc.) O.Kuntze	野毛漆、山漆树	药用部位及功效阆野漆 *Toxicodendron succedaneum* (L.) O. Kuntze。	广西：原产于广西药用植物园。
	漆	*Toxicodendron vernicifluum* (stokes) F.A.Barkl.	大木漆、小木漆、山漆	药用树脂加工后的干燥品（干漆），生漆、根、心材、干皮或根皮，叶及种子。干漆味辛，性温，有毒。破瘀，消积杀虫。用于经闭，瘀血痛，虫积腹痛。生漆味辛，性温，微有小毒。行气，镇痛。用于心胃气痛。根味辛，性温，有微毒。用于跌打损伤。心材味辛，性温，微毒。行气，镇痛，用于心胃气痛。干皮或根皮味辛，性温。有小毒。接骨。用干胃折。叶味辛，有小毒。用于紫云瘢，外伤出血，疮疡溃烂。种子有毒。用于便血，尿血。	湖北：来源于湖北恩施。

科名	植物名	拉丁学名	别名	药用部位及功效	保存地及来源
槭树科 Aceraceae	两色槭	*Acer bicolor* F.Chun var. *bicolor*		药用根。味辛，性温。祛风除湿。用于风湿痹痛。	广西：来源于广西金秀县。
	圆齿两色槭	*Acer bicolor* F.Chun var. *serrulatum*（Metc.）Fang		药用根。味辛，苦。性凉。祛风除湿。用于风湿性关节炎，筋骨疼痛，拘紧，麻木等。	广西：来源于广西武鸣县。
	三角槭	*Acer buergerianum* Miq.	三角枫	药用根、根皮和茎皮。根用于风湿关节痛。根皮、茎皮清热解毒，消暑。	广西：来源于浙江省杭州市。
	樟叶槭	*Acer cinnamomifolium* Ha-yata		药用根。祛风除湿。	广西：来源于广西南宁市。
	紫果槭	*Acer cordatum* Pax		药用叶芽。清热明目。	广西：来源于湖南省长沙市。
	青榨槭	*Acer davidii* Franch.	青虾蟆	药用根、树皮。味甘，苦，性平。祛风除湿，散瘀止痛，消食健脾。用于风湿痹痛，肢体麻木，关节不利，跌打瘀痛，泄泻，痢疾，小儿消化不良。	广西：来源于江西省九江市。 湖北：来源于湖北恩施。
	十蕊槭	*Acer decandrum* Merr.	阔翅槭		海南：来源于海南万宁市。

科名	植物名	拉丁学名	别名	药用部位及功效	保存地及来源
	秀丽槭	*Acer elegantulum* Fang et P. L.Chi		药用根、根皮。味辛、苦，性平。祛风除湿，止痛接骨。用于风湿关节疼痛，骨折。	广西：来源于浙江省杭州市。
	罗浮槭	*Acer fabri* Hance	红蝴蝶、红翅槭	药用果实。味甘、微苦，性凉。清热解毒。用于咽喉肿痛，声音嘶哑，肝炎，肺结核。	广西：来源于广西南宁市。
	建始槭	*Acer henryi* Pax	五角枫根、三叶槭	药用根、根皮。味辛、苦，性平。祛风除湿。用于扭伤，骨折，风湿痹痛。	广西：来源于浙江省杭州市。
	色木槭	*Acer mono* Maxim.	地锦槭、五角枫、水色树	药用枝叶。性温。祛风除湿，活血逐瘀。用于风湿骨痛，骨折，跌打损伤。	广西：来源于波兰。
	白蜡槭	*Acer negundo* L.	梣叶槭、复叶槭	药用果实。用于腹疾。	北京：来源于北京。
	五裂槭	*Acer oliverianum* Pax		药用枝叶。味辛、苦，性凉。清热解毒，理气止痛。用于背疽，痈疮，气滞腹痛。	湖北：来源于湖北恩施。
槭树科 Aceraceae	鸡爪槭	*Acer palmatum* Thunb.		药用枝叶。味微苦，性平、行气止痛，解毒消痈。用于气滞腹痛，痈肿发背。	广西：来源于广西金秀县。
	银槭槭	*Acer saccharinum* L.		北美洲药用植物。	广西：来源于湖北省武汉市。
	角叶槭	*Acer sycopseoides* Chun		药用根。味辛、苦，性温。祛风除湿。用于治疗风湿痹痛。	广西：来源于广西崇左市。
	元宝槭	*Acer truncatum* Bunge	元宝树、平基槭、五脚树	药用根皮。味辛、微苦，性微温。祛风除湿，舒筋活络。用于腰背疼痛。	广西：来源于辽宁省沈阳市。北京：来源于北京。

科名	植物名	拉丁学名	别名	药用部位及功效	保存地及来源
无患子科 Sapindaceae	长柄异木患	*Allophylus longipes* Radlk.		药用根、叶。味微苦、性凉。叶清香。用于清火解毒，调补血水，下乳，安神，用于咽喉红肿疼痛，咳嗽，月经不调，腹胀疼痛，产后体质虚弱，乳汁不下，头昏头痛，失眠多梦，心烦口渴，口干舌燥，中暑。	云南：来源于云南勐腊县。
	异木患	*Allophylus viridis* Radlk.	小叶枫	药用全株。味甘、性温。活血散瘀。用于风湿痹痛，跌打损伤。叶用于感冒。	海南：来源于海南万宁市。
	细子龙	*Amesiodendron chinense* (Merr.) Hu		清热除湿，解毒，止咳，消渴。	海南：来源于海南万宁市。北京：来源于海南。
	滨木患	*Arytera littoralis* Bl.	米清	药用种子。杀虫。用于疥癣。	广西：来源于广东省广州市。海南：来源于海南万宁市。
	倒地铃	*Cardiospermum halicacabum* L.	包袱草、风船葛、灯笼草、三角泡、小果倒地铃	药用全草。味苦、辛、性寒。清热利湿、凉血解毒。用于黄疸、淋症、湿疹、疔疮肿毒、毒蛇咬伤、跌打损伤。	广西：来源于广西宜州县。云南：来源于云南景洪市。海南：来源于海南万宁市。北京：来源于北京植物园、四川。
	茶条木	*Delavaya yunnanensis* Franch.	黑枪杆、滇木瓜、米香树、鸡腰子果	药用种子油。有毒。用于头虱，疥癣。	广西：来源于广西凭祥市。

科名	植物名	拉丁学名	别名	药用部位及功效	保存地及来源
	龙眼	Dimocarpus longan Lour.	圆眼、桂圆、羊眼果树	药用果肉、种子、叶。果肉味甘，性温，补心安神，健脾，长肌肉，用于心悸失眠，健忘，身体虚弱。种子味涩，性平，收敛止血，用于疥癣，疮疡，刀斧伤，小肠疝气，外伤出血。叶用于防治流感。	广西：原产于广西药用植物园。云南：来源于云南景洪市。海南：来源于海南兴隆南药园。
	车桑子	Dodonaea viscosa (L.) Jacq.	铁扫把、白石楝、明子柴、坡柳、明油子。	药用叶、根。叶味微苦、辛，性平。清热利湿，解毒消肿，用于淋症，皮肤瘙痒，痈肿疮疖，汤火伤。根味苦，性寒，泻火解毒，用于牙痛，风毒流注。	广西：来源于广西上思县。海南：来源于海南万宁市。北京：来源于北京植物园。
	赤才	Erioglossum rubiginosum (Roxb.) Bl.	灵树	药用根。民间作强壮剂。	海南：来源于海南万宁市。
无患子科 Sapindaceae	复羽叶栾树	Koelreuteria bipinnata Franch.	泡花树、花楸树、风吹果、灯笼树	药用根、花。味微苦、辛，活血，用于蛔虫病，肿毒，根消肿痛，驱虫，花清肝明目，用于肝火上炎，清热止咳，风热咳嗽。	云南：来源于云南勐腊县。
	复羽叶栾树（原变种）	Koelreuteria bipinnata Franch.var.bipinnata	摇钱树	药用根、根皮、花和果实。根、根皮，性平。用于风热咳嗽，止咳，散瘀，跌打肿痛，味苦，性寒，祛风清热，风湿热痹，蛔虫病。花，果实味苦，性寒，果实味苦，行气止痛。用于目痛泪出，清肝明目，疝气痛，腰痛。	广西：来源于广西凭祥市。
	全缘叶栾树	Koelreuteria bipinnata Franch. var. integrifoliola (Merr.) T.Chen	摇钱树、黄山栾树	药用部位及功效参阅复羽叶栾树 Koelreuteria bipinnata Franch.。	广西：来源于广西桂林市，浙江省杭州市。
	栾树	Koelreuteria paniculata La-xm.	五乌拉叶、石栾树、黑叶树、木栏牙、木栾	药用根皮。味苦，性寒。清肝明目。用于目赤肿痛，多泪。	广西：来源于北京市。北京：来源于北京植物园。

科名	植物名	拉丁学名	别名	药用部位功效	保存地及来源
无患子科 Sapindaceae	荔枝	Litchi chinensis Sonn.	元红、丹荔	药用果实、种子、根、叶及果皮。果实味甘、酸，性温。生津止渴，补脾养血，理气止痛。用于烦渴、便血、血崩、脾虚泄泻，病后体虚、呃逆；外用于瘰疬溃烂，疔疮肿毒、外伤出血。种子味甘、涩，性温。散寒、理气、止痛。用于胃气冷痛，疝气痛，妇人血中血气刺痛。根味微苦、涩，性温。用于胃脘痛，疝气，遗精、喉痹。叶用于脚癣、耳后溃疡；外果皮用于痢疾，血崩，湿疹。	广西：来源于广西容县。云南：来源于云南景洪市。海南：来源于海南兴隆南药园。北京：来源于福建。
	褐叶柄果木	Mischocarpus pentapetalus (Roxb.) Radlk		药用根。止咳。用于感冒咳嗽。	海南：来源于海南万宁市。
	海南柄果木	Mischocarpus hainanensis H.S.Lo			海南：来源于海南万宁市。
	山韶子	Nephelium chryseum Bl.	毛荔枝、野荔子、山龙眼	药用果实。味酸、甘，性温。解毒、散寒，止痢。用于口疮、痢疾、心腹冷痛。	云南：来源于云南景洪市。
	红毛丹	Nephelium lappaceum L.		药用根、树皮、果实及果皮。根用于发烧，树皮用于舌疾患。果实用于痢疾，心腹冷气。果皮用于痢疾。	云南：来源于云南勐腊县。海南：来源于海南保亭县。
	海南韶子	Nephelium topengii (Merr.) H.S.Lo	山荔枝、毛荔枝	药用果实、果皮、心腹冷疼。果皮杀菌，用于痢疾，泄泻，口腔炎；外用于洗溃疡。	海南：来源于海南万宁市。
	海南假韶子	Paranephelium hainanensis H.S.Lo			海南：不明确。
	绒毛番龙眼	Pometia tomentosa (Bl.) Teysm.et Binn.	南埋嘎（傣语）	药用树皮。味苦、涩，性凉。补气敛疮，理气止泻。用于体虚无力、创伤，溃疡久而不愈，腹痛腹泻。	云南：来源于云南景洪市。

281

科名	植物名	拉丁学名	别名	药用部位及功效	保存地及来源
	川滇无患子	*Sapindus delavayi* (Franch.) Radlk.	油患子、菩提子、皮哨子	药用果实或种子。味苦，性微寒。行气消积，解毒杀虫。用于疝气疼痛，小儿蛔虫病。疳积，乳蛾，痒腮，黄水疮，蛔虫病。	广西：来源于云南省昆明市。
	无患子	*Sapindus mukorossi* Gaertn.	洗手果、肥皂果	药用种子、种仁、果皮、树皮及根。种子味苦、辛，性寒。有小毒。清热，祛痰、消积、消渴，杀虫。用于喉痹肿痛，肺热咳喘，音哑、疳积，蛔虫腹痛，滴虫性阴道炎，肿毒。种仁味辛，性平。消积，辟秽。用于疳积，腹胀，口臭。果皮味苦，性平。有小毒。清热化痰，止痛，消积，用于喉痹肿痛，心胃气痛，疝气痛，食滞，虫积，肿毒，树皮味苦、辛，性平。解毒，利咽，祛风杀虫。用于白喉，疥癣，痄疮。根味苦、辛，性凉。宣肺止咳，解毒化湿，带下，白浊，咳喘，咽喉肿外感发热，毒蛇咬伤。痛，咽喉肿痛。	广西：原产于广西药用植物园。海南：来源于海南万宁市。北京：来源于广西临桂。
无患子科 Sapindaceae	毛瓣无患子	*Sapindus rarak* DC.	麻尚（傣语）	药用部位及功效参阅无患子 *Sapindus mukorossi* Gaertn.。	广西：来源于云南勐仑县。云南：来源于云南景洪市。
	久树	*Schleichela trijuga* Willd.	愈伤树		海南：来源于海南乐东县尖峰岭。
	文冠果	*Xanthoceras sorbifolia* Bunge	文冠木、木瓜、文冠花	药用木材或枝叶。味甘，性平。祛风除湿，消肿止痛，收敛。用于风湿性关节痛，肿毒痛，黄水疮。	北京：来源于北京。
	干果木	*Xerospermum bonii* (Lec.) Radlk.	刚果木	药用根。止咳。用于感冒咳嗽。	广西：来源于广西凭祥市。

（续表）

科名	植物名	拉丁学名	别名	药用部位及功效	保存地及来源
七叶树科 Hippocastanaceae	七叶树	Aesculus chinensis Bunge	梭椤子、开心果、婆罗树、梭椤树	药用果实、种子。味甘，性温。疏肝，理气，宽中，止痛。用于胸肋、乳房胀痛，痛经，胃脘痛。	广西：来源于广西靖西县。北京：不明确。
	滇南七叶树	Aesculus lantsangensis Hu et Fang		药用种子。理气止痛，调经活血。用于胃痛，顺气。	云南：来源于云南景洪市。
	天师栗	Aesculus wilsonii Rehd.	梭椤树、猴板栗	药用部位及功效参阅七叶树 Aesculus chinensis Bunge。	湖北：来源于湖北恩施。
	异色泡花树	Meliosma myriantha Sieb.et Zucc.var.discolor Dunn		药用根皮。利水，解毒。用于水肿，小便淋痛，热毒肿痛。	广西：来源于浙江省杭州市。
	细花泡花树	Meliosma parviflora Lec.		药用树皮。利水解毒，消肿。	广西：来源于浙江省杭州市。
	绒毛泡花树	Meliosma velutina Rehd. et Wils.	显脉泡花树、毛泡花树	药用叶。镇咳。用于咳嗽。	云南：来源于云南景洪市。
清风藤科 Sabiaceae	凹萼清风藤	Sabia emarginata Lec.		药用全株。祛风除湿，止痛。用于风湿关节痛。	广西：来源于广东广州市。
	簇花清风藤	Sabia fasciculata Lec. ex L.Chen	小发散、散风藤	药用全株。味甘、微涩，性温。祛风除湿，散瘀消肿。用于风湿痹痛，跌打肿痛，跌打瘀肿。	广西：来源于广西金秀县。
	清风藤	Sabia japonica Maxim.	寻风藤	药用茎叶、根。味苦、辛。祛风利湿，活血解毒。用于风湿痹痛，鹤膝风，水肿，脚气，跌打肿痛，骨折，深部脓肿，骨髓炎，化脓性关节炎，脊椎炎，疮疡肿毒，皮肤瘙痒。	广西：来源于广西平乐县。北京：来源于广西。

科名	植物名	拉丁学名	别名	药用部位及功效	保存地及来源
清风藤科 Sabiaceae	柠檬清风藤	Sabia limoniacea Wall. ex Hook.f.et Thoms.	大散风藤	药用茎。祛风湿。用于风湿病、产后瘀血。	广西：来源于广西金秀县。
	小花清风藤	Sabia parviflora Wall. ex Roxb.		药用部位及功效参阅清风藤 Sabia japonica Maxim.。	广西：来源于贵州省兴义市。
	四川清风藤	Sabia schumanniana Diels	女儿藤、青木香	药用根或茎。味辛，性温。止咳祛痰，祛风活血，关节风湿痛。	湖北：来源于湖北恩施。
	尖叶清风藤	Sabia swinhoei Hemsl. ex Forb.et Hemsl.		药用全株。除风湿。活血化瘀，舒筋活络。用于风湿关节痛、筋骨不利。	广西：来源于广西那坡县。
凤仙花科 Balsaminaceae	凤仙花	Impatiens balsamina L.	急性子、指甲花、凤仙透骨草	药用种子、茎、花、根。种子味辛，苦，有小毒。行瘀降气，软坚散结。用于经闭，痛经，产难，骨哽，痞块，噎膈，疮疡肿毒。茎味苦，性温。祛风湿，活血止痛，解毒。用于风湿跖痹痛，跌打肿痛，闭经，痛经，蛇咬伤，痈肿，丹毒，鹅掌风，蛇风。花味甘，苦，性微温。祛风除湿，活血止痛，解毒杀虫。用于风湿肢体痿废，腰胁疼痛，妇女经闭腹痛，产后瘀血未尽，跌打损伤，骨折，痈疽疮毒，蛇咬伤，白带，鹅掌风，灰指甲。根味苦，辛，性平。活血止痛，利湿消肿。用于跌打肿痛，风湿骨痛，白带，水肿。	广西：来源于广西南宁市。云南：来源于云南景洪市。海南：来源于海南万宁市。北京：来源于四川南川。湖北：来源于湖北恩施。

科名	植物名	拉丁学名	别名	药用部位及功效	保存地及来源
凤仙花科 Balsaminaceae	大叶凤仙花	*Impatiens apalophylla* Hook.f.	山泽兰	药用全草。味苦，性温。散瘀通经。用于跌打损伤，瘀肿疼痛，月经不调，瘀血经闭。	广西：来源于广西那坡县。
	平顶凤仙花	*Impatiens balsamina* L. var. *nana* Hort.		活血通经，祛风止痛，降气通药。	北京：来源于北京。
	华凤仙	*Impatiens chinensis* L.	水凤仙、水边指甲花、象鼻花	药用全草。味苦、辛、性平。清热解毒，活血散瘀，拔脓消痈。用于小儿肺炎，咽喉肿痛，蛇头疔，痈疮肿毒，热痢，肺结核。	广西：来源于广西南宁市。
	细柄凤仙花	*Impatiens leptocaulon* Hook.f.	冷水七、劳伤药	药用全草。理气活血，舒筋活络。用于风湿麻木，跌打损伤。	湖北：来源于湖北恩施。
	水金凤	*Impatiens noli-tangere* L.	野凤仙、茱花	药用根或全草。味甘，性温。活血调经，祛风除湿。用于月经不调，痛经，经闭，跌打损伤，风湿痹痛，脚气肿痛，阴囊湿疹，癣疮，癞疮。	广西：来源于广西金秀县。
	黄金凤	*Impatiens siculifer* Hook.f.	岩胡椒、水指甲	药用全草。味甘，性温。祛风除湿，活血消肿，清热解毒。用于风湿骨痛，跌打损伤，烧、烫伤。	广西：来源于广西南丹县。湖北：来源于湖北恩施。
	紫花凤仙花	*Impatiens uniflora* Hayata			海南：来源于海南万宁市。
	非洲凤仙花	*Impatiens wallerana* Hook.f.			海南：来源于海南万宁市。

科名	植物名	拉丁学名	别名	药用部位及功效	保存地及来源
冬青科 Aquifoliaceae	梅叶冬青	Ilex asprella (Hook. et Arn.) Champ ex Benth.	白点秤、土甘草、秤星树	药用叶、根。味苦、甘，性寒。清热生津，散瘀解毒。用于感冒，头痛，眩晕，热病烦渴，痧气，泄泻，肺痛，百日咳，咽喉肿痛，痔血，淋病，疔疮肿毒，跌打损伤。	广西：原产于广西药用植物园。
	短梗冬青	Ilex buergeri Miq.		药用根、叶。消炎。	广西：来源于浙江省杭州市。
	枸骨	Ilex cornuta Lindl.	功劳叶、枸骨冬青、猫儿刺	药用根、果实及叶。叶味苦，性凉。清热养阴，平肝，益肾。用于肺痨咯血，骨蒸潮热，头晕目眩，高血压。根味苦，性寒。补肝肾，清风湿，果实味苦，性平。清风湿热，黄疸，果实滋阴。腰膝劳损，头痛，牙痛，益精，活络，用于阴虚身热，崩漏，带下，筋骨痛，白带过多。	广西：来源于广西桂林市。海南：来源于海南万宁市。
	齿叶冬青	Ilex crenata Thunb.		清热解毒，凉血止血。	北京：来源于绿博会。
	黄毛冬青	Ilex dasyphylla Merr.	苦连双	药用根。味苦，性寒。清热解毒，无名肿毒。	海南：来源于海南万宁市。
	厚叶冬青	Ilex elmerrilliana S.Y.Hu		药用根、叶。消炎，解毒。用于水火烫伤。	广西：来源于广东省深圳市。
	伞花冬青	Ilex godajam (Colebr.) Wall.	米碎木、就必应	药用树皮。止痛。用于腹痛。驱虫。用于虫病。	云南：来源于云南景洪市。
	无毛短梗冬青	Ilex hylonoma Hu et Tang var.glabra S.Y.Hu	跌打王、刺叶冬青	药用根、叶。根消肿止痛。用于跌打损伤，风湿痛。叶用于跌打损伤。	广西：来源于广西崇左市、桂林市。
	苦丁茶冬青	Ilex kudingcha C.L.Tseng	大叶苦丁茶	药用叶、根。味苦、甘，性凉。消炎解暑。用于头痛，齿痛，目赤，热病烦渴，痢疾。	广西：来源于广西南宁市。
	大叶冬青	Ilex latifolia Thunb.	苦丁茶	药用根、叶。味苦、甘，性寒。凉血，解暑，平肝，益肾阴，降血压。用于口渴，烦躁，高血压，齿痛，目赤，热病烦渴，痢疾。	海南：来源于海南万宁市。
	洼皮冬青	Ilex nuculicava S.Y.Hu			海南：来源于海南万宁市。

科名	植物名	拉丁学名	别名	药用部位及功效	保存地及来源
	具柄冬青	*Ilex pedunculosa* Miq.	落霜红	药用树皮。味苦，性凉。活血止血，清热解毒，痔疮出血，外伤出血。	海南：不明确。
	猫儿刺	*Ilex pernyi* Franch.	雀不站	药用根。味苦，性寒。清热解毒，润肺止咳。用于带下病，遗精，头痛，牙痛，耳鸣，中耳炎，目赤。	湖北：来源于湖北恩施。
	毛冬青	*Ilex pubescens* Hook.et Arn.	细叶青、喉毒药、茶叶冬青	药用根及叶。根味苦，性平。活血通脉，消肿止痛，清热解毒。用于心绞痛，心肌梗塞，血栓闭塞性脉管炎，中心性视网膜炎，扁桃体炎，咽喉炎，小儿肺炎，冻疮。叶用于牙龈肿痛，疳痛，蠼螋火丹，烧烫伤。	北京：来源于广西。
冬青科 Aquifoliaceae	毛叶冬青	*Ilex pubilimba* Merr. et Chun			海南：来源于海南万宁市。
	铁冬青	*Ilex rotunda* Thunb.	救必应、熊胆木、狗尿木、白银香	药用树皮、叶、根。味苦，性凉。清热解毒，消肿止痛。用于感冒，咽喉肿痛，急性胃肠炎，扁桃体炎，风湿骨痛；外用于跌打损伤，痈疖疮疡，外伤出血，烧烫伤。	广西：原产于广西药用植物园。
	三花冬青	*Ilex triflora* Bl.	小冬青	药用叶、根。味苦，性凉。叶清热解毒，通经活络，消肿，降脂浊。用于高血压，血脂增高，咽喉痛，口疮，疔肿，疖。根用于疮疡肿毒。	广西：来源于广西南宁市。
	亮叶冬青	*Ilex viridis* Champ.	绿冬青、细叶三花冬青	药用根、叶。味甘，微辛，性凉。凉血解毒，祛瘀生新。根用于关节痛，叶用于烧烫伤，创伤出血。	广西：来源于浙江省杭州市。

科名	植物名	拉丁学名	别名	药用部位及功效	保存地及来源
冬青科 Aquifoliaceae	满树星	*Ilex aculeolata* Nakai	鼠李冬青，称星木、天星树	药用根皮、叶。味微苦，甘，性凉。疏风化痰，清热解毒。用于感冒咳嗽，牙痛，疮伤，湿疹。	广西：来源于广西金秀县。
	榆枝冬青	*Ilex angulata* Merr.et Chun	山绿茶	药用叶。清热解毒，降脂浊，消肿，通经活络，活血。用于高血压，血脂增高，口腔炎，疔疮，咽喉肿痛，慢性咽喉炎，妇科附件炎。	广西：来源于广西钦州市。海南：来源于海南万宁市。
	巧茶	*Catha edulis* Forssk.		药用叶。清热解毒，提神，止渴。用于内热，烦渴。	云南：来源于云南景洪市。海南：不明确。
	苦皮藤	*Celastrus angulatus* Maxim.	苦树皮、南蛇根	药用根或根皮。味辛，苦，性凉。有小毒。清热解毒，消肿，杀虫，透疹，调经，舒筋活络，劳伤。根用于风湿痛，头虱，跌打损伤。根皮或茎皮用于秃疮。	北京：来源于北京。
卫矛科 Celastraceae	刺苞南蛇藤	*Celastrus flagellaris* Rupr.	爬山虎、刺南蛇藤	祛风除湿，行气散血，消肿解毒。	北京：来源于北京。
	灰叶南蛇藤	*Celastrus glaucophyllus* Rehd.et Wils.		药用根。化痰，消肿，止血生肌。用于跌打损伤，刀伤出血。	广西：来源于湖南省长沙市。
	南蛇藤	*Celastrus orbiculatus* Thunb.	黄藤、明开夜合、降龙草、七寸麻	药用根、藤、果实及叶。根、藤味微辛，性温。祛风活血，消肿止痛。用于风湿性关节炎，腰腿痛，闭经，跌打损伤，心悸。果实安神镇静，健忘，失眠。叶解毒，散瘀。用于多发性疖，跌打损伤，毒蛇咬伤。	广西：来源于广西南宁市。云南：来源于云南景洪市。海南：不明确。北京：来源于北京。湖北：来源于湖北恩施。

科名	植物名	拉丁学名	别名	药用部位及功效	保存地及来源
	锥序南蛇藤	*Celastrus paniculatus* Willd.	圆锥南蛇藤、灯油果、黑麻电（傣语）	药用根、叶、果实。味涩，性凉。清火解毒，消肿止痛，止咳化痰，收敛止泻。用于腹痛腹泻，下痢红白，咳嗽，咽喉肿痛，小便热涩疼痛，受阻干裂痛，跌打损伤，风湿关节肿痛，顽癣。	云南：来源于云南景洪市。北京：来源于云南。
	卫矛	*Euonymus alatus*（Thunb.）Sieb.	鬼箭、山扁榆、见肿消、山鸡条子	药用根、带翅的枝叶。味苦，性寒。行血通经，散瘀止痛。用于经闭，癥瘕，产后瘀滞腹痛，虫积腹痛，漆疮。	北京：来源于北京。湖北：来源于湖北恩施。
卫矛科 Celastraceae	白杜	*Euonymus bungeanus* Maxim.	丝棉木、合欢花、白桃树	药用全株。味苦、涩，性寒。有小毒。祛风湿、活血、止血，痔疮、腰痛、肾虚。风湿关节痛，果实用于失眠。枝叶熏洗漆疮。	广西：来源于浙江省杭州市。北京：来源于北京。
	扶芳藤	*Euonymus fortunei*（Turcz.）Hand.-Mazz.	爬行卫矛	药用带叶茎枝。味甘、苦、微辛，性微温。益肾壮腰，舒筋活络，止血消瘀。用于肾虚，腰膝酸痛，半身不遂，风湿痹痛，小儿惊风，咯血，吐血，血崩，月经不调，子宫脱垂，跌打骨折，创伤出血。	广西：来源于广西桂林市。北京：来源于浙江。
	常春卫矛	*Euonymus hederaceus* Champ. ex Benth.		药用茎、叶。味苦、甘，性温。散瘀止血，舒筋活络。用于鼻衄，脱疽，风湿痛，跌打损伤，漆疮。	广西：来源于湖南省长沙市。

289

科名	植物名	拉丁学名	别名	药用部位及功效	保存地及来源
卫矛科 Celastraceae	冬青卫矛	Euonymus japonicus Thunb.	大叶黄杨、八木、调经草	药用根。味苦、辛，性温。调经止痛，用于月经不调，痛经，跌打损伤，骨折，小便淋痛。	北京：来源于浙江。
	斑叶黄杨	Euonymus japonicus var. viridi-variegata Rehd.		清肝明目，活血止痛，凉血止血。	北京：来源于浙江。
	银边冬青卫矛	Euonymus japonicus Thunb. var. albo-marginata T. Moore ex Rehd.	银边卫矛	药用全株。活血，消肿。用于接骨，跌打损伤。	广西：来源于广西南宁市。
	日本卫矛	Euonymus japonicus Thunb. var.japonica	正木	药用根、茎皮、枝条及叶。味辛、苦，性温。根活血调经，用于月经不调，风湿痹痛；茎皮、枝条祛风湿，活血止血，用于风湿麻痹，跌打伤肿，骨折，吐血，叶解毒消肿。用于疮疡肿毒。	广西：来源于广西南宁市。
	胶州卫矛	Euonymus kiautschovicus Lo-es.	胶东卫矛	药用茎、叶。味苦、甘，性温。散瘀止血，舒筋活络；用于鼻衄，脱疽，风湿痛，跌打损伤，漆疮。	北京：来源于北京。
	疏花卫矛	Euonymus laxiflorus Champ.	佛手仔、山杜仲、五角仙、鱼骨木	药用根、树皮，性微温。祛风湿，强筋骨，活血解毒，利水。用于风湿痹痛，腰膝酸软，跌打骨折，疮疡肿毒，慢性肾炎，水肿。	广西：来源于广西金秀县。
	滇南美登木	Maytenus austroyunnanensis S.J.Pei et Y.H.Li	埋叮嘎（傣语）	药用全株及叶。味苦、涩，性凉。清火解毒，消肿止痛。用于肺、胃、肝、肠肿痛，咳嗽，吐黄痰，产后行瘦体弱，咳嗽咽痛，口舌生疮，尿赤。全株抗癌。含有抗癌活性成分美登新类物质。	云南：来源于云南景洪市。

科名	植物名	拉丁学名	别名	药用部位及功效	保存地及来源
卫矛科 Celastraceae	密花美登木	*Maytenus confertiflorus* J. Y. Luo et X.X.Chen		药用叶。味辛、苦，性寒。有毒。祛瘀止痛，解毒消肿。用于跌打损伤，腰痛。全株含有抗癌活性成分美登新类物质。	广西：来源于广西龙州县。
	变叶美登木	*Maytenus diversifolius* (Maxim.) D.Hou	刺仔木、变叶裸实、细叶裸实、蟹咬眼、咬眼刺	药用全株。祛痰散结，软坚，抗癌。用于各种癌疾。含有抗癌活性成分美登素类物质。	广西：来源于广西北海市。海南：来源于海南万宁市。
	广西美登木	*Maytenus guangxiensis* C. Y. Cheng et W.L.Sha	陀螺钮	药用根、茎、叶。味微苦，性微寒。祛风止痛，解毒抗癌。用于风湿痹痛，癌肿，疮疖。	广西：来源于广西隆安县。
	海南美登木	*Maytenus hainanensis* (Merr.et Chun) C.Y.Cheng.			海南：来源于海南三亚市。
	美登木	*Maytenus hookeri* Loes.	梅丹	药用叶。味微苦，性涩。活血散瘀，散结消瘀，抗癌。用于癥瘕积聚，癌症初起。全株含抗癌成分美登素和美登布林。	广西：来源于云南景洪市。云南：来源于云南景洪市。海南：来源于海南西双版纳植物园。
	少花美登木	*Maytenus oligantha* C. Y. Cheng et W.L.Sha		药用部位及功效参阅美登木 *Maytenus hookeri* Loes.。	广西：来源于广西天峨县。
	雷公藤	*Tripterygium wilfordii* Hook.f.	山砒霜、黄藤木	药用根、叶、花及果实。味苦、辛，性凉。有大毒。祛风解毒，杀虫，用于风湿关节痛，腰腿痛，末梢神经炎，麻风，骨髓炎，手指疔疮。	北京：来源于浙江。

科名	植物名	拉丁学名	别名	药用部位及功效	保存地及来源
省沽油科 Staphyleaceae	野鸡椿	Euscaphis japonica (Thunb.) Dippel	鸡眼椒、红棕、酒药花、山海椒、鸡肾果	药用果实或种子、根、花、叶、茎皮。果实或种子味辛、微苦，性温。祛风散寒，行气正痛。用于胃痛，消肿散结，泄泻、痢疾、脱肛，子宫下垂，睾丸肿痛。根味苦，微酸，性平。祛风解表，清热利湿。用于外感头痛，风湿腰痛，痢疾、泄泻、跌打损伤。花味甘，性平。祛风止痛。用于头痛，眩晕。叶味微辛，苦，性微温。祛风止痒。用于妇女阴痒。茎皮味微辛，性温。行气，利湿，祛风，水痘，退翳，目生翳障。用于小儿疝气，风湿骨痛。	广西：来源于广西金秀县。湖北：来源于湖北恩施。
	锐尖山香圆	Turpinia arguta (Lindl.) Seem.	五寸铁树、尖树、黄柿	药用根、叶。味苦，性寒。活血散瘀，消肿。用于跌打损伤，骨折，疔疮肿毒。	广西：来源于广西金秀县。
	大果山香圆	Turpinia nepalensis Wall.		药用全株。味苦，性寒。祛风活血，通经络。	广西：来源于广西田林县。
翅子藤科 Hippocrateaceae	五层龙	Salacia prinoides (Willd.) DC.	桫拉木	药用根。味涩，性温。通经活络，祛风除湿。用于风湿性关节炎，腰肌劳损，体虚无力。	海南：来源于海南万宁市。
	海南五层龙	Salacia grandiflora Kurz	海南桫拉木		海南：不明确。
	阔叶五层龙	Salacia macrophylla Bl.	阔叶桫拉木		海南：来源于海南万宁市。

科名	植物名	拉丁学名	别名	药用部位及功效	保存地及来源
黄杨科 Buxaceae	雀舌黄杨	Buxus bodinieri Lévl.	小叶黄杨	药用茎、根、叶，味苦、甘，性凉。祛风，除湿，止血，风湿痹痛，跌打损伤。根民间用于吐血，咯血。嫩枝叶用于目赤肿痛，痈疽肿毒，风湿胃痛，声哑，狂犬咬伤，妇女难产。	海南：来源于海南保亭县。
	海南黄杨	Buxus hainanensis Merr.		祛风除湿，行气活血，理气止痛。	海南：来源于海南万宁六连岭。 北京：来源于海南。
	细叶黄杨	Buxus harlandii Hance	匙叶黄杨，锦熟黄杨	药用茎、叶。止血，祛风，除湿。用于疟疾，痢疾，跌打损伤，风湿痹痛。	海南：来源于海南万宁市。 湖北：来源于恩施。
	黄杨	Buxus sinica（Rehd. et Wils.）M. Cheng		药用根、茎、果实及叶。根味苦、辛，性平。祛风除湿，行气活血。用于风湿关节痛，胃痛，疝痛，跌打损伤，疮疡肿毒。茎味苦，性平。祛风除湿，理气止痛。用于风湿痹痛，胸腹气胀，疝痛，牙痛。果实用于面上生疖。叶用于难产，暑疖。	云南：来源于云南景洪市。 湖北：来源于湖北恩施。 北京：来源于北京。
	顶花板凳果	Pachysandra terminalis Sieb.et Zucc.	雪山林，孙儿茶，捆仙绳，长青草	药用带根全草。味苦，微辛，性凉。除风湿，清热解毒，镇静止血，止带。用于风湿筋骨痛，带下病。	北京：来源于广西。 湖北：来源于湖北恩施。
	野扇花	Sarcococca ruscifolia Stapf	青香桂，花子藤，观音柴	药用根、叶及果实。根味辛、苦，性平。理气止痛，舒筋活络。用于胃脘痛，急慢性胃炎，胃溃疡，跌打损伤，筋挛肢疼痛，风湿痹症，水肿。叶止咳化痰，用于肺结核。果实补血养肝，用于头昏、心悸，视力减退。	广西：来源于云南昆明市，广东深圳市。 湖北：来源于湖北恩施。

293

（续表）

科名	植物名	拉丁学名	别名	药用部位及功效	保存地及来源
茶茱萸科 Icacinaceae	琼榄	*Gonocaryum lobbianum* (Miers) Kurz	黄金果	种子油可供制作肥皂，润滑油原料。	海南：来源于海南万宁市。
	海南粗丝木	*Gomphandra hainanensis* Me-rr.		药用根。味甘、苦，性平。清热利湿，解毒。用于骨髓炎、急性胃肠炎。	广西：来源于海南万宁县。
	粗丝木	*Gomphandra tetrandra* (Wall.in Roxb.) Sleum.	毛蕊木	药用根。味甘、苦，性平。清热利湿，解毒。用于骨髓炎、吐泻。	海南：来源于海南万宁市。
	微花藤	*Iodes cirrhosa* Turcz.	麻雀筋藤、花心藤	药用根。祛风湿，止痛。用于风湿痹痛。	广西：来源于广西靖西县。云南：来源于云南勐腊县。
	小果微花藤	*Iodes vitiginea* (Hance) Hemsl.	白吹风、牛奶藤、犁耙树	药用根皮、茎。味辛，性微温。祛风湿，下乳，活血化瘀。用于风湿痹痛，劳伤，乳汁不通；外用于目赤，跌打损伤，刀伤。	海南：来源于海南万宁。
	定心藤	*Mappianthus iodoides* Hand.-Mazz.	甜果藤、假丁公藤、铜钻	药用根、藤茎。味苦，性凉。活血调经，祛风除湿。用于月经不调，痛经，闭经，产后腹痛，跌打损伤，风湿痹痛，腰膝酸痛。	广西：来源于广西金秀县。
	假海桐	*Pittosporopsis kerrii* Craib.	芒果	药用树皮。清热解毒，祛风解表。用于感冒，时行感冒发热，顿咳，疟疾。	云南：来源于云南勐腊县。
辣木科 Moringaceae	辣木	*Moringa oleifera* Lam.		药用叶。退热，消炎，排石，利尿，降压，止痛，强心，催欲。用于糖尿病，高血压、心血管病，肥胖病，皮肤病，眼疾，免疫力低下，坏血病，佝偻，抑郁，关节炎，风湿，结石，消化器官肿腐。	云南：来源于云南景洪市。海南：不明确。
鼠李科 Rhamnaceae	麦珠子	*Alphitonia philippinensis* Br-aid	山木棉、银树		海南：来源于海南万宁市。

科名	植物名	拉丁学名	别名	药用部位及功效	保存地及来源
鼠李科 Rhamnaceae	多花勾儿茶	*Berchemia floribunda* (Wall.) Brongn.	勾儿茶、老鼠尿、牛鼻拳、大叶铁包金、扁担藤、金刚藤	药用根、茎、叶。根味甘、苦，性平。健脾利湿，通经活络。用于脾虚食少、小儿疳积、风湿痹痛、黄疸、水肿、淋浊，通经；外用于跌打损伤、骨折。茎、叶味甘，性寒。清热解毒、利尿。用于衄血、黄疸、风湿腰痛、经前腹痛。	云南：来源于云南勐腊县。海南：来源于海南万宁市。湖北：来源于湖北恩施。
	铁包金	*Berchemia lineata* (L.) DC.	老鼠耳、小叶黄鳝藤	药用茎藤、根。味苦、微涩，性平。消肿解毒，止血镇痛，祛风除湿。用于痛疽疔毒、咳嗽咯血、风湿骨痛、烫伤、痈疽疔肿。	广西：原产于广西药用植物园。
	光枝勾儿茶	*Berchemia polyphylla* Wall. ex Lawson var. *leioclada* Hand.-Mazz.	光枝水牛藤	药用全株。味甘，性凉。清热利湿，解毒散结。用于肺热咳嗽、肺痈、湿热黄疸、热淋、痢疾、带下、淋巴结炎、痈疽疔肿。	广西：原产于广西药用植物园。海南：来源于海南万宁市。
	勾儿茶	*Berchemia sinica* Schneid.	牛鼻足秧、铁光棍	药用根、叶、茎。根祛风除湿。叶用于淋巴发炎。茎用于哮喘。	湖北：来源于湖北恩施。
	苞叶木	*Chaydaia rubrinervis* (Lévl.) C.Y.Wu ex Y.L.Chen	包两草、抄达木、十两叶、红脉麦果	药用全株。味浓，性平。利胆退黄，祛风止痛。用于黄疸型肝炎、风湿痹痛、跌打损伤。	广西：来源于广西宜州市。云南：来源于云南勐腊县。
	大海蛇藤	*Colubrina arborescens* (Mill.) Sarg.		药用根、叶。清热、消肿。消毒、跌打损伤。	云南：来源于云南勐腊县。
	蛇藤	*Colubrina asiatica* (L.) Brongn.		药用茎、叶。消肿。	海南：来源于海南万宁市。
	毛嘴签	*Gouania javanica* Miq.	爪哇下果藤、烧伤藤、节节藤	药用茎叶。味微苦、涩，性凉。清热解毒，收敛止血。用于烧烫伤、疮疖红肿、湿疹、外伤出血、痈疮溃烂。	海南：来源于海南万宁市。

科名	植物名	拉丁学名	别名	药用部位及功效	保存地及来源
	下果藤	*Gouania leptostachya* DC.	嘴签、亚奔诶（傣语）	药用藤茎、叶。味酸、涩，性凉。凉血解毒，舒筋活络。用于肢体麻木、烫伤，疮疡。	云南：来源于云南景洪市。
	枳椇	*Hovenia acerba* Lindl.	拐枣、万寿果	药用种子或带花序轴的果实，叶。种子或带花序轴的果实味甘，性平。解酒毒，止渴除烦，止呕，利大小便。用于醉酒烦渴，呕吐，二便不利。叶味甘，性凉。清热解毒，除烦止渴。用于风热感冒，醉酒烦渴，呕吐，大便秘结。	广西：原产于广西药用植物园。云南：来源于云南景洪市。
鼠李科 Rhamnaceae	北枳椇	*Hovenia dulcis* Thunb.	北拐枣、鸡爪梨	药用种子，根、根皮或茎皮、叶、树干中流出液汁及果实。种子功效见枳椇。根味甘，性温。行气活血，风湿筋骨痛。根皮或茎皮味甘，性温。活血舒筋，用于风湿麻木、食积，铁棒锤中毒。叶功效同果实，且能止吸。铁棒锤及铁棒锤中毒。树干中流出液汁味甘，性平。用于腋臭，果实健胃，朴血。	北京：来源于北京。
	铜钱树	*Paliurus hemsleyanus* Rehd.	摇钱树、金钱树、串树、钱树、乌不宿	药用根。味苦、涩，性寒。祛风湿，止痹痛，解毒。用于劳伤乏力，跌打损伤，痢疾。	广西：来源于江苏省南京市。
	马甲子	*Paliurus ramosissimus* (Lour.) Poir.	雄虎刺、铁篱笆、铜钱树、马鞍树	药用根、刺、花、叶及果实。味苦，性平。根祛风散瘀，解毒消肿。用于风湿痹痛，跌打损伤，痈疽，咽喉肿痛。刺、花、叶清热解毒，下肢溃疡，眼目赤痛，用于疔疮痈肿。果实化瘀止血，活血止痛，用于瘀血所致的吐血、衄血，便血，经闭，痛经，心腹疼痛，痔疮肿痛。	广西：原产于广西药用植物园。

科名	植物名	拉丁学名	别名	药用部位及功效	保存地及来源
鼠李科 Rhamnaceae	长叶冻绿	Rhamnus crenata Sieb. et Zucc.	黎辣根、钝齿鼠李	药用根、根皮。味苦、辛，性平。有毒。清热解毒，杀虫利湿，用于疥疮、顽癣、痤疖、湿疹、荨麻疹、癞痢头、跌打损伤。	广西：来源于广西南宁市。
	贵州鼠李	Rhamnus esquirolii Lévl	铁滚子、无刺鼠李	药用根、果、叶。活血消积，理气止痛。用于腹痛，月经不调。	广西：来源于福建省福州市。
	圆叶鼠李	Rhamnus globosa Bunge	山绿篱、偶栗子、黑旦子、冻绿	药用茎、叶、根皮。味苦，涩，性微寒。杀虫消食，下气祛痰。用于寸白虫，食积，瘰疬，哮喘。	广西：来源于浙江省杭州市。北京：来源于北京。
	薄叶鼠李	Rhamnus leptophylla Schneid.		药用根、果实、叶。消食顺气，行水，活血祛瘀。用于食积饱胀，食欲不振，胃痛，嗳气、便秘，克山病，水肿、经闭。	广西：来源于上海市。
	尼泊尔鼠李	Rhamnus nepalensis (Wall.) Laws.	大风药	药用根、茎、叶。根，茎味涩、微甘，性平。祛风除湿，利水消肿。用于风湿关节痛，慢性肝炎。叶味苦，性寒。清热解毒，祛风除湿。用于毒蛇咬伤，水火烫伤，跌打损伤，风湿性关节炎，类风湿关节炎、湿疹、癣。	广西：来源于广西南宁市。
	皱叶鼠李	Rhamnus rugulosa Hemsl.	乌茶	药用果实。解热泻下。用于肿毒，疮疡。	湖北：来源于湖北恩施。
	冻绿	Rhamnus utilis Decne.	油葫芦子、黑狗丹、冻木刺	药用根、根皮、树皮。味苦，性寒、湿疹，解毒。用于疥疮、湿疹、淤胀腹痛，跌打损伤。种子用于食积腹胀。	北京：来源于浙江。湖北：来源于湖北恩施。
	雀梅藤	Sageretia thea (Osbeck) Johnst.	双角刺、对节刺、碎米子	药用根、叶。根味甘，淡，性平。降气、化痰，用于咳嗽，胃痛，鹤膝风，水肿。叶祛风利湿，清热解毒。用于疮疡肿毒，性凉。汤火伤、疥疮、漆疮。	广西：原产于广西药用植物园。
	海南翼核果	Ventilago inaequilateralis Merr.et Chun	斜叶翼核果	药用全株。用于毒蛇咬伤。	海南：来源于海南万宁市。

科名	植物名	拉丁学名	别名	药用部位及功效	保存地及来源
	滇刺枣	Zizyphus mauritiana Lam.	缅枣、西西果	药用种仁、果皮、树皮。味甘，性平。果皮温肾壮阳，固精益气。种仁宁心安神。用于失眠，惊悸。树皮消炎，生肌。用于烧烫伤。	云南：来源于云南景洪市。
	小果枣	Ziziphus oenoplia（L.）Mill.		印度民族药用植物。地上部分提取物有降压活性。从根皮中分得枣碱（ziziphine）。	广西：来源于广西凭祥市。
	翼核果	Ventilago leiocarpa Benth.	扁果藤、穿破石、血风藤、青筋藤	药用根、茎。味甘、淡，性微温。补血，祛风，舒筋络，强筋骨。用于贫血，萎黄病，月经不调，风湿，四肢麻木，腰肌劳损，阳痿。	广西：来源于广西邕宁县。海南：来源于海南万宁市。
	毛叶翼核果	Ventilago leiocarpa Benth. var.pubescens Y. L. Chen et P.K.Chou		药用部位及功效参阅翼核果 Ventilago leiocarpa Benth.。	广西：来源于广西南宁市。
鼠李科 Rhammaceae	龙爪枣	Ziziphus jujuba Mill. cv.tortuosa		补中益气，养血安神，生津液，解药毒。	北京：来源于北京。
	枣	Ziziphus jujuba Mill.	大枣、红枣	药用果实、根、树皮、叶及果核。果实味甘，性温。补中益气，养血安神。用于血虚气弱，脾胃虚弱，泄泻。根味甘，性平。祛风活血，调经。用于关节酸痛，胃痛，吐血，血崩，月经不调，风湿，丹毒，瘰疬。树皮味苦，涩，性温。收敛，止泻，祛痰，镇咳，解毒。用于痢疾，泄泻，崩漏，咳嗽，刀伤出血，叶味甘，性温。用于小儿外感发热。果核味苦，性平。用于臁疮，疥疮，走马牙疳。	广西：来源于广西平南县。北京：来源于北京。
	无刺枣	Ziziphus jujuba Mill. var. inermis（Bunge）Rehd.	大甜枣	药用部位及功效参阅枣 Ziziphus jujuba Mill.。	湖北：来源于湖北恩施。

298

科名	植物名	拉丁学名	别名	药用部位及功效	保存地及来源
鼠李科 Rhammaceae	酸枣	*Ziziphus jujuba* Mill.var.*spinosa*（Bunge）Hu ex H.F.Chow	棘、酸枣树、角针、山枣树	药用种子、根皮、叶、花及棘刺。种子味甘、酸，性平。补肝、宁心，敛汗，生津。用于虚烦不眠，惊悸怔忡，虚汗，失眠健忘。根皮味涩，性温。涩精止血。用于便血，高血压症，遗精，头晕头痛，带下病，烫、烧伤。叶用于崩漏症。花味苦，性平。用于金疮。视物昏花。嫩刺味辛，性寒。消肿，溃脓，止痛。用于痈肿有脓，心腹痛，尿血，喉痹。	北京：来源于北京。
	乌头叶蛇葡萄	*Ampelopsis aconitifolia* Bu-nge	狗葡萄、过山龙、草葡萄、草血藤	药用根皮。味涩、微辛，性平。散瘀消肿，祛腐生肌，抗菌消炎，健胃消食。用于骨折，跌打损伤，痈肿，风湿关节痛。	北京：来源于河北。
	掌裂蛇葡萄	*Ampelopsis aconitifolia* Bu-nge.var.*glabra* Diels et Gilg	石蛤蟆	药用块根。味甘、苦，性寒。清热解毒，散瘀。用于结核性脑膜炎，疳多胸闷，疮疡痈肿。利尿，消炎，止血。	北京：来源于东北。
葡萄科 Vitaceae	蛇葡萄	*Ampelopsis sinica*（Miq.）W.T.Wang	假葡萄、水葡萄	药用茎叶、根或根皮。茎叶味苦，性凉。清热利湿，散瘀止血。用于肾炎水肿，内伤出血，风湿痹痛，跌打瘀肿，小便不利，疮肿。根或根皮味辛、苦，性凉。清热解毒，祛风除湿，活血散结。用于肺痈吐脓，瘰疬，风湿痹痛，跌打损伤，痈肿疮毒，癌肿。	广西：来源于广西金秀县。海南：来源于海南万宁市。湖北：来源于湖北恩施。
	广东蛇葡萄	*Ampelopsis cantoniensis*（Hook.et Arn.）Planch.	辣梨茶、山葡萄、山甜茶、白牛果藤、茶菇茶	药用全株。味甘、微苦，性凉。清热解毒，消炎解暑。用于暑热感冒，皮肤湿疹，丹毒，疔肿，脓疱疮，骨髓炎，急性淋巴结结，急性乳腺炎，食物中毒。	广西：来源于广西金秀县。云南：来源于云南景洪市。

299

科名	植物名	拉丁学名	别名	药用部位及功效	保存地及来源
葡萄科 Vitaceae	三裂蛇葡萄	Ampelopsis delavayana (Franch.) Planch.	金刚散、三叶藤、红狗肠	药用根、茎藤。味辛、淡、涩，性平。清热利湿、活血通络、止血生肌，解毒消肿。用于淋证、白浊，疝气，偏坠，跌打瘀肿，风湿痹痛，创伤出血，烫伤、疮痈。	广西：来源于广西金秀县。云南：来源于云南景洪市。北京：来源于四川。
	毛三裂蛇葡萄	Ampelopsis delavayana Planch. var. gentilliana Hand.-Mazz.		药用部位及功效参阅三裂蛇葡萄 Ampelopsis delavayana (Franch.) Planch.。	北京：来源于四川。
	显齿蛇葡萄	Ampelopsis grossedentata (Hand.-Mazz.) W.T.Wang	甜茶藤、田婆茶	药用全株。味甘、淡，性凉。清热解毒。用于黄疸，风热感冒，痈疖，急性结膜炎。	广西：来源于广西南丹县。
	葎叶蛇葡萄	Ampelopsis humulifolia Bunge	紫葛、七角白蔹、葎草叶山葡萄、小接骨丹	药用根皮。味辛，性温。祛风湿，散瘀肿，解毒。用于风湿痹痛，跌打瘀肿，痈疽肿痛。	广西：来源于广西金秀县。北京：来源于北京。
	白蔹	Ampelopsis japonica (Thunb.) Makino	山地瓜、白根、野红薯	药用块根。味苦，性平。清热解毒，消肿止痛。用于咳嗽痰喘，带下病，痔漏；外用于疮疖肿毒，瘰疬，跌打损伤，烧、烫伤。	北京：来源于杭州。
	乌蔹莓	Cayratia japonica (Thunb.) Gagnep.	五龙草、五爪龙、母猪藤	药用全草。味苦、酸，性寒。清热利湿，解毒消肿。用于热毒痈肿，疔疮，咽喉肿痛，蛇虫咬伤，丹毒，风湿痹痛，黄疸，泻痢，白浊，尿血。	广西：来源于广西上林县。北京：来源于四川南川。湖北：来源于湖北恩施。

（续表）

科名	植物名	拉丁学名	别名	药用部位及功效	保存地及来源
	车萎藤	Cayratia japonica (Thunb.) Gagnep. var. pubifolia Merr. et Chun	红母猪藤、毛叶乌敛莓、母猪茶	药用全草、根。味苦，性寒。清肝明目，凉血消痛，散瘀止痛，跌打损伤，肺痛，痈疡。用于目赤肿痛、肺痛，跌打损伤。	广西：来源于广西金秀县。
	大叶乌敛莓	Cayratia oligocarpa (Lévl. et Vant.) Gagnep.	绿叶扁担藤、大名猪藤	药用根、叶。味微苦，性平。祛风除湿，通络止痛。用于风湿痹痛，牙痛，无名肿毒。	广西：来源于广西金秀县。
	三叶乌敛莓	Cayratia trifolia (L.) Domin.	蜈蚣藤、三爪龙、狗脚迹	药用根。味辛，性温。消炎止痛，散瘀活血，祛风湿。用于跌打损伤，骨折，腰肌劳损，腰湿骨痛，湿疹，皮肤溃疡，肺痛，疮疖。	云南：来源于景洪市。
	圆叶乌敛莓	Cayratia trifolia (L.) Domin var. quinquefolia W.T.Wang	三爪龙、小黑牛	药用根。散瘀活血，祛风除湿。用于跌打损伤，骨折，风湿骨痛，腰肌劳损，疮疖。	云南：来源于云南勐腊县。
葡萄科 Vitaceae	载叶白粉藤	Cissus hastata (Miq.) Planch.	翼枝白粉藤、四方藤、舒筋藤	药用藤茎。味辛、微苦，性平。祛风除湿，活血通络。用于风湿劳损，肢体麻痹，跌打损伤，筋脉拘急。	广西：来源于广西南宁市。
	翅茎白粉藤	Cissus hexangularis Thorel ex Planch.	六方藤、山坡瓜藤、方茎宽筋藤	药用藤茎。味辛，性凉。祛风除湿，活血通络。用于风湿痹痛，腰肌劳损，跌打损伤。	广西：来源于广西武鸣县。海南：来源于海南万宁市。北京：来源于北京。
	青紫葛	Cissus javana DC.	紫茎藤、抽筋藤、花脸藤	药用全株。味辛，性温。疏风解表，消肿散瘀，续筋接骨。用于瘰疬，麻疹，过敏性皮炎，骨折筋伤，跌打损伤，风湿麻木。	云南：来源于云南勐腊县。
	鸡心藤	Cissus kerrii Craib		药用根、藤、叶。根、藤味甘，性凉。清热解毒，散结行血。用于水肿，痈疽疮疡，瘰疬，跌打损伤。叶味苦，性寒。有小毒。拔毒消肿。用于痈疮，瘰疬，疮疖，疔疽。	云南：来源于云南勐腊县。

301

科名	植物名	拉丁学名	别名	药用部位及功效	保存地及来源
	粉藤果	Cissus luzoniensis（Merr.）C.L.Li	大绿藤、光叶白粉藤、嘿某些（傣语）	药用根、藤。味酸、涩，性凉。用于食物中毒，误食禁忌，各种皮肤瘙痒，斑疹，疗疮脓肿，胃折，跌打。除风止痒，清火解毒。	云南：来源于云南景洪市。
	翼茎白粉藤	Cissus pteroclada Hayata	四方藤	药用藤茎。味辛、微苦，性平。祛风除湿，活血通络。用于风湿痹痛，肢体麻痹损，腰肌劳损，跌打损伤。	广西：来源于广西武鸣县。
	粉藤	Cissus repens Lam.	白粉藤、白薯藤、独脚乌柏、鸡蛋藤	药用根或全株。根味涩，微辛，性凉。消肿止痛，清热解毒，毒蛇咬伤。全株味苦，性寒。消肿拔毒。用于痰火瘰疬，水肿，痢疾；外用于蛇伤。用于痈疮肿毒，水肿，痢疾。	广西：来源于广西龙州县。云南：来源于云南景洪市。海南：不明确。北京：来源于北京。
葡萄科 Vitaceae	四棱白粉藤	Cissus subtetragona Planch.		破瘀血，消肿毒。	北京：来源于北京。
	三裂白粉藤	Cissus triloba（Lour.）Me-rr.	掌叶白粉藤	药用根、藤。消炎止痛，散瘀活血。用于胃折，跌打。	云南：来源于云南景洪市。
	异叶爬山虎	Parthenocissus heterophyllus（Bl.）Merr.	三叉虎、爬山虎、上竹龙、白花藤仔、吊岩风、上树蛇	药用根、茎、叶。味微辛、涩，性温。祛风除湿，散瘀止痛，解毒消肿。用于风湿痹痛，胃脘痛，偏头痛，产后瘀滞腹痛，跌打损伤，痈疮肿毒。	广西：来源于广西金秀县。海南：来源于海南万宁市。
	五叶爬山虎	Parthenocissus quinquefolia Planch.			北京：来源于北京。

302

（续表）

科名	植物名	拉丁学名	别名	药用部位及功效	保存地及来源
葡萄科 Vitaceae	粉叶爬山虎	Parthenocissus thomsonii (Laws.) Planch.			湖北：来源于湖北恩施。
	爬山虎	Parthenocissus tricuspidata (Sieb. et Zucc.) Planch.	常春藤、枫藤、多脚草	药用根、茎。味甘，性温。活血通络，祛风，止痛，解毒。跌打损伤，痈疽肿毒。	北京：来源于北京。
	茎花崖爬藤	Tetrastigma cauliflorum Me-rr.		药用根、茎。味辛，涩，性温。行气强筋，活血壮骨。用于跌打劳伤，骨折。	云南：来源于云南勐腊县。
	长果三叶崖爬藤	Tetrastigma dubinum (Law.) Planch.	蒙桤崖爬藤	药用根、全草。活血化瘀，解毒。用于风湿关节痛，跌打扭伤。	云南：来源于云南勐腊县。
	三叶崖爬藤	Tetrastigma hemsleyanum Diels et Gilg	石猴子、石老鼠、骨碎藤、三叶青、蛇附子、丝线吊金钟	药用块根。味苦，辛，性凉。清热解毒，祛风活血。用于高热惊厥，肺炎，肝炎，肾炎，风湿痹痛，跌打损伤，痈疔疮疖，湿疹，蛇伤。	广西：来源于广西武鸣县。北京：来源于广东。
	显孔崖爬藤	Tetrastigma lenticellatum C. Y. Wu	大五爪金龙	药用根、茎。味辛，性温。祛风，活血，消肿。用于风湿关节痛，跌打损伤，口腔破溃，鼻塞流涕，骨折。	云南：来源于云南勐腊县。
	毛枝崖爬藤	Tetrastigma obovatum (Laws.) Gagnep.	扁藤	药用根。味辛，涩，性温。行气活血，强筋壮骨。用于劳伤，骨折。	云南：来源于云南勐腊县。湖北：来源于湖北恩施。
	崖爬藤	Tetrastigma obtectum Planch.	走游草、五爪龙	药用藤。味辛，性温。祛风除湿，活血通络，解毒消肿。用于风湿湿痹痛，跌打损伤，痈疽肿毒，毒蛇咬伤。	广西：来源于广西金秀县。

科名	植物名	拉丁学名	别名	药用部位及功效	保存地及来源
葡萄科 Vitaceae	毛叶崖爬藤	Tetrastigma obectum (Wall.) planch.var.pilosum Gagnep.		药用块根及全株。祛风除湿，通经络，活血止痛。用于婴瘤、跌打肿痛。	湖北：来源于湖北恩施市。
	厚叶崖爬藤	Tetrastigma pachyphyllum (Hemsl.) Chun	勾亦	药用茎、叶。茎消肿，祛风。叶外用于跌打损伤。	广西：来源于广西崇左市。
	扁担藤	Tetrastigma planicaule (Hook.f.) Gagnep.	铁带藤、扁茎崖爬藤、羊带风	药用根或藤茎、叶。味辛、涩、性温。根或藤茎味辛、酸、性平。祛风化湿，舒筋活络。用于风湿痹痛，腰肌劳损，中风偏瘫，跌打损伤。叶生肌敛疮。用于下肢溃疡、外伤。	广西：来源于广西邕宁县。海南：来源于海南万宁市。北京：不明确。
	野葡萄	Vitis adstricta Hance	山葡萄	药用全株。味酸、甘、涩、性平。清热解毒，祛风除湿。用于肝炎、肺痛、肠痛、乳痈、多发性脓肿，风湿关节痛，疮痈肿毒、中耳炎、蛇虫咬伤。	云南：来源于云南勐腊县。
	山葡萄	Vitis amurensis Rupr.	山藤藤、黑水葡萄	药用根及果实。根、茎味酸、性凉。祛风，止痛。用于外伤痛、胃痛，腹痛，头痛，术后痛，果实味酸，性凉。清热利尿，膀胱湿热。用于烦热口渴。	北京：不明确。
	小葡萄	Vitis balanseana Planch.	小果野葡萄	药用根皮。味涩、性平。舒筋活络，清热解毒，利尿。用于骨折，风湿瘫痪，热疮伤，疮疡肿毒、痢疾。	海南：来源于海南万宁市。
	闽赣葡萄	Vitis chungii Metcalf	背带藤	药用全株。味甘、涩、性平。消肿拔毒。用于疮疖疔肿。	北京：不明确。
	刺葡萄	Vitis davidii (Roman.) Foëx.	山葡萄	药用根。味甘、性平。祛风湿，利小便。用于关节痛，跌打损伤。	北京：来源于江西庐山，东北。

科名	植物名	拉丁学名	别名	药用部位及功效	保存地及来源
葡萄科 Vitaceae	葡萄	*Vitis vinifera* L.	索索葡萄、欧洲葡萄	药用果实、叶、根。果实味甘、酸，性平。补气血，强筋骨，利小便。用于气血虚弱，心悸盗汗，风湿痹痛，淋病，水肿，痘疹不透。根味甘、涩，性平。清热解毒。用于痈疽疔疮，慢性骨髓炎。叶味甘、涩，性平。祛风除湿，利水消肿，解毒。用于风湿痹痛，水肿，腹泻，风热目赤，痈肿疔疮。	广西：来源于广西南宁市。海南：不明确。北京：来源于河北。湖北：来源于湖北恩施。
	网脉葡萄	*Vitis wilsonae* Veitch.		药用全株及根。全株用于骨关节酸、痛。根用于骨髓炎。	湖北：来源于湖北恩施。
	毛葡萄	*Vitis quinquangularis* Rehd.	止血藤、飞天白鹤、飞天蜈蚣	药用根皮、全株、叶、根皮味微苦、酸，性平。调经活血。用于月经不调，带下病；外用于跌打损伤，筋骨痛。全株清热，祛风湿。用于糖尿病。叶味微苦、酸，性平。止血。用于子宫外伤出血。	广西：来源于广西邕宁县。湖北：来源于恩施。
火筒树科 Leeaceae	单羽火筒树	*Leea crispa* L.	皱波火桐、翅序火筒树、九子不离母、山荸	药用根。利胆退黄、消炎利湿。用于黄疸型肝炎。	广西：来源于云南省勐仑县。云南：来源于云南勐腊县。
	尖叶火筒	*Leea guineensis* G. Don	红果火筒树	药用全草。味淡、性平。清热解毒。	云南：来源于云南勐腊县。
	火筒树	*Leea indica* (Burm. f.) Merr.	红吹风、牛眼睛果	药用根、叶。味辛、性凉。用于感冒发热，祛风除湿，风湿痹痛，清热解毒。用于疮疡肿毒。	广西：来源于广西崇左市。云南：来源于云南景洪市。海南：海南兴隆南药园。
	窄叶火筒树	*Leea longifolia* Merr.			海南：来源于海南乐东县。
	大叶火筒树	*Leea macrophylla* Roxb. ex Hornem.	喝短银（傣语）	药用部位及功效参阅单羽火筒树 *Leea crispa* L.。	云南：来源于云南景洪市。

科名	植物名	拉丁学名	别名	药用部位及功效	保存地及来源
杜英科 Elaeocarpaceae	长芒杜英	Elaeocarpus apiculatus Mast.		收载于《药用植物辞典》。	海南：海南乐东县尖峰岭。
	大叶杜英	Elaeocarpus balansae A.DC.			广西：来源于广西龙州县。
	华杜英	Elaeocarpus chinensis（Gardn. et Champ.）Hook. f. ex Benth.	高山望、羊屎乌	药用根。味辛，性温。散瘀，消肿。用于跌打瘀肿疼痛。	广西：来源于广西南宁市。
	拟杜英	Elaeocarpus dubius A.DC.			海南：来源于海南万宁市。
	圆果杜英	Elaeocarpus gauitrous Roxb.			海南：海南乐东县尖峰岭。
	水石榕	Elaeocarpus hainanensis Oliv.	海南胆巴树、水柳		海南：来源于海南万宁市。
	短叶水石榕	Elaeocarpus hainanensis Oliv.var.brachyphyllus Merr.			海南：来源于海南万宁市。
	长梗杜英	Elaeocarpus petiolatus（Jack.）Wall. ex Kurz			海南：海南乐东县尖峰岭。
	滇越杜英	Elaeocarpus poilanei Gagnep.	羊屎树、羊仔树	药用根、叶、花及根皮。根、叶、花散瘀消肿，用于跌打瘀肿，风湿痛，消肿，散瘀。	广西：来源于广西龙州县。
	锡兰杜英	Elaeocarpus serratus L.	锡兰橄榄	药用根。味辛，性温。祛风止痛。用于风湿筋骨痛，跌打损伤。	广西：来源于海南。云南：来源于云南勐腊县。海南：不明确。
	山杜英	Elaeocarpus sylvestris Poir.	羊屎树、胆八树	药用部位及功效参阅华杜英 Elaeocarpus chinensis（Gardn. et Champ.）Hook. f. ex Benth.	海南：来源于海南万宁市。
	文定果	Muntingia colabura L.		药用根及花，叶。根及花用做调经药，堕胎药，解痉药，发汗药，镇定药，强壮药。用于头痛，消化不良。叶用于胎儿出生。	广西：来源于广西南宁市。海南：来源于海南万宁市。
	猴欢喜	Sloanea sinensis（Hance）Hemsl.		药用根。健脾和胃，祛风，益肾，壮腰。	广西：来源于广西凭祥市。

科名	植物名	拉丁学名	别名	药用部位及功效	保存地及来源
	田麻	Corchoropsis tomentosa (Thunb.) Makino		药用全草、叶。味苦，性凉。清热利湿，解毒止血。用于痈疖肿痛，小儿疳积，白带过多，外伤出血。叶拔毒。用于疥疮。	广西：来源于上海。
	甜麻	Corchorus aestuans L.	野黄麻、针筒草、假黄麻、土巨藤	药用全草。味淡，性寒。清热解暑，消肿解毒。用于中暑发热，咽喉肿痛，痢疾，小儿疳积，麻疹，跌打损伤，疮疖疥肿。	广西：来源于广西龙州县。云南：来源于云南景洪市。海南：来源于海南万宁市。北京：来源于广西。
	黄麻	Corchorus capsularis L.	麻骨头、绿麻	药用叶、根、种子。味苦，性平。叶理气止血，排脓解毒。用于咯血、吐血、血崩，便血，脘腹疼痛，泻痢，疔痈疮疹。根味苦，性温。用于石淋，泻泄，带下，毒蛇咬伤。种子味苦，性温。活血，调经，止咳。用于血枯闭经，月经不调，久咳。	广西：来源于广西南宁市。海南：来源于海南万宁市。北京：来源于广东、广州、广西。
	长蒴黄麻	Corchorus olitorius L.	山麻、苦楂子	药用全草。味甘，性平。疏风，止咳，皮肤利湿。用于感冒咳嗽，痢疾，皮肤湿疹。	广西：来源于广西隆林县。北京：来源于广西。
	蚬木	Excentrodendron hsienmu (Chun et How) H.T.Chang et R. H.Miau		药用蚬木寄生。用于劳伤咳嗽。	广西：来源于广西龙州县。
	扁担杆	Grewia biloba G.Don	娃娃拳	药用全株。味甘，苦，性温。健脾益气，祛风除湿，固精止带。用于脾胃虚食少，久泻脱肛，小儿疳积，蛔虫病，风湿痹痛，遗精，崩漏，带下，子宫脱垂。	广西：来源于浙江省杭州市。北京：来源于广西。
椴树科 Tiliaceae	小花扁担杆	Grewia biloba G. Don var. parviflora (Bunge) Hand.-Mazz.	吉利子树	药用枝、叶。味辛、甘、湿。祛风除湿，理气消痞。用于风湿关节痛，脘腹胀满，胸痞，小儿疳积，崩漏，带下病，脱肛。	北京：来源于北京。

（续表）

科名	植物名	拉丁学名	别名	药用部位及功效	保存地及来源
椴树科 Tiliaceae	毛果扁担杆	*Grewia eriocarpa* Juss.	野火绳、山麻树、杠木、假玉桂、细大绳	药用根白皮。味涩、微苦，性凉。止血，接骨，生肌，解毒。用于外伤出血，刀枪损伤，骨折，疮疖红肿。	广西：来源于广西隆安县。海南：来源于海南万宁市。
	黄麻叶扁担杆	*Grewia henryi* Burret		药用根皮。止痢。	广西：来源于广西龙州县。
	寡蕊扁担杆	*Grewia oligandra* Pierre	狗核树、四眼果	药用根或根皮。根味淡，微辛，性凉。清热利湿，解毒。用于痢疾，尿浊，脚气浮肿，尿血，疮疖。根皮用于痢疾。	广西：来源于广西龙州县。
	海南椴	*Hainania trichosperma* Merr.		药用根。用于外洗袪毒，妇女白带多。	广西：来源于广西桂林市、凭祥市。
	海南破布叶	*Microcos chungii* (Merr.) Chun			海南：来源于海南万宁市。
	破布叶	*Microcos nervosa* (Lour.) S.Y.Hu	布渣叶、锅麻管（傣语）	药用叶。味酸、淡，性平。清热利湿，健胃消滞。用于感冒发热，消化不良，脘腹胀痛，泄泻，蜈蚣咬伤。	广西：原产于广西药用植物园。云南：来源于云南勐腊县。海南：来源于海南万宁市。
	长钩刺蒴麻	*Triumfetta pilosa* Roth.	细山马栗	药用根、叶。味辛，性平。袪风除湿，利水消肿，小便淋痛，水肿。	云南：来源于云南勐海县。
	刺蒴麻	*Triumfetta rhomboidea* Jacq.	黄花地桃花、密麻棒、黄花虱麻头、粘头婆	药用根或全草。味苦，性微寒。清热利湿，通淋化石。用于发热感冒，痢疾，泌尿系结石，疮疖，毒蛇咬伤。	广西：原产于广西药用植物园。云南：来源于云南勐腊县。海南：来源于海南万宁市。
	毛刺蒴麻	*Triumfetta tomentosa* Bojer	粘巴头	药用全草。清热解毒，利湿消肿。用于风湿痛，肺气肿，乳房肿块，痢疾，跌打损伤。	广西：来源于广西武鸣县。
	斜翼	*Plagiopteron suaveolens* Griff.	扣丝、华斜翼	药用全株。用于关节屈伸不利，风湿骨痛，肾虚腰痛，跌打损伤，刀伤出血。	广西：来源于广西龙州县。

308

科名	植物名	拉丁学名	别名	药用部位及功效	保存地及来源
锦葵科 Malvaceae	长毛黄葵	*Abelmoschus crinitus* Wall.	黄花马宁、山芙蓉	药用根、叶。味淡，性平。补脾，化痔，通经，消食。根用于胸腹胀满，消化不良。叶用于烫伤，烧伤。	海南：来源于海南万宁市。
	咖啡黄葵	*Abelmoschus esculentus* (L.) Moench	秋葵、羊角豆、糊麻	药用根、叶、花或种子。性凉，味淡。利咽，通淋，下乳，调经。用于咽喉肿痛，小便淋涩，产后乳汁稀少，月经不调。	广西：来源于海南。北京：来源于山西。
	刚毛黄蜀葵	*Abelmoschus manihot* (L.) Medic.var.pungens (Roxb.) Hochr.	钢毛秋葵、黄秋葵、眼睛花	药用种子、根、叶。味苦，性寒。行血止痛，消肿利尿，镇痛接骨。种子用于尿路感染，水肿。根用于阿米巴痢疾。叶外用于痈肿，骨折，跌打损伤。	云南：来源于云南勐腊县。
	黄蜀葵	*Abelmoschus manihot* (L.) Medic.	秋葵、野芙蓉	药用花、种子、根、茎或茎皮、叶。花味甘、辛，性凉。利尿通淋，活血止血，消肿解毒。用于淋症，吐血，衄血，崩漏，胎衣不下，痈肿疮毒，水火烫伤。种子味甘，性寒。种子利水，消肿解毒，通便利尿。用于淋症，水肿，便秘。叶清热解毒。用于热毒疮痈，尿路疼痛，痈疽肿痛，烫伤。根味甘、苦，性寒。利水，通经，解毒。用于小便不利，跌打损伤，乳汁不通，痈肿，疔耳，腮腺炎。茎或茎皮，大便秘结，疔疮肿毒	广西：来源于广西凌云县。云南：来源于云南景洪市。海南：来源于海南万宁市。北京：来源于南京，广西。湖北：来源于湖北恩施。
	黄秋葵	*Abelmoschus moschatus* Medic.	黄葵、野棉花、芙蓉麻、假山稔、鸟笼胶	药用全株。味微甘，性凉。清热解毒，下乳通便。用于高热不退，肺热咳嗽，大便秘结，产后乳汁不通，痢疾，痈疮脓肿，无名肿毒及水火烫伤。	广西：原产于广西药用植物园。海南：来源于海南万宁市。北京：来源于广东广州。

（续表）

科名	植物名	拉丁学名	别名	药用部位及功效	保存地及来源
锦葵科 Malvaceae	箭叶秋葵	Abelmoschus sagittifolius (Kurz) Merr.	五指山参、火炮草果、小红芙蓉、岩酸、红花马宁	药用根、果实、叶。味甘、淡，性平。滋阴润肺，和胃，消积，痨，胃痛。用于肺燥咳嗽，肺痨，神经衰弱，叶解毒排脓。用于疮痈肿毒。	广西：来源于广西来宾县。云南：来源于云南勐腊县。海南：来源于海南万宁市。北京：来源于广西。
	磨盘草	Abutilon indicum (L.) Sweet	石磨子、耳响草、牛响草、牛帖仔麻、合包花	药用全草、种子、根。全草味甘、淡，性凉。疏风清热，发热，咳嗽，泄泻，腮腺炎，尿路感染，跌打损伤。种子味辛，甘，性寒。通药，利水，清热解毒。用于咳嗽，孔汁不通，便秘，痢疾，痈疽肿毒，通药活血，根味甘、淡，性平。清热利湿，泄泻，淋症，用于肺燥咳嗽，胃痛，腹痛，跌打损伤，疝气，耳鸣耳聋。	广西：来源于广西邕宁县。云南：来源于云南勐腊县。海南：来源于海南万宁市。北京：来源于广西。
	金铃花	Abutilon striatum Dickson	猩猩花、灯笼花、金铃花、风铃花	药用叶或花。味辛，性寒。活血散瘀，止痛。用于跌打肿痛，腹痛。	广西：来源于广东省广州市。云南：来源于云南勐腊县。
	苘麻	Abutilon theophrasti Medic.	白麻、青麻	药用全草或叶、根、干燥成熟种子。味苦，性平。清热利湿，解毒开窍。用于痢疾，中耳炎，耳聋，睾丸炎，化脓性扁桃体炎，痈疽肿毒。	广西：来源于日本。北京：来源于北京植物园。湖北：来源于湖北恩施。
	榕叶蜀葵	Althaea ficifolia Cav.		通淋，消肿，解毒。	北京：来源于保加利亚。
	纳本蜀葵	Althaea narbonensis Pourr		和血润燥，通便。	北京：来源于保加利亚。
	药蜀葵	Althaea officinalis L.	药蜀葵	药用根、全株。解表散寒，利尿消肿，疾。祛痰止咳，消炎，用于外感风寒，疔疮肿毒。小便淋痛，	广西：来源于北京。北京：来源于保加利亚、民主德国。

科名	植物名	拉丁学名	别名	药用部位及功效	保存地及来源
锦葵科 Malvaceae	蜀葵	Althaea rosea L.	棋盘花、麻杆花、端午花、淑气花	药用根、花及种子。根味甘，性寒。清热凉血，吐血，肠痈，尿血，血崩，带下病，痢。外用疮肿，丹毒。茎叶味甘，性微寒。用于热毒下痢，淋症，金疮，火疮。花味甘，性寒。活血润燥，通利二便。用于痢疾，吐血，血崩，带下病，大便不利，疟疾，小儿风疹，外用于痈肿疮疡。种子味甘，性寒。利水通淋，滑肠，催生。用于水肿，淋症，二便不通。	广西：来源于广西临桂县。云南：来源于云南景洪市。北京：来源于北京、阿尔巴尼亚、广西。湖北：来源于湖北恩施。
	大萼葵	Cenocentrum tonkinense Gagnep.		药用根。清热解毒，滑肠。用于大便秘结，小便不利，水肿。	云南：来源于云南勐腊县。
	海岛棉	Gossypium barbadense L.		药用部位及功效参阅草棉 Gossypium herbaceum L.。	北京：来源于北京植物园。
	草棉	Gossypium herbaceum L.	小棉、阿拉伯棉	药用根、根皮及种子。根、根皮味甘，性温，补虚，止咳，平喘。用于体虚咳嗽，肢体浮肿，乳糜尿，月经不调，阴挺，胃下垂。种子味辛，性热。有毒。催乳，暖胃止痛，补肝肾，强腰膝。用于腰膝遗尿，痔病，胃脘作痛，避孕，便血，崩漏，带下病，脱肛，乳汁缺少，睾丸偏坠，手足皲裂。	北京：来源于北京。
	陆地棉	Gossypium hirsutum L.	棉花、大陆棉	药用部位及功效参阅草棉 Gossypium herbaceum L.。	广西：来源于广西南宁市。
	泡果苘	Herissantia crispa (L.) Medicus			海南：来源于海南万宁市。

311

科名	植物名	拉丁学名	别名	药用部位及功效	保存地及来源
锦葵科 Malvaceae	大麻槿	*Hibiscus cannabinus* L.	芙蓉麻、洋麻	药用叶、花、种子。叶清热消肿。用于疮疖肿毒、轻泻。花用于胆道疾患。种子祛风、明目、解毒散结、止痢，通乳、消炎、利尿。用于目赤目肿痛、翳障、疮疡肿烂、瘰疬溃烂、毒蛇咬伤。	广西：来源于广西南宁市。北京：来源于广西。
	红秋葵	*Hibiscus coccineus* (Medicus) Walt.		助消化，强肾补虚。	北京：来源于北京市农林科学院。
	樟叶木槿	*Hibiscus grewiifolius* Hassk.			海南：来源于海南万宁市。
	美丽芙蓉	*Hibiscus indicus* (Burm.f.) Hochr.	芙蓉木槿、野棉花	药用根、叶。消痈解毒。用于肠肿毒。用于痈疽肿毒。	北京：来源于云南。
	卢氏木槿	*Hibiscus ludwigii* Eckl. et Zeyh.		收载于《拉汉药用植物名称和检索手册》。	广西：来源于法国。
	重瓣木芙蓉	*Hibiscus mutabilis* L.f.*plenus* (Andr.) S.Y.Hu		药用花、叶、根。清肺凉血，散热消毒，消肿排脓。用于肺热咳嗽，肥厚性鼻炎，淋巴结炎，阑尾炎；外用于痈疖脓肿，急性中耳炎，烧、烫伤。	海南：来源于海南万宁市。
	木芙蓉	*Hibiscus mutabilis* L.	芙蓉花、酒醉芙蓉、变色花	药用根、叶、花。根味微辛、性凉。清热解毒。用于痈肿，乳痈，廉疮，咳嗽气喘，带下病。叶味苦、微辛、性平。清热解毒。用于痈疽疔疮，烫伤，肺痈，肠痈，凉血，花味辛、性平。清热解毒，凉血。用于痈肿，疔疮，肺痈，肺热咳嗽，吐血，崩漏，带下病。	广西：来源于广西南宁市。云南：来源于云南景洪市。海南：来源于海南万宁市。北京：来源于北京植物园、广西。湖北：来源于湖北恩施。

科名	植物名	拉丁学名	别名	药用部位及功效	保存地及来源
锦葵科 Malvaceae	朱槿	*Hibiscus rosa-sinensis* L.	扶桑、大红花、罗里亮龙（傣语）	药用花、叶、根。味甘、淡，性平。花清肺，凉血，化湿，解毒。花外用于肺热咳嗽，咯血，痈肿崩漏，白带，鼻衄。叶清热利湿，赤白浊。用于白带，淋症，疔疮肿毒，肠腺炎，乳腺炎，淋巴结炎。根味甘，性平。调经，利湿，白带，解毒。用于月经不调，崩漏，白浊，痈疮肿毒，尿路感染，急性结膜炎。	广西：来源于广西南宁市。 云南：来源于云南景洪市。 海南：来源于海南万宁市。 北京：来源于北京中山公园。 湖北：来源于湖北恩施。
	重瓣朱槿	*Hibiscus rosa-sinensis* L. var. *rubro-plenus* Sweet	重瓣扶桑、重瓣大红花、朱槿牡丹、月月开	药用根、叶、花。解毒，利尿，调经。根用于腮腺炎，支气管炎，尿路感染，子宫颈炎，白带，月经不调，闭经。叶，花外用于疔疮痈肿，乳腺炎，淋巴腺炎。花用于月经不调。	广西：来源于深圳。 云南：来源于云南景洪市。 海南：来源于海南万宁市。 北京：来源于北京中山公园。
	玫瑰茄	*Hibiscus sabdariffa* L.	山茄子、红金梅、红梅果	药用花萼。味酸，性凉。解酒，降血压。用于肺虚咳嗽，高血压，醉酒。	广西：来源于福建省厦门市。 云南：来源于云南勐腊县。 海南：来源于广西药用植物园。 北京：来源于广西。
	吊灯扶桑	*Hibiscus schizopetalus* (Mast.) Hook.f.	吊灯花、假西藏红花、南洋红花、灯笼花、吐丝花	药用根、叶。味辛，性凉。根消食行滞。用于食积。叶拔毒生肌。用于皮肤病，肿毒。	广西：来源于广西南宁市。 云南：来源于云南景洪市。 海南：来源于海南万宁市。
	刺木槿	*Hibiscus surattensis* L.	鸡爪花	药用根、叶。用于皮肤病。	海南：来源于海南万宁市。
	白花重瓣木槿	*Hibiscus syriacus* L. f. *albus-plenus* Loudon		清热，利湿，凉血。	北京：来源于北京植物园。

科名	植物名	拉丁学名	别名	药用部位及功效	保存地及来源
锦葵科 Malvaceae	木槿	*Hibiscus syriacus* L.	木棉、荆条、清明花、鸡肉花、篱笆花	药用花、根、叶、果实。花、根味甘、苦，性凉。清热利湿，凉血解毒。用于肠风泻痢，赤白下痢，痔疮出血，白带，疥疮痈肿，烫伤。叶味苦，性寒。清热解毒。用于赤白痢疾、肠风、痈肿疮毒。果实味甘，性寒。清肺化痰，解毒止痛，止头痛，偏正头痛、黄水疮，湿疹。用于痰喘咳嗽，支气管炎，偏正头痛、黄水疮，湿疹。	广西：来源于广西金秀县。云南：来源于云南勐腊县。海南：来源于海南万宁市。北京：来源于北京植物园。湖北：来源于湖北恩施。
	黄槿	*Hibiscus tiliaceus* L.	海麻、万年春、坡麻	药用叶、树皮或花。味甘、淡，性微寒。清肺止咳，解毒消肿，疥疮肿痛，木薯中毒。用于肺热咳嗽，疥疮肿痛，木薯中毒。	广西：来源于广西南宁市。海南：来源于海南万宁市。
	野西瓜苗	*Hibiscus trionum* L.	小秋葵、灯笼花	药用根或全草。味寒、性寒。清热，祛湿，止咳。用于风热咳嗽，烫伤。	北京：来源于山西。
	冬葵	*Malva crispa* L.	冬寒菜、皱叶锦葵	药用种子、根、嫩苗或叶。种子利水，滑肠，下乳。根清热解毒，通淋。嫩苗或叶清热，行水，消肿。	北京：来源于江苏南京、广西。
	小花锦葵	*Malva parviflora* L.		和血润燥，通利二便。	北京：来源于江苏南京。
	圆叶锦葵	*Malva rotundifolia* L.	土黄芪、野锦葵	药用根。味甘，性温。益气止汗，托疮排脓。用于倦怠乏力，肺虚咳嗽，自汗盗汗，痈疽难溃，溃后脓稀，疮口难合。	广西：来源于法国。
	锦葵	*Malva sinensis* Cav.	荆葵、钱葵、小钱花、棋盘花	药用花、叶及茎。味咸，性寒。利尿通便，清热解毒。用于大小便不畅，带下，淋巴结核，咽喉肿痛。	广西：来源于法国。湖北：来源于湖北恩施。
	欧锦葵	*Malva sylvestris* L.		清肺止咳。	北京：来源于广州。
	大花葵	*Malva sylvestris* var. *mauritiana* Boiss		宣散风热。	北京：来源于中医研究院。

科名	植物名	拉丁学名	别名	药用部位及功效	保存地及来源
锦葵科 Malvaceae	野葵	*Malva verticillata* L.	冬葵、棋盘菜、芪葵叶	药用干燥成熟果实、嫩苗或叶、根。干燥成熟果实味甘、涩，性凉。清热利尿，消肿。用于尿路感染，尿闭，水肿，口渴。嫩苗或叶味甘、根味甘、性寒。利水通淋，清肠通便，下乳。用于淋病，水肿，大便不通，乳汁不行。	广西：来源于日本。北京：来源于北京。
	赛葵	*Malvastrum coromandelianum* (L.) Garcke	黄花草，黄花棉，黄花如意	药用全草。味微甘，性凉。清热利湿，解毒消肿。用于湿热泄痢，黄疸，肺热咳嗽，咽喉肿痛，痔疮，痈肿疮毒，跌打损伤，前列腺炎。	广西：原产于广西药用植物园。云南：来源于云南景洪市。海南：来源于海南万宁市。
	悬铃花	*Malvaviscus arboreus* Cav. var.*arboreus*		药用根叶。用于痢疾。	广西：来源于广西南宁市。
	垂花悬铃花	*Malvaviscus arboreus* Cav. var. *penduliflorus* (DC.) Schery		药用根、树皮、叶。清热解毒，拔毒消肿，收湿敛疮。生肌定痛。用于恶疮，湿疹流水，溃疡不敛，牙疳口疮，下疳。	广西：来源于广西南宁市。海南：来源于海南万宁市。
	小悬铃花	*Malvaviscus arboreus* Cav. var. *drummondii* (Torr. et Gray) Schery		药用部位及功效参阅悬铃花 *Malvaviscus arboreus* Cav.var. *arboreus*。	广西：来源于深圳。
	黄花稔	*Sida acuta* Burm.f.	扫把麻、罕满龙（傣语）	药用根、叶。味微辛，性凉。清湿热，解毒消肿，活血止痛。用于湿热泄痢，乳痈，痔疮，疮疡肿毒，骨折，外伤出血。	广西：原产于广西药用植物园。云南：来源于云南景洪市。北京：来源不明确。
	小叶黄花稔	*Sida alnifolia* L. var. *microphylla* (Cavan.) S.Y.Hu	脓见愁、小叶小柴胡	药用叶或根。味苦、辛，性微寒。清热利湿，解毒消肿。用于湿热泄痢，黄疸，咽喉肿痛，痈肿疮毒，毒蜂蜜伤。	广西：来源于广西南宁市。
	长梗黄花稔	*Sida cordata* (Burm. f.) Borss.	藤本粘头婆	药用全草。清热解毒，利尿。用于水肿，小便淋痛，咽喉痛，感冒发热，泄泻。叶用于疮疖。	广西：来源于广西武鸣县。

科名	植物名	拉丁学名	别名	药用部位及功效	保存地及来源
锦葵科 Malvaceae	心叶黄花稔	*Sida cordifolia* L.	心叶黄花仔	药用全草。味甘、微辛，性平。清热利湿，止咳，解毒消痈。用于湿热黄疸，气喘，痢疾，泄泻，淋病，发热咳嗽，痈肿疮毒。	广西：来源于广西百色县。
	粘毛黄花稔	*Sida mysorensis* Wight. et Arn.		药用部位及功效参阅心叶黄花稔 *Sida cordifolia* L.。	海南：来源于海南万宁市。
	白背黄花稔	*Sida rhombifolia* L.	黄花母、亚母头、地膏药	药用全草、根。全草味甘、辛，性凉。清热利湿，活血排脓，消炎镇痛。用于感冒，流感，扁桃体炎，痢疾，肠炎，泄泻，黄疸，痔疮，痈疖疔疮，乳蛾。根味微甘、涩，性凉。清热利湿，益气排脓。用于感冒，哮喘，泻痢，黄疸，疮痈，气虚，难溃或溃后排脓不清。	广西：来源于广西邕宁县。海南：来源于海南万宁市。
	刺黄花稔	*Sida spinosa* L.		印度、尼泊尔民族药。用于淋病和梅毒。	广西：来源于日本。
	榛叶黄花稔	*Sida subcordata* Span.	亚拉满（傣语）	药用全草。味甘，性凉。清热解毒，消肿止痛，收敛生肌。用于感冒，乳腺炎，痢疾，肠炎，疟疾，跌打损伤，骨折，黄疸，外伤出血；外用于痈疖疔疮。	广西：来源于广西靖西县。云南：来源于云南景洪市。海南：来源于海南万宁市。
	拔毒散	*Sida szechuensis* Mast.	王不留行、小粘药、迷马庄棵	药用全株。味苦，性微寒。活血，利湿，解毒。用于乳汁不下，乳痈，痈肿，痢疾，泄泻，闭经，跌打骨折。	广西：来源于广西隆林县。云南：来源于景洪市。北京：来源于云南。
	白脚桐棉	*Thespesia lampas* (Cav.) Dalz. et Gibs.	山棉花、肖槿	药用果实。根皮收敛。用于霍乱，胸膜炎，根、叶用于淋病，梅毒。	广西：来源于广西合浦县。海南：来源于海南万宁市。
	杨叶肖槿	*Thespesia populnea* (L.) Soland. ex Corr.	桐棉	药用茎秆、树皮、根、叶、花梗及果实。茎秆用于疝痛，胸膜炎，根皮收敛。用于痢疾，根、叶、果实外用于皮肤瘙痒，果实用于皮肤病，偏头痛，跌打损伤。花梗用于皮肤病，跌打损伤。	海南：来源于海南万宁市。

（续表）

科名	植物名	拉丁学名	别名	药用部位及功效	保存地及来源
锦葵科 Malvaceae	地桃花	*Urena lobata* L.	野棉花、半边月、肖梵天花、哈满罗双说（傣语）	药用全草。味甘、辛，性凉。祛风利湿，活血消肿，清热解毒。用于感冒，风湿痹痛，痢疾，泄泻，淋证，带下，月经不调，跌打肿痛，喉痹，乳痈，疮疖，毒蛇咬伤。	广西：原产于广西药用植物园。云南：来源于云南景洪市。海南：来源于海南万宁市。北京：来源于广西。
	梵天花	*Urena procumbens* L.	铁包金、狗脚迹	药用全草、根。全草味甘，苦，性凉。祛风利湿，清热解毒，泄泻，痢疾，感冒，咽喉肿痛，肺热咳嗽，风毒流注，疮疡肿毒，跌打损伤，毒蛇咬伤。根味甘，苦，性平。健脾化湿，活血解毒。用于风湿痹痛，劳倦乏力，肝炎，疟疾，水肿，白带，跌打损伤，痈疽肿毒。	广西：原产于广西药用植物园。海南：来源于海南万宁市。北京：来源于广西。
木棉科 Bombacaceae	黄花木棉	*Bombax ceiba* L.f.*auroflora*		药用部位及功效参阅木棉 *Bombax malabaricum* DC.。	广西：来源于广西南宁市。
	木棉	*Bombax malabaricum* DC.	红棉、英雄树、攀枝花、埋牛（傣语）	药用花、树皮、根或根皮。花味甘，淡，性凉。清热，利湿，解毒。用于泄泻，痢疾，咳血，吐血，血崩，金疮出血，疮疡，湿疹。树皮味辛，苦，性凉。清热解毒，散瘀止血。用于风湿痹痛，泄泻，痢疾，慢性胃炎，胃溃疡，崩漏下血，疮疖肿痛，跌打损伤。根或根皮味微苦，性凉。祛风除湿，清热解毒。用于风湿痹痛，胃痛，赤痢，产后浮肿，瘰疬，跌打扭伤。	广西：来源于广西大新县。云南：来源于云南景洪市。海南：不明确。
	爪哇木棉	*Ceiba pentandra* (L.) Gaertn.	美洲木棉、瓜叶木棉、吉贝	药用根皮、叶、花。清热解毒，降火除湿，抗炎，利尿，通经，助消化，催吐，润肤。用于发热，腹泻，胃痛，慢性胃炎，胃及十二指肠溃疡，寄生虫病，便秘，气喘，哮喘，咳嗽，风湿关节炎，淋病，创伤，外伤，产后水肿。	广西：广西南宁市。海南：来源于海南万宁市。
	榴莲	*Durio zibethinus* Murr.		药用果实。味甘，性温。消炎，止泻，涩肠。用于泰痢，心腹冷气。	云南：来源于泰国。海南：来源于海南万宁市。

（续表）

科名	植物名	拉丁学名	别名	药用部位及功效	保存地及来源
木棉科 Bombacaceae	轻木	Ochroma lagopus Swartz.	百色木		海南：来源于海南乐东县尖峰岭。
	瓜栗	Pachira macrocarpa (Cham et Schlecht) Walp.	马拉瓜栗、发财树		北京：来源于海南。海南：不明确。
	刺果藤	Bytneria aspera Colebr.	鸡冠麻、大胶藤	药用根及茎。味微苦、辛，性微温。祛风湿，强筋骨。用于风湿痹痛，腰肌劳损，跌打骨折。	广西：来源于广西上思县。海南：来源于海南万宁市。
	山麻树	Commersonia bartramia (L.) Merr.	红山麻	解毒，除湿，止血。	海南：来源于海南万宁市。北京：来源于海南。
	海南梧桐	Firmiana hainanensis Kosterm.		补气养阴，明目平肝，乌须发。	海南：来源于海南乐东县尖峰岭。北京：来源于海南。
	美丽梧桐	Firmiana pulcherrima Hsue			海南：来源于海南万宁市。
梧桐科 Sterculiaceae	梧桐	Firmiana platanifolia (L. f.) Marsili	青桐、桐麻碗、瓢羹树	药用种子、花、叶、去掉栓皮的树皮、根。种子，花味甘，性平。用于胃脘疼痛，种子胃脘疼痛。种子，健脾消食，止血。用于胃腹疼痛，伤食腹泻，疝气，须发早白，小儿口疮，鼻衄。花利湿消肿，清热解毒。用于水肿，小便不利，无名肿毒，创伤红肿，头癣，汤火伤。叶味苦，性寒。祛风除湿，解毒消肿，降血压。用于风湿痹痛，跌打损伤，痈疮肿毒，痔疮，小儿疳积，泄痢，高血压病，去掉栓皮的树皮味甘、苦，性凉。祛风除湿，活血通经。用于风湿痹痛，月经不调，痔疮脱肛，丹毒，恶疮，跌打损伤，根味甘，性平。祛风除湿，调经止血，吐血，解毒疗疮。用于风湿关节疼痛，肠风下血，月经不调，跌打损伤。	广西：来源于广西武鸣县。海南：不明确。

（续表）

科名	植物名	拉丁学名	别名	药用部位及功效	保存地及来源
	山芝麻	*Helicteres angustifolia* L.	山油麻、坡油麻、野山麻、芽呼矜（傣语）	药用根或全株。味苦，性凉。有小毒。清热解毒。用于感冒发热，麻疹，痄腮，肠炎，痢疾，咽喉肿痛，痈肿，瘰疬，痔疮，毒蛇咬伤。	广西：原产于广西药用植物园。云南：来源于云南景洪市。海南：来源于海南万宁市。北京：来源于云南。
	长序山芝麻	*Helicteres elongata* Wall.	野芝麻、长叶山芝麻	药用根。味苦，性凉。清热解表，止泻。用于恶性疟疾，感冒发热，乳蛾，痄腮。	云南：来源于云南勐腊县。
	大果山芝麻	*Helicteres hirsuta* Lour.	雁婆麻、肖婆麻、硬毛山芝麻	药用根。解表，理气止痛。用于感冒发热，慢性胃炎。	海南：来源于海南。北京：来源于海南。
梧桐科 Sterculiaceae	火索麻	*Helicteres isora* L.	鞭龙、扭蒴山芝麻、扭索麻、癞皮麻、白麻、麻留赛（傣语）	药用根。味辛，微苦，性平。理气止痛。用于慢性胃炎，胃溃疡，肠梗阻，肠炎腹泻。	广西：来源于广西南宁市。云南：来源于云南景洪市。海南：来源于海南万宁市。北京：来源于云南。
	剑叶山芝麻	*Helicteres lanceolata* DC.	大叶山芝麻、剑叶山芝麻、万头果	药用根或全草。味辛，苦，性寒。清热解毒。用于感冒发热，咳嗽，麻疹，痢疾，疟疾。	广西：来源于广西邕宁县。海南：来源于海南万宁市。
	粘毛山芝麻	*Helicteres viscida* Bl.	粘毛火索麻	药用全草。根清热解毒，消炎利尿。全草用于腹痛，腹泻，便血，脱肛。	海南：来源于海南陵水市。
	长柄银叶树	*Heritiera angustata* Pierre.	白楠、白符公、大叶银叶树		海南：来源于海南万宁市。
	银叶树	*Heritiera littoralis* Dryand.		药用种子、树皮。种子用于腹泻，痢疾。树皮用于血尿症。	海南：来源于海南三亚南山岭。

319

（续表）

科名	植物名	拉丁学名	别名	药用部位及功效	保存地及来源
梧桐科 Sterculiaceae	蝴蝶树	*Heritiera parvifolia* Merr.			海南：来源于海南乐东县尖峰岭。
	鹧鸪麻	*Kleinhovia hospita* L.	馒头果，克兰树	药用叶。用于疥癣，头虱。	海南：来源于海南兴隆南药园。
	马松子	*Melochia corchorifolia* L.	木达地黄，野路葵	药用茎、叶。味淡，性平。清热利湿，止痒。用于急性黄疸型肝炎，皮肤瘙痒。	广西：原产于广西药用植物园。北京：来源于广西。
	午时花	*Pentapetes phoenicea* L.	夜落金钱	药用全草。消结散肿。用于肿瘤，乳腺炎，腮腺炎。	广西：来源于广西南宁市。北京：来源于广西。
	翅子树	*Pterospermum acerifolium* (L.) Willd.	翅子木	药用叶。味微苦，性平。散瘀止血。用于跌打肿痛，创伤出血。	广西：来源于广西南宁市。北京：不明确。
	翻白叶树	*Pterospermum heterophyllum* Hance	半枫荷，异叶翅子树	药用根、叶。根味辛，甘，性微温。祛风除湿，活血通络。用于风湿痹痛，手足麻木，腰肌劳损，脚气，跌打损伤。叶味甘，微温。活血止血。用于外伤出血。	广西：来源于广西龙州县。海南：来源于海南万宁市。
	窄叶翅子树	*Pterospermum lanceaefolium* Roxb.	翅子树，假木棉	药用根、茎、叶。强筋壮骨。叶止血。根用于风湿关节痛。	海南：来源于海南万宁市。
	截裂翅子树	*Pterospermum truncatolobatum* Gagnep.		药用根。用于坐骨神经痛，腰腿痛。	广西：来源于广西凭祥市。
	翅苹婆	*Pterygora alata* (Roxb) R.Brown	海南苹婆	药用叶。外用于跌打损伤。	海南：不明确。
	两广梭罗	*Reevesia thyrsoidea* Lindl.		收载于《药用植物辞典》。	广西：来源于广西南宁市。
	短柄苹婆	*Sterculia brevissima* Hsue	麻良王（傣语）	药用根。清火解毒，利水化湿，理气止痛。用于小便热涩疼痛，尿路结石，冷风所致的腹部扭痛，绞痛，肝炎，泄泻。	云南：来源于云南勐腊县。

320

科名	植物名	拉丁学名	别名	药用部位及功效	保存地及来源
	粉苹婆	*Sterculia euosma* W. W.Smith		药用树皮、叶。树皮止咳平喘，用于咳嗽、气喘，叶用于外伤出血，伤口溃疡。	广西：来源于广西龙州县。
	海南苹婆	*Sterculia hainanensis* Merr. et Chun	红郎伞、小苹婆	药用叶。味辛，性温。散瘀止痛。用于跌打损伤肿痛。	广西：来源于广西邕宁县。海南：来源于海南乐东县尖峰岭。
	假苹婆	*Sterculia lanceolata* Cav.	鸡冠木、赛苹婆	药用叶。味辛，性温。散瘀止痛。用于跌打损伤肿痛。	广西：来源于广西邕宁县。云南省西双版纳。云南：来源于云南景洪。海南：来源于海南万宁市。北京：不明确。
	胖大海	*Sterculia lychnophora* Hance	大海子、安南子	药用干燥成熟种子。味甘，性寒。清热润肺、利咽解毒、润肠通便。用于肺热声哑，干咳无痰，咽喉干痛，热结便闭，头痛目赤。	广西：来源于云南省昆明市。海南：来源于越南。北京：来源于海南。
梧桐科 Sterculiaceae	苹婆	*Sterculia nobilis* Smith	凤眼果、七姐果、罗晃子、罗望子	药用种子、果壳、根、树皮。味甘，性平。种子和胃消食、解毒杀虫。用于胃吐食，虫积腹痛，疝痛，小儿烂头疡。果壳活血行气，用于血痢，痔疮、中耳炎。根用于胃溃疡。树皮下气平喘，用于哮喘。	广西：来源于广西上思县。云南：来源于云南景洪市。海南：来源于广西药用植物园。北京：不明确。
	家麻树	*Sterculia pexa* Pierre	棉毛苹婆、九层皮	药用树皮。味苦，性平。续筋接骨、活血止痛。用于筋伤骨折、跌打肿痛。	广西：来源于广西武鸣县。
	圆果苹婆	*Sterculia scaphigera* Wall.	圆果大海、假胖大海	药用果实。清热润肺、利咽解毒、润肠通便。用于肺热声哑，干咳无痰，咽喉感通，热结便闭，头痛目赤。	海南：来源于越南。
	绒毛苹婆	*Sterculia villosa* Roxb.	白桦皮、桦皮树、色白告	药用树胶。医药工业的原料。	云南：来源于云南景洪市。

科名	植物名	拉丁学名	别名	药用部位及功效	保存地及来源
梧桐科 Sterculiaceae	可可	*Theobroma cacao* L.	巧克力树、卡卡拉、可加树	药用果实、叶、种子。强壮滋养、解痉镇痛。用于糖尿病，水肿。	广西：未源于海南。海南：未源于海南兴隆热带植物园。北京：未源于海南。
	蛇婆子	*Waltheria indica* L.	和它草、满地毡、草梧桐	药用根和茎。味辛、微甘，性微寒。清热解毒，用于风利湿，湿热带下，喉肿痛，痈肿瘰疬。	广西：原产于广西药用植物园。海南：不明确。
	昂天莲	*Ambroma augusta* (L.) L.f.	水麻、鬼棉花、假芙蓉、旱天莲、国味（傣语）	药用叶、根。味微苦、辛，性平。通经活血，消肿止痛。用于月经不调，疮疡疔肿，跌打损伤。	广西：未源于广西田林县。云南：未源于云南景洪市。海南：不明确。北京：未源于海南。
毒鼠子科 Dichapetalaceae	海南毒鼠子	*Dichapetalum longipetalum* (Turcz.) Engl.	长瓣毒鼠子	药用茎叶。用于血吸虫病。	海南：未源于海南万宁市。
瑞香科 Thymelaeaceae	土沉香	*Aquilaria sinensis* (Lour.) Gilg	六麻树、沉香、白木香、莞香	药用含树脂木材。味辛、苦，性温。行气止痛，温中止呕，纳气平喘，用于腹胀腹痛，胃寒呕吐呃逆，肾虚气逆喘急。	广西：未源于广西陆川县。北京：未源于海南。
	尖瓣瑞香	*Daphne acutiloba* Rehd.	尖裂瑞香、野梦花	药用全株。味辛、甘，性凉。理气，消积，祛风除湿。用于胃脘痛，风湿痛，目赤。	湖北：未源于湖北恩施。
	芫花	*Daphne genkwa* Sieb.et Zucc.	头疼花、金腰带	药用花蕾、根。花蕾味辛、苦，性温。泻水逐饮，解毒杀虫。用于痰饮积，咳嗽，水肿，疟疾，心腹症结胀满，食物中毒，痈肿，根味辛、温。活血，止痛。用于水肿痈疽，消肿，乳痈，痔瘘，疥癣。	北京：未源于浙江。
	白瑞香	*Daphne papyracea* Wall. ex Steud.	小构皮、纸用瑞香	药用根皮、茎皮、花、果实。味甘、辛，性微温。有毒。祛风除湿，活血调经，止痛。用于跌打损伤，各种内脏出血，大便下血，痛经。	湖北：未源于湖北恩施。

科名	植物名	拉丁学名	别名	药用部位及功效	保存地及来源
瑞香科 Thymelaeaceae	结香	*Edgeworthia chrysantha* Lindl.	梦花、黄瑞香、密蒙花、梦冬花	药用花蕾、根皮、茎皮。花蕾味甘、性平，滋养肝肾，明目消翳。用于夜盲、目赤流泪、羞明怕光、小儿疳眼、头痛、失音。根皮、茎皮味辛、性平。祛风活络，滋养肝肾。用于风湿痹痛、跌打损伤、梦遗、早泄、白浊、虚淋、血崩、白带。	广西：来源于广西桂林市。北京：来源于广西。湖北：来源于湖北恩施。
	狼毒	*Stellera chamaejasme* L.	断肠草、大将军	药用根。味辛、苦、性平。有毒。逐水祛痰，破积杀虫。用于水气肿胀、瘰疬、疥癣，外伤出血、痈疽、跌打损伤。	北京：来源于北京。
	河蒴荛花	*Wikstroemia chamaedaphne* Meisn.	花鱼梢、野瑞香	药用花蕾。性温。有小毒。泻下逐水。用于水肿胀满、痰饮积聚、哮喘，病毒性肝炎。	北京：来源于北京。
	狭叶荛花	*Wikstroemia chuii* Merr.		药用全株。用于跌打损伤。	海南：来源于海南保亭县。
	海南荛花	*Wikstroemia hainanensis* Merr.			海南：来源于海南万宁市。
	了哥王	*Wikstroemia indica* (L.) C.A.Mey.	南岭荛花、地棉皮、地棉根、山雁皮、埔银	药用全株。味苦、辛、性寒。有毒。清热解毒，化痰散结，消肿止痛。用于痈肿疮毒、瘰疬、风湿痛、跌打损伤、蛇虫咬伤。	广西：原产于本乡广西药用植物园。云南：来源于云南景洪市。海南：来源于海南万宁市。北京：来源于广西临桂。
	细轴荛花	*Wikstroemia nutans* Champ.	垂穗荛花、野棉花	药用花、根或茎皮。味辛、咸、性温。有毒。软坚散结，活血，止痛。用于瘰疬初起、跌打损伤。	广西：来源于云南省西双版纳。
	厚轴荛花	*Wikstroemia pachyrachis* S.L.Tsai			海南：来源于海南万宁市。

科名	植物名	拉丁学名	别名	药用部位及功效	保存地及来源
胡颓子科 Elaeagnaceae	长叶胡颓子	*Elaeagnus bockii* Diels	马鹊树、牛奶子、牛奶果	药用根、枝叶。性平、止咳平喘，果实、味微苦、酸，活血止痛。用于咳嗽气喘，跌打损伤，风湿关节痛，牙痛，痔疮。	广西：来源于广西东兰县。湖北：来源于湖北恩施。
	密花胡颓子	*Elaeagnus conferta* Roxb.		药用根、果。根祛风通络，用于风湿疼痛，腰膝酸痛，行气止痛。果收敛止泻。用于腹泻，痢疾。	云南：来源于云南景洪市。
	蔓胡颓子	*Elaeagnus glabra* Thunb.	瑯银藤、羊奶奶、胡颓子、羊奶果	药用果实、枝叶、根。性平。果实味酸，性平。用于肠炎，腹泻，止痢。收敛止泻。枝叶味辛，微涩。用于咳嗽气喘，止咳平喘。根味辛、微涩，性凉。清热利湿，通淋止血，散瘀止血，腹泻，疸型肝炎，黄疸型肝炎，止血，痔血，血崩，风湿痹痛，跌打肿痛。热淋，石淋，痔血，血崩，风湿痹痛，跌打肿痛。	广西：来源于广西博白县。海南：来源于广西药用植物园。
	角花胡颓子	*Elaeagnus gonyanthes* Benth.	吊中子藤、羊母奶子	药用果实、根。果实味酸，性平。收敛止泻。用于肠炎，腹泻，痢疾。根味辛、散瘀利湿，性凉。清热利湿，通淋，腹泻，黄疸型肝炎，散瘀止痛，用于痢疾，热淋，石淋，胃痛，吐血，痔血，血崩，风湿痹痛，跌打肿痛。	广西：来源于广西博白县。海南：来源于海南万宁市。

（续表）

科名	植物名	拉丁学名	别名	药用部位及功效	保存地及来源
胡颓子科 Elaeagnaceae	宜昌胡颓子	*Elaeagnus henryi* Warb.	申申子、三月黄、羊奶奶	药用茎叶、果实。茎叶味苦、涩，性凉。收敛散结，止咳止血。用于痢疾，痔肿止痛，吐血，血崩，咳喘，骨髓炎，消化不良。果实四川草医用于痢疾。	北京：来源于江西庐山。
	披针叶胡颓子	*Elaeagnus lanceolata* Warb.	沉毡、补阴丹	药用根、果实。果实味酸、微甘，性温。祛寒湿。用于小便失禁，外感风寒。果实用于痢疾。	湖北：来源于湖北恩施。
	胡颓子	*Elaeagnus pungens* Thunb.	半春子、半含春、石滚子、四枣、柿模、羊奶奶、甜棒锤	药用根、叶及果实。根味苦，性平。祛风利湿，行瘀止血，用于传染性肝炎，风湿关节痛，小儿疳积，咯血，吐血，便血，崩漏，白带，跌打损伤。叶味微苦，性平。止咳平喘，用于支气管炎，咳嗽，哮喘。果实味甘、酸，性平。消食止痢。用于肠炎，痢疾，食欲不振。	北京：来源于广西。
	牛奶子	*Elaeagnus umbellata* Thunb.	剪子梢、牛奶奶、剪子果奶、秋胡颓子	药用根、叶及果实。味苦、酸、性凉。清热止咳，利湿解毒。用于肺热咳嗽，泄泻，痢疾，淋症，崩漏，带下，乳痈。	北京：来源于陕西。
	沙棘	*Hippophae rhamnoides* L.	醋柳果、醋刺柳、酸刺、黑刺、醋柳	药用果实。味酸、涩，性温。止咳化痰，消食化滞，活血散瘀。用于咳嗽痰多，消化不良，食积腹痛，瘀血经闭，跌打肿痛。	北京：来源于甘肃。
大风子科 Flacourtiaceae	山桂花	*Bennettiodendron leprosipes* (Clos) Merr.		药用全株。用于消化不良。	广西：来源于广西凭祥市。
	海南嘉赐树	*Casearia aequilateralis* Merr.			海南：来源于海南乐东县。
	嘉赐树	*Casearia balansae* Gagnep.		药用根、叶。祛湿化瘀。用于跌打，癌症。	云南：来源于云南景洪市。

科名	植物名	拉丁学名	别名	药用部位及功效	保存地及来源
大风子科 Flacourtiaceae	球花脚骨脆	Casearia glomerata Roxb.	大力王	药用根、树皮。根消肿止痛，骨折，驳骨。用于跌打损伤，树皮用于腹痛，痢疾。	海南：来源于海南保亭县。
	毛脉脚骨脆	Casearia glomerata Roxb.f. pubinervis How et Ko	毛脉嘉赐树、毛嘉赐树	药用根、叶。用于跌打损伤。	广西：来源于广西隆安县。
	膜叶脚骨脆	Casearia membranacea Hance			海南：来源于海南保亭县。
	刺篱木	Flacourtia indica (Burm. f.) Merr.		药用果实。用于消化不良。	海南：来源于海南万宁市。
	山李子	Flacourtia ramontchii L. He-rit.	那那果、揉果、揉果	药用种子、树皮及树液汁。种子、树皮祛风除湿，健脾止泻。用于风湿痹痛，消化不良，霍乱，腹泻，痢疾。树液汁用于泄泻，痢疾。种子亦用消化不良。	广西：来源于云南省西双版纳。云南：来源于云南勐腊县。
	大叶刺篱木	Flacourtia rukam Zoll.et Mor.	牛牙果、角刺	药用根、果实枝、叶、根。痢疾、泻、痢疾。枝、叶用于腹泻，果实用于皮肤藓疮。根、果汁为妇科用药，用于月经不调。叶亦用眼疾。	海南：来源于海南万宁市。
	天料木	Homalium cochinchinense (Lour.) Druce		药用根。收敛。用于肝炎。	海南：来源于海南陵水市。
	毛天料木	Homalium mollissimum Merr.			海南：来源于海南乐东县。
	显脉天料木	Homalium phanerophlebium How et Ko			海南：来源于海南万宁市。
	海南天料木	Homalium stenophyllum Merr. et Chun			海南：来源于海南保亭县。
	红花天料木	Homalium hainanense Gagnep.	母生、山罗、高根	药用叶。清热消肿。外用于疮毒。	广西：来源于海南省。海南：来源于海南乐东县。

科名	植物名	拉丁学名	别名	药用部位及功效	保存地及来源
大风子科 Flacourtiaceae	印度大风子	Hydnocarpus alpina Wright.	高山大枫子	药用种子。攻毒，杀虫。用于痢疾。外用于皮肤瘙痒。种子油外用于麻风病皮肤病。	海南：来源于印度。
	大叶龙角	Hydnocarpus annamensis (Gagnep.) Lescot et Sleum.	梅氏大风子，麻朴罗（傣语）	药用种子、叶。种子味辛，性热。有毒。用于麻风，疥癣，梅毒。叶外用于皮肤瘙痒。	云南：来源于云南景洪市。
	泰国大风子	Hydnocarpus anthelminthica Pierre ex Laness.	大风子，麻朴罗动泰（傣语）	药用成熟种子、种仁油。味辛，性热。有毒。祛风燥湿，攻毒杀虫，用于麻风，杨梅疮，疥癣，酒糟鼻，痤疮。	广西：来源于海南省。云南：来源于云南景洪市。海南：来源于泰国。
	海南大风子	Hydnocarpus hainanensis (Merr.) Sleum.	龙角树，乌壳子、海南麻风树	药用种子。有毒。外用于麻风，牛皮癣，风湿肿痛，疮疡肿毒。	广西：来源于广西龙州县。海南：来源于海南万宁市。
	栀子皮	Itoa orientalis Hemsl.	大黄树、伊桐、米稳怀、白走马胎	药用根及树皮。祛风除湿，活血通络，用于风湿痹痛，跌打损伤，肝炎，贫血。	广西：来源于广西隆林县。云南：来源于云南景洪市。
	海南箣柊	Scolopia buxifolia Gagnep.			海南：来源于海南万宁市。
	箣柊	Scolopia chinensis (Lour.) Clos	土乌药	药用全株。味苦，涩，性凉。活血祛瘀，消肿止痛。用于跌打损伤，痈肿，乳汁不通，风湿骨痛。	广西：来源于广东省深圳市。
	广东箣柊	Scolopia saeva (Hance) Hance	珍珠箣柊		海南：来源于海南万宁市。
	南岭柞木	Xylosma controversum Clos	岭南柞木	药用根、叶。味辛、甘，性寒。散瘀消肿，用于跌打损伤，骨折，脱臼，外伤出血，吐血，烫火伤。	广西：来源于广西武鸣县。

科名	植物名	拉丁学名	别名	药用部位及功效	保存地及来源
大风子科 Flacourtiaceae	长叶柞木	Xylosma longifolium Clos	跌破簕、小角刺	药用叶、根。味苦、涩，性寒。清热利湿，活血祛瘀，消肿，催乳。用于水肿，黄疸，跌打损伤，骨折，经闭，痈肿疮毒，乳汁不通，疮癣，瘰疬。	广西：来源于广西桂林市。
	柞木	Xylosma racemosum (Sieb.et Zucc.) Miq.	鼠木、柞树、檬子树	药用树皮、枝叶、根、树皮。味苦、酸，性微寒。清热利湿，催产。用于湿热黄疸，痢疾，瘰疬，痈疮溃烂，梅疮溃烂，难产，死胎不下。枝叶味苦、涩，性寒。清热燥湿，解毒，散瘀消肿。用于婴幼儿泄泻，痢疾，痈疮肿毒，跌打胃折，扭伤，脱臼，死胎不下。根味苦，性平。解毒，散瘀，利湿。用于黄疸，痢疾，肺结核咯血，跌打肿痛，难产，死胎不下。	广西：来源于广西桂林市。
堇菜科 Violaceae	鸡腿堇菜	Viola acuminata Ledeb.	走边疆、红铧头草	药用叶。味淡，性寒。清热解毒，消肿止痛。用于肺热咳嗽，跌打肿痛，疮疖肿痛。	北京：来源于北京。湖北：来源于湖北恩施。
	戟叶堇菜	Viola betonicifolia Smith	野半夏、青地黄瓜、铧头草、戟叶犁头草	药用全草。味微苦、辛，性寒。清热解毒，散瘀消肿。用于疔疮肿毒，喉痛，乳痈，肠痈，黄疸，目赤肿痛，跌打损伤，刀伤出血。	广西：来源于广西南宁市。

科名	植物名	拉丁学名	别名	药用部位及功效	保存地及来源
堇菜科 Violaceae	短毛堇菜	Viola confusa Champ.	紫花地丁	药用全草。味苦，性寒。清热解毒，凉血消痈消肿。用于痈疮疖毒，毒蛇咬伤。	湖北：来源于湖北恩施。
	七星莲	Viola diffusa Ging ex DC.	蔓茎堇菜、犁头草	药用全草。味苦，性寒。清热解毒，散瘀消肿，止咳。用于疮疡肿毒，眼结膜炎，肺热咳嗽，百日咳，黄疸，带状疱疹，火烫伤，跌打损伤，骨折，毒蛇咬伤。	广西：来源于广西武鸣县、金秀县。湖北：来源于湖北恩施。
	裂叶堇菜	Viola dissecta Ledeb.		药用全草。味微苦，性凉。清热解毒，消痈肿。用于痈疮疔毒，淋独，五名肿毒。	北京：来源于北京。
	长萼堇菜	Viola inconspicua Bl.	铧尖草、犁头草、三角草	药用全草。味苦、辛，性寒。清热解毒，凉血消肿，利湿化痰，咽喉肿痛，乳痈，目赤，目翳，湿热黄疸，跌打损伤，外伤肠痈下血，妇女产后瘀血腹痛，蛇虫咬伤。	广西：原产于广西药用植物园。海南：来源于海南万宁市。
	香堇菜	Viola odorata L.		药用全草。味辛、微苦，性凉。止咳祛痰，镇静，止泻，疏风清热，用于伤风咳嗽，百日咳，癫痫，失眠，腹泻。	广西：来源于日本。
	辽堇菜	Viola philippica Cav.	光瓣堇菜	药用全草。清热解毒，凉血消肿。用于疔疮痈肿，痈疽发背，丹毒，毒蛇咬伤。	广西：来源于四川成都市。
	早开堇菜	Viola prionantha Bunge			北京：来源于北京。湖北：来源于湖北恩施。
	深山堇菜	Viola selkirkii Pursh.		药用全草。清热解毒，消炎，消肿。用于无名肿毒，暑热。	湖北：来源于湖北恩施。
	三色堇	Viola tricolor L.	蝴蝶花	药用全草。味苦，性寒。清热解毒，止咳。用于疮疡肿毒，小儿湿疹，小儿瘰疬，咳嗽。	广西：来源于广西南宁市。北京：来源于北京。
	斑叶堇菜	Viola variegata Fisch.	天蹄	药用全草。味甘，性凉。清热解毒，止血。用于创伤出血。	北京：来源于北京。

科名	植物名	拉丁学名	别名	药用部位及功效	保存地及来源
堇菜科 Violaceae	堇菜	*Viola verecunda* A.Gray	白老碗、三角金砖、如意草、堇堇菜	药用全草。味微苦，性凉，清热解毒，散瘀，止咳，用于痈肿，无名肿毒，肺热咳嗽，目赤，毒蛇咬伤及刀伤。	广西：来源于广西苍梧市、融安县。湖北：来源于湖北恩施。
	紫花地丁	*Viola yedoensis* Makino	白毛堇菜、犁铧草、剪刀、宝剑草	药用全草。味苦、辛、性寒，清热解毒。用于消肿，痈疽疔疮等症。	北京：来源于北京。
	云南堇菜	*Viola yunnanensis* W.Be-ck. et H.Boiss.	昆明堇菜、滇堇菜	药用全草。用于小儿疳积。	海南：来源于海南万宁市。北京：来源于云南。
旌节花科 Stachyuraceae	中国旌节花	*Stachyurus chinensis* Franch.	水凉子、萝卜药、小通草	药用枝条髓部。味甘、淡，性凉，清热利水，通乳，用于热病烦渴，小便黄赤，尿少或尿闭，急性膀胱炎，肾炎，水肿，小便不利，乳汁不通。	广西：来源于广西丹县。湖北：来源于湖北恩施。
	西域旌节花	*Stachyurus himalaicus* Hook.f.et Thoms.ex Benth		药用部位及功效参阅中国旌节花 *Stachyurus chinensis* Franch.。	湖北：来源于湖北恩施。
西番莲科 Passifloraceae	心叶蒴莲	*Adenia cardiophylla* (Mast.) Engl.	肉杜仲、三开瓢、三瓢果	药用果实、藤茎及根。云南把果实代瓜蒌用。	广西：来源于云南省西双版纳。海南：来源于广西药用植物园。
	蒴莲	*Adenia heterophylla* (Bl.) Koord.	猪笼藤	药用根及全株。根健脾胃，通经络，补肝肾，祛风湿，用于肝炎，喉痛，肺热咳嗽，胃炎，子宫脱垂，全株用于胃脘痛。	海南：来源于海南陵水市。
	红花西番莲	*Passiflora coccinea* Abl.			海南：来源于广西药用植物园。
	蛇王藤	*Passiflora cochinchinensis* Spreng.	双目灵	药用全株。味辛、苦，性凉，清热解毒，消肿止痛。用于毒蛇咬伤，胃溃疡，十二指肠溃疡；外用于疮痈。	海南：来源于海南万宁市。

科名	植物名	拉丁学名	别名	药用部位及功效	保存地及来源
西番莲科 Passifloraceae	西番莲	Passiflora coerulea L.	转心莲、时计草	药用全草。味苦，性温。祛风，除湿，活血，止痛。用于感冒头痛，疝痛，风湿关节痛，痛经，神经痛，失眠，下痢，骨折。	广西：来源于广西南宁市。北京：来源于云南。
	杯叶西番莲	Passiflora cupiformis Mast.	对叉疗药、又痔草	药用根、茎叶。味甘，微涩，性温。祛风除湿，活血止痛，养心安神。用于风湿性心脏病，血尿，白浊，半身不遂，疗疮，外伤出血，癍气腹胀疼痛。	广西：来源于广西那坡县。
	鸡蛋果	Passiflora edulis Sims	洋石榴、紫果西番莲、百香果、玉蕊花、紫西番莲	药用果实。味甘、酸，性平。清肺润燥，安神止痢，和血止痢。用于咳嗽，声嘶，咽干，大便秘结，失眠，痛经，关节痛，痢疾。	广西：来源于广西南宁市。云南：来源于云南景洪市。海南：来源于海南万宁市。北京：来源于云南、广西。
	龙珠果	Passiflora foetida L.	香花果、天仙果、野仙桃、龙须果	药用全株或果实。味甘、酸，性平。清肺止咳，解毒消肿。用于肺热咳嗽，小便混浊，痈疮肿毒，外伤性眼角膜炎，淋巴结炎。	广西：来源于广西南宁市。云南：来源于云南勐腊县。海南：来源于海南万宁市。
	粉色西番莲	Passiflora incarnata L.		药用全株、种子、根提取液。全株解痉，镇静，抗炎。种子用于神经痛，失眠，癫痫，神经官能症。根的提取液用于痔疮。	广西：来源于英国。北京：来源于浙江。
	三角西番莲	Passiflora papilio Li.	蝴蝶藤、双飞蝴蝶	药用全草。止血调经，散瘀止痛，清热解毒。用于吐血，便血，产后流血不止，功能性子宫出血，胃痛，风湿性关节痛，小儿惊风，毒蛇咬伤。	海南：不明确。
	大果西番莲	Passiflora quadrangularis L.	大西番果、大西番莲、日本瓜、大转心莲	药用果实。清热解毒，镇痛安神。	广西：来源于海南省。海南：来源于海南万宁市。

（续表）

科名	植物名	拉丁学名	别名	药用部位及功效	保存地及来源
西番莲科 Passifloraceae	长叶西番莲	Passiflora siamica Craib	八蕊西番莲、毛蛇王藤	药用部位及功效参阅阔叶西番莲镰叶西番莲 Passiflora coerulea L。	云南：来源于云南勐腊县。
	镰叶西番莲	Passiflora wilsonii Hemsl.	锅铲叶、半截叶	药用全株。味微苦，性温。舒筋活络，散瘀活血，杀虫。用于风湿骨痛，跌打损伤，痰阻；外用于骨折，蛔虫病。	云南：来源于云南勐腊县。
红木科 Bixaceae	红木	Bixa orellana L.	胭脂木、胭脂树、甘蜜树、锅线叶（傣语）	药用根皮、叶、果肉、种子。退热，解毒。用于发热，疟疾，黄疸，痢疾、丹毒，咽痛，疮疡，种子用于肝炎，毒蛇咬伤，尿血。	广西：来源于广东省湛江市。云南：来源于云南景洪市。海南：来源于海南万宁市。北京：来源于云南。
柽柳科 Tamaricaceae	柽柳	Tamarix chinensis Lour.	西河柳、华北柽柳	药用嫩枝、叶及花。味甘、辛，性平。疏风，解表，透疹，解毒。用于风热感冒，麻疹初起，麻疹不透，风湿痹痛，皮肤瘙痒。花用于清热透发，发疹，用于风疹。	北京：来源于北京。
沟繁缕科 Elatinaceae	大叶田繁缕	Bergia capensis L.			海南：来源于海南万宁市。
番木瓜科 Caricaceae	番木瓜	Carica papaya L.	木瓜、乳瓜、番瓜、麻贵沙保（傣语）	药用果实、花、叶。味甘，性平。果实消食下乳，除湿通络，解毒驱虫。用于消化不良，胃、十二指肠溃疡疼痛，乳汁稀少，风湿痹痛，肢体麻木，湿疹，烂疮，肠道寄生虫病。用于疮疡肿毒，叶解毒，花用于骨折，肿毒溃烂，接骨。	广西：来源于广西南宁市。云南：来源于云南景洪市。海南：来源于海南万宁市。北京：来源于广东广州。

科名	植物名	拉丁学名	别名	药用部位及功效	保存地及来源
	美丽秋海棠	*Begonia calophylla* Irmsch.	虎爪龙	药用根状茎。味酸、辛，性凉。行气活血，消肿止痛。用于跌打损伤瘀肿，吐血。	湖北：来源于湖北恩施。
	花叶秋海棠	*Begonia cathayana* Hemsl.	花叶一口血、中华秋海棠、散血子	药用全草。味酸、涩，性凉。清肺止咳，解毒，散瘀消肿。用于肺热咳嗽，跌跛，百日咳，痈疮肿毒，烧烫伤，跌打瘀肿。	广西：来源于广西隆林县。海南：不明确。
	周裂秋海棠	*Begonia circumlobata* Hance	野海棠	药用带根全草。味酸，性微寒。散瘀消肿，消炎止咳。用于跌打损伤，骨折，中耳炎，咳嗽。	广西：来源于广西金秀县。
秋海棠科 Begoniaceae	粗喙秋海棠	*Begonia crassirostris* Irmsch.	红半边莲	药用全草。味酸、涩，性凉。凉血解毒，消肿止痛。用于急性咽喉炎，牙眼肿痛，热病便血，瘰疬，疥癣，毒蛇咬伤，烧烫伤。	广西：来源于广西上林县。
	槭叶秋海棠	*Begonia digyna* Irmsch.	红八角莲	药用全草。味酸，性平。有小毒。祛风活血，解毒。用于劳伤咳嗽，周身疼痛，胃气痛，饱胀，蛇咬伤。	广西：来源于广西龙州县。云南：来源于云南勐海县。
	秋海棠	*Begonia evansiana* Andr.	岩丸子、八月春	药用块根、果实、茎叶及花。块根味苦、酸、涩，性寒。活血化瘀，止血清热。用于跌打损伤，吐血咯血，鼻衄，胃溃疡，痢疾，月经不调，崩漏，带下病，淋浊，咽喉肿痛。茎叶味酸，性寒。清热，消肿。用于喉痛，痈疖，跌打损伤。花味苦、酸、涩，性寒。活血化瘀，清热解毒。用于疥癣。	湖北：来源于湖北恩施。
	海南秋海棠	*Begonia hainanensis* Chun et F.Chun			海南：来源于海南陵水市。

科名	植物名	拉丁学名	别名	药用部位及功效	保存地及来源
秋海棠科 Begoniaceae	癞叶秋海棠	*Begonia leprosa* Hance	石上莲、石上海棠、伯乐秋海棠	药用全草。味酸、微涩，性凉。清热解毒，止血，利水。用于疔疮肿毒，痔疮，外伤出血，吐血，急性肾炎，肝硬化腹水。	广西：来源于广西靖西县。
	斑叶竹节秋海棠	*Begonia maculata* Raddi	竹节海棠、半边莲	药用全草。味苦，性平。散瘀，利水，解毒。用于跌打损伤，半身不遂，小便不利，水肿，咽喉肿痛，疥疮，蛇咬伤。	广西：来源于广西南宁市。云南：来源于云南景洪市。海南：来源于海南海口市。北京：来源于北京中山公园、杭州植物园。
	铁甲秋海棠	*Begonia masoniana* Irmsch.		祛风除湿。	北京：来源于南京植物园。
	龙州秋海棠	*Begonia morsei* Irmsch.		清热解毒，安神促智。	北京：来源于北京。
	裂叶秋海棠	*Begonia palmata* D.Don	红孩儿、红天葵	药用全草。味甘、酸，性寒。清热解毒，散瘀消肿。用于肺热咳嗽，疔疮痈肿，跌打肿痛，痛经，闭经，风湿热痹，蛇咬伤。	广西：来源于广西桂林市。海南：来源于海南万宁市。
	掌裂叶秋海棠	*Begonia pedatifida* Lévl.	水八角、一点红	药用根状茎。味酸，性凉。利湿消肿，止痛，活血止血，解毒。用于吐血，崩漏，外伤出血，水肿，风湿筋痛，胃痛，疮痈肿毒，跌打损伤，蛇咬伤。	广西：来源于广西防城港市。
	盾叶秋海棠	*Begonia peltatifolia* H. L. Li	岩蜈蚣、红孩儿	药用带根全草。味涩、微酸，性温。舒筋活血止痛。用于跌打损伤，瘀血肿痛。	广西：来源于广西那坡县。海南：来源于海南白沙。
	紫叶秋海棠	*Begonia rex* Putz.	毛叶秋海棠	药用带根茎的全草。味苦，性平。舒筋活络，解毒消肿。用于肢体麻痹，脑膜炎后遗症，疮疖肿毒。	广西：来源于广西靖西县。北京：来源于北京中山公园。

科名	植物名	拉丁学名	别名	药用部位及功效	保存地及来源
秋海棠科 Begoniaceae	四季海棠	*Begonia semperflorens* Link et Otto	四季秋海棠、蚬肉秋海棠	药用花、叶。味苦，性凉。清热解毒。用于疮疖。	广西：来源于云南省昆明市。海南：来源于海南海口市。北京：来源于北京花木公司、南京。
	中华秋海棠	*Begonia sinensis* A.DC.	珠芽秋海棠	药用块茎。味苦、涩、酸，性寒。活血散瘀，清热，止痛，止血，咯血。用于跌打损伤，吐血，崩漏，带下病，内痔，筋骨痛，毒蛇咬伤。	湖北：来源于湖北恩施。
	长柄秋海棠	*Begonia smithiana* Yü	红八角莲	药用根状茎。味酸，性寒。散瘀，止血，解毒。用于跌打损伤，筋骨疼痛，崩漏，毒蛇咬伤。	湖北：来源于湖北恩施。
	球根海棠	*Begonia tubehybrida* Voss.		清热消肿，活血散瘀，凉血止血，调经止痛。	北京：来源于北京、中山植物园。
	歪叶秋海棠	*Begonia augustinei* Hemsl.	思茅秋海棠	药用全草。清热解毒，消肿止痛。用于毒蛇咬伤。	云南：来源于云南景洪市。
	银星秋海棠	*Begonia argenteoguttata* Le-moine		活血化瘀，止血，清热。	北京：来源于北京植物园。
葫芦科 Cucurbitaceae	冬瓜	*Benincasa hispida* (Thunb.) Cogn.	白瓜	药用茎、叶、种子、外果皮。味甘，性凉。利尿消肿。用于水肿胀满，小便不利，暑热口渴，小便短赤。茎用于肺热痰火，脱肛，泻痢。叶用于消渴，疟疾，泻痢。种子用于肺热咳嗽，肺痈，淋症，水肿。外果皮味甘，性凉。清热利尿，消肿。用于水肿，小便淋痛，泄泻。	广西：来源于广西南宁市。湖北：来源于湖北恩施。

（续表）

科名	植物名	拉丁学名	别名	药用部位及功效	保存地及来源
	假贝母	*Bolbostemma paniculatum* (Maxim.) Franquet	大贝母、地苦胆	药用鳞茎。味苦,性凉。清热解毒,散结消肿功效。用于乳腺炎,疬疡肿毒,淋巴结结核,骨结核,蛇虫咬伤;外用于外伤出血,蛇虫咬伤。	北京:来源于太行山。
	西瓜	*Citrullus lanatus* (Thunb.) Matsum. et Nakai		药用西瓜霜。味咸,性寒。清热泻火,消肿止痛。用于咽喉肿痛,喉源,口疮。	广西:来源于广西南宁市。
	红瓜	*Coccinia grandis* (L.) Voigt	山黄瓜		海南:来源于海南万宁市。
	甜瓜	*Cucumis melo* L.	香瓜、梨瓜	药用果实、种子。果实味甘,性寒。清暑热,解烦渴,利小便。用于暑热烦渴,小便不利,暑热下痢腹痛。种子味甘,性寒。清肺,润肠,消瘀,散结,大便燥结,肠痈,肺痈。	广西:来源于广西南宁市。
葫芦科 Cucurbitaceae	黄瓜	*Cucumis sativus* L.		药用果实、黄瓜霜。味甘,性凉。果实清热泻盈眶,利水,解毒。用于热病口渴,小便短赤,水肿尿少,水火烫伤,汗斑,痱疮。黄瓜霜清热明目,消肿止痛。用于火眼赤痛,咽喉肿痛,口舌生疮,牙龈肿痛。	广西:来源于广西南宁市。湖北:来源于湖北恩施。
	南瓜	*Cucurbita moschata* (Duch. ex Lam.) Duch. ex Poiret	北瓜、倭瓜、饭瓜	药用果实、瓜蒂、种子。果实味甘,性平。解毒消肿。用于肺痈,哮症,痈肿、烫伤、毒蜂螫伤。瓜蒂味苦,微甘,性平。解毒,疗疮,安胎。用于痈疡肿毒,疔疮,烫伤,水肿腹水,胎动不安。种子味甘,性平。杀虫,下乳,利水消肿,用于绦虫、蛔虫、血吸虫、钩虫、蛲虫病,产后手足浮肿,百日咳,痔疮。	广西:来源于广西南宁市。云南:来源于云南景洪市。北京:来源于北京。湖北:来源于湖北恩施。

（续表）

科名	植物名	拉丁学名	别名	药用部位及功效	保存地及来源
	西葫芦	Cucurbita pepo L.		药用果实、种子。果实味甘、微苦，性平。用于咳嗽。种子用于驱虫。	北京：来源于北京。
	卵北瓜	Cucurbita pepo L. var. ovifera L.	观赏瓜	药用种子。含有丰富的氨基酸、脂肪、钙和磷。	广西：来源于广西南宁市。
	毒瓜	Diplocyclos palmatus (L.) C.Jeffrey	花面瓜	药用块茎、全草。块茎用于疮疖。全草用于淋症。	广西：来源于法国。海南：来源于海南万宁市。
	喷瓜	Ecballium elaterium (L.) A.Rich.		药用果实、果汁、根。通便泻下，强肝，通经，抗癌。用于便秘，肝病，水臌，蛋白质性肾炎。	广西：来源于美国。北京：来源于陕西武功。
	金瓜	Gymnopetalum chinense (Lour.) Merr.	越南裸瓣瓜	药用根或全草。活血调经，舒筋通络，化瘀消瘾。用于月经不调，关节酸痛，手脚痿缩，瘰疬。	广西：来源于云南省西双版纳。
葫芦科 Cucurbitaceae	毛绞股蓝	Gynostemma pubescens (Gagnep.) C.Y.Wu ex C.Y.Wu et S.K.chen	七叶胆	药用部位及功效参阅绞股蓝 Gynostemma pentaphyunm (Thunb.) Makino.。	云南：来源于云南景洪市。
	绞股蓝	Gynostemma pentaphyllum (Thunb.) Makino	七叶胆，小苦药，公罗锅底，蛇王，遍地生根	药用全草。味苦、微甘，性凉。清热解毒。用于体虚乏力，虚劳失精，白细胞减少症，高脂血症，病毒性肝炎，慢性胃肠炎，慢性气管炎。	广西：来源于广西龙州县。云南：来源于云南景洪市。海南：来源于海南琼中县。北京：来源于云南。湖北：来源于湖北恩施。
	雪胆	Hemsleya chinensis Cogn.ex Forbes et Hemsl		药用块茎及全草。清热解毒，味苦，性寒。有小毒。消肿止痛，用于发烧，咽喉痛，泄泻，痢疾。全草用于疮毒。	湖北：来源于湖北恩施。
	滇南雪胆	Hemsleya dipterygia Kuang et A.M.Lu	翼蛇莲	药用块茎根。清热解毒，抗菌消炎。用于牙痛，牙周炎，发烧，咽喉炎，腹痛，跌打损伤，疮疖。	云南：来源于云南勐腊县。

337

科名	植物名	拉丁学名	别名	药用部位及功效	保存地及来源
	油渣果	Hodgsonia macrocarpa (Bl.) Cogn.	油瓜、猪油果、有棱油瓜	药用果皮、种仁及根。种仁、果皮甘，性凉。凉血止血，清热解毒。用于胃、十二指肠溃疡出血，疮疖肿痛，湿疹。根味苦，性寒，小毒。催吐截疟。用于疟疾。	广西：来源于广西宁明县。海南：不明确。
	葫芦	Lagenaria siceraria (Molina) Standl.	壶卢、瓠子、扁蒲、蒲瓜	药用果实、茎、花、种子。果实、种子甘，性平。果实利水，通淋，散结。用于水肿，腹水，黄疸，消渴，淋病。种子痈肿。茎用于痔瘘。花用于鼠瘘。肠痈。清热解毒，牙痛。消肿止痛。用于肺炎，肠痈，牙痛。茎用于痔瘘。	广西：来源于上海市。云南：来源于云南景洪市。北京：来源于北京。
葫芦科 Cucurbitaceae	广东丝瓜	Luffa acutangula (L.) Roxb.	棱角丝瓜	药用鲜嫩果实或成熟果实干枯后干枯的老熟果实的维管束（丝瓜络）。成熟果实干枯的维管束（天骷髅），性凉。清热化痰，咳嗽痰喘，肠风下血，痔疮出血，血淋，崩漏，痈疽疮肿，乳汁不通，无名肿毒，水肿。丝瓜络味甘，性凉。通经活络，解毒消肿。用于胸胁疼痛，风湿痹痛，经脉拘挛，乳汁不通，肺热咳嗽，痈肿疮毒，乳痈。	广西：来源于广西南宁市。
	丝瓜	Luffa cylindrica (L.) Roem.	天丝瓜、丝瓜络	药用果络、种子、叶、藤、根。丝瓜络味甘，性平。清热解毒，活血通络，利水消肿。用于筋骨酸痛，闭经，乳汁不通，乳腺炎，水肿。种子味微甘，性平。清热化痰，润燥，驱虫。用于咳嗽痰多，便秘，蛔虫。叶味苦，性酸，性微寒。止血，清热解毒，外用于创伤出血，疥癣，咳嗽。藤味甘，性平。用于百日咳，咳嗽，鼻炎，支气管炎，腰痛。用于鼻窦炎。根味苦，性平。清热解毒。用于鼻炎，副鼻窦炎。	广西：来源于广西南宁市。云南：来源于云南景洪市。北京：来源于北京。湖北：来源于湖北恩施。

（续表）

科名	植物名	拉丁学名	别名	药用部位及功效	保存地及来源
	苦瓜	*Momordica charantia* L.	凉瓜、锦荔枝、癞瓜、红姑娘	药用果实、种子、花。果实味苦，性寒。祛暑消热，明目，解毒。用于暑热烦渴，消渴，赤眼疼痛，痢疾。种子味苦，甘，性温。温补肾阳，用于肾阳不足，小便频数，遗尿，遗精，阳痿。花味苦，性寒。清热解毒，和胃。用于痢疾，胃气痛。	广西：来源于广西南宁市。云南：来源于云南景洪市。北京：来源于北京。湖北：来源于湖北恩施。
	木鳖子	*Momordica cochinchinensis* (Lour.) Spreng.	番木鳖、大叶木鳖子、乌鸦西瓜、麻西嘎（傣语）	药用根、叶及种子。根、叶味甘，性温。散结，消肿，解毒。用于痈疮扬肿，瘰疬，痔疮，秃疮。子味苦，微甘，性凉，有毒。散结消肿，攻毒疗疮。用于痈疮扬肿，乳痈，瘰疬，痔漏，干癣，秃疮。	广西：来源于广西梧州市。云南：来源于云南景洪市。海南：来源于海南兴隆药园。北京：来源于海南。湖北：来源于湖北恩施。
葫芦科 Cucurbitaceae	帽儿瓜	*Mukia maderaspatana* (L.) M.J.Roem.	吊金钟、毛花马绞儿	药用花、根。解毒，镇痛。用于腹痛。胃肠炎，毒蛇咬伤。	广西：来源于广西宁明县。
	佛手瓜	*Sechium edule* (Jacq.) Swartz	手瓜、洋丝瓜、洋茄子、棒瓜、隼人瓜	药用叶、果实。叶清热消肿，外用于疮扬肿毒。果实健脾消食，行气止痛。用于胃脘痛，消化不良。	广西：来源于广西隆林县。云南：来源于云南景洪市。海南：来源于海南万宁市。
	罗汉果	*Siraitia grosvenorii* (Swingle) C.Jeffrey ex Lu et Z.Y.Zhang	假苦瓜、光果木鳖	药用果实、块根及叶。果实味甘，性凉。清热润肺，滑肠通便。用于肺火燥咳，咽痛失音，肠燥便秘。块根用于感冒发烧，咽喉痛脘腹痛，跌打肿痛。叶用于咽喉痛，咳嗽。	广西：来源于广西永福县。北京：来源于广西。
	茅瓜	*Solena amplexicaulis* (Lam.) Gandhi	老鼠瓜、天花粉	药用块根、叶。块根味苦，微涩，性寒。有毒。清热解毒，化瘀散结，化痰利湿。用于痈疖肿痛，瘰疬，咽喉肿痛，肺痈咳嗽，湿疹，风湿痹痛，水肿腹胀，腹泻，痢疾。叶味甘，微苦，性平。止血。用于外伤出血。	广西：原产于广西药用植物园。云南：来源于云南景洪市。

科名	植物名	拉丁学名	别名	药用部位及功效	保存地及来源
	蛇瓜	*Trichosanthes anguina* L.	蛇豆、豆角黄瓜	药用根、种子及果实。果实用于消渴，根、种子清热化痰，散结消肿，止泻，杀虫。	广西：来源于广西天等县等。北京：来源于广西。
	瓜叶栝楼	*Trichosanthes cucumerina* L.	王瓜、土瓜	药用根、果实、种子。根清热解毒，利尿消肿，散瘀止痛。用于头痛，消渴，气管炎。果实用于胃病，气喘，种子清热凉血，杀虫。	广西：来源于广西南宁市。
	栝楼	*Trichosanthes kirilowii* Maxim.	瓜蒌、天花粉、野西瓜	药用果实（瓜蒌皮）、种子（天花粉）、根（天花粉）。瓜蒌皮味甘，性寒。瓜蒌子润燥滑肠，宽胸散结，痰浊黄稠，胸痹心痛，肠痈肿痛，乳痈，肺痈。天花粉味甘，微苦，性微寒。用于热病烦渴，肺热燥咳，内热消渴，疮疡肿毒。	广西：来源于广西玉林市。海南：来源于北京药用植物园。北京：来源于山东。湖北：来源于湖北恩施。
葫芦科 Cucurbitaceae	全缘栝楼	*Trichosanthes ovigera* Bl.	实葫芦、佛顶珠	药用果实、根。化痰止咳，便秘，散结，润肠。性平、味苦，微苦，根味辛、微苦，散瘀消肿，清热解毒，肾囊肿大，骨折。用于肺热咳嗽，乳痈，跌打损伤。	广西：来源于日本。
	趾叶栝楼	*Trichosanthes pedata* Merr. et Chun	石蛤蟆、叉指叶栝楼	药用根、果实及种子。根，生津止渴，降火润肠。果实清热化痰，种子润肠。	广西：来源于广西环江县。
	华中栝楼	*Trichosanthes rosthornii* Harms	双边栝楼	药用根、果实及种子。根味甘、微苦，性凉清热泻火，养胃生津，解毒消肿。用于肺热燥咳，津伤口渴，消渴，疮疡肿肿，消肠散结，便秘，润肠滑肠，心绞痛。果实味甘，微苦，润肺祛痰，清热咳嗽，胸闷，乳痈，便秘。种子味甘，性寒，润燥滑肠。用于大便燥结，肺热咳嗽，痰稠难咯。	湖北：来源于湖北恩施。

340

科名	植物名	拉丁学名	别名	药用部位及功效	保存地及来源
葫芦科 Cucurbitaceae	三尖栝楼	Trichosanthes tricuspidata Lo-ur.		药用果实。味甘，性寒。润肺祛痰，清肠散结，用于肺热咳喘，胸闷，心绞痛，便秘，乳痈。	广西：来源于日本。
	苦葫芦	Lagenaria siceraria (Molina) Standl. var. gourda Hara		滋阴养肺，健脾降温。	北京：来源于南通。
	扁蒲	Lagenaria siceraria (Molina) Standl var. hispida (Thunb.) Hara	瓠子	药用果实及种子。果实味甘，性平。利水，清热，止渴，除烦，用于水肿腹胀，烦热口渴，疮毒。种子用于哑痈，棒疮跌打。	北京：来源于北京。湖北：来源于湖北恩施。
	小葫芦	Lagenaria siceraria (Molina) Standl. var. microcarpa (Naud.) Hara	束腰葫芦	药用果实。味苦，性寒。利水消肿，用于水肿，黄疸，消渴，癃闭，痈肿，疮毒，疥癣。	北京：来源于北京。
	棒锤瓜	Neoalsomitra integrifoliola (Cogn.) Hutch.	苦藤、穷山龙、细叶罗锅底	药用块根。味苦，涩，性寒。清热解毒，收敛止痛，用于痢疾，泄泻，溃疡病，小便淋痛，咽喉肿痛，便血。	云南：来源于云南勐腊县。
	心叶赤瓟	Thladiantha cordifolia (Bl.) Cogn.		药用果实及根。清热解毒，健胃止痛。果实用于消肿。	海南：不明确。
	赤瓟	Thladiantha dubia Bunge	土瓜、山屎瓜、野丝瓜	药用根及果实。根味苦，性寒。活血通乳，祛瘀，清热解毒，用于乳汁不下，乳房胀痛，果实味酸，苦，性平。理气，活血，祛痰，利湿，泄泻，黄疸，用于跌打损伤，嗳气吐酸，痢疾，肺痨咯血。	北京：来源于河北。湖北：来源于湖北恩施。

(续表)

科名	植物名	拉丁学名	别名	药用部位及功效	保存地及来源
葫芦科 Cucurbitaceae	南赤瓟	Thladiantha nudiflora Hemsl.ex Forbes et Hemsl.	南丝瓜	药用根及果实。根味苦，性寒。清热利胆，用于乳汁不下，乳房胀痛，果实味酸，苦，性平。理气活血，祛瘀利湿。用于跌打损伤，嗳气吐酸，黄疸，泄泻，痢疾，肺痨咯血。	湖北：来源于湖北恩施。
	鄂赤瓟	Thladiantha oliveri Cogn. ex Mottet	苦瓜蔓、光赤瓟	药用根、茎及果实。果实清热利胆，通乳，消肿，排脓，用于无名肿毒，烧，烫伤，跌打损伤。茎用于杀虫。	湖北：来源于湖北恩施。
	王瓜	Trichosanthes cucumeroides (Ser.) Maxim.	野西瓜、土王瓜、天花粉	药用根、果实及种子。根味苦，有小毒。果实、性寒。生津，化瘀，通乳。用于消渴，乳汁稀少，痈肿，慢性膈反胃，黄疸，经闭，咽喉炎。种子味酸，苦，性平。用于肺痿吐血，黄胆，痢疾，肠风下血。	北京：来源于太白山。
	日本栝楼	Trichosanthes japonica Regel			湖北：来源于湖北恩施。
	截叶栝楼	Trichosanthes truncata C. B.Clarke	大瓜蒌、大子栝楼	药用种子。味甘，性寒。润肺，化痰，滑肠。用于燥咳痰结，肠燥便秘，痈肿，乳少。	云南：来源于云南景洪市。
	马㼎儿	Zehneria indica (Lour.) Keraudren	野苦瓜、老鼠拉冬瓜	药用块根或全草。味甘，苦，性凉。清热解毒，消肿散结，化痰利尿，用于痈疮疖肿，瘰疬痰核，咽喉肿痛，痄腮，皮肤湿疹，目赤黄疸，石淋，痹痛，小便不利，脱肛，外伤出血，毒蛇咬伤。	广西：原产于广西药用植物园。云南：来源于云南景洪市。海南：来源于海南万宁市。

科名	植物名	拉丁学名	别名	药用部位及功效	保存地及来源
	水苋菜	Ammannia baccifera L.	细叶水苋、浆果水苋	药用全草。味苦、涩，性微寒。散瘀止血，除湿解毒。用于跌打损伤，内外伤出血，骨折，风湿痹痛，蛇咬伤，痈疽肿毒，疥癣。	广西：原产广西药用植物园。海南：来源于海南万宁市。北京：来源于北京。
	小瓣萼距花	Cuphea micropetala H.B.K.			海南：来源于海南万宁市。
	柳叶黄薇	Heimia salicifolia (Kuntze) Link et Otto		药用地上部分。收敛，利尿，发汗，止血，解毒。用于腹泻，痢疾，消化不良，发热，黏膜炎，喉炎，肺炎，支气管炎，尿道炎，梅毒，食物中毒。	广西：来源于云南省昆明市。
千屈菜科 Lythraceae	紫薇	Lagerstroemia indica L.	怕痒树、痒痒树、搔痒树、紫荆皮、满堂红、百日红	药用花、叶、根、根皮。花味苦、微酸，性寒。清热解毒。用于痈疮痈疽，小儿胎毒，疥癣，带下，肺痨咳血，小儿惊风。叶味微苦、涩，性寒。清热解毒，利湿止血。用于痈疮肿毒，乳痈，湿疹，外伤出血。根味微苦，性微寒。清热利湿，活血止血，止痛。用于痢疾，水肿，烧烫伤，痈肿疮毒，牙痛，跌打损伤，产后腹痛。根皮味苦，性寒。清热解毒，利湿祛风，散瘀止血。用于无名肿毒，丹毒，乳痈，咽喉肿痛，肝炎，疥癣，鹤膝风，跌打损伤，内外伤出血，崩漏带下。	广西：来源于广西梧州市。云南：来源于云南景洪市。海南：来源于海南海口市。北京：来源于北京。湖北：来源于湖北恩施。
	白花紫薇	Lagerstroemia indica L. f. alba (Nichols.) Rehd.	银薇	药用根、树皮、叶、花。根、树皮用于咯血、吐血、便血。花改逐泻下。	广西：来源于云南省昆明市。北京：来源于北京。

(续表)

科名	植物名	拉丁学名	别名	药用部位及功效	保存地及来源
千屈菜科 Lythraceae	大花紫薇	*Lagerstroemia speciosa* (L.) Pers.	大叶紫薇、大叶百日红	药用根、树皮、叶及种子。根敛疮，解毒。用于痈疮肿毒。树皮、叶作泻药种子具有麻醉作用。	广西：来源于广西南宁市。云南：来源于云南景洪市。海南：来源于海南乐东县尖峰岭。
	红花紫薇	*Lagerstroemia speciosa* (L.) Pers. cv. *Rubra*		药用根、叶。敛疮，解毒。用于痈疮肿毒。	广西：来源于广东省广州市。
	南紫薇	*Lagerstroemia subcostata* Ko-ehne	狗那花、九荸、苞饭花	药用花或根。味淡、微苦，性寒。解毒，散瘀，截疟。用于痈疮肿毒、蛇咬伤、疟疾，鹤膝风。	广西：来源于广西桂林市。
	毛叶紫薇	*Lagerstroemia tomentosa* Pr-esl	绒毛紫薇、埋摩（傣语）	药用叶。用于疮疖肿痛、顽癣、疥疮。	云南：来源于云南景洪市。海南：不明确。
	散沫花	*Lawsonia inermis* L.	指甲花、指甲叶	药用叶、树皮。味苦，性京。清热解毒。用于外伤出血、疮疡，精神病。	广西：来源于广东省广州市。云南：来源于云南景洪市。海南：来源于海南万宁市。
	千屈菜	*Lythrum salicaria* L.	对叶莲、水柳椰、毛千屈菜、短瓣千屈菜	药用全草。味苦，性寒。清热解毒，收敛止血。用于痢疾、泄泻、便血，血崩，疮疡溃烂，吐血，衄血，外伤出血。	广西：来源于荷兰。海南：来源于广西药用植物园。北京：来源于德国。
	帚枝千屈菜	*Lythrum virgatum* L.	多枝千屈菜	药用部位及功效阅千屈菜 *Lythrum salicaria* L.。	广西：来源于法国。
	圆叶节节菜	*Rotala rotundifolia* (Buch.-Ham. ex Roxb.) Koehne	水豆瓣、水酸草、水马桑、水苋菜	药用全草。味甘、淡，性寒。清热利湿，消肿解毒。用于痢疾、淋病，水臌，急性肝炎，痈肿疮毒，牙龈肿痛，乳痈，急性脑膜炎，急性咽喉炎，月经不调，痛经，烫火伤，外用于痈疖肿毒。	广西：原产于广西药用植物园。海南：来源于海南万宁市。

科名		植物名	拉丁学名	别名	药用部位及功效	保存地及来源
千屈菜科	Lythraceae	虾子花	*Woodfordia fruticosa* (L.) Kurz	虾仔花、沙花、虾花、埋洞荒（傣语）	药用根或花、叶。根或花味微甘、涩，性温。活血止血，舒筋活络。用于痛经、闭经、血崩、鼻衄、咳血、肠风下血、痢疾、风湿痹痛、腰肌劳损、跌打损伤。叶明目消翳。用于角膜云翳。	广西：来源于广西隆林县。云南：来源于云南景洪市。
菱科	Trapaceae	菱角	*Trapa bicornis* Osb. var. co-chinchinensis (Lour.) Gl-uck.	菱	药用果实、果柄。味甘、涩，性平。健胃止痢，抗癌。果实用于胃肠溃疡、痢疾、食道癌、乳腺癌、子宫颈癌。果柄外用于皮肤多发性疣赘。烧灰外用于黄水疮、痔疮。	云南：来源于云南景洪市。
		二角菱	*Trapa bispinosa* Roxb.		药用果肉、果皮、茎、叶。果肉味甘、性凉。健脾益胃，除烦止渴，解毒。用于脾虚泄泻、暑热烦渴、消渴、饮酒过度、痢疾。止血、敛疮、解毒。果皮味涩、性平。涩肠止泻，止血，敛疮，胃肠溃疡、便血、脱肛、痔疮、疔疮。茎解毒散结。用于胃肠溃疡、疔疮、疮肿。叶清热解毒。用于小儿走马牙疳、疮肿。	广西：来源于云南省昆明市。
桃金娘科	Myrtaceae	肖蒲桃	*Acmena acuminatissima* (Bl.) Merr.et Perry			海南：来源于海南万宁市。
		岗松	*Baeckea frutescens* L.	扫帚松、扫帚枝	药用枝叶、根。味苦、辛，性凉。化瘀止痛，清热解毒，利尿通淋，杀虫止痒。用于跌打瘀肿、肝硬化、热泻、皮肤瘙痒、疥癣、水火烫伤、虫蛇咬伤。小便不利、阴痒、脚气、湿疹、淋、	广西：来源于广西南宁市。海南：来源于海南万宁市。

(续表)

科名	植物名	拉丁学名	别名	药用部位及功效	保存地及来源
桃金娘科 Myrtaceae	红千层	*Callistemon rigidus* R.Br.	细叶红千层	药用枝叶。味辛，性平。祛风，化痰，消肿。用于感冒，咳嗽风湿痹痛，湿疹，跌打肿痛，祛痰泄热。	广西：来源于广西南宁市。云南：来源于云南景洪市。海南：来源于海南乐东县尖峰岭。北京：来源于广东广州、云南。
	柳叶红千层	*Callistemon salignus* DC.			海南：不明确。
	大果水翁	*Cleistocalyx conspersipunctatus* Merr. et Perry			海南：来源于海南万宁市。
	水翁树	*Cleistocalyx operculatus* (Roxb.) Merr.et Perry	水央树、水榕树、酒翁	药用花蕾、根、树皮、叶。味苦，性寒。清暑解表，祛湿消滞，消炎止痒。花蕾用于感冒，细菌性痢疾，急性肠炎，消化不良，根用于黄疸型肝炎，树皮用于烧伤，麻风。叶用于急性乳腺炎。	海南：来源于海南万宁市。
	白毛子楝树	*Decaspermum albociliatum* Merr. et Perry		药用根、叶。根止血，止痢，用于痢疾，崩漏。叶外用于止痛。	海南：来源于海南万宁市。
	柠檬桉	*Eucalyptus citriodora* Hook. f.	香桉	药用叶、果实。味辛，苦，性微寒。用于散风除湿，健胃止痛，解毒止痒。用于风寒感冒，风湿骨痛，胃气痛，食积痧胀吐泻，痢疾，哮喘，疟疾，疮疖，炮弹伤风湿，湿疹，顽癣，水火烫伤，果实味辛，性温。祛风解表，散寒止痛。用于风寒感冒，胃气痛脘腹痛，消化不良。	广西：来源于广西南宁市。云南：来源于云南景洪市。北京：来源于北京。
	镰叶桉	*Eucalyptus drepanophylla* F. V.Muell.ex Benth.			北京：来源于北京植物园。
	窿缘桉	*Eucalyptus exserta* F.Muell.	美丽桉树、小叶桉	药用叶。味辛，苦，性温。祛风止痒，燥湿杀虫。用于风湿疹痒，脚气湿痒，风湿痹痛。	广西：来源于广西南宁市。云南：来源于云南南宁市。海南：来源于海南万宁市。

科名	植物名	拉丁学名	别名	药用部位及功效	保存地及来源
	蓝桉	Eucalyptus globulus Labill.	灰杨柳、洋草果	药用叶、果实。味微辛、苦,性平。疏风解热,抑菌消炎,防腐止痒。用于上呼吸道感染、咽喉炎、肠炎、痢疾、丝虫病。预防流行性感冒,流行性脑脊髓膜炎;外用于烧烫伤,蜂窝组织炎,乳腺炎,疖肿,丹毒,水田皮炎,皮肤湿疹,脚肿,脚癣,皮肤消毒。叶蒸馏所得的挥发油(桉油)用于神经痛。	云南:来源于景洪市,勐腊县。北京:来源于云南。
	桉	Eucalyptus robusta Smith	大叶桉、桉树	药用叶、果实。叶味辛、苦,性凉。疏风发表,祛痰止咳,清热解毒,杀虫止痒。用于感冒,疟疾,高热喘咳,肺热喘咳,泻痢腹痛,风湿痹痛,性温。果实味苦,有小毒。截疟。等。果实味苦,用于疟疾。	广西:来源于广西南宁市。海南:不明确。北京:来源于北京。
桃金娘科 Myrtaceae	细叶桉	Eucalyptus tereticornus Sm-ith.		药用部位及功效参阅桉 Eucalyptus robusta smith。	海南:来源于海南万宁市。
	丁子香	Eugenia car yophyllata Th-unb.	公丁香	药用部位及功效参阅丁香 Syzygium aromaticum (L.) Merr. et Perry。	海南:来源于马来西亚。
	红果仔	Eugenia uniflora L.	扁樱桃、樱桃	药用叶或果实。味苦、微辛,性平。和胃,敛疮。用于腹痛吐泻,口角炎,和跌打肿痛。	广西:来源于广西凭祥市。海南:来源于海南万宁市。
	白千层	Melaleuca leucadendron L.	千层皮、玉树	药用叶、树皮。叶味辛,性凉。祛风解表,利湿止痒。用于感冒发热,风湿骨痛,腹痛泄泻,风疹,湿疹。树皮味淡,性平。安神。解毒,创伤化脓。多梦、神志不安。用于失眠,多梦、神志不安。	广西:来源于广西南宁市。北京:来源于广东广州。

（续表）

科名	植物名	拉丁学名	别名	药用部位及功效	保存地及来源
	细花白千层	*Melaleuca parviflora* Lindl.			海南：来源于海南万宁市。
	绿花白千层	*Melaleuca viridiflora* Brogn. et Gris.		药用叶。制造挥发油，用于消毒剂。	广西：来源于印度尼西亚。
	番石榴	*Psidium guajava* L.	红心果、缅石榴、拔子、八仔、麻力咖（傣语）	药用干燥幼果、成熟果实、种子、叶、树皮、根。味涩、性平。干燥幼果收敛止泻，止血，用于痢疾无度，崩漏。成熟果实健脾消积，止泻。种子止泻。用于腹痛，泻痢。叶燥湿健脾，清热解毒。用于性凉咬伤等，食积腹胀外伤出血，蛇虫咬伤等。树皮收涩，止泻，敛疮。用于泄痢腹痛，湿毒，疥疮、创伤。根收涩止泻，止痛敛疮。中耳炎，脘腹疼痛，脱肛，牙痛，糖尿病，疮疡，蛇咬伤。	广西：原产于广西药用植物园。云南：来源于云南景洪市。海南：来源于海南万宁市。北京：来源于广西、云南。
桃金娘科 Myrtaceae	玫瑰木	*Rhodamnia dumetorum* (Poir.) Merr.et Perry			海南：来源于海南万宁市。
	海南玫瑰木	*Rhodamnia dumetorum* Merr. et Perry var.*hainanensis* Merr. et Perry			海南：来源于海南万宁市。
	桃金娘	*Rhodomyrtus tomentosa* (Ait.) Hassk.	山稔、桃娘、稔子树、岗稔	药用果实、花、叶、根。味甘、涩、性平。养血止血，涩肠固精。用于血虚弱，吐血，劳伤咳血，便血，崩漏，遗精，带下，痢疾，脱肛，烫伤，外伤出血。花行血。用于跌打瘀血。	广西：原产于广西药用植物园。云南：来源于云南景洪市。海南：来源于海南万宁市。北京：来源于广西。

348

科名	植物名	拉丁学名	别名	药用部位及功效	保存地及来源
桃金娘科 Myrtaceae	丁香	*Syzygium aromaticum* （L.） Merr.et Perry	公丁香（花蕾）、母丁香（果实）、大叶丁香	药用花蕾、树枝、树皮、根。花蕾、树皮味辛，性温，花蕾温中降逆，温肾助阳。用于胃寒呃逆，脘腹冷痛，肾虚阳痿，腰膝酸冷，食少吐泻，肾寒阴疽。树皮泻，止痛止泻，齿痛。用于中寒腹痛理气散寒，泄泻，树皮味辛，性平。用于脘腹胀满，温中止泻。用于脘腹胀痛，理气散寒，水谷不消。根味辛，性心、泄泻虚滑。有小毒。散热解毒，性平。用于风热肿毒。	广西：来源于海南省万宁县。云南：来源于云南景洪市。
	黑嘴蒲桃	*Syzygium bullockii* （Hance） Merr.et Perry	蒲氏蒲桃、碎叶树	药用果实、叶、根。果实、叶温补虚寒。用于脾肺寒虚，脘腹冷痛，腹胀，纳呆，呕吐，腹泻，咳嗽，喘逆，音低，乏力，自汗，怯冷。叶外用于接骨，消肿痛。根用于劳伤咳血，风火牙痛，湿热腹泻，肝炎，风湿痛，胃痛。	广西：来源于广西北海市。海南：来源于海南万宁市。
	赤楠	*Syzygium buxifolium* Hook. et Arn.	赤楠蒲桃、鱼鳞木	药用根或根皮、叶。根或根皮味甘、微苦、辛，性平。益肾定喘，健脾利湿，祛风活血，解毒消肿。用于喘咳，浮肿，淋浊，尿路结石，痢疾，肝炎，子宫脱垂，风湿痛，疝气睾丸炎，痔疮。叶味苦，痈肿，水火烫伤，跌打肿毒，漆性寒。清热解毒。用于痈疽疔疮、漆疮、烧烫伤。	广西：来源于广西武鸣县。
	子凌蒲桃	*Syzygium championii* （Benth.） Merr.et Perry			海南：来源于海南万宁市。

（续表）

科名	植物名	拉丁学名	别名	药用部位及功效	保存地及来源
桃金娘科 Myrtaceae	乌墨	Syzygium cumini（L.）Sk-eels	海南蒲桃、野青果、冬青果、乌口树	药用果实、叶、树皮。果实味甘、酸，性平，敛肺定喘，生津，涩肠。用于劳咳、虚喘、津伤口渴、久泻久痢。叶味苦、辛，性凉，疮肿。解毒杀虫止痒。用于痢疾、湿疹瘙痒。树皮味苦、涩，性凉，清热解毒。用于热毒泄泻、痢疾。	广西：来源于广西武鸣县。云南：来源于云南景洪市。海南：来源于海南万宁市。
	水竹蒲桃	Syzygium fluviatile（Hemsl.）Merr.et perry			海南：来源于海南万宁市。
	轮叶蒲桃	Syzygium grijsii（Hance）Merr.et Perry	枸柃子、紫藤子、赤兰	药用根、叶或枝。根味辛、微苦，性温。散风祛寒，活血止痛。用于风湿痹痛、跌打肿痛、风湿感冒、头痛。叶味苦，微涩，性平。用于萎缩，盗汗。止汗。	广西：来源于广西金秀县。
	海南蒲桃	Syzygium hainanense Chang et Miau		祛除风湿，强健筋骨。	北京：来源于云南。
	小花蒲桃	Syzygium hancei Merr. et Perry	红鳞蒲桃		海南：不明确。
	万宁蒲桃	Syzygium howii Merr. et Perry			海南：来源于海南。
	蒲桃	Syzygium jambos（L.）Alston	水番桃木、蒲桃树、水蒲桃、水石榴	药用果皮、种子、叶、根皮。果皮味甘、酸，性温。暖胃健脾，补肺止嗽，破血消肿。用于胃寒呃逆、脾虚泄泻。种子味甘、微酸，性凉。用于脾虚泄泻、久痢、肺虚寒嗽、健脾。止泻。糖尿病。叶味苦，性寒，清疮疡、痘疮、有毒。用于口舌生疮，根皮味苦、微涩，性凉。凉血解毒。用于泄泻、痢疾，外伤出血。	广西：来源于广西邕宁县。云南：来源于云南景洪市。海南：来源于海南万宁市。

科名	植物名	拉丁学名	别名	药用部位及功效	保存地及来源
桃金娘科 Myrtaceae	阔叶蒲桃	Syzygium latilimbum Merr. et Perry			海南：来源于海南保亭县。北京：来源于海南。
	山蒲桃	Syzygium levinei (Merr.) Merr.et Perry	山叶蒲桃、加南树		海南：来源于海南万宁市。
	水翁	Syzygium nervosum DC.	水榕	药用花蕾、叶、树皮、根。花蕾味苦、微甘，性凉。清热解毒，祛暑生津，暑热烦渴。用于外感发热头痛，积滞腹胀，热毒泻痢。叶味苦，性寒，有小毒。清热消滞，解毒杀虫，食积腹胀，乳湿止痒。用于湿热泻痢，痈疮。脚气湿疹，皮肤瘙痒，刀枪伤。树皮味苦、辛，性凉。清热解毒，燥湿，杀虫。用于脚气湿烂，疥疮，痔疮，烧烫伤。根味苦，性凉。清热利湿，行气止痛。用于湿热黄疸，疝气腹痛。	广西：来源于广西武鸣县。
	洋蒲桃	Syzygium samarangense (Bl.) Merr.et L.M.Perry	莲雾、金山蒲桃	药用叶或树皮，根。味苦，性寒。叶或树皮泻火解毒，鹅口疮，疮口溃烂，阴痒，止痒。燥湿止痒，疮疡湿烂，用于口舌生疮，根利湿，用于小便不利，皮肤湿痒。	广西：来源于广西北流县。海南：来源于海南万宁市。
	窄枝蒲桃	Syzygium stenocladum Merr.et Perry	纤枝蒲桃		海南：来源海南三亚市。
	方枝蒲桃	Syzygium tephrodes (Hance) Merr.et Perry			海南：来源海南乐东县尖峰岭。
	四角蒲桃	Syzygium tetragonum (Wall.) Walp.		药用根。味辛、苦，性微温。祛风除湿，消肿止痛。用于风湿痹痛，跌打肿痛。	广西：来源于广西南宁市。北京：来源于海南。

科名	植物名	拉丁学名	别名	药用部位及功效	保存地及来源
海桑科 Sonneratiaceae	八宝树	*Duabanga grandiflora*（Roxb.ex DC.）Walp.	婆迫（基诺语）	药用树皮。消炎化痰。用于气管炎；外用洗皮肤瘙痒、湿疹，疮毒。	广西：来源于广西凭祥市。 云南：来源于云南景洪市。 海南：来源于海南万宁市。
	杯萼海桑	*Sonneratia alba* J.Smith	剪刀树、枷果	药用果汁。果汁发酵用于益血。	海南：来源于海南万宁市。
	海桑	*Sonneratia caseolaris*（L.）Engl.	剪包树	药用果。外用于扭伤。	海南：来源于海南万宁市。
石榴科 Punicaceae	石榴	*Punica granatum* L.	安石榴、水晶榴、山力叶	药用果皮。味酸、涩，性温。有小毒。驱虫。用于久泻、久痢，便血，脱肛，崩漏，白带，虫积腹痛。涩肠止泻，止血。根味苦、涩，性微温，杀虫。姜片虫病。	广西：来源于广西南宁市。 云南：来源于云南景洪市。 海南：来源于北京药用植物园。 北京：来源于北京花木公司。 湖北：来源于湖北恩施。
	白石榴	*Punica granatum* L. cv. albescens DC.		药用花、根。花味酸、甘，性平。涩肠止血。用于久痢，便血，咳血，衄血，吐血，崩漏，带下。祛风除湿，用于风湿痹痛，绦虫、蛔虫病。	广西：来源于广西南宁市。
	重瓣白花石榴	*Punica granatum* L.cv.multiplex Sweet	重瓣白石榴	药用部位及功效参阅白石榴 *Punica granatum* L. cv. albescens DC.。	广西：来源于广西南宁市。
	千瓣红石榴	*Punica granatum* L. cv.pleniflorum	重瓣红花石榴、千瓣红	药用部位及功效参阅石榴 *Punica granatum* L.。	广西：来源于广西南宁市。 北京：来源于北京。
	月季石榴	*Punica granatum* cv.nana		活血，祛风，杀虫，止痢。	北京：来源于北京。

（续表）

科名	植物名	拉丁学名	别名	药用部位及功效	保存地及来源
玉蕊科 Lecythidaceae	滨玉蕊	Barringtonia asiatica (L.) Kurz	棋盘脚树	果实有毒。	海南：来源于海南万宁市、白沙、安岛。
	梭果玉蕊	Barringtonia fusicarpa Hu	马旦果、金刀木	药用根、果实。根退热。果实止咳。	云南：来源于景洪市、勐腊县。海南：不明确。
	玉蕊	Barringtonia racemosa (L.) Spreng	细叶棋盘脚树	药用根、叶、果实、种子。根味苦，性凉。清热。用于皮肤病发热，水痘。叶祛湿止痒。用于咳嗽，哮喘。种子清热利湿，退黄，止痛。用于目赤肿痛，黄疸，疝痛。果实止咳平喘，止泻，腹泻。	广西：来源于云南省西双版纳。海南：来源于海南万宁市。
野牡丹科 Melastomataceae	赤水野海棠	Bredia esquirolii (Lévl.) Lauener		药用全株。用于胃出血，鼻衄，月经不调，崩漏，白带多，痢疾。手脚麻木。	广西：来源于广西金秀县。
	北酸脚杆	Medinilla septentrionalis (W.W.Smith) H.L.Li.	黄稔根、酸接木	药用根及全株。镇静镇痉。全株用于痢疾。根用于小儿惊风。	云南：来源于云南景洪市。
	多花野牡丹	Melastoma affine D.Don	炸腰果、野石榴、爆肚叶	药用根、叶。味苦、涩，性凉。清热利湿，化瘀止血。用于消化不良，痢疾，泄泻，肝炎，衄血。外用于跌打损伤，外伤出血。	云南：来源于云南勐海县。
	滇谷木	Memecylon polyanthum H.L.Li		药用枝、叶。活血祛瘀，止血。用于跌打损伤，腰背痛。	云南：来源于云南勐海县。
	附生美丁花	Medinilla arborico How			海南：来源于海南万宁市。
	银毛野牡丹	Melastoma aspera Aubl. var. asperrima Cogn.		药用部位及功效参阅野牡丹 Melastoma candidum D. Don。	广西：来源于深圳。

353

科名	植物名	拉丁学名	别名	药用部位及功效	保存地及来源
	野牡丹	*Melastoma candidum* D.Don.	猪姆草、爆牙朗	药用全株、果实或种子、根。全株味酸、涩，性凉。消积利湿，活血止血，清热解毒。用于食积，泄痢，肝炎，咯血，吐打肿痛，外伤出血，衄血，崩漏，产后腹血，便血，白带，月经过多，血栓性脉管炎，痛，乳汁不下，毒蛇咬伤。果实或种子味疮痈，疮肿。用于腹泻下乳。用于苦，性平。活血止血，痛经下乳。用于崩漏，痛经，经闭，难产，产后腹痛，乳汁不通。根味酸、涩，性平。健脾利湿，活血止血。用于消化不良，食积腹痛，泻痢，便血，衄血，月经不调，风湿痹痛，头痛，跌打损伤。	海南：来源于海南万宁市。
野牡丹科 Melastomataceae	地稔	*Melastoma dodecandrum* Lo-ur.	地枇杷、地枇、地稔	药用地上部分、果实、根。地上部分味甘、涩，性凉。清热解毒，活血止血。用于高热，咽肿，牙痛，赤白痢疾，黄疸，痛经，崩漏，带下，产后腹痛，痨疬，痈肿，疔疮，毒蛇咬伤。果实味甘，性温。补肾养血，止血安胎。用于肾虚精亏，腰膝酸软，血虚萎黄，气虚乏力，经多，崩漏，胎动不安，阴挺，脱肛，崩漏。根味苦、微甘，性平。活血，止血，利湿，解毒。用于痛经，难产，产后腹痛，胸衣不下，崩漏白带，咳嗽，吐血，痢疾等。	广西：原产广西药用植物本园。北京：来源于广西。

科名	植物名	拉丁学名	别名	药用部位及功效	保存地及来源
野牡丹科 Melastomataceae	展毛野牡丹	*Melastoma normale* D.Don	大金香炉、暴牙郎、肖野牡丹、天红地白	药用根或叶。味苦、涩，性凉。行气利湿，化瘀止血，解毒。用于脘腹胀痛，肠炎，痢疾，肝炎，淋浊，吐血，衄血，便血，月经过多，白带，疝气痛，血栓性脉管炎，疮疡溃烂，带状疱疹，跌打肿痛。	广西：原产于广西药用植物园。海南：不明确。北京：来源于广西。
	毛稔	*Melastoma sanguineum* Sims	鸡头、红爆牙朗、豺狗舌	药用叶或全株、根。叶味苦、涩，性凉。解毒止痛，生肌止血。用于痧气腹痛，痢疾，便血，疮疖，跌打肿痛。根味微苦、涩，性平。消食止泻，消肿止血。用于水泻，痢疾，风湿痹痛，便血，咯血，崩漏，跌打肿痛，外伤出血，蛇咬伤。	广西：来源于广西南宁市、上思县。海南：来源于海南万宁市。
	谷木	*Memecylon ligustrifolium* Ch-amp.	角木、壳木、山梨子	药用枝、叶。活血祛瘀，止血。用于腰背疼痛，跌打损伤。	海南：来源于海南万宁市。
	细叶谷木	*Memecylon scutellatum* (Lo-ur.) Hook.et Arn.	羊角木、螺丝木、铁树	药用叶。解毒消肿。外用痈疮溃疡。	海南：来源于海南万宁市。
	金锦香	*Osbeckia chinensis* L.	天香炉、金钟草、蜂窝草	药用全草或根。味辛、淡，性平。化痰利湿，祛瘀止血，解毒消肿。用于咳嗽，哮喘，小儿疳积，泄泻痢疾，风湿痹痛，咯血，衄血，吐血，闭经，痛经，产后瘀滞腹痛，牙漏，脱肛，跌打伤肿，毒蛇咬伤。	广西：原产于广西药用植物园。海南：来源于海南万宁市。

355

科名	植物名	拉丁学名	别名	药用部位及功效	保存地及来源
野牡丹科 Melastomataceae	宽叶金锦香	*Osbeckia chinensis* L. var. *angustifolia*（D. Don）C. Y. Wu et C. Chen		药用部位及功效参阅金锦香 *Osbeckia chinensis* L.。	云南：来源于云南勐海县。
	朝天罐	*Osbeckia opipara* C. Y. Wu et C. Chen	七孔莲、张天罐、紫金钟、猫耳朵	药用根、果实。味甘、涩，性平。清热利湿，调经，止泻。用于吐泻，痢疾，咳嗽，吐血，月经不调，带下病。	云南：来源于云南勐海县。
	星毛金锦香	*Osbeckia stellata* Buch.-Ham. ex Kew Gawl.	罐子草、公石榴	药用枝叶、根。味苦、甘，性平。枝叶清热利湿，止血调经。用于湿热泻痢，淋痛，久咳，劳嗽，咯血，月经不调，白带。根止血，解毒。用于咯血，痢疾，咽喉痛。	广西：来源于广西金秀县。
	尖子木	*Oxyspora paniculata*（D. Don）DC.	滇山红、酒瓶果	药用根或全株。味苦、微甘，性凉。清热利湿，凉血止血，消肿解毒。用于湿热泻痢，尿血，月经过多，产后红崩，带下，疮肿，跌打肿痛，外伤出血。	广西：来源于广西上林县。
	偏瓣花	*Plagiopetalum esquirolii*（Lévl.）Rehd.	刺柄偏瓣花	药用根。味辛，性凉。清热降火，解毒消肿。用于高烧，感冒，无名肿毒。	海南：来源于海南万宁市。
	蜂斗草	*Sonerila cantonensis* Stapf	蜂斗花、桑叶草、桑勒草	药用全株。通经，活络，行血，解毒。用于跌打肿痛，翳膜，痢疾，产后流血不止；外用于创伤，蛇伤。	海南：来源于海南万宁市。

科名	植物名	拉丁学名	别名	药用部位及功效	保存地及来源
红树科 Rhizophoraceae	锯叶竹节树	Carallia diphopetala Hand.-Mazz.	锯齿王	药用根、叶。味微甘、涩，性凉。清热凉血、利尿消肿、接筋骨。用于感冒发热，暑热口渴，妇女血崩，跌打肿痛，骨折，刀伤出血。	海南：来源于海南万宁市。
	旁杞树	Carallia longipes Chun ex Ko		药用根、枝、叶。清热凉血、利尿消肿、接骨。根用于心胃气痛，风湿骨痛，刀伤出血。枝、叶用于痧症，刀伤出血，损伤。	广西：来源于广西南宁市。
	秋茄树	Kandelia candel (L.) Druce.	水笔仔、红浪	树皮含鞣质，可作染料、药用。	海南：来源于海南万宁市。
	木榄	Bruguiera gymnorrhiza (L.) Savigny	鸡爪浪、枷定	药用树皮、根皮。树皮收敛。用于腹泻，根皮止血。	海南：来源于海南万宁市。
	竹节树	Carallia brachiata (Lour.) Merr.	鹅肾木、鹅肾果、竹球、山竹公	药用果实、树皮。果实解毒敛疮。用于溃疡。树皮解毒截疟。用于疟疾寒热。	广西：来源于广西南宁市。海南：来源于海南万宁市。
使君子科 Combretaceae	风车子	Combretum alfredii Hance	华风车子	药用叶、根。叶味甘、微苦，性平。驱虫健胃，解毒。用于蛔虫病，鞭虫病，烧烫伤。根味甘、微苦，性微寒。清热利湿。用于黄疸型肝炎。	广西：来源于广西东兰县。北京：来源于云南。

科名	植物名	拉丁学名	别名	药用部位及功效	保存地及来源
	阔叶风车子	*Combretum latifolium* Bl.	大叶地耳、马鞍花	药用全株。舒筋活络，止痛止泻。用于跌打损伤，腹痛泄泻。	云南：来源于云南勐腊县。
	长毛风车子	*Combretum pilosum* Roxb.	四角风、水番桃	药用全株。驱虫，健胃，解毒。用于蛔虫病，鞭虫并，烧伤，烫伤。	海南：来源于海南万宁市。
	使君子	*Quisqualis indica* L.	留球子、四君子、扎满亮（傣语）	药用干燥成熟果实、叶、根。成熟果实味甘，性温。杀虫消积，用于蛔虫、烧虫病，虫积腹痛，小儿痞积。叶味辛，性平。理气健脾，用于脘腹胀满，小儿痞积，虫积，疮疖溃疡。根味辛，苦，性平。杀虫健脾，降逆止咳。用于虫积，痢疾，呃逆，咳嗽。	广西：来源于广西龙州县。云南：来源于云南景洪市。海南：来源于广西药用植物园。北京：来源于广西桂林。
使君子科 Combretaceae	无毛大诃子	*Terminalia argyrophylla* Pott.Et Prain cv.*glabra*		药用部位及功效 参阅 银叶诃子 *Terminalia angyrophylla* Pott. et Prain。	广西：来源于泰国。
	银叶诃子	*Terminalia argyrophylla* Pott.et Prain	小诃子、曼纳	药用果实。代诃子药用。用于慢性咽喉炎，慢性气管炎，哮喘，慢性胃肠炎，便血。	广西：来源于泰国。
	阿江榄仁树	*Terminalia arjuna* Wight. et Arn.		药用茎皮、树叶。茎皮用于心脏病。烧灰用于蝎蜇伤，其浸膏对慢性充血性心衰有效。	广西：来源于广西南宁市。
	毗黎勒	*Terminalia bellirica* (Gaertn.) Roxb.		药用干燥成熟果实。味甘，涩，性平。清热解毒，收敛养血，调和诸药。用于各种热症，泻痢，黄水病，肝胆病，病后虚弱。	广西：来源于云南省西双版纳。

科名	植物名	拉丁学名	别名	药用部位及功效	保存地及来源
	榄仁树	*Terminalia catappa* L.	山枇杷树、雨伞树、法国枇杷	药用种子、树皮、叶、种子，树皮味苦、涩，性凉。种子清热解毒。用于咽喉肿痛，肿毒。树皮清热止痢，化痰止咳。用于痢疾，痰热咳嗽，疮疡。叶味辛、苦，性凉。微苦，解毒杀虫。用于感冒发热，止咳止痛，头痛，风湿关节痛，疝气痰热咳嗽，赤痢，疮疡疥癣。	广西：来源于广西合浦县。云南：来源于云南景洪市。海南：海南枫木树木园。北京：来源于海南。
使君子科 Combretaceae	诃子	*Terminalia chebula* Retz.	诃黎勒、藏青果、青果	药用果实、幼果、叶、果实味苦、酸、涩，性平。涩肠，敛肺，下气，利咽。用于久泻，久痢，脱肛，喘咳痰嗽，久咳失音，幼果味苦、涩，性微寒。清热食积，利咽解毒。用于阴虚白喉，扁桃体炎，痢疾，肠炎。叶味苦、微涩，性平，降气化痰，止泻痢。用于痰咳不止，久泻，久痢。	广西：来源于广西邕宁县。云南：来源于云南保山市。海南：不明确。
	卵果榄仁	*Terminalia muelleri* Benth.			海南：来源于海南枫木树木园。
	海南榄仁	*Terminalia nigrovenulosa* Pierre ex Laness.	鸡针木、鸡占树		海南：来源于海南枫木树木园。

359

科名	植物名	拉丁学名	别名	药用部位及功效	保存地及来源
	短筒倒挂金钟	*Fuchsia magellanica* Lam.		清热解毒。	北京：来源于北京中山公园。
	山桃草	*Gaura lindheimeri* Engelm. et Gray.			北京：来源于南京。
柳叶菜科 Onagraceae	水龙	*Ludwigia adscendens* (L.) Hara	过塘蛇, 假蕹菜, 鳡鱼草, 草里银钗	药用全草。味苦, 微甘, 性寒。清热利尿, 解毒。用于感冒发热, 高热烦渴, 水肿, 咽痛, 喉肿, 口疮, 风火牙痛, 疮痈疔肿, 烫火伤, 跌打伤肿, 毒蛇咬伤。	广西：原产于广西药用植物园。海南：不明确。
	线叶草龙	*Ludwigia hyssopifolia* (G. Don) Exell.	水映草, 水仙桃, 细叶水丁香, 线叶丁香蓼	药用全草。味辛, 微苦, 性凉。发表清热, 解毒利尿, 凉血止血。用于感冒发热, 咽喉肿痛, 牙痛, 口舌生疮, 湿热泻痢, 水肿, 痔痛, 咳血, 略血, 吐血, 便血, 崩漏漏祝, 痈疮疔肿。	广西：原产于广西药用植物园。海南：来源于海南万宁市。
	毛草龙	*Ludwigia octovalvis* (Jacq.) Roven	扫锅草, 水丁香, 水仙桃, 水龙	药用全草。味苦, 微辛, 性寒。解毒消肿, 清热利湿。用于感冒发热, 咽喉肿痛, 高血压, 水肿, 湿热泻痢, 白浊, 带下, 乳痈, 疔疮肿毒, 痔疮, 烫火伤, 毒蛇咬伤。小儿疳积。	广西：原产于广西药用植物园。云南：来源于云南景洪市。
	细花丁香蓼	*Ludwigia perennis* L.	小花水丁香	药用全草。清热解毒, 利尿消肿。	海南：来源于海南万宁市。

科名	植物名	拉丁学名	别名	药用部位及功效	保存地及来源
	丁香蓼	*Ludwigia prostrata* Roxb.	小石榴树、小石榴叶、小疔药	药用全草。味苦，性凉。清热利水。用于湿热腹痛、淋病、水肿、肝炎、咽喉肿痛、痢疾、带下病、痈疔大咬伤。	云南：来源于云南景洪市。
	月见草	*Oenothera erythrosepala* Borb.	夜来香	药用根。味甘，性温。强筋壮骨，祛风除湿。用于风湿病，筋骨痛。	北京：来源于北京。湖北：来源于湖北恩施。
柳叶菜科 Onagraceae	黄花月见草	*Oenothera glazioviana* Mich.		药用种子油。味苦、微辛、微甘，性平。活血通络，息风平肝，消肿敛疮。用于胸痹心痛、中风偏瘫、风湿麻痛、小儿多动、虚痛泄泻，痛经，湿疹。	广西：来源于瑞士。
	红花月见草	*Oenothera rosea* L' Her. ex Ait.	粉花月见草	药用根、种子。味甘、涩。根强筋骨，祛风除湿，消炎降压。用于风湿病，筋骨疼痛、高血压病、冠心病、白血病。种子用于防治冠心学制沉积，降低胆固醇，抑制血小板集聚，抗脂质过氧化和制溃疡及胃肠出血。	云南：来源于云南景洪市。
	待霄草	*Oenothera stricta* Ledeb. et Link		药用根。味辛、微苦、微甘，性微寒。疏风清热，平肝明目，祛风舒筋。用于风热感冒，咽喉肿痛，目赤，雀目，风湿痹痛。	广西：来源于广西柳州市。北京：来源于吉林。湖北：来源于湖北恩施。

科名	植物名	拉丁学名	别名	药用部位及功效	保存地及来源
	柳兰	*Epilobium angustifolium* L.	红筷子	药用全草。味苦，性平。利水渗湿，理气消胀，活血调经，泄泻，食积胀满，月经不调，乳汁不通，阴囊肿大，疮疹痒痛。	广西：来源于法国。北京：来源于北京植物园。
	柳叶菜	*Epilobium hirsutum* L.	锁匙筒、水红花、水接骨丹、水朝阳花	药用全草，利湿止泻，清热解毒，活血接骨，牙痛，跌打骨折。用于湿热泻痢，食积，脘腹胀痛，经闭，带下，疮肿，痰火疮，食滞饱胀，闭经。根用于胃痛。	广西：来源于荷兰。北京：来源于北京。湖北：来源于湖北恩施。
柳叶菜科 Onagraceae	水湿柳叶菜	*Epilobium palustre* L.	独木牛、沼生柳叶菜	药用全草。味淡，性平。疏风清热，镇咳，止泻，泄泻。用于风热咳嗽，声嘶，咽喉肿痛。	湖北：来源于湖北恩施。
	小花柳叶菜	*Epilobium parviflorum* Schreb.	水虾草	药用全草。味辛，淡，性寒。散风止咳，咳嗽，清热止泻。用于感冒发热，暑热水泻，疔疮肿毒。	广西：来源于法国。湖北：来源于湖北恩施。
	长籽柳叶菜	*Epilobium pyrricholophum* Franch. et Sav.	小对径草、心胆草	药用全草，种毛。味苦，微甘，性平。全草活血调经，安胎。用于月经不调，便血，痢疾，胎动不安。种毛止血。外用于刀伤出血。	湖北：来源于湖北恩施。
	长柄柳叶菜	*Epilobium roseum* Schreb.	瑰红柳叶菜	药用地上部分。降压。用于前列腺肥大引起的排尿困难。	广西：来源于法国。
	长筒倒挂金钟	*Fuchsia fulgens* Moc.		清热解毒。	北京：来源于北京中山公园。
	倒挂金钟	*Fuchsia hybrida* Hort. ex Sieb. et Voss.		疏风祛淤，清热解毒，凉血止血，安神。	北京：来源于北京。

科名	植物名	拉丁学名	别名	药用部位及功效	保存地及来源
小二仙草科 Haloragidaceae	小二仙草	Haloragis micrantha (Thunb.) R. Br. ex Sieb et Zncc	砂生草	药用全株。味苦，性凉。止咳平喘，清热利湿，调经活血。用于咳嗽，哮喘，痢疾，小便淋痛，疗疮，月经不调，跌打损伤，蛇咬伤，烫伤。	湖北：来源于湖北恩施。
	穗状孤尾藻	Myriophyllum spicatum L.	聚藻、金鱼草	药用全草。味甘，浓，性寒。清热，凉血，解毒。用于热病烦渴，赤白痢，丹毒，疮疖，烫伤。	广西：来源于广西南宁市。
八角枫科 Alangiaceae	八角枫	Alangium chinense (Lour.) Harms	山霸王、白尖子、白龙须、华瓜木	药用根、叶和花。根味辛，性微温。有小毒。祛风除湿，舒筋活络，散瘀止痛。用于风湿痹痛，跌打损伤。叶味苦，辛，性平。有小毒。化瘀接骨，解毒杀虫。用于跌打瘀肿，骨折，疮肿，乳痛，漆疮，外伤出血。花味辛，性平。有小毒。祛风，理气，止痛。用于头风头痛，胸腹胀痛。	广西：来源于广西靖西县。云南：来源于云南景洪市。海南：来源于海南万宁市。湖北：来源于湖北恩施。
	小花八角枫	Alangium faberi Oliv.	西南八角枫	药用部位及功效参阅八角枫 Alangium chinense (Lour.) Harms。	广西：来源于广西桂林市。
	毛八角枫	Alangium kurzii Craib	长毛八角枫、毛瓜木	药用部位及功效和参阅八角枫 Alangium chinense (Lour.) Harms。	云南：来源于云南景洪市。海南：来源于海南万宁市。北京：来源于海南。
	广西八角枫	Alangium kwangsiense Me-lch.		药用叶、花及根。味辛，性温。有毒。祛风除湿，舒筋活络，四肢麻木。用于风湿痹痛，散瘀止痛，跌打损伤。	广西：来源于广西那坡县。
	瓜木	Alangium platanifolium (Si-eb.et Zucc.) Harms		药用部位及功效参阅八角枫 Alangium chinense (Lour.) Harms。	北京：来源于北京。湖北：来源于湖北恩施。
	土坛树	Alangium salviifolium (L. f.) Wanger.	割舌罗	药用根、叶。用于风湿痛，跌打损伤；也作催吐剂和解毒剂。	海南：来源于海南万宁市。

363

科名	植物名	拉丁学名	别名	药用部位及功效	保存地及来源
蓝果树科 Nyssaceae	喜树	Camptotheca acuminata De-cne.	天梓树、水桐树、千张树、旱莲木	药用果实或根及根皮，果实或根及根皮味苦、辛，性寒。有毒。清热解毒，散结消瘀，用于食道癌、胃癌、肠癌、肝癌、白血病、疮疖肿毒，性寒。有毒。用于痈疮疔肿、有小毒。活血解毒，祛风止痒。树皮味苦，性寒。有小毒。活血解毒，祛风止痒。用于牛皮癣。	广西：来源于贵州省兴义市。云南：来源于云南景洪市。北京：来源于杭州。湖北：来源于湖北恩施。
	蓝果树	Nyssa sinensis Oliv.	紫树、粗萨木	药用根。抗癌。	广西：来源于贵州省贵阳市，云南省昆明市、上海市。云南：来源于云南勐腊县。
珙桐科 Davidiaceae	珙桐	Davidia involucrata Baill.	山白果、水梨子、水冬瓜、空桐	药用根、果皮、叶。根收敛止泻。果皮清热解毒，消肿。叶抗癌，杀虫。用于各种癌症初期，疥癣。	广西：来源于湖北武汉市，湖南省宜章县。湖北：来源于湖北恩施。
山茱萸科 Cornaceae	桃叶珊瑚	Aucuba chinensis Benth.	野蓝靛、软叶罗伞	药用果实、根。果实味苦，性凉。活血定痛，解毒消肿。用于跌打损伤、骨折，水火烫伤，痈疽。根味苦，辛、性温。祛风除湿，活血化瘀。用于风湿痹痛，跌打瘀肿。	广西：来源于广西环江县。湖北：来源于湖北恩施。
	倒心叶桃叶珊瑚	Aucuba obcordata (Rehd.) Fu	青竹叶	药用叶。味苦、微辛，性平。活血调经，解毒消肿。用于痛经，月经不调，跌打损伤，水火烫伤。	湖北：来源于湖北恩施。
	灯台树	Cornus controversa Hemsl.	狗骨木、瑞木	药用果实、果皮、树皮和心材。果实味苦、清热利湿、止血。用于肝炎。果皮润肠通便。树皮祛风止痛，舒筋活络，心材接骨疗伤，破血养血，安胎，止痛，生肌。	广西：来源于辽宁省沈阳市，湖南省宜章县。

科名	植物名	拉丁学名	别名	药用部位及功效	保存地及来源
山茱萸科 Cornaceae	山茱萸	*Cornus officinalis* Sieb. et Zucc.		药用干燥果实。味酸、涩，性微温。补益肝肾，涩精固脱。用于眩晕耳鸣，腰膝酸痛，阳痿遗精，遗尿尿频，崩漏带下，大汗虚脱，内热消渴。	广西：来源于北京市、浙江省杭州市。北京：来源于河南。湖北：来源于湖北恩施。
	光皮梾木	*Cornus wilsoniana* Wanger.	毛梾木	果肉和种仁均含有较多的油脂，其油的脂肪酸组成以亚油酸为主，食用价值较高。	广西：来源于广西凭祥市。北京：来源于北京。
	头状四照花	*Cornus capitata* Wall.	一支箭、云母树、节节树、羊树、鸡嗉子	药用果实、叶和根。果实味甘、苦，性平。杀虫消积，清热解毒，利水消肿。用于蛔虫病，食积，肺热咳嗽，肝炎，腹水。叶味苦、涩，性平。消积杀虫，清热解毒，利水消肿。用于食积，小儿疳积，虫积腹痛，肝炎，疮疡，水火烫伤，外伤出血。根味微苦、涩，性凉。清热，止泻。用于湿热痢疾，泄泻。	广西：来源于云南省昆明市。
	香港四照花	*Cornus hongkongensis* He-msl.		药用根、全株、叶。全株活血，止痛，消肿。用于风湿骨痛，骨痛。叶、花味苦、涩，性凉。清热解毒，止血。果实味甘、苦，性温。驱蛔。	北京：来源于上海市。
	中华青荚叶	*Helwingia chinensis* Batal.	叶长花、叶上珠、月亮公公树	药用根、叶及果实。味苦、涩，性温。舒筋活络，化瘀调经。用于跌打损伤，骨折，风湿关节痛，胃痛，痢疾，月经不调，烫伤；外用于烧烫伤，痈肿疮毒，蛇咬伤。	湖北：来源于湖北恩施。
	西藏青荚叶	*Helwingia himalaica* Hook. f.et Thoms ex C.B.Clarke	叶上珠、西域叶菜叶、叶上果、通心草、野山花	药用根、全株。味苦、微涩，性凉。活血化瘀，清热解毒。用于跌打损伤，骨折，风湿性关节痛，胃痛，痢疾，月经不调；外用于烧烫伤，疮疖肿毒，蛇咬伤。	广西：来源于云南省昆明市。

科名	植物名	拉丁学名	别名	药用部位及功效	保存地及来源
山茱萸科 Cornaceae	青荚叶	Helwingia japonica (Thunb.) Dietr.	叶长花	药用茎髓、叶、根。茎髓味甘、淡，性寒。清热，利尿，下乳。用于小便不利，乳汁不下，尿路感染。叶味苦、辛，性平。祛风除湿，活血解毒。用于感冒咳嗽，胃痛，痢疾，便血，月经不调，跌打瘀肿，骨折，痈疖疮毒，毒蛇咬伤。根味辛、微苦，性平。止咳平喘，活血通络，用于久咳虚喘，劳伤腰痛，风湿痹痛，跌打肿痛，胃痛，月经不调，产后腹痛。	广西：来源于广西环江县。
	白背青荚叶	Helwingia japonica (Thunb.) Dietr. var. hypoleuca Hemsl.ex Rehd.		药用部位及功效参阅青荚叶 Helwingia japonica (Thunb.) Dietr.	湖北：来源于湖北恩施。
	角叶鞘柄木	Torricellia angulata Oliv.	大接骨丹、水冬瓜	药用树皮、叶。味苦、涩，性平。活血祛瘀，通络止痛，舒筋接骨。用于风湿关节痛，腰痛，跌打损伤，血瘀经闭，泄泻。	湖北：来源于湖北恩施。
	密脉鹅掌柴	Schefflera venulosa (Wight et Arn.) Harms	七叶莲、七叶藤、汉桃叶、五架风	药用茎、叶。味苦、甘，性温。止痛，散瘀消肿，茎用于跌打损伤，风湿关节痛，胃痛。叶外用于外伤出血。	北京：不明确。
五加科 Araliaceae	通脱木	Tetrapanax papyriferus (Hook.) K.Koch	大通草	药用茎髓。味甘、淡，性微寒。清热利尿，通气下乳。用于湿热尿赤，淋病涩痛，水肿尿少，乳汁不下。	广西：来源于广西桂林市、乐业县。 北京：来源于四川南川。 湖北：来源于湖北恩施。
	刺通草	Trevesia palmata (Roxb.) Vis.	凭楠、广叶参、脱萝、档凹（傣语）	药用叶。味微苦，性平。化瘀止痛。用于跌打损伤，创伤，腰痛。	广西：来源于广西隆安县。 云南：来源于云南景洪市。 海南：来源于海南万宁市。 北京：来源于云南。
	棱果刺通草	Trevesia palmata (Roxb.) Vis.var.costata Li		药用部位及功效参阅刺通草 Trevesia palmata (Roxb.) Vis.。	云南：来源于云南勐海县。

（续表）

科名	植物名	拉丁学名	别名	药用部位及功效	保存地及来源
五加科 Araliaceae	五加	*Acanthopanax gracilistylus* W.W.Smith	白簕树、五叶刺、白刺路、南五加皮	药用皮、叶和果。皮味辛、苦，性温。祛风湿，补肝肾，强筋骨，小儿行迟，体虚乏力，筋骨痿软，胸、脚气。活血止痛，水肿，散风除湿。叶味辛，性平。用于皮肤风湿，跌打肿痛，疔痛。果味甘，丹毒。用于肝微苦，性温。补肝肾，强筋骨，小儿行迟，肾亏虚，筋骨痿软。	广西：来源于浙江省杭州市、贵州省兴义市、波兰。 北京：来源于杭州。
	刺五加	*Acanthopanax senticosus* (Rupr.et Maxim.) Harms.	坎拐棒子、一百针、老虎潦	药用根及根状茎。味辛、微苦，性温。益气健脾，补肾安神。用于脾肾阳虚，体虚乏力，食欲不振，腰膝酸痛，失眠多梦。	广西：来源于日本。 北京：来源于吉林。
	无梗五加	*Acanthopanax sessiliflorus* (Rupr.et Maxim.) Seem.	刺拐棒、乌鸦子、短梗五加	药用根皮。味辛，性温。祛风除湿，强筋壮骨，补精，益智。用于风湿痹痛，筋骨痿软，腰膝酸痛，寒湿脚痛，小便淋沥不利，神疲体倦。	北京：来源于浙江、内蒙古。
	白簕	*Acanthopanax trifoliatus* (L.) Merr.	三加皮、山麻虎、三叶五加、档该（壮语）	药用根、根皮。味苦、辛，性温。清热解毒，祛风利湿，活血汗筋。用于感冒发热，咽痛，头痛，咳嗽胸痛，胃脘疼痛，泄泻，痢疾，胁痛，黄疸，石淋，带下，风湿痹痛，腰腿酸痛，筋骨拘挛，跌打骨折，痔瘆，乳痈，疮疡肿麻木，蛇虫咬伤。	广西：来源于浙江省杭州市。 云南：来源于云南景洪市。 海南：来源于海南万宁市。 北京：来源于北京。
	虎刺楤木	*Aralia armata* (Wall.) Seem.	广东楤木、小乌不企、鹰不扑	药用根、茎皮。味辛，性温。祛风除湿，利尿消肿，活炎止痛。用于肝炎，淋巴结肿大，肾炎水肿，糖尿病，白带，胃痛，风湿关节痛，腰腿痛，跌打损伤。	广西：来源于广西上思县。 云南：来源于云南景洪市。 海南：来源于海南万宁市。

367

科名	植物名	拉丁学名	别名	药用部位及功效	保存地及来源
五加科 Araliaceae	楤木	*Aralia chinensis* L.	刺龙袍、百鸟不落、刺椿头、飞天蜈蚣	药用根、根皮、根皮味辛，性平。祛风湿，利小便、散瘀血，消肿毒。用于风湿关节痛、肾炎水肿、胃痛、淋浊、血崩、跌打损伤、漆疮、肝炎、肝硬化。茎枝味辛，有小毒。追风行血。用于风湿痹痛、胃痛。茎的韧皮部味微咸，性温。补腰肾，壮筋骨，散瘀止痛，用于风湿痹痛、筋活络，舒筋活络，散瘀止痛、叶用于泄泻，跌打损伤。	北京：来源于浙江。湖北：来源于湖北恩施。
	食用土当归	*Aralia cordata* Thunb.	土当归、毛独活、心叶九眼独活	药用根、根状茎。祛风除湿，舒筋活络，用于风湿关节痛、腰膝酸痛，和血止痛。四肢痿痹，湿膝疼痛，手足担伤肿痛、骨折，头痛，牙痛。鹤膝风，头痛，牙痛。	广西：来源于广西环江县，日本。北京：来源于北京。湖北：来源于湖北恩施。
	黄毛楤木	*Aralia decaisneana* Hance	鸟不企、鸡云木	药用全株、叶。全株味苦、辛，性平。祛风除湿、活血通经，用于风热感冒头痛、咳嗽，水肿，带下，风湿痹痛、湿热黄疸，跌打肿痛，胃脘痛、产后风痛，牙龈肿痛，性平。闭经，产后风痛，叶味甘，肿毒。咽喉肿痛，解毒。用于头目眩晕，平肝，解毒。	广西：来源于广西南宁市。海南：来源于海南万宁市。
	棘茎楤木	*Aralia echinocaulis* Hand.-Mazz.		药用根皮。味微苦，性温。活血破瘀，祛风行气，清热解毒。用于跌打损伤，骨折，骨髓炎，痈疽，风湿痹痛，骨痛。	湖北：来源于湖北恩施。
	辽东楤木	*Aralia elata* (Miq.) Seem.	刺龙牙、刺老鸦、鹊不踏、龙牙楤木	药用根皮。味甘，性平。补气活血，健脾利水，祛风除湿，活血止痛。用于气虚无力，预外伤后无力综合征，肾虚，阳痿，风湿痹，胃痛，消渴，肾炎水肿。	北京：来源于辽宁。
	柔毛龙眼独活	*Aralia henryi* Harms	短序九眼独活	药用根状茎。味辛，苦，性温。祛风除湿、活血止痛，消肿，用于风寒湿痹，腰膝疼痛，腰肌劳损，手足拘挛，头痛等症。	湖北：来源于湖北恩施。

科名	植物名	拉丁学名	别名	药用部位及功效	保存地及来源
五加科 Araliaceae	罗伞	*Brassaiopsis glomerulata* (Bl.) Regel	刺鸭脚木、空壳桐、七加皮	药用根、树皮及叶。味甘、微辛，性温。祛风除瘀。活血散瘀，用于风湿骨痛，跌打损伤，腰肌劳损。	广西：来源于广西三江县、那坡县、南丹县。云南：来源于云南景洪市。
	树参	*Dendropanax dentiger* (Harms ex Diels) Merr.	枫荷桂、阴阳枫、半枫荷	药用根、茎枝。味甘，性温。祛风除湿，舒筋活络，活血。用于风湿痹证，腰腿痛，半身不遂，偏瘫，跌打损伤，扭挫伤，偏头痛，月经不调。	广西：来源于广西金秀县。海南：来源于海南乐东县。
	变叶树参	*Dendropanax proteus* (Champ.) Benth.	白半枫荷、铁锹树	药用根、树皮。味甘，性温。舒筋活络，祛风除湿，散瘀行血，壮筋骨。用于风湿痹症，腰腿痛，半身不遂，产后风瘫，月经不调，跌打损伤，扭挫伤，腰肌劳损，手足酸麻无力；外用于外伤出血。	广西：来源于广西金秀县、恭城县。
	八角金盘	*Fatsia japonica* (Thunb.) Decne.et Planch.	手树	药用叶、根、根皮。味辛、苦，性温。有小毒。化痰止咳，散风除湿，化瘀止痛。用于咳嗽痰多，风湿痹痛，痛风，跌打损伤。	广西：来源于江苏省南京市。北京：来源于南京。
	洋常春藤	*Hedera helix* L.		药用茎、叶。味苦、辛，性温。祛风湿，活血消肿，跌打损伤，腰痛，肾炎水肿，经闭；外用于痈疖肿毒，目赤，癣疹，湿疹。	北京：来源于南京。
	斑叶长春藤	*Hedera helix* var. *vargentia-ariegata* Wils.		抗菌。	北京：来源于北京植物园。
	常春藤	*Hedera nepalensis* K. Koch var.*sinensis* (Tobl.) Rehd.	三角枫、中华常春藤、爬山虎	药用茎、叶及果。茎、叶味辛，平。祛风，利湿，活血，解毒。用于风湿痹痛，瘫痪，口眼歪斜，衄血，月经不调，跌打损伤，咽喉肿痛，疔疮痈肿，肝炎，蛇虫咬伤。果味甘，苦，性温。补肝肾，行气止痛。用于体虚羸弱，强腰膝，血痹，腰膝酸软，脘腹冷痛，	广西：来源于广西桂林市、北京市。海南：来源于海南万宁市。湖北：来源于湖北恩施，

科名	植物名	拉丁学名	别名	药用部位及功效	保存地及来源
	幌伞枫	*Heteropanax fragrans* (Roxb.) Seem.	阿婆伞、五加通、大蛇药、埋外杖（傣语）	药用根、树皮或叶。味苦，性凉。清热解毒，消肿止痛。用于感冒发热，中暑头痛，痈疖肿毒，瘰疬，风湿痹痛，跌打损伤，毒蛇咬伤。	广西：来源于广西南宁市。云南：来源于云南景洪市。海南：来源于海南南乐东县尖峰岭。
	大参	*Macropanax oreophilus* Miq.	油散木	药用根。味甘、微辛，性平。健脾理气，舒筋活络。用于小儿疳积，筋骨疼痛。	云南：来源于云南景洪市。
	短梗大参	*Macropanax rosthornii* (Harms ex Diels) C. Y. Wu ex Hoo	七叶风、节梗大参、千豆鼓干、王爪金	药用根、叶。性平。祛风除湿，化瘀生新。用于风湿痛，骨折。	北京：不明确。
五加科 Araliaceae	异叶梁王茶	*Nothopanax davidii* (Franch.) Harms ex Diels	阿头黄、隔叶梁王茶、三叶茶、三叶枫、三叶树、金刚尖	药用根皮、树皮。味苦、辛，性凉。祛风湿，活血脉，通经止痛。用于风湿痹痛，跌打损伤，劳伤腰痛，月经不调，肩臂痛，暑热喉痛，胃疼。	湖北：来源于湖北恩施。
	人参	*Panax ginseng* C.A.Mey.	棒锤	药用根、侧根、根状茎及叶。根味苦、微苦，性平。大补元气，复脉固脱，补脾益肺，生津，安神。用于久病气虚，疲倦无力，脾虚作泻，饮食少尽，热病伤津，汗出口渴，失血虚脱，头晕健忘，喘促心悸，脉薄无力，消渴心烦，肺虚喘嗽，肾虚阳痿，小心慢惊。侧根味甘、苦，性平。益气，生津，止渴。用于胃虚吐逆，口渴，咳嗽，咯血。功效近人参而力弱，可用于轻病代人参条。根状茎味甘、苦，性温。升阳，用于泄泻日久，阳气下陷。叶味苦，甘，性寒。止渴，祛暑，降虚火。用于热病伤津，暑热口渴，肺热声嘶，虚火牙痛。	北京：来源于吉林。湖北：来源于湖北恩施。

（续表）

科名	植物名	拉丁学名	别名	药用部位及功效	保存地及来源
	竹节参	*Panax japonicum* C.A.Mey.	竹根七、萝卜七、峨三七、野三七	药用根状茎、叶。根状茎味甘，微苦，性温。滋补强壮，散瘀止痛，止血祛痰。用于病后虚弱，劳嗽咯血，咳嗽痰多，跌扑损伤。叶味甘，苦，性微寒，清热生津，利咽。用于骨蒸劳热，腰腿痛，咽喉肿毒。	湖北：来源于湖北恩施。
	参三七	*Panax pseudo-ginseng* Wall.	假人参	药用根状茎。行瘀止血，消肿止痛。用于跌打损伤，吐血，衄血，便血，血崩及产后恶露不止。	北京：来源于广西。湖北：来源于湖北恩施。
	三七	*Panax notoginseng* (Burk.) F.H.Chen	田七、汉三七、金不换、盘龙七	药用块根、叶及花。块根味甘，微苦，性温。散瘀止血，消肿定痛。用于咯血，吐血，衄血，便血，崩漏，外伤出血，胸腹刺痛，跌打肿痛，叶味辛，性温。散瘀止血，消肿定痛。用于吐血，衄血，便血，外伤出血，跌打肿痛，痈肿疼痛。花味甘，性凉。清热生津，平肝降压，用于津伤口渴，咽痛音哑，高血压病。	广西：来源于广西那坡县。
五加科 Araliaceae	西洋参	*Panax quinquefolium* L.	广东人参、花旗参	药用根。味甘，苦，性凉。益肺阴清虚火，生津止渴。用于肺虚，咳血，潮热及肺胃津亏，烦渴少气。	北京：来源于美国。湖北：来源于湖北恩施。
	圆叶南洋森	*Polyscias balfouriana* (Hort. ex Sander.) Bailey		药用嫩枝、叶。祛风除湿。用于风湿，腰膝酸痛。	云南：来源于云南景洪市。海南：来源于海南万宁市。
	线叶南洋参	*Polyscias filicifolia* Ridley Bailey			海南：来源于海南万宁市。
	南洋参	*Polyscias fruticosa* (L.) Harms.		药用全株、根、叶。全株用于热病，神经痛，风湿痛。叶、根利尿。用于结石，尿砂，小便困难。	广西：来源于广西南宁市。海南：来源于海南万宁市。
	羽叶南洋参	*Polyscias fruticosa* Harms var.plamata Bailey		药用嫩枝、叶。祛风除湿，止痛。用于风湿骨痛，腰膝酸痛。	云南：来源于云南景洪市。
	银边南洋参	*Polyscias guilfoylei* (Cogn et March) Bailey			海南：来源于海南万宁市。

科名	植物名	拉丁学名	别名	药用部位及功效	保存地及来源
	鹅掌藤	*Schefflera arboricola* Hay.	七加皮，汉桃叶，七叶莲	药用茎，叶。味苦、苦，性温。止痛，散瘀，消肿，溃疡痛，关节痛，茎用于跌打损伤，风湿关节痛。叶用于牙外伤出血。	云南：来源于云南勐腊县。海南：来源于海南万宁市。
	短序鹅掌柴	*Schefflera bodinieri* (Lévl.) Rehd.	川黔鸭脚木	药用根、茎、叶。祛风止痛，散瘀消肿，补肝肾，强筋骨。用风湿痛。	湖北：来源于湖北恩施。
	绒毛鸭脚木	*Schefflera delavayi* (Franch.) Harms ex Diels	穗序鹅掌柴，大五加皮，假通脱木	药用根、茎。味苦、涩，性微寒。活血化瘀，消肿止痛，祛风通络，补肝肾，强筋骨。用于骨折，扭挫痛，腰肌劳损，风湿关节痛，肾虚腰痛，跌打损伤。	湖北：来源于湖北恩施。
	球序鹅掌柴	*Schefflera glomerulata* Li	团花鸭脚木，五加皮	药用根皮、树皮。活血止痛，消肿生肌。用于跌打损伤，风湿关节痛，骨折，膨胀，感冒发热。	云南：来源于云南景洪市。
Araliaceae	海南鹅掌柴	*Schefflera hainanensis* Merr.et Chun.			海南：来源于海南万宁市。
	广西鹅掌柴	*Schefflera kwangsiensis* Merr.ex Li	七叶莲，七多	药用根、茎及叶。味微苦。祛风止痛，舒筋活络。用于风湿痹痛，坐骨神经痛，偏头痛，跌打肿痛，痛经，腹疼痛，骨折。	广西：来源于广西南宁市。北京：来源于广西。
	鹅掌柴	*Schefflera octophylla* (Lour.) Harms	小叶鸭脚木，七叶莲，鸭脚木，江荠	药用根皮、茎皮。味辛、苦，性凉。根皮、茎皮清热解表，祛风除湿，舒筋活络。用于感冒发热，风湿痹痛，二叉神经痛，跌打肿痛，骨折，劙伤，无名肿毒，解毒，活血。叶味辛，活血。用于风热感冒，斑疹发热，风疹瘙痒，风湿疼痛，湿疹，下肢溃疡，疮疡肿毒，烧伤，跌打肿痛，骨折，刀伤出血。根味苦，性平。疏风清热，发热，除湿通络。用于感冒，发热，妇女热病关节，风湿痹痛，跌打损伤。	广西：来源于广西南宁市。云南：来源于云南景洪市。海南：来源于海南万宁市。北京：来源于广西。湖北：来源于湖北恩施。

五加科

科名	植物名	拉丁学名	别名	药用部位及功效	保存地及来源
五加科 Araliaceae	小叶鹅掌柴	Schefflera parvifoliolata Tseng et Hoo	小豆皮秆、伞把木	药用根或根皮。味辛、苦、微甘，性平。舒筋活络，消肿止痛，用于风湿关节痛，骨折。	云南：来源于云南景洪市。
	刺楸	Kalopanax septemlobus (Thunb.) Koidz.	老虎棒子、钉刺、刺枫树、刺桐	药用根或根皮、树皮。根或根皮味苦，性凉。有小毒。清热凉血，祛风除湿，排脓生肌。用于肠风，痔血，跌打损伤，风湿胃痛，肾炎水肿；树皮味辛、苦，性平。祛风除湿，解毒杀虫。用于风湿关节痛，腰膝痛，急性吐泻，痢疾，痈肿，疥癣，虫牙病。	广西：来源于贵州省贞丰县。湖北：来源于湖北恩施。
伞形科 Umbelliferae	毒欧芹	Aethusa cysapium L.		药用全草、根及果实。利尿。	广西：来源于法国。
	大阿米芹	Ammi majus L.		含花椒毒素。用于白癜风，牛皮癣，心绞痛。	广西：来源于美国，法国。北京：来源于原苏联。
	齿阿米	Ammi visnaga L.Lam.		抗菌，消炎。	北京：来源于原苏联。
	莳萝	Anethum graveolens L.	洋茴香	药用果实、嫩茎叶或全草。果实味辛，性温。温脾开胃，散寒暖肝，理气止痛。用于腹中冷痛，胁肋胀满，呕逆食少，寒疝。嫩茎叶或全草味辛，性温。行气利膈，降逆止呕，化痰止咳。用于胸胁痞满，脘腹胀痛，呕吐呃逆，咳嗽。	广西：来源于广西南宁市。湖北：来源于湖北恩施。
	欧白芷	Angelica archangelica L.		补血活络，调经止痛，润肠通便。	北京：来源于保加利亚、波兰。

科名	植物名	拉丁学名	别名	药用部位及功效	保存地及来源
	白芷	Angelica dahurica (Fisch. ex Hoffm.) Benth.et Ho-o-k. cv. Qibaizhi	兴安白芷、大活	药用根。味辛，性温。散风除湿，通窍止痛，消肿排脓。用于感冒头痛，眉棱骨痛，鼻渊，鼻塞，牙痛，疮疡肿痛。	广西：来源于广西玉林市。湖北省武汉市。北京：来源于四川。
	杭白芷	Angelica dahurica (Fisch. ex Hoffm.) Benth. ex Hook. var. formosana (Boiss.) Shan et Yuan		药用根。味辛，性温。祛风，散寒，燥湿，消肿，止痛。用于感冒头痛，眉棱骨痛，鼻渊，鼻塞，牙痛，带下病，疮疡肿痛。	北京：来源于杭州。
	大齿当归	Angelica grosseserrata Max-im.	山水芹菜	药用根。味辛，微甘，性温。益气，健脾。用于脾胃虚寒泄泻，虚寒咳嗽，风火牙痛等症。	广西：来源于浙江省杭州市。
	山芹	Angelica miqueliana Max-im.	望天芹	药用全草，根。全草味辛，苦，性平。解毒消肿。用于乳痈，疮肿。根发表散风，祛湿止痛。用于感冒头痛，风湿痹痛，腰膝酸痛。	广西：来源于日本。
伞形科 Umbelliferae	拐芹	Angelica polymorpha Max-im.	山菜菜	药用根。味辛，性温。发表祛风，温中散寒，理气止痛。用于风寒表症，胸胁疼痛，脘腹，腰膝酸痛。	广西：来源于江苏省南京市，日本东京。北京：来源于南京。
	毛当归	Angelica pubescens Maxim.	香独活、野独活、毛独活	药用根。味苦，性微温。祛风除湿，通痹止痛。用于风寒湿痹，手足挛痛，腰膝酸痛。	湖北：来源于湖北恩施。
	当归	Angelica sinensis (Oliv.) Diels	秦归、岷归、云归	药用根。味甘，辛，性温。补血活血，调经止痛，润肠通便。用于血虚萎黄，眩晕心悸，月经不调，经闭痛经，虚寒腹痛，肠燥便秘，风湿痹痛，跌打损伤，痈疽疮疡。	广西：来源于广西靖西县。湖北：来源于湖北恩施。
	刺果峨参	Anthriscus nemorosa (M. Bieb.) Spreng	胡罗卜缨子	药用根，叶。味甘，辛，微苦，性微温。补中益气，祛瘀生新。用于跌打损伤，腰痛，肺虚咳嗽，水肿。	湖北：来源于湖北恩施。

374

科名	植物名	拉丁学名	别名	药用部位及功效	保存地及来源
	峨参	*Anthriscus sylvestris* （ L.） Hoffm.	土田七、见肿消、罗卜七	药用根。味甘、辛，性微温。补中益气，祛瘀生新。用于肺虚咳嗽，咳嗽咯血，脾虚腹胀，四肢无力，老年尿频，跌打损伤，腰痛，水肿。	湖北：来源于湖北恩施。
	芹菜	*Apium graveolens* L.	旱芹	药用全草。味甘、性平。利尿、止血、降压。用于高血压、高血压动脉硬化、尿频、乳糜尿，神经痛，关节痛，妇人赤白带下，头晕，耳鸣，腰痛。	广西：来源于法国。 海南：来源于海南万宁市。 北京：来源于北京。
	北柴胡	*Bupleurum chinense* DC.	硬苗柴胡、韭叶柴胡	药用根及地上部分。味苦。疏风退热，舒肝、升阳。用于感冒发热，寒热往来，疟疾，胸肋胀痛，月经不调，脱肛，阴挺。	北京：来源于辽宁锦西。 湖北：来源于湖北恩施。
伞形科 Umbelliferae	阿尔泰柴胡	*Bupleurum falcatum* L.	新疆柴胡	药用根。和解退热，疏肝解郁，升提中气。	广西：来源于波兰、日本。
	大叶柴胡	*Bupleurum longiradiatum* Tu-rcz.		药用部位及功效参阅北柴胡 *Bupleurum chinense* DC.。	北京：来源于江西。
	竹叶柴胡	*Bupleurum marginatum* Wa-ll.ex DC.	紫柴胡、竹叶防风	药用部位及功效参阅北柴胡 *Bupleurum chinense* DC.。	广西：来源于广西靖西县、湖北省武汉市，四川省简阳市，成都市，北京市。 湖北：来源于湖北恩施。
	红柴胡	*Bupleurum scorzonerifolium* Willd.	香柴胡、韭叶柴胡	药用根。味苦，性凉。疏风退热，疏肝，升阳。用于感冒发热，寒热往来，疟疾，胸肋胀痛，月经不调	广西：来源于日本。 北京：来源于陕西。

科名	植物名	拉丁学名	别名	药用部位及功效	保存地及来源
	长伞红柴胡	Bupleurum scorzonerifolium Willd. f. longiradiatum Shan et Y.Li		药用部位及功效参阅红柴胡 Bupleurum scorzonerifolium Willd.。	广西: 来源于日本。
	兴安柴胡	Bupleurum sibiricum Vest		药用部位及功效参阅北柴胡 Bupleurum chinense DC.。	北京: 来源于东北。
	黑柴胡	Bupleurum smithii Wolff		药用根。味苦, 性微寒。解表舒肝, 痛。用于感冒发热。	北京: 来源于青海。
	藏茴香	Carum carvi L.	小防风、防风、葛缕子	药用果实。味微辛、性温。驱风理气, 芳香健胃。用于胃痛, 腹痛, 疝云。根味辛、甘, 性微温。除湿止痛, 祛风发表。用于风湿关节痛, 感冒, 头痛, 寒热无汗。	北京: 来源于民主德国, 保加利亚。
伞形科 Umbelliferae	积雪草	Centella asiatica (L.) Urban	崩大碗、雷公根、落得打、马蹄草	药用全草。味苦、辛, 性寒。清热利湿, 解毒消肿。用于湿热黄疸, 中毒腹泻, 砂淋血淋, 痈肿疮毒, 跌打损伤。	广西: 来源于广西南宁市。云南: 来源于云南景洪市。海南: 来源于海南万宁市。北京: 来源于南京。湖北: 来源于湖北恩施。
	明党参	Changium smyrnioides Wolff	山萝卜、山花、粉沙参	药用根。味甘、微苦, 性凉。养阴和胃, 平肝, 解毒。润肺化痰, 用于肺热咳嗽, 呕吐反胃, 食少口干, 目赤眩晕, 疔毒疮疡。	北京: 来源于杭州。
	蛇床	Cnidium monnieri (L.) Cuss.	野胡萝卜	药用果实。味辛、苦, 性温。有小毒。温肾壮阳, 燥湿, 祛风, 杀虫。用于阳痿, 宫冷, 寒湿带下, 湿痹腰痛; 外用于外阴湿疹, 妇人阴痒, 滴虫性阴道炎。	广西: 来源于广西靖西县, 四川省成都市。北京: 来源于北京。
	单带山芎	Conioselinum univittatum Turcz.		活血行气, 祛风止痛。	北京: 来源于四川。
	毒参	Conium maculatum L.		药用全草。有毒。镇痛, 镇痉。用于癌痛和子宫纤维瘤等。	广西: 来源于法国, 波兰。北京: 来源于保加利亚。

科名	植物名	拉丁学名	别名	药用部位及功效	保存地及来源
	芫荽	*Coriandrum sativum* L.	小茴萝、胡荽、帕板（傣语）	药用带根全草、茎及果实。带根全草味辛，性温。发表透疹，消食开胃，止痛解毒。用于风寒感冒，麻疹，呕恶，头痛，牙痛，食积，脱肛，丹毒，疮肿初起，蛇伤，痘疹透发不畅。茎味辛，性温。宽中健胃，消化不良，麻疹不透，透疹。用于胸脘胀闷。果实味辛、酸，性平。健胃理气，理气止痛。用于食积，呕恶反胃，泻痢，肠风便血，脱肛，麻疹，痘疹满闷，脘腹胀痛，疝气，痘疹不透，秃疮，头痛，耳痛。	广西：来源于法国。云南：来源于云南景洪市。海南：来源于海南万宁市。北京：来源于云南。湖北：来源于湖北恩施。
伞形科 Umbelliferae	鸭儿芹	*Cryptotaenia japonica* Hassk.	鸭脚菜、水芹菜	药用茎叶、果实及根。茎叶味辛、苦，性平。祛风止咳，利湿解毒，化痰止痛。用于感冒咳嗽，肺痈，疝气，月经不调，风火牙痛，皮肤瘙痒，跌打肿痛，蛇虫咬伤。果实味辛，性温。消积顺气。用于食积腹胀。根味辛，性寒。止咳化痰，发表散寒。用于风寒感冒，咳嗽，跌打肿痛。	广西：来源于广西上林县。海南：不明确。北京：来源于四川南川。
	野胡萝卜	*Daucus carota* L.	南鹤虱	药用果实、地上部分及根。果实味苦、辛，性平。有小毒。杀虫消积。用于蛔虫，蛲虫，绦虫，虫积腹痛，小儿疳积。地上部分味苦，微辛，性寒。有小毒。杀虫健脾，利湿解毒。用于虫积，疳积，脘腹胀满，水肿。根味甘、微辛、微苦，性凉。瘰疬湿痒，斑秃，根味甘，清热解毒。凉肝止血，健脾化滞。用于脾虚食少，腹泻，惊风，逆血，血淋，咽喉肿痛。	广西：来源于四川省成都市。北京：来源于陕西。湖北：来源于恩施。

377

科名	植物名	拉丁学名	别名	药用部位及功效	保存地及来源
	胡萝卜	Daucus carota L. var. sativa DC.		药用根、果实及叶。根味甘、辛，性平。健脾和中，滋肝明目，清热解毒。用于脾虚食少，体虚乏力，脘腹痛，泄痢，百日咳，喘，咽喉肿痛，麻疹，水痘，疥肿，汤火伤，痔漏，果实味苦、辛，性温，燥湿散寒，利水杀虫。用于久痢，久泻，虫积，宫冷腹痛。叶味辛、甘，性平，理气止痛，利水。用于脘腹胀痛，水肿，浮肿，小便不通，淋痛。	广西：来源于广西桂林市。海南：来源于海南万宁市。北京：来源于北京。湖北：来源于恩施。
伞形科 Umbelliferae	田刺芹	Eryngium campestre L.		药用根、叶。根与燕麦、番红花等粉末泡酒用做男性性功能增强剂及强壮剂，有激活雄性激素性腺功能，提高精子数，减少不合格精子等功效。地中海地区用做利尿药。叶和根用于治孕症和疥肿。	广西：来源于法国。
	刺芹	Eryngium foetidum L.	刺芫荽、野芫荽、香信	药用全草。味微苦、辛，性温，气香。疏风解热，健胃。用于感冒，气管炎，肠炎，腹泻，急性传染性肝炎；外用于跌打肿痛。	广西：来源于广西南宁市。云南：来源于云南景洪市。海南：来源于海南万宁市。北京：不明确。
	扁叶刺芹	Eryngium planum L.		药用全草、根。全草祛痰止咳。用于咳嗽。根用于咳嗽，亦用做利尿剂。	广西：来源于法国。

（续表）

科名	植物名	拉丁学名	别名	药用部位及功效	保存地及来源
	茴香	*Foeniculum vulgare* Mill.	小茴香	药用果实、茎叶及根。果实味辛、性温。散寒止痛，理气和胃，用于寒疝腹痛、睾丸偏坠、少腹冷痛、脘腹胀痛，食少吐泻、睾丸鞘膜积液、盐小丸偏坠。茎叶味甘。用于寒疝腹痛。茎叶味甘、性温。理气和胃，经寒腹痛。根味甘、性温。温肾和中、行气止痛，用于寒疝湿痹、耳鸣、鼻衄。	广西：来源于法国。北京：来源于北京、四川南川。湖北：来源于湖北恩施。
伞形科 Umbelliferae	珊瑚菜	*Glehnia littoralis* （A. Gray） Fr.Schmidt ex Miq.	北沙参	药用根。味甘、微苦、性微寒。养阴清肺，益胃生津，用于肺热燥咳、劳嗽痰血，热病津伤口渴。	广西：来源于北京市、河北省安国市、河南省禹州市。北京：来源于山东。
	白亮独活	*Heracleum candicans* Wall. ex DC.	墨独活，滇独活	药用根。味辛、苦、性温。祛风除湿，通经活络，止痛，用于风寒感冒、慢性气管炎、头痛，手脚挛痛、风湿性关节痛、牙痛，白癜风、银屑病、痈肿疮毒。	广西：来源于四川省成都市、江苏省南京市。
	独活	*Heracleum hemsleyanum* Di-els		药用根。味辛、苦、性微温。祛风除湿，通痹止痛，用于风寒湿痹、腰膝疼痛，少阴伏风头痛。	广西：来源于北京市、四川省峨眉山市。湖北：来源于湖北恩施。
	大叶牛防风	*Heracleum mantehzzianum* Somm.et L.Source		药用根。含白芷素，有抑制中枢，解痉和抑制肠管收缩的作用。	广西：来源于法国。
	短毛独活	*Heracleum moellendorffii* Ha-nce	老山芹，小法罗海，山毛羌	药用根。味辛、苦、性微温。发表散寒，祛风除湿，止痛，用于风寒头痛，伤风伏风头痛，腰腿酸痛。	北京：来源于四川。湖北：来源于湖北恩施。
	椴叶独活	*Heracleum tillifolium* Wolff		药用根。用于感冒头痛。	湖北：来源于湖北恩施。

379

科名	植物名	拉丁学名	别名	药用部位及功效	保存地及来源
	红马蹄草	Hydrocotyle nepalensis Hook.	水线草、大雷公根	药用全草。味苦，性寒。清热利湿，化痰止血，解毒。用于感冒，咳嗽，痰中带血，痢疾，泄泻，痛经，月经不调，跌打伤肿，外伤出血，痈疮肿毒。	广西：来源于广西南宁市。
	天胡荽	Hydrocotyle sibthorpioides Lam.	满天星、落地金钱	药用全草。味辛，微苦，性凉。清热利湿，解毒消肿。用于黄疸，痢疾，水肿，淋症，目翳，喉肿，痈肿疮毒，带状疱疹，跌打损伤。	广西：来源于广西昭平县。云南：来源于云南景洪市。海南：来源于海南万宁市。北京：来源于南京。
	破铜钱	Hydrocotyle sibthorpioides Lam. var. batrachium (Hance) Hand.-Mazz.ex Shan	小叶铜钱草、天星草	药用全草。清热利湿，祛痰止咳。用于黄疸，膨胀，胆结石，小便淋痛，咳嗽，乳蛾，目翳。	北京：来源于北京。
	欧当归	Levisticum officinale Koch	保当归	药用根。用于经闭，月经涩少，痛经。	北京：来源于波兰。
伞形科 Umbelliferae	川芎	Ligusticum chuanxiong Ho-rt.		药用根状茎。味辛，性温。活血行气，祛风止痛。用于月经不调，经闭痛经，脚胁刺痛，跌打肿痛，头痛，风湿痹痛。	广西：来源于广西环江县，隆林县，四川省成都市，贵州省兴义市，湖北省武汉市。北京：来源于四川南川。湖北：来源于湖北恩施。
	岩茴香	Ligusticum tachiroei (Franch. et Sav.) Hiroe et constance	桂花三七	药用根。味辛，性微温。疏风发表，行气止痛。活血调经。用于感冒，头痛，胸痛，脘腹胀痛，风湿痹痛，月经不调，崩漏，跌打伤肿。	湖北：来源于湖北恩施。
	辽藁本	Ligusticum jeholense (Nakai et kitag.) Nakai et Kitag.	北藁本、藁本	药用根状茎。味辛，性温。祛风，散寒，除湿，止痛。用于风寒感冒，巅顶疼痛，风湿肢节痹痛。	北京：来源于辽宁。
	藁本	Ligusticum sinense Oliv.	西芎	药用根状茎及根。味辛，性温。祛风，散寒，除湿，止痛。用于风寒感冒，巅顶疼痛，风湿痹病；外用于疥癣，神经性皮炎。	北京：来源于陕西。湖北：来源于湖北恩施。

（续表）

科名	植物名	拉丁学名	别名	药用部位及功效	保存地及来源
	白苞芹	*Nothosmyrnium japonicum* Miq.	石防风	药用根状茎。味辛，苦，性温。镇痉，止痛。用于风寒感冒，头痛，筋骨痛。	北京：来源于太白山。
	宽叶羌活	*Notopterygium forbesii* de Boiss.	岷羌活、大头羌	药用根状茎及根。味辛，苦，性温。祛风散寒，除湿止痛。用于风湿痹痛，风寒感冒，头痛，肩背酸痛。	广西：来源于四川省罗定市。湖北：来源于湖北恩施。
	短辐水芹	*Oenanthe benghalensis* Benth.et Hook.f.	水芹菜、少花水芹	药用全草。味辛，性凉。平肝，解表，透疹。用于麻疹初期，高血压，失眠。	广西：来源于四川省成都市。
伞形科 Umbelliferae	水芹	*Oenanthe javanica* (Bl.) DC.	小叶芹、帕俊、水芹菜	药用全草。味辛，甘，性凉。消热解毒，利尿。用于感冒，小便不利，淋痛，尿血，吐血，便血，衄血，崩漏，经多，目赤，咽痛，喉肿，口疮，牙疳，乳痈，痈疽，瘰疬，疔疮，痔疮，带状疱疹，跌打伤肿。	广西：来源于广西南宁市。海南：来源于海南万宁市。北京：来源于北京。湖北：来源于湖北恩施。
	中华水芹	*Oenanthe sinensis* Dunn	油芹	药用全草。味辛，止血，降压。用于咽喉肿痛，肾炎水肿，高血压症。	北京：来源于江西。
	欧防风	*Pastinaca sativa* L.		祛风除湿，发表，止痛。	北京：来源于波兰。
	欧芹	*Petroselinum crispum* (Mill.) Hill		抗菌，利尿，化痰，通经，镇静。	北京：来源于保加利亚。
	俯卧前胡	*Peucedanum decumbens* Maxim.		药用根。用于跌打损伤。	广西：来源于云南省昆明市。北京：来源于浙江。
	前胡	*Peucedanum decursivum* (Miq.) Maxim.		药用根。味苦，辛，性微寒。散风清热，降气化痰。用于风热咳嗽痰多，痰热喘满，咯痰黄稠。	北京：来源于浙江。湖北：来源于湖北恩施。
	前胡白花变种	*Peucedanum decursivum* var.Alba		散风清热，降气化痰。	北京：来源于南京。

科名	植物名	拉丁学名	别名	药用部位及功效	保存地及来源
伞形科 Umbelliferae	滨海前胡	*Peucedanum japonicum* Th-unb.	防葵	药用根。味辛、性寒。有毒。消热利湿，坚骨益髓，消肿散结。用于小便淋痛，高热热痛，红肿热痛，无名肿毒。	广西：来源于日本。
	华中前胡	*Peucedanum medicum* Dunn	岩棕、土前胡	药用根。味苦、性温。散寒，祛风除湿。用于风寒感冒，风湿痛，小儿惊风。	湖北：来源于湖北恩施。
	白花前胡	*Peucedanum praeruptorum* Dunn	山独活、官前胡、棕色前胡	药用根。味苦、辛，性微寒。散风清热，降气化痰。用于风热咳嗽痰多，痰热喘满，略痰黄稠。	广西：来源于浙江省杭州市。北京：来源于贵州。湖北：来源于湖北恩施。
	石防风	*Peucedanum terebinthaceum* (Fisch.ex Trevir.)	山胡芹	药用根。味苦，性微寒。散风清热，降气祛痰。用于感冒，咳嗽，痰喘，头风眩痛。	广西：来源于广西靖西县。
	异叶茴芹	*Pimpinella diversifolia* DC.	八月白、鹅脚板、骚羊股、山当归	药用全草及根。味辛、微苦，性温。祛风活血，解毒消肿。用于感冒，咽喉肿痛，痢疾，黄疸型肝炎，跌打损伤；外用于毒蛇咬伤，皮肤瘙痒。	广西：来源于广西恭城县。湖北：来源于湖北恩施。
	川滇变豆菜	*Sanicula astrantiifolia* Wolff ex Kretsch.	五角枫、台草	药用全草。味甘，性凉。补肺益肾，用于肺结核，肾虚腰痛，头昏。	广西：来源于云南省昆明市。
	变豆菜	*Sanicula chinensis* Bunge	山芹菜、鸭脚板	药用全草。味辛、甘，性凉。解毒，止血。用于咽痛，咳嗽，月经过多，尿血，外伤出血，疮痈肿毒。	湖北：来源于湖北恩施。
	薄片变豆菜	*Sanicula lamelligera* Hance	鹅掌脚草、乌豆草	药用全草。味甘、辛，性温。散风，清肺，化痰止咳。用于风寒感冒，咳嗽，百日咳，哮喘，月经不调，闭经，腰痛。	广西：来源于四川省成都市。
	直刺变豆菜	*Sanicula orthacantha* S.Moore	直刺山菜、黑鹅脚板	药用全草。味苦，性凉。清热解毒，用于麻疹后热未尽，耳热瘰疬，跌打损伤。	湖北：来源于湖北恩施。

（续表）

科名	植物名	拉丁学名	别名	药用部位及功效	保存地及来源
伞形科 Umbelliferae	红花变豆菜	Sanicula rubriflora Fr. Sc-hmidt		药用根。民间用作利尿药。	湖北：来源于湖北恩施。
	防风	Saposhnikovia divaricata (Turcz.) Schischk.	关防风，东防风	药用根、花。根味辛、甘，性温。解表祛风，胜湿，止痉。用于感冒头痛，风疹瘙痒，破伤风。花味辛，性微温。理气通络止痛，用于脘腹痛，四肢拘挛，骨节疼痛。	广西：来源于广西玉林市，河北省安国市、北京市。北京：来源于太白山，河北龙桥、内蒙古。湖北：来源于湖北恩施。
	西风芹	Seseli libanotis (L.) Koch	邪蒿	药用全草，性温。利肠胃，通血脉。用于痢疾，气不接续。	广西：来源于法国。
	小美味芹	Smyrnium olusatrum L.	类没药	药用根。含苦马酮，此成分有镇咳，平喘的活性。	广西：来源于法国。
	小窃衣	Torilis japonica (Houtt.) DC.	破子草，假芹菜	药用全草。味苦、辛，性平。杀虫止泻，收湿止痒。用于虫积腹痛，泄痢，疮疡溃烂，阴痒带下，风湿疹。	广西：原产于广西药用植物园。
	毛叶五匹青	Pternopetalum vulgare (Dunn) Hand.-Mazz.		药用根。味辛，性温。散寒，理气，止痛。用于胃痛，腹痛，胸胁痛。	湖北：来源于湖北恩施。
鹿蹄草科 Pyrolaceae	圆叶鹿蹄草	Pyrola rotundifolia L.		药用种子，叶及茎。种子用于疝气。叶及茎含槲皮苷，降压，具降酶的作用。	广西：来源于法国，波兰。
	星芒假吊钟	Craibiodendron stellatum (Piere) W.W.Smith	美娥，厚皮金叶子、假木荷、泡花树	药用根。有毒。抗炎，镇痛，舒筋，活络。用于风湿关节痛，劳损，跌打损伤，瘫痪。	云南：来源于云南勐腊县。
杜鹃花科 Enicaceae	滇白珠	Gaultheria leucocarpa Bl.	透骨香、满山香、石灵香	药用全株。味辛，性温。祛风除湿，舒筋，活络，活血止痛，跌打损伤，用于风湿性关节炎，胃寒疼痛，风寒感冒。	广西：来源于广西那坡县、环江县，金秀县，贵州省兴义市。

（续表）

科名	植物名	拉丁学名	别名	药用部位及功效	保存地及来源
	美丽马醉木	*Pieris formosa* (Wall.) D.Don	红梅树、炮仗花	药用全株。消炎止痛，舒筋活络。	广西：来源于云南省昆明市。
	云锦杜鹃	*Rhododendron fortunei* Lindl.		药用根、叶、花。消炎，杀虫。	湖北：来源于湖北恩施。
	高山杜鹃	*Rhododendron lapponicum* Wahl.			北京：来源于北京。
	满山红	*Rhododendron mariesii* Hemsl.et Wils.		药用叶。味酸、辛，性平。活血调经，止痛，消肿，止血，平喘止咳，祛风利湿。	广西：来源于广西桂林市。 北京：来源于南京。
杜鹃花科 Ericaceae	照山白	*Rhododendron micranthum* Turcz.	万经棵	药用枝叶。味酸、辛，性温。有大毒。祛风通络，调经止痛，化痰止咳，用于慢性气管炎，风湿痹痛，腰痛，痛经，产后关节痛。	北京：来源于北京。
	黄杜鹃	*Rhododendron molle* (Bl.) G.Don	闹羊花、三钱三	药用花。味辛，性温。有大毒。散瘀定痛，祛风除湿，用于风湿痹痛，跌打损伤，皮肤顽癣。	广西：来源于广西全州县。
	白杜鹃	*Rhododendron moulmainense* Hook.		药用根皮、茎皮及叶。根皮、茎皮用于肺痨，内伤，跌打损伤，水肿，渗湿。叶利水，用于小便不利，水肿。	广西：来源于广西桂林市。

384

（续表）

科名	植物名	拉丁学名	别名	药用部位及功效	保存地及来源
杜鹃花科 Ericaceae	杜鹃	*Rhododendron simsii* Planch.	映山红、艳山红	药用花、根、叶及果实。花味甘，性平。和血，调经，止咳，祛风湿，解毒。用于吐血，衄血，崩漏，痈疖疮毒，风湿痹痛。根味酸，甘，性温。用于月经不调，脘腹疼痛，跌打损伤，便血，崩血，跌打损伤，风湿痹痛，等麻疹，止血，清热解毒，叶味酸，辛，性平。化痰止咳，外伤出血。活血止痛。支气管炎。果实味甘。用于痈肿疮毒，止血。果实跌打肿痛。用于跌打肿痛。	广西：来源于贵州省兴义市。云南：来源于云南景洪园。北京：来源于北京植物园。湖北：来源于湖北恩施。
	长蕊杜鹃	*Rhododendron stamineum* Franch.	林角木、六骨筋	药用枝、叶、花。用于狂犬病。	湖北：来源于湖北恩施。
	四川杜鹃	*Rhododendron sutchuenense* Franch.		药用根、叶。祛风除湿，止痛。用于带下病。	湖北：来源于湖北恩施。
	乌饭树	*Vaccinium bracteatum* Thunb.	冷饭籽、羊爪子	药用根、叶、果实。根味甘，性温。散瘀，消肿，止痛。用于牙痛，跌打损伤。叶味酸，涩，性平。止泻，明目，益肾固精，强筋骨，甘，性平。果实味酸，明目，强筋明目，用于身体虚弱，久泄梦遗，久痢久泻，带下病。	湖北：来源于湖北恩施。
	滇缅越桔	*Vaccinium exaristatum* Kurz		药用根。味甘。辛，性平。顺气，消饱胀。用于胸膈气痛，胀满。	云南：来源于云南勐腊县。

（续表）

科名	植物名	拉丁学名	别名	药用部位及功效	保存地及来源
	蜡烛果	Aegiceras corniculatum (L.) Blanco			海南：不明确。
	紫背紫金牛	Ardisia bicolor Walker	大罗伞、大凉伞、珍珠伞。	药用根。味苦、辛，性凉。清热解毒，活血止痛。用于咽喉肿痛，风湿热痹，黄疸，痢打损伤，流火，乳腺炎，睾丸炎。	湖北：来源于湖北恩施。
	九管血	Ardisia brevicaulis Diels	短茎紫金牛、小罗伞、血党。	药用全株或根。味苦、辛，性寒。清热解毒，祛风止痛，活血消肿。用于咽喉肿痛，风火牙痛，风湿痹痛，跌打损伤，无名肿毒，毒蛇咬伤。	广西：来源于广西金秀县。
紫金牛科 Myrsinaceae	凹脉紫金牛	Ardisia brunnescens Walker	石凉伞、棕紫金牛、石狮子。	药用根。味苦，性凉。清热解毒。用于咽喉肿痛。	广西：来源于广西凭祥市。北京：来源于广西。
	碟砂根	Ardisia crenata Sims	小凉伞、郎伞树、圆齿紫金牛、大罗伞。	药用根、叶。味微苦、辛，性平。解毒消肿，活血止痛，祛风除湿。用于咽喉肿痛，风湿痹痛，跌打损伤。	广西：来源于广西南宁市。云南：来源于云南勐腊县。海南：来源于海南万宁市。北京：来源于广西。湖北：来源于湖北恩施。
	百两金	Ardisia crispa (Thunb.) A.DC.	高脚凉伞、竹叶走马胎。	药用根、根茎。味苦、辛，性凉。清热利咽，祛痰利湿，活血解毒。用于咽喉肿痛，咳嗽咯痰不畅，湿热黄疸，小便淋痛，风湿痹痛，跌打损伤，疔疮，无名肿毒，蛇咬伤。	广西：来源于广西恭城县，那坡县，浙江省靖西县，杭州市。湖北：来源于湖北恩施。
	密鳞紫金牛	Ardisia densilepidotula Merr.	罗芒树、山马皮、仙人血树皮。	药用树皮。味辛，微苦，性平。滋补强壮。用于产后腹痛，产后体虚。	湖北：来源于湖北恩施。

386

科名	植物名	拉丁学名	别名	药用部位及功效	保存地及来源
	郎伞木	Ardisia elegans Andr.	胭脂木，雀儿肾	药用根，叶。根用于腰脊痛，跌打损伤。叶拔疮毒。	北京：来源于广西。
	猴叶紫金牛	Ardisia filiformis Walker	喘咳木，石龙阙，竹叶凉伞	药用全株。味苦，性平。止咳平喘。用于咳嗽，哮喘。	广西：来源于广西金秀县。
	走马胎	Ardisia gigantifolia Stapf	大叶紫金牛，走马胎，大发药，山猪药	药用根，根状茎，叶。根状茎味苦，微辛，性温。祛风湿，活血止痛，用于风湿痹痛，跌打肿痛，产后血瘀，痈疽溃疡，解毒去腐，生肌活血。叶味微辛，性寒。用于痈疽疮疖，下肢溃疡，跌打损伤。	广西：来源于广西靖西县，防城县，恭城县。海南：来源于海南万宁莲花工厂。
	矮紫金牛	Ardisia humilis Vahl		药用树皮。用于头痛，便血。	广西：来源于广东省广州市，法国。海南：来源于海南万宁市。
紫金牛科 Myrsinaceae	紫金牛	Ardisia japonica (Thunb.) Bl.	矮脚樟菜，老勿大，千年不大，野枇杷叶	药用全株。味苦，微苦，性平。化痰止咳，利湿，活血。用于新久咳嗽，痰中带血，湿热黄疸，跌打损伤。	广西：来源于云南西双版纳。北京：来源于浙江，江西。湖北：来源于湖北恩施。
	虎舌红	Ardisia mamillata Hance	红毛走马胎，红毛紫金牛，红毛毡	药用全株。味苦，辛，性凉。清热解毒，祛风利湿，活血止血。用于风湿痹痛，黄疸，痢疾，咳血，吐血，便血，产后恶露不尽，乳经闭，疔疮。	广西：来源于广西靖西县，广东省广州市。海南：来源于海南琼中五指山。
	莲座紫金牛	Ardisia primulaefolia Gardn. et Champ.	铺落地金牛，铺地罗伞，贴地空	药用全株。味微苦，辛，性凉。祛风通络，散瘀止血，解毒消痈。用于风湿关节痛，咳血，吐血，肠风下血，闭经，乳痈，疔疮。	广西：来源于广西桂林市。
	山血丹	Ardisia punctata Lindl.	血党，沿海紫金牛，活血胎	药用根或全株。味苦，辛，性平。祛风湿，活血调经，消肿止痛，用于风湿痹痛，痛经，经闭，跌打损伤，咽喉肿痛，无名肿痛。	广西：来源于广西金秀县。

科名	植物名	拉丁学名	别名	药用部位及功效	保存地及来源
紫金牛科 Myrsinaceae	九节龙	Ardisia pusilla A.DC.	轮叶紫金牛、五托莲、五兄弟、狮子头	药用全株。味苦、辛，性平。清热利湿，活血消肿。用于风湿痹痛，黄疸，血痢腹痛，痛经，跌打损伤，蛇咬伤。	广西：来源于广西金秀县。湖北：来源于湖北恩施。
	罗伞树	Ardisia quinquegona Bl.	高脚凉伞、五脚紫金牛、阎鸡尾、凉伞树	药用茎叶或根。味苦、辛，性凉。清热解毒，散瘀止痛。用于咽喉肿痛，疮疖肿痛，跌打损伤，风湿痹痛。	广西：来源于广西南宁市。海南：来源于海南万宁市。
	东方紫金牛	Ardisia squamulosa Presl.		化痰止咳，利湿，活血。	北京：来源于云南。
	雪下红	Ardisia villosa Roxb.	矮脚紫金牛	药用全株。味苦、辛，性温。活血散瘀，消肿止痛。用于跌打肿痛，痢疾，痈疽，咳血。	海南：来源于海南万宁市。北京：来源于海南。
	纽子果	Ardisia virens Kurz	豹子眼睛果、绿叶紫金牛、黑星紫金牛、圆齿紫金牛	药用根。味苦、辛，性凉。清热解毒，散瘀止痛。用于感冒发热，咽喉肿痛，风湿热痹，胃痛，小儿疳积，牙痛口糜，跌打肿痛。	广西：来源于广西南宁市。云南：来源于云南勐腊县。海南：来源于海南陵水市。北京：来源于广西。
	酸藤子	Embelia laeta (L.) Mez	酸果藤、鸡母酸、醋酸藤、信筒子、入地龙	药用枝叶或根、果实。枝叶或根味酸，性凉。清热解毒，散瘀止血。用于咽喉肿痛，齿龈出血，泄泻，痢疾，疮疖溃疡，皮肤瘙痒，痒疮肿痛，跌打损伤。果实味甘、酸，性平。补血，止血。用于血虚血虚。	广西：来源于广西南宁市。云南：来源于云南勐海县。海南：来源于海南万宁市。
	当归藤	Embelia parviflora Wall. ex A.DC.	筛箕、小花酸藤子、石莫藤	药用根及老茎。味苦、涩，性温。补血，活血，强壮腰膝。用于血虚诸症，月经不调，闭经，产后虚弱，腰腿酸痛，跌打骨折。	广西：来源于广西金秀县、靖西县。云南：来源于云南景洪市。

（续表）

科名		植物名	拉丁学名	别名	药用部位及功效	保存地及来源
紫金牛科	Myrsinaceae	白花酸藤果	*Embelia ribes* Burm.f.	咸酸蕴、红背酸藤、血皮藤、水淋果、抱子果、牛尾藤	药用根或叶。味辛、酸，性平。活血调经，清热利湿，消肿解毒。用于闭经，痢疾，腹泻，小儿头疮，皮肤骚痒，跌打损伤，外伤出血，毒蛇咬伤。	广西：来源于广西防城县，云南省西双版纳。 云南：来源于云南景洪市。 海南：来源于海南陵水市。
		瘤皮孔酸藤子	*Embelia scandens* (Lour.) Mez	假刺藤、乌肺叶	药用根或叶。味酸，性平。舒筋活络，敛肺止咳。用于痹证筋挛骨痛，肺痨咳嗽。	广西：来源于广西靖西县。
		大叶酸藤子	*Embelia subcoriacea* (C.B. Clarke) Mez		药用全株、果实。全株通经活血，祛湿补肾。果实驱蛔虫。	云南：来源于云南景洪市。
		平叶酸藤子	*Embelia undulata* (Wall.) Mez		药用果实。味甘、酸，性平。驱虫。用于蛔虫病。	广西：来源于广西那坡县。
		密齿酸藤子	*Embelia vestita* Roxb.	打虫果、米汤果	药用果实。味酸，性平。驱虫。用于蛔虫病，绦虫病。	广西：来源于云南省西双版纳。
		顶花杜茎山	*Maesa balansae* Mez	中越杜茎山	药用根、叶。根用于吐血。叶用于小儿消化不良。	广西：来源于广西龙州县。 海南：来源于海南万宁市。
		包疮叶	*Maesa indica* (Roxb.) A. DC.	两面青、小姑娘茶、帕罕（傣语）	药用全草。味苦，性凉。清热解毒，疏肝利胆。用于急性黄疸型肝炎，麻疹，腹泻，胃痛，高血压。	云南：来源于云南景洪市。
		杜茎山	*Maesa japonica* (Thunb.) Moritzi.ex Zoll.	野胡椒、白胡椒、大兰草、白花茶	药用根或茎叶。味苦，性寒。祛风邪，解疫毒，消肿胀。用于热性传染病，寒热发歇不定，身疼，烦躁，口渴，水肿，跌打肿痛，外伤出血。	广西：来源于广西南宁市。 云南：来源于云南景洪市。
		疏花杜茎山	*Maesa laxiflora* Pitard			海南：来源于海南万宁市。

科名	植物名	拉丁学名	别名	药用部位及功效	保存地及来源
紫金牛科 Myrsinaceae	腺叶杜茎山	Maesa membranacea A.DC.			海南：不明确。
	鲫鱼胆	Maesa perlarius (Lour.) Merr.	中华杜茎山、狗肚皮、观音茶	药用全株。味苦，性平。接骨消肿，生肌去腐。用于跌打骨折，刀伤，疔疮肿痛。	广西：原产于广西药用植物园。云南：来源于云南勐海县。海南：来源于海南陵水市。
	打铁树	Rapanea linearis (Lour.) S.Moore	烧莱树	药用叶。外用于毒蛇咬伤。	海南：来源于海南万宁市。
	密花树	Rapanea neriifolia (Sieb.et Zucc.) Mez	大明橘、打铁树、狗骨头	药用根皮、叶。味涩，性寒。清热解毒、凉血，祛湿。用于乳痈初起；外用于湿疹，疮疖。	广西：来源于广西崇左市。云南：来源于云南景洪市。海南：来源于海南万宁市。
	琉璃繁缕	Anagallis arvensis L.	见风红、海绿、龙吐珠	药用全草。味苦、酸，性温。活血解毒、祛风散寒。用于鹤膝风，阴症疮疡，毒蛇及狂犬咬伤。	广西：来源于德国。
	莲叶点地梅	Androsace henryi Oliv.		药用全草。清热，止咳，利水。	湖北：来源于湖北恩施。
报春花科 Primulaceae	点地梅	Androsace umbellata (Lour.) Merr.	白花珍珠草、五星草、天星花	药用全草。味辛、甘，性微寒。清热、消肿、解毒，用于咽喉肿痛，口疮，目赤，目翳，头痛、牙痛，风湿热痛，哮喘，淋浊，带下病，疔疮肿毒，跌打损伤，烫伤。	北京：来源于北京。
	仙客来	Cyclamen persicum Mill.		药用全草。清热解毒。	北京：来源于北京中山公园。
	海乳草	Glaux maritima L.		药用全草。清热解毒。	北京：来源于北京。
	野靛	Lysimachia acroadenia Ma-xim.		药用叶、地上部。清热败毒。用于腮腺炎。	广西：来源于日本。

科名	植物名	拉丁学名	别名	药用部位及功效	保存地及来源
报春花科 Primulaceae	广西过路黄	*Lysimachia alfredii* Hance	斗笠花，笠麻花，四叶一枝花	药用全草。味苦、辛，性凉。清热利湿，排石通淋。用于黄疸型肝炎，痢疾，热淋，石淋，白带。	广西：来源于广西隆林县。
	狼尾花	*Lysimachia* Bu-nge	狼巴草，酸溜子	药用带根全草。味酸、苦，性平。调经散瘀，清热消肿。用于月经不调，痛经，血崩，感冒风热，咽喉肿痛，乳痈，跌打损伤。	北京：来源于北京。
	细梗香草	*Lysimachia capillipes* Hemsl.	排草，香草，毛梗珍珠菜	药用全草。味甘，性平。祛风，止咳，调经。用于感冒，咳嗽，风湿痛，月经不调，肾虚。	湖北：来源于湖北恩施。
	过路黄	*Lysimachia christinae* Hance	金钱草，川金钱草	药用全草。味甘、微苦，性凉。利水通淋，清热解毒，散瘀消肿。用于肝、胆及泌尿系统结石，热淋，肾炎水肿，湿热黄疸，疮毒痈肿，毒蛇咬伤，跌打损伤。	广西：来源于江苏省南京市。北京：来源于中医研究院。湖北：来源于湖北恩施。
	珍珠菜	*Lysimachia clethroides* Duby	红丝毛，红根草	药用根或全草。味辛、涩，性平。活血调经，利水消肿。用于月经不调，小儿疳积，水肿痢疾，带下，咽喉痛，乳痈，石淋，胆囊炎。	湖北：来源于湖北恩施。
	聚花过路黄	*Lysimachia congestiflora* He-msl.	风寒草	药用全草。味辛、微苦，性微温。祛风散寒，化痰止咳，解毒利湿，消积排石。用于风寒头痛，咳嗽痰多，咽喉肿痛，黄疸，胆道结石，尿路结石，小儿疳积，痈疽疔疮，毒蛇咬伤。	广西：来源于广西融水县。北京：来源于广西。湖北：来源于湖北恩施。
	延叶珍珠菜	*Lysimachia decurrens* Forst.f.	疬子草，下延叶排草	药用全草。味苦、辛，性平。清热解毒，活血散结。用于瘰疬，喉痹，疔疮肿毒，月经不调，跌打损伤。	广西：来源于广西武鸣县。
	灵香草	*Lysimachia foenum-graecum* Hance	熏草，薰衣草	药用全草。味甘，性平。解表，止痛，行气，驱蛔。用于感冒头痛，牙痛，肿痛，胸腹胀满，蛔虫病。	广西：来源于广西金秀县，那坡县，环江县。

391

科名	植物名	拉丁学名	别名	药用部位及功效	保存地及来源
	红根草	*Lysimachia fortunei* Maxim.	大田基黄	药用全草或根。味苦，辛，性凉。清热利湿，凉血活血，解毒消肿。用于黄疸，泻痢，目赤，吐血，血淋，白带，崩漏，痛经，闭经，咽喉肿痛，痈肿疔毒，流火，瘰疬，跌打，蛇虫咬伤。	广西：原产于广西药用植物园。
	三叶香草	*Lysimachia insignis* Hemsl.	三张叶、解毒草、三叶排草	药用全草或根。味辛，苦。性温。祛风通络，行气活血。用于风湿痹痛，脘腹疼痛，跌打肿痛。	广西：来源于广西凌云县、隆安县。
	小茄	*Lysimachia japonica* Thunb.		药用全草。味微甘，性平。清热解毒，除湿止痛。	北京：来源于四川南川。
	落地梅	*Lysimachia paridiformis* Franch.	四块瓦、重楼排草	药用全草。味辛，苦，性温。祛风除湿，活血止痛，解毒。用于风湿湿痹，脘腹疼痛，咳嗽，跌打损伤，疔肿疔疮，毒蛇咬伤。	广西：来源于广西融水县。湖北：来源于湖北恩施。
	巴东过路黄	*Lysimachia patungensis* Hand.-Mazz.	铺地黄	药用全草。味微苦，性凉。清热解毒，利尿通淋，消肿散瘀。	湖北：来源于湖北恩施。
报春花科 Primulaceae	狭叶珍珠菜	*Lysimachia pentapetala* Bu-nge		药用全草。祛风解毒，消肿。	北京：来源于北京。
	黄连花	*Lysimachia davurica* Ledeb.		药用带根全草。味酸，涩，性微寒。镇静，降血压。用于高血压症，失眠。	北京：来源于北京。
	鄂报春	*Primula obconica* Hance		药用根。用于腹痛，酒精中毒。	湖北：来源于恩施。
	黄花九轮草	*Primula veris* L.	药礬草、标准报春花	药用花，根或全草。花祛痰，发汗。用于感冒，咳嗽，偏头痛，虚弱，根祛痰，镇静，利尿，尿道炎，痛头痛，全草祛痰，痉风，肺病，气喘，全草祛痰。	广西：来源于法国，日本。

科名	植物名	拉丁学名	别名	药用部位及功效	保存地及来源
白花丹科 Plumbaginaceae	小蓝雪花	*Ceratostigma minus* Stapf ex Prain	小角柱花	药用根。味辛、苦,性温。有毒。通经活络,祛风湿,接骨。用于风湿麻木,关节炎,腰腿疼,脉管炎,腺炎,脱疽,跌打损伤,劳伤,骨折。	广西:来源于上海市。
	二色补血草	*Limonium bicolor* (Bunge) O.Kuntze	苍蝇架	药用带根全草。味甘,性平。补血,止血,散瘀,调经,益脾,健胃。用于月崩漏,尿血,肾盂肾炎,月经不调。	北京:来源于内蒙古。
	红花丹	*Plumbago indica* L.	紫花、紫花丹、比比亮（傣语）	药用全草。味辛,性温。散瘀消肿,祛风杀虫,破血止痛,通调月经。用于风湿骨痛,痈疮肿毒,跌打扭伤,牛皮癣,月经止闭,经期腹痛,溃疡。	云南:来源于云南景洪市。 海南:来源于海南万宁市。
	白花丹	*Plumbago zeylanica* L.	火灵丹、千接椰、天接椰、一见消、白雪花、比比蒿（傣语）	药用全草或根。味辛、苦、涩,性温。有毒。祛风除湿,行气活血,解毒消肿。用于风湿瘰疬,心胃气痛,肝脾肿大,血瘀经闭,跌打扭伤,痈肿瘰疬,疥癣瘙痒,毒蛇咬伤。	广西:来源于广西扶绥县、宜州。 云南:来源于云南景洪市。 海南:来源于海南万宁市。 北京:来源于云南。
山榄科 Sapotaceae	星萍果	*Chrysophyllum cainito* L.	金星果、牛奶果	药用果实。用于糖尿病,泄泻,性病。	广西:来源于海南省万宁市。 海南:来源于海南万宁市。
	金叶树	*Chrysophyllum lanceolatum* (Bl.) A. DC. var. *stellato-carpon* van Royen	大馈纹	药用根。味甘、涩,性温。活血祛瘀,消肿止痛。用于跌打损伤,风湿骨痛,骨折脱臼。	海南:来源于海南万宁市。
	锈毛较子果	*Eberhardia aurata* (Pierre ex Dubard) H. Lec.	油阿木、血胶树、山枇杷	药用叶。用于咳嗽,百日咳。	广西:来源于广西南宁市、桂林市。 海南:来源于广西药用植物园。
	较子果	*Eberhardia tonkinensis* Lec.		药用叶。用于咳嗽,百日咳。	云南:来源于云南勐腊县。

科名	植物名	拉丁学名	别名	药用部位及功效	保存地及来源
	蛋黄果	*Lucuma nervosa* A.DC.	鸡蛋果	药用果实。作矫味剂。	广西：来源于广西南宁市，广东省湛江市。海南：来源于海南万宁市。北京：来源于云南。
	海南紫荆木	*Madhuca hainanensis* Chun et How			海南：来源于海南乐东县尖峰岭。
	紫荆木	*Madhuca pasquieri*（Dubard）Lam	滇木花生、出奶木	药用根。祛风除湿，安心之痛。用于风湿性心脏病。	云南：来源于云南勐腊县。
山榄科 Sapotaceae	人心果	*Manilkara zapota*（L.）van Royen		药用树皮、果。树皮清热凉血。性胃肠炎，扁桃腺炎，咽喉炎。果用于急胃痛。	广西：来源于广西南宁市。云南：来源于云南景洪市。海南：来源于海南万宁市。北京：来源于云南。
	埃郎氏枪弹木	*Mimusops elengi* L.	伊朗芷	药用花、茎皮、木材、花强心。用于喉炎、肌肉疼痛。茎皮收敛，口用于牙龈炎，牙痛，真菌感染的木材强心，补肝肾，为孕妇长服补剂。	广西：来源于云南省西双版纳。海南：来源于海南乐东县尖峰岭。
	神秘果	*Synsepalum dulcificum* Danill	甜蜜果	药用果。味甘，甜，性平。用做矫味剂。	广西：来源于美国，广东省湛江市。云南：来源于云南景洪市。海南：不明确。北京：来源于云南。
	琼刺榄	*Xantolis longispinosa*（Merr.）H.S.Lo			海南：来源于海南万宁市。

科名	植物名	拉丁学名	别名	药用部位及功效	保存地及来源
柿科 Ebenaceae	乌柿	*Diospyros cathayensis* Stew-ard	黑塔子、山柿子、丁香柿	药用根、叶。根味苦、涩，性微寒。清肺热、咳嗽，凉血止血、吐血，行气利水。用于肺热咳嗽，肠风、痔血、水臌腹胀，烧伤。叶解毒、散结。用于疮疖、汤火烫伤。	广西：来源于广西桂林市。
	岩柿	*Diospyros dumetorum* W. W.Smith	小叶柿、崖柿、小叶山柿	药用叶。味微苦、涩、辛，性平。健脾胃，解痉毒。用于慢性腹泻，小儿消化不良，痉疖，痰伤。	广西：来源于广西凭祥市。
	乌材	*Diospyros eriantha* Champ. ex Benth.	乌杆仔、乌蛇汉、米	药用根皮、果实。用于风湿、拉气痛，心气痛。	广西：来源于广西上思县。 海南：来源于海南万宁市。
	山柿	*Diospyros japonica* Sieb. et Zucc.	粉叶柿、浙江柿	药用宿萼、叶。宿萼降逆气。用于降高血压、咳嗽，肺气胀。叶用于降各种内出血。	广西：来源于浙江省杭州市。
	野柿	*Diospyros kaki* Thunb. var. *silvestris* Mak.	山柿、油柿、毛柿花、马槟榔	药用根。味涩，性平。清热凉血，外伤感染，风湿性关节炎。用于外伤感染，风湿性关节炎。	云南：来源于云南景洪市。 湖北：来源于湖北恩施。
	油柿	*Diospyros oleifera* Cheng	漆柿、油柿、洞柿、乌楂	药用根、果实、宿萼、柿霜。根用于吐血，痔疮出血，宿萼用于呃逆。果实用于肺燥咳痛。柿霜用于咽喉痛，咳嗽。	广西：来源于浙江省杭州市。
	老鸦柿	*Diospyros rhombifolia* Hemsl.	野山柿、苦李、土柿、黑柿子	药用根或枝。味苦，性平。清湿热、利肝胆，活血化瘀。用于急性黄疸型肝炎，肝硬化，跌打损伤。	广西：来源于广西凭祥市。

科名	植物名	拉丁学名	别名	药用部位及功效	保存地及来源
柿科 Ebenaceae	柿	*Diospyros kaki* Thunb.	柿蒂、方柿、水柿	药用柿蒂、果实、柿饼、柿霜、花、柿木皮、根、柿霜、叶，性平、涩。用于柿蒂味苦、涩，降逆下气。用于呃逆。果实味甘，性凉。清热，润肺，生津，解毒。用于咳嗽，吐血，口疮，热痢，润肺，便血。柿饼味甘，涩肠。用于咯血，吐血，健脾，尿血，脾虚消化不良，泄泻，痢疾，喉干音哑。柿霜消痰，颜面黑斑。柿霜味甘，性凉。润肺止咳，生津利咽。用于肺热燥咳，咽干喉痛，口舌生疮，吐血，咯血，消渴。叶味苦，止咳定喘，生津止渴，活血止血，赚疮。花味甘，性平。降逆和胃，消痘及各种肉出血。用于呕吐，吞酸，痘疮。根、叶，味涩，性平。清热解毒，止血。用于下血、火伤、血崩、血痢、痔疮。	广西：原产于广西药用植物园。 海南：来源于海南琼中县。 北京：来源于北京。 湖北：来源于湖北恩施。
	四棱柿	*Diospyros kaki* Thunb. var. *costata* Andre.	四方柿	药用果实、根、叶、宿萼。果实清热，润肺，止咳嗽，止渴。用于热渴，咳嗽，吐血，血崩。根凉血，止血。用于血崩，口疮，痔疮。宿萼降逆气，止呃逆，用于气降逆胃。叶用于咳喘，肺气胀。用于气反胃，各种肉出血。	广西：来源于广西凭祥市。
	君迁子	*Diospyros lotus* L.	黑枣、软枣、牛奶柿	药用果实，涩，性凉。清热，止渴。用于烦热，消渴。	广西：来源于江苏省南京市。 北京：来源于浙江。
	琼南柿	*Diospyros maclurei* Merr.	山红柿、山柿、野柿、黑皮木	药用叶、茎皮、果实味苦，果实味苦、涩，性凉。用于食物中毒，解毒消炎，腹泻，水火烫伤。根味微苦，涩，性平。健脾利湿。用于纳呆，腹泻。	海南：来源于海南万宁市。
	罗浮柿	*Diospyros morrisiana* Hance	山红柿、山柿、野柿花、黑皮木		广西：来源于广西南宁市。

396

科名	植物名	拉丁学名	别名	药用部位及功效	保存地及来源
	赤杨叶	Alniphyllum fortunei (Hemsl.) Makino	水冬瓜、白苍木、红皮岭麻	药用根、叶。味辛，性微温。祛风除湿，利水消肿。用于风湿痹痛，水肿，小便不利。	广西：来源于四川省成都市。
	喙果安息香	Styrax agrestis (Lour.) G.Don			海南：不明确。
	银叶安息香	Styrax argentifolius H.L.Li	银叶野茉莉、青天白日	药用叶。止痛，消肿。用于跌打刀伤，疥疮。	广西：来源于广西南宁市。
	嘉赐叶野茉莉	Styrax casearifolia Craib	白背安息香	药用树脂。开窍，辟秽，行气血。	云南：来源于云南景洪市。
安息香科 Styracaceae	中华安息香	Styrax chinensis Hu . et S. Y.Liang	山柿、大果安息香	药用树脂。作安息香入药。	广西：来源于广西凭祥市。
	垂珠花	Styrax dasyanthus Perk.	白马克叶、白花树	药用叶。味甘，苦，性微寒。润肺，生津，止咳。用于肺燥咳嗽，干咳无痰，口燥咽干。	广西：来源于广西凭祥市。
	野茉莉	Styrax japonicus Sieb. et Zucc.	君迁子、木橘子、耳完树	药用全株。味辛，性温。祛风除湿，清火。用于咽喉肿痛，牙痛。	湖北：来源于湖北恩施。
	芬芳安息香	Styrax odoratissimus Champ.	白木、郁香安息香、郁香野茉莉	药用叶。味微苦，性微温。润肺止咳，清热解毒。用于肺热咳嗽，劳咳，疔疮。	广西：来源于上海市。
	栓叶安息香	Styrax suberifolius Hook. et Arn.	红皮树、赤皮	药用根、叶。味辛，性微温。祛风湿，理气止痛。用于风湿痹痛，脘腹胀痛。	广西：来源于广西凭祥市。

科名	植物名	拉丁学名	别名	药用部位及功效	保存地及来源
安息香科 Styracaceae	越南安息香	*Styrax tonkinensis* (Pierre) Craib ex Hartw.	泰国安息香、白脉安息香、白花树、楠秀（泰语）	药用树脂。味辛、苦，性平。开窍醒神，豁痰辟秽，行气活血，止痛。用于中风痰厥，惊痫昏迷，产后血晕，心腹疼痛，风痹肢节痛。	广西：来源于广西龙州县。云南：来源于云南景洪市。海南：来源于广西药用植物园。
	十棱山矾	*Symplocos chunii* Merr.	乌脚木、上身眉	药用枝、叶。清热解毒。	海南：来源于海南万宁市。
	越南山矾	*Symplocos cochinchinensis* (Lour.) S.Moore	火灰树、大叶灰木	药用根。化痰止咳。用于咳嗽。	海南：来源于海南万宁市。
山矾科 Symplocaceae	光亮山矾	*Symplocos lucida* (Thunb.) Sieb.et Zucc.		药用根、茎、叶。味苦、性寒。行水，定喘，清热解毒。用于水湿胀满，喘逆，火眼，疮癣。	广西：来源于湖南省长沙市、浙江省杭州市。
	白檀	*Symplocos paniculata* (Thunb.) Miq.	檀花青、乌子树、碎米子树、山指甲	药用根、叶、花或种子。味苦，性微寒。清热解毒，调气散结，祛风止痒。用于乳腺炎、淋巴腺炎，肠痈、疮疖，疝气，荨麻疹，皮肤瘙痒。	广西：来源于上海市。云南：来源于云南景洪市。

科名	植物名	拉丁学名	别名	药用部位及功效	保存地及来源
	流苏树	Chionanthus retusus Lindl. et Part.	牛筋条、白花茶、炭栗树	药用叶。清热，止泻。	北京。来源于北京。
	雪柳	Fontanesia fortunei Carr.	五谷树	药用根。用于脚气病。	北京。来源于北京。
	连翘	Forsythia suspensa (Thunb.) Vahl	黄花杆	药用全株。果实味苦，性微寒。清热解毒，消肿散结。用于痈疮、瘰疬、温病初起、风热感冒、湿热尿淋、高热烦渴、神昏发斑。清热解毒。用人参、茎、叶味苦，性寒。清热解毒。解毒。用于心肺积热，性寒。清热、解毒，发热。用于黄疸。退黄。用于黄疸。发热。	广西：来源于江苏省南京市，湖北省武汉市，浙江省杭州市，北京市。北京：来源于杭州。湖北：来源于湖北恩施。
	金钟花	Forsythia viridissima Lindl.	金梅花、单叶连翘、金铃花	药用根、叶。果壳、清热解毒。祛湿泻火。用于流行性感冒，颈淋巴结结核、目赤肿痛，肠痈，丹毒，疥疮。	广西：来源于四川省成都市，广东省广州市，日本。北京：来源于浙江。
木犀科 Oleaceae	洋白蜡	Fraxinus americana L.		清热燥湿，清肝明目。	北京。来源于北京。
	白蜡树	Fraxinus chinensis Roxb.	秦皮、梣皮、见水蓝、水蜡树	药用树皮、叶、花、树皮味苦、涩，性寒。清热燥湿，收敛，明目。用于湿热泻痢，带下病，目赤肿痛，目生翳膜，叶味辛，性温。调经，止血。生肌。花止咳。用于咳嗽。	广西：来源于广西桂林市，福建省福州市。云南：来源于云南勐腊县。北京：来源于北京。
	锈毛白蜡树	Fraxinus ferruginea Lingelsh.	跳皮树	药用树皮。味苦，涩，性凉。收敛消炎。用于顽固性腹泻，痢疾，蛔虫病。	云南。来源于云南勐腊县。
	扭肚藤	Jasminum elongatum (Bergius) Willd.	断肠草、毛毛茶、白金花、白花茶	药用枝叶。味微苦，性凉。清热，利湿，解毒。用于湿热泻痢，腹痛里急后重，风湿肢肿痛，瘰疬，疥疮。	广西：来源于广西南宁市。海南：来源于海南万宁市。
	探春花	Jasminum floridum Bunge	山救驾	药用根。味微苦，涩，性温。收敛，生肌。用于刀伤。	湖北。来源于湖北恩施。
	素馨花	Jasminum grandiflorum L.		药用花蕾。味甘，性平。舒肝解郁，化滞，解痛。用于胸胁不舒，心胃气痛，下痢腹痛。	北京。来源于北京。

科名	植物名	拉丁学名	别名	药用部位及功效	保存地及来源
木犀科 Oleaceae	北清香藤	*Jasminum lanceolarium* Roxb.	破风藤、花木通、挖墙藤	药用根、枝条。味苦，性温。祛风除湿，活血散瘀。用于风湿关节痛，腰痛，跌打损伤，疮毒痈疽。	海南：来源于海南万宁市。
	栀花素馨	*Jasminum lang* Gagnep.		药用茎。味苦，性寒。清热，利湿，解毒。用于膨胀，水肿，黄疸，肺热咳嗽。	广西：来源于广西金秀县。
	桂叶素馨	*Jasminum laurifolium* Roxb.	桂枝素馨、岭南茉莉、大黑骨头	药用全株。味苦，性寒。清热利湿，散瘀消肿。用于痢疾，热淋，跌打损伤。	广西：来源于广西防城港市、隆安县，贺州市。云南：来源于云南勐腊县。
	云南黄素馨	*Jasminum mesnyi* Hance	金腰带、金梅花	药用全株。清热解毒。用于肿毒，跌打损伤，发汗。	广西：来源于广西南宁市。
	青藤仔	*Jasminum nervosum* Lour.	香花藤、鲫鱼胆、千里藤、大素馨花、芽赛盖（傣语）	药用全株。味微苦，性凉。清湿热，拔毒生肌，接骨。用于痢疾，劳伤腰痛，疮疡溃烂。	广西：来源于广西武鸣县。云南：来源于云南景洪市。北京：来源于北京。
	迎春花	*Jasminum nudiflorum* Lindl.	金梅花、清明花、小黄花	药用花、叶、根。花味苦，微辛，性平。清热解毒，活血消肿。用于发热头痛，咽喉肿痛，小便热痛，恶疮肿毒，跌打损伤。叶味苦，性寒。利湿，解毒。用于感冒发热，小便淋痛，外阴瘙痒，肿毒恶疮，跌打损伤，外伤出血。根味苦，性平。清热息风，活血调经。用于肺热咳嗽，小儿惊风，月经不调。	广西：来源于广西南宁市。云南：来源于云南勐腊县。北京：来源于北京。
	厚叶素馨	*Jasminum pentaneurum* Hand.-Mazz.	竹节苗	药用全草。清热利胆，祛瘀生新，驳骨止痛。用于口腔炎，咽喉炎，疮疥，跌打损伤。	广西：来源于广西宜州市。

400

科名	植物名	拉丁学名	别名	药用部位及功效	保存地及来源
木犀科 Oleaceae	茉莉花	*Jasminum sambac* (L.) Ait.	茉莉	药用花、根。花味辛、微甘，性温。理气止痛，辟秽开郁。用于湿浊中阻，胸膈不舒，泻痢腹痛，头晕头痛，目赤。花的蒸馏液疏风解表，消肿止痛。用于外感发热，泻痢腹胀，脚气肿胀，毒虫螫伤。根味苦，性热。有毒。麻醉，止痛。用于跌损筋骨，龋齿，头痛，失眠。	广西：来源于广西南宁。云南：来源于印度。海南：来源于海南万宁市。北京：来源于北京。湖北：来源于湖北恩施。
	长叶女贞	*Ligustrum compactum* (Wall. ex G.Don) Hook.f.et Thoms. ex Brand.		药用树皮、叶、种子。树皮、叶清热除烦。种子味甘，性平。滋阴补血。用于肝肾亏损。	湖北：来源于湖北恩施。
	日本女贞	*Ligustrum japonicum* Th-unb.		药用叶。清热解毒。	北京：来源于北京植物园。
	女贞	*Ligustrum lucidum* Ait.	大叶女贞、女贞子、白蜡树	药用果实、叶、根。果实味甘、苦，性凉。滋补肝肾，明目乌发。用于眩晕耳鸣，腰膝酸软，须发早白，目暗不明。叶味苦，性凉。清热明目，解毒散瘀。用于头目昏痛，风热赤眼，口舌生疮，牙龈肿痛，疮肿溃烂，水火烫伤，肺热咳嗽，咽喉肿痛。根味苦，性平。行气活血，止咳喘。用于哮喘，咳嗽，止咳喘。活血，经闭，带下。	广西：来源于广西桂林市。云南：来源于云南景洪市。海南：来源于北京药用植物园。湖北：来源于湖北恩施。
	疏叶女贞	*Ligustrum punctifolium* M. C.Chang		理气活血，安神镇痛。	北京：来源于广西。
	小叶女贞	*Ligustrum quihoui* Carr.	野石榴、水白蜡、小蜡树	药用树皮、叶。叶味苦，性凉。清热解毒。树皮用于烫伤。用于烧、烫伤、外伤。	北京：来源于北京。湖北：来源于湖北恩施。

科名	植物名	拉丁学名	别名	药用部位及功效	保存地及来源
木犀科 Oleaceae	小蜡	Ligustrum sinense Lour.	小蜡树，蚊子花、山指甲、亮叶小蜡树	药用树皮，枝叶，味苦，性凉。清热利湿，解毒消肿。用于感冒发热，肺热咳嗽，咽喉肿痛，口舌生疮，湿热黄疸，痢疾，痈肿疮毒，湿疹，皮炎，跌打损伤，烫伤。	广西：来源于广西南宁市。海南：来源于海南万宁市。北京：来源于北京。
	海南胶核木	Myxopyrum hainanense Chia			海南：来源于海南万宁市。
	夜花	Nyctanthes arbor-tristis L.	沙板嘎（傣语）	药用茎，叶。味微苦，性凉。消肿止血，利止血，风湿疼痛，身酸痛，恶露不净，毒虫咬伤。除风，通用于胸腹疼痛，水肿，妇女产后消瘦。	云南：来源于云南景洪市。
	木犀榄	Olea europaea L.	洋橄榄、齐墩果	药用果油。缓泻，降血压，助消化。用于水火烫伤。	广西：来源于广西柳州市。云南：来源于云南勐腊县。
	锈鳞木犀榄	Olea europaea L. ssp. cuspidata (Wall. ex G. Don) Ciferri	尖叶木犀榄、鬼柳树	药用根、叶。味微苦，性平。利尿，通淋，止血。用于小便不利，血淋，血尿。	广西：来源于广西南宁市。
	海南木犀榄	Olea hainanensis Li			海南：来源于海南万宁市。
	红花木犀榄	Olea rosea Graib		药用果油。清热解毒，散瘀消肿。用于水火烫伤。	云南：来源于云南勐海县。
	异株木犀榄	Olea tsoogii P.S.Green.	白架树、水扫把	药用树皮。解热。	海南：来源于海南万宁市。

科名	植物名	拉丁学名	别名	药用部位及功效	保存地及来源
木犀科 Oleaceae	木犀	Osmanthus fragrans (Thunb.) Lour.	桂花	药用全株。花味辛，性温。温肺化饮，散寒止痛，用于痰饮咳喘，脘腹冷痛，肠风血痢，经闭痛经，寒疝腹痛，牙痛，口臭。苦，性温。花经蒸馏的液体味微辛、微苦，性温。疏肝理气，醒脾辟秽，明目，润喉。用于肝气郁结，胸胁不舒，龈肿，牙痛，咽干，口燥，口臭。果实味甘，性温，温中行气止痛。用于胃寒疼痛，肝胃气痛。枝叶味辛、微甘，性温。发表散寒，祛风止痒。用于风寒感冒，皮肤瘙痒，漆疮。根味辛、甘，性温。祛风除湿，散寒止痛，胃脘冷痛，肾虚牙痛。根皮麻木，肢体痹痛，牙痛。	广西：来源于广西桂林市。云南：来源于云南景洪市。海南：来源于海南万宁市。北京：来源于北京花木公司。湖北：来源于恩施。
	四季桂	Osmanthus fragrans Lour. cv.semperflorens		药用部位及功效参阅木犀 Osmanthus fragrans (Thunb.) Lour.。	广西：来源于广东广州市。
	紫丁香	Syringa oblata Lindl.		药用树皮、叶。树皮清热燥湿，止咳定喘。叶味苦，性寒。清热，解毒，止咳。用于咳嗽痰浊，疔炎，肝炎。	北京：来源于北京。
	白丁香	Syringa oblata var. affinis (L.Henry) Lingelsh.		药用部位及功效参阅紫丁香 Syringa oblata Lindl.。	北京：来源于北京。
	北京丁香	Syringa pekinensis Rupr.		清热解毒，消炎。	北京：来源于北京。
	羽叶丁香	Syringa pinnatifolia Hemsl.		药用根、枝。味苦，性微温。降气，温中，暖肾。用于寒喘，胃腹胀痛，阴挺，脱肛；外用于皮肤损伤。	北京：来源于北京。
	暴马丁香	Syringa reticulata (Bl.) Hara var.mandshurica (Maxim.) Hara	暴马子	药用枝条。味苦，性微寒。消炎，镇咳，利水。用于痰鸣喘嗽，心脏性浮肿。	广西：来源于辽宁省沈阳市、日本。北京：来源于北京。

科名	植物名	拉丁学名	别名	药用部位及功效	保存地及来源
马钱科 Loganiaceae	牛眼马钱	Strychnos angustiflora Benth.	车前树、牛眼球、牛眼珠	药用种子。味苦，性寒。有大毒。祛风散结，消肿止痛，肿瘤瘰块、痈疽恶疮、中耳炎。	云南：来源于印度。海南：来源于海南万宁市。
	华马钱	Strychnos cathayensis Merr.	百节藤、三脉马钱	药用根。味苦，辛，性温。有大毒。祛风除湿，利水消肿。用于风寒湿痹，湿水肿。	广西：来源于广西苍梧县。海南：来源于海南万宁市。
	海南马钱	Strychnos ignatii Berg.	吕米果、解热豆	药用种子。味苦，性寒。有大毒。祛风散结，消肿止痛，肿瘤瘰块、痈疽恶疮、中耳炎。	海南：来源于海南万宁市。
	滇南马钱	Strychnos nitida G.Don	车里马钱	药用果实。味苦，性寒。强壮、兴奋，益脑，健胃，活血脉。用于手足麻木。	云南：来源于云南景洪市。
	马钱	Strychnos nux-vomica L.	印度马钱、马钱子、马钱树、番木鳖	药用种子。味苦，性温。有大毒。通络止痛，散结消肿。用于风湿顽痹，跌打损伤，痈疽肿痛，类风湿性关节痛，麻木瘫痪，小儿麻痹后遗症。	广西：来源于广西南宁市，海南省。云南：来源于印度。海南：来源于印度。
	密花马钱	Strychnos ovata A.W.Hill		药用种子。通络止痛，散结消肿。	海南：来源于海南万宁市。
	伞花马钱	Strychnos umbellata (Lour.) Merr.		药用根。味苦，辛，性温。有大毒。祛风湿。用于风湿顽痹，寒湿肾水肿。	海南：来源于海南万宁市。
	尾叶马钱	Strychnos wallichiana Steud. ex DC.	方茎马钱、马尾马钱、长杆马钱	药用种子。味苦，性寒。有大毒。通经络，消结肿，止疼痛，祛风散结，肿瘤瘰块、风湿痹痛、面部神经麻痹，中耳炎、半身不遂，手足无力，小儿麻痹后遗症。	云南：来源于云南景洪市。海南：来源于越南。

科名	植物名	拉丁学名	别名	药用部位及功效	保存地及来源
	红百金花	*Centaurium erythraea* Rafn.		药用花浸剂。用于发热，黄疸病。	广西：来源于德国。
	福建蔓龙胆	*Crawfurdia pricei*（Marq.）H.Smith	蝴蝶草，接筋藤	药用全草。清热解毒。用于肺热咳嗽，肺结核，肾炎，痈疖肿毒，刀伤。	广西：来源于广西南丹县，金秀县。
	小秦艽	*Gentiana dahurica* Fisch.		药用部位及功效阅秦艽 *Gentiana macrophylla* Pall.。	北京：来源于河北。
	秦艽	*Gentiana macrophylla* Pall.		药用根。味辛、苦、性平。祛风湿，清湿热，止痹痛。用于风湿痹痛，筋脉拘挛，骨节酸痛，日晡潮热，小儿疳积发热。	北京：来源于山西。
龙胆科 Gentianaceae	流苏龙胆	*Gentiana panthaica* Prain et Burk.		药用全草。清热解毒，利湿消肿。	湖北：来源于湖北恩施。
	深红龙胆	*Gentiana rubicunda* Franch.	二郎箭，石肺筋	清热利胆，消炎止咳。	北京：来源于云南。湖北：来源于湖北恩施。
	龙胆	*Gentiana scabra* Bunge		药用根及根茎。味苦、性寒。清热燥湿，泻肝定惊。用于湿热黄疸，小便淋痛，阴肿阴痒，湿热带下，肝胆实火之头胀头痛，目赤肿痛，耳聋耳痛，胁痛口苦，热病惊风抽搐。	北京：来源于东北。湖北：来源于湖北恩施。
	卵萼花锚	*Halenia elliptica* D.Don	椭圆叶花锚	药用全草。味苦、性寒。清热利湿，平肝利胆。用于黄疸，胆囊炎，头晕头痛，胃痛，牙痛。	湖北：来源于湖北恩施。
	大花花锚	*Halenia elliptica* D.Don var. *grandiflora* Hemsl.		药用根或全草。清热祛湿，平肝利湿，疏风清暑，镇痛。	湖北：来源于湖北恩施。

科名	植物名	拉丁学名	别名	药用部位及功效	保存地及来源
龙胆科 Gentianaceae	獐牙菜	Swertia bimaculata (Sieb. et Zucc.) Hook. f. et Thoms.ex C. B. Clanke	双点獐牙菜	药用全草。味苦、性寒。清热解毒，舒肝利胆。用于急慢性肝炎、胆囊炎，肠胃痛、感冒发热，时行感冒，咽喉痛，牙痛。	湖北：来源于湖北恩施。
	红直獐牙菜	Swertia erythrosticta Maxim.	红直当药	药用全草。味苦、性凉。清热解毒，健胃杀虫。用于风热咳喘、黄疸、疥癣。	湖北：来源于湖北恩施。
	盐源双蝴蝶	Tripterospermum coeruleum (Hand.-Mazz.) H.Smith		药用全草。味甘、性平。舒筋活络，接骨。用于骨折、断指再接。	北京：来源于广西。
睡菜科 Menyanthaceae	水皮莲	Nymphoides cristatum (Roxb.) O.Ktze.		药用全草。用于湿热黄疸，胃腹胀滞，嗳气，小便不利，水肿。	广西：来源于云南昆明市。
夹竹桃科 Apocynaceae	花叶小蔓长春花	Vinca major L.cv.Variegata		药用茎叶。清热解毒。	广西：来源于云南省昆明市。
	非洲伏康树	Voacanga africana Stapf	非洲马铃果	药用种子。有降压功效。	广西：来源于海南省、云南省西双版纳。
	盆架树	Winchia calophylla A.DC.	马灯盆、野橡胶、埋丁盖（傣语）	药用茎皮、根、叶。味苦、性凉。清热，止咳平喘。用于咳嗽、慢性支气管炎。	云南：来源于云南景洪市。海南：不明确。
	毛叶倒吊笔	Wrightia arborea (Dennst.) Mabberly	胭木	药用茎、根。用于蛇咬伤。	云南：来源于景洪市。
	倒吊笔	Wrightia pubescens R.Br.	倒吊蜡烛、水蜡烛、苦常	药用根、茎枝。味甘、淡、性平。祛风通络，化痰散结，利湿。用于风湿痹痛、腰膝疼痛、跌打损伤、瘰疬、慢性支气管炎、黄疸型肝炎、肝硬化腹水。	广西：来源于云南省西双版纳。云南：来源于云南景洪市。海南：来源于海南兴隆中药园。

科名	植物名	拉丁学名	别名	药用部位及功效	保存地及来源
夹竹桃科 Apocynaceae	沙漠玫瑰	Adenium obesum（Forsk.）Balf.ex Roem.et Schult			海南：来源于海南万宁市。
	大花软枝黄蝉	Allemanda cathartica L.var. hendersonii（Bull. ex Dombr.）Bail.et Raff.		药用全株。有毒。消肿杀虫。外用于跌打肿痛，疥癣，杀虫，灭蛆。	广西：来源于广西南宁市。海南：来源于海南万宁市。
	软枝黄蝉	Allemanda cathartica L.	大花黄蝉	药用部位及功效参阅黄蝉 Allemanda neriifolia Hook.。	广西：来源于海南省万宁县。云南：来源于云南景洪市。海南：来源于海南万宁市。北京：来源于云南。
	黄蝉	Allemanda neriifolia Hook.	黄兰蝉	药用全株。有毒。杀虫，杀子了。用于癫痫。	广西：来源于广西南宁市。云南：来源于云南景洪市。海南：来源于海南万宁市。北京：来源于海南。
	大叶糖胶树	Alstonia macrophylla Wall.		药用叶、嫩枝及树皮。味苦，微涩。性寒。清火解毒，消肿止痛，用于腮腺炎，颌下淋巴结肿痛，乳房肿痛，肺热咳嗽痰多，疮疡疔肿。	云南：来源于云南景洪市。海南：不明确。
	糖胶树	Alstonia scholaris（L.）R.Br.	象皮树、灯台树、面条树、灯架树、阿根木、大树将军	药用树皮、枝叶。味苦，性凉。清热解毒，祛痰止咳，止血消肿。用于感冒发热、肺热咳嗽，百日咳，黄疸型肝炎，胃痛吐泻，疟疾，疮疡痈肿，跌打肿痛，外伤出血。	广西：来源于广西天等县。云南：来源于云南景洪市。海南：来源于海南乐东县尖峰岭。北京：来源于海南。
	鸡骨常山	Alstonia yunnanensis Diels	红辣椒、白虎木、野辣椒	药用根、枝叶。味苦，性寒。有小毒。截疟，清热解毒，止血消肿。用于疟疾，感冒发热，痈肿疮毒，咽喉肿痛，口舌生疮，肺热咳嗽，跌打损伤，外伤出血。	广西：来源于云南昆明。

（续表）

科名	植物名	拉丁学名	别名	药用部位及功效	保存地及来源
	毛车藤	Amalocalyx yunnanensis Tsiang	酸果藤、锯子藤	药用根。催乳。用于妇女乳汁缺少。	云南：来源于云南景洪市。
	水甘草	Amsonia sinensis Tsiang et P. T. li		药用全草。味甘、性凉。清热解毒。用于小儿风热，丹毒。	广西：来源于日本。
	柳叶水甘草	Amsonia tabernaemontana Walter			北京：来源于波兰。
	罗布麻	Apocynum venetum L.	牛茶、茶叶花、红麻、野麻	药用叶、全草、乳汁。叶味甘、苦，性凉。平肝安神，清热利水。用于肝阳眩晕。心悸失眠，浮肿尿少，高血压症，肾虚，水肿。全草味甘、苦，性凉。有小毒。清火，降压，强心，利尿。用于心脏病，高血压症，肾虚，水肿，乳汁用于愈合伤口。	北京：来源于新疆。
夹竹桃科 Apocynaceae	断肠花	Beaumontia brevituba Oliv.	大果夹竹桃	药用茎。具有抗肿瘤的作用。叶、乳汁极毒，为强心武资源植物。	广西：来源于广西龙州县。
	清明花	Beaumontia grandiflora Wall.	刹抱龙（傣语）	药用根、叶。性温。祛风湿，散疗活血，接骨。用于风湿关节痛，腰膝痛，跌打损伤，腰肌劳损，骨折。	云南：来源于云南勐腊县。
	刺黄果	Carissa carandas L.		药用木材。用做强壮药。	广西：来源于广西南宁市。北京：来源于北京植物园。
	假虎刺	Carissa spinarum L.	老虎刺、刺郎果、牛角刺	药用根。味苦、辛，性凉。消炎，解毒，止痛。用于黄疸型肝炎，疟疾，风湿性关节炎，痄疖，淋巴腺炎，牙周炎，咽喉炎。	广西：来源于云南昆明市。云南：来源于云南思茅。
	长春花	Catharanthus roseus (L.) G.Don	雁来红、日日新、日日春、红长春花	药用全草。味苦，性寒。有毒。解毒抗癌，清热平肝。用于多种癌肿，高血压，痈肿疮毒，烫伤。	广西：来源于广西南宁市。云南：来源于云南景洪市。海南：来源于海南万宁市。北京：来源于广西。

科名	植物名	拉丁学名	别名	药用部位及功效	保存地及来源
夹竹桃科 Apocynaceae	白长春花	Catharanthus roseus (L.) G.Don cv.albus G.Don	白长春花	药用部位及功效参阅长春花 Catharanthus roseus (L.) G. Don。	广西：来源于广西南宁市。云南：来源于云南景洪市。海南：来源于海南万宁市。
	海杧果	Cerbera manghas L.	牛心茄子	药用树液，种仁。树液催吐，泻下。用于心力衰竭的急性病例。种仁有毒。作麻醉药用，入外科膏药用。	广西：来源于广西合浦县。云南：来源于云南勐腊县。海南：来源于海南万宁市。北京：来源于广西。
	鹿角藤	Chonemorpha eriostylis Pitard	毛柱鹿角藤、黄藤、奶汁藤、沙保弄南（傣语）	药用茎藤。用于风湿骨痛，淋虫，黄疸。	云南：来源于云南省勐腊县。海南：来源于云南勐腊县。
	大叶鹿角藤	Chonemorpha fragrans (Moon) Alston		药用根，根茎，老茎。用于风湿骨痛，淋浊。	广西：来源于云南省勐仑县。
	酸叶胶藤	Ecdysanthera rosea Hook. et Arn.	红背酸藤、厚皮藤、黑风藤	药用全株。味酸，微涩，性凉。利尿消肿，止痛。用于咽喉肿痛，慢性肾炎，肠炎，风湿骨痛，跌打瘀肿。	广西：来源于广西龙州县。云南：来源于云南勐腊县。
	思茅藤	Epigynum auritum (Schneid.) Tsiang et P.T.Li	土杜仲	药用根皮，茎皮。味苦，涩，性温。强筋壮腰。	云南：来源于云南勐腊县。
	单瓣狗牙花	Ervatamia divaricata (L.) Bruk.	狗牙花、狮子花、豆腐花	药用根，叶。味酸，性凉。清热降压，解毒消肿。用于高血压病，咽喉肿痛，痈疽疮毒，跌打损伤。	广西：来源于广西南宁市。云南：来源于云南景洪市。海南：来源于海南万宁市。
	重瓣狗牙花	Ervatamia divaricata (L.) Burk.cv.Gouyahua	狗牙花、风沙门（傣语）	药用根，叶，花。味苦，辛，性凉。根，骨折。叶，用于咽喉肿痛，头痛，降压。花，花清热解毒，利水消肿，头痛，疮疥。用于高血压，目赤肿痛，蛇咬伤。	广西：来源于广西南宁市。云南：来源于云南景洪市。海南：来源于海南万宁市。

科名	植物名	拉丁学名	别名	药用部位及功效	保存地及来源
	海南狗牙花	Ervatamia hainanensis Tsiang	独根木、山揽、椒树、震天雷、艾角青、鸡爪花	药用根、叶。味苦、辛，性凉。有小毒。用于高血压症。清热解毒，止痛，咽喉肿痛，风湿关节痛，胃痛，痢疾；外用于乳痈，疔肿，毒蛇咬伤，跌打损伤。叶味苦，性凉。有小毒。消炎止痛。用于痄疮，跌打肿痛，毒蛇咬伤。	海南：来源于海南万宁市。北京：来源于海南。
	药用狗芽花	Ervatamia officinalis Tsiang		药用根。清热解毒，散结利咽，散寒止痛。用于肚痛，喉痛。	海南：来源于海南万宁市。北京：来源于海南。
	止泻木	Holarrhena antidysenterica Wall.ex A.DC	泻痢木、埋母（傣语）	药用树皮。味苦，性凉。行气止痢，杀虫。用于痢疾，肠胃胀气。	广东：来源于广东。云南：来源于云南景洪市。海南：不明确。
	仔楝树	Hunteria zeylanica (Retz.) Gard.ex Thw.		药用根。消肿止痛。用于毒蛇咬伤。跌打损伤。	海南：来源于广西药用植物园。
夹竹桃科 Apocynaceae	腰骨藤	Ichnocarpus frutescens (L.) W.T.Ait	犁田公藤、羊角藤	药用种子。味苦，性平。祛风除湿，通络止痛。用于风湿痹痛，跌打损伤。	广西：来源于广西龙州县。
	海南蕊木	Kopsia hainanensis Tsiang		药用果、叶。味苦、辛，性凉。有毒。舒筋活络，消炎止痛，扁桃体炎，风湿骨痛，水肿。用于咽喉肿木，四肢麻木，	海南：来源于海南万宁市。
	蕊木	Kopsia lancibracteolata Merr.			海南：来源于海南热带植物园。
	云南蕊木	Kopsia officinalis Tsiang et P.T.Li	柯蒲木、麻蒙、嘎梭（傣语）	药用叶、果实、树皮。味辛，性凉。叶，果实味苦，解毒。用于咽喉肿痛，四肢麻木。树皮味苦，有毒。止痛，舒筋活络，乳蛾，风湿骨痛，用于消肿。	广西：来源于云南省勐仑县。云南：来源于云南景洪市。海南：来源于云南西双版纳药用植物园。北京：来源于云南。
	尖山橙	Melodinus fusiformis Champ.ex Benth.	驳筋树、青竹藤、藤皮黄	药用枝叶。味苦、辛，性平。祛风湿，活血，用于风湿痹痛，跌打损伤。	广西：来源于广西金秀县。

科名	植物名	拉丁学名	别名	药用部位及功效	保存地及来源
	思茅山橙	Melodinus henryi Craib		药用果实。味甘、微辛，性寒。解热，镇痉，活血散瘀（胸膜炎），骨折，扭挫青肿。	云南：来源于云南勐海县。
	山橙	Melodinus suaveolens Champ.ex Benth.	铜锣锤、猴子果	药用果实、叶。行气，有小毒。腹症胸满，胃气痛，消积，小儿疳积，皮肤热毒，湿疹挤癞，叶味苦，性凉。清热利尿，消肿止痛，用于肾炎水肿，小便不利，风湿热痹，跌打肿痛。	广西：来源于广西上思县。海南：来源于海南万宁市。
	薄叶山橙	Melodinus tenuicaudatus Tsiang et P.T.Li		药用果实。味甘，微辛，性寒。解热，镇痉，活血散瘀，消炎止痛。用于小儿角弓反张（脑膜炎），骨折。	云南：来源于云南勐腊县。
夹竹桃科 Apocynaceae	夹竹桃	Nerium indicum Mill.	柳叶桃、红花夹竹桃、白羊桃、四季红	药用叶及全株。味辛、苦、涩，性温。有毒。强心，利尿，祛痰杀虫，用于心力衰竭、癫痫，外用于甲沟炎，斑秃，杀蝇，全株有毒。发汗，祛痰，散瘀，止痛，解毒，透疹，用于哮喘，羊癫痫，心力衰竭，杀蝇，灭孑孓。	云南：来源于云南景洪市。海南：来源于海南万宁市。北京：来源于北京。湖北：来源于湖北恩施。
	白花夹竹桃	Nerium indicum Mill. cv.Paihua	指甲桃	药用树皮。有毒。强心，杀虫，用于心力衰竭，癫痫，外用于甲沟炎，斑秃。	广西：来源于广西南宁市。云南：来源于云南景洪市。北京：来源于北京。
	欧洲夹竹桃	Nerium oleander L.	四季红	药用叶、枝皮。味苦，性寒。有大毒。强心利尿，祛痰定喘，镇痛，祛瘀，用于心脏病心力衰竭，喘咳，癫痫，跌打肿痛，血瘀经闭。	广西：来源于广西南宁市。
	玫瑰树	Ochrosia borbonica Gmel.	沙漠玫瑰	药用全株。含多种生物碱，有抗癌活性。	广西：来源于广东省广州市。海南：来源于海南万宁市。
	钝叶鸡蛋花	Plumeria obtusa L.	蛋花	药用部位及功效参阅鸡蛋花 Plumeria rubra L. cv. Acuifolia。	云南：来源于景洪市。

科名	植物名	拉丁学名	别名	药用部位及功效	保存地及来源
	红鸡蛋花	*Plumeria rubra* L.	红花鸡蛋花	药用花、树皮。清热解暑，利湿，止咳。	广西：来源于云南勐仑县。云南：来源于云南。海南：来源于海南万宁市。
	鸡蛋花	*Plumeria rubra* L. cv. *Acutifolia*	大季花、鸭脚木、缅栀子、哥罗章巴蝶（傣语）	药用花、茎皮。味甘、微苦，性凉。用于感冒发热，肺热咳嗽，湿热黄疸，泄泻痢疾，尿路结石，预防中暑。	广西：来源于广西崇左市。云南：来源于云南景洪市。海南：来源于海南万宁市。北京：来源于广东。
	帘子藤	*Pottsia laxiflora* (Bl.) O. Ktze.	菜豆藤、花拐藤	药用根。味苦、辛，性微温。祛风除湿，活血通络。用于风湿痹痛，跌打损伤，妇女闭经。	广西：来源于广西南宁市。
夹竹桃科 Apocynaceae	古巴萝芙木	*Rauvolfia cubana* A.DC.		药用根。清热，凉血，解毒，接骨。用于感冒发热，风湿，骨折。	云南：来源于云南勐腊县。
	风湿木	*Rauvolfia latifrons* Tsiang	阔叶萝芙木、山熊胆、奎宁木	药用根、茎、胆。祛风活血，疟疾，高血压病；外用于接骨。用于风湿痹痛，	广西：来源于广西天等县。
	霹雳萝芙木	*Rauvolfia perakensis* King et Gamble		药用根。降血压。用于高血压症。	广西：云南：来源于云南景洪市。海南：来源于马来西亚。
	印度萝芙木	*Rauvolfia serpentina* (L.) Benth.ex Kurz	蛇根木	药用根、茎皮、叶。味苦，性凉。清热，降肝火，消肿毒，降压。用于高血压症，感冒发热，咽喉肿痛，头痛眩晕吐泻，风痒疹疥，虫蛇咬伤。	云南：来源于印度。
	印尼萝芙木	*Rauvolfia sumatrana* Jack			海南：不明确。
	四叶萝芙木	*Rauvolfia tetraphylla* L.	异叶萝芙木	药用根、树汁。清热，凉血解毒。根用于高血压，利尿，树汁用于催吐，泻下，祛痰，消肿。	广西：来源于日本、法国。云南：来源于云南景洪市。海南：不明确。北京：来源于云南。

科名	植物名	拉丁学名	别名	药用部位及功效	保存地及来源
	倒披针叶萝芙木	*Rauwolfia verticillata* (Lour.) Baill. var. *oblanceolata* Tsiang		药用全草、根。味苦，性寒。清热凉血。用于高血压，跌打，刀伤。	云南：来源于云南景洪市。
	药用萝芙木	*Rauwolfia verticillata* (Lour.) Baill. var. *officinalis* Tsiang	奎宁树、大叶萝芙木	药用根。有小毒，镇静，降压，活血止痛，清热解毒。用于高血压病，感冒头痛，咳嗽胃脘痛，疟疾。	广西：来源于广西龙州县。
	萝芙木	*Rauwolfia verticillata* (Lour.) Baill.	风湿木、刀伤药、十八爪、野辣椒	药用根、茎、叶。根味苦、微辛，性凉。清热，降压，宁神。用于感冒发热，头痛身痛，咽喉肿痛，眩晕，失眠。茎、叶味苦，性凉。清热解毒，活血消肿，降压。用于咽喉肿痛，高血压，跌打瘀肿，疮疖，毒蛇咬伤，高血压。	广西：来源于广西南宁市、龙州县。 云南：来源于云南勐腊县。 海南：来源于海南万宁市。 北京：来源于广东、海南、广西。
Apocynaceae	海南萝芙木	*Rauwolfia verticillata* (Lour.) Baill. var. *hainanensis* Tsiang	红果萝芙木、山番椒	药用全株、根及叶。全株用于高血压症、带下病、淋浊、月经不调、疝气、咽喉痛。根用于高血压症，头痛，眩晕，失眠，高热不退。叶外用于恶疮、溃疡。	海南：来源于海南万宁市。
夹竹桃科	催吐萝芙木	*Rauwolfia vomitoria* Afz. ex Spreng.		药用根、茎皮、乳汁。根用于高血压，吐呕，下泻。茎皮用于高血压，消化不良，扑痈。乳汁用于腹痛，泻下。	广西：来源于广西省。 北京：来源于北京市。 云南：来源于云南西非。 海南：来源于不明确。
	云南萝芙木	*Rauwolfia yunnanensis* Tsiang	麻三端、辣多（傣语）	药用根。味苦，性凉。有小毒。清火解毒，除风止痛，用于高血压病所致的头昏头痛，胃脘腹胀痛，腮腺，热风所致的眼睛红肿疼痛，疗疮肿痛。	云南：来源于云南景洪市。 海南：来源于云南西双版纳植物园。 北京：来源于云南。

科名	植物名	拉丁学名	别名	药用部位及功效	保存地来源
夹竹桃科 Apocynaceae	羊角拗	Strophanthus divaricatus (Lour.) Hook.et Arn.	羊角、羊角藤、牛角藤	药用根、茎叶味苦、性寒。有大毒。祛风湿、通经络、解痉毒、杀虫。祛湿痹痛，小儿麻痹后遗症，跌打损伤，痈疮、疥癣，祛风通络，解毒杀虫，用于风湿痹痛，小儿麻痹后遗症，跌打损伤，痈肿、疥癣。花味苦，性寒。止血、散瘀。用于刀伤出血，跌打肿痛。	广西：来源于广西南宁市。云南：来源于云南勐腊县。海南：来源于海南万宁市。
	旋花羊角拗	Strophanthus gratus (Wall. et Hook.ex Benth) Baill.		药用种子。强心、利尿。	海南：来源于广西药用植物园。
	箭毒羊角拗	Strophanthus hispidus DC.	棕色毒毛旋花、毒毛羊角拗	药用种子、全株。种子有毒。种子味辛，性温，有毒。用于关节痛，疥癣。全株味苦，杀虫，消肿，育殖，利尿。除湿，消肿，育殖，疥癣。	云南：来源于西非。海南：来源于广西药用植物园。
	黄花夹竹桃	Thevetia peruviana (Pers.) K.Schum	酒杯花、骰果	药用果仁、叶。强心，利尿消肿，阵发性室上性心动过速，降发性心力衰竭，有大毒。强心。用于各种心脏病引起的心力衰竭。果仁味辛，苦，性温。有毒。解毒消肿。用于蛇头疔。叶味辛。	广西：来源于广西南宁市。云南：来源于云南景洪市。海南：来源于海南万宁市。北京：来源于海南。
	红酒杯花	Thevetia peruviana (Pers.) K.Schum cv.Auramiaca		药用果实。强心、利尿。全株及树液有毒。	广西：来源于广西凭祥市。
	络石	Trachelospermum jasminoides (Lindl.) Lem.	乳风绳、爬墙虎、石气柑、软筋藤	药用茎藤。味苦，性微寒。祛风通络，凉血消肿。用于风湿热痹，筋脉拘挛，腰膝酸痛，喉痹，痈肿，跌扑损伤。果实用于筋骨痛。	广西：来源于广西南宁市。北京：来源于杭州植物园。
	蔓长春花	Vinca major L.	攀缘长春花	药用全草。燥湿，杀虫，解毒，止痒。用于痧疹、肠出血、子宫出血、咯血、催乳，保胎，糖尿病。叶外用于疥疮。	广西：来源于浙江省杭州市。北京：来源于波兰。

科名	植物名	拉丁学名	别名	药用部位及功效	保存地及来源
萝藦科 Asclepiadaceae	牛角瓜	*Calotropis gigantea*（L.）Dry. ex Ait.f.	羊浸树、五狗卧花心、哮喘树	药用茎皮、叶、全草。茎皮用于体癣、疥疮。叶味淡、涩、性平。祛痰定喘，用于顿咳、咳嗽痰喘。全草味酸、性平、清热解毒。用于无名肿毒、骨折。	广西：来源于广西宁明县。云南：来源于云南景洪市。海南：来源于海南三亚市。北京：来源于北京。
	白花牛角瓜	*Calotropis procera*（Aiton）Dry.		药用胶乳、花蕾、根皮。胶乳用于象皮病、麻风、溃疡、痔疮、肿瘤、腹泻、寄生虫病、堕胎、解毒蛇咬等。花蕾、根皮用于疟疾发烧。	广西：来源于广西宁明县。
	古钩藤	*Cryptolepis buchananii* Roem. et Schult.	断肠草、海上霸王、白浆藤	药用根。味微苦、性寒。舒筋活络、消肿解毒、利尿。用于跌打骨折、水肿、疥癣、痈痛、腰痛。	广西：来源于广西大新县。
	隔山消	*Cynanchum wilfordii*（Maxim.）Hemsl.	过山飘	药用块根。味甘、性微苦、解毒。补肝肾、强筋骨、健脾胃、解毒。用于肝肾两虚、头昏眼花、失眠健忘、须发早白、阳痿、遗精、腰膝酸软、脾虚不运、脘腹胀满、切欲不振、泄泻、产后乳少、鱼口疮毒。	北京：来源于辽宁千山。湖北：来源于湖北恩施。
	合掌消	*Cynanchum amplexicaule*（Sieb. et Zucc.）Hemsl.		药用根及全草。味苦、辛、性平。清热解毒、祛风湿、活血消肿。用于风湿痹痛、偏头痛、腰痛、月经不调、乳痈、痈肿疔毒。	北京：来源于北京。
	白薇	*Cynanchum atratum* Bunge.	独角牛、石须	药用根、根状茎。味苦、咸、性寒。清热凉血、利尿通淋、解毒疗疮。用于温邪伤热、阴虚发热、骨蒸劳热、产后血虚发热、热淋、血淋、痈疽肿毒。	广西：来源于广西恭城县、靖西县、桂林市、贵州省兴义市。北京：来源于北京。湖北：来源于湖北恩施。
	牛皮消	*Cynanchum auriculatum* Royle ex Wight	飞来鹤、耳叶牛皮消	药用带根全草。味甘、微苦、性平。有小毒。解毒消肿、健胃消积。用于食积腹痛、胃痛、小儿疳积、痢疾、疔疮；外用于毒蛇咬伤、疔疮。	广西：来源于日本。湖北：来源于湖北恩施。

415

科名	植物名	拉丁学名	别名	药用部位及功效	保存地及来源
	尖叶眼树莲	Dischidia australis Tsiang et P.T.Li	石瓜子、南瓜子千金	药用全株。味甘、微酸，性寒。清热，解毒，补气血，消肿痛，用于哮喘，咳嗽，湿痹，疮痒，关节炎。	广西：来源于广西凭祥市。
	白首乌	Cynanchum bungei Decne.	地葫芦、泰山何首乌	药用块根，茎。味苦、甘、涩，性微温。补肝肾，益精血。用于久病虚弱，贫血，须发早白，风痹，腰膝酸软，性神经衰弱，痔疮，肠出血，体虚，茎安神，祛风，止汗。	北京：来源于四川南川，北京。
	蔓剪草	Cynanchum chekiangense M.Cheng		药用根。味辛，性温。理气健胃，祛暑，散瘀消肿，杀虫。用于跌打损伤，疥疮。	湖北：来源于湖北恩施。
	鹅绒藤	Cynanchum chinense R.Br.		药用根，乳汁。根苦，性寒。祛风解毒，健胃止痛。用于小儿食积，乳汁用于常性扰赘。	北京：来源于北京。
萝摩科 Asclepiadaceae	峨眉牛皮消	Cynanchum giraldii Schltr.		药用根，茎。清热解毒，补脾健胃。	湖北：来源于湖北恩施。
	华北白前	Cynanchum hancockianum (Maxim.) Iljin.		药用全草。味辛，性温。有毒，活血，止痛，解毒。用于关节痛，牙痛，秃疮。	北京：来源于北京。
	竹灵消	Cynanchum inamoenum (Maxim.) Loes.	牛角风、九连台	药用根及根状茎，种子。根及根状茎味辛，性平。健脾补肾，化毒，调经活血。用于虚劳久嗽，浮肿，带下病，月经不调，瘰疬，疥疮。种子藏医作为退烧止泻药，并用于胆囊炎。	北京：来源于河北。湖北：来源于湖北恩施。
	日本白前	Cynanchum japonicum Morr.et Decne.		药用根。用于妇女血厥。用做驱风剂。	广西：来源于日本。北京：来源于陕西太白山。
	青洋参	Cynanchum otophyllum Schneid.	奶浆草、白药	药用根。味甘、辛，性温。有小毒。祛风湿，益肾健脾，大毒，解蛇。用于风湿痹痛，肾虚腰痛，腰肌劳损，跌打闪挫，食积，脘腹胀痛，小儿消积，蛇犬咬伤。	广西：来源于云南省昆明市。

科名	植物名	拉丁学名	别名	药用部位及功效	保存地及来源
萝摩科 Asclepiadaceae	徐长卿	*Cynanchum paniculatum* (Bunge) Kitag.	了刁竹、竹叶细辛	药用根、根状茎。味辛、性温。祛风化湿、止痛止痒。用于风湿痹满、牙痛、腰痛、跌扑损伤，等麻疹、湿疹。	广西：来源于本园附近，广西恭城县，河北省安国市。北京：来源于山东。湖北：来源于湖北恩施。
	地梢瓜	*Cynanchum sibiricum* Willd.	羊奶草、婧	药用全草及果实。味甘、性平。益气、通乳。用于体虚乳汁不下；外用于猴子。	北京：来源于辽于千山。
	柳叶白前	*Cynanchum stauntonii* (Decne.) Schltr. ex Lévl.	水杨柳、水丁刁竹	药用根、根状茎。味辛、苦、性微温。降气、消痰、止咳。用于肺气壅实，咳嗽痰多，胸满喘急。	广西：来源于广西恭城县。北京：来源于江西，广西。
	变色白前	*Cynanchum versicolor* Bunge		药用部位及功效阅白薇 *Cynanchum atratum* Bunge.	北京：来源于北京。
	催吐白前	*Cynanchum vincetoxicum* (L.) Pers.	药用白前	药用根、种子。根的制剂有催吐的作用。种子抽提物具有强心作用。	广西：来源于法国。
	昆明杯冠藤	*Cynanchum wallichii* Wight	滇白薇、昆明白前	药用根。味甘、微苦、解毒。用于肾虚腰膝痛，病后体虚，营养不良，跌打损伤，骨折，狂犬咬伤，等麻疹。	广西：来源于云南省昆明市。
	眼树莲	*Dischidia chinensis* Champ. ex Benth.	瓜子金、上树瓜子、石仙桃	药用全株。味甘、微苦，性凉。清热解毒，杀虫止痒。用于目赤肿痛，疗疮疖肿，疥癣。	广西：来源于广西恭城县。海南：来源于海南万宁市。
	金瓜核	*Dischidia esquirolii* (Lévl.) Tsiang	黔越瓜子金、上树瓜子	药用全草。味甘、微酸，性寒。清热消肿，凉血解毒。	云南：来源于云南省景洪市。
	小叶眼莲树	*Dischidia minor* (Vahl) Merr.	小瓜子金	药用叶。用于高热不语，小儿腹部硬，腮肿大，眼肿痛。	海南：来源于海南万宁市。

科名	植物名	拉丁学名	别名	药用部位及功效	保存地及来源
萝摩科 Asclepiadaceae	南山藤	*Dregea volubilis* (L. f.) Benth.ex Hook.f.	苦藤、假夜来香、羊角藤、嘌吻牧（傣语）	药用茎、根。味苦，性凉，止呕。除风，消肿止痛，清火解毒，气管炎，心前区疼痛，胃脘痛，痢疾、便血、痔疾、风湿痹痛，偏嗽、妊娠呕吐，睾丸炎。	云南：来源于云南景洪市。海南：来源于海南万宁市。
	钉头果	*Gomphocarpus fruticosus* (L.) R.Br		药用地上部分。味甘，性平。健脾和胃，益脾。用于小儿呕吐，泄泻，不思纳食，肺痨咳嗽。	广西：来源于云南省昆明市，日本。北京：来源于广西。
	匙羹藤	*Gymnema sylvestre* (Retz.) Schult.	心脉黄、细叶羊角扭	药用根或嫩枝叶。味微苦，性凉，有毒。祛风止痛，解毒消肿。用于风湿湿痹痛，咽喉肿痛，瘰疬、乳痈，疮疖、湿疹，无名肿毒，毒蛇咬伤。	广西：来源于广西梧州市。
	云南匙羹藤	*Gymnema yunnanense* Tsiang		药用根、叶。味苦、微辛，性温。健脾消食。用于肉食积滞，消化不良。	广西：来源于云南省。
	催乳藤	*Heterostemama oblongifolium* Cost.	催奶藤、奶汁藤	药用全株。催乳。用于乳汁不下。	云南：来源于云南景洪市。
	球兰	*Hoya carnosa* (L. f.) R.Br.	雪球花、金球花、石梅、厚叶藤	药用藤茎、叶。味苦，性寒。有小毒。清热化痰，解毒消肿，通经下乳。用于流行性乙型肺炎，中耳炎、乳腺炎、痈肿、瘰疬、关节肿痛，产妇乳汁少，乳络不通。	广西：来源于广西恭城县、龙胜县，广东省广州市。云南：来源于云南勐腊县。海南：来源于海南万宁市。北京：来源于云南。
	护耳草	*Hoya fungii* Merr.	打不死、冯氏球兰	药用全草。用于跌打损伤，脾肿大，吐血，骨折；外用于风湿湿病。	海南：来源于海南万宁市。
	铁草鞋	*Hoya pottsii* Traill.	三脉球兰、三叶球兰、亚球藤、娘藤	药用叶。接筋骨，散瘀消肿，拔脓生肌。用于跌打损伤，骨折，刀枪伤。	海南：来源于海南万宁市。

科名	植物名	拉丁学名	别名	药用部位及功效	保存地及来源
萝摩科 Asclepiadaceae	通关藤	Marsdenia tenacissima (Roxb.) Wight et Arn.	通光藤、通光散、通关散、大苦藤、黑骨烘（傣语）	药用茎、根、叶。味苦，性微寒。清热解毒，止咳平喘，利湿通乳，抗癌。用于咽喉肿痛，肺热咳喘，湿热黄疸，小便不利，乳汁不通，疮疖，癌肿。	广西：来源于广西那坡县。云南：来源于云南景洪市。
	蓝叶藤	Marsdenia tinctoria R.Br.	肖牛耳菜、肖羊耳藤、牛角豆	药用茎、果实。茎用于风湿骨痛，肝肿大。果实用于胃脘痛。	云南：来源于云南景洪市。
	华萝摩	Metaplexis hemsleyana Oliv.	小隔山消、奶浆藤	药用全草。味苦、涩，性寒。补肾强壮，通乳利尿。用于肾亏遗精，少乳，跌打劳伤。	湖北：来源于湖北恩施。
	萝摩	Metaplexis japonica (Thunb.) Mak.	斫合子	药用全草。味甘、辛，性平。补肾强壮，行气活血，消肿解毒。用于虚损劳伤，阳痿，带下病，乳汁不通，丹毒疮肿，果实味辛，性温。补虚助阳，止咳化痰。用于体质虚弱，痰喘咳嗽，顿咳，阳痿，遗精；外用于创伤出血。根味甘，性温。补气益精。用于体质虚弱，阳痿，带下病，乳汁不足，小儿疳积；外用于疔疮，五步蛇咬伤。	北京：来源于辽宁。
	翅果藤	Myriopteron extensum (Wight) K.Schum.	多翅果、野甘草、奶浆果	药用根、茎。根味甘、辛，性平。补中益气，止咳，调经。用于感冒，咳嗽，月经过多，阴挺，脱肛。茎味苦，性寒，润肺，止咳。用于咳嗽，蛔虫病。	云南：来源于云南景洪市。
	尖槐藤	Oxystelma esculentum (L. f.) F.A.Schult.	高冠藤、小双、飞蝴蝶	药用根、全株。根用于跌打损伤，黄疸，牙疡。全株抗溃疡。	云南：来源于云南景洪市。
	红杜仲藤	Parabarium chunianum Tsiang		药用根、叶。根、茎皮祛风活络，强筋壮骨。用于风湿痹痛，跌打损伤。叶用于外伤出血。	广西：来源于广西融水县。
	石萝摩	Pentasachme championii Benth.	假丁习竹、南石苈、凤尾草	药用全草。味苦，性凉。清热解毒。用于肝炎，风火眼痛。	海南：来源南海陵水县罗山。

科名	植物名	拉丁学名	别名	药用部位及功效	保存地及来源
	黑龙骨	Periploca forrestii Schltr.	青蛇胆，飞仙藤	药用根、叶。根味苦、辛，性温。有毒。祛风除湿，通经活络。用于风湿关节痛，跌打损伤，胃痛，消化不良，乳痈，经闭，月经不调，疟疾，外用于骨折。叶含强心苷。	湖北：来源于湖北恩施。
	杠柳	Periploca sepium Bunge	香加皮，山五加皮	药用根皮。味辛，性微温。有毒。祛风湿，强筋骨。用于风湿痹痛，腰腿关节痛，心悸气短，下肢浮肿。	北京：来源于北京、辽宁千山。
	大豹皮花	Stapelia gigantea N.E.Br.		药用茎。用于癫病。	广西：来源于广西南宁市。北京：来源于北京。
	豹皮花	Stapelia pulchella Mass.		清热润肺。	北京：来源于云南。
	须药藤	Stelmatocrypton khasianum (Benth.) Baill	冷水发汗，够哈哦（傣语）	药用全株。味甘、辛，性温。解表温中，祛风通络，止痛行气。用于感冒，咳嗽痰喘，痧胀，胃寒痛，风湿痛。	湖北：来源于湖北恩施。
萝摩科 Asclepiadaceae	马连鞍	Streptocaulon griffithii Hook.f.	古羊藤，小暗消，麻新哈布（傣语）	药用根。味苦、微甘，性凉。清热解毒，散瘀止痛。用于感冒发热，泻痢，胃痛，腹痛，跌打痹痛，毒蛇咬伤。	广西：来源于广西南宁市。云南：来源于云南景洪市。
	夜来香	Telosma cordata (Burm.f.) Merr.	夜香花，夜香藤	药用花。味甘，性凉。清肝明目，去翳。拔毒生肌，用于目赤肿痛，翳膜遮睛，痈疮溃烂。	广西：来源于广西南宁市。海南：不明确。
	三分丹	Tylophora atrofolliculata Me-tc.	双飞蝴蝶，白脚藤	药用根。味微辛，性平。有小毒，祛风，活血，止痛。用于风湿痹痛，跌打肿痛。	广西：来源于广西宜州市。
	绵毛娃儿藤	Tylophora mollissima Wight.	老虎须，通脉丹	药用全草。清肺热，止咳。用于哮喘。	海南：来源于海南万宁市。
	娃儿藤	Tylophora ovata (Lindl.) Hook.ex Steud.	双飞蝴蝶，哮喘草	药用全株。味辛，性温。有小毒，解蛇毒。祛风湿，化痰止咳，散瘀止痛。用于风湿痹痛，咳喘痰多，跌打肿痛，毒蛇咬伤。	广西：来源于广西南宁市。

科名	植物名	拉丁学名	别名	药用部位及功效	保存地及来源
萝藦科 Asclepiadaceae	马利筋	Asclepias curassavica L.	莲生桂子花、野辣椒、透云花、竹林标、红花婆陀陀、山桃花、四季花	药用全草。味苦、性寒。有毒。清热解毒，活血止血，消肿止痛。用于咽喉肿痛、肺热咳嗽、热淋、月经不调、崩漏、带下、痈疮肿毒、湿疹、顽癣、创伤出血。	广西：来源于广西靖西县。云南：来源于美洲。海南：来源于海南万宁市。北京：来源于云南。
	美丽马利筋	Asclepias speciosa Torr.		用于湿疹顽癣，外伤出血，鼻咽癌。	北京：来源于波兰。
	叙利亚马利筋	Asclepias syriaca L.		药用根状茎。发汗，利尿，镇静。	广西：来源于法国。北京：来源于波兰。
	块茎马利筋	Asclepias tuberose L.		药用根状茎。发汗，利尿，驱风，祛痰。叶有抗炎及抑制真菌生长的作用。	广西：来源于美国。
	白叶藤	Cryptolepis sinensis (Lour.) Merr.	扛棺回、细羊角扭	药用全草。味甘、性凉。有小毒。清热解毒，止血，散瘀止痛。用于肺热咳血、肺痨咯血、胃出血、跌打刀伤、蛇虫咬伤。	广西：来源于广西宜州市。
茜草科 Rubiaceae	水团花	Adina pilulifera (Lam.) Franch.ex Drake	水杨梅、假马烟草	药用全株。味苦、涩，性凉。枝叶、花、果清热祛湿，散瘀止痛，止血敛疮。用于菌痢、肠炎、湿疹、溃疡不敛、创伤出血。根皮清热利湿，解毒消肿。用于感冒发热、肺热咳嗽、腮腺炎、肝炎、风湿关节痛。	广西：来源于广西南宁市。海南：来源于海南万宁市。
	水冬哥	Adina racemosa (Sieb. et Zucc.) Miq.	鸡仔木	药用全株。味苦，性凉。清热解毒，活血散瘀。用于感冒发热、胃肠炎、菌痢、风火牙痛、痈疽肿毒、湿疹、跌打损伤、外伤出血。	北京：来源于北京植物园。

科名	植物名	拉丁学名	别名	药用部位及功效	保存地及来源
茜草科 Rubiaceae	细叶水团花	Adina rubella Hance	水红桃、绣球柳、穿鱼草、水石榴	药用全株。地上部分味苦、涩，性凉。清利湿热，解毒消肿。用于湿热泄泻，痢疾、湿疹，外伤出血。打损伤，外伤出血。根味苦、辛，性凉。清热解表，活血解毒。用于感冒发热，咳嗽，腮腺炎，咽喉肿痛，肝炎，风湿关节痛，创伤出血。	广西：来源于广西上林县。北京：来源于浙江、江西。
	团花	Anthocephalus chinensis (Lam.) A.Rich.ex Walp.	黄梁木、大叶黄梁木、墨蔓东（傣语）	药用树皮、叶。树皮味苦，性凉。清热解毒，止痛，降压。用于高血压症。叶用于神经性皮炎，牛皮癣。	广西：来源于广西南宁市。云南：来源于云南景洪市。海南：来源于广西药用植物园。
	毛茶	Antirhea chinensis (Champ. ex Benth.) Forbes et Hemsl.			海南：来源于海南万宁市。
	野车叶草	Asperula arvensis L.		祛风除湿，消食化积，化痰止咳，解毒。	北京：来源于保加利亚。
	糙叶丰花草	Borreria articularis F.N. Will.	铺地毡毛	药用全草。用于鱼剌伤。	海南：来源于海南万宁市。
	丰花草	Borreria pusilla (Wall.) DC.	假蛇舌草、破帽草	药用全草。消炎止痛，散瘀活血。用于跌打损伤，无名肿毒，毒蛇咬伤。	云南：来源于云南景洪市。海南：来源于海南万宁市。
	鱼骨木	Canthium dicoccum (Gaertn.) Teysmet Binn.	白骨木	药用树皮。解热止痛。用于感冒发热，头痛。	广西：来源于广西北海市。
	猪肚木	Canthium horridum Bl.	剌鱼骨木、山石榴、老虎剌、跌随、哈达达剌（哈尼语）	药用叶、根、树皮。清热利尿，活血解毒。用于痢疾，水肿，小便不利，疮毒，跌打肿痛。	广西：来源于广西贺州市。云南：来源于云南勐腊县。海南：来源于海南万宁市。

科名	植物名	拉丁学名	别名	药用部位及功效	保存地及来源
茜草科 Rubiaceae	铁屎米	*Canthium parvifolium* Ro-xb.	埋驾毫扭（傣语）	药用幼枝。幼枝用于痢疾。根驱虫。	云南：来源于云南景洪市。
	山石榴	*Randia spinosa*（Thunb.）Poir.	猪肚筋、山蒲桃、假石榴、猪头果	药用果实、根、叶。味苦、涩，性凉。有毒。祛瘀消肿，解毒，止血，用于跌打肿痛，咽喉肿痛，皮肤疥疮，外伤出血，肿毒。	广西：来源于广西龙州县。云南：来源于云南景洪市。海南：来源于海南万宁市。
	风箱树	*Cephalanthus tetrandrus*（Ro-xb.）Ridsd.et Badh.f.	水泡木、水鸭木、红扎树	药用根、叶、花序。味苦，性凉。根清热利湿、散瘀消肿。叶祛痰止咳，咳嗽，感冒发热。盆腔炎，肝炎，尿路感染，痈肿，睾丸炎，散瘀消肿，用于清热解毒，散疔疮肿毒，跌打骨折，外伤出血，烫伤。花序清热利湿，收敛止泻，用于泄泻，痢疾。	广西：来源于广西南宁市。海南：来源于海南万宁市。
	弯管花	*Chassalia curviflora*（Wall.）Thw.	山椒、叫哈蒿（傣语）	药用全株。全株祛风止痛，舒筋活络。用于风湿痹痛，腰腿酸痛，跌打损伤，骨折，妇女贫血，经闭。根、叶清热解毒。	云南：来源于云南景洪市。海南：来源于海南万宁市。
	金鸡纳树	*Cinchona ledgeriana*（Howard）Moench		药用部位及功效参阅鸡纳树 *Cinchona succirubra* Pav.。	北京：来源于北京植物园。
	鸡纳树	*Cinchona succirubra* Pav.	金鸡纳、金鸡勒、红色金鸡纳、红金鸡纳	药用树皮、枝皮。味苦，性寒。抗疟退热，解痉醒脾。用于疟疾，外感高热，醉酒。	广西：来源于云南省西双版纳州。云南：来源于云南景洪市。
	小果咖啡	*Coffea arabica* L.	小粒咖啡	药用种子。味微苦、涩，性平。用于精神倦怠不振。利尿，健胃。醒神，食欲不振。	广西：来源于广西龙州县。云南：来源于云南景洪市。海南：来源于海南万宁市。北京：来源于北京植物园。
	中果咖啡	*Coffea canephora* Pierre ex Froehn.	中粒咖啡	药用部位及功效参阅小果咖啡 *Coffea arabica* L.。	广西：来源于海南。云南：来源于云南景洪市。海南：来源于海南万宁市。

科名	植物名	拉丁学名	别名	药用部位及功效	保存地及来源
茜草科 Rubiaceae	大果咖啡	Coffea liberica Bull.ex Hien	大粒咖啡	药用部位及功效参阅小果咖啡 Coffea arabica L.。	广西：来源于云南省景洪市。 海南：来源于海南万宁市。
	短刺虎刺	Damnacanthus giganteus (Mak.) Nakai	咳七风、树莲藕、半球莲	药用根。味苦、甘，性平。养血、止血，除湿，舒筋。用于体弱血虚，小儿疳积，肝脾肿大，月经不调，肠风下血，黄疸，风湿痹痛，跌打损伤。	广西：来源于广西防城县。
	虎刺	Damnacanthus indicus Gaertn.f.	黄脚鸡、伏牛花、绣花针	药用根。全株。味苦、甘，性平。祛风利湿，活血消肿。用于风湿痹痛，痰饮咳嗽，肺肿，水肿，痞块，黄疸，经闭，小儿疳积，等麻疹，跌打损伤。	广西：来源于广西恭城县。
	狗骨柴	Diplospora dubia (Lindl.) Masam.	黄毛狗骨柴	药用根。味苦，性凉。清热解毒，消肿散结。用于瘰疬，背痈，头疖，跌打肿痛。	广西：来源于广西灵山县。
	长柱山丹	Duperrea pavettaefolia (Kurz) Pitard	叫勐远（傣语）	药用茎干、根。清热解毒，消肿止痛，用于食物、药物引起的不良反应及各种热毒引起的疗疮脓肿。	云南：来源于云南景洪市。 海南：来源于海南万宁市。
	香果树	Emmenopterys henryi Oliv.	小冬瓜	药用根、树皮。用于反胃，呕吐。	湖北：来源于湖北恩施。
	浓子茉莉	Fagerlindia scandens (Thunb.) Tirv.	猪肚木、猪肚簕	药用根。利水，消肿止痛。用于黄疸，跌打损伤。	海南：来源于海南万宁市。
	原拉拉藤	Galium aparine L.		清热利尿，凉血解毒，消肿。	北京：来源于云南。
	猪殃殃	Galium aparine L. var. tenerum (Gren. et Godr.) Rchb.	八仙草、拉拉藤	药用全草。味辛、微苦，性微寒。清热解毒，利尿通淋，消肿止痛。用于痈疽肿毒，乳腺炎，阑尾炎，水肿，尿路感染，感冒发热，痢疾，刀伤出血，牙龈出血。	广西：来源于广西靖西县。
	六叶葎	Galium asperuloides Edgew. var. hoffmeisteri (klotzsch) Hand.-Mazz.	土茜草	药用全草。清热解毒，止痛，止血。用于感冒，肠炎，小儿口疮，痛疖肿毒，跌打损伤。	湖北：来源于湖北恩施。

（续表）

科名	植物名	拉丁学名	别名	药用部位及功效	保存地及来源
	蓬子菜	*Galium verum* L.	土黄连、白茜草、黄牛尾	药用全草、根。全草味辛、苦，性寒。清热解毒，活血破瘀，利尿，通经，止痒。用于肝炎，风热咳嗽，咽喉肿痛，稻田皮炎，癍疹，顶疮痈肿，跌打损伤，骨折，妇女血气痛，阴道滴虫病，蛇咬伤。根味甘，性寒。清热止血，活血祛瘀，用于吐血、衄血、血崩、尿血，月经不调，腹痛，瘀血肿痛，跌打损伤，痢疾。	北京：来源于南京。
茜草科 Rubiaceae	海南栀子	*Gardenia hainanensis* Merr.		药用果实。清热利湿，泻火解毒。	海南：来源于海南万宁市。
	重瓣栀子	*Gardenia jasminoides* Ellis var.*fortuniana* Lindl.	白蝉	药用果实、花，性寒。清肺止咳，凉血止血。用于肺热咳嗽，鼻衄。	广西：来源于广西南宁市。云南：来源于云南景洪市。海南：来源于海南万宁市。
	栀子	*Gardenia jasminoides* Ellis	山枝子、黄栀子、红枝子	药用果实、花、叶、根。果实味苦，性寒。泻火除烦，清热利湿，凉血解毒。用于热病心烦，黄疸尿赤，血淋涩痛，火毒疮痈；外用治扭挫伤痛。花味苦，性寒。清肺止咳，凉血止血。叶味苦、涩，性寒。活血消肿，疗毒。用于跌打损伤，疔毒，痔疮。根味甘、苦，性寒。清热凉血，泻火除烦。用于黄疸型肝炎，吐血，感冒高热，肾炎水肿，痢疾，尿路感染，乳腺炎，风火牙痛，疮痈肿毒，跌打损伤。	广西：来源于广西南宁市。云南：来源于云南景洪市。海南：来源于海南屯昌。北京：来源于北京。湖北：来源于湖北恩施。
	斑叶栀子	*Gardenia jasminoides* Ellis cv.*variegata*		药用部位及功效阅栀子 *Gardenia jasminoides* Ellis.	广西：来源于广东省深圳市。
	大花栀子	*Gardenia jasminoidos* Ellis. var.*grandiflora* Nakai	栀子花	药用果实、根、叶。果实味苦，性寒。清热解毒，用于热毒，扭伤，鼻衄。根炎水肿，性平，解热凉血，镇静止痛，疏风除湿，用于黄疸，关节痛，风火牙痛。叶味涩，性平。消肿毒，用于跌打损伤。	北京：来源于北京。

425

（续表）

科名	植物名	拉丁学名	别名	药用部位及功效	保存地及来源
	水栀子	*Gardenia radicans* Thunb.		药用果实、叶、根。果实散热毒。用于扭伤、叶消肿用于跌打损伤、镇静止痛、关节炎、牙痛。根祛风除湿。用于解热凉血。用于黄肿黄疸。	广西：原产于广西药用植物园。
	大黄栀子	*Gardenia sootepensis* Hutch.	糯帅荟（傣语）	药用果实、叶、花、种子。解热、止血、消炎、泻火、利尿。用于充血性炎症、目赤热痛、吐血、衄血、赤痢；外用消肿毒、舒筋活血。	云南：来源于云南景洪市。
	狭叶栀子	*Gardenia stenophylla* Merr.	小果栀子、水栀子	药用果实、花。味苦、性寒。清热解毒，利尿止血。用于黄疸型肝炎、胆结石、胆囊炎，小儿高热惊风、心悸烦躁。	海南：来源于海南万宁市。
	爱地草	*Geophila herbacea* (L.) O. Ktze.	出山虎、边耳草	药用全草。消肿、排脓、止痛。用于胃脘痛；外用于蛇咬伤、跌打损伤、骨折、外伤肿痛。	云南：来源于云南勐腊县。
茜草科 Rubiaceae	长隔木	*Hamelia patens* Jacq.	红茉莉、开展哈梅木	药用叶。外用于脚真菌感染、炎症、创伤、红色丘疹。	广西：来源于广西南宁市。
	广花耳草	*Hedyotis ampliflora* Hance	牛白藤、亚婆巢、土五加皮	药用全株。止血消肿、消热利湿，舒筋活络。用于肝胆湿热、跌打扭伤，筋骨酸痛，腰腿酸痛、筋骨无力、风湿关节痛，痔疮出血、跌打损伤。叶消热祛风。用于感冒、肺热咳嗽，肠炎；外用于湿疹、皮肤瘙痒、带状疱疹。	海南：来源于海南万宁市。
	耳草	*Hedyotis auricularia* L.	节节花、黑心草	药用全草。味苦、性凉。清热解毒，凉血消肿。用于感冒发热、肺热咳嗽，咽喉肿痛，肠炎、痢疾，痔疮出血，乳腺炎，痈疮肿痛，湿疹，毒蛇咬伤、跌打损伤。	广西：来源于广西南宁市。海南：来源于海南万宁市。
	双花耳草	*Hedyotis biflora* (L.) Lam.	青骨蛇	药用全草。消肿止痛。用于疮疖。	海南：来源于海南万宁市。
	中华耳草	*Hedyotis cathayana* Ko.			海南：来源于海南万宁市。

426

科名	植物名	拉丁学名	别名	药用部位及功效	保存地及来源
茜草科 Rubiaceae	剑叶耳草	Hedyotis caudatifolia Merr. et Metcalf	少年红	药用全草。味甘，性平。止咳化痰，健脾消积。用于支气管炎，小儿疳积，肺痨咯血，跌打损伤，外伤出血。	广西：来源于广西金秀县、桂林市。
	金毛耳草	Hedyotis chrysotricha (Palib.) Merr.	黄毛耳草、节节花、布筋草	药用全草。味苦，性凉。清热利湿，消肿解毒。用于湿热黄疸，泄泻，痢疾，带状疱疹，肾炎水肿，乳糜尿，跌打肿痛，毒蛇咬伤，疮疖肿毒，血崩，白带，外伤出血。	广西：来源于广西桂林市。
	伞房花耳草	Hedyotis corymbosa (L.) Lam.	蛇舌草、鹅不食草	药用全草。味甘，淡，性凉。清热解毒，利尿消肿，活血止痛。用于恶性肿瘤，阑尾炎，肝炎，泌尿系感染，支气管炎，扁桃体炎，喉炎，跌打损伤；外用于疮疖痈肿，毒蛇咬伤。	广西：来源于广西南宁市。海南：来源于海南万宁市。
	脉耳草	Hedyotis costata (Roxb.)	黑节草、节节草	药用全草。味辛，微苦，性温。清热除湿，消炎消肿。用于痔疾，肝炎，风湿骨痛，骨折肿痛，眼结膜炎，外伤出血。	广西：原产于广西药用植物园。
	闭花耳草	Hedyotis cryptantha Dunn			海南：来源于海南万宁市。
	白花蛇舌草	Hedyotis diffusa Willd.	蛇利草、丁哥利、龙利草、蛇舌草、舌付草、龙舌草	药用全草。味苦，甘，性寒。清热解毒，利湿。用于肺热喘咳，咽喉肿痛，肠痈，疔肿疮疡，毒蛇咬伤，热淋涩痛，水肿，肠炎，湿热黄疸，癌肿。	广西：来源于广西南宁市。云南：来源于云南景洪市。海南：来源于海南万宁市。北京：来源于江西。
	牛白藤	Hedyotis hedyotidea (DC.) Merr.	藤耳草、白藤草	药用茎叶、根。味甘，淡，性凉。茎叶清热解毒，用于风热感冒，中暑高热，肠炎，皮肤湿疹，带状疱疹，肺热咳嗽。根凉血解毒，祛瘀消肿。用于风湿性腰腿痛，痈疮肿毒，跌打损伤，痔疮出血。	广西：来源于广西南宁市。

科名	植物名	拉丁学名	别名	药用部位及功效		保存地及来源
	松叶耳草	*Hedyotis pinifolia* Wall. ex G. Don	丁哥舌、乌舌草	药用全草。味辛，性凉。消肿止痛。用于跌打损伤，疮痈，毒蛇咬伤。	海南：	来源于海南万宁市。
	凉喉茶	*Hedyotis scandens* Roxb.	理肺散、接骨丹、芽端项（傣语）	药用全株。味凉，性凉。清火解毒，利水化石，祛风除湿，续筋接骨，消肿止痛。用于小便热涩疼痛，尿频，咳嗽不退，高热不退，痧子中毒，肢体关节酸痛重着，屈伸不利，跌打损伤，骨折。	云南：	来源云南景洪市。
	纤花耳草	*Hedyotis tenelliflora* Bl.	石枫药、蛇舌草、石耳草、尖刀草、虾子草	药用全草。味微苦、平，性寒。清热解毒，活血止痛。用于肺热咳嗽，慢性肝炎，阑尾炎，痢疾，风火牙痛，小儿疳气，跌打损伤，蛇咬伤。	广西： 云南： 海南：	来源于广西南宁市。 来源于云南景洪市。 来源于海南万宁市。
	方茎耳草	*Hedyotis tetrangularis* (Korth.) Walp.	白衣草	药用全草。清热解毒。用于急慢性肝炎，肺结核。	广西：	原产于广西药用植物园。
	粗叶耳草	*Hedyotis verticillata* (L.) Lam.	锅老根、杀虫草	药用全草。味苦，性寒。清热解毒，消肿止痛。用于小儿麻痹症，风湿痹痛，胃肠炎，咽喉痛，蛇虫咬伤，疔疮疖肿。	广西： 云南：	来源于广西武鸣县。 来源于云南景洪市。
	土连翘	*Hymenodictyon flaccidum* Wall.	梅宋戈（傣语）	药用树皮、叶。味苦，性凉。清热解毒，止咳，抗疟。用于外感高热，咳嗽痰多，疟疾等。叶外用于关节红肿，疮疖肿毒。	云南：	来源于云南景洪市。
茜草科 Rubiaceae	龙船花	*Ixora chinensis* Lam.	百日红、罗伞木、红缨花、大将军、仙丹	药用花、茎叶。花味甘、淡，性凉。清热凉血，散瘀止痛。用于高血压，月经不调，闭经，跌打损伤，疮疡疖肿，茎叶味苦，性凉。散瘀止痛，解毒疗疮。用于跌打伤痛，风湿骨痛，疮疡肿毒。	广西： 云南： 海南： 北京：	来源于广西南宁市。 来源于云南景洪市。 不明确。 来源于云南。

科名	植物名	拉丁学名	别名	药用部位及功效	保存地及来源
茜草科 Rubiaceae	绯红龙船花	*Ixora coccinea* L. var. *coccinea*	红仙丹草	药用叶。止痢。用于痢疾。	广西：来源于广东省湛江市。
	黄龙船花	*Ixora coccinea* L. var. *lutea* Corner	黄仙丹花	药用全株。味甘，性凉。活血化瘀，凉血止血。用于跌打肿痛，闭经，痛经，风湿关节痛，高血压头痛，胃痛，咯血，吐血。	广西：来源于广东省湛江市。云南：来源于云南景洪市。海南：不明确。
	散花龙船花	*Ixora effusa* Chun et How			海南：来源于海南万宁市。
	海南龙船花	*Ixora hainanensis* Merr.			海南：来源于海南万宁市。
	长叶龙船花	*Ixora nienkui* Merr. et Chun		药用全株。清热解毒，消炎利尿，祛风利湿，调经去带。	北京：来源于云南。
	小仙龙船花	*Ixora philippinensis* Merr.			北京：来源于海南。
	白花龙船花	*Ixora henryi* Lévl.	白骨木、绣球花、白仙丹	药用全株。清热消肿，止痛，接骨。用于痈疮肿毒，骨折。	海南：来源于海南万宁市。北京：来源于杭州植物园。
	假红芽大戟	*Knoxia corymbosa* Willd.	山必时	药用全草。用于经闭，贫血，跌打损伤。根用于小儿风热咳喘。	海南：来源于海南万宁市。
	红大戟	*Knoxia valerianoides* Thorel ex Pitard	红芽大戟、红心薯、黄鸡薯	药用根。味苦，性寒。有小毒。泻水逐饮，攻毒消肿，散结。用于胸腹积水，二便不利，痈肿疮毒，瘰疬。	广西：来源于广西宁明县。海南：来源于海南万宁市。
	粗叶木	*Lasianthus chinensis* Benth.	木黄	药用根、全株、叶。根味甘、涩，性平、补肾活血，行气驱风，止痛。用于风湿腰腿痛，骨痛。全株、叶清热，解毒，除湿。用于湿热黄疸症。	海南：来源于海南琼中县。
	鸡屎树	*Lasianthus hirsutus* (Roxb.) Merr.			海南：来源于海南保亭县。

（续表）

科名	植物名	拉丁学名	别名	药用部位及功效	保存地及来源
茜草科 Rubiaceae	钟萼粗叶木	Lasianthus trichophlebus He-msl.		药用茎。利湿。用于面黄，肢软无力。	海南：来源于海南万宁市。
	野丁香	Leptodermis potanini Batalin		药用全草。祛湿止痒，收敛消炎。用于湿疹，皮肤瘙痒。	广西：来源于云南省昆明市。
	狭叶巴戟	Morinda angustifolia Roxb. ex DC.	沙腊（傣语）	药用根皮。味苦，性凉。清热解毒，利胆退黄，杀虫止痒，敛疮生肌。用于黄疸型肝炎，过敏性皮炎，漆疮。	云南：来源于云南景洪市。
	短柄巴戟天	Morinda brevipes S.Y.Hu	短柄鸡眼藤		海南：来源于海南保亭县。
	海巴戟天	Morinda citrifolia L.	海滨木巴戟、橘叶巴戟天	药用根皮。驱风，强壮。含激素苷，对麻醉狗有降压作用。	海南：来源于海南陵水市。北京：来源于广西。
	大果巴戟天	Morinda cochinchinensis DC.	毛鸡眼藤、三角藤、黄心藤、酒饼藤	药用根。味辛，微苦，性凉。祛风除湿，宣肺止咳，感冒，用于风湿痹痛，支气管炎，上呼吸道感染。	广西：来源于广西隆安县。海南：来源于海南陵水市。
	海南巴戟天	Morinda hainanensis Merr. et How			海南：来源于海南保亭县。
	巴戟天	Morinda officinalis How	兔儿肠、鸡肠风、鸡眼藤	药用根。味辛，甘，性微温。补肾阳，强筋骨，祛风湿。用于阳痿遗精，宫冷不孕，月经不调，少腹冷痛，筋骨痿软。	广西：来源于广西钦州市。云南：来源于云南勐腊县。海南：来源于海南万宁市。北京：来源于广西。
	毛巴戟天	Morinda officinalis How var. hirsuta How	巴戟	药用根。补肾阳，强筋骨，祛风湿。用于阳痿遗精，宫冷不孕，月经不调，风湿痹痛，筋骨痿软。	海南：来源于海南万宁市。

（续表）

科名	植物名	拉丁学名	别名	药用部位及功效	保存地及来源
茜草科 Rubiaceae	细叶巴戟天	Morinda parvifolia Bartl. ex DC.	百眼藤、小叶羊角藤、鸡眼藤	药用全株。味甘，性凉。清热止咳，和胃化湿，散瘀止痛。用于感冒咳嗽，百日咳，消化不良，跌打损伤，腰肌劳损，湿疹。	广西：来源于广西南宁市。海南：来源于海南万宁市。
	羊角藤	Morinda umbellata L. ssp. obovata Y.Z.Ruan	糖藤	药用全株。祛风除湿，止血止痛。用于胃痛，风湿性关节痛。叶外用于创伤出血。	海南：来源于海南陵水市。
	厚叶白纸扇	Mussaenda erosa Champ.	楠藤、马仔藤	药用茎、叶。味微苦，性凉。清热解毒，消肿。用于感冒，疗疮。	海南：来源于海南万宁市。
	红纸扇	Mussaenda erythrophylla Schum.et Thonn.	粉红纸扇、红玉叶金花	药用根。咀嚼作开胃剂，祛痰剂。	广西：来源于广东省广州市。海南：来源于海南万宁市。
	大叶白纸扇	Mussaenda esquirolii Lévl.	合叶通草、铁尺树	药用茎叶。味苦、微甘，性凉。清热解毒，解暑利湿。用于感冒，中暑高热，咽喉肿痛，痢疾，泄泻，小便不利，无名肿毒，毒蛇咬伤。	广西：来源于上海市。湖北：来源于湖北恩施。
	洋玉叶金花	Mussaenda frondosa L.	白纸扇	用于小儿咳嗽。	广西：来源于福建省厦门市。海南：来源于海南万宁市。
	海南玉叶金花	Mussaenda hainanensis Merr.	加迈茉藤	药用根。清热解毒。	海南：来源于海南万宁市。
	粗毛玉叶金花	Mussaenda hirsutula Miq.		药用茎、叶。清热解毒，祛风利湿。用于风湿感冒，咽喉炎，中暑，暑湿泄泻，痢疾，疮疡脓肿，跌扑损伤，毒蛇咬伤。	海南：来源于海南万宁市。
	红毛玉叶金花	Mussaenda hossei Craib	叶天天花、期里、广叶里（傣尼语）	药用根。味甘，淡，性平。清热解毒，凉血止血，抗疟。用于疟疾。	云南：来源于云南景洪市。

科名	植物名	拉丁学名	别名	药用部位及功效	保存地及来源
茜草科 Rubiaceae	广西玉叶金花	Mussaenda kwangsiensis Li		药用根、果实。根用于风湿骨痛。果实用于腹泻。	广西：来源于广西金秀县。
	膜叶玉叶金花	Mussaenda membranifolia Merr.			海南：来源于海南万宁市。
	玉叶金花	Mussaenda pubescens Ait.f.	山甘草、白常山、白纸扇	药用茎叶、根。茎叶味甘、微苦，性凉。清热利湿，解毒消肿。用于感冒中暑发热，咳嗽，咽喉肿痛，泄泻，痢疾，肾炎水肿，湿热小便不利，疮疡脓肿，毒蛇咬伤。根味苦，性寒。有毒。解热抗疟。用于疟疾。	广西：原产于广西药用植物园。云南：来源于云南景洪市。
	密脉木	Myrioneuron faberi Hemsl.		药用全株。用于跌打损伤。	广西：来源于广西金秀县。
	药乌檀	Nauclea officinalis Pierre ex Pitard	山熊胆、熊胆树	药用根、茎、树皮。性苦，性寒。清热解毒，消肿止痛。用于感冒发热，急性扁桃体炎，咽喉炎，支气管炎，肺炎，泌尿系感染，肠炎，痢疾胆囊炎，外用于乳腺炎，痈疖脓肿。	海南：来源于海南琼中县。湖北：来源于湖北恩施。
	日本蛇根草	Ophiorrhiza japonica Bl.	蛇根草、钻地风、活血丹、散血草	药用全草。味淡，性平。祛痰止咳，活血调经。用于咳嗽，劳伤吐血，大便下血，痛经，月经不调，筋骨疼痛，扭挫伤。	广西：来源于广东省广州市。
	绿蛇根草	Ophiorrhiza pumila Champ. ex Benth.	短小蛇根草	药用全草。味苦，性寒。消肿，解毒。用于感冒高热，顿咳，外伤感染，痈疽肿毒，毒蛇咬伤。	海南：来源于海南万宁市。
	广西鸡屎藤	Paederia pertomentosa Merr. ex Li	狗屁藤	药用根、全株、叶。根用于肺痨。全株用于痈疮肿痛，毒蛇咬伤。叶消积食，祛风湿。	湖北：来源于湖北恩施。

科名	植物名	拉丁学名	别名	药用部位及功效	保存地及来源
茜草科 Rubiaceae	鸡矢藤	*Paederia scandens* (Lour.) Merr.	鸡屎藤、狗尾藤、雀儿藤、解暑藤、黑多吗（傣语）	药用全草、果实。味甘、微苦，性平。祛风除湿，祛风止痛。用于风湿痹痛，小儿疳积，腹泻，痢疾，中暑，肝炎，肝脾肿大，咳嗽，瘰疬，烫火伤，皮名肿痛，胸湿肿烂，蛇咬蝎螫，果实解毒生肌。用于毒虫螫伤，冻疮。	广西：来源于广西南宁市。云南：来源于云南景洪市。海南：来源于海南万宁市。北京：来源于浙江。湖北：来源于湖北恩施。
	毛鸡矢藤	*Paederia scandens* (Lour.) Merr. var. *tomentosa* (Bl.) Hand.-Mazz.	红花鸡屎藤、小鸡矢藤	药用全草、根。味酸、甘，性平。祛风除湿，清热解毒，理气化积，活血消肿。用于偏正头风，湿热黄疸，肝炎，痢疾，食积饱胀，跌打肿痛。	广西：来源于广西南宁市。海南：来源于海南万宁市。北京：来源于杭州。
	狭叶鸡屎藤	*Paederia stenobotrya* Merr.			海南：来源于海南万宁市。
	大沙叶	*Pavetta arenosa* Lour.		药用部位及功效参阅香港大沙叶 *Pavetta hongkongensis* Bremek.	云南：来源于云南勐海县。
	香港大沙叶	*Pavetta hongkongensis* Bremek.	香港茜木、满天星、山矾尺	药用根、茎、叶。味苦，性寒。清热，清暑利湿，活血祛瘀。用于感冒发热，中暑，肝炎，跌打损伤，疮疡。	云南：来源于云南景洪市。
	南山花	*Prismatomeris tetrandra* (Roxb.) K.Schum.	三角瓣花、狗骨木、黄根、白狗骨	药用根、叶。根味微苦，利湿退黄，消炎止痛，凉血止血，用于亚急黄疸肝炎，小便淋痛，叶用于疔疮。根用于再生障碍性贫血，风湿关节痛。性粒细胞白血病，牙眼出血，跌打损伤等。性凉。	广西：来源于广西南宁市。云南：来源于云南勐海县。海南：来源于海南万宁市。
	驳骨九节	*Psychotria henryi* Lévl.	滇南九节、毛九节、百样化、茶山虫、黑叶子	药用全株。味苦，性凉。清热解毒，祛风止痛，散瘀止血。用于感冒，咳嗽，肠炎，痢疾，风湿骨痛，跌打损伤，骨折。	广西：来源于广西凭祥市。云南：来源于云南景洪市。

科名	植物名	拉丁学名	别名	药用部位及功效	保存地及来源
茜草科 Rubiaceae	九节	Psychotria rubra (Lour.) Poir.	九节木、山大刀、大罗伞、山大颜、大丁节、吹龙杆	药用嫩枝、叶、根、嫩枝，叶味苦，性寒。清热解毒，祛风除湿，活血止痛。用于感冒发热、咽喉肿痛、风湿痹痛、跌打损伤，肠伤寒、痄腮肿毒、蛇毒咬伤。根味苦、涩，性凉。祛风除湿，清热解毒，消肿。用于风湿痹痛、感冒发热、咽喉肿痛、胃痛、疟疾、痔疮、跌打损伤、疮疡肿毒。	广西：来源于广西南宁市。海南：来源于海南万宁市。
	蔓九节	Psychotria serpens L.	匍匐九节、穿根藤、上木蛇	药用全株。味苦、辛，性平。祛风除湿，舒筋活络，消肿止痛。用于风湿关节痛、手足麻木、腰肌劳损、坐骨神经痛，多发性痈肿、骨结核、跌打损伤、骨折，毒蛇咬伤。	广西：来源于广西北海市、金秀县。海南：来源于海南万宁市。北京：不明确。
	云南九节	Psychotria yunnanensis Hu-tch.		药用全株。用于风湿骨痛、跌打损伤。	云南：来源于云南勐腊县。
	鸡爪簕	Randia sinensis (Lour.) Schult.	猕麻木、鸡爪、九耳木	药用全株及叶。全株味甘、涩、微苦，性凉。清热解毒，祛风除湿，散瘀水肿。用于痢疾，风湿疼痛、吐血，跌打肿痛，疮疡肿毒。叶内外用于疮疡肿毒。	广西：来源于广西龙州县。云南：来源于云南勐腊县。
	西南茜树	Randia wallichii Hook.f.	岭罗麦	药用树皮。消食化气。	云南：来源于云南景洪市。
	茜草	Rubia cordifolia L.	红丝线、破血丹、涩拉秧	药用全株。根及根状茎味苦，性寒。凉血，止血，去瘀，通经，外伤出血，崩漏，跌扑肿痛、经闭瘀阻。地上部分味苦，性凉。止血，行瘀。用于吐血、血崩，关节痛、风痹、腰痛，跌打损伤，痈毒、疔肿。	广西：来源于广西三江县、靖西县。海南：来源于海南保亭县。北京：来源于辽宁千山、北京。湖北：来源于湖北恩施。

（续表）

科名	植物名	拉丁学名	别名	药用部位及功效	保存地及来源
茜草科 Rubiaceae	钩毛茜草	*Rubia oncotricha* Hand.-Mazz.	小血藤、活血丹、四棱草	药用根及根状茎。味苦，性寒。行血止血，通经活络，祛瘀止痛。用于便血，衄血，病后虚弱，月经不调，经闭腹痛，关节疼痛，跌打肿痛。	湖北：来源于湖北恩施。
	红花茜草	*Rubia podantha* Diels	活血草	药用根及根状茎。活血祛瘀，清热解毒，凉血止血，泄泻，吐血，下血，风湿腹痛，跌打肿痛，外伤出血。用于痢疾，崩漏，骨痛，	湖北：来源于湖北恩施。
	染色茜草	*Rubia tinctorum* L.	西洋茜草	药用根、根状茎活血络。行血止血，活血祛瘀，通经活络，利尿，月经过多，痛经闭经，关节炎，扭伤，腰痛，疔疮痈肿，瘰疬。强壮。用于内出血，鼻衄，	广西：来源于波兰。
	裂果金花	*Schizomussaenda dehiscens* (Craib) Li	根辣、大树甘草、当娜（傣语）	药用根、茎、叶。根，茎味甘，性平。清热解毒，消炎利尿。用于风热感冒，腑热咳嗽，咽喉肿痛，乳蛾，水肿，小便涩痛，疟疾。叶用于感冒咳嗽，声哑。	云南：来源于云南景洪市。
	六月雪	*Serissa japonica* (Thunb.) Thunb.	白马骨、路边金	药用全株。味浓，苦，微辛，性温。祛风利湿，清热解毒。用于感冒，黄疸型肝炎，肾炎水肿，咳嗽，喉痛，肠炎，痢疾，腰腿疼痛，咳血，妇女闭经，白带，小儿疳积，惊风，风火牙痛，痈疽肿毒，跌打损伤。	广西：来源于广西南宁市。 云南：来源于云南景洪市。 海南：来源于广西药用植物园。 北京：来源于浙江、云南。
	金边六月雪	*Serissa japonica* (Thunb.) Thunb. var. *albo-marginata* Hort.		药用部位及功效参阅六月雪 *Serissa japonica* (Thunb.) Thunb.。	广西：来源于广西荔蒲县。
	白马骨	*Serissa serissoides* (DC.) Druce	过路黄荆、路边荆、路边姜	药用全株。味浓，苦，微辛，性温。祛风利湿，清热解毒。用于感冒，黄疸型肝炎，肾炎水肿，咳嗽，喉痛，肠炎，痢疾，腰腿疼痛，咳血，妇女闭经，白带，小儿疳积，惊风，风火牙痛，痈疽肿毒，跌打损伤。	广西：来源于广西靖西县。 海南：来源于广西药用植物园。 湖北：来源于湖北恩施。

435

科名	植物名	拉丁学名	别名	药用部位及功效	保存地及来源
茜草科 Rubiaceae	乌口树	*Tarenna attenuata* (Voigt) Hutch.	杀山虫	药用全株。味酸、辛、微苦，性微温。祛风消肿，散瘀止痛，用于跌打损伤，风湿骨痛，胃肠绞痛，蜂窝组织炎，脓肿，口腔炎。	广西：来源于广西上林县。
	毛钩藤	*Uncaria hirsuta* Havil.		药用带钩茎枝。味甘，性凉。清热平肝，息风定惊，用于头痛眩晕，惊痫抽搐，妊娠子痫，高血压。	广西：来源于广东省深圳市。
	光钩藤	*Uncaria laevigata* Wall. ex G.Don	倒挂金钩，双钩藤	药用带钩茎枝。味甘，性微寒。活血通经，清热平肝。用于小儿高热，惊厥，抽搐，小儿夜啼，风热头痛，跌打损伤。	云南：来源于云南勐腊县。
	大叶钩藤	*Uncaria macrophylla* Wall.	大钩丁，双钩藤，怀兔王（傣语）	药用带钩茎枝。味甘，性凉。清热平肝，息风定惊。用于头痛眩晕，惊痫抽搐，妊娠子痫，高血压。	广西：来源于广西南宁市。云南：来源于云南勐腊县。海南：来源于海南保亭县。
	钩藤	*Uncaria rhynchophylla* (Miq.) Jacks.	孩儿茶、老鹰爪	药用带钩茎枝。性凉。清热平肝，息风定惊，用于头痛眩晕，感冒夹惊，高血压。根，息风定惊，妊娠子痫，舒筋活络，性寒。清热消肿。用于关节痛风，半身不遂，癫痫，症，水肿，跌扑损伤。	广西：来源于广西南宁市、云县、南丹县。湖北：来源于湖北恩施施。
	类钩藤	*Uncaria rhynchophylloides* How	方枝钩藤	药用部位及功效参阅毛钩藤 *Uncaria hirsuta* Havil.。	北京：来源于广西。
	攀茎钩藤	*Uncaria scandens* (Smith) Hutch.	倒钩风、鹰爪风	药用带钩茎枝清热平肝，息风定惊。用于小儿惊痫癫疭，大人血压偏高，头晕，目眩，妇人子痫。根舒筋活络，用于关节疼痛风，半身不遂，水肿，跌打损伤。	广西：来源于广西南宁市。海南：来源于海南保亭县。

科名	植物名	拉丁学名	别名	药用部位及功效	保存地及来源
茜草科 Rubiaceae	白钩藤	*Uncaria sessilifructus* Roxb.	无柄果钩藤、长梗钩藤	药用带钩茎枝。味甘、性凉。清热平肝，息风定惊。用于头痛眩晕、感冒夹惊、惊痫抽搐、妊娠子痫、高血压。	广西：来源于广西宁明县。云南：来源于云南勐腊县。
	红皮水锦树	*Wendlandia tinctoria* (Roxb.) DC.	沙牛木	药用叶。用于跌打损伤。	云南：来源于云南景洪市。
	水锦树	*Wendlandia uvariifolia* Ha-nce	红水柴、沙牛木、猪血木、猪血树、山牛木	药用根、叶。味微苦，性凉。祛风除湿、散瘀消肿、止血生肌。用于风湿骨痛、跌打损伤、外伤出血、疮疡溃烂久不收口。	广西：来源于广西龙州县。海南：来源于海南万宁市。
花葱科 Polemoniaceae	天蓝绣球	*Phlox paniculata* L.		清热、凉血。	北京：来源于杭州。
	针叶天蓝绣球	*Phlox subulata* L.		清热、凉血。	北京：来源于杭州。
	花葱	*Polemonium coeruleum* L.	电灯花	药用根及根茎。味苦、性平。化痰、安神，止血。用于咳嗽痰多、癫痫、失眠，咯血、吐血，月经过多。	北京：来源于原苏联、民主德国，保加利亚。
旋花科 Convolvulaceae	白鹤藤	*Argyreia acuta* Lour.	一匹绸、白背藤	药用茎叶、根。茎叶味辛、性凉，微苦，性凉。散瘀止血，祛风除湿，水肿，膨解毒消痈。用于风湿痹痛、带下、崩漏，咳嗽痰多、乳痈，内伤吐血，跌打积瘀、疮疖、烂胸，根味涩、甘，性平。祛风湿，湿络。用于风湿痹痛、跌打损伤。舒筋	广西：来源于广西博白县。海南：来源于海南万宁市。
	头花银背藤	*Argyreia capitata* (Vahl) Arn.ex Choisy	硬毛白鹤藤、毛藤花	药用叶。收敛，止咳。用于子宫脱落、脱肛，热咳、喘咳。	云南：来源于云南景洪市。
	月光花	*Calonyction aculeatum* (L.) House	嫦娥奔月	药用全草、种子。全草味苦、辛，性凉。解蛇毒。用于毒蛇咬伤。种子味苦、辛，性平。活血散瘀，消肿止痛。用于跌打肿痛、骨折。	广西：来源于广西柳州市。北京：来源于广东。

437

科名	植物名	拉丁学名	别名	药用部位及功效	保存地及来源
旋花科 Convolvulaceae	丁香茄	*Calonyction muricatum* (L.) G.Don	天茄、跌打豆	药用种子。味苦，性寒，泻下，解蛇毒。用于大便秘结，毒蛇咬伤。	广西：来源于广西合浦县。
	打碗花	*Calystegia hederacea* Wall. ex Roxb.	狗儿蔓、扶子苗、兔耳草	药用根状茎、花。味甘、淡，性平。用于根状茎健脾益气，利尿，脾虚消化不良，月经不调，带下病，乳汁稀少。花止痛；外用于牙痛。	湖北：来源于湖北恩施。
	菟丝子	*Cuscuta chinensis* Lam.	无根草、无娘藤、豆寄生	药用种子、全草。种子味甘，性温，滋补肝肾，固精缩尿，安胎，明目，止泻。用于阳痿遗精，尿有余沥，肾虚胎漏，胎动不安，腰膝酸软，目昏耳鸣，脾肾虚泻，外用于白癜风。全草味甘、辛，性平，清热凉血，利水解毒。用于吐血，衄血，便血，血崩，淋浊，带下病，痢疾，黄疸，痈疽，疔疮，热毒疮疹。	广西：来源于广西柳州市。云南：来源于云南景洪市。北京：来源于北京。
	金灯藤	*Cuscuta japonica* Choisy		药用部位及功效参阅菟丝子 *Cuscuta chinensis* Lam.。	湖北：来源于湖北恩施。
	马蹄金	*Dichondra repens* Forst.	黄胆草、月亮草、小金钱草、帕糯（傣语）	药用全草。味微苦、甜，性凉。清火解毒，利水退黄，通气血，止痛。用于小便热涩疼痛，尿频，尿急，腹泻腹痛，拒泻下红白，黄疸型肝炎，高热不活，热风所致的咽喉肿痛，牙龈出血，眼睛红肿疼痛，口舌生疮。	云南：来源于云南景洪市。海南：来源于海南万宁市。北京：来源于杭州。
	飞蛾藤	*Porana racemosa* Roxb.	打米草、白花藤、小元宝	药用全草或根。味辛，性温。解表，行气，活血，解毒。用于感冒风寒，食滞腹胀，无名肿毒。	广西：来源于广东省深圳市。
	凹脉丁公藤	*Erycibe elliptilimba* Merr. et Chun	九来龙	药用根、茎。祛风止痛。	海南：来源于海南万宁市。

科名	植物名	拉丁学名	别名	药用部位及功效	保存地及来源
	光叶丁公藤	*Erycibe schmidtii* Craib	丁公藤	药用茎。用于风湿痹痛，半身不遂，跌打损伤。	云南：来源于云南勐腊县。
	蕹菜	*Ipomoea aquatica* Forsk.	空心菜、水蕹菜、藤藤菜	药用茎叶、根。茎叶味甘，性寒。凉血清热，利湿解毒。用于鼻衄，便血，尿血，便秘，淋浊，痔疮，痈肿，折伤，蛇虫咬伤，根味淡，性平。健脾利湿。用于妇女白带，虚淋。	广西：来源于广西南宁市。云南：来源于云南景洪市。海南：来源于海南万宁市。湖北：来源于湖北恩施。
	番薯	*Ipomoea batatas* (L.) Lam.	红薯、白薯、红山药、地瓜、土瓜	药用块根。味甘，性平。补中和血，益气生津，宽肠胃，通便秘。用于脾虚水肿，便泄，疮疡肿毒，大便秘结。	广西：来源于广西南宁市。云南：来源于云南景洪市。海南：来源于海南万宁市。湖北：来源于湖北恩施。
	毛牵牛	*Ipomoea biflora* (L.) Persoon	心萼薯、老虎豆、黑面藤	药用全草。用于感冒，小儿疳积，跌打损伤，蛇咬伤，蛇头疮，实热便秘。	广西：来源于广西天等县。
Convolvulaceae 旋花科	五爪金龙	*Ipomoea cairica* (L.) Sweet	五叶藤、假薯藤、五齿苓	药用茎叶或根。花、茎叶味甘，性寒。清热解毒，利水通淋，小便不利，淋病，水肿。用于肺热咳嗽。用于肺热咳嗽，痈肿疔毒，咳嗽。花止咳除蒸。用于骨蒸劳热，溢血。	广西：来源于广西博白县。海南：来源于海南万宁市。
	南美旋花	*Ipomoea fistulosa* Mart. ex Choisy	树牵牛	药用顶部茎。抗炎。	广西：来源于广东省广州市。
	七爪龙	*Ipomoea digitata* L.	藤商陆、山苦瓜、百解薯	药用叶或根。味苦，性寒，有毒。逐水消肿，解毒散结。用于水肿腹胀，痈毒，瘰疬。	广西：来源于广西博白县。
	厚藤	*Ipomoea pescaprae* (L.) Sweet	马鞍藤、海薯藤、海薯、二叶薯	药用全草或根。味辛、苦，性微寒。祛风除湿，消痈散结。用于风湿痹痛，痈肿疔毒，乳痈，痔漏。	广西：来源于广西合浦县。海南：来源于海南万宁市。

439

科名	植物名	拉丁学名	别名	药用部位及功效	保存地及来源
旋花科 Convolvulaceae	三色牵牛	*Ipomoea tricolor* Carr.		药用叶。有兴奋中枢、产生狂躁和幻觉作用。	广西：来源于广西南宁市。
	鳞丝藤	*Lepistemon binectariferum* (Wall.ex Roxb.) O.Kuntze.	三角藤		海南：来源于海南万宁市。
	多花山猪菜	*Merremia boisiana* (Gagn.) v.Oosstr.	金钟藤、假白薯	药用茎。用于血虚。	海南：来源于海南万宁市。
	篱栏网	*Merremia hederacea* (Burm.f.) Hall.f.	鱼黄草、三裂叶鸡矢藤、茉栾藤栏子、茉栾藤	药用全草。味甘、淡，性凉。清热解毒。用于感冒，利咽喉，咽喉炎，急性扁桃体炎，急性眼结膜炎。外用于疮疖。	广西：原产于广西药用植物园。云南：来源于云南景洪市。
	掌叶鱼黄草	*Merremia vitifolia* (Burm.f.) Hall.f.	红藤、毛五爪龙	药用全草。利尿止痛，用于尿道炎，尿淋沥，淋病，胃病。	云南：来源于云南景洪市。北京：来源于云南。
	盒果藤	*Operculina turpethum* (L.) S.Manso	松筋藤、红薯藤、软筋藤、紫翅藤	药用全草或根皮。味甘、微苦，性平。利水、通筋、舒筋，用于水肿，大便秘结；煎水外洗，用于久伤筋痛，不能伸缩。	广西：来源于广西大新县。云南：来源于云南景洪市。
	大花牵牛	*Pharbitis limbata* Lindl.		泻水，下气，消肿，杀虫。	北京：来源于北京。
	牵牛	*Pharbitis nil* (L.) Choisy	黑丑	药用种子。味苦，性寒。有毒。泻水通便，消痰涤饮，杀虫攻积，用于水肿胀满，二便不通，痰饮积聚，气逆喘咳，虫积腹痛，绦虫病。	广西：来源于广西龙州县。北京：来源于北京。海南：来源于海南海口。
	圆叶牵牛	*Pharbitis purpurea* (L.) Voigt		药用部位及功效参阅牵牛 *Pharbitis nil* (L.) Choisy。	广西：来源于广西桂林市。北京：来源于保加利亚。湖北：来源于湖北恩施。

（续表）

科名	植物名	拉丁学名	别名	药用部位及功效	保存地及来源
旋花科 Convolvulaceae	美飞蛾藤	Porana spectabilis Kurz	大花飞蛾藤、知列藤	药用全株。用于腹痛。	云南：来源于云南景洪市。
	橙红茑萝	Quamoclit coccinea (L.) Moench	圆叶茑萝	收载于《药用植物辞典》。	广西：来源于广西南宁市。北京：来源于四川。
	茑萝松	Quamoclit pennata (Desr.) Boj.	茑萝、金凤毛、金丝线	药用根、全草。味微苦，性温。祛风除湿，通经活络。	广西：原产于广西药用植物园。云南：来源于云南景洪市。海南：来源于海南万宁市。北京：来源于广州。湖北：来源于湖北恩施。
紫草科 Boraginaceae	药用牛舌草	Anchusa officinalis L.		药用全草。用于狂犬咬伤，牙痛。	广西：来源于北京市，法国。北京：来源于保加利亚。
	斑种草	Bothriospermum chinense Bunge	蛤蟆草、细叠子草	药用全草。味微苦，性凉。解毒消肿，利湿止痒。用于痔疮，肛门肿痛，湿疹。	广西：来源于广西大化县。
	柔弱斑种草	Bothriospermum tenellum (Hom.) Fisch.et Mey	鬼点灯、斑种草、细茎斑种草、细叠子草	药用全草。味微苦、涩，性平。有小毒。止咳，止血。用于咳嗽，吐血。	广西：原产于广西药用植物园。
	基及树	Carmona microphylla (Lam.) G.Don	毛仔树、福建茶	药用叶、全株。叶消肿，解毒，外用于跌打肿痛，咯血。全株用于便血。	广西：来源于广西南宁市。云南：来源于云南勐腊县。海南：来源于海南万宁市。
	箭叶破布木	Cordia alliodora Engl.			海南：来源于海南乐东县尖峰岭。
	破布木	Cordia dichotoma Forst.f.	青桐翠木、青桐木、纸鹤藤树、风筝树	药用根。味微甘、辛，性平。行气止痛，化痰止咳。用于心胃气痛，泄泻腹痛。	广西：来源于广西南宁市。云南：来源于云南勐腊县。海南：来源于海南乐东县尖峰岭。

科名	植物名	拉丁学名	别名	药用部位及功效	保存地及来源
	倒提壶	Cynoglossum amabile Stapf et Drumm.	狗尿花、蓝布裙、狗尿萝卜	药用地上部分、根。地上部分味苦，性凉。清肺化痰，散瘀止血，清热利湿。用于咳嗽，吐血，肝炎，痢疾，刀伤，骨折。根味苦，性平。清热，补虚，利湿。用于肝炎，痢疾，疟疾，虚劳咳喘，盗汗，疝气，水肿，崩漏，白带。	广西：来源于云南省昆明市。云南：来源于云南省景洪市。湖北：来源于湖北恩施。
	小花琉璃草	Cynoglossum lanceolatum Forsk.	牙痛草、破布草	药用全草。味苦，性凉。清热解毒，利水消肿。用于急性肾炎，牙周炎，牙龈脓肿，下颌急性淋巴结炎，毒蛇咬伤。	广西：来源于广西隆林县。北京：来源于广西。
	红花琉璃草	Cynoglossum officinale L.	药用倒提壶	药用全草。根，味苦。氧阴润肺，清热，止咳。用于肺痨，咳嗽，吐血，咖血，失音。	广西：来源于荷兰、德国、法国。
紫草科 Boraginaceae	琉璃草	Cynoglossum zeylanicum (Vahl) Thunb.ex Lehm.	铁箍散、大琉璃草、青菜参	药用根或叶。味苦，性凉。清热解毒，散瘀止血。用于痈肿疮疖，崩漏，外伤出血，毒蛇咬伤。	广西：来源于广西隆林县、环江县。北京：来源于四川。
	粗糠树	Ehretia macrophylla Wall. ex Roxb.	粗糠树皮、野枇杷、破布子	药用树皮。味微苦，辛。性凉。散瘀消肿。用于跌打损伤。	广西：来源于日本。
	厚壳树	Ehretia thyrsiflora (Sieb. et Zucc.) Nakai	松杨	药用枝、心材、叶。枝味苦，性平。收敛止泻。用于泄泻。心材味甘，性平。破瘀生新，止血。用于跌打损伤，肿痛，骨折，痈疮红肿。叶味甘，微苦，性平。清热解毒，祛腐生肌。用于感冒，偏头痛。	广西：来源于广西南宁市。
	大尾摇	Heliotropium indicum L.	臭柠檬、狗尾草、全虫草	药用全草或根。味苦，性平。清热解毒，利尿。用于肺炎，脓胸，咽痛，口腔糜烂，膀胱结石，痈肿。	广西：来源于广西南宁市、澳门。海南：来源于海南兴隆南药园。

科名	植物名	拉丁学名	别名	药用部位及功效	保存地及来源
紫草科 Boraginaceae	田紫草	*Lithospermum arvense* L.	麦家公	药用果实。味甘、辛，性温。温中健胃，消肿止痛。用于胃胀反酸，胃寒疼痛，吐血，跌打损伤，骨折。	北京：来源于南京。
	紫草	*Lithospermum erythrorhizon* Sieb. et Zucc.	硬紫草	药用根。味苦，性寒。凉血活血，解毒透疹。用于斑疹，麻疹，吐血，衄血，尿血，紫癜，黄疸，痈疽，烫伤。	广西：来源于法国，波兰。
	小花紫草	*Lithospermum officinale* L.	白果紫草，硬根紫草，珍珠透骨草	药用全草。味甘、辛，性温。消肿解毒。用于关节炎。	广西：来源于日本。 北京：来源于新疆。
	银毛树	*Messerschmidia argentea* (L. f.) Johnst.			海南：来源于海南三亚市。
	砂引草	*Messerschmidia sibirica* L.			北京：来源于北京。
	紫丹	*Tournefortia montana* L.		药用全株。用于风湿骨痛。	广西：来源于广西那坡县。
	附地菜	*Trigonotis peduncularis* (Trev.) Benth.ex Baker		药用全草。味甘、辛，性温。温中健胃，消肿止痛，止血。用于胃痛，吐酸；外用于跌打损伤，骨折。	北京：来源于北京。
马鞭草科 Verbenaceae	海榄雌	*Avicennia marina* (Forsk.) Vierh.	海豆、白浪骨	药用树皮、叶及果实。树皮胶作避孕药。叶外用于脓肿，果实用于痢疾。	海南：不明确。
	美洲白花紫珠	*Callicarpa americana* L.var. alba Rehd.		药用部位及功效参考美洲紫珠 *Callicarpa americana* L.。	广西：来源于法国。

443

科名	植物名	拉丁学名	别名	药用部位及功效	保存地及来源
马鞭草科 Verbenaceae	木紫珠	*Callicarpa arborea* Roxb.	马踏皮、白叶子树、豆豉树	药用根、叶。味辛、苦，性平。散瘀止血，消肿止痛。叶用于鼻衄，外伤出血，妇女崩漏，消化道出血。根用于跌打损伤，风湿胃痛。	云南：来源于云南景洪市。
	紫珠	*Callicarpa bodinieri* Lévl.	珍珠枫、鱼胆、大叶鹊饭	药用根、茎叶。味辛、苦，性平。活血通经，祛风除湿，收敛止血。用于月经不调，虚劳，带下病，产后血气痛，外伤出血，风寒感冒；外用于蛇咬伤，丹毒。	云南：来源于云南勐腊县。
	白毛紫珠	*Callicarpa candicans* (Burm.f.) Hochr.		药用叶、嫩枝、根。止血、散瘀、消炎。用于衄血，咯血，胃肠出血，呼吸道感染，扁桃体炎，子宫出血，疗走马疳，支气管炎，外用于外伤出血，烧伤。	海南：不明确。
	白棠子树	*Callicarpa dichotoma* (Lour.) K.Koch	紫球、梅灯、狗散	药用叶。味苦、涩，性凉。收敛止血，清热解毒。用于咯血，吐血，衄血，眼出血，尿血，便血，崩漏，外伤出血，痈疽肿毒，毒蛇咬伤，烧伤。	广西：来源于广西凌云县。海南：来源于海南万宁市。北京：来源于江西庐山。
	红腺紫珠	*Callicarpa erythrosticta* Merr.et Chun.			海南：不明确。
	杜虹花	*Callicarpa formosana* Rolfe		药用根、茎、叶。味涩，性凉。祛风除湿，收敛止血。用于吐血，咯血，便血，崩漏，创伤出血。	云南：来源于勐腊县。
	老鸦糊	*Callicarpa giraldii* Hesse ex Rehd.	紫珠、小米团花、珍珠子、鸡米树	药用叶。味苦、涩，性凉。收敛止血，清热解毒。用于咯血，吐血，衄血，便血，尿血，崩漏，痈疽肿毒，毒蛇咬伤，烧伤。	广西：来源于广西桂林市。云南：来源于云南景洪市。海南：来源于海南万宁市。北京：来源于四川南川。
	窄叶紫珠	*Callicarpa japonica* Thunb. var.*angustata* Rehd.	止血草	药用叶。味辛，微苦，性凉。散瘀，止血，祛风止痛。用于吐血，咯血，便血，崩漏出血，痈疽肿毒，喉痹。	广西：来源于法国。

科名	植物名	拉丁学名	别名	药用部位及功效	保存地及来源
	枇杷叶紫珠	*Callicarpa kochiana* Makino	黄紫珠、山枇杷、劳来氏紫珠	药用根、叶、果实。味苦、涩，性凉。清热，收敛，止血。用于咳嗽，头痛，外伤出血。	海南：来源于海南万宁市。北京：来源于云南。
	散花紫珠	*Callicarpa kochiana* Makino var. *laxiflora* (H. T. Chang) W.Z.Fang		祛风镇静，化痰止痛。	北京：来源于云南。
	广东紫珠	*Callicarpa kwangtungensis* Chun	金刀菜、珍珠风、臭常山	药用茎、叶。味酸、涩，性温。止血。用于偏头风痛，吐血，外伤出血。	广西：来源于广西金秀县。
	尖萼紫珠	*Callicarpa lobo-apiculata* Metc.		药用叶。味苦，性凉。祛风止痒，杀虫。用于各种癣疾引起的皮肤瘙痒、屑、溃烂，疔疮等皮肤顽疾。	海南：来源于海南万宁市。
	长叶紫珠	*Callicarpa longifolia* Lam.	对节树、小珠子、尖尾风	药用枝叶、根。味辛，性寒。活血消肿，跌打损伤。散风祛风止痒，风寒咳嗽。	云南：来源于云南景洪市。海南：来源于海南万宁市。
马鞭草科 Verbenaceae	尖尾风	*Callicarpa longissima* (Hemsl.) Merr.	穿骨风、大风叶、鸭踭樵	药用茎、叶、根。味微苦，性温。祛风寒咳嗽，跌打损伤，肉外伤出血，无名肿毒。根味辛、微苦，性温。祛风活血，止痛。用于风湿痹痛，散瘀止血，寒积腹痛，风湿痹痛，解毒消肿。	广西：来源于广西南宁市。海南：来源于海南万宁市。
	大叶紫珠	*Callicarpa macrophylla* Vahl	白背木、细朴木、白狗肠、赶风紫、羊耳朵、止血草	药用根、叶。味苦、微辛，性平。散瘀止血，消肿止痛。用于咯血，吐血，便血，创伤出血，跌打瘀肿，风湿痹痛。	广西：来源于广西南宁市。云南：来源于云南勐腊县。北京：来源于广西。

科名	植物名	拉丁学名	别名	药用部位及功效	保存地及来源
马鞭草科 Verbenaceae	裸花紫珠	Callicarpa nudiflora Hook. et Arn.	赶风柴、饭汤叶、贼佬药、节节红	药用叶。味涩、微辛，微苦，性平。散瘀止血，解毒消肿。用于瘀血，便血，咳血，水火烫伤，跌打瘀肿，疮毒溃烂。	广西：原产于广西药用植物园。海南：来源于海南万宁市。
	红紫珠	Callicarpa rubella Lindl.	山霸王、野蓝靛、小红米果	药用叶，嫩枝，根，叶。嫩枝味微苦，性凉。凉血止血，解毒消肿。用于衄血，吐血，咯血，痔血，跌打损伤，外伤出血，痈肿疮毒。根味辛，微苦，性平。凉血止血，祛风止痛。用于吐血，尿血，偏头风，风湿痹痛。	广西：原产于广西药用植物园。海南：来源于海南万宁市。
	狭叶红紫珠	Callicarpa rubella Lindl. f. angustata Péi	节节风	药用根，叶，全株。根，叶用于小儿惊风，咳嗽，外伤出血，疟疾，漆疮。全株止血散瘀，消炎，截疟。用于咯血，胃肠出血，子宫出血，上呼吸道感染，扁桃体炎，肺炎，支气管炎，小儿麻疹，外伤出血，烧水烫，黄水疮，等麻疹。	广西：原产于广西药用植物园。
	云南紫珠	Callicarpa yunnanensis W. Z.Fang		药用叶。止血，散瘀。	云南：来源于云南勐腊县。
	兰香草	Caryopteris incana (Thunb.) Miq.	石将军、节节花	药用全草。味辛，性温。散瘀止痛，疏风解表，祛寒除湿，咳嗽。用于风寒感冒，头痛，脘腹冷痛，伤食吐泻，寒痰痛经，产后瘀滞腹痛，风寒湿痹，跌打瘀肿，阴疽不消，湿疹，蛇伤。	广西：原产于广西药用植物园。
	海州常山	Clerodendrum trichotomum Thunb.	香楸、臭梧、追骨风	药用根，叶。味苦，甘，性平。祛风除湿，降血压。用于风湿关节痛，高血压症，疟疾，痢疾。	北京：来源于浙江。湖北：来源于湖北恩施。

科名	植物名	拉丁学名	别名	药用部位及功效	保存地及来源
马鞭草科 Verbenaceae	臭牡丹	*Clerodendrum bungei* Steud.	臭八宝、大红袍、紫牡丹、臭芙蓉	药用茎叶、根。茎叶味辛、微苦，性平。解毒消肿，祛风湿，降血压。用于痈疽、疔疮、乳痈、痔疮、湿疹、丹毒、风湿痹痛、高血压病。根味辛、苦，性微温。行气健脾，祛风除湿、解毒消肿，降血压。用于食滞腹胀、头昏、虚咳、久痢脱肛、肠痔下血、淋浊带下、风湿痹痛、脚气、痈疽肿毒、高血压病。	广西：来源于广西隆林县。云南：来源于云南景洪市。北京：来源于上海。广西：湖北：来源于湖北恩施。
	灰毛大青	*Clerodendrum canescens* Wall.	灰毛臭茉莉、大叶白花灯笼、九连灯、毡毛赪桐	药用全株。味甘，淡，性凉。清热解毒，凉血止血。用于感冒发热、痨病咯血、肺痨咯血，疮疡。	广西：来源于广西西隆安县。海南：来源于海南万宁市。
	腺茉莉	*Clerodendrum colebrookianum* Walp.	过墙风、臭牡丹	药用根。清热解毒，凉血利尿，泻火。用于风湿关节痛。	云南：来源于云南景洪市。
	大青	*Clerodendrum cyrtophyllum* Turcz.	山靛青、木大青、臭婆根、山漆	药用茎叶、根。茎叶味苦，性寒。清热解毒，凉血止血。用于外感热病、热盛烦渴、咽喉肿痛、口疮、黄疸、热痢、急性肠炎、痛疽肿毒、衄血、血、外伤出血。根味苦，性寒。清热，解毒。用于流感、感冒高热、乙脑、流脑、腮腺炎、血热发斑、麻疹肺炎、黄疸型肝炎、热泻热痢、风湿热痹、头痛、咽喉肿痛、风火牙痛。	广西：原产于广西药用植物园。海南：来源于海南万宁市。

科名	植物名	拉丁学名	别名	药用部位及功效	保存地及来源
	白花灯笼	*Clerodendrum fortunatum* L.	灯笼草、鬼灯笼	药用茎叶、根。茎叶微苦，性凉。清热止咳，解毒消肿。用于肺痨咳嗽、骨蒸潮热、疔肿疔疮、咽喉肿痛，根味苦，性寒。清热解毒、凉血消肿。用于感冒发热、咳嗽、咽痛、规衄血、赤痢、疮疥、瘰痛、跌打肿痛。	广西：来源于广西上思县。海南：来源于海南万宁市。
	长管假茉莉	*Clerodendrum indicum* (L.) O.Kuntze	长管大青、芽英转（傣语）	药用全株。味苦，性凉。消炎利尿，活血消肿，祛风湿。用于尿路路感染、膀胱炎、疟疾，跌打损伤，风湿骨痛。	云南：来源于云南景洪市。
马鞭草科 Verbenaceae	苦郎树	*Clerodendrum inerme* (L.) Gaertn.	许树、水胡满、假茉莉、见水生	药用枝、叶、根。枝、叶味苦、微辛，性寒。有毒。祛瘀止血，血瘀肿痛，疥癣痒痛，湿疹蹩痒、活血消肿。用于跌打损伤，爆泻杀虫，内伤吐血，外伤出血，疮疖肿毒。根味苦，性寒。清热解痹，皮软乏力流流感，跌打肿痛。	广西：来源于广西玉林县。云南：来源于云南景洪市。海南：来源于海南万宁市。
	赪桐	*Clerodendrum japonicum* (Thunb.) Sweet	荷苞花、龙船花、状元红、宾亮（傣语）	药用花、叶、根。花味甘，性平。安神、止血。用于心悸失眠、痔疮出血。叶味辛、甘，性平。祛风、散瘀、解毒消肿。用于偏头痛、跌打瘀肿、痈肿疮毒。根味甘，性凉。清肺热、利小便、凉血止血。用于肺热咳嗽、热淋小便不利、咳血、尿血、痔疮出血、风湿骨痛。	广西：来源于广西南宁市。云南：来源于云南景洪市。海南：来源于海南万宁市。
	尖齿臭茉莉	*Clerodendrum lindleyi* Decne.ex Planch.	臭茉莉	药用全株。味苦、辛，性平。祛风除湿、活血消肿。用于风湿痹痛、偏头痛、白带、子宫脱垂、湿疹、疮疡。	海南：来源于海南万宁市。

448

科名	植物名	拉丁学名	别名	药用部位及功效	保存地及来源
马鞭草科 Verbenaceae	重瓣臭茉莉	Clerodendrum philippinum Schauer	臭朱桐、走马风、臭梧桐	药用根或根皮、叶。根或根皮味苦、辛，性微温。祛风湿，强筋骨，活血消肿。用于风湿痹痛，胸气水肿，痔疮脱肛，慢性骨髓炎，血瘀肿痛，性平。解毒，降压。用于痈肿疮毒，湿疹瘙痒，高血压。	广西：来源于广西靖西县。海南：来源于海南万宁市。
	臭茉莉	Clerodendrum philippinum Schauer. var. simplex Moldenke	白花臭牡丹、宾蒿（傣语）	药用全草。味苦，性凉。气臭。祛风活血，强筋壮骨，消肿降压。用于风湿脚气水肿，四肢酸软，高血压，白带，痈毒，痔疮，乳腺炎，麻疹。	广西：来源于广西恭城县。云南：来源于云南景洪市。
	三台花	Clerodendrum serratum (L.) Moon var.amplexifolium Moldenke	大毒剂、光三哈（傣语）	药用部位及功效 参阅三对节 Clerodendrum serratum (L.) Moon.	云南：来源于云南景洪市。
	三对节	Clerodendrum serratum (L.) Moon.	三多、三百棒	药用全株。味苦、辛，性凉。有小毒。清热解毒，截疟，接骨，祛风除湿，避孕。用于扁桃体炎，咽喉炎，风湿骨痛，疟疾，肝炎，胃痛，骨折，跌打损伤；外用于痈疖肿毒，重感冒。	云南：来源于云南景洪市。广西：来源于广西隆林县。
	龙吐珠	Clerodendrum thomsonae Balf.	九龙吐珠、白萼赪桐	药用全株。味淡，性平。解毒。用于慢性中耳炎，跌打损伤。	广西：来源于广西南宁市。云南：来源于云南勐腊县。海南：来源于海南万宁市。
	绒苞藤	Congea tomentosa Roxb.			海南：不明确。
	假连翘	Duranta repens L.	番仔剌、洋剌、花墙剌	药用果实、叶。果实味甘、微辛，性温。截疟，活血止痛。用于疟疾，跌打伤痛。叶味甘、微辛，性温。有小毒。散瘀，解毒。用于跌打瘀肿，痈肿。	广西：来源于广西南宁市。云南：来源于云南景洪市。海南：来源于海南西双版纳植物园。北京：来源于云南。

（续表）

科名	植物名	拉丁学名	别名	药用部位及功效	保存地及来源
	花叶假连翘	*Duranta repens* L. var. *variegata* Bailey		药用部位及功效参阅假连翘 *Duranta repens* L.。	广西：来源于广西南宁市。
	云南石梓	*Gmelina arborea* Roxb.	甑子木	药用根。清热解毒，活血疗伤，皮肤病，伤口长期溃疡不愈，蝎蜇伤。	广西：来源于云南省西双版纳。云南：来源于云南景洪市。海南：来源于云南西双版纳植物园。
	亚洲石梓	*Gmelina asiatica* L.	蛇头花、假石榴	药用根。止痛。用于风湿痛。	广西：原产于广西药用植物园。
	石梓	*Gmelina chinensis* Benth.	鼻血箭	药用根。味甘、微辛、苦，性微温。有小毒。活血祛瘀，用于闭经，风湿。	海南：来源于海南万宁市。
	苦梓	*Gmelina hainanensis* Oliv.	海南石梓		海南：来源于海南万宁市。
马鞭草科 Verbenaceae	冬红	*Holmskioldia sanguinea* Retz.	冬红花	药用全草。缓解疼痛，抗癌。	广西：来源于广东省深圳市，福建省厦门市。
	马缨丹	*Lantana camara* L.	五色梅、五色花、五雷箭、美人樱、七姐妹、沙板阿（傣语）	药用花、叶、根。花味苦、微甘，性凉。有毒。清热，止血，用于肺痨咯血，腹痛吐泻，湿疹，阴痒。叶味辛、苦，性凉。有毒。清热解毒，祛风止痒。用于痈肿毒疮，湿疹，疥癣，皮炎，跌打损伤。根味苦，性寒。清热泻火，解毒散结。用于感冒发热，伤暑头痛，胃火牙痛，咽喉炎，痄腮痛，瘰疬痰核。风湿痹痛，	广西：原产于广西药用植物园。云南：来源于云南景洪市。海南：来源于海南万宁市。北京：来源于广西。
	黄花马缨丹	*Lantana camara* L.cv.*Flava*		药用部位及功效参阅马缨丹 *Lantana camara* L.。	广西：来源于广西南宁市。
	大二郎箭	*Lippia nodiflora* var.*sarmentosa* Schou.		活血止血，清热通淋。	北京：来源于四川。

450

科名	植物名	拉丁学名	别名	药用部位及功效	保存地及来源
	过江藤	Phyla nodiflora (L.) Gr-eene	苦舌草	药用全草。味微苦、辛，性平。清热解毒，散瘀消肿。用于痢疾，急性扁桃体炎，颈淋巴结核，咳嗽咯血，跌打损伤；外用于痈疽疔毒，带状疱疹，慢性湿疹。	海南：来源于海南万宁市。
	黄毛豆腐柴	Premna fulva Craib	斑鸠占、跌打王、战骨	药用根或茎、叶。根或茎味辛，性微温。祛风湿，肥大性脊椎炎，肩周炎，壮肾阳，肾虚阳痿，月经延期。叶味辛、微甘，性平。续筋接骨，清湿热，解毒。用于水肿，毒疮，水火烫伤，筋伤骨折。	广西：来源于广西扶绥县。云南：来源于云南勐腊县。
马鞭草科 Verbenaceae	豆腐柴	Premna microphylla Turcz.	腐婢	药用茎、叶、根。茎、叶味苦、微辛，性寒。清热解毒。用于痢疾、泄泻，丹毒，蛇虫咬伤，痈肿、疔疮、痈酒头痛，创伤出血，根味苦，性寒。风湿，清热解毒，小儿夏季热，风火牙痛，跌打损伤，水火烫伤。	广西：来源于广西钦州市。北京：来源于江西。湖北：来源于湖北恩施。
	攀援臭黄荆	Premna subscandens Merr.			海南：来源于海南万宁市。
	思茅豆腐柴	Premna szemaoensis Péi	接骨树、梧桐类	药用根皮、茎皮。味甘、微苦，性平。接骨，止血，止痛。用于跌打损伤，骨折，外伤出血，风湿骨痛。	广西：来源于广西省。云南：来源于云南省西双版纳，来源于云南景洪市。
	爪哇楔翅藤	Sphenodesme involucrata (Presl) B.L.Robinson			海南：来源于海南万宁市。
	楔翅藤	Sphenodesme pentandra var. uallichiana Munir			海南：来源于海南万宁市。
	白花假马鞭	Stachytarpheta dichotoma (Ruiz.et Pav.) Vahl.			海南：来源于海南万宁市。

451

（续表）

科名	植物名	拉丁学名	别名	药用部位及功效	保存地及来源
马鞭草科 Verbenaceae	假马鞭	Stachytarpheta jamaicensis (L.) Vahl	假败酱，玉龙鞭，玉郎鞭	药用全草、根。味甘、微苦，性寒。清热利湿，解毒消肿。用于热淋、石淋，白浊，白带，风湿骨痛，急性结膜炎，咽喉炎，胆囊炎，痔疮，跌打肿痛。	广西：来源于广西扶绥县。云南：来源于云南景洪市。海南：来源于海南万宁市。
	柚木	Tectona grandis L.f.	紫油木，埋沙（傣语）	药用茎、叶。味苦、微辛，性微温。和中止呕，祛风止痒。用于恶心、呕吐，风疹瘙痒。	广西：来源于广西西畚县。云南：来源于云南景洪市。海南：来源于海南乐东县尖峰岭。
	戟叶马鞭草	Verbena hastata L.		药用地上部分。发汗，祛痰，强壮。用于糖尿病，创伤。	广西：来源于美国。
	马鞭草	Verbena officinalis L.	铁马鞭，马板草，兔子草，芽夯燕（傣语）	药用全草。味苦，性凉。活血散瘀，截疟，解毒，利水消肿。用于经闭痛经，癥瘕，喉痹，疟疾，水肿，痈肿，热淋。	广西：原产于广西药用植物园，广西靖西县。云南：来源于云南景洪市。海南：来源于海南万宁市。北京：来源于四川。湖北：来源于湖北恩施。
	穗花牡荆	Vitex agnus-castus L.		药用全草。用于月经不调，乳房疼痛，经前疾病，心脏病，动脉硬化。	广西：来源于英国，日本。
	疏序黄荆	Vitex negundo var. negundo f.laxipaniculata Pei		药用叶、种子。叶祛风，止痛，止水泻。种子祛痰止咳，消炎，镇痛。用于感冒，咳嗽，痢疾，胃肠炎，外伤出血。叶杀蚊蝇。	云南：来源于云南景洪市。北京：来源于云南。

科名	植物名	拉丁学名	别名	药用部位及功效	保存地及来源
	黄荆	*Vitex negundo* L.	黄金子	药用果实、叶、枝条、根。茎用火烤灼而流出的液汁。祛风解表，理气消食止痛。用于伤风感冒，胃痛吞酸，消化不良，食积泻痢，胆囊炎，胆结石，疝气。叶味辛，性凉。解表散热，化湿和中，杀虫止痒。用于伤暑吐泻，痧气腹痛，肠炎，痢疾，疟疾，微湿疹，癣疥，蛇虫咬痛。枝条味辛。用于感冒发热，咳嗽，消痹肿痛，风湿骨痛，牙痛，烫伤。茎用火烤灼而流出的液汁味甘，性凉。清热，化痰，定惊。用于肺热咳嗽，痰粘难咯，小儿惊风，惊痫抽搐。根味辛，微苦，性温。解表，止咳，祛风除湿。用于感冒，慢性气管炎，风湿痹痛，胃痛，痧气，腹痛。	广西：原产于广西药用植物园。 海南：来源于海南万宁市。 湖北：来源于湖北恩施。
马鞭草科 Verbenaceae	牡荆	*Vitex negundo* L.var.cannabifolia (Sieb.et Zucc.) Hand.-Mazz.	小荆实、牡荆实	药用果实、叶、茎用火烤灼而流出的液汁。化湿祛痰，止咳平喘，理气止痛。用于咳嗽气喘，泄泻，痢疾，疝气痛，脚气肿胀，白浊，叶味辛，苦，性平。解表化湿，祛痰平喘。用于伤风感冒，暑湿泻痢，乳痈肿痛，蛇虫咬痛，风疹瘙痒，脚气肿胀，乳痈，疮肿，脚气，喉痹味苦，性平。祛风解表，消肿止痛。用于感冒，喉痹，牙痛，疮肿，脚气，解表凉。除风热，化痰涎，通经络，行气血。用于中风，痰热惊痫，头晕目眩，喉痹。茎用火烤灼而流出的液汁味甘，性凉。除风热，化痰涎，通经络，行气血。用于中风，痰热惊痫，头晕目眩，喉痹。根味辛，微苦，性温。祛风解表，除湿止痛。用于感冒头痛，牙痛，风湿痹痛。	广西：原产于广西药用植物园。 北京：来源于北京颐和园。 湖北：来源于湖北恩施。

453

科名	植物名	拉丁学名	别名	药用部位及功效	保存地及来源
马鞭草科 Verbenaceae	荆条	Vitex negundo L. var.heterophylla (Franch.) Rehd.		药用全株。味苦，性温。清热止咳，化湿截疟。果实祛风，祛痰，止疟，消暑。叶解表，镇痛。用于咳嗽痰喘。根祛风风湿，利关节，驱虫。	北京：来源于四川。
	莺哥木	Vitex pierreana P.Dop.			海南：来源于海南乐东县。
	山牡荆	Vitex quinata (Lour.) Will.	五指柑、布荆、山紫荆、微毛布荆	药用根皮、叶。根皮味苦、辛，性平。止咳定喘，宜肺排脓，用于咳嗽痰喘，气促，小儿发热烦燥不安。叶味苦辛，性凉。清热解表，凉血。	广西：来源于广西南宁市。云南：来源于云南景洪市。北京：来源于广西。
	微毛布荆	Vitex quinata (Lour.) Will. var.puberula (Lam.) Moldenke	走胆药	药用根、茎髓。止咳，定喘，正经，退热。	云南：来源于云南景洪市。
	蔓荆	Vitex trifolia L.	三叶蔓荆、山布荆、管底荆（傣语）	药用果实。味辛、苦，性微寒。疏散风热，清利头目。用于外感风热，头昏头痛，偏头痛，牙龈肿痛，目赤肿痛，目睛内痛，昏暗不明，湿痹拘挛。	广西：来源于广西玉林市。云南：来源于云南景洪市。海南：来源于海南三亚市。
	单叶蔓荆	Vitex trifolia L. var. simplicifolia Cham.	沙荆	药用部位及功效参阅蔓荆 Vitex trifolia L.。	广西：来源于广西北海市。北京：来源于中山公园、江西。海南：来源于海南万宁市。
	越南牡荆	Vitex tripinnata (Lour.) Merr.			海南：来源于海南万宁市。
	黄毛荆	Vitex vestita Wall.ex Schau		药用叶、果。用于眼疾。	云南：来源于云南景洪市。

科名	植物名	拉丁学名	别名	药用部位及功效	保存地及来源
唇形科 Labiatae	霍香	Agastache rugosa (Fisch. et Mey.) O.Kuntze.	青茎薄荷、土藿香、排草香	药用地上部分。味辛，性微温，祛暑解表，化湿和胃。用于夏令感冒，寒热头痛，胸脘痞闷，呕吐泄泻，妊娠呕吐，手足癣。	广西：来源于四川省，法国。云南：来源于云南勐腊县。北京：来源于辽宁锦州。湖北：来源于湖北恩施。
	筋骨草	Ajuga ciliata Bunge	毛缘筋骨草、透筋草	药用全草。味苦，性寒。清热解毒，凉血消肿。用于咽喉肿痛，肺热咯血，跌打肿痛。	广西：来源于广西隆林县，桂林市。
	散血草	Ajuga decumbens Thunb.	金疮小草、筋骨草	药用全草。味苦，性凉。止血，散血，消肿。用于外伤出血，跌打损伤。	北京：来源于杭州。
	下草	Ajuga genevensis L.	直立筋骨草	药用全草。调和筋骨，祛湿热，理风气，消炎解毒，止痛生肌，通经活血，接筋骨，消肿。用于牙痛，目疾，烂喉痧，痈肿，霰伤。	广西：来源于德国。
	药水苏	Betonica officinalis L.		药用根状茎，根。含水苏素。	广西：来源于北京市。
	红花肾茶	Clerodendranthus spicatus (Thunb.) C.Y.Wu cv.Honghua	猫须草、芽糯妙（傣语）	药用部位及功效 参阅肾茶 Clerodendranthus spicatus (Thunb.) C.Y.Wu ex H.W.Li。含水苏素和异水苏素。	云南：来源于云南景洪市。
	肾茶	Clerodendranthus spicatus (Thunb.) C.Y.Wu ex H.W.Li.	猫须草、猫须公、芽糯妙（傣语）	药用全草。味甘、淡、微苦，性凉。清热利湿，通淋排石。用于急慢性肾炎，膀胱炎，尿路结石，胆结石，风湿性关节炎。	广西：来源于泰国。云南：来源于云南景洪市。海南：来源于海南万宁市。北京：来源于海南。
	风轮菜	Clinopodium chinense (Benth.) O.Knutze.	落地梅花、九塔草、野凉粉草、苦刀草	药用地上部分。味涩、苦，性凉。清热解毒，凉血止血。用于妇科出血及其他出血症，泄泻，痢疾，痈疮，肿毒，蛇犬咬伤。	湖北：来源于湖北恩施。

455

科名	植物名	拉丁学名	别名	药用部位及功效	保存地及来源
唇形科 Labiatae	细风轮菜	*Clinopodium gracile* (Benth.) Matsum.	剪刀草、瘦风轮	药用全草。味苦、辛，性凉。祛风清热，行气活血，解毒消肿。用于感冒发热，食积腹痛，呕吐、泄泻、痢疾、白喉，咽喉肿痛，痈肿丹毒，等麻疹，外伤出血，虫咬伤，跌打肿痛，外伤出血。	广西：原产于广西药用植物园。
	阴风轮	*Clinopodium polycephalum* (Vaniot) C. Y. Wu et Hsuan ex H.W.Li	灯笼草	药用全草。味苦、涩，性凉。清热解毒，凉血止血。用于各种出血，白喉，黄疸，感冒，腹痛，小儿疳积，疔疮痈肿，跌打损伤，蛇大咬伤。	湖北：来源于湖北恩施。
	羽萼木	*Colebrookea oppositifolia* Sm-ith	野山茶、黑羊巴巴	药用叶。味辛，性平。消炎，止血。用于鼻衄，咳血，外用于外伤出血，皮炎及肤痒。	云南：来源于云南勐腊县。
	安动鞘蕊花	*Coleus amboinicus* Lour.	倒手香、白柠檬、柠檬草	药用叶。用于蝎蜇伤。	广西：来源于法国。海南：不明确。
	皱叶彩叶草	*Coleus blumei* Benth. var. *verschaffeltii* (Lem.) Lem.		药用部位及功效阅洋紫苏 *Coleus blumei* Benth.。	广西：来源于广西南宁市。
	小洋紫苏	*Coleus pumilus* Blanco	小叶洋紫苏	药用全草。用于疥疮。	广西：来源于广西南宁市。
	洋紫苏	*Coleus scutellarioides* (L.) Benth.	五彩苏、锦紫苏、彩叶洋紫苏、彩叶草	药用叶。消炎，消肿，解毒。用于毒蛇咬伤。	广西：来源于广西南宁市。云南：来源于景洪市。海南：来源于海南万宁市。
	小五彩苏	*Coleus scutellarioides* (L.) Benth.var.*crispipilus* (Me-rr.) H.Keng	小叶洋紫苏、小彩叶紫苏	药用全草。味苦，性凉。清热解毒。用于疮疡肿毒。	广西：来源于广西南宁市。海南：来源于海南万宁市。
	香青兰	*Dracocephalum moldavica* L.	山薄荷	药用全草。味辛、苦，性凉。疏风清热，利咽止咳，凉肝止血。用于感冒发热，头痛，咽喉肿痛，咳嗽气喘，痢疾，黄疸，吐血，衄血，风疹，皮肤瘙痒。	广西：来源于法国。北京：来源于保加利亚、波兰。

科名	植物名	拉丁学名	别名	药用部位及功效	保存地及来源
唇形科 Labiatae	毛建草	Dracocephalum rupestre Hance	岩青兰，毛尖	药用全草。味辛、苦，性凉，疏风清热，凉肝止血。用于风热感冒，头痛，咽喉肿痛，咳嗽，黄疸，痢疾，吐血，衄血。	广西：来源于北京市。
	青兰	Dracocephalum ruyschiana L.	路易斯青兰	药用全草。清热解毒，平喘祛痰，止痛。用于头痛，咽喉痛。	广西：来源于法国。北京：来源于青海。
	水虎尾	Dysophylla stellata (Lour.) Benth.	水老虎，水箭草	药用全草。味辛，性平，小毒。解毒消肿，活血止痛。用于疮疡肿痛，毒蛇咬伤，跌打伤痛。	广西：来源于广西桂林市。
	四方蒿	Elsholtzia blanda Benth.	鸡肝散，铁扫把，四棱蒿	药用全草。味甘、辛，性微凉。清热解毒，消炎利尿。用于急、慢性肾盂肾炎，小儿疳积。	云南：来源于云南景洪市。
	香薷	Elsholtzia ciliata (Thunb.) Hyland.	酒饼叶，排香草	药用全草。味辛，性微温。发汗解暑，化湿利尿。用于夏季感冒，中暑，泄泻，小便不利，水肿，湿疹，痛疖。	广西：来源于云南省昆明，日本。北京：来源于河北安国。湖北：来源于恩施。
	鸡骨柴	Elsholtzia fruticosa (D. Don) Rehd.	酒药花，紫油苏	药用根。味苦、涩，性温。温经通络，祛风除湿。用于风湿关节疼痛。	北京：来源于杭州。
	野坝子	Elsholtzia rugulosa Hemsl.	土荆芥，野坝蒿，香苏草	药用全草。味辛、性凉。清热解毒，疏风解表，消食化积，利湿，止血止痛。用于伤风感冒，痢疾，吐泻，消化不良，腹痛腹胀，鼻衄，咳血，外伤出血，疮疡，蛇咬伤。	云南：来源于云南景洪市。北京：来源于云南。
	海州香薷	Elsholtzia splendens Nakai ex F.Maekawa	窄叶香薷，铜草	药用地上部分。味辛，性微温。发汗解表，用于暑湿感冒，恶寒发热，头痛无汗，腹痛吐泻，小便不利。	北京：来源于广东，海南。
	穗状香薷	Elsholtzia stachyodes (Link) C.Y.Wu	土香薷	药用全草。清热解暑，发汗解毒，利水。	湖北：来源于湖北恩施。

科名	植物名	拉丁学名	别名	药用部位及功效	保存地及来源
	木香薷	*Elsholtzia stauntoni* Benth.	香荆芥、木本香薷、紫花鸡骨柴	药用全草。味辛、苦，性微温。理气止痛，开胃。用于胃气疼痛，气滞疼痛，呕吐，泄泻，痢疾，感冒发热，头痛，风湿关节痛。	广西：来源于法国。北京：来源于北京。
	白香薷	*Elsholtzia winitiana* Craib	毛香薷、四方蒿	药用全草。消炎止痛。	北京：来源于云南。
	广防风	*Epimeredi indica* (L.) Rothm.	落马衣、土藿香、野苏、防风草	药用全草。味辛、苦，性平。祛风湿，消疮毒。用于感冒发热，风湿痹痛，痈肿疮疡，皮肤湿疹，虫蛇咬伤。	广西：原产于广西药用植物园。云南：来源于云南景洪市。海南：来源于海南万宁市。
	白透骨消	*Glechoma biondiana* (Diels) C.Y. Wu et C.Chen	大铜钱草、长管活血丹	药用全草。味辛，性温。祛风活血，利湿解毒。用于风湿痹痛，跌打损伤，肺痈，黄疸，急性肾炎，尿道结石，疥癣。	湖北：来源于湖北恩施。
唇形科 Labiatae	欧活血丹	*Glechoma hederacea* L.		药用部位及功效 阅 活血丹 参 *Glechoma Longituba* (Nakai) Kupr.。	广西：来源于法国。
	活血丹	*Glechoma longituba* (Nakai) Kupr.	透骨消、连钱草	药用全草。味苦、辛，性凉。利湿通淋，清热解毒，散瘀消肿。用于热淋，湿热黄疸，疮痈肿痛，跌打损伤。	广西：广西苍梧县。北京：来源于浙江杭州、广西。湖北：来源于湖北恩施。
	光泽锥花	*Gomphostemma lucidum* Wall.			海南：来源于海南万宁市。
	小齿锥花	*Gomphostemma microdon* Dunn	木锥花、苗暖刀（傣语）	药用根。味苦、微香，性凉。清热解毒，利水消肿，止咳化痰，通尿。用于尿频急，小便热涩难下，咳嗽，全身水肿，产后热风所致的咽喉红肿疼痛，尿频，尿急，尿痛，腹部灼热疼痛。	云南：来源于云南勐腊县。
	短柄吊球草	*Hyptis brevipes* Poit.			海南：来源于海南万宁市。
	吊球草	*Hyptis rhomboidea* Mart. et Gal.	四脊草、四方骨	药用全草。用于肝炎；外用于疮疡肿毒。	海南：来源于海南万宁市。

（续表）

科名	植物名	拉丁学名	别名	药用部位及功效	保存地及来源
唇形科 Labiatae	山香	Hyptis suaveolens (L.) Poit.	蛇百子、毛老虎、山薄荷、假藿香	药用茎、叶。味辛、苦，性平。解表利湿，行气散瘀。用于感冒，风湿痹痛，腹胀，泄泻，跌打损伤，湿疹，皮炎。	广西：来源于广西陆川县。云南：来源于云南景洪市。海南：来源于海南万宁市。
	神香草	Hyssopus officinalis L.	海索草	药用全草。清热解毒，消炎，祛痰。用于扁桃体炎，声哑，盗汗，胆结石，肾结石。	广西：来源于法国。北京：来源于保加利亚。
	细锥香茶菜	Isodon coetsus (Buch.-Ham.ex D.Don) Kudo	癞克巴草、六棱麻、野苏麻	药用根、全株及枝、叶。根味微苦，性温。行血，止痛。全草味微苦、辛，性微温。解表散风，除风湿。用于风寒感冒，呕吐，腹泻，风湿麻木，疮痒及刀伤。枝、叶外用于脚癣。	云南：来源于云南景洪市。
	动蕊花	Kinostemon ornatum (Hemsl.) Kudo	野藿香	药用全草。清热解毒，发热，肿痛，肠痈，肝炎。用于头痛，发痧，肺痈。	湖北：来源于湖北恩施。
	夏至草	Lagopsis supina (Steph. ex Willd.) Ik.-Gal.ex Knorr.	白花益母草、灯笼棵、白花夏枯	药用地上部分。味微苦，性平。养血调经。用于贫血性头晕，半身不遂，月经不调，水肿。	北京：来源于北京。
	短柄野芝麻	Lamium album L.	野芝麻	药用地上部分。味甘、苦，性凉。活血散瘀，消炎止痛。用于跌打损伤，痛经，带下病，小便淋痛，子宫内膜炎。	北京：来源于杭州。
	宝盖草	Lamium amplexicaule L.	风盏、大铜钱七、接骨草	药用全草。味辛，苦，性平。清热利湿，活血祛风，消肿解毒。用于黄疸型肝炎，淋巴结核，高血压，面神经麻痹，半身不遂；外用于跌打损伤，骨折，黄水疮。	广西：来源于法国。
	薰衣草	Lavandula angustifolia Mill.		药用全草。防腐，消炎，杀菌，驱虫，皮肤病，神经痛。用于烧烫伤。	广西：来源于法国、波兰。北京：来源于保加利亚、英国、波兰。

科名	植物名	拉丁学名	别名	药用部位及功效	保存地及来源
	宽叶薰衣草	Lavandula latifolia Vill.		药用部位及功效参阅薰衣草 Lavandula angustifolia Mill.。	广西：来源于日本。
唇形科 Labiatae	益母草	Leonurus artemisia (Leur.) S. Y. Hu	红花艾、月母草、地母草、益母夏枯、芽敏龙（傣语）	药用新鲜或干燥地上部分、果实、花。地上部分味苦、辛，性微寒。活血调经，利尿消肿。用于月经不调，经闭，恶露不尽，水肿尿少，急性肾炎水肿。果实味甘、辛，性微寒。小毒。活血调经，清肝明目。用于妇女月经不调，痛经，经闭，产后瘀滞腹痛，肝热头痛，目赤肿痛，目生翳障。花味甘、微苦，性凉。养血，活血，利水。用于贫血，疮疡肿毒，血滞经闭，痛经，产后瘀阻腹痛，恶露不下。	广西：原产于广西药用植物园。云南：来源于云南景洪市。海南：来源于海南万宁市。北京：来源于云南。
	白花益母草	Leonurus sibiricus L.var.albiflorus Migo		药用部位及功效参阅益母草 Leonurus artemisia (Leur.) S.Y.Hu。	海南：来源于海南万宁市。北京：来源于原苏联。
	欧益母草	Leonurus cardiaca L.	强心益母草、胃益母草	药用茎、叶或全草。芳香健胃，解痉，止咳平喘，镇静降压。用于高血压初期，心悸，胃肠病腹痛，咳喘，胃胀气胀，乳腺炎。	广西：来源于法国，波兰。北京：来源于原苏联。
	大花益母草	Leonurus macranthus Maxim.		药用茎、叶。接骨止痛，固表止血。用于筋骨疼痛，虚弱，痿软，自汗，血崩，跌打损伤。	北京：来源于原苏联。
	掌叶益母草	Leonurus quinquelobatus Gi-lib.		活血，调经，祛瘀。	北京：来源于原苏联。

（续表）

科名		植物名	拉丁学名	别名	药用部位及功效	保存地及来源
		细叶益母草	*Leonurus sibiricus* L.		药用部位及功效参阅益母草 *Leonurus artemisia* (Lour.) S.Y.Hu。	广西：来源于日本。北京：来源于辽宁千山。
		蜂巢草	*Leucas aspera* (Willd.) Link	锡兰绣球防风、蜂窝草	药用全草。味苦、辛，性凉。化痰止咳。用于百日咳、祛风散寒，上感发热，风火牙痛、咳、皮喉炎、蜂窝疱。	海南：来源于海南万宁。
唇形科	Labiatae	绣球防风	*Leucas ciliata* Benth.	灵绕六、包团草、芽练理蒿（傣语）	药用全草、根。味苦、辛，性凉。破血通风，明目退翳、解毒消肿。根用于肝气郁结，风湿麻木疼痛，小儿肺炎，全草用于妇女血瘀闭经，疮毒、皮疹，花用于疮疡肿、花眼，青盲。	云南：来源于云南景洪市。北京：来源于云南。
		银针七	*Leucas mollissima* Wall.	白绒草、北风草、一包针	药用全草。味甘、微辛，性平。清肺止咳、解毒。用于肺热咳嗽，胳血，胸痛、肾虚遗精，阳痿；外用于疔疮肿痛，乳痈，骨折。	云南：来源于云南景洪市。
		皱面草	*Leucas zeylanica* (L.) R.Br.	蜂窝草、大头陈、顶序绣球防风	药用全草。味苦，性温。疏风去寒、化痰、咳嗽。用于感冒、头痛，牙痛，咳嗽、咽喉炎，百日咳，支气管哮喘。	广西：来源于印度。
		欧地笋	*Lycopus europaeus* L.		药用部位及功效参阅毛叶地笋 *Lycopus lucidus* Turcz. var. *hirtus* Regel。	广西：来源于波兰，法国。

461

科名	植物名	拉丁学名	别名	药用部位及功效	保存地及来源
唇形科 Labiatae	地笋	*Lycopus lucidus* Turcz.		药用干燥地上部分，根茎。参阅毛叶地笋 *Lycopus lucidus* Turcz. var. *hirtus* Regel。	北京：来源于杭州植物园。湖北：来源于湖北恩施。
	毛叶地笋	*Lycopus lucidus* Turcz. var. *hirtus* Regel	泽兰、毛叶地瓜儿苗、地笋	药用干燥地上部分，根茎。地上部分味苦、辛，性微温。活血化瘀，行水消肿，用于月经不调，痛经，产后瘀血腹痛，水肿。根茎甘、辛，性平。化瘀止血，益气利水。用于衄血，吐血，产后腹痛，黄疸，水肿，带下，气虚乏力。	广西：来源于广西桂林市。
	灰毛欧夏至草	*Marrubium incanum* Desr.	夏至草	药用全草。地上部分。养血，活血，调经。用于月经不调，肾炎，水肿，贫血，头晕，半身不遂。	广西：来源于法国。北京：来源于波兰。
	欧夏至草	*Marrubium vulgare* L.		药用全草。健胃，祛痰。用于呼吸器官的慢性病。	北京：来源于保加利亚。
	华西龙头草	*Meehania fargesii* (Lévl.) C.Y.Wu	水升麻、华西美汉花	药用全草。味辛，性温。发表散寒。用于风寒感冒。	湖北：来源于湖北恩施。
	龙头草	*Meehania henryi* (Hemsl.) Sun ex C.Y.Wu	长穗美汉花	药用根或叶。味甘、辛，性平，补气血，祛风湿，消肿毒。用于劳伤气血亏虚，脘腹疼痛，咽喉肿痛，蛇伤。	湖北：来源于湖北恩施。
	香蜂花	*Melissa officinalis* L.		药用全草。作刺激剂或轻泻剂；多用于头痛及牙痛。	广西：来源于法国。
	水薄荷	*Mentha aquatica* L.		药用叶。天然苦味素，有刺激作用。用于肠胃气胀，痛性痉挛，胃痛，胃不适。	广西：来源于欧洲。
	亚洲薄荷	*Mentha arvensis* L.	野薄荷、土薄荷、田野薄荷	药用全草。健胃，解痉，抗风湿。	广西：来源于广西南宁市。

（续表）

科名	植物名	拉丁学名	别名	药用部位及功效	保存地及来源
唇形科 Labiatae	皱叶留兰香	Mentha crispata Schrad. ex Willd.	土薄荷	药用全草。清表散热，祛风消肿。用于感冒，火眼，蛔血，小儿疹疮。	广西：来源于欧洲。
	薄荷	Mentha haplocalyx Briq.	野薄荷、水益母、水薄荷、香花草	药用干燥地上部分、薄荷油、薄荷脑。干燥地上部分味辛，性凉。用于风热感冒，风温初起，头痛，目赤，喉痹，口疮，风疹，麻疹。薄荷油作为芳香药，调味药产生清凉及驱风药。可用于皮肤及疼痛，解除胃肠胀气等，抑制腺体分泌。用于胃及十二指肠溃疡，胃肠道、肾、胆纹痛等。	广西：来源于广西南宁市。云南：来源于云南景洪市。海南：来源于海南万宁市。北京：来源于四川。
	欧薄荷	Mentha longifolia (L.) Hudson		药用全草。可作为提取薄荷脑和薄荷酮的原料。	广西：来源于日本。
	辣薄荷	Mentha piperita L.	胡椒薄荷、欧薄荷	药用全草。芳香，驱风，祛痰，胃健，止泻。用于胃绞痛，胃肠气胀，胆病，焦虑，支气管炎，感冒，牙痛，心悸，糖尿病。	广西：来源于欧洲。北京：四川南川。
	唇萼薄荷	Mentha pulegium L.		药用地上部分。有抗病毒作用。	广西：来源于日本。
	留兰香	Mentha spicata L.	假薄荷、皱叶薄荷、青薄荷	药用全草。味辛，性微温，解表，和中，理气。用于感冒，咳嗽，头痛，目赤，鼻衄，胃痛，腹痛，霍乱吐泻，痛经，肢麻，跌打肿痛，疮疖。	广西：来源于广西苍梧县。海南：不明确。北京：来源于四川南川。
	凉粉草	Mesona chinensis Benth.	仙人草、仙草、仙人伴	药用地上部分。味甘，清热，凉血，解毒，泄泻，关节疼痛，烧烫伤，丹毒，梅毒，漆过敏。性寒，消暑。用于中暑，高血压病，急性肾炎，风火牙痛。	广西：来源于广西博白县。北京：来源于广西。

463

科名	植物名	拉丁学名	别名	药用部位及功效	保存地及来源
	云南冠唇花	*Microtoena delavayi* Prain	野香薷	药用全草。止痛。用于腹痛，风湿痛。	云南：来源于云南景洪市。
	柠檬美国薄荷	*Monarda citriodora* Cerv. ex Lag.		药用花、枝。用于痔疮，皮肤和口腔溃疡。	广西：来源于墨西哥。
	美国薄荷	*Monarda didyma* L.		药用全草。发汗，利尿，驱风。	广西：来源于波兰。
	拟美国薄荷	*Monarda fistulosa* L.	管香蜂草	药用全草。发汗，利尿，驱风。	广西：来源于波兰。北京：来源于原苏联。
	马薄荷	*Monarda punctata* L.	斑点香蜂草、细斑香蜂草	药用叶、顶梢。含挥发油。用于驱风，发汗，月经不调。	广西：来源于美国。
唇形科　Labiatae	石香薷	*Mosla chinensis* Maxim.	痱子草、华荠苎、青香薷	药用全草。味辛，性微温。发汗解暑，和中化湿，行水消肿。用于外感风寒、内伤于湿，恶寒发热，头痛无汗，脘腹疼痛，呕吐腹泻，小便不利，水肿。	广西：来源于广西南宁市。
	杭州荠苎	*Mosla hangchowensis* Matsuda		药用全草。味辛，性温，清暑，解表，和中，解毒。	北京：来源于杭州。
	日本山紫苏	*Mosla japonica* Maxim.		药用全草。可提取挥发油，含有麝香草酚。	广西：来源于日本。
	石荠苎	*Mosla scabra* (Thunb.) C. Y. Wu et H.W.Li	野荠苎、土荠苎、假紫苏	药用全草。味辛，性微温。疏风清暑，利湿止痒。用于感冒头痛，咽喉肿痛，急性肠炎，痢疾，中暑，肾炎水肿，小便不利，白带，子宫出血，全草炒炭用于便血，外伤出血，痔子，皮炎，湿疹，脚癣，多发性疖肿，毒蛇咬伤。	广西：来源于广西环江县。北京：来源于海南。
	荆芥	*Nepeta cataria* L.	心叶荆芥、樟脑草、土荆芥	药用全草。味辛，性凉。散瘀消肿，止血止痛。用于产后血热透疹，祛风发汗，吐血，风感冒，头痛发热，衄血，外伤出血，疔疮疔肿。	广西：来源于广西玉林市。北京：来源于南京。

科名	植物名	拉丁学名	别名	药用部位及功效	保存地及来源
	穗花荆芥	*Nepeta laevigata*（D. Don）Hand. -Mazz.	荆芥	药用全草。解表。	广西：来源于波兰。
	大花荆芥	*Nepeta sibirica* L.	西伯利亚荆芥	药用全草。散瘀消肿，止血止痛。	广西：来源于波兰。
	灰罗勒	*Ocimum americanum* L.		药用叶。提神健脑，祛痰，促进消化，健胃。	北京：来源于中山植物园。
唇形科 Labiatae	罗勒	*Ocimum basilicum* L.	香佩兰、九层塔、零陵香	药用全草、种子、根、全草味辛、甘，性温。疏风解表、化湿和中、行气活血，解毒消肿。用于感冒头痛，发热咳嗽，中暑，食积不化，不思饮食，脘腹胀满疼痛，呕吐泻痢，风湿痹痛，遗精，月经不调，牙痛口臭，皮肤湿疮，跌打损伤，蛇虫咬伤。种子味甘、辛，性凉。清热，明目，祛翳。用于目赤肿痛，倒睫目涩，走马牙疳，根味苦，性平。收湿敛疮。用于黄烂疮。	广西：来源于广西博白县，法国。云南：来源于云南景洪市。北京：来源于辽宁锦西，海南。
	毛罗勒	*Ocimum basilicum* L. var.*pilosum*（Willd.）Benth.	疏柔毛罗勒	药用部位及功效参阅罗勒 *Ocimum basilicum* L.。	海南：来源于海南万宁市。
	丁香罗勒	*Ocimum gratissimum* L.	大叶零陵香	药用全草、味辣，性温。有清香味。发汗，解毒，除风利湿，散瘀止痛。用于小儿麻疹不透，发热咳嗽，产后体弱多病，荨麻疹，跌打损伤，瘀肿疼痛。	云南：来源于云南景洪市。北京：来源于中山公园。
	毛叶丁香罗勒	*Ocimum gratissimum* L. var.*suave*（Willd.）Hook.f.		药用部位及功效参阅罗勒 *Ocimum basilicum* L.。	广西：来源于印度尼西亚。

科名	植物名	拉丁学名	别名	药用部位及功效	保存地及来源
	圣罗勒	Ocimum sanctum L.	九层塔	药用全草。祛风解表，消肿止痛。用于外感风热，跌打损伤，胸闷不舒，胃肠气胀，痉挛，闭经，目赤肿痛。	海南：来源于海南万宁市。
	欧牛至	Origanum majorana L.	马郁兰	药用全草。用作香料，调味品，刺激剂，驱风剂，通经药，发汗剂，收敛剂和制造芳香挥发油。	广西：来源于波兰。
	牛至	Origanum vulgare L.	土茵陈、川香薷	药用全草。味辛，微苦，性凉。解表，理气，清暑，利湿。用于感冒发热，中暑，胸膈胀满，腹痛吐泻，痢疾，黄疸，水肿，带下，小儿疳积，麻疹，皮肤瘙痒，疮疡肿痛，跌打损伤。	广西：来源于法国。
唇形科 Labiatae	紫苏	Perilla frutescens (L.) Britt.	香苏、赤苏、白苏、黑苏	药用茎、叶、果实、根及近根的老茎、宿萼。茎味辛，性温。理气宽中，止痛。安胎。用于胸膈搭闷，胃脘疼痛，嗳气呕吐，胎动不安。叶味辛，性温。解表散寒，行气和胃。用于风寒感冒，咳嗽呕吐，妊娠呕吐，鱼蟹中毒。果实味辛，性温。降气消痰，平喘，润肠。用于痰壅气逆，咳嗽气喘，肠燥便秘。根及近根的老茎味辛，性温。除风散寒，祛痰降气。用于咳逆上气，胸膈痰饮，头晕身痛及鼻塞流涕。宿萼用于血虚感冒。外用于洗疮。	广西：来源于广西南宁市。云南：来源于云南景洪市。海南：来源于海南万宁市。北京：来源于中医研究院。湖北：来源于湖北恩施。
	野生紫苏	Perilla frutescens (L.) Britt. var. acuta (Thunb.) Kudo		药用部位及功效参阅紫苏 Perilla frutescens (L.) Britt.	广西：来源于日本。

科名	植物名	拉丁学名	别名	药用部位及功效	保存地及来源
唇形科 Labiatae	回回苏	*Perilla frutescens* (L.) Britt. var. *crispa* (Thunb.) Hand. -Mazz.	鸡冠紫苏、绵叶紫苏	药用部位及功效阅紫苏 *Perilla frutescens* (L.) Britt.。	广西：来源于广西南宁市。北京：来源于四川南川。
	具梗糙苏	*Phlomis pedunculata* Sun ex C.H.Wu		药用全草。味苦、微辛，性凉。祛风，清热解毒。用于麻风，痈肿。	湖北：来源于湖北恩施。
	南方糙苏	*Phlomis umbrosa* Turcz. var. *australis* Hemsl.	山甘草、白升麻	药用根。消炎，止咳。用于肺痨咳嗽、全草消炎，止咳。用于吐泻，风热咳喘，感冒。	湖北：来源于湖北恩施。
	糙苏	*Phlomis umbrosa* Turcz.	续断、常山、山芝麻	药用根或全草。味辛，性平。祛风活络、强筋壮骨，消肿。生肌，补肝肾，强腰膝。安胎，风湿关节痛，腰痛，跌打损伤，疮疖肿毒。	湖北：来源于湖北恩施。
	水珍珠菜	*Pogostemon auricularius* (L.) Hassk.	毛射草、蛇尾草	药用全草。味辛、微苦，性平。清热化湿、消肿止痛，用于鉴汗，感冒发热，风湿关节痛，湿疹，口腔破溃，疮疖，脚癣，疝气。	海南：来源于海南万宁市。
	广藿香	*Pogostemon cablin* (Blanco) Benth.	藿香、枝香	药用干燥地上部分。味辛，性微温。芳香化浊，开胃止呕，发表解暑。用于湿浊中阻，脘痞呕吐，暑湿倦怠，胸闷不舒，腹痛吐泻，鼻渊头痛。	广西：来源于广东省。海南：来源于海南万宁市。北京：来源于广东、广西。
	刺蕊草	*Pogostemon glaber* Benth.	鸡排骨草、芽杯架（傣语）	药用全草。味甘，涩，性微温。气香，祛风除湿，活血止痛，用于闭经，月经不调。	云南：来源于云南景洪市。
	山菠菜	*Prunella asiatica* Nakai	灯笼头	药用花、果穗或全草。味苦，辛，性寒。清肝明目，清热，散郁结，强心利尿，降低血压。用于瘰疬，瘿瘤，黄疸，筋骨疼痛，羞明流泪，眩晕，口眼歪邪，高血压症，头痛，耳鸣，乳痈，疮痬，痈疖肿毒，淋症，崩漏，带下病。	湖北：来源于湖北恩施。

467

科名	植物名	拉丁学名	别名	药用部位及功效	保存地及来源
唇形科 Labiatae	夏枯草	*Prunella vulgaris* L.	大头花、欧夏枯草、铁色草	药用干燥果穗。味辛、苦，性寒。清火，明目，散结，消肿。用于目赤肿痛，目珠夜痛，头痛眩晕，瘰疬，瘿瘤，乳痈肿痛，甲状腺肿大，淋巴结核，乳腺增生，高血压。	广西：来源于广西隆林县。北京：来源于浙江。
	日本夏枯草	*Prunella vulgaris* L. var. *aleutica* Fern	阿留夏枯草	药用部位及功效参阅夏枯草 *Prunella vulgaris* L.。	广西：来源于日本。
	韦伯氏夏枯草	*Prunella webbiana* Hort. ex J.B.Keller et W.Mill			广西：来源于日本。
	毛萼香茶菜	*Rabdosia eriocalyx* (Dunn) Hara	沙虫药、黑头草、虎尾草	药用全草。味苦、辛，性温。祛风除湿，舒筋活络。用于感冒头痛，风湿关节痛，刀伤，牙痛，痢疾，无名肿毒，脚湿气。	广西：来源于云南省昆明市。
	内折香茶菜	*Rabdosia inflexa* (Thunb.) Hara	山薄荷、山薄荷香茶菜	药用全草、叶。全草清热解毒，祛湿止痛。用于急性胆囊炎。叶抗菌。用于痢疾。	广西：来源于日本。
	线纹香茶菜	*Rabdosia lophanthoides* (Buch.-Ham.ex D.Don) Hara	熊胆草、土茵陈、溪黄草	药用全草。味苦，性寒。清热解毒，利湿祛黄疸，散瘀消肿。用于湿热黄疸，胆囊炎，泄泻，痢疾，疮肿，跌打伤痛。	广西：来源于广西博白县。
	显脉香茶菜	*Rabdosia nervosa* (Hemsl.) C.Y.Wu et H.W.Li	大叶蛇总管、脉叶香茶菜	药用全草。味微辛，性寒。清热利湿和胃，解毒敛疮。用于急性肝炎，消化不良，脓疱疮，湿疹，皮肤瘙痒，烧烫伤，毒蛇咬伤。	广西：来源于广西南宁市。
	碎米桠	*Rabdosia rubescens* (Hemsl.) Hara	冰凌草、山苍苣、破血丹	药用地上部分。味苦、甘，性凉。清热解毒，祛风除湿，活血止痛。用于咽喉肿痛，感冒头痛，咳嗽，慢性肝炎，风湿关节痛，蛇虫咬伤，癌症。	北京：来源于广西。
	黄花香茶菜	*Rabdosia sculponeata* (Vaniot) Hara	白沙虫药、烂脚草	药用全草。味苦、辛，性凉。利湿，解毒。用于感冒，小儿消积，痢疾，皮肤瘙痒，口腔破溃，脚癣。	广西：来源于云南省昆明市。

科名	植物名	拉丁学名	别名	药用部位及功效	保存地及来源
	牛尾草	Rabdosia ternifolia (D. Don) Hara	虫牙药、大夫根、大箭根	药用全草。味苦、微辛，性凉。清热，利湿、解毒，止血。用于感冒，咽喉肿痛，牙痛，黄疸，热淋，水肿，痢疾，肠炎，毒蛇咬伤，刀伤出血。	广西：来源于广西金秀县。
	迷迭香	Rosmarinus officinalis L.		药用全草。活血散瘀，消肿止痛。用于避孕。	广西：来源于云南省昆明市。 北京：来源于北京。
	棉毛鼠尾草	Salvia argentea L.		活血调经，祛瘀。	北京：来源于保加利亚。
	贵州鼠尾草	Salvia cavaleriei Lévl.	血盆草、青红	药用全草或根。味苦、辛，性凉。止血，活血。用于吐血，咳血，鼻衄，血崩，血痢，月经过多，胃脘痛；外用于跌打损伤，疔疮肿。	湖北：来源于湖北恩施。
唇形科 Labiatae	血盆草	Salvia cavaleriei Lévl. var. simplicifolia Stib.	野丹参、气喘药、红青菜	药用根、全草。祛风湿，调经，止血，崩漏，带下病，全草味微苦，性凉，吐血，崩漏，血痢出血。根宽胸，补中益气，调月经不调，阴挺，恶痉肿毒，矫疮。用于咳嗽，创伤出血。	北京
	华鼠尾草	Salvia chinensis Benth.	石见穿	药用全草。味辛、苦，性微寒。散结消肿，活血化瘀，清热利湿，调经。用于月经不调，痛经，崩漏，经闭，热毒血痢，淋痛，带下，湿热黄疸，疮疡，瘰疬，疮肿，乳痈，带状疱疹，麻风，跌打伤痛。	广西：来源于广西南宁市，江苏省南京市。 湖北：来源于湖北恩施。
	朱唇	Salvia coccinea L.	小红花	药用全草。味辛、微苦，涩，性凉。清热利湿，凉血止血。用于血崩，血止血，腹痛不适。	广西：来源于广西南宁市。 北京：来源于杭州植物园。
	毛地黄鼠尾草	Salvia digitaloides Diels	银紫丹参、青丹参、白元参	药用根。补中益气，调经，止血。用于月经不调，阴挺，崩漏，带下病，恶痉肿毒，痛经。	湖北：来源于湖北恩施。

科名	植物名	拉丁学名	别名	药用部位及功效	保存地及来源
唇形科 Labiatae	丹参	*Salvia miltiorrhiza* Bunge	血参、紫丹参、活血根、赤参、红丹参	药用根、根茎。味苦，性微寒。祛瘀止痛，活血通经，清心除烦。用于月经不调，经闭痛经，胸腹刺痛，热痹疼痛，疮疡肿痛，肝脾肿大，心绞痛。	广西：来源于广西隆林县。北京：来源于北京。湖北：来源于湖北恩施。
	药用鼠尾草	*Salvia officinalis* L.	撒尔维亚、香兰	药用叶。作咽喉痛的漱剂。	北京：来源于保加利亚、波兰。
	荔枝草	*Salvia plebeia* R.Br.	膨胀草、雪见草	药用全草。味苦、性凉。清热解毒，凉血散瘀，利水消肿。用于感冒发热，咽喉肿痛，肺热咳嗽，吐血，尿血，崩漏，痔疮出血，肾炎水肿，白浊，痢疾，痛肿疮毒，湿疹瘙痒，跌打损伤，蛇虫咬伤。	广西：来源于广西大新县。北京：来源于北京。
	草原鼠尾草	*Salvia pratensis* L.		药用叶。用做香料、调味品，驱风剂，收敛剂。用于支气管炎、口腔漱剂。	广西：来源于德国、日本、法国。
	地硬鼠尾草	*Salvia scapiformis* Hance	田芹菜、山字止	药用根及全草。根活血调经，止痛。用于月经不调，带下病，痛经。全草味辛、性平。强筋壮骨，补虚益损。用于肺痨，虚弱干瘦，头晕目眩。	湖北：来源于湖北恩施。
	南欧母参	*Salvia sclarea* L.		药用全草。用做香料，止汗药，镇痛药，制造挥发油。眼睛消毒药，调味品。	广西：来源于法国。北京：来源于保加利亚、阿尔巴尼亚。
	拟丹参	*Salvia sinica* Migo	浙皖丹参	药用部位及功效阅丹参 *Salvia miltiorrhiza* Bunge。	北京：不明确。
	一串红	*Salvia splendens* Ker.-Gawl.	西洋红、象牙海棠	药用全草。清热凉血，消肿。用于痈疮肿毒，跌打脱臼肿痛。	广西：来源于广西南宁市。北京：来源于北京。湖北：来源于湖北恩施。
	山搭花	*Satureia montana* L.	冬香草	药用全草。含挥发油，做香料，抗炎，抗菌，抗真菌和抗寄生虫活性。用于霍乱，皮肤真菌病，口腔黏膜炎，结肠炎，腹泻，皮炎，风湿病，阴道炎，乳腺炎，耳炎、胃炎、痤疮，皮炎。	广西：来源于法国。

（续表）

科名	植物名	拉丁学名	别名	药用部位及功效	保存地及来源
唇形科 Labiatae	裂叶荆芥	Schizonepeta tenuifolia (Benth.) Briq	香荆芥, 小茴香, 假苏, 四棱杆蒿	药用全草。味辛, 性微温。发表, 祛风, 理血。用于感冒发热, 头痛, 咽喉肿痛, 中风口噤, 吐血, 衄血, 便血, 崩漏, 产后血晕, 痈肿, 疮疥, 瘰疬。	广西：来源于波兰。北京：来源于河北安国。
	四棱草	Schnabelia oligophylla Hand.-Mazz.	四筋骨梭草, 活血草, 四方草	药用全草。味辛, 性温。祛风除湿, 舒筋活络。用于风湿筋骨痛, 腰痛, 四肢麻木, 跌打肿痛。	广西：来源于广西上林县。
	高山黄芩	Scutellaria alpina L.		清热, 燥湿, 解毒, 止血。	北京：来源于原苏联。
	高黄芩	Scutellaria altissima L.		药用叶。含黄芩素, 有酶抑制活性和杀昆虫作用。	广西：来源于日本。北京：来源于原苏联。
	黄芩	Scutellaria baicalensis Georgi	山茶根, 黄芩茶, 黄金条根, 香水水草	药用干燥根。味苦, 性寒。清热燥湿, 泻火解毒, 止血, 安胎。用于湿温, 暑湿, 胸闷呕恶, 湿热痞满, 泻痢, 黄疸, 肺热咳嗽, 高热烦渴, 血热吐衄, 痈肿疮毒, 胎动不安。	广西：来源于北京市, 河北省。北京：来源于民主德国, 河北。
	半枝莲	Scutellaria barbata D.Don	牙刷草, 田基草, 水黄草, 赶山鞭	药用全草。味辛, 苦, 性寒。清热解毒, 化瘀利尿。用于疔疮肿痛, 咽喉肿痛, 毒蛇咬伤, 跌打伤痛, 水肿, 黄疸。	广西：来源于广西上林县。北京：来源于北京。湖北：来源于湖北恩施。
	盔状黄芩	Scutellaria galericulata L.		药用全草。味苦, 性寒。清热解毒, 活血止痛, 利尿消肿。用于淋症, 肝炎, 疟疾, 跌打损伤, 疥痈肿毒。	广西：来源于荷兰。
	韩信草	Scutellaria indica L.	大力草, 耳挖草	药用全草。味辛, 苦, 性寒。清热解毒, 活血止痛, 止血消肿。用于痈肿疔毒, 毒蛇咬伤, 肺痈, 肠痈, 瘰疬, 喉痹, 牙痛, 咽喉肿痛, 筋骨疼痛, 吐血, 咯血, 便血, 跌打损伤, 创伤出血, 皮肤瘙痒。	广西：原产于广西药用植物园, 来源于广西桂林市, 金秀县。北京：来源于四川南川。

科名	植物名	拉丁学名	别名	药用部位及功效	保存地及来源
	甘肃黄芩	*Scutellaria rehderiana* Diels		药用部位及功效参阅黄芩 *Scutellaria baicalensis* Georgi。	北京：来源于陕西。
	高山水苏	*Stachys annua* L.		强化毛细血管。	广西：来源于法国。北京：来源于原苏联。
	萼芒水苏	*Stachys atherocalyx* C.Koch.		清热化痰，抗菌消炎。	北京：来源于原苏联。
	毛水苏	*Stachys baicalensis* Fisch. ex Benth.	水鸡苏、水苏草	药用全草。味辛、性平。祛风解毒、止血。用于感冒、咽喉肿痛、吐血、崩漏、胃酸过多；外用于疮疖肿毒。	广西：来源于四川省成都市。湖北：来源于湖北恩施。
	地蚕	*Stachys geobombycis* C.Y.Wu	肺痨草、土石蚕	药用根状茎或全草。味甘、性平。益肾润肺、补血消疳。用于肺痨咳嗽、盗汗、肺虚体弱、血虚体弱、小儿疳积。	广西：来源于广西苍梧县。北京：来源于广西。
唇形科 Labiatae	德水苏	*Stachys germanica* L.		清肝息风，利咽开音，消肿止痛。	北京：来源于原苏联。
	水苏	*Stachys japonica* Miq.	宽叶水苏、元宝草、芝麻草、水鸡苏	药用全草或根。味辛、性凉。清热解毒，止咳利咽，消肿。用于感冒、痧症、肺痿、肺痈、头风目眩、咽痛、失音、吐血、衄血、崩淋、痢疾、淋症、跌打肿痛。	湖北：来源于湖北恩施。
	绵毛水苏	*Stachys lanata* Jacq.		清肝息风，利咽开音，消肿止痛。	北京：来源于原苏联。
	针筒菜	*Stachys oblongifolia* Benth.	千密罐、水固香	药用全草或根。味辛、微甘、性温。补中益气，止血生肌。用于久痢、病后虚弱、外伤出血。	湖北：来源于湖北恩施。
	沼生水苏	*Stachys palustris* L.	白根草、白马兰、望江青	药用根或全草。味甘、苦，性凉。清热解毒，凉血活血。用于咽喉肿痛、肺痈、百日咳、痢疾、带状疱疹、咯血、跌打损伤。	广西：来源于德国。

科名	植物名	拉丁学名	别名	药用部位及功效	保存地及来源
唇形科 Labiatae	甘露子	*Stachys sieboldi* Miq.	草石蚕、地蚕、地牯牛草、地纽	药用块茎,全草。味甘,性平。解表清肺,利湿解毒,补虚健脾。用于风热感冒,虚劳咳嗽,黄疸,淋症,疮毒肿痛,毒蛇咬伤。	广西:来源于广西苍梧县。北京:来源于北京。湖北:来源于湖北恩施。
	铁轴草	*Teucrium quadrifarium* Buch.-Ham.	凤凰草、绣球防风	药用全草。味辛、苦,性凉。祛风解暑,凉血解毒,利湿消肿。用于风热感冒,暑无汗,肺热咳喘,肺痛,热毒泻痢,中暑肿,风湿痹痛,劳伤,吐血,便血,乳痈,无名肿毒,风疹,湿疹,跌打损伤,外伤出血,毒蛇咬伤,蜂螫伤。	广西:来源于广西金秀县。
	林石蚕	*Teucrium scorodonia* L.		药用全草。慢性气管炎,皮肤病。用于创伤,皮肤病。	广西:来源于法国、波兰。
	血见愁	*Teucrium viscidum* Bl.	山藿香、血芙蓉	药用全草。味辛、苦,性凉。凉血止血,解毒消肿。用于咳血,吐血,衄血,肺痛,跌打损伤,痈疽肿痛,痔疮肿痛,漆疮,脚癣,狂犬咬伤,毒蛇咬伤。	广西:来源于广西武鸣县。
	地椒	*Thymus quinquecostatus* Celak.		药用地上部分。味辛,性温。有小毒。祛风解表,行气止痛。用于感冒,头痛,牙痛,周身疼痛,腹胀冷痛。	北京:来源于南京。
	百里香	*Thymus vulgaris* L.	麝香草	药用全草。镇静,驱钩虫。用于顿咳,急性咳嗽,痰喘,咽喉痛,皮肤刺激剂。	北京:来源于保加利亚。
茄科 Solanaceae	三分三	*Anisodus acutangulus* C. Y. Wu et C.Chen ex C.Chen et C.L.Chen	野烟、大搜山虎、山茄子	药用根、茎、叶。有大毒。性温,味苦、辛,解痉止痛,祛风除湿,止血。用于胃痛,胆,肾绞痛,肠绞痛,癫痫狂,风湿痹痛,骨折,跌打损伤。	北京:来源于云南。
	赛莨菪	*Anisodus luridus* Link et Otto	铃铛子	药用部位及功效参阅三分三 *Anisodus acutangulus* C.Y.Wu et C.Chen ex C.Chen et C.L.Chen。	北京:来源于原苏联。

科名	植物名	拉丁学名	别名	药用部位及功效	保存地及来源
茄科 Solanaceae	颠茄	*Atropa belladonna* L.	美女草、多娜草	药用全草。解痉止痛，抑制分泌，胃及十二指肠溃疡，盗汗，呕恶，流延。用于肠道、肾、胆绞痛。	广西：来源于波兰、日本。北京：来源于原苏联、保加利亚、中国云南、中国广西。
	鸳鸯茉莉	*Brunfelsia acuminata* Be-nth.	番茉莉	药用叶。味甘，性平。清热消肿。外用于癥痛疮肿毒。	广西：来源于广西南宁市、桂林市。北京：来源于北京市。
	簇生椒	*Capsicum annuum* L. var. *fasciculatum* (Sturt.) Ir-ish		药用部位及功效参阅辣椒 *Capsicum annuum* L.。	北京：来源于北京。湖北：来源于湖北恩施。
	辣椒	*Capsicum annuum* L.	辣子、牛角椒、海椒、番椒	药用根、茎、果实、叶及种子。根辛，性温。活血消肿。用于崩漏。茎辛，性温。用于风湿疼痛、风寒。果实味辛，发汗。用于脾胃虚寒，健胃，消化不良，腰腿痛，冻疮。叶用于水肿。种子用于风湿痛。	广西：来源于广西南宁市、法国。云南：来源于云南景洪市。海南：来源于海南万宁市。
	樱桃椒	*Capsicum annuum* L. var. *cerasiforme* Irish	五色椒、五色辣椒	药用根、果实。根辛，性热。用于脾胃虚寒，食欲不振。	广西：来源于广西南宁市。
	朝天椒	*Capsicum annuum* L. var. *conoides* (Mill.) Irish.	指天椒、长柄椒	药用果实。味辛，性温，活血，消肿，解毒。用于疮疡，脚气，狂犬咬伤。	广西：来源于广西南宁市。海南：来源于海南万宁市。北京：来源于甘肃兰州市。湖北：来源于湖北恩施。
	菜椒	*Capsicum annuum* L. var. *grossum* (L.) Sendt.	灯笼椒	药用部位及功效参阅辣椒 *Capsicum annuum* L.。	广西：来源于广西南宁市。北京：来源于北京市。海南：来源于海南万宁市。
	牛角椒	*Capsicum annuum* L.var.*longum* Sendt.		药用果实、根。果实辛，性温中散寒，健胃，发汗。根用于功能性子宫出血。可作皮肤引赤剂。	广西：来源于广西南宁市。

（续表）

科名	植物名	拉丁学名	别名	药用部位及功效	保存地及来源
茄科 Solanaceae	小米辣	*Capsicum frutescens* L.	米椒、野辣子	药用根、茎、果实。根外用于冻疮。茎味辛，性热，除寒湿，逐冷痹，冻疮凝滞。用于风湿冷痹，冻疮。果实味辛，性热，温中散寒，开胃，消食，用于感冒，寒滞腹痛，咳嗽，吐血，消化不良，呕吐，冻疮，疥癣。	云南：来源于云南景洪市。海南：来源于海南万宁市。北京：来源于甘肃兰州。湖北：来源于湖北恩施。
	五色椒	*Capsicum frutescens* var. *cerasiforme* Bailey		散寒温中，开胃消食。	北京：来源于北京中山公园。
	丁香茄	*Calonyction muricatum* (L.) G.Don	跌打豆、天茄	药用叶。用于胃脘痛。种子用于跌打损伤。	北京：来源于广西。
	黄花夜香树	*Cestrum aurantiacum* Lindl.			北京：来源于北京。
	夜来香	*Cestrum nocturnum* L.	夜香树、洋素馨	药用叶。味苦，性凉。清热消肿。外用于乳痛，痈疮。	广西：来源于广西南宁市。云南：来源于云南景洪市。海南：来源于海南万宁市。北京：来源于北京植物园。
	树番茄	*Cyphomandra betacea* Se-ndt.	缅茄、木本番茄	药用果实。解毒、化痰、补肾、健脾、益胃，助消化。	云南：来源于云南景洪市。北京：来源于北京植物园，云南。
	洋金花	*Datura fastuosa* L.	闹羊花、枫茄花、白曼陀罗	药用花、根、叶、果实或种子。花味辛，性温。有毒，平喘止咳。镇痛，解痉。用于哮喘咳嗽，脘腹冷痛，风湿痹痛，小儿慢惊，外科麻醉。根用于恶疮，筋骨疼痛，牛皮癣，狂犬咬伤，顽固性溃疡，脚气，脱肛。叶味苦，辛。用于喘咳，痹痛，止痛。果实或种子味辛，苦，性温。有大毒。平喘，止咳，祛风，止痛，用于咳喘，惊痫，风寒湿痹，泻痢，脱肛，跌打损伤。	广西：原产于广西药用植物园。云南：来源于云南景洪市。海南：来源于广西药用植物园。北京：来源于海南。
	多刺曼陀罗	*Datura ferox* L.		麻醉，止痛，镇静，止咳，平喘。	北京：来源于印度。
	紫花无刺曼陀罗	*Datura inermis* f.*violacea*		麻醉，止痛，镇静，止咳，平喘。	南京中山植物园，德国。

科名	植物名	拉丁学名	别名	药用部位及功效	保存地及来源
茄科 Solanaceae	无刺曼陀罗	Datura inermis Jacq.	光果曼陀罗、紫花光果曼陀罗	药用部位及功效参阅洋金花 Datura fastuosa L.。	广西：来源于北京市。北京：来源于北京植物园。
	木本曼陀罗	Datura arborea L.	木曼陀罗、乔木状木曼陀罗、树状曼陀罗	药用花、叶及种子。麻醉，镇痛，平喘，止咳。	广西：来源于云南省、四川省。云南：来源于云南景洪市。北京：来源于南京。
	黄花木本曼陀罗	Datura arborea L. cv. Goldens Kornett		药用部位及功效参阅木曼陀罗 Datura arborea（L.）。	广西：来源于广东省广州市。
	毛曼陀罗	Datura innoxia Mill.	北洋金花、软刺曼陀罗、毛花曼陀罗、小洋金花	药用花、叶、根。味辛，性温。有毒。平喘止咳，麻醉止痛，解痉止搐。用于哮喘咳嗽，脘腹冷痛，风湿痹痛，癫痫，惊风；外科麻醉。叶味苦、辛，性温。有毒。镇咳平喘，止痛拔脓。用于喘咳，痹痛，胸腹疼痛，痈疽疮疖，狂犬咬伤。根味苦，性温。有毒。镇咳，止痛，用于喘咳，风湿痹痛，疔癣，恶疮，狂犬咬伤。	广西：来源于北京市、法国。海南：来源于广西药用植物园。北京：来源于原苏联、辽宁。湖北：来源于湖北恩施。
	香曼陀罗	Datura meteloides DC.		美洲传统药用植物。致幻，催欲。	广西：来源于日本。
	曼陀罗	Datura stramonium L.	风儿茄、绿茎曼陀罗、够核桃、醉仙桃、大麻子	药用部位及功效参阅洋金花 Datura fastuosa L.。	广西：来源于广西南宁市、广东深圳市、贵州省。云南：来源于云南景洪市。北京：来源于南京。湖北：来源于湖北恩施。
	紫花曼陀罗	Datura tatula L.		药用部位及功效参阅洋金花 Datura fastuosa L.。	北京：来源于浙江、南京。
	圆叶莨菪	Hyoscyamus albus L.	白莨菪、白天仙子	药用全草、果实、叶。全草用于胸部肿瘤。果实用于牙痛。叶用于虫咬。	广西：来源于瑞士。北京：来源于保加利亚。

科名	植物名	拉丁学名	别名	药用部位及功效	保存地及来源
茄科 Solanaceae	莨菪	Hyoscyamus niger L.	天仙子、熏牙、狼唐	药用种子、叶、根。种子味苦，性温。有大毒。解痉、止痛、安神。用于胃经挛疼痛，咳喘，泄泻，震颤性麻痹及抗眩晕，癫狂。根和叶味苦，性寒。有毒。用于疥癣，杀虫。叶味苦，性寒、齿痛、咳喘。解痉。用于胃痛，齿痛，镇痛，咳喘。	广西：来源于北京市、法国、日本。北京：来源于阿尔巴尼亚、四川南川。
	红丝线	Lycianthes biflora (Lour.) Bitt.	毛药、血见愁、野灯笼花、猫耳朵	药用全草。性凉。味苦。清热解毒、祛痰止咳。用于咳嗽，哮喘，热淋，狂犬咬伤，疔疮红肿，外伤出血。	广西：来源于广西南宁市。云南：来源于云南景洪市。
	枸杞	Lycium chinense Mill.	地骨皮、地骨、地藏、枸杞、枸杞子、枸杞菜	药用果实、叶、根皮。果实味甘、性平，滋补肝肾、益精明目、养血。用于虚劳精亏，腰膝酸痛，眩晕耳鸣，血虚萎黄，目昏不明。根皮味甘，性寒、凉血除蒸、清肺降火。用于阴虚潮热，骨蒸盗汗，肺热咳嗽，咯血，衄血，内热消渴。叶味苦、甘、性凉。补虚益精，清热，止渴，祛风明目。用于虚劳发热，烦渴，目赤肿痛，翳障夜盲，崩漏，带下病，热毒疮肿。	广西：来源于广西南宁市、北京市。云南：来源于云南景洪市。海南：来源于海南万宁市。北京：来源于北京西北旺。湖北：来源于湖北恩施。宁夏：来源于江苏。
	欧洲枸杞	Lycium europaeum L.		药用叶、全株。外用于皮肤感染，牙痛，黏膜炎，洗眼。全株内服用于骨痛，消炎。	广西：来源于法国。
	番茄	Lycopersicon esculentum Mill.	小金瓜、西红柿	药用新鲜果实。味酸、甘，性微寒。生津止渴，健胃消食。用于口渴，食欲不振。	广西：来源于广西南宁市。海南：来源于海南万宁市。湖北：来源于湖北恩施。
	单花红丝线	Lycianthes lysimachioides (Wall.) Bitter	锈草、佛娄	药用全草。味辛、性温。有小毒。杀虫，解毒。用于疔痈肿毒。	湖北：来源于湖北恩施。
	宁夏枸杞	Lycium barbarum L.	中宁枸杞、津枸杞、山枸杞	药用部位及功效参阅枸杞 Lycium chinense Mill.。	广西：来源于北京市。北京：来源于宁夏。宁夏：来源于宁夏。

科名	植物名	拉丁学名	别名	药用部位及功效	保存地及来源
	黄果枸杞	*Lycium barbarum* L.var. *auranticarpum* K.F.Ching		药用部位及功效参阅枸杞 *Lycium chinense* Mill.。	宁夏：来源于宁夏。
	柱筒枸杞	*Lycium cylindricum* Kuang et A.M.Lu		药用部位及功效参阅枸杞 *Lycium chinense* Mill.。	宁夏：来源于新疆。
	新疆枸杞	*Lycium dasystemum* Pojarkova		药用部位及功效参阅枸杞 *Lycium chinense* Mill.。	宁夏：来源于新疆。
	红枝枸杞	*Lycium dasystemum* Pojarkova var. *rubricaulium* A.M.Lu		药用部位及功效参阅枸杞 *Lycium chinense* Mill.。	宁夏：来源于青海。
	黑果枸杞	*Lycium ruthenicum* Murray		药用部位及功效参阅枸杞 *Lycium chinense* Mill.。	宁夏：来源于宁夏。
	截萼枸杞	*Lycium truncatum* Y. C. Wang		药用部位及功效参阅枸杞 *Lycium chinense* Mill.	宁夏：来源于内蒙古。
	云南枸杞	*Lycium yunnanense* Kuang et A.M.Lu		药用部位及功效参阅枸杞 *Lycium chinense* Mill.	宁夏：来源于云南。
茄科 Solanaceae	假酸浆	*Nicandra physaloides* (L.) Gaertn.	大千生、冰粉、鞭打绣球	药用全草、果实或花。性平。有小毒。味甘、微苦。清热解毒，利尿，镇静，痛肿疮。用于感冒发热，热淋，鼻渊，痈，癫痫，狂犬病。	广西：来源于云南省。美国：来源于保加利亚、北京植物园。湖北：来源于湖北恩施。
	花烟草	*Nicotiana alata* Link et Otto		药用叶，全草。叶行气，用于疔疮肿毒。全草作观赏。	广西：来源于美国。
	黄花烟草	*Nicotiana rustica* L.	烟草、水烟、小花烟	药用叶。味辛，头辛，发汗，杀虫。用作农药杀虫剂。全草清热解毒，催吐，蓄瘀消食，开膈降气。	广西：来源于法国。北京：来源于北京植物园
	烟草	*Nicotiana tabacum* L.	烟叶、辣烟	药用叶。味辛，性温。有毒。行气止痛，燥湿，消肿，解毒杀虫。用于食滞饱胀，气结疼痛，关节痹痛，疔疮，疥癣，湿疹，毒蛇咬伤，扭挫伤。	广西：来源于广西南宁市。云南：来源于云南勐海县。海南：来源于海南万宁市。北京：来源于北京植物园。湖北：来源于湖北恩施。

科名	植物名	拉丁学名	别名	药用部位及功效	保存地及来源
茄科 Solanaceae	碧冬茄	Petunia hybrida Vilm.	矮牵牛、彩花茄	药用种子。行气，杀虫。用于腹气，腹胀便秘，蛔虫病。	广西：来源于广西南宁市。北京：来源于庐山植物园。
	锦灯笼	Physalis alkekengi L. var. francheti (Mast.) Makino	红姑娘	药用宿萼或带果实的宿萼、根状茎及地上部分。宿萼或带果实的宿萼味苦，性寒。清热解毒，利咽，化痰，利尿，小便不利，疫热咳嗽，湿疹。用于咽喉音哑，疫热咳嗽，湿疹，用于天疱疮，湿疹。根状茎味苦，性寒，利水。用于疟疾，黄疸，疝气。清热，利水。用于咳嗽，黄疸，利尿，疔疮，丹毒。地上部分味酸，苦，性寒。清热解毒，利尿，疟疾，黄疸，水肿，疔疮，丹毒。	湖北：来源于湖北恩施。
	酸浆	Physalis alkekengi L.	灯笼草、欧亚酸浆	药用全草、带宿萼果实及根。全草及带宿萼果实味酸，苦，性寒。清热毒，利咽喉，通利二便。用于咽喉肿痛，肺热咳嗽，黄疸，痢疾，水肿，小便淋涩，大便不通。带宿萼果实味苦，性寒，疝气。清热，利气。化痰止咳。用于肺热痰咳，咽喉，骨蒸劳热，小便淋涩，肿痛，天疱疮，湿疹。	广西：来源于日本、波兰。北京：来源于五台山。
	苦蘵	Physalis angulata L.	灯笼草、灯笼泡	药用全草、根。全草味苦，性寒。清热解毒，消肿散结。用于咽喉肿痛，牙龈肿痛，急性肝炎，菌痢，蛇伤。根苦，性寒，利尿，通淋，黄疸，热淋。用于水肿腹胀，黄疸，热淋。	海南：来源于海南万宁市。
	粘果酸浆	Physalis ixocarpa Brot. ex Hornem.		含魏蔡粘果酸浆素。该成分对革兰氏阳性菌具有显著的抗菌活性。	广西：来源于法国。
	小酸浆	Physalis minima L.	天泡子、沙灯笼、灯笼草	药用全草或果实。味苦，性凉。清热利湿。祛痰止咳，软坚散结。小便不利，慢性咳嗽，湿疹，天泡疮，疳疾，疔肿。用于湿热黄疸，痢疾，湿疹，疳疮，疔肿。	广西：原产于广西药用植物园。海南：来源于海南万宁市。

（续表）

科名	植物名	拉丁学名	别名	药用部位及功效	保存地及来源
茄科 Solanaceae	毛酸浆	*Physalis pubescens* L.	黄姑娘、洋姑娘	药用全草或果实。清热解毒，利气。	湖北：来源于湖北恩施。
	毛茄	*Solanum ferox* L.	羊不食、大叶毛刺茄、毛果牙卡、大叶颠茄	药用根或全株。根有小毒。用于跌打肿痛，疝气。全株散瘀消肿，通脉定痛。用于咳嗽，咽喉痛，水肿，淋症，跌打损伤。	广西：来源于广西武鸣县，云南省西双版纳。海南：来源于海南万宁市。
	刺天茄	*Solanum indicum* L.	金钮扣、小颠茄、丁茄子、紫花茄、麻王喝（傣语）	药用根、全草或果实。有毒。祛风，清热，解毒。止痛。用于头痛，鼻渊，牙痛，咽喉，胃痛，淋巴结炎，风湿关节痛，跌打损伤，痈疮肿毒。	广西：来源于广西武鸣县。云南：来源于云南景洪市。北京：来源于南京植物园。
	红茄	*Solanum integrifolium* Poir.		南亚、印度等地药用植物。	广西：来源于北京市，广东深圳市，日本。
	喀西茄	*Solanum khasianum* C. B.Clarke	苦天茄、苦颠茄	药用果实、叶。果实味微苦，性寒。有小毒，清热解毒。用于风湿痹痛，牙痛，乳痈，疔疮，跌打疼痛，叶味微苦，性凉。用于小儿惊厥。	广西：来源于法国。
	翅黄茄	*Solanum luteum* Mill. ssp. alatum Mill.		甾体激素药源植物。	广西：来源于法国。
	白英	*Solanum lyratum* Thunb.	山甜菜、蔓茄、北风藤	药用全草、果实、根。全草味甘、苦，性寒。有小毒。清热利湿，解毒消肿。用于湿热黄疸，胆囊炎，胆石症，肾炎水肿，风湿关节痛，妇女湿热带下，小儿高热惊搐，痈肿瘰疬，湿疹瘙痒，带状疱疹。果实味酸，性平。明目。用于眼花目赤，迎风流泪，翳障。根味苦、辛，性平。清热解毒，消肿止痛。用于风火牙痛，头痛，痈肿，瘰疬，痔漏。	广西：来源于广西桂林市，上海市，浙江杭州市。北京：来源于四川，南川。

（续表）

科名	植物名	拉丁学名	别名	药用部位及功效	保存地及来源
茄科 Solanaceae	乳茄	*Solanum mammosum* L.	五指丁茄、五子登科、五角茄、五指茄	药用果实，味苦，性寒。有毒。清热解毒，消肿。用于痈肿，丹毒。	广西：来源于广西南宁市。云南：来源于云南景洪市。海南：来源于广西药用植物园。北京：来源于广西。
	龙葵	*Solanum nigrum* L.	苦菜、龙葵、酸溜子棵、苦点郎茄、帕点茄（傣语）	药用全草、种子、根。全草味苦，性寒。清热解毒，活血消肿。用于疔疮，丹毒，跌打扭伤，慢性气管炎，肾炎水肿。种子味苦，性寒。清热解毒，化痰止咳。用于咽喉肿痛，咳嗽痰喘。根味苦，性寒。清热利湿，活血解毒。用于痢疾，淋浊，尿路结石，白带，跌打损伤，痈疽肿毒。	广西：来源于广西南宁市，北京市，法国。云南：来源于云南景洪市。北京：来源于四川南川，四川。湖北：来源于湖北恩施。
	欧莨菪	*Scopolia carniolica* Jacq.		解毒，止血，止渴。	北京：来源于原苏联。
	美洲茄	*Solanum americanum* Mill.		药用叶。口服治疗发热，气喘，便秘及其他呼吸和消化系统疾病。	广西：来源于日本。
	野茄	*Solanum coagulans* Forsk.	黄水茄、黄天茄、凝固茄、狗茄、丁茄、颠茄树	药用根、叶、果实。味苦，性凉。解毒消肿，止咳平喘。用于咳嗽，哮喘，风湿性关节炎，牙痛，痈疮溃烂。	广西：来源于广西武鸣县。云南：来源于云南景洪市。海南：来源于海南万宁市，四川。北京：
	欧白英	*Solanum dulcamara* L.	苦茄	药用全草，味苦，性寒。清热解毒，驱风除湿。用于风湿疼痛，破伤风，痈肿，疥疮，外伤出血。	广西：来源于广西南宁市，法国。北京：来源于四川南川，北京。
	茄	*Solanum melongena* L.	茄子、落苏、鸡蛋茄、东风草、矮瓜、吊菜	药用果实、宿萼、根、叶。果实味甘，性凉。清热，活血，消肿。用于肠风下血，热毒疮痈，皮肤溃疡。叶味甘，性平。散血消肿。用于血淋，血痢，肠风下血，痈肿，冻伤。解毒。宿萼味凉，口疮，牙痛。根味甘，性寒。祛风利湿，清热止血。用于风湿热痹，脚气，便血，痔血，血淋，妇女阴痒，皮肤瘙痒，冻疮。	广西：来源于广西南宁市。云南：来源于云南景洪市。海南：来源于海南万宁市。北京：来源于北京。湖北：来源于湖北恩施。

481

(续表)

科名	植物名	拉丁学名	别名	药用部位及功效	保存地及来源
茄科 Solanaceae	多刺茄	Solanum myriacanthum Willd.ex Roeb.et Schult.		药用叶。用于治疟，肝脾病。	广西：来源于法国。
	疏刺茄	Solanum nienkui Merr. et Chun			海南：来源于海南万宁市。
	红果龙葵	Solanum nigrum var. miniatum Hook.		健脾消肿，消热解毒，行气利尿，消积通便。	北京：来源于四川南川。
	少花龙葵	Solanum photeinocarpum Nakamura et Odashima	白花菜，乌疔草	药用全草。味微苦，性寒。清热解毒，利尿，散血，消肿，喉痛，疔疮。用于痢疾，淋病，目赤，喉痛，疔疮。	海南：来源于海南万宁市。
	海桐叶白英	Solanum pittosporifolium Hemsl.		药用全草。清热解毒，散瘀消肿，祛风除湿，抗癌。	北京：来源于四川。
	海南茄	Solanum procumbens Lour.	金耳环、耳环锤、西颠茄、鸡公刺	药用根。味辛、微苦，性凉。散风热，活血止痛，关节肿痛，用于感冒，头痛，咽喉痛，月经不调，跌打损伤。	广西：来源于广西博白县。 海南：来源于海南万宁市。
	珊瑚樱	Solanum pseudo-capsicum L.	玉珊瑚、冬珊瑚、玉簇、洋辣子、万寿果	药用根。味辛、微苦，性温。有毒。活血止痛。用于腰肌劳损，闪挫扭伤。	广西：来源于广西南宁市，法国。 云南：来源于云南勐腊县。
	珊瑚豆	Solanum pseudo-capsicum L. var.diflorum vell.Bitter	毛叶玉珊瑚	药用全株。用于水肿，风湿痛。果实杀虫。	北京：来源于北京。
	基多茄	Solanum quitoense Lam.		药用提取物。外用能抑制酪氨酸酶活性，防止黑色素形成，用于防治皮肤斑点、雀斑、黄褐斑，晒伤。	广西：来源于法国。
	海茄	Solanum seaforthianum Anders-son		药用叶。用于糖尿病。	广西：来源于日本、法国。

科名	植物名	拉丁学名	别名	药用部位及功效	保存地及来源
茄科 Solanaceae	青杞	*Solanum septemlobum* Bunge	蜀羊泉、裂叶龙葵、红线茄。	药用全草或果实。味苦，性寒。有小毒。清热解毒。用于咽喉肿痛，目昏目赤，乳腺炎、腮腺炎，疥癣瘙痒。	广西：来源于云南省西双版纳，广东省深圳市。北京：来源于北京。
	旋花茄	*Solanum spirale* Roxb.	旋柄茄、螺旋茄、山烟木、大苦溜溜、哈帕利（傣语）。	药用全株。味苦，性寒。清热解毒，利湿。用于感冒发热，肺热咳嗽，咽喉肿痛，疟疾，湿热泻痢，小便涩痛，疮疡肿毒。	广西：来源于广东省深圳市。云南：来源于云南省。北京：来源于云南。
	牛茄子	*Solanum surattense* Burm.f.	颠茄、丁茄、刺荆、野颠茄、刺扣、刺茄、山马铃。	药用根或全株，果实。根或全株味苦，辛，性温。有毒。活血散瘀，麻醉止痛。用于风湿痹腰腿痛，慢性胃痛，跌打损伤，慢性咳嗽痰喘，胃脘痛，龋齿，瘰疬，冻疮，脚癣，痈疖肿毒。果实有毒。外用于龋齿。	广西：来源于广西南宁市。云南：来源于云南景洪市。海南：来源于海南万宁市。北京：来源于北京植物园。湖北：来源于湖北恩施。
	水茄	*Solanum torvum* Sw.	茄木、刺茄、金钮扣、山颠茄。	药用根，叶。味辛，性微凉。有小毒。散瘀，消肿，止痛止咳。根用于跌打瘀痛，腰肌劳损，胃痛，牙痛，闭经，久咳。叶捣烂外敷用于无名肿毒。青光眼病人忌用。	广西：来源于广西南宁市。云南：来源于云南景洪市。海南：来源于海南万宁市。
	三深裂茄	*Solanum tripartitum* Dun.		甾体激素药源植物。含有软茄脂碱，此成分有抗癌活性，对瓦克癌瘤，癌的细胞有抑制作用。	广西：来源于法国。
	马铃薯	*Solanum tuberosum* L.	土豆、山药蛋、洋芋。	药用块茎。味甘，性平。和胃健中，解毒消肿。用于胃痛，痄腮，痈肿，湿疹，烫伤。	广西：来源于广西南宁市。北京：来源于北京。湖北：来源于湖北恩施。

科名	植物名	拉丁学名	别名	药用部位及功效	保存地及来源
茄科 Solanaceae	假烟叶树	*Solanum verbascifolium* L.	假烟叶、洗碗叶、野烟树、大王叶、袖钮果、法便（傣语）	药用根、叶、果实。性热。小毒。解毒消肿，用于感冒咳嗽，小儿咳嗽，咽喉肿痛。除风止痛。肢体关节疼痛。	广西：来源广西南宁市。云南：来源于云南景洪市。海南：来源于海南兴隆南药园。北京：来源于云南。
	大花茄	*Solanum wrightii* Benth.		药用果。清热解毒。	广西：来源于云南省昆明市。云南：来源于云南景洪市。
	龙珠	*Tubocapsicum anomalum* (Franch.et Sav.) Makino	红珠草、大毛秀才	药用根、果实、全草。根用于痢疾，果实味苦，性寒。清热解毒，除烦顿热，用于恶疮，疔疮，性寒。用于水肿，疮疡肿毒，疔肿。	广西：来源于广西全州县，日本。湖北：来源于湖北恩施。
	睡茄	*Withania somnifera* (L.) Dunal		植株含睡茄内脂（D Withanolide D），具有抗肿瘤、抗菌的作用。	广西：来源于日本、法国。
	滇醉鱼草	*Buddleja yunnanensis* Gagnep.		药用花。清肝明目，去翳。用于黄疸性肝炎，眼目眩晕。	云南：来源于云南勐腊县。
	巴东醉鱼草	*Buddleja albiflora* Hemsl.		药用全草。祛瘀。杀虫。	湖北：来源于湖北恩施。
醉鱼草科 Buddlejaceae	驳骨丹	*Buddleja asiatica* Lour.	驳骨丹、亚洲醉鱼草、狭叶醉鱼草、白背枫、白鱼尾	药用全株。根、茎、叶味苦、微辛，性温。有小毒。祛风化湿，行气活血，用于头风痛，风湿痹痛，胃脘痛，腹胀，痢疾，跌打骨折，无名肿毒，湿疹，皮肤瘙痒。果实味苦，性平。驱虫消肿，用于小儿蛔虫病，疳积。	广西：来源于广西武鸣县。云南：来源于云南景洪市。海南：来源于海南万宁市。

科名	植物名	拉丁学名	别名	药用部位及功效	保存地及来源
	大叶醉鱼草	*Buddleja davidii* Franch.	洒药花	药用枝叶、根皮。味辛、微苦，性温。有毒。祛风散寒，活血止痛，解毒杀虫。用于风寒咳嗽，痹痛，跌打损伤，妇女阴痒，麻风，脚癣。痈肿疮疖，痈肿疔疮。	广西：来源于法国。北京：江西庐山，北京植物园。湖北：来源于湖北恩施。
	醉鱼草	*Buddleja lindleyana* Fort. ex Lindl.	猫子尾、公鸡尾、毒鱼草	药用全株。茎、叶味辛、苦，性温。有毒。祛风解毒，驱虫，化骨鲠，诸虫病，钩虫病。痈肿，瘰疬，鱼骨鲠。花味辛，苦，性温。有小毒。截疟，解毒，褒伤。根味辛，苦，性温。有小毒。活血化瘀，消积解毒，哮喘，肺闭，血崩，小儿疳积，痔疮，哮喘。脓疡。	广西：来源于广西南宁市。北京：江西庐山，北京植物园。
醉鱼草科 Buddlejaceae	多花醉鱼草	*Buddleja myriantha* Diels		药用花。清肝明目。用于黄疸性肝炎，眼目晕眩。腹泻，眼目晕眩。	云南：来源于云南勐腊县。
	密蒙花	*Buddleja officinalis* Maxim.	黄饭花、假黄花、黄花树	药用花蕾、花序。味甘，性微寒。清热养肝，明目退翳。用于目赤肿痛，多泪羞明，眼生翳膜，肝虚目暗，视物昏花。	广西：来源于广西那坡县。
	灰莉木	*Fagraea ceilanica* Thunb.	箐黄果、灰莉、鲫鱼胆	药用叶。消炎，消肿，止血。外用于伤口感染。	云南：来源于云南景洪市。海南：来源于海南万宁市。
	蓬莱葛	*Gardneria multiflora* Makino	多花蓬莱葛	药用根、种子。祛风活血，创伤出血。用于关节痛。	云南：来源于云南勐海县。
	钩吻	*Gelsemium elegans* (Gardn. et Champ.) Benth.	断肠草、胡蔓藤、茶药	药用全株。味辛、苦，性温。有大毒。祛风攻毒，散结消肿，止痛。用于疥癞，瘰疬，湿疹，痈肿，疗疮，跌打损伤，风湿痹痛，神经痛。	广西：来源于广西马山县。云南：来源于云南勐海县。北京：来源于云南。

485

科名	植物名	拉丁学名	别名	药用部位及功效	保存地及来源
	毛麝香	Adenosma glutinosum (L.) Druce	香草、麝香草、酒子草	药用全草。味辛，性温。祛风湿，消肿毒，行气血，止痛痒。用于风湿骨痛，小儿麻痹，气滞腹痛，疮疖肿毒，皮肤湿疹，跌打伤痛，蛇虫咬伤。	广西：原产于广西药用植物园。
	球花毛麝香	Adenosma indianum (Lour.) Merr.	大头陈、干锤草、乌头风	药用全草。味辛，微苦，性平。疏风解表，化湿消滞。用于感冒头痛，发热，腹痛泄泻，消化不良。	广西：原产于广西药用植物园。
	金鱼草	Antirrhinum majus L.	香彩雀、龙头菜、洋彩雀	药用全草。味苦，性凉。清热解毒，活血消肿。用于疮疡肿毒，跌打损伤。	广西：来源于广西南宁市。北京：来源于广州。湖北：来源于湖北恩施。
	假马齿苋	Bacopa monnieri (L.) Wettst.	白花猪母菜、白线草	药用全草。味甘，淡，性寒。清热解毒，凉血消肿。用于痢疾，目赤肿痛，丹毒，痔疮肿痛，象皮肿。	海南：来源于海南万宁市。
玄参科 Scrophulariaceae	大花洋地黄	Digitalis grandiflora Mill.		强心，利尿。全草有毒。	北京：来源于民主德国。
	狭叶洋地黄	Digitalis lanata Ehrh.		强心，利尿。全草有毒。	北京：来源于原苏联，四川南川、杭州。
	黄花洋地黄	Digitalis lutea L.		药用叶，全草。用做强心药。	广西：来源于法国。北京：来源于原苏联。
	小花洋地黄	Digitalis micrantha Roth.		强心，利尿。全草有毒。	北京：来源于保加利亚。
	东方洋地黄	Digitalis orientalis Lam.		药用全草。含地高辛，用做强心药。	广西：来源于法国。北京：来源于德国。
	毛地黄	Digitalis purpurea L.	洋地黄、地钟花	药用叶。味苦，性温。强心，利尿。用于心力衰竭，心脏性水肿。	广西：来源于云南省昆明市。北京：来源于德国，保加利亚、阿尔巴尼亚。湖北：来源于湖北恩施。

科名	植物名	拉丁学名	别名	药用部位及功效	保存地及来源
	白花洋地黄	Digitalis purpurea var. alba Hort		强心，利尿。全株有毒。	北京：来源于民主德国。
	西班牙洋地黄	Digitalis thapsi L.		用做强心剂。	广西：来源于法国。北京：来源于保加利亚。
	鞭打绣球	Hemiphragma heterophyllum Wall.	连钱草、地草果、滚山珠	药用全草。味淡，性平。活血调经，舒筋活络，祛风除湿。用于闭经，月经不调，肺结核，扁桃体炎，湿疹，溃疡，口腔炎，风湿腰痛，牙痛。	广西：来源于云南省昆明市。
	大叶石龙尾	Limnophila rugosa (Roth) Merr.	水茴香、水波香、皱叶石龙尾、水八角、水薄荷	药用全草。味辛、甘，性温。健脾利湿，理气化痰。用于水肿，胃痛，胸腹胀满，咳嗽气喘，小儿乳积，疮疖。	广西：来源于广西南宁市。云南：来源于云南勐腊县。北京：来源于广西。
玄参科 Scrophulariaceae	石龙尾	Limnophila sessiliflora (Vahl) Bl.	菊藻	药用全草。清热解毒，利尿消肿。用于痈肿，烫伤；外用于疮疡肿毒，头虱。	北京：来源于广西。
	柳穿鱼	Linaria vulgaris Mill.		药用全草。味甘，微苦，性寒。清热解毒，散瘀消肿。用于感冒，头痛头晕，黄疸，痔疮便秘，皮肤病，汤火伤。	广西：来源于法国。湖北：来源于湖北恩施。
	钟萼草	Lindenbergia philippensis (Cham.) Benth.	苹草、菱登草	药用叶。味苦，性平。祛风湿除痛，解毒敛疮。用于风湿痹痛，咽喉肿痛，疔疮肿毒，顽癣。	广西：原产于广西药用植物园。云南：来源于景洪市。
	长蒴母草	Lindernia anagallis (Burm.f.) Pennell	鸭嘴癀、水辣椒、四方草	药用全草。味甘，性凉。清热解毒，活血消肿。用于风热咳嗽，肠炎，消化不良，月经不调，目赤肿痛，牙痛，痈疽，白带，毒蛇咬伤，跌打损伤。	广西：来源于广西上林县。
	泥花草	Lindernia antipoda (L.) Alston	鸭舌草、水虾仔草	药用全株。味甘，性平。逐瘀消肿，解毒，利尿。用于跌打损伤，痈疽疔肿，淋病，毒蛇咬伤。	海南：来源于海南万宁市。

科名	植物名	拉丁学名	别名	药用部位及功效	保存地及来源
	刺齿泥花草	*Lindernia ciliata* (Colsm.) Pennell	锯齿草、五月莲、齿叶泥花草	药用全草。味淡，性平。清热解毒，祛瘀消肿。用于毒蛇咬伤，疮疖肿毒，跌打损伤，产后腹痛。	广西：原产于广西药用植物园。
	母草	*Lindernia crustacea* (L.) F.Muell	毛毯草、细牛毒、四方草、四方草	药用全草。味微苦、淡，性凉。清热利湿，活血止痛。用于风热感冒，湿热泻痢，肾炎水肿，白带，月经不调，跌打损伤，毒蛇咬伤。	广西：来源于广西南宁市。海南：来源于海南兴隆南药园。
	红骨草	*Lindernia montana* (Bl.) Koord.	狗肝草、粘毛母草	药用全草。外用于乳痈，毒疮，跌打损伤。	海南：来源于海南万宁市。
	旱田草	*Lindernia ruellioides* (Colsm.) Pennell	鸭嘴癀、调经草、锯齿草	药用全草。味甘、淡，性平。理气活血，消肿，解毒，止痛。用于经闭，痛经，胃痛，痢疾，口疮，瘰疬，跌打损伤，痈肿疼痛，蛇，狂犬咬伤。	云南：来源于云南景洪市。
玄参科 Scrophulariaceae	通泉草	*Mazus japonicus* (Thunb.) O.Kuntze	绿兰花、白花草	药用全草。味苦、微甘，性凉。清热解毒，利湿通淋，健脾消积。用于热毒痈肿，脓疱疮，疔疮，烧烫伤，尿路感染，腹水，黄疸型肝炎，消化不良，小儿疳积。	广西：原产于广西药用植物园。北京：不明确。
	四川沟酸浆	*Mimulus szechuanensis* Pai		药用全草。味涩，性平。收敛，止泻，止痛，解毒。用于湿热痢疾及带下病。	湖北：来源于湖北恩施。
	高大沟酸浆	*Mimulus tenellus* var. *procerus* (Grant) Hand.-mazz.		药用部位及功效参阅四川沟酸浆 *Mimulus szechuanensis* Pai。	北京：来源于北京。
	泡桐根	*Paulownia fargesii* Franch.		药用部位及功效参阅毛泡桐 *Paulownia tomentosa* (Thunb.) steud.。	湖北：来源于湖北恩施。
	白花泡桐	*Paulownia fortunei* (Seem.) Hemsl.		药用部位及功效参阅毛泡桐 *Paulownia tomentosa* (Thunb.) steud.。	北京：来源于北京。

（续表）

科名	植物名	拉丁学名	别名	药用部位及功效	保存地及来源
	毛泡桐	*Paulownia tomentosa* (Thunb.) Steud.	绣毛泡桐，绒叶泡桐，紫花桐，日本泡桐	药用近成熟果实、嫩根或根皮、木质部、树皮、叶、花。近成熟果实味淡、微苦，性温、祛痰，止咳，平喘。用于咳嗽、气喘、痰多。祛风，解毒，消肿，止痛。嫩根或根皮味苦，性寒。用于肠胃热毒风湿腿痛、筋骨疼痛、肠风下血，痔疮、疮疡肿毒、崩漏，带下病。木质部用于下皮浮肿，跌打损伤。树皮味苦，性寒，淋证、丹毒、疔疮，创伤出血。叶用于痈疽、泄泻。花用于上呼吸道感染、目赤红痛、疔肿、痢疾、泄泻，风热咳嗽，乳蛾，疮肿。	湖北：来源于湖北恩施。
玄参科 Scrophulariaceae	美观马先蒿	*Pedicularis decora* Franch.		药用根。味甘，微苦，性温，滋阴补肾，补中益气，健脾和胃，止痛。用于身体虚弱，阴虚潮热，关节疼痛，不思饮食。	湖北：来源于湖北恩施。
	华马先蒿	*Pedicularis oederi* Vahl var. *sinensis* (Maxim.) Hurus.		药用根、花。根味苦，性平。祛风利湿、杀虫。用于风湿关节痛，肝炎，小便不利；外用于疥疮。花用于肝炎。	湖北：来源于湖北恩施。
	大花钓钟柳	*Penstemon grandiflorus* Nutt.		含有强心苷，用做强心药。	广西：来源于法国。
	苦玄参	*Picria fel-terrae* Lour.	落地小金钱，苦胆草，地胆草	药用全草。味苦，性凉。清热解毒，消肿止痛。用于风热感冒，咽喉肿痛，痄腮，疔肿，泄泻痢疾，痔疮，湿疹、蛇咬伤，跌打损伤。	广西：来源于广西崇左县。
	天目地黄	*Rehmannia chingii* Li	浙地黄	药用根状茎。味甘、苦，性凉。清热，凉血。用于鼻衄，热病口干、中耳炎。	北京：来源于杭州。

489

科名	植物名	拉丁学名	别名	药用部位及功效	保存地及来源
	地黄	Rehmannia glutinosa (Gaert.) Libosch. ex Fisch. et Mey.	怀庆地黄	药用块根。鲜地黄味甘、苦，性寒。清热生津，凉血，止血。用于热病伤阴，舌绛烦渴，发斑发疹，吐血，衄血，咽喉肿痛。生地黄味甘，性寒。清热凉血，养阴，生津。用于热病舌绛烦渴，阴虚内热，骨蒸劳热，内热消渴，吐血，衄血，发斑发疹。熟地黄味甘，性微温。滋阴补血，益精填髓。用于肝肾阴虚，腰膝酸软，骨蒸潮热，盗汗遗精，内热消渴，血虚萎黄，心悸怔忡，月经不调，崩漏下血，眩晕，耳鸣，须发早白。	广西：来源于广西靖西县。北京：来源于河南怀庆。
玄参科 Scrophulariaceae	炮仗竹	Russelia equisetiformis Schlecht.et Cham.	爆仗竹、马鬃花、炮竹红、吉祥草	药用地上部分。味甘，性平。续筋接骨，活血祛瘀。用于跌打闪挫，刀伤金疮，骨折筋伤。	广西：来源于广西南宁市。云南：来源于云南景洪市。海南：来源于海南万宁市。
	野甘草	Scoparia dulcis L.	假甘草、土甘草、冰糖草、土甘菜、雅子草	药用全株。味甘，性凉。清热利湿。用于感冒发热，肺炎，肠炎，痢疾，疳子。喉肿痛，湿疹，脚气水肿。	广西：原产于广西药用植物园。云南：来源于云南景洪市。海南：来源于海南兴隆南药园。
	北玄参	Scrophularia buergeriana Miq.		药用部位及功效参阅玄参 Scrophularia ningpoensis Hemsl.。	北京：来源于辽宁千山。
	玄参	Scrophularia ningpoensis Hemsl.	重台、正马、浙玄参	药用根。味甘、苦、咸，性微寒。凉血滋阴，泻火解毒。用于热病伤阴，津伤便秘，舌绛烦渴，温毒发斑，骨蒸劳嗽，目赤，咽痛，瘰疬，痈肿疮毒。	广西：来源于四川省。北京：来源于杭州。湖北：来源于湖北恩施。
	林生玄参	Scrophularia nodosa L.		药用全草、根。用于淋巴结结核，皮肤病，癌症。	广西：来源于法国、德国、荷兰。
	翘茎玄参	Scrophularia umbrosa Dum.			广西：来源于法国。

（续表）

科名	植物名	拉丁学名	别名	药用部位及功效	保存地及来源
	独脚金	Striga asiatica (L.) O.Kuntze	矮脚子、独脚柑、金锁匙	药用全草。味甘、微苦，性凉。健脾消积，清热杀虫。用于小儿伤食、夏季热、夜盲，腹泻，肝炎。	广西：原产于广西药用植物园。
	紫斑蝴蝶草	Torenia fordii Hook.f		药用全草。用于疮毒。	广西：原产于广西药用植物园。
	光叶蝴蝶草	Torenia glabra Osb.	水韩信草、蓝花草、水远志	药用全草。味甘、微苦，性凉。清热利湿，解毒，散瘀。用于热咳、黄疸、泻痢、血淋、蛇毒、疔毒，跌打损伤。	广西：原产于广西药用植物园。
	紫萼蝴蝶草	Torenia (Azaola) violacea Pennell	紫色翼萼、方形草	药用全草，性凉。味微苦，清热解毒，利湿止咳，化痰。用于小儿疳积、吐泻、痢疾、目赤、黄疸、血淋、疔疮、痈肿，毒蛇咬伤。	云南：来源于云南景洪市。
玄参科 Scrophulariaceae	长叶毛蕊花	Verbascum longifolium Tenore		清热，解毒，散瘀，止血。	北京：来源于南京。
	抱茎毛蕊花	Verbascum phlomoides L.		清热，解毒，散瘀，止血。	北京：来源于波兰、保加利亚。
	毛蕊花	Verbascum thapsus L.	海绵蒲、毒鱼草	药用全草。味辛、苦，性凉。小毒。清热散瘀，止血解毒，用于肺炎、慢性阑尾炎、疮毒，跌打损伤，创伤出血。	广西：来源于法国、德国、荷兰。北京：来源于北京植物园。湖北：来源于湖北恩施。
	直立婆婆纳	Veronica arvensis L.	脾寒草、花被头草	药用全草。清热，抗疟。用于痢疾。	广西：来源于荷兰。
	灰毛婆婆纳	Veronica cana Wall.		药用全草。味苦，性寒。清热解毒。	湖北：来源于湖北恩施。

科名	植物名	拉丁学名	别名	药用部位及功效	保存地及来源
	多枝婆婆纳	*Veronica javanica* Bl.	小败火草，爪哇婆婆纳	药用全草。味辛、苦，性凉。清热解毒，消肿止痛。用于疮疖肿毒，乳痈，痢疾，跌打损伤。	广西：原产于广西药用植物园。
	蚊母草	*Veronica peregrina* L.	仙桃草，接骨仙桃	药用全草。味甘、微辛，性平。化瘀止血，清热消肿，消疽肿痛。用于跌打损伤，咽喉肿痛，吐血，衄血，便血，肝胃气痛，疝气痛，痛经。	广西：原产于广西药用植物园。湖北：来源于湖北恩施。
	阿拉伯婆婆纳	*Veronica persica* Poir.	肾子草，灯笼草，双果草	药用全草。味苦、辛、咸，性平。清热解毒，益气，除湿。用于肾虚，风湿，痢疾。	广西：来源于法国。
玄参科 Scrophulariaceae	爬岩红	*Veronicastrum axillare* (Sieb.et Zucc.) Yamazaki	腹水草，两头爬，多穗草	药用全草。味苦，性微寒。行水，消肿，散瘀，解毒。用于肝硬化腹水，肾炎水肿，跌打损伤，疮肿疔毒，毒蛇咬伤。	广西：来源广西桂林市。北京：来源于杭州。
	细穗腹水草	*Veronicastrum stenostachyum* (Hemsl.) Yamazaki subsp.*stenostachyum*		药用部位及功效参阅腹水草 *Veronicastrum stenostachyum* (Hemsl.) Yamazaki。	广西：来源于广西桂林市。
	腹水草	*Veronicastrum stenostachyum* (Hemsl.) Yamazaki	钓鱼秆，见肿消	药用全草。味微苦，性凉。清热解毒，行水，散瘀。用于肺热咳嗽，痢疾，肝炎，水肿，跌打损伤，毒蛇咬伤，烧烫伤。	广西：来源于广西桂林市，浙江省来源于杭州市。北京：不明确。

（续表）

科名	植物名	拉丁学名	别名	药用部位及功效	保存地及来源
紫葳科 Bignoniaceae	凌霄花	*Campsis grandiflora* (Thunb.) Loisel ex K.Schum.	紫葳、女葳花	药用花、根、茎、叶。花味甘，性寒、行血祛瘀、凉血祛风。用于经闭症瘕、产后乳肿，风疹发红，皮肤瘙痒，解毒消肿。根味苦。用于风湿痹痛，跌打损伤，骨折，脱肛，吐泻。茎，性平。凉血、散瘀。用于血热生风，手脚麻木、瘾疹，皮肤瘙痒，咽喉肿痛。	海南：来源于广西药用植物园。北京：来源于杭州。湖北：来源于湖北恩施。
	厚萼凌霄	*Campsis radicans* (L.) Seem.	美洲凌霄、北美凌霄、藤萝花	药用部位及功效参阅凌霄花 *Campsis grandiflora* (Thunb.) Loisel. ex K. Schum.。	广西：来源于广西桂林市。北京：来源于北京。
	楸树	*Catalpa bungei* C.A.Mey.	楸木、金丝楸、梓桐、水桐	药用树皮、根皮。树皮、根皮味苦，性凉。清热解毒。散瘀消肿。外用于跌打损伤，骨折，痈疽肿毒。叶，性凉。解毒。果实，性凉。清热利尿。用于尿路结石，尿路感染。	湖北：来源于湖北恩施。
	梓树	*Catalpa ovata* G.Don	臭梧桐、梓白皮、木角豆	药用根状茎、木材、叶、果实。根茎味苦，性寒。清热解毒。用于腰肌劳损，发热，小儿头虫。木材用于手足痛风，霍乱。叶味微苦，性平。清热解毒。用于手脚烂疮，疥疮，皮肤瘙痒。果实味甘，性平。利尿、消肿、杀虫。用于水肿，小便涩痛，蛋白尿，肝硬化腹水。	广西：来源于云南省昆明市。北京：来源于北京植物园。湖北：来源于湖北恩施。
	黄金树	*Catalpa speciosa* (Warder ex Barney) Engel.		药用树皮、果实。树皮清热、止痛、消肿，驱虫。果实镇静、解痉。	广西：来源于日本。

科名	植物名	拉丁学名	别名	药用部位及功效	保存地及来源
紫葳科 Bignoniaceae	十字架树	*Crescentia alata* H.B.K.	具翅炮弹果	药用叶、种子及瓢果。叶煎剂促进头发生长。种子和瓢果用做清凉饮料，治疗咳嗽，气喘和呼吸系统疾病。	广西：来源于云南勐仑县。
	炮弹树	*Crescentia cujete* L.			海南：来源于海南三亚市。
	黄钟花	*Cyananthus flavus* Marq. (*Tecoma stans* H.B.K.)		药用全草。消食，解毒。用于消化不良，肉食中毒。	广西：来源于广西南宁市。海南：来源于海南万宁市。
	猫尾树	*Dolichandrone cauda-felina* (Hance) Benth.			海南：来源于海南兴隆南药园。
	西南猫尾木	*Dolichandrone stipulata* (Wall.) Benth.et Hook.f.	猫尾木、埋锅借（傣语）	药用叶。味微苦，性凉。清热解毒，退热。用于高热不语，感冒发热。	广西：来源于广西那坡县。云南：来源于云南景洪市。
	角蒿	*Incarvillea sinensis* Lam.	羊角透骨草、正骨草、红花角蒿	药用全草。味辛、苦，性平。散风祛湿，清热解毒，止痛，杀虫止痒。用于风湿痹痛，筋骨疼痛，口疮，耳疮，湿疹，疥癣，阴道滴虫病。	广西：来源于波兰。
	蓝花楹	*Jacaranda mimosifolia* D.Don		药用果实。用做收敛剂。	广西：来源于云南省。海南：来源于海南热带作物所。
	吊灯树	*Kigelia africana* (Lam.) Benth.	腊肠树	药用树皮。用于皮肤病。	广西：来源于广西凭祥市。海南：来源于海南万宁市。

（续表）

科名	植物名	拉丁学名	别名	药用部位及功效	保存地及来源
紫葳科 Bignoniaceae	毛叶猫尾木	*Markhamia stipulata* (Roxb.) Seem.var.*kerrii* Sprague		药用部位及功效参阅西南猫尾木 *Dolichandrone stipulata* (Wall.) Benth. et Hook. f.	广西：来源于广西龙州县。
	火烧花	*Mayodendron igneum* (Kurz) Kurz	火花树、缅木、埋罗比（傣语）	药用树皮、根皮、茎叶。味苦，性凉。树皮止泻止痢。用于痢疾。根皮或茎叶用于产后体虚、恶露淋漓不净、牙齿痛、疲乏无力。	广西：来源广西龙州县。云南：来源于云南景洪市。
	烟筒花	*Millingtonia hortensis* L.f.	老鸦烟筒花、姊妹树、嘎沙乱（傣语）	药用树皮、叶。味苦，性凉。除风解毒，消肿止痛。用于肢体关节酸痛，屈伸不利，产后体弱消瘦，缺乳，乳汁清稀，支气管炎。	云南：来源于云南景洪市。
	木蝴蝶	*Oroxylum indicum* (L.) Vent.	满天飞、鸡船层层纸、千层纸、千张纸、海船、锅捞嘎（傣语）	药用种子、树皮。种子味苦，性凉。清肺利咽，疏肝和胃。用于肺热咳嗽，喉痹，音哑，肝胃气痛。树皮味微苦，性微凉。清热利湿退黄，利咽消肿。用于传染性黄疸肝炎，咽喉肿痛。	广西：来源于广西龙州县。云南：来源于云南景洪市。海南：来源于海南万宁市。
	蜡烛树	*Parmentiera cerifera* Seem.	蜡烛果、桐花树	收载于《药用植物辞典》。	广西：来源于广西南宁市。
	翅叶木	*Pauldopia ghorta* (Buch.-Ham.ex G.Don) ran Steenis	紫豇豆、细口袋花	药用根皮。凉血解毒，接骨止痛。	云南：来源于云南勐腊县。
	炮仗花	*Pyrostegia venusta* (Ker-Gawl.) Miers	黄鳝藤	药用花、叶。花味甘，性平。叶味苦，微涩，性平。润肺止咳，清热利咽，咽喉肿痛。用于肺痨，新久咳嗽。	广西：来源于广西南宁市。云南：来源于云南景洪市。海南：来源于广西药用植物园。

科名	植物名	拉丁学名	别名	药用部位及功效	保存地及来源
紫葳科 Bignoniaceae	美叶菜豆树	Radermachera frondosa Chun et How	小叶牛尾连		海南：来源于海南万宁市。
	小萼菜豆树	Radermachera microcalyx C. Y. Wu et W.C.Yin		药用根、叶、果实。味苦，性寒。清热解毒，散瘀消肿，止痛。用于伤暑发热，高热头痛，胃痛，跌打损伤，痈疖，毒蛇咬伤。	云南：来源于云南勐腊县。
	菜豆树	Radermachera sinica (Hance) Hemsl.	豆角树、白鹤参、牛尾树、蛇仔豆、鸡木豆	药用根、叶、果实。味苦，性寒。清暑解毒，散瘀消肿。用于伤暑发热，痈肿、跌打骨折，毒蛇咬伤。	广西：来源于广西大新县。海南：来源于海南万宁市。北京：来源于广西临桂。
	海南菜豆树	Radermachera hainanensis Merr.	大叶牛尾连	药用根、叶、花。凉血消肿。用于跌打损伤。	海南：来源于海南万宁市。
	火焰树	Spathodea campanulata Be-auv.	钟形火焰树	药用花。用于溃疡。	广西：来源于广西凭祥市。
	羽叶楸	Stereospermum colais (Buch.-Ham.ex Dillwyn) Maberley	四角夹子树、铁刀木	药用全株。用于感冒，精神病，蝎蜇伤。	广西：来源于广西凭祥市。
	硬骨凌霄	Tecomaria capensis (Thunb.) Spach	竹林标、驳骨软丝连	药用茎叶、花。味辛、微酸，性微寒。清热散瘀，通经、利尿。用于肺痨，咳嗽，咽喉肿痛，经闭，浮肿，风湿骨痛，跌打损伤。	广西：来源于广西桂林市。海南：来源于海南万宁市。北京：来源于北京。

科名	植物名	拉丁学名	别名	药用部位及功效	保存地及来源
爵床科 Acanthaceae	老鼠簕	Acanthus ilicifolius L.	水老鼠簕、蚧瓜簕	药用根、枝叶。味微苦，性凉。清热解毒，散瘀止痛，化痰利湿。用于疖肿，瘰疬，肝脾肿大，胃痛，腰肌劳损，热咳喘，黄疸，白浊。	广西：来源于广西合浦县。海南：来源于海南万宁市。
	柔毛老鼠簕	Acanthus mollis L.	莨力花	药用全草、根。用于腹泻。	广西：来源于法国。
	鸭嘴花	Adhatoda vasica Nees	大驳骨、龙头草、大还魂、老头草、牛舌兰、莫哈蒿（傣语）	药用全株。味辛、微苦，性平。活血止痛，接骨续伤，止血。用于筋伤骨折，扭伤，瘀血肿痛，风湿痹痛，腰痛，月经过多，崩漏。	广西：来源于广西武鸣县。云南：来源于云南景洪市。北京：来源于广西。
	白花穿心莲	Andrographis laxiflora (Bl.) Lindau	疏花穿心莲、须药草	药用全草。用于感冒发热，肺炎，胃肠炎。	海南：来源于海南万宁市。
	穿心莲	Andrographis paniculata (Burm.f.) Nees	一见喜、榄核莲、苦胆草、苦草	药用干燥地上部分。味苦，性寒。清热解毒，凉血，消肿。用于感冒发热，咽喉肿痛，口舌生疮，顿咳劳嗽，泄泻痢疾，热淋涩痛，痈肿疮疡，毒蛇咬伤。	广西：来源于广东省广州市。云南：来源于云南景洪市。海南：来源于海南万宁市。北京：来源于云南。
	十万错	Asystasia chelonoides Nees	跌打草、盗偷草	药用茎、叶。味辛，性平。散瘀消肿，接骨止血。用于跌打肿痛，骨折，外伤出血。	广西：来源于广西马山县。
	假杜鹃	Barleria cristata L.	紫靛、假红蓝、蓝花草、吐红花	药用全株。味辛、苦，性凉。清肺化痰，祛风利湿，解毒消肿。用于肺热咳嗽，百日咳，风湿身痒，风疹痛，小便淋痛，跌打瘀肿，痈肿疮疖。	广西：来源于云南省昆明市。海南：来源于海南万宁市。

科名	植物名	拉丁学名	别名	药用部位及功效	保存地及来源
爵床科 Acanthaceae	黄花假杜鹃	*Barleria prionitis* L.	比朵郎	药用根、叶或全株。根解毒、消肿，止咳。用于牙痛，咳嗽；外用于痔疮。叶或全株味涩，性凉。散瘀消肿，续筋接骨。用于跌打损伤，木刺入肉。	广西：来源于云南省西双版纳。云南：来源于云南景洪市。北京：来源于云南。
	虾衣草	*Calliaspidia guttata* (Brand.) Bremek.	麒麟吐珠、青丝线、麒麟塔	药用茎、叶。味苦、微辛，性凉。清热解毒，散瘀消肿。用于疔疮疖肿，跌打肿痛。	广西：来源于广西南宁市。海南：来源于海南万宁市。北京：来源于北京。
	汗斑草	*Championella maclurei* C.Y.Wu et H.S.Lo	一笼鸡、海南黄凉草、紫云菜、马氏	药用全草。用于汗斑，疥疮。	广西：来源于广西藤县。
	鳄嘴花	*Clinacanthus nutans* (Burm.f.) Lindau	青箭、柔刺草、竹节黄、扭序花	药用全草。味微苦、淡，性凉。清热利湿，活血舒筋。用于湿热黄疸，风湿痹痛，月经不调，跌打肿痛，骨折。	广西：来源于广西扶绥县。云南：来源于云南景洪市。海南：来源于海南万宁市。北京：来源于广西。
	钟花草	*Codonacanthus pauciflorus* (Nees) Nees	青木香草	药用全草。味苦，性凉。清心火，活血通络。用于口舌生疮，风湿痹痛，跌打损伤。	广西：来源于广西桂林市。
	珊瑚花	*Cyrtanthera carnea* (Lindl.) Bremek.		清热解毒，补心养肺，消食润肠。	北京：来源于北京。
	狗肝菜	*Dicliptera chinensis* (L.) Ness	羊肝菜、土羚羊、小青、金龙棒	药用全草。味甘、微苦，性寒。清热凉血，利湿，解毒。用于感冒发热，热病发斑，尿血，崩漏，肝热目赤，咽喉肿痛，带下，小儿凉风，小便淋沥，带状疱疹，痈肿疔疮，蛇犬咬伤。	广西：原产于广西药用植物园。海南：来源于海南万宁市。北京：来源于四川南川。

科名	植物名	拉丁学名	别名	药用部位及功效	保存地及来源
爵床科 Acanthaceae	楠草	Dipteracanthus repens (L.) Hassk.	芦莉草, 红楠草	药用叶。用于疡痛, 溃疡, 刀伤, 牙痛, 腹痛。	海南: 来源于海南万宁市。
	华南可爱花	Eranthemum austrosinense H.S.Lo	对节茶	药用根。用于风湿骨痛。	广西: 来源于广西隆林县。
	喜花草	Eranthemum pulchellum Andr.	可爱花	药用根、叶。味辛, 性平。散瘀消肿。用于跌打肿痛。	广西: 来源于广西南宁市。云南: 来源于云南勐腊县。海南: 不明确。
	网纹草	Fittonia verschaffeltii Van Houtte		止痛, 润肺。	北京: 来源于北京。
	小驳骨	Gendarussa vulgaris Nees	驳骨丹, 接骨草, 百节芒, 小还魂, 四季花, 莫哈郎爹 (傣语)	药用全株。味辛、酸, 性平。续筋接骨, 消肿止痛。用于骨折, 扭挫伤, 风湿性关节炎。树皮催吐。叶杀虫剂。	广西: 来源于广西武鸣县。云南: 来源于云南景洪市。海南: 来源于海南万宁市。北京: 来源于广西。
	黑叶小驳骨	Gendarussa ventricosa (Wall.) Nees	大驳骨, 大驳骨丹, 大接骨	药用全株。味辛、微酸, 性平。活血散瘀, 祛风除湿。用于骨折, 跌打损伤, 风湿关节痛, 腰腿痛, 外伤出血。	广西: 来源于广西南宁市。云南: 来源于云南景洪市。海南: 来源于海南万宁市。北京: 来源于广西。
	圆苞金足草	Goldfussia pentstemonoides Nees	温大青, 球花马蓝, 头花金足草	药用全株。味甘, 性凉。滋肾养阴, 清热泻火。用于肝炎, 咽喉肿痛, 咽喉痛, 蛇咬伤, 风湿关节痛, 骨折。	广西: 来源于广西龙州县。
	剑叶水蓑衣	Hygrophila lancea (Thunb.) Miq.	大青	药用全草。清热解毒。	广西: 来源于日本。
	大花水蓑衣	Hygrophila megalantha Merr.	南天仙子, 天仙子	药用全草、种子。全草味甘, 性凉。清热解毒, 化瘀止痛。用于咽喉痛, 乳痈吐血, 衄血, 顿咳, 外用于骨折, 跌打损伤, 毒蛇咬伤。种子味苦, 用于子癫狂, 抽搐, 健脾消食, 散瘀消肿, 胃痛, 哮喘, 外用于痈肿, 恶疮。	广西: 来源于广西武鸣县。海南: 来源于海南万宁市。

科名	植物名	拉丁学名	别名	药用部位及功效	保存地及来源
	粗毛水蓑衣	Hygrophila phlomoides Nees			海南：来源于海南万宁市。
	水蓑衣	Hygrophila salicifolia (Vahl) Nees	鱼骨草、水胆草、南天仙子	药用全草、种子。全草味甘、微苦、性凉。清热解毒，散瘀消肿。用于时行热毒、丹毒、黄疸、口疮、跌打伤痛、毒蛇咬伤。种子味苦、性寒。清热解毒，消肿止痛。用于乳痈红肿、热痛，疮肿。	广西：来源于广东省深圳市、云南省西双版纳。海南：来源于海南万宁市。北京：来源于广西。
	岩水蓑衣	Hygrophila saxatilis Ridl.		药用种子。镇痉止痛。用于癫狂，抽搐，哮喘，胃痛，痈肿，恶疮。	广西：来源于海南省。
爵床科 Acanthaceae	枪刀药	Hypoestes purpurea (L.) R.Br.	青丝线、红丝线	药用全草。味苦、微涩。散瘀止血，清肺止咳。用于肺热咳嗽、劳嗽咯血、吐血、衄血、尿血、崩漏、黄疸、腹泻、跌打瘀肿、骨折、刀枪出血。	广西：来源于广西凌云县。北京：来源于广西。
	齿叶鳞花草	Lepidagathis fasciculata Nees		药用全草。止咳化痰。	广西：来源于广西南宁市。
	鳞花草	Lepidagathis incurva Buch.-Ham.ex D.Don	鳞衣草、蛇毛衣、大蛇疱药	药用带根全草。味甘、微苦，性寒。清热解毒，消肿止痛。用于感冒发热、肺热咳嗽、疮疡溃烂、口唇糜烂、蛇咬伤、跌打伤痛，皮肤湿疹。	广西：来源于广西南宁市。
	疏花金足草	Perilepta dyeriana (Mast.) Bremek.	红背马蓝、红青耳叶马蓝、红青草	药用茎、叶、根及根状茎。味淡、辛，性凉。解毒消肿，行血散瘀。茎叶用于毒蛇咬伤，跌打肿痛，疮疖肿痛。根状茎及根用于风热感冒，咽喉肿痛，乙脑，肝炎，疰腮。	广西：来源于广西大新县。云南：来源于云南景洪市。

科名	植物名	拉丁学名	别名	药用部位及功效	保存地及来源
爵床科 Acanthaceae	观音草	*Peristrophe baphica* (Spreng) Bremek.	染色九头狮子草，红丝线	药用全草。味甘、淡，性凉。清热解毒，凉血熄风，散瘀消肿。用于肺热咳嗽，红肿，肺痨咯血，吐血，小儿惊风，小便淋痛，口舌生疮，痈肿疮疖，瘰疬，跌打肿痛，外伤出血，毒蛇咬伤。	广西：来源于广西南宁市。
	九头狮子草	*Peristrophe japonica* (Thunb.) Yamazaki	尖叶青药，大叶青药，小青药	药用全草。味辛、微苦、甘，性凉。祛风清热，凉肝，定惊，散瘀解毒。用于感冒发热，肺热咳喘，肝热目赤，小儿惊风，咽喉肿痛，痈肿疔毒，乳痈，瘰疬，痔疮，蛇虫咬伤，跌打损伤。	广西：来源于广西田林县。北京：来源于南京。湖北：来源于湖北恩施。
	山蓝	*Peristrophe roxburghiana* (Schult.) Bremek.		药用全草。清肺止咳，散瘀止血。用于肺结核咳嗽，糖尿病，跌打损伤。	海南：来源于海南万宁市。
	金苞花	*Pachystachys lutea* Ness		清热解毒，泻火。	北京：来源于广东。
	弯花焰爵床	*Phlogacanthus curviflorus* (Wall.) Nees.	火焰花，焰爵床，皇文（傣语）	药用根、叶。味苦，性寒。清热解毒，祛风利水，凉血止痛，截疟。用于风热咳嗽，咽喉肿痛，胸闷不适，关节红肿疼痛，肢体夹活动受限，屈伸不利，跌打损伤，瘀肿疼痛，疟疾，经久不愈，发冷发热，头昏头痛，胸腹痞满，冷风所致胃肠痉挛剧痛。	云南：来源于云南景洪市。
	毛脉焰爵床	*Phlogacanthus pubinervius* T.Anders.	毛脉火焰花，野蕊叶	药用根。清热解毒。	云南：来源于云南景洪市。
	多花山壳骨	*Pseuderanthemum polyanthum* (C. B. Clarke) Merr.	多花钩粉草，云南山壳骨	药用根、全株。根用于骨折。全株用于崩漏，跌打损伤。	广西：来源于广西凭祥市。云南：来源于云南景洪市。

科名	植物名	拉丁学名	别名	药用部位及功效	保存地及来源
爵床科 Acanthaceae	灵枝草	Rhinacanthus nasutus (L.) Kurz	白鹤灵芝、癣草、芽鲁哈咪卖（傣语）	药用枝、叶。味甘、微苦，性微寒。用于劳嗽，清热润肺，杀虫止痒，湿疹。	广西：来源于广东省广州市。云南：来源于云南景洪市。海南：来源于海南万宁市。北京：来源于广西。
	爵床	Rostellularia procumbens (L.)Nees	细路边、青焦梅木、假菜椒、松兰	药用全草。味苦、咸、辛，性寒。清热解毒，利湿消积，活血止痛。用于感冒发热，咳嗽，咽喉肿痛，疟疾，小便淋浊，湿热泻痢，黄疸，浮肿，筋骨疼痛，跌打损伤，痈疽疔疮，湿疹。	广西：原产于广西药用植物园。云南：来源于云南景洪市。
	喜林小苞爵床	Pararuellia drymophila (Diels) C.Y.Wu	地皮消、莲楠草	药用全草。味苦，性平。清热解毒，散瘀消肿，止痛。用于肺炎，支气管炎，扁桃体炎、腮腺炎、脓肿疮毒、骨折，创伤感染。	广西：来源于广西龙州县。
	孩儿草	Rungia pectinata (L.) Nees	四方梗、鱼尾草、蓝色草、由甲草	药用全草。味微苦，性凉。消积滞，泻肝火，清湿热。用于小儿食积，目赤肿痛，湿热泻痢，肝炎，痈肿，毒蛇咬伤。	广西：来源于广西隆林县。海南：来源于海南万宁市。
	黄脉爵床	Sanchezia nobilis Hook.f.		抗疲劳，镇静。	海南：不明确。北京：来源于云南。
	糯米香	Semnostachya menglaensis H.P.Tsui		药用叶。壮腰健肾。	广西：来源于云南省西双版纳。

502

科名	植物名	拉丁学名	别名	药用部位及功效	保存地及来源
爵床科 Acanthaceae	马蓝	Strobilanthes cusia (Nees) O.kuntze	大青叶、蓝靛、南板蓝根、皇曼(傣语)	药用青黛、干燥根茎、根、叶。青黛味咸，性寒。清热解毒，凉血，定惊。用于温毒发斑，血热吐血，胸痛咳血，小儿惊痫，口疮，痄腮，喉痹。干燥根茎及根味苦，性寒。清热解毒，凉血。用于温病发斑，流腮，叶味苦，性寒。凉血止血，肺热咳嗽，麻疹，湿热泻痢，高热，猩红热，黄疸、丹毒、疔毒、腮腺，口疮，疖疮，痈肿，肠痈，衄血、吐血，崩漏，蛇虫咬伤。	广西：来源于广西金秀县。云南：来源于云南景洪市。海南：来源于海南万宁市。北京：来源于云南。
	四子马蓝	Strobilanthes tetraspermus (Champ.ex Benth.) Druce		药用全草。味微苦，性凉。清热解毒，消肿。用于跌打损伤。	湖北：来源于湖北恩施。
	三花马蓝	Strobilanthes triflorus Y.C.Tang		药用全草。舒筋活络，止血生肌。	湖北：来源于恩施。
	顶头马蓝	Tarphochlamys affinis (Griff.) Bremek.	顶头草、汗斑草	药用根、全草。根味淡、甘，性凉。解毒。用于时行感冒，凉血，肺热咳嗽，丹毒，热毒发斑，蛇咬伤。全草外用于汗斑，蛇咬伤。	广西：来源于广西桂林市。
	二色老鸦嘴	Thunbergia eberhardtii R.Ben.			海南：来源于海南琼海。
	山牵牛	Thunbergia grandiflora (Roxb.ex Rottler) Roxb.	大花山牵牛、大花老鸦嘴	药用根、茎叶。根味辛，性平。祛风通络，散瘀止痛。用于风湿痹痛，痛经，跌打肿痛，骨折，小儿麻痹后遗症。茎叶味辛、微苦，性平。活血止痛，解毒消肿。用于跌打损伤，骨折，疮疖，蛇咬伤。	广西：来源于广西龙州县。云南：来源于云南景洪市。

科名	植物名	拉丁学名	别名	药用部位及功效	保存地及来源
爵床科 Acanthaceae	海南老鸭嘴	Thunbergia hainanensis C. Y.Wu et H.S.Lo		药用叶。用于月经过多，刀伤，疡肿。	海南：来源于海南万宁市。
	桂叶山牵牛	Thunbergia laurifolia Lindl.	桂叶老鸦嘴	药用叶。	广西：来源于福建省福州市。
胡麻科 Pedaliaceae	芝麻	Sesamum indicum L.	胡麻、脂麻、黑芝麻、小胡麻	药用种子。味甘，性平。补肝肾，益精血，润肠燥。用于头晕眼花，耳鸣耳聋，须发早白，病后脱发，肠燥便秘。	广西：来源于广西南宁市。海南：来源于海南万宁市。北京：来源于四川。
	芒毛苣苔	Aeschynanthus acuminatus Wall.	大叶榕根、石壁风	药用根、茎、叶及全株。味甘，性平。宁神。用于神经衰弱，慢性肝炎，风湿关节痛，跌打损伤。	云南：来源于云南景洪市。
	广西芒毛苣苔	Aeschynanthus austroyunnanensis W. T. Wang var. guangxiensis (Chun) W. T.Wang	下山虎、小叶石仙桃	药用全株。止咳，止痛。用于咳嗽，坐骨神经痛，关节炎。	广西：来源于广西桂林市。
	黄杨叶芒毛苣苔	Aeschynanthus buxifolius He-msl.	上树蜈蚣	药用全株。用于失眠，风湿骨痛，跌打损伤，头痛，咳嗽，月经不调。	广西：来源于广西桂林市。
苦苣苔科 Gesneriaceae	红花芒毛苣苔	Aeschynanthus moningeriae (Merr.) Chun			广西：来源于云南省昆明市。
	大花旋蒴苣苔	Boea clarkeana Hemsl.	牛耳散血草、散血草	药用全草。味苦，性凉。止血，散血，消肿；外用于外伤出血，跌打损伤。	海南：来源于海南琼中县。
	猫耳朵	Boea hygrometrica (Bunge) R.Br.	牛耳草、地虎皮、还魂草	药用全草。味苦，性平。散瘀止血，清热解毒，化瘀止咳。用于吐血，便血，外伤出血，跌打损伤，咳嗽痰多。	湖北：来源于湖北恩施。
	牛耳朵	Chirita eburnea Hance	石虎耳、岩青菜	药用根状茎、全草。味甘，性平。补虚，止血，止咳，除湿。用于阴虚咳嗽，肺痨咳血，崩漏，带下病。	北京：来源于广西。湖北：来源于湖北恩施。

（续表）

科名	植物名	拉丁学名	别名	药用部位及功效	保存地及来源
苦苣苔科 Gesneriaceae	蚂蟥七	*Chirita fimbrisepala* Hand.-Mazz.	石蟆蚁、红蚂蟥七	药用根状茎或全草。味苦、微辛、性凉。清热利湿，行滞消积，止血活血，解毒消肿。用于痢疾，肝炎，小儿疳积，胃痛，咯血，外伤出血，跌打损伤，痈肿疮毒。	广西：来源于广西金秀县。
	烟叶长蒴苣苔	*Chirita heterotricha* Merr.	烟叶唇柱苣苔、岩白菜	药用全株。补肾，止血，止咳，除湿。	海南：来源于海南万宁市。
	条叶唇柱苣苔	*Chirita ophiopogoides* D.Fang et W.T.Wang	耳羊	药用根状茎。用于风湿骨痛，跌打损伤，骨折，劳伤咳嗽。	广西：来源于广西桂林市。
	刺齿唇柱苣苔	*Chirita spinulosa* D.Fang et W.T.Wang	山芭蕉	药用根状茎。用于风湿骨痛，跌打损伤，骨折，劳伤咳嗽。	广西：来源于广西桂林市。
	苦苣苔	*Conandron ramondioides* Sieb.et Zucc.	一张白、水鳖草	药用全草。味苦、性寒。清热解毒，消肿止痛。用于疔疮，痈肿，毒蛇咬伤，跌打损伤。	湖北：来源于湖北恩施。
	半蒴苣苔	*Hemiboea henryi* C.B.Clarke	山白菜、石莨菜	药用全草。味甘、性寒。清暑热，利湿，解毒。用于中暑，痧疹，咽喉痛，黄疸，烧、烫伤。	湖北：来源于湖北恩施。
	龙州半蒴苣苔	*Hemiboea lungzhouensis* W.T.Wang ex Z.Y.Li		药用根，叶。用于毒蛇咬伤。	广西：来源于广西桂林市。
	降龙草	*Hemiboea subcapitata* C.B.Clarke	水泡菜叶、马拐、牛耳朵	药用全草。味甘、性寒。清暑，利湿，解毒。用于外感暑湿，痈肿疮疔，蛇咬伤。	广西：来源于广西桂林市。湖北：来源于湖北恩施。
	蒙自吊石苣苔	*Lysionotus carnosus* Hemsl.	岩豇豆、岩泽兰	药用全草。味辛、微苦、性平。散风止咳，化食消积。用于风寒咳嗽，小儿疳积，外伤出血。	广西：来源于广西凌云县。
	小叶吊石苣苔	*Lysionotus microphyllus* W.T.Wang		药用全草。用于风湿关节痛，外伤。	广西：来源于广西金秀县。

505

科名	植物名	拉丁学名	别名	药用部位及功效	保存地及来源
苦苣苔科 Gesneriaceae	吊石苣苔	*Lysionotus pauciflorus* Maxim.	石吊兰、石吊苣苔、石花	药用全草。味苦、辛，性平。祛风除湿，化痰止咳，祛瘀通经，用于风湿痹痛，咳喘痰多，月经不调，痛经，跌打损伤。	广西：来源于广西金秀县。海南：来源于海南保亭县。
	锈色蛛毛苣苔	*Paraboea rufescens* (Franch.) Burtt	岩枇杷、蛛毛苣苔、回生草	药用全草。味甘，微涩，性平。止咳固脱，解毒。用于咳嗽喘，子宫脱垂，痈疖红肿。	广西：来源于广西靖西县。
	锥序蛛毛苣苔	*Paraboea swinhoii* (Hance) Burtt	牙哨、生死药	药用全株。用于小儿疳积，子宫脱垂，骨折。	广西：来源于广西防城港市。
	异裂苣苔	*Pseudochirita guangxiensis* (S.Z.Huang) W.T.Wang	两面镐	药用叶。用于跌打肿痛，疮疡肿毒。	广西：来源于广西环江县。
	椭圆线柱苣苔	*Rhynchotechum ellipticum* (Wall. ex D. F. N. Dietr.) A.DC.	阔叶线柱苣苔、山枇杷	药用全株，叶或花。全株清肝，用于疥疮。叶或花用于咳嗽，烫伤。	广西：来源于广西桂林市。
狸藻科 Lentibulariaceae	黄花狸藻	*Utricularia aurea* Lour.	水上一枝黄花、黄花挖耳草	药用茎叶，全草。茎叶解热，解毒。全草用于目赤肿痛，急性结膜炎。	广西：原产于广西药用植物园。
	挖耳草	*Utricularia bifida* L.	耳挖草、金耳挖	药用叶，全草。叶用于小儿发疹。全草用于口耳炎。	广西：来源于广西北海市。海南：来源于海南万宁市。
	对叶车前	*Plantago arenaria* Waldst. et Kit.	法车前草	药用种子。用于缓泻。用作润肠药，通便药。	广西：来源于法国，德国。
车前科 Plantaginaceae	车前	*Plantago asiatica* L.	车轱辘菜、猪耳草	药用全草，种子。味甘，微寒。全草清热利尿，祛痰，凉血，解毒。用于水肿尿少，热淋涩痛，暑湿泻痢，痰热咳嗽，吐血衄血，痈肿疮毒。种子清热利尿，渗湿通淋，明目，祛痰。用于水肿胀满，热淋涩痛，暑湿泄泻，目赤肿痛，痰热咳嗽。	广西：来源于广西那坡县。北京：来源于北京。湖北：来源于湖北恩施。

(续表)

科名	植物名	拉丁学名	别名	药用部位及功效	保存地及来源
车前科 Plantaginaceae	海滨车前	*Plantago camtschatica* Link.	堪察加车前	药用部位及功效参阅车前 *Plantago asiatica* L.。	广西：来源于日本、法国。
	臭芥车前	*Plantago coronopus* L.		药用全草。用于黏膜炎。	广西：来源于法国、德国。
	平车前	*Plantago depressa* Willd.	车轮菜、车轱辘菜、车串串	药用干燥成熟种子。清热利尿，渗湿通淋，明目祛痰，轻泻。	北京：来源于北京。湖北：来源于湖北恩施。
	小车前	*Plantago minuta* Pall.	车前	药用种子及全草。味甘，性寒。清热利尿，祛痰止咳，明目。肾炎水肿，肠炎，结石，支气管炎，急性结膜炎，细菌性痢疾，急性黄疸型肝炎。	云南：来源于云南景洪市。
	日本车前	*Plantago japonicus* Franch. et Sav.		药用种子、全草。种子清热利尿，渗湿通淋，明目，祛痰。用于水肿胀满，热淋涩痛，带下，尿血，暑湿泄泻，目赤肿痛，痰热咳嗽。全草清热利尿，祛痰，凉血，解毒。用于水肿尿少，热淋涩痛，尿血，吐血，衄血，痈肿疮毒，暑湿泻痢。	广西：来源于日本。北京：来源于原苏联。
	长叶车前	*Plantago lanceolata* L.	披针叶车前、狭叶车前	药用种子及全草。清热利尿，渗湿通淋，明目，祛痰。全草清热利尿，祛痰，凉血，解毒。	广西：来源于北京市。北京：来源于原苏联。
	大车前	*Plantago major* L.	大叶车前、蛤蟆叶、深波叶大车前草	药用种子及全草。味甘，凉。微苦，性微肿，用于水肿病，黄疸病，尿频，尿急，尿痛，小便淋涩，淋滴难下，热毒所致的咽喉红肿疼痛，跌打损伤，骨折。	广西：来源于广西南宁市、北京市，法国。云南：来源于云南景洪市。海南：来源于海南万宁。北京：来源于江西。
	沿海车前	*Plantago maritima* (L.) var.salsa (Pall.) pilger	盐生车前	药用部位及功效参阅车前 *Plantago asiatica* L.。	广西：来源于法国。
	北车前	*Plantago media* L.	中车前、中间车前	药用种子。清热利尿，渗湿通淋，明目，祛痰。	广西：来源于法国。北京：来源于北京。

科名	植物名	拉丁学名	别名	药用部位及功效	保存地及来源
	欧车前	Plantago psyllium L.	亚麻籽车前	药用部位及功效参阅车前 Plantago asiatica L.。	广西：来源于美国。北京：来源于原苏联。
忍冬科 Caprifoliaceae	华南忍冬	Lonicera confusa (Sweet) DC.	山银花、土银花、假金银花	药用叶、花蕾、嫩枝。叶味甘，性凉。清热解毒，用于痈疖疔毒、麻疹瘰疬。花蕾、嫩枝味甘，性寒。清热解毒，用于感冒发热、咽喉痛、泄泻，淋巴腺炎。	广西：来源于广西桂林市。海南：来源于海南万宁市。
	锈毛忍冬	Lonicera ferdinandii Franch.	老虎合欢藤	药用花蕾。清热解毒，利尿消炎，祛风除湿。用于膀胱热甚，小便淋沥，涩痛黄赤，尿血，尿中夹砂石，风热湿痹，肢体红肿疼痛，关节活动不利。藤茎、嫩枝清热解毒，舒筋活络。	广西：来源于法国。
	菰腺忍冬	Lonicera hypoglauca Miq.	红腺忍冬、毛金银花	药用花蕾、嫩枝。味甘，性寒。清热解毒，凉散风热。用于痈肿疔疮、喉痹、丹毒、热毒血痢、风热感冒、温病发热。	广西：原产于广西药用植物园。
	忍冬	Lonicera japonica Thunb.	双花、金银花藤、金银花	药用茎叶、花蕾、果实。清热、解毒、通经活络。茎叶味甘，性凉。用于咽喉痛、风热咳喘、疗疮肿毒。花蕾味甘，性凉。时行感冒、痄腮、瘾疹、疮疖、清热。花蕾味苦，用于喉咙肿痛、痈疖脓肿、丹毒、乳蛾、乳痈、带下病。果实味苦，清热凉血，化湿热，用于肠风、性凉，泄泻。	云南：来源于云南景洪市。海南：不明确。北京：来源于陕西太白山。湖北：来源于湖北恩施。
	金银忍冬	Lonicera maackii (Rupr.) Maxim.	金银木、狗骨头树、王八骨头	药用根、茎叶、花。根解毒截疟，祛风解毒。茎叶，活血祛瘀，祛风解表，消肿解毒。花味淡，性平。	北京：来源于浙江。

科名	植物名	拉丁学名	别名	药用部位及功效	保存地及来源
忍冬科 Caprifoliaceae	大花忍冬	*Lonicera macrantha* (D. Don) Spreng.	大金银花，金银花	药用全株。镇惊，祛风，败毒，清热。用于小儿急惊风，解毒。花蕾味苦，性平。清热，乳蛾，肠痈，泄泻，目赤红肿，疮疥脓肿，丹毒，外伤感染，带下病。	广西：来源于广西金秀县。海南：来源于海南保亭县。
	灰毡毛忍冬	*Lonicera macranthoides* Hand.-Mazz.	山银花，拟大花忍冬，大金银花	药用干燥花蕾或带初开的花。味甘，性寒。清热解毒，凉散风热。用于疔痈肿疔疮，喉痹，丹毒，热毒血痢，风热感冒，温病发热。	广西：来源于四川简阳。
	小叶忍冬	*Lonicera microphylla* Willd. ex Roem. et Schult.		药用枝叶。味淡，性凉。清热解毒，强心消肿，固齿。	湖北：来源于湖北恩施。
	皱叶忍冬	*Lonicera rhytidophylla* Hand.-Mazz.	大山花，土银花，左转藤	药用根，嫩枝。花蕾，根味微苦，性凉。舒筋通络，用于风湿关节痛，乳痈。花蕾，用于丹毒，疔疮，骨痨，肺痈，水肿，消肿。花蕾清热解毒。	北京：来源于浙江。
	岩生忍冬	*Lonicera rupicola* Hook.f. et Thoms.	西藏忍冬	药用叶。花蕾，性平，温。温复止痛。	湖北：来源于湖北恩施。
	盘叶忍冬	*Lonicera tragophylla* He-msl.	贯叶忍冬，杜银花，土银花	药用花蕾及带叶嫩枝。活血止痛，通络。味甘。清热解毒，性凉。	湖北：来源于湖北恩施。
	接骨草	*Sambucus chinensis* Lindl.	陆英，蒴藋，蒴藋风，除英，小满草，芽沙板（榛话）	药用茎叶及根。茎叶味甘，微苦，性平。祛风，利湿，舒筋，活血。用于风湿疼痛，跌打损伤，产后恶露不行，黄疸，水肿；根味甘，酸，性平。祛风，止血，散瘀。用于风湿疼痛，头风，淋症，腰腿痛，跌打损伤，咯血，白带，癥积，风疹瘙痒，疮肿。吐血，风疹瘙痒，疮肿。	广西：来源于广西上林县，湖北省武汉市。云南：来源于云南景洪市。海南：来源于海南万宁市。湖北：来源于湖北恩施。
	血满草	*Sambucus adnata* Wall.	臭草，血当归，血莽草，贴生接骨木，珍珠梾	药用全株。根，利水，活血，通络。味辛，甘，性温。祛风，风湿瘙痒，风湿麻痹，小儿麻痹后遗症，慢性腰腿痛，扭伤淤痛，骨折。用于急慢性肾炎，	广西：来源于广西金秀县。

科名	植物名	拉丁学名	别名	药用部位及功效	保存地及来源
忍冬科 Caprifoliaceae	朝鲜接骨木	*Sambucus coreana* Kom. et Alisan		药用部位及功效参阅接骨木 *Sambucus williamsii* Hance。	广西：来源于波兰。
	总花接骨木	*Sambucus racemosa* L.	接骨木	药用根皮、嫩枝。祛风活络，散瘀消肿。	广西：来源于加拿大。
	接骨木	*Sambucus williamsii* Hance	欧接骨木、鸭脚风、白马桑	药用茎枝、叶、花、根、根皮。茎枝味甘，性平，祛风利湿，活血，止血。用于风湿痹痛、痛风、大骨节病、急慢性肾炎、风疹、跌打损伤、骨折肿痛、外伤出血。叶味辛、苦，性平。活血，舒筋，止痛，用于跌打骨折、筋骨疼痛。花味温，发汗利尿。用于感冒。根、根皮味甘，性平，祛风除湿，活血散筋，利尿消肿，用于风湿疼痛、痰饮、黄疸、跌打瘀肿、骨折肿痛，急、慢性肾炎。	广西：来源于广西凭祥市。北京：来源于浙江、北京植物园。湖北：来源于湖北恩施。
	穿心莛子藨	*Triosteum himalayanum* Wall.	五转七、大对月草	药用全株。味苦，性凉。活血调经，利尿消肿，浮肿，月经不调。用于小便涩痛、劳伤伤痛。	湖北：来源于湖北恩施。
	莛子藨	*Triosteum pinnatifidum* Maxim.	天王七、四大天王、鸡爪七、白果七	药用根、果实、叶。根、性平涩。果实味苦，祛风湿，理气活血，生肌，消肿镇痛，跌打损伤，健脾，祛风湿，消化不良，月经不调。用于劳伤，带下病。叶用于刀伤。	北京：来源于海南。
	水红木	*Viburnum cylindricum* Buch.-Ham. ex D.Don	灰叶子、粉叶荚蒾、翻脸叶、小红木	药用根、叶、花。根味甘，性凉。用于跌打损伤，风湿筋骨痛。叶味苦，性凉。清热解毒，用于泄泻、淋证、痈疡，外用于烧伤，皮肤瘙痒。花味苦，性凉。润肺止咳。用于风热咳喘。	广西：来源于云南省。云南：来源于云南景洪市。

科名	植物名	拉丁学名	别名	药用部位及功效	保存地及来源
忍冬科 Caprifoliaceae	荚蒾	*Viburnum dilatatum* Thunb.	酸梅子、野花、绣球、土兰条、红楂梅	药用根、枝、叶。根味辛、涩，性凉。祛瘀消肿，用于瘰疬，跌打损伤，枝、叶味酸，性凉。清热解毒，疏风解表，用于疗疮发热，暑热感冒；外用于过敏性皮炎。	北京：来源于北京。湖北：来源于湖北恩施。
	香荚蒾	*Viburnum farreri* W.T.Stearn			北京：来源于北京。
	臭荚蒾	*Viburnum fortidum* Wall.	碎米果	药用根、叶、果实。味涩，性平。清热解毒，止咳，接骨，叶用于脓肿，根、果实用于头痛，咳嗽，风热咳喘，跌打损伤，走马牙疳。	北京：来源于云南。
	南方荚蒾	*Viburnum fordiae* Hance	酸汤泡、酸闷木、小雷公子	药用根、叶。味苦、涩，性凉。疏风解表，清热解毒，活血散瘀，用于感冒发热，风湿痹痛，月经不调，风湿痹痛，淋巴结炎，疮疖，湿疹。	广西：来源于广西南宁市。
	巴东荚蒾	*Viburnum henryi* Hemsl.		药用根、枝、叶。根清热解毒。枝、叶用于小儿鹅口疮。	湖北：来源于湖北恩施。
	淡黄荚蒾	*Viburnum lutescens* Bl.	罗盖木、黄荚蒾	药用叶。活血，除湿。用于跌打肿痛，风湿痹痛。	广西：来源于广西南宁市、北京市。
	绣球荚蒾	*Viburnum macrocephalum* Fo-rt.	绣球花、八仙花、紫阳花	药用茎。除湿止痒。用于风湿疥癣，皮肤湿烂痒痛。	北京：来源于北京。
	珊瑚树	*Viburnum odoratissimum* Ker-Gawl.	早禾树、利洞风、香柏树、禾早树	药用叶、树皮、根。味辛，性温。祛风除湿，通经活络，用于感冒，风湿痹痛，跌打肿痛，骨折。	广西：来源于上海市。云南：来源于云南景洪市。北京：来源于北京植物园。
	日本珊瑚豆	*Viburnum odoratissimum* Ker-Gawl.var.*awabuki* (K.Koch) Zabel ex Rumpl.		清热解毒，利尿消肿，化痰止咳。	
	欧洲荚蒾	*Viburnum opulus* L.		药用根皮、嫩枝。味苦，性平。清热凉血，消肿止痛，镇咳止泻。	北京：来源于海南。
	粉团	*Viburnum plicatum* Thunb.	粉团花、蝴蝶树、雪球荚蒾	药用根、枝条。清热解毒，健脾消积。	北京：来源于云南。

511

科名	植物名	拉丁学名	别名	药用部位及功效	保存地及来源
	蝴蝶戏珠花	Viburnum plicatum Thunb. var. tomentosum (Thunb.) Miq.	苦酸汤、蝴蝶荚蒾	药用根或枝条。味苦、酸、辛，性微温。解毒，健脾消积。用于小儿疳积。	北京：来源于广西。湖北：来源于湖北恩施。
	鳞斑荚蒾	Viburnum punctatum Buch.-Ham.ex D.Don	小鳞荚蒾、点鳞荚蒾	药用根、叶。活血祛风。用于风湿病。	广西：来源于广西苍梧县。
	常绿荚蒾	Viburnum sempervirens K.Koch	苦柴枝、坚枝树、毛枝荚蒾	药用枝、叶。枝消肿止痛，活血散瘀。叶消肿，活血。用于跌打损伤。	云南：来源于云南勐海县。
	茶荚蒾	Viburnum setigerum Hance	饭汤子、甜茶	药用根、果实。根味微苦。用于破血通经，止血、白浊、肺痈。果实健脾。用于脾胃虚弱。纳呆。	北京：来源于北京。
	锦带花	Weigela florida (Bunge) A.DC.	山脂麻、空枝子、连萼带花	药用花。活血止痛。	广西：来源于辽宁省沈阳市、北京市、波兰、法国。北京：来源于北京。
忍冬科 Caprifoliaceae	水马桑	Weigela japonica Thunb. var.sinica (Rehd.) Bailey	白马桑、水吞骨	药用根、枝、叶。根味甘、性平。理气健脾，滋阴补虚。用于食少气虚、消化不良、体质虚弱。枝、叶用于痈肿疮疡。	湖北：来源于湖北恩施。
	糯米条	Abelia chinensis R.Br.	茶条树、白花树	药用茎、叶。味苦，性凉。清热解毒，凉血。用于湿热痢疾、痈疽疮疡、吐血、便血、衄血。	广西：来源于浙江省杭州市。北京：来源于北京。
	短枝六道木	Abelia engleriana (Graebn.) Rehd.	齿缘花	药用果实或花。味苦，涩，性平。祛风湿。用于风湿筋骨疼痛；外用于瘫疮红肿。	湖北：来源于湖北恩施。
	七子花	Heptacodium miconioides Rehd.		药用叶。抗过敏，降血压，消炎，抗菌，抗病变，抗病毒等。	广西：来源于浙江省杭州市。
	蝟实	Kolkwitzia amabilis Graebn.			北京：来源于北京。
	鬼叶萧	Leycesteria formosa Wall.	云通、风吹箫	药用茎叶或根。味苦，性凉。利湿清热，活血止血。用于湿热黄疸、月经不调、哮喘、外伤出血、骨折损伤。	广西：来源于云南省昆明市。
	狭萼鬼吹萧	Leycesteria formosa Wall. var.stenosepala Rehd.	小泡桐、梅竹叶	药用全株，消肿。味苦，性平。利湿，理气，活血，消肿。用于小便涩痛，风湿关节痛，痔疮，水肿，食积腹胀，外伤出血。	广西：来源于云南省昆明市。

科名	植物名	拉丁学名	别名	药用部位及功效	保存地及来源
败酱科 Valerianaceae	异叶败酱	*Patrinia heterophylla* Bunge	墓头回、追风箭、箭头风	药用根或全草。味苦、微酸、涩，性凉。清热解毒，消肿，止肌，生肌，止血，截疟，抗癌。用于子宫颈糜烂、早期宫颈癌、带下病、崩漏、疟疾、跌打损伤。	北京：来源于河北。湖北：来源于湖北恩施。
	中败酱	*Patrinia intermedia* (Vahl.) Roem.et Schult.	黄花败酱	药用根、根状茎、上带。行气止痛，活血通经，消痈。	北京：来源于原苏联。
	斑花败酱	*Patrinia punctiflora* Hsu et H.J.Wang	无心草、马竹霄、细祥苦荞	药用全草、根状茎。清热解毒，祛瘀排脓，活血去瘀，用于阑尾炎、肠痈、产后瘀滞腹痛、痈肿、眼结膜炎、疔疮。	广西：来源于广西金秀县。
	败酱	*Patrinia scabiosaefolia* Fisch. ex Trev.	黄花龙芽、黄花草	药用全草。味辛、苦，性微寒。清热解毒，活血排脓，用于肠痈、痈肿、痢疾、产后瘀滞腹痛。	广西：原产于广西药用植物园，广西环江县，日本。北京：湖北：来源于湖北恩施。
	白花败酱	*Patrinia villosa* (Thunb.) Juss.	攀倒瓶	药用根状茎、带根全草。味辛、性凉。清热利湿，解毒排脓，活血祛瘀，用于肝炎、目赤红肿、痈肿疔疮、产后瘀滞腹痛。	广西：来源于广西隆林县。北京：来源于河北。湖北：来源于湖北恩施。
	缬草	*Valeriana officinalis* L.	欧缬草	药用根、根状茎。味辛、苦，性温。安心神，祛风湿，止痛。用于心神不安、心悸失眠、癫狂、脘腹胀痛、风湿痹痛、经闭、痛经、跌打损伤。	广西：来源于广西北京市，荷兰。北京：来源于原苏联。湖北：来源于湖北恩施。
	蜘蛛香	*Valeriana jatamansi* Jones	马蹄香、大救驾、老君须	药用根状茎。味辛、微苦，性温。理气和中，散寒除湿，活血消肿。用于脘腹胀痛、小儿疳积、风寒湿痹、脚气水肿、吐泻、月经不调、跌打报伤、疮疖。	广西：来源于广西乐业县，湖北省武汉市，重庆市，云南省昆明市。湖北：来源于湖北恩施。

科名	植物名	拉丁学名	别名	药用部位及功效	保存地及来源
川续断科 Dipsacaceae	川续断	Dipsacus asperoides C. Y. Cheng et T. M. Ai	滋油菜、苦小草、帽子挖糖菜	药用根。味苦、辛，性微温。补肝肾，强筋骨，利关节，止崩漏。用于腰背酸痛，风湿关节痛，骨折，跌打损伤，失兆流产，崩漏，带下病，遗精，尿频。	广西：来源于广西隆林县、靖西县，北京市，日本。来源于四川金佛山。湖北：来源于湖北恩施。
	日本续断	Dipsacus japonicus Miq.	假续断	药用根。味苦、辛，性微温。补肝肾，续筋骨，调血脉。用于腰背酸痛，足膝无力，崩漏，带下病，遗精，跌打损伤，痈疽疮肿。	北京：来源于北京。湖北：来源于湖北恩施。
	大花蓝盆花	Scabiosa tschiliensis Grun. var.supera (Grun) S.Y.He		药用花。清热泻火。	北京：来源于北京。
桔梗科 Campanulaceae	展枝沙参	Adenophora divaricata Franch. et Sav.		药用根。清肺化痰，止咳。	北京：来源于北京。
	杏叶沙参	Adenophora hunanensis Nannf.	南沙参	药用根。养阴清肺，祛痰止咳。用于阴虚，肺热，燥病仿津，热病伤黏，口渴。	广西：来源于北京市、江苏省南京市。湖北：来源于湖北恩施。
	石沙参	Adenophora polyantha Nakai	糖荸沙参	药用根。味甘、微苦，性凉。清热养阴，祛痰止咳。用于肺热燥咳，虚劳久咳，咽喉痛。	北京：来源于四川。
	沙参	Adenophora stricta Miq.		药用根。味甘、微苦，性凉。养阴清肺，用于咳嗽痰喘，略痰黄稠，也可用于头痛，带下病。	北京：来源于四川。
	轮叶沙参	Adenophora tetraphylla (Thunb.) Fisch.	匙叶沙参、四叶沙参	药用根。味甘、微寒、益气。养阴清肺，化痰，益气。用于肺热燥咳，阴虚劳嗽，干咳痰黏，气阴不足，烦热口干。	广西：来源于广西武鸣县，日本。北京：来源于河北三堡。
	荠苨	Adenophora trachelioides Maxim.	梅参、杏参、杏叶沙参	药用根。味苦、性寒。清热，解毒，化痰。用于燥咳，喉痛，消渴，疔疮肿毒。	北京：来源于东北。
	日本三叶沙参	Adenophora triphylla A.DC. var.japonica Hara		日本药用植物。药用叶和根茎。提取物可治疗糖尿病。	广西：来源于日本。

科名	植物名	拉丁学名	别名	药用部位及功效	保存地及来源
	风铃草	Campanula medium L.			北京：来源于保加利亚、波兰。
	紫斑风铃草	Campanula punctata Lam.	新疆风铃草、吊笼花、钟花	药用根、全草。根清热解毒，祛风除湿，止痛，平喘。全草用于咽喉痛，头痛，难产。	广西：来源于法国。
	大花金钱豹	Campanumoea javanica Bl.	土党参、楼子党参、古灯笼根、桂党参、小花土党参	药用根。味甘，性平。健脾益气，补肺止咳，下乳。用于虚劳内伤，气虚乏力，心悸，多汗，脾虚泄泻，白带，乳汁稀少，小儿疳积，遗尿，肺虚咳嗽。	广西：来源于广西武鸣县、那坡县，隆安县。云南：来源于云南景洪市。海南：来源于海南万宁市。湖北：来源于湖北恩施。
桔梗科 Campanulaceae	羊奶	Codonopsis lanceolata (Sieb.et Zucc.) Trautv.	奶参、奶薯、山海螺	药用根。味甘、辛，性平。滋补强壮，补虚通乳，排脓解毒，祛痰。用于血虚气弱，肺痈咯血，乳汁少，各种痈疽肿毒，瘰疬，带下病，喉蛾。	北京：来源于东北。湖北：来源于湖北恩施。
	党参	Codonopsis pilosula (Franch.) Nannf.	凤党、纹党、合参	药用根。味甘，性平。补中益气，益肺。用于脾肺虚弱，气短心悸，虚喘咳嗽，内热消渴。	北京：来源于太白山。湖北：来源于湖北恩施。
	川党参	Codonopsis tangshen Oliv.	板党、东党参	药用根。味甘，性平。补中益气，健脾益肺。用于脾肺虚弱，气血两亏，体倦无力，食少，口渴，泄泻，脱肛。	湖北：来源于湖北恩施。
	半边莲	Lobelia chinensis Lour.	半边菊、半边花、半边旗、蛇利草、细灯草、急解索	药用带根全草。味甘，性平。清热解毒，利水消肿，用于毒蛇咬伤，痈肿疔疮，扁桃体炎，湿疹，足癣，跌打损伤，湿热黄疸，阑尾炎，肠炎，肾炎，肝硬化腹水及多种癌症。	广西：原产于广西药用植物园。云南：来源于云南景洪市。海南：来源于海南万宁市。北京：来源于广东广州。湖北：来源于湖北恩施。
	大将军	Lobelia clavata E.Wimm.	密毛山梗菜、白毛大将军、彪鲜法（傣语）	药用根、叶或全草。味辛，性凉。有解毒、止痛，祛风，杀虫。用于痒助，风湿关节痛，跌打损伤，痧症；外用于蛇咬伤，痈肿。全草用于杀蛆。	云南：来源于云南景洪市。

科名	植物名	拉丁学名	别名	药用部位及功效	保存地及来源
	江南山梗菜	*Lobelia davidii* Franch.	大种半边莲、山梗草、大半边莲	药用根或全草。味辛、甘、性平。小毒。宣肺化痰，清热解毒，利尿消肿。用于咳嗽痰多，水肿，痈肿疮毒，下肢溃烂，蛇虫咬伤。	广西：来源于江西省。
	祛痰菜	*Lobelia inflata* L.			北京：来源于四川南川、上海。
	直序玉膜草	*Pentaphragma spicatum* Merr.			海南：来源于海南万宁市。
桔梗科 Campanulaceae	桔梗	*Platycodon grandiflorus* (Jacq.) A.DC.	铃当花	药用根。味苦、辛、性平。宣肺，祛痰，排脓。用于咳嗽痰多，胸闷不畅，咽痛，音哑，肺痈吐脓，疮疡脓成不溃。	广西：来源于广西金秀县、玉林市、恭城县、北京市。北京：来源于河北青龙桥。湖北：来源于湖北恩施。
	白花桔梗	*Platycodon grandiflorus* var. *album* Hort.		药用部位及功效参阅桔梗 *Platycodon grandiflorus* (Jacq.) A.DC.。	北京：来源于河北。
	短柄半边莲	*Lobelia alsinoides* Lam.		收载于台湾出版的《彩色生草药图谱》。	广西：原产于广西药用植物园。
	山梗菜	*Lobelia sessilifolia* Lamb.	大蓝半边莲	药用根或带根全草。味辛、性平。小毒。祛痰止咳，利尿消肿，清热解毒。用于感冒发热，咳嗽痰喘，肝硬化腹水，水肿，痈疔毒，蛇犬咬伤，蜂螫。	广西：来源于广西那坡县、靖西县。
	铜锤玉带草	*Praia nummularia* (Lam.) A.Br.et Aschers.	小铜锤、扣子草、珍珠草	药用全草。味苦、甘、性平。消炎解毒，补虚，退翳，凉血散瘀。用于肺热咳嗽，淋巴结炎，疮疡肿毒，小便不利，小儿疳积，目赤。外用于目翳咽喉。	广西：来源于广西南宁市。云南：来源于云南景洪市。北京：来源于广西。

516

科名	植物名	拉丁学名	别名	药用部位及功效	保存地及来源
	高山蓍	Achillea alpina L.	蜈蚣草、蓍草	药用全草。味辛、苦，性平。有小毒。解毒消肿，止血，止痛。用于风湿关节痛，牙痛，胃痛，泄泻，毒蛇咬伤，跌打损伤。	北京：来源于太白山。 湖北：来源于湖北恩施。
	蓍	Achillea millefolium L.	洋蓍草、欧蓍、千叶蓍	药用全草。味辛、微苦，性凉。有毒。祛风，活血，止痛，解毒。用于风湿痹痛，跌打损伤，血瘀痛经，痈肿疮毒，痔疮出血	广西：来源于广东省广州市，北京市，法国。 北京：来源于南京。
	香蓍草	Achillea odorata L.		活血，祛风，止痛，解毒。	北京：来源于保加利亚。
Compositae 菊科	单叶蓍	Achillea ptarmica L.	珠蓍	药用根、花、全草。用做强壮剂和收敛剂。	广西：来源于波兰，荷兰。 北京：来源于保加利亚。
	云南蓍	Achillea wilsoniana Heim. ex Hand.-Mazz.	土一枝蒿、飞天蜈蚣、蜈蚣草、蓍草	药用全草。味辛、麻、苦，性微温。有毒。祛风除湿，散瘀止痛，解毒消肿。用于风湿疼痛，胃痛，牙痛，跌打瘀肿，经闭腹痛，痈肿疮毒，蛇虫咬伤。	广西：来源于广西桂林市。
	下田菊	Adenostemma lavenia (L.) O.Kuntze	风气草、汗苏麻	药用全草。味辛、微苦，性凉。清热解毒，祛风除湿。用于感冒发热，黄疸肝炎，肺热咳嗽，咽喉肿痛，风湿热痹，乳痈，痈肿疮疖，毒蛇咬伤。	广西：来源于广西崇左市。

科名	植物名	拉丁学名	别名	药用部位及功效	保存地及来源
菊科 Compositae	藿香蓟	*Ageratum conyzoides* L.	胜红蓟、胜红、白花草、咳货（傣语）	药用全草。味辛，微苦，性凉。清热解毒，止血，止痛。用于感冒发热，咽喉肿痛，口舌生疮，咯血，衄血，崩漏，脘腹疼痛，风湿痹痛，跌打损伤，外伤出血，痈肿疮毒，湿疹瘙痒。	广西：原产于广西药用植物园。云南：来源于云南景洪市。海南：来源于海南万宁市。北京：来源于庐山植物园。
	杏香兔耳风	*Ainsliaea fragrans* Champ.	吐血草、急儿风、飞针	药用全草。味苦、辛，性平。清热解毒，消积散结，止咳，止血。用于上呼吸道感染，肺脓疡，肺结核咯血，小儿疳积，消化不良，乳腺炎，外用于中耳炎，毒蛇咬伤。	湖北：来源于湖北恩施。
	兔耳风	*Ainsliaea henryi* Diels	大血筋草、水上红、心肺草、石风丹	药用全草。味甘、微辛，性凉。养阴清肺，祛瘀止血，跌打。用于肺痨咯血，跌打损伤。	湖北：来源于湖北恩施。
	豚草	*Ambrosia artemisiifolia* L.	豕草	药用全草、叶汁。消炎。用于风湿性关节炎。	广西：来源于法国。
	南欧派利荇草	*Anacyclus pyrethrum* (L.) Link		药用根。催涎，消炎。用于风湿症，头痛，牙痛，胃痛，鼻炎。	广西：来源于法国。
	香青	*Anaphalis hancockii* Maxim.	铃铃香青	药用全草。味苦、微辛，性凉。清热解毒，杀虫。用于带下病，阴道滴虫病。	北京：来源于陕西。
	田春黄菊	*Anthemis arvensis* L.		抗菌消炎。	北京：来源于保加利亚。
	臭春黄菊	*Anthemis cotula* L.		药用全草。疏散风热，散结解毒。	北京：来源于保加利亚。
	春黄菊	*Anthemis tinctoria* L.		药用全草。疏散风热，散结解毒。	北京：来源于保加利亚。

科名	植物名	拉丁学名	别名	药用部位及功效	保存地及来源
菊科 Compositae	牛蒡	Arctium lappa L.	恶实、大力子	药用果实、根。果实味辛、苦，性寒。疏风散热，宣肺透疹，散结解毒。根味苦、辛，性寒。清热解毒，疏风利咽。果实用于风热感冒，流行性腮腺炎，疹出不透，咽喉肿痛，头痛，咳嗽，痈疖疮疡肿毒，痄腮。根用于风热感冒，咳嗽，咽喉肿痛，疮疖肿痛，脚癣，湿疹。	广西：来源于广西隆林县，北京市，贵州省洪市。云南：来源于云南景洪市。北京：来源于浙江、辽宁。湖北：来源于湖北恩施。
	大牛蒡	Arctium majus Bernh.	五月牛蒡	疏散风热，解毒利咽。	北京：来源于民主德国
	小牛蒡	Arctium minus （Hill） Be-rnh.		药用部位及功效参阅牛蒡 Arctium lappa L.。	广西：来源于荷兰，法国。北京：来源于民主德国。
	中亚苦蒿	Artemisia absinthium L.	苦艾、洋艾、苦蒿	药用全草、叶。全草健胃，驱虫，消炎，利尿。叶温经散寒，止痛止血，杀虫。	广西：来源于法国。北京：来源于保加利亚。
	黄花蒿	Artemisia annua L.	青蒿	药用全草、叶。味辛、苦，性凉。清热凉血，截疟，退虚热，解暑。用于肺痨潮热，疟疾，泄泻，伤暑低热，无汗，小儿惊风，恶疮疥癣，灭蚊。根用于劳热，胃热，关节酸疼，大便下血。果实味甘，性凉。清热明目，杀虫。	广西：原产于广西药用植物园园。海南：来源于海南凉中县。北京：来源于北京医学院。湖北：来源于湖北恩施。
	奇蒿	Artemisia anomala S.Moore	刘寄奴草、刘寄奴、异形蒿	药用全草。味辛、苦，性平。清暑利湿，活血行瘀，通经止痛。用于中暑，头痛，肠炎，痢疾，经闭腹痛，风湿疼痛，跌打损伤，血丝虫病；外用于创伤出血，乳腺炎。	广西：来源于江苏省南京市。
	青蒿	Artemisia carvifolia Buch.-Ham.	大黄花蒿、香蒿	药用全草。味苦，性寒。清热，截疟，驱风，止痒。用于伤暑，疟疾，潮热，小儿惊风，热泻，恶疮疥癣。叶的提取物制成青蒿甲醚，为治恶性疟疾的特效药。	云南：来源于云南景洪市。北京：来源于辽宁千山。湖北：来源于湖北恩施。

（续表）

科名	植物名	拉丁学名	别名	药用部位及功效	保存地及来源
菊科 Compositae	艾蒿	*Artemisia argyi* Lévl. et V-ant.	艾叶、萎蒿、蒿芝、五月艾	药用叶、果实。味苦、辛，性温。止血，安胎。用于崩漏，先兆流产，痛经，月经不调，皮肤瘙痒，外用于关节酸痛，疥癣，湿疹，冷痛，湿疹，壮阳，明目，利腰膝，暖子宫。性热。	广西：来源于广西南宁市。云南：来源于云南景洪市。北京：来源于河北。湖北：来源于湖北恩施。
	茵陈蒿	*Artemisia capillaris* Thunb.	白茵陈、绒蒿	药用幼嫩茎叶。味苦、辛，性微寒。清湿热，退黄疸。用于黄疸尿少，湿疮瘙痒，传染性黄疸型肝炎。	广西：来源于广西蒙山县。海南：来源于海南万宁市。北京：来源于北京本地。湖北：来源于湖北恩施。
	蛔蒿	*Artemisia cina* Berg. ex Poljak.	山道年蒿	药用花序。含山道年成分，为提取驱蛔虫药的主要原料。也可驱蛲虫。	北京：来源于原苏联。
	侧蒿	*Artemisia deversa* Diels	笋花蒿	药用全草。味苦，性凉。清热解毒，止泻。用于热淋，泄泻。	湖北：来源于湖北恩施。
	龙蒿	*Artemisia dracunculus* L.	椒蒿、狭叶青蒿、蛇蒿	药用全草或根。味辛，微苦，性温。祛风散寒，宣肺止咳。用于风寒感冒，咳嗽气喘。	广西：来源于法国，波兰。
	细裂叶莲蒿	*Artemisia gmelinii* Web. ex Stechm.	铁杆蒿、蚊烟草、白莲蒿	药用全草。味苦、辛，性平。清热解毒，凉血止血。用于泄泻，肠痈，小儿惊风，阴虚潮热，创伤出血。	北京：来源于辽宁千山。
	灰色蛔蒿	*Artemisia incana* Keller		驱蛔，杀虫。	北京：来源于东北。
	柳叶蒿	*Artemisia integrifolia* L.	柳蒿	药用全草。味苦，性寒。清热解毒。用于肺炎，扁桃体炎，丹毒，痈肿疔疮。	广西：来源于北京。
	牡蒿	*Artemisia japonica* Thunb.	牛尾蒿、油蒿、菊叶蒿、假柴胡	药用全草。味苦、微甘，性凉。解毒，用于夏季感冒，小儿疳热，肺结核潮热，咯血，崩漏，带下，黄疸型肝炎，丹毒，毒蛇咬伤。根祛风，补虚，杀虫截疟。用于产后伤风感冒，劳伤乏力，虚肿，疟疾。	广西：原产于广西药用植物园；日本。海南：来源于海南万宁市。北京：来源于四川南川。湖北：来源于湖北恩施。

（续表）

科名	植物名	拉丁学名	别名	药用部位及功效	保存地及来源
	白苞蒿	*Artemisia lactiflora* Wall. ex DC.	鸭脚艾、白花蒿、甜菜子、广东刘寄奴	药用全草。味甘、微苦，性平。理气活血，调经，利湿，解毒，消肿。用于月经不调，闭经，慢性肝炎，肝硬化，肾炎水肿，白带，等麻疹，疝气；外用于跌打损伤，外伤出血，烧烫伤，疮疡，湿疹。	广西：来源于广西武鸣县。海南：来源于海南万宁市。北京：来源于广西。湖北：来源于湖北恩施。
	五月艾	*Artemisia lancea* Vant.		药用根、叶。根用于淋症，叶味辛、苦，性温。有小毒。散寒止痛，温经止血。用于小腹冷痛，月经不调，宫冷不孕，吐血，衄血，崩漏，妊娠下血，皮肤瘙痒。	海南：来源于海南万宁市。
	野艾蒿	*Artemisia lavandulaefolia* DC.	野艾、苦艾	药用叶。味苦、辛，性温。散寒除湿，温经止血，安胎。用于崩漏，先兆流产，痛经，月经不调，湿疹，皮肤瘙痒。	广西：来源于广西昭平县。
菊科 Compositae	驱蛔蒿	*Artemisia maritima* L.		软坚，消痰，利水，泻热。	北京：来源于保加利亚。
	魁蒿	*Artemisia princeps* Pamp.	艾叶、黄花艾、端午艾	药用叶。味辛，性温。解毒消肿，散寒除湿，温经止血。用于月经不调，经闭腹痛，崩漏，产后腹痛，腹中寒痛，肠风鼻衄，不安胎动，赤痢下血。	广西：原产于广西药用植物园。
	北艾	*Artemisia vulgaris* L.	白蒿、细叶艾、野艾	药用叶。味苦、辛，性温。理气血，逐寒湿，温经，安胎。用于心腹冷痛，泄泻，月经不调，崩漏，带下病，胎动不安，痈疡，疥癣。	广西：来源于广西南宁市。北京：来源于保加利亚。
	三脉紫菀	*Aster ageratoides* Turcz.	三基脉紫菀、三脉山白菊	药用全草。味苦、辛，性凉。清热化痰，祛风止痛，接骨，蛇伤。用于感冒，跌打，蛇伤。	广西：原产于广西药用植物本园。北京：来源于北京。
	卵叶紫菀	*Aster ageratoides* Turcz. var. *oophyllus* Ling	卵叶三脉马兰、卵叶山白菊	药用全草。味苦、辛，性凉。用于腰骨痛，感冒，蛇咬伤。	广西：原产于广西药用植物园。日本。
	微糙紫菀	*Aster ageratoides* Turcz. var. *scaberulus* (Miq.) Ling	山白菊、马兰	药用全草。味辛、苦，性温。润肺下气，消痰止咳。用于痰多喘咳，新久咳嗽，劳嗽咳血。	湖北：来源于湖北恩施。

521

科名	植物名	拉丁学名	别名	药用部位及功效	保存地及来源
菊科 Compositae	小苦紫菀	Aster albescens (DC.) Hand.-Mazz.		药用全草。味苦，性凉。解毒消肿，杀虫，止咳。	北京：来源于云南。
	荷兰菊	Aster novi-belgii L.			北京：来源于北京。
	紫菀	Aster tataricus L.f.	青牛舌头花、还魂草	药用根及根状茎。味苦，性温。润肺，化痰，止咳。用于咳嗽痰喘，肺痨，咯血。	广西：来源于河北省，北京市，湖北省武汉市。北京：来源于北京。
	云南紫菀	Aster yunnanensis Franch.		药用花序。味辛、苦，性凉。清热解毒，降血压。	北京：来源于云南。
	苍术	Atractylodes lancea (Thunb.) DC.	京苍术、茅术	药用根状茎。味辛、苦，性温。燥湿健脾，祛风散寒，明目。用于脘腹胀满，泄泻，水肿，脚气痿躄，风湿痹痛，风寒感冒，夜盲。	北京：来源于江苏南京、镇江。湖北：来源于湖北恩施。
	关苍术	Atractylodes japonica Koidz. ex Kitam.		药用根状茎。补脾，益胃，燥湿，和中。	北京：来源于吉林。
	朝鲜苍术	Atractylodes coreana. (Nakai) kitam.		药用根状茎。健脾燥湿，祛风辟秽。	北京：来源于辽宁千山。
	白术	Atractylodes macrocephala Koidz.	干术、冬白术	药用根状茎。味苦、甘，性温。健脾益气，燥湿利水，止汗，安胎。用于脾虚食少，腹胀泄泻，痰饮眩悸，水肿，自汗，胎动不安。	广西：来源于广西玉林市，北京市。北京：来源于浙江兴平。湖北：来源于湖北恩施。
	云木香	Aucklandia lappa (Decne.) Ling	广木香、木香	药用根。味辛、苦，性温。行气止痛，温中和胃。用于胸腹胀痛，泄泻，痢疾后重，呕吐。	北京：来源于四川、云南。湖北：来源于湖北恩施。

（续表）

科名	植物名	拉丁学名	别名	药用部位及功效	保存地及来源
菊科 Compositae	雏菊	*Bellis perennis* L.	延命菊、马兰头花	药用叶、花序。叶序止血消肿。花序祛痰镇咳。	广西：来源于广西柳州市。北京：来源于北京。
	鬼针草	*Bidens bipinnata* L.	鬼骨针、婆婆针	药用全草。味苦，性平。清热解毒，活血祛风。用于咽喉痛、肠痈、吐泻、消化不良、传染性肝炎、痔疮、风湿关节痛、疟疾、毒蛇咬伤，跌打肿痛。	广西：原产于广西药用植物园。云南：来源于云南景洪市。海南：来源于海南万宁市。北京：来源于广西临桂。湖北：来源于湖北恩施。
	金盏银盘	*Bidens biternata* (Lour.) Merr. et Sherff.	复三叶鬼针草	药用全草。味甘、淡，性平。清热疏表、解毒散瘀。用于流行性感冒乙脑、咽喉肿痛、肠炎、痢疾、黄疸、肠痈、小儿惊风、痔疮疥痔。	海南：来源于海南琼山。
	柳叶鬼针草	*Bidens cernua* L.		药用全草。味苦，性凉。清热解毒，活血、利尿。用于腹泻、痢疾、咽喉肿痛、跌打损伤、风湿痹痛、小便淋痛。	广西：来源于荷兰、法国。
	大狼把草	*Bidens frondosa* L.	接力草	药用全草。味苦，性平。强壮、消热解毒。用于体虚乏力、盗汗、咯血、痢疾、痔积、丹毒。	广西：来源于日本。
	白花鬼针草	*Bidens pilosa* L. var. *radiata* Sch.-Bip.		药用全草。味苦，性平。清热解毒，活血祛风。用于咽喉肿痛、消化不良、风湿关节痛、疟疾、毒蛇咬伤，跌打肿痛。	北京：来源于云南。
	三叶鬼针草	*Bidens pilosa* L.	盲肠草、虾钳草、感冒草、对叉草、粘人草、牙金甫（傣语）	药用全草。味甘、微苦，性凉。清热解毒、利湿、健脾。用于时行感冒、咽喉肿痛、黄疸肝炎、暑湿吐泻、肠炎、痢疾、肠痈、小儿疳积、痔疮、血虚黄肿、痔、蛇虫咬伤。	广西：原产于广西药用植物园。云南：来源于云南景洪市。海南：来源于海南万宁市。北京：来源于北京。

523

科名	植物名	拉丁学名	别名	药用部位及功效	保存地及来源
	狼把草	Bidens tripartita L.	鬼叉	药用全草。味苦，甘，性平。清热解毒，养阴敛汗。用于感冒，咽喉痛，乳蛾，肝炎，小便淋痛，肺痨，疔肿，泄泻，湿疹。根用于泄泻，盗汗，丹毒。	北京：来源于上海。
	百能葳	Blainvillea acmella (L.) Philipson	异芒菊	药用全草。用于肺痨咯血，感冒，扭伤。	广西：来源于广西宜州市。
	馥芳艾纳香	Blumea aromatica DC.	香艾、山风	药用全草。味辛，微苦，性温。祛风除湿，止痒，止血。用于风寒湿痹，关节疼痛，风湿，湿疹，皮肤瘙痒，外伤出血。	广西来源于广西上林县。
菊科 Compositae	艾纳香	Blumea balsamifera (L.) DC.	大风艾、大艾、冰片艾、冰片叶、娜龙（傣语）、牛耳草	药用全草，根。全草味辛，微苦，性温。祛风除湿，温中止泻，活血解毒。用于风寒感冒，头风头痛，风湿痹痛，寒湿泻痢，寸白虫病，毒蛇咬伤，跌打伤病，癣疮。根味辛，性温。祛风活血，利水消肿。用于风湿关节痛，消化不良，泄泻，水肿，血瘀痛经，跌打肿痛。	广西：来源于广西田林县。云南：来源于云南景洪市。海南：来源于海南万宁市。北京：来源于广西。
	六耳铃	Blumea laciniata (Roxb.) DC.	走马风、吊钟黄、波缘艾纳香、牛耳草	药用全草。味辛，苦，性微温。通络止痛。用于伤风感冒，关节酸痛，风寒湿痹，痈肿疮疖，蛇伤。祛风除湿，头风头痛，跌打损伤，蛇伤。	广西：来源于广西隆安县。云南：来源于云南景洪市。海南：来源于海南万宁市。
	千头艾纳香	Blumea lanceolaria (Roxb.) Druce	火油草、走马风	药用叶。味辛，性平。祛风活血，风湿痹痛，通络止痛。用于头风痛，肿痛。	广西：来源于广西南宁市。
	东风草	Blumea megacephala (Randeria) Chang et Y. Q. Tseng	九里明、青钧鱼杆、无毛大艾	药用全草。味苦，微辛，性凉。清热明目，祛风止痒，解毒消肿。用于目赤肿痛，翳膜遮睛，风疹，疥疮，皮肤瘙痒，痈肿疮疖，跌打红肿。	北京：来源于江苏南京。

科名	植物名	拉丁学名	别名	药用部位及功效	保存地及来源
菊科 Compositae	柔毛艾纳香	*Blumea mollis* （D. Don） Merr.	红头小仙, 那艾, 猪草, 毛艾纳香	药用全草。味微苦, 性平。清肺止咳, 解毒止痛, 用于肺热咳喘, 小儿疳积, 头痛, 鼻渊, 胸膜炎, 口腔炎, 乳腺炎。	广西: 原产于广西药用植物园。
	假东风草	*Blumea riparia* （Bl.） DC.	华艾纳香, 白花九里明	药用全草。味微苦, 涩, 性微温。祛风除湿, 散瘀止血。用于风湿痹痛, 血瘀崩漏, 跌打肿痛, 痈疖疮疖。	广西: 原产于广西药用植物园。
	波缘艾纳香	*Blumea sinuata* （Lour.） Merr.		药用全草。祛风活络, 消肿止痛的功效。用于疗风湿, 跌打扭伤, 湿疹, 皮炎, 疮疖。	广西: 原产于广西药用植物园。
	深山蟹甲草	*Cacalia profundorum* （Dumn） Hand.-Mazz.	泡桐七	药用全草。用于疮疖疔肿毒, 头癣, 跌打损伤。	湖北: 来源于湖北恩施。
	猪肚子	*Cacalia tanguica* （Franch） Hand.-Mazz.	羽裂华蟹甲草	药用根状茎。味辛, 微苦, 性平。有小毒。祛风, 化痰, 平肝, 用于头痛眩晕, 风湿疼痛, 偏瘫, 咳嗽痰多。	湖北: 来源于湖北恩施。
	金盏菊	*Calendula officinalis* L.	大金盏花, 山金菊	药用根, 花序。性平。行气活血。用于胃寒痛, 疝气, 症瘕。花序味甘, 性凉。凉血, 止血。用于肠风便血。	广西: 来源于德国。北京: 来源于北京。湖北: 来源于湖北恩施。
	小金盏花	*Calendula arvensis* L.	长春花, 仙花	药用全草, 根, 花序。全草利尿, 发汗, 兴奋, 缓下。用于小便淋痛, 月经不调。根用于疝气。花序用于肠风下血。	北京: 来源于保加利亚。
	翠菊	*Callistephus chinensis* （L.） Nees	五月菊, 江西腊	药用叶, 花序。清热凉血。	北京: 来源于北京。
	飞廉	*Carduus nutans* L.	垂花飞廉	药用全草。凉血止血, 散瘀消肿。	广西: 来源于北京市, 法国。

（续表）

科名	植物名	拉丁学名	别名	药用部位及功效	保存地及来源
菊科 Compositae	天名精	*Carpesium abrotanoides* L.	北鹤虱、野烟	药用全草、果实。全草味苦、辛，性寒。清热，化痰，解毒，杀虫，破瘀，止血。用于乳蛾，喉痹，痔疮肿毒，皮肤痒疹，牙咬伤，虫积，血瘕，吐血，衄血，创伤出血。果实味苦、辛，性平，有小毒。杀虫消积。用于蛔虫病，蛲虫病，小儿疳积。	广西：来源于广西南宁市、浙江省杭州市。北京：来源于四川。湖北：来源于湖北恩施。
	烟管头草	*Carpesium cernuum* L.	杓儿菜	药用全草、根。全草味苦、辛。性寒。清热解毒，消肿止痛。用于感冒发热，高热惊风，痄腮，咽喉肿痛，疮疡疖肿，乳腺炎。根味苦，性凉。清热解毒。用于淋巴结核，痄疡疔肿，乳蛾，牙痛，乳痈，子宫脱垂，脱肛。	广西：来源于广西隆林县、靖西县。北京：来源于陕西。
	金挖耳	*Carpesium divaricatum* Sieb.et Zucc.	野麦花、挖耳草	药用全草。味苦、辛，性寒。清热解毒，消肿止痛。用于感冒发热，头风，风火赤眼，咽喉肿痛，痄腮，牙痛，乳痈，疮疖肿毒，痔疾出血，腹痛泄泻，急惊风。	北京：来源于四川南川。
	毛红花	*Carthamus lanatus* L.			北京：来源于保加利亚。
	红花	*Carthamus tinctorius* L.	红蓝花、刺红花、草红花、红兰花、罗罗（傣语）	药用花。味辛，性温。活血通经，散瘀止痛。用于经闭，痛经，恶露不行，癥瘕痞块，跌扑损伤，疮疡肿痛。	广西：来源于四川省、北京市、辽宁省沈阳市。云南：来源于云南景洪市。北京：来源于四川、河北安国。湖北：来源于湖北恩施。
	粗糙矢车菊	*Centaurea aspera* L.		西班牙用于治疗糖尿病。	广西：来源于法国、德国。
	矢车菊	*Centaurea cyanus* L.	车轮花、蓝芙蓉	药用全草、花。全草清热解毒，消肿活血，利尿，解热。花利尿。	广西：来源于波兰。北京：来源于北京。

科名	植物名	拉丁学名	别名	药用部位及功效	保存地及来源
菊科 Compositae	棕鳞矢车菊	Centaurea jacea L.		根含矢车菊黄素，此成分对 Hela 人体细胞有明显的抑制作用。	广西：来源于法国。
	黑矢车菊	Centaurea nigra L.	黑芙蓉	含矢车菊黄素，此成分有细胞毒作用。	广西：来源于北京市、法国。北京：来源于保加利亚。
	石胡荽	Centipeda minima (L.) A. Br.et Asches.	鹅不食草、球子草、地胡椒、小救驾	药用全草。味辛，性温。通鼻窍，止咳。用于风寒头痛、咳嗽痰多、鼻塞不通、鼻渊流涕。	广西：原产于广西药用植物园。云南：来源于云南景洪市。海南：来源于海南万宁市。
	果香菊	Chamaemelum nobile (L.) All.	白花春黄菊、罗马摺基米兼	药用花或全草。祛风解表。花序清热解毒，止哮喘，祛风湿。	广西：来源于法国。
	除虫菊	Chrysanthemum cinerariifolium (Trev.) vis.	白花除虫菊	药用全草。味苦，性凉，有毒。杀虫。外用于疥癣。制成煤油浸剂，或制成蚊烟剂以驱蚊、蝇、虱，喷射杀蚊。	广西：来源于云南省、法国、日本。北京：来源于波兰、德国。
	茼蒿	Chrysanthemum coronarium L.		药用全草。味辛、甘、性平。和脾胃，通便，消痰饮，清热养心，润肺祛痰。	北京：来源于保加利亚。
	南茼蒿	Chrysanthemum segetum L.		药用全草。用于小便淋痛不利。	海南：不明确。
	龙脑菊	Chrysanthomum makinoi Matsum.et Nakai		含有混旋体的樟脑。樟脑局部用做刺激剂，强心剂以及杀虫剂。临床用做局部抗感染剂、局部止痒和危重病人的急救剂。	广西：来源于日本。

科名	植物名	拉丁学名	别名	药用部位及功效	保存地及来源
菊科 Compositae	菊苣	*Cichorium intybus* L.	欧洲菊苣	药用全草。味苦，性凉。清肝利胆，健胃消食，利尿消肿。用于湿热黄疸，胃痛食少，水肿尿少。	广西：来源于法国，日本，德国。北京：来源于欧洲。
	瓜叶菊	*Cineraria cruenta* Mass. ex L'Herit.		药用全草。清热解毒。用于止泻。	北京：来源于北京。
	蓟	*Cirsium japonicum* Fisch. ex DC.	山萝卜、大蓟	药用全草。味甘、苦，性凉。凉血止血，祛瘀消肿。用于衄血，吐血，尿血，便血，崩漏下血，外伤出血，痈肿疮毒。	广西：原产于本园，广西靖西县。北京：来源于浙江杭州。湖北：来源于湖北恩施。
	线叶蓟	*Cirsium lineare* (Thunb.) Sch.-Bip.	条叶蓟、轮蓟	药用全草。根或花序味酸，性温。活血散瘀，消肿解毒。用于月经不调，经闭，痛经，带下病，小便淋痛，跌打损伤。全草味苦，性凉。清热解毒，凉血，活血。用于暑热烦闷，崩漏，吐血，痔疮，疔疮。	广西：来源于广西南宁市。湖北：来源于湖北恩施。
	硬茎小蓟	*Cirsium lineare* (Thunb.) Sch.-Biq.var.rigidus Petrak	线叶蓟、滇小蓟	药用根、花序及全草。根或花序味酸，性温。活血散瘀，消肿解毒。全草味甘、苦，性凉。清热解毒，凉血，活血。根或花序用于月经不调，闭经，痛经，带下病，小便淋痛，跌打损伤。全草用于暑热烦闷，崩漏，吐血，痔疮，疔疮。	云南：来源于云南勐腊县。
	蔬菜蓟	*Cirsium oleraceum* (L.) Scop.	圆白蓟	含黄酮类成分柳穿鱼素（pectalinarigenin）。	广西：来源于法国，德国。
	烟管蓟	*Cirsium pendulum* Fisch. ex DC.		药用根、全草。凉血止血，祛瘀消肿，止痛。	北京：来源于辽宁千山。

科名	植物名	拉丁学名	别名	药用部位及功效	保存地及来源
菊科 Compositae	刺儿菜	Cirsium setosum (Willd.) MB.	小蓟，大小蓟	药用全草。味甘、苦，性凉。凉血止血，祛瘀消肿。用于衄血，吐血，尿血，便血，崩漏下血，外伤出血，疮毒。	广西：来源于广西武鸣县。北京：来源于广西。北京：来源于北京。湖北：来源于湖北恩施。
	虎蓟	Cirsium spicatum Matasum.		凉血，止血，散瘀，解毒，消痈。	北京：来源于陕西太白山。
	藏菥花	Cnicus benedictus L.	地中海蓟，地中海菊	药用全草。健胃肠，利肝胆，泻下，镇静，排石。用于胃肠肝胆疾病，结石，黄疸，肝区充血，肝肾功能障碍，水肿，花利尿。	广西：来源于波兰。北京：来源于保加利亚。
	香丝草	Conyza bonariensis (L.) Cronq.	野地黄菊，小白菊	药用全草。味苦，性凉。清热祛湿，行气止痛。用于感冒，疟疾，急性风湿性关节炎；外用于创伤出血。	海南：不明确。
	小蓬草	Conyza canadensis (L.) Cronq.	小飞蓬、飞蓬、加拿大蓬、竹叶艾	药用全草。味微苦、辛，性凉。清热利湿，散瘀消肿。用于痢疾，肠炎肝炎，胆囊炎，跌打损伤，风湿骨痛，挫扭肿痛，外伤出血，丹皮癣。	广西：原产于广西药用植物园。云南：来源于云南景洪市。海南：不明确。北京：来源于辽宁。
	金鸡菊	Coreopsis drummondii Torr. et Gray		化瘀，消肿，解毒。	北京：来源于广西。
	线叶金鸡菊	Coreopsis lanceolata L.	除虫菊，剑叶金鸡菊，大金鸡菊	药用全草。味苦，性凉。解热毒，消痈肿。用于痈疡肿毒。	广西：产于本园，北京市，日本。北京：保加利亚，北京。湖北：来源于湖北恩施。
	两色金鸡菊	Coreopsis tinctoria Nutt.	波斯菊，蛇目菊	药用全草。味甘，性平。清湿热，解毒消痈。用于湿热痢疾，目赤肿痛，痈肿疮毒。	广西：来源于广西南宁市。北京：来源于江苏，保加利亚。

科名	植物名	拉丁学名	别名	药用部位及功效	保存地及来源
菊科 Compositae	秋英	Cosmos bipinnata Cav.	大波斯菊、波斯菊	药用全草。清热解毒、明目化湿。用于目赤肿痛疔肿毒。	广西：来源于云南省昆明市。北京：来源于广西。湖北：来源于湖北恩施。
	硫黄菊	Cosmos sulphureus Cav.	黄秋英	药用全草、花。全草清热解毒、明目化湿。用于咳嗽、痢疾。花煎剂内服治蝎蜇伤。	广西：来源于广西南宁市。北京：来源于广西。
	革命菜	Crassocephalum crepidioides (Benth.) S. Moore (Gynura crepidioides Benth.)	假茼蒿、野青菜、野茼蒿、满天飞	药用全草。味辛、性平。清热解毒、止咳、消肿。用于感冒、高热、口腔溃疡、扁桃体炎、肠炎、消化不良、气管炎、扭伤、外伤感染、尿路感染。	广西：原产于广西药用植物园。云南：来源于云南景洪市。海南：来源于海南兴隆南药园。
	芙蓉菊	Crossostephium chinense (L.) Makino	千年艾、玉芙蓉、白芙蓉	药用叶、根。苦、性微温。叶散风寒、化痰利湿、解毒消肿。用于风寒感冒、咳嗽痰多、百日咳、泄泻、淋浊、白带、痈肿疔毒、风湿痹痛、温中止痛。用于风湿湿痹痛。	广西：来源于广西南宁市。
	杯菊	Cyathocline purpurea (Buch.-Ham. ex D. Don) O. Ktze.	紫花艾	药用全草。味苦、性凉。清热解毒、消炎止血、截疟、除湿利尿。用于急性胃肠炎、中暑、疟疾游脱炎、尿道炎、咽喉炎、口腔炎、吐血、外伤出血。	广西：来源于广西靖西县。
	菜蓟	Cynara scolymus L.	洋蓟、食托菜蓟	药用叶。味甘、性平。舒肝利胆、清泄湿热。用于黄疸、胸胁胀痛、泻痢。	广西：来源于法国、日本。
	大丽花	Dahlia pinnata Cav.	天竺牡丹、西番莲、大理菊	药用根。味甘、微苦、性凉。清热解毒、消肿。用于头风、脾虚食滞、龋齿牙痛。	广西：来源于广西南宁市。北京：来源于北京。湖北：来源于湖北恩施。

（续表）

科名	植物名	拉丁学名	别名	药用部位及功效	保存地及来源
菊科 Compositae	野菊	*Dendranthema indicum* (L.) Des Moul.	菊花脑、黄菊仔	药用花序、根、全草。花序味苦、辛，性凉。清热解毒，疏肝明目，降血压。用于感冒，高血压症，肝炎，泄泻，预防时行感冒，毒蛇咬伤。根、全草味苦、辛，性凉。清热解毒，疗疮肿，疗疮，瘰疬，天疱疮，湿疹。	广西：来源于广西资源县，江苏省南京市。北京：来源于陕西太白山。
	大叶菊	*Dendranthema macrophyllum* W. et K.		药用全草。消渴健身，退火安神。	北京：来源于原苏联。
	菊花	*Dendranthema morifolium* (Ramat.) Tzvel.	秋菊、贡菊	药用花序、根。花序味甘、苦，性凉。平肝明目，用于风热感冒，眼目肿痛，目赤眼晕，头痛眩晕。根：用于疔疮花。水。用于疔疮，喉疗，喉癣。	广西：来源于湖北省武汉市，浙江省杭州市。海南：来源于广西药用植物园。北京：来源于浙江。湖北：来源于湖北恩施。
	鱼眼草	*Dichrocephala auriculata* (Thunb.) Druce	白顶草、白牙草、地细辛、山胡椒菊	药用全草。味苦、甘，性寒。清热解毒，除湿消肿，用于白带，口腔炎，眼翳，疮痈肿毒。	云南：来源于云南景洪市。海南：来源于海南万宁市。
	东风菜	*Doellingeria scaber* (Thunb.) Nees	白云草、土田七、草三七	药用全草。根味辛，性温。祛风，行气，活血，止痛。用于泄泻，跌打损伤，风湿关节痛，感冒头痛，蛇伤。全草味甘，性凉。清热解毒，祛风活血，行气活血，用于风湿痛，挫折，毒蛇咬伤。	湖北：来源于湖北恩施。
	狭叶紫锥花	*Echinacea angustifolia* DC.		抗菌，消炎，止痛，提高免疫力。	北京：来源于波兰，美国。
	松果菊	*Echinacea purpurea* (L.) Moench.	紫花松果菊、紫锥菊、紫松果菊	药用根、花。用于消炎，抗感染，愈合伤口。	广西：来源于北京市，法国。北京：来源于原苏联，以色列。
	本纳蓝刺头	*Echinops banaticus* Roch.		清热解毒，消痈肿，通乳。	北京：来源于民主德国。

531

科名	植物名	拉丁学名	别名	药用部位及功效	保存地及来源
	硬叶蓝刺头	*Echinops ritro* L.	新疆蓝刺头	药用根、花序、果实。强心，降血压。	北京：来源于民主德国。
	球头蓝刺头	*Echinops sphaerocephalus* L.		清热解毒，排脓消肿，通乳。	北京：来源于民主德国。
	鳢肠	*Eclipta prostrata* (L.) L.	墨旱莲、旱莲草、墨草、皇素西双哈旧（傣语）	药用全草。味甘、酸，性凉。补益肝肾，凉血止血。用于肝肾不足，头晕目眩，须发早白，吐血、咯血、衄血，崩漏，便血、血痢，外伤出血。	广西：来源于广西南宁市。云南：来源于云南景洪市。海南：来源于海南兴隆南药园。北京：来源于北京、四川。
	柔毛地胆草	*Elephantopus mollis* H.B.K.		药用全草，凉血泻火，凉血解毒。用于风热感冒，百日咳，传染性肝炎，肾炎。	广西：来源于日本。
菊科 Compositae	地胆草	*Elephantopus scaber* L.	苦地胆、地胆头、磨地胆、芽桑西双哈（傣语）	药用全草，根。解毒，凉血，清热，利湿，眼结膜炎，咽喉炎，白百日咳，黄疸，肾炎水肿，虫蛇咬伤。根味苦，性寒。清热，解毒。用于中暑发热，头痛，牙痛，菌痢，肠炎，乳腺炎，肾炎水肿，白带，月经不调，痈肿。	广西：原产于广西药用植物园。云南：来源于云南景洪市。海南：来源于海南兴隆南药园。北京：来源于云南。
	白花地胆草	*Elephantopus tomentosus* L.	苦地胆、牛舌草、羊耳草	药用全草。味苦、辛，性寒。清热，解毒，凉血。用于感冒，百日咳，扁桃体炎，咽喉炎，眼结膜炎，黄疸，肾炎水肿，白带，疮疖，湿疹，月经不调，虫蛇咬伤。	广西：原产于广西药用植物园。海南：来源于海南兴隆南药园。
	小一点红	*Emilia prenanthoidea* DC.	细红背草、耳挖草	药用全株。清热解毒，活血祛瘀。用于跌打损伤，红白痢，疮疡肿毒。	广西：来源于广西南宁市。
	细红背叶	*Emilia sagittata* DC.	缨绒花、天青地红	药用全草，消肿止痛。味辛，性凉。清热解毒，咽喉痛，阴道肿痛，咽喉痛，疔，蛇咬伤。用于小儿惊风，蛇打，漆疮，跌打，蛇伤。	北京：来源于北京。

532

科名	植物名	拉丁学名	别名	药用部位及功效	保存地及来源
菊科 Compositae	一点红	Emilia sonchifolia (L.) DC.	羊蹄草、红背叶、野木耳菜、耳挖草、叶下红、细红背草	药用全草。味苦，性凉。清热解毒，散瘀消肿。用于上呼吸道感染、口腔溃疡、肿炎、乳腺炎、肠炎、菌痢、尿路感染、疮疖痈肿、湿疹，跌打损伤。	广西：原产于广西药用植物园。云南：来源于云南景洪市。海南：来源于海南兴隆南药园。北京：来源于广西。湖北：来源于湖北恩施。
	沼菊	Enydra fluctuans Lour.			海南：不明确。
	球菊	Epaltes australis Less.	老鼠胸迹、拳头菊、鹅不食草、反包菊、	药用全草。味辛，性温。祛瘀止痛。用于跌打损伤、目赤肿痛。	广西：来源于广西南宁市。海南：来源于海南万宁市。
	败酱叶菊芹	Erechtites valerianaefolia (Wolf.) DC.		药用叶。消炎，止血。用于外伤出血。	海南：来源于海南万宁市。
	一年蓬	Erigeron annuus (L.) Pers.	治疟草、野蒿、牙肿消、油麻草	药用根及全草。味淡，性平。凉热解毒，助消化，抗疟。用于消化不良、泄泻，传染性肝炎、瘰疬、尿血，疟疾。	湖北：来源于湖北恩施。
	团聚泽兰	Eupatorium ageratoides Tu-rcz.	团聚泽兰、麻叶泽兰等		广西：原产于广西药用植物园。北京：来源于原苏联。
	大麻叶泽兰	Eupatorium cannabinum L.		药用全草。味辛，性平。清暑，辟秽，化湿。用于夏季伤暑、发热头痛、湿邪内蕴，脘痞不饥，口苦苔腻。	广西：来源于英国、法国、德国、荷兰。北京：来源于北京。
	泽兰	Eupatorium chinense L. var.simplicifolium	单叶佩兰、单叶泽兰、白头婆	药用根或全草。味苦，性平。发表散寒，透疹。用于脱肛、麻疹不透、湿腰痛、风寒咳嗽。	广西：来源于日本。北京：来源于北京。湖北：来源于湖北恩施。
	多须公	Eupatorium chinense L.	广东土牛膝、华泽兰、飞机草	药用全草、根。根味苦、甘，性凉。有清热利咽，凉血散瘀，解毒消肿。用于咽喉肿痛、白喉、吐血、血淋、赤白下痢、跌打损伤、痈疽肿毒、毒蛇咬伤。全草味苦，性平，用于风热感冒、胸胁痛，疏肝活血，脘痛腹胀，痈肿疮毒，蛇咬伤。	广西：原产于本园，广西宜州市、法国。湖北：来源于湖北恩施。

科名	植物名	拉丁学名	别名	药用部位及功效	保存地及来源
菊科 Compositae	紫茎泽兰	Eupatorium coelestinum L.	紫茎佩兰，解放草，破坏草	药用全草。有小毒。清热解毒，活血调经。用于感冒发热，疟疾，脱肛，月经不调，闭经，跌打肿痛，外用于脚气，稻田性皮炎，疔疮，无名肿毒，外伤出血。	广西：来源于广西隆林县。云南：来源于云南景洪市。
	佩兰	Eupatorium fortunei Turcz.	香草，兰草，丛生泽兰	药用茎叶。味辛，性平。化湿醒脾，开胃，发表解暑。用于夏季伤暑，发热头重，胸闷腹胀，食欲不振，口中发粘，吐泻，胃腹胀痛，月经不调。	广西：来源于江苏省南京市，北京市。北京：来源于北京。
	异叶泽兰	Eupatorium heterophyllum DC.	红梗草，红升麻	药用全草。味甘，苦，性微温。活血祛瘀，除湿止痛，消肿利水。用于产后损伤，血味不行，月经不调，水肿，跌打损伤。根味甘，微辛，性凉。解表退热。用于感冒。叶用于刀伤。	湖北：来源于湖北恩施。
	林泽兰	Eupatorium lindleyanum DC.	尖佩兰，野马追	药用全草。味苦，性平。清肺止咳，化痰平喘，降血压。用于支气管炎，咳喘痰多，高血压病。	广西：来源于广西武鸣县，环江县，南丹县。北京：来源于北京。
	飞机草	Eupatorium odoratum L.	香泽兰	药用全草。味微辛，性温，小毒。散瘀消肿，解毒，止血。用于跌打肿痛，疮疡肿毒，稻田性皮炎，外伤出血，蚂蟥咬后流血不止。	广西：来源于广西龙州县。云南：来源于云南景洪市。海南：来源于海南南宁市。
	大吴风草	Farfugium japonicum (L.) Kitam.	八角乌，活血莲，独角莲	药用全草。甘，微苦，性凉。清热解毒，凉血止血，消肿散结。用于感冒，咽喉肿痛，咳嗽咯血，便血，尿血，月经不调，乳腺炎，瘰疬，痈疖肿毒，疔疮湿疹，跌打损伤，蛇咬伤。	广西：来源于浙江省杭州市，日本。北京：来源于杭州植物园。
	天人菊	Gaillardia pulchella Foug.	虎皮菊，老虎皮菊	全株含天人菊内脂（gaillardin），有抑制鼻咽癌（KB）细胞的作用，有抗原虫作用。	广西：来源于陕西省西安市。来源于荷兰。

(续表)

科名	植物名	拉丁学名	别名	药用部位及功效	保存地及来源
菊科 Compositae	辣子草	*Galinsoga parviflora* Cav.	珍珠草、向阳花、铜锤草	药用全草、花。全草味淡，性平。消肿，止血。花味涩，微苦，涩，性平。消肝明目，用于乳蛾，咽喉痛，急性黄疸，外伤出血等。花序用于夜盲症，视力模糊及其他眼疾。	云南：来源于云南景洪市。
	非洲菊	*Gerbera jamesonii* Bolus	扶郎花	药用全草。清热止泻。用于肺炎。外用于痈疡肿毒。花含有芹黄素、山柰粉、槲皮素、天竺素、矢车菊素。	广西：来源于广西南宁市。
	鼠曲草	*Gnaphalium affine* D.Don	清明菜、小火草、棉花菜、田艾、黄花草	药用全草。味甘、微酸，性平。化痰止咳，祛风除湿，泄泻，解毒。用于咳嗽痰多，风湿痹痛，水肿，蚕豆病，赤白带下，痈肿疔疮，阴囊湿痒，高血压。	广西：原产于广西药用植物园。云南：来源于云南景洪市。海南：不明确。北京：来源于云南。湖北：来源于湖北恩施。
	秋鼠曲草	*Gnaphalium hypoleucum* DC.	毛志药、黄火草	药用全草。味甘、苦，性凉。祛风止咳，肺热咳嗽，清热利湿，痢疾，淋巴结结核；外用于下肢溃疡。	海南：来源于海南万宁市。
	多茎鼠曲草	*Gnaphalium polycaulon* Pers.	田艾、黄花艾	药用全草。祛痰，止咳，平喘，祛风湿。用于热痢，咽喉痛，小儿食积。	广西：原产于广西药用植物园。
	荔枝草	*Grangea maderaspatana* (L.) Poir.	田基黄	药用全草。清热解毒，镇痉，调经。用于耳痛，肺痛，叶健胃，调经，止咳。	海南：来源于海南万宁市。
	卷苞胶草	*Grindelia squarrosa* (Pursh) Dunal		药用叶、花。用于解痉，祛痰，气喘，漆疮病，肺部疾病。	广西：来源于波兰。
	两色三七草	*Gynura bicolor* (Willd.) DC.	红菜、红背三七、红背菜、观音苋、紫背菜	药用全草。根味淡，性温。行气活血。用于产后瘀血腹痛，血崩，疟疾。味微甘、辛，性平。用于血经，血崩，血痢，咳血，吐血，创伤出血，溃疡久不收口。	广西：来源于广西南宁市。海南：来源于海南万宁市。北京：来源于广西。

科名	植物名	拉丁学名	别名	药用部位及功效	保存地及来源
菊科 Compositae	白凤菜	Gynura formosana Kitam.		健脾，健胃，保肝，降血糖。	北京：来源于广西。
	三七草	Gynura japonica (Thunb.) Juel. (Gynura segetum Merr.)	土三七、菊三七	药用根或全草。味甘、微苦，性温。止血，散瘀，消肿止痛，咯血，吐血，崩漏，便血，痛经，产后瘀滞腹痛，跌打损伤，风湿痹痛，虫蛇咬伤。	广西：来源于广西武鸣县。北京：来源于江苏南京、杭州植物园。湖北：来源于湖北恩施。
	平卧土三七	Gynura procumbens (Lour.) Merr.	蛇接骨、乌凤七、曼三七、见肿消、水红背菜、帕崩板（傣语）	药用全草。味辛，清热止咳。微苦，性凉。散瘀，消肿，用于跌打损伤，风湿性关节痛，肺炎，肺结核，痈疮肿毒。	广西：来源于广西桂林市。云南：来源于云南景洪市。海南：来源于海南万宁市。北京：来源于广西。
	向日葵	Helianthus annuus L.	向阳花、葵花、丈菊、罗晚歪（傣语）	药用果实、花、花盘、叶。味甘，性平。果实透疹、血痢。发不透，利湿。用于头晕、耳鸣，小便淋沥。花盘味甘，性凉，平肝，止痛，用于头痛、头晕、耳鸣。叶味苦，性凉。慢性骨髓炎。花祛风，用于高血压，痛经，子宫出血，疮疹。透痈脓，止痢，疳疾，疔疮。用于高血压。	广西：来源于广西龙州县。云南：来源于云南景洪市。北京：来源于北京。湖北：来源于湖北恩施。
	菊芋	Helianthus tuberosus L.	洋姜、番姜、五星草	药用块茎、茎叶。味甘、微苦，性凉。清热凉血，消肿，用于热病，肠热出血，跌打损伤，骨折肿痛。	广西：来源于广西宁明县。云南：来源于云南景洪市。北京：来源于北京。湖北：来源于湖北恩施。
	泥胡菜	Hemistepta lyrata (Bunge) Bunge	苦荬菜、猪兜菜、艾草	药用全草。味辛、苦，性寒。清热解毒，散结消肿，用于痔漏，痈肿疔疮，乳痈，淋巴结炎，风疹瘙痒，外伤出血，骨折。	广西：来源于广西南宁市。

科名	植物名	拉丁学名	别名	药用部位及功效	保存地及来源
菊科 Compositae	阿尔泰狗娃花	*Heteropappus altaicus* (Willd.) Novopokr.	阿尔泰紫菀	药用花序或全草，根。花序或全草味微苦，性凉。疮疹降火，排脓。用于肝胆火旺，疮疹疖疔。根味苦，性温。散寒润肺，降气化痰，止咳利尿。用于阴虚咳血，咳嗽痰喘。	北京：来源于北京。
	狗娃花	*Heteropappus hispidus* (Thunb.) Less.	狗哇花、三十六样风	药用根。味苦，性凉。清热解毒，消肿。用于疮肿，蛇咬伤。	北京：来源于北京。
	毛山柳菊	*Hieracium pilosella* L.	绿毛山柳菊	药用茎叶，根。全草。收敛，健胃。欧洲用于胃肠病，黄疸，痢疾，胃出血。鲜叶外敷用于脓疮，痔疮，鹅口疮，含漱治咽喉炎。	广西：来源于法国。
	欧亚旋覆花	*Inula britanica* L.	旋覆花	药用花序，茎叶，根。花序味咸，性温。用于胸中痰结，消痰，降气，软坚。咳嗽痰喘，呃逆，唾如胶漆，胁下胀满，水肿。茎叶味咸，性温。化痰饮，散风寒，胁下胀痛，疔疮，肿毒。用于咳嗽痰喘。根平喘镇咳，也用于风湿痹痛，刀伤，疔疮。	广西：来源于波兰。北京：来源于四川、浙江杭州、北京。湖北：来源于湖北恩施。
	牛耳菊	*Inula cappa* (Buch.-Ham.) DC.	羊耳菊、白牛胆、猪耳风、羊耳风、马甘蔗、娜罕（傣语）	药用全草，根。味辛，甘，微苦，性温。全草祛风散寒，行气利湿，解毒消肿。用于风寒感冒，咳嗽，风湿痹痛，泻痢，肝炎，乳腺炎，痔疮。根祛风散寒，止咳定喘，行气止痛。用于风寒感冒，咳嗽，哮喘，头痛，牙痛，胃痛，疝气，风湿痹痛，跌打损伤，月经不调，白带，肾水水肿。	广西：原产于广西药用植物园。云南：来源于云南景洪市。
	土木香	*Inula helenium* L.	黄花菜、祁木香、青木香	药用根。味辛，苦，性温。健脾和胃，调气解郁，止痛安胎。用于胸胁，脘腹胀痛，呕吐泻痢，胸胁挫伤，岔气作痛，胎动不安。	北京：来源于南京。湖北：来源于湖北恩施。

科名	植物名	拉丁学名	别名	药用部位及功效	保存地及来源
菊科 Compositae	湖北旋覆花	Inula (Ling) hupehensis Ling	金佛草	药用茎叶、花序。茎叶味咸，性温。散风寒，化痰饮，消肿毒。用于咳嗽痰喘，胁下胀痛，疔疮，肿毒。花序味咸，性温，行水。软坚，降气，咳嗽痰喘，用于胸中痰结，胁下胀满，呕逆，唾如胶漆，噫气不除，水肿。	湖北：来源于湖北恩施。
	旋覆花	Inula japonica Thunb.	金佛花、金佛草、六月菊	药用茎叶、花序。根。茎叶味咸，性温。散风寒，伏饮痰喘，寒咳嗽。花序味咸，性温。行水。用于胸中痰结，咳喘，呃逆，唾如胶漆，大腹水肿。根平喘镇咳。根味风湿，刀伤，疔疮。	广西：来源于广西钟山县，浙江省杭州市。 北京：来源于北京。
	总状土木香	Inula racemosa Hook.f.	木香、以木香	药用根。味辛、苦，性温。健脾和胃，调气解郁，行气止痛。用于胸腹胀满疼痛，呕吐泄泻，痢疾，疟疾。	北京：来源于北京。 湖北：来源于湖北恩施。
	喜马拉雅旋覆花	Inula royleana DC.		化痰，降气。	北京：来源于保加利亚。
	柳叶旋覆花	Inula salicina L.	歌仙草	药用花序。降气平逆，祛痰止咳，健胃。	广西：来源于法国。
	山苦荬	Ixeris chinensis (Thunb.) Nakai	苦菜、小苦麦菜	药用全草。味苦，性寒。凉血止血。用于肠痈排脓，肺热咳嗽，肠炎，痢疾，盆腔炎，痈疖肿毒，阴囊湿疹，吐血，衄血，血崩，跌打损伤。	广西：来源于广西桂平市。 北京：来源于北京。 湖北：来源于湖北恩施。
	剪刀股	Ixeris debilis (Thunb.) A. Gray.	沙滩苦荬菜、假蒲公英、蒲公英	药用全草。味苦，性寒。清热解毒，利尿消肿。用于肺脓疡，咽喉目赤，乳腺炎，痈疽疮疡，水肿，小便不利。	广西：来源于广西苍梧县。 北京：来源于北京。

科名	植物名	拉丁学名	别名	药用部位及功效	保存地及来源
菊科 Compositae	苦荬菜	*Ixeris denticulata* (Houtt.) Stebb.	苦菜、盘儿草	药用全株。味苦，性凉。清热解毒，散瘀止痛，止血，止带。用于子宫糜烂、白带过多、子宫出血、无名肿毒、烧打损伤，下腹淋巴管炎、乳痈疗肿、阴道滴虫。	云南：来源于云南景洪市。 海南：来源于海南万宁市。
	细叶苦荬菜	*Ixeris gracilis* (DC.) Stebb.	粉苞苣、细叶苦荬菜、纤细苦荬菜	药用全草。味苦，性微寒。清热解毒。用于黄疸型肝炎、结膜炎、疗肿。	广西：来源于广西临桂县。 海南：来源于海南万宁市。
	马兰	*Kalimeris indica* (L.) Sch.-Bip.	紫菊、鸡儿肠、路边菊、鱼鳅串、野兰菊、绿豆盏花	药用全草或根。味辛，性凉。凉血止血，清热利湿，解毒消肿。用于吐血、衄血、血痢、崩漏、创伤出血、黄疸、水肿、感冒、咳嗽、咽痛喉痹、痔疮、痈肿、丹毒、小儿疳积。	广西：原产于广西，药用植物园。 云南：来源于云南景洪市。 北京：来源于四川南川。
	全叶马兰	*Kalimeris integrifolia* Turcz.ex DC.	全叶鸡儿肠、野粉团花、全缘叶马兰	药用全草。味苦，性寒。清热解毒，止咳。用于感冒发热、咳嗽、咽炎。	广西：原产于广西，药用植物园。
	莴苣	*Lactuca sativa* L.	莴苣菜、生菜、千斤菜	药用茎、叶、果实。味苦、甘，性凉。利尿，通乳，清热解毒。用于小便不利、尿血、乳汁不通、虫蛇咬伤、肿毒。	广西：来源于广西南宁市。
	六棱菊	*Laggera alata* (D. Don) Sch.-Bip.ex Oliv.	臭灵丹、六耳消、六耳棱	药用全草、根。味辛、苦，性微温。全草祛风除湿，散瘀、解毒。用于感冒发热、肺热咳嗽、风湿关节炎、腹泻、肾炎水肿、经闭、跌打损伤、疔疮痈肿、瘰疬、毒蛇咬伤、湿疹瘙痒、根祛风、解毒、散瘀。用于头痛、肝硬化、妇女闭经。	广西：来源于广西靖西县。 海南：来源于海南万宁市。
	臭灵丹	*Laggera pterodonta* (DC.) Benth.	翼齿六棱菊、姐娜（傣语）、	药用全草。味苦、辛，性寒。清热解毒，消肿拔脓。用于上呼吸道感染、扁桃腺炎、口腔炎、流感、咽喉炎、支气管炎、疟疾、疮疖肿毒；外用于腮腺炎。	云南：来源于云南景洪市。

(续表)

科名	植物名	拉丁学名	别名	药用部位及功效	保存地及来源
菊科 Compositae	光茎栓果菊	*Launaea acaulis* (Roxb.) Babc. ex Kerr	无茎栓果菊、滑背草	药用全草。味甘、苦，性凉。清热解毒。用于消化不良，尿路感染，结膜炎，阑尾炎，疔肿腮腺炎，乳腺炎。	广西：来源于广西南宁市。
	大丁草	*Leibnizia anandria* (L.) Nakai	翻白草、细叶火草、烧金草	药用全草，性寒。清热利湿，解毒消肿，止咳，止血。用于肺热咳嗽，肠炎，痢疾，尿路感染，风湿关节痛；外用于乳腺炎，痈疖肿毒，跌打损伤，外伤出血。	北京：来源于北京、陕西。
	薄叶火绒草	*Leontopodium japonicum* Miq.	火草、白艾	药用花序。味淡、微甘，性平。止咳。用于咳嗽。	云南：来源于云南景洪市。
	刘子菊	*Leuzea garthamoides*			北京：来源于保加利亚。
	齿叶橐吾	*Ligularia dentata* (A. Gray) Hara	禾叶橐吾、马蹄黄	药用根。味辛、微温，舒筋活血，散瘀止痛。用于跌打损伤，疼痛。	湖北：来源于湖北恩施。
	鹿蹄橐吾	*Ligularia hodgsonii* Hook.	滇紫菀、橐吾紫菀、葫芦七、大救驾、荷叶七、红紫菀	药用全草。味甘、辛，性温。理气活血，止痛。用于跌打损伤，劳伤，腰腿痛，咳嗽气喘，百日咳，肺痈咯血。	广西：来源于广西金秀县；湖北：来源于湖北恩施。
	狭苞橐吾	*Ligularia intermedia* Nakai	紫菀、退水干	药用根及根状茎。味苦，性温。润肺化痰，止咳，平喘。	湖北：来源于湖北恩施。
	款冬叶橐吾	*Ligularia tussilaginea* Makino		温肺，下气，消痰，止咳。	北京：来源于浙江。
	离舌橐吾	*Ligularia veitchiana* (Hemsl.) Greenm.	水荷叶、白紫菀	药用根及根状茎。味甘，性凉。润肺降气，祛痰止咳，活血祛瘀。	湖北：来源于湖北恩施。
	母菊	*Matricaria recutita* L.	洋甘菊、西洋甘菊	药用花或全草。味辛、微苦，性凉。清热解表，止咳平喘，祛风湿。用于感冒发热，咽喉肿痛，肺热咳喘，热痹肿痛，疮肿。	广西：来源于法国、波兰、加拿大；北京：来源于四川南川、北京。

科名	植物名	拉丁学名	别名	药用部位及功效	保存地及来源
菊科 Compositae	香母菊	Matricaria suaveolens Puesh		药用花、茎叶。花口服或用做灌肠剂，栓剂。用于驱虫，蛲虫。茎叶用于风湿寒热。	广西：来源于法国。
	小舌菊	Microglossa pyrifolia (Lam.) O.Kuntze	犁叶小舌菊、过山龙	药用全草。消炎，生肌，明目，解毒。用于脓肿，疮毒。	云南：来源于云南景洪市。
	大翅蓟	Onopordum acanthium L.		药用全草。止血。	广西：来源于北京市，法国。
	秋苦荬菜	Paraixeris denticulata (Houtt.) Stebb.	黄花菜	药用全草。味苦，性寒。清热解毒，消肿止痛。用于痈疔疗毒，乳痈，咽喉肿痛，黄疸，痢疾，淋证，带下，跌打损伤。	广西：来源于广西南宁市。
	银胶菊	Parthenium hysterophorus L.	野益母艾、假芹	药用全草。用于疮疡肿毒。	广西：来源于广西南宁市。北京：来源于美国。
	蜂斗菜	Petasites japonicus (Sieb.et Zucc.) F.Schmidt	葫芦叶、蛇头草、野南瓜	药用根状茎。味苦、辛，性凉。消肿，解毒，散瘀。用于毒蛇咬伤，痈疖肿毒，跌打损伤。	湖北：来源于湖北恩施。
	滇苦菜	Picris divaricata Vant.		药用全草。味苦，性凉。清热解毒。用于感冒发热，外用于毒蛇咬伤，刀伤，无名肿毒。	云南：来源于云南景洪市。
	兴安毛连菜	Picris hieracioides L.ssp.Hieracioides		药用花。味辛，性凉。清热解毒，散瘀，利尿。用于流感发热，乳痈，跌打损伤，小便不利。	广西：来源于法国。
	阔苞菊	Pluchea indica (L.) Less.	格杂树、栾樨	药用茎叶或根。味甘，性微温。暖胃消积，软坚散结。用于小儿食积，痰核，瘰疬，风湿骨痛。	广西：来源于广西北海、广东省深圳市。海南：来源于海南万宁市。

科名	植物名	拉丁学名	别名	药用部位及功效	保存地及来源
菊科 Compositae	肉色除虫菊	*Pyrethrum carneum* M.B.		治疗疥癣，除虫。	北京：来源于原苏联。
	红花除虫菊	*Pyrethrum coccineum* (Willd.) Worosch.		药用全草。用作杀虫剂。	北京：来源于原苏联。
	短舌匹菊	*Pyrethrum parthenium* (L.) Smith	小白菊	药用花或全草。清热解毒，凉血降压。	广西：来源于美国。
	黑心金光菊	*Rudbeckia hirta* L.	大黑菊、黑眼菊、毛叶金光菊	根在美国塔萨斯州作民族药用。	广西：来源于北京市。北京：来源于北京，江西庐山。
	驴耳风毛菊	*Saussurea glomerata* Poir.	草地风毛菊、羊耳朵	药用全草。清热解毒，消肿。	北京：来源于原苏联。
	风毛菊	*Saussurea japonica* (Thunb.) DC.	山苦子、八面风、三棱草	药用全草。味辛、苦，性平。祛风活血，散瘀止痛，跌打损伤，麻风。	北京：来源于原苏联。
	多头风毛菊	*Saussurea polycephala* Hand.-Mazz.		药用全草。祛风湿。用于风湿关节痛。	北京：来源于原苏联。
	细叶鸦葱	*Scorzonera albicaulis* Bunge	笔管草、倒扎花	药用根。味甘，性温。祛风除湿，理气活血，久年哮喘。用于外感风寒，发热头痛，风湿痹痛，倒经，关节痛。	北京：来源于北京。
	鸦葱	*Scorzonera austriaca* Willd.	罗罗葱	药用根。味苦，性寒。清热解毒，活血消肿；外用于疔疮、痈疽，毒蛇咬伤，蚊虫叮咬，乳腺炎。	北京：来源于北京。
	桃叶鸦葱	*Scorzonera sinensis* Lipsch. et Krasch.		药用根。祛风除湿，理气活血，清热解毒，通乳消肿。	北京：来源于北京。
	麻叶千里光	*Senecio cannabifolius* Less.	还魂草	药用全草。止血，镇痛。用于心脏病，咳嗽痰喘。	北京：来源于吉林。

科名	植物名	拉丁学名	别名	药用部位及功效	保存地及来源
菊科 Compositae	秃果华千里光	Senecio globigerus Chang Sinosenecio globigerus (Chang) B. Nord.	莲花七、水八角草	药用全草。清热解毒，化痰止咳。用于带下病，咽喉痛，风湿疼痛，跌打损伤。	湖北：来源于湖北恩施。
	狗舌草	Tephroseris kirilowii (Turcz.ex DC.) Holub	朝阳花、一枝花	药用全草。味苦，微甘，性寒。清热解毒，利尿。用于肺脓疡，尿路感染，小便不利，白血病，口腔炎，疖肿。	北京：来源于陕西。
	须弥千里光	Senecio kumaonensis Duthie ex C.Jeffrey et Y.L.Chen		清热润肺。	北京：来源于北京。
	林荫千里光	Senecio nemorensis L.	森林千里光	药用全草。味苦、辛，性凉。清热解毒。用于热痢，目赤红痛，痈疖肿毒。	北京：来源于北京、四川。湖北：来源于湖北恩施。
	蒲儿根	Senecio oldhamianus Maxim.	黄菊莲、肥猪苗	药用全草。味辛，性凉。有小毒。解毒，活血。用于疮疡，疮毒化脓，金疮。	湖北：来源于湖北恩施。
	千里光	Senecio scandens Buch.-Ham. ex D.Don	风灯草、白花草、粗糠花	药用全草。味苦、辛，性寒。清热解毒，明目退翳，杀虫止痒。用于流感，上呼吸道感染，急性肠炎，肺炎，菌痢，急性尿路感染，胆囊炎，扁桃体炎，黄疸型肝炎，目赤肿痛，痈疖肿痛，丹毒，湿疹，干湿癣疮，滴虫性阴道炎，烧烫伤。	广西：原产于广西药用植物园。云南：来源于云南景洪市。湖北：来源于湖北恩施。
	粘质千里光	Senecio viscosus L.	粘毛千里光	药用全草。降压，解痉，抗癌。	广西：来源于法国，德国。
	欧洲千里光	Senecio vulgaris L.	普通千里光	药用全草。味苦，性凉。清热解毒，祛瘀消肿，用于口腔炎，湿疹，无名毒疮，肿瘤。	广西：来源于法国，德国。
	麻花头	Serratula centauroides L.	苦郎头、和尚头	药用全草。清热解毒，止血，止泻。用于痈肿，疔疮。	北京：来源于北京。

（续表）

科名	植物名	拉丁学名	别名	药用部位及功效	保存地及来源
	伪泥胡菜	*Serratula coronata* L.	假升麻	药用根、叶、茎。根、叶用于呕吐、淋症、疝气、肿瘤，茎用于咽喉痛、贫血、疟疾。	北京：来源于辽宁。
	豨莶	*Siegesbeckia orientalis* L.	火莶、虾钳草、铜锤草、风湿草、芽呵公（壮语）	药用全草。味苦、辛，性寒。有小毒，解毒。用于风湿痹痛、利关节，筋骨无力，腰膝酸软、四肢麻痹、半身不遂，风疹湿疮。	广西：原产于广西药用植物园。云南：来源于云南景洪市。海南：来源于海南兴隆南药园。北京：来源于广西。湖北：来源于湖北恩施。
	腺梗豨莶	*Siegesbeckia pubescens* (Makino) Makino	毛豨莶、珠草、棉苍狼	药用全草。味苦，性凉。利筋骨，降血压。用于四肢麻痹、急性肝炎、高血压，疟疾，外伤出血。根用于风湿顽痹、头风、带下病，痈伤。果实用于驱蛔虫。	北京：来源于浙江。
菊科 Compositae	穿叶松香草	*Silphium perfoliatum* L.	串叶松香草	全草北美土著居民用做顺势疗法制剂。根用于感冒。	广西：来源于广西南宁市。北京：来源于北京植物园。
	水飞蓟	*Silybum marianum* (L.) Gaertn.	飞雉、奶蓟、老鼠筋	药用果实。性凉。清热利湿，疏肝利胆。用于急慢性肝炎、肝硬化，胆石症，胆管炎。	广西：来源于陕西省。北京：来源于云南。日本。
	高茎一枝黄花	*Solidago altissima* L.		本品的甲醇提取物能抑制多种细菌和家蝇、果蝇卵的卵化作用。	广西：来源于日本。
	加拿大一枝黄花	*Solidago canadensis* L.	金棒草	药用全草。清热解毒，消肿止痛。用于感冒风热头痛、咽喉肿痛、肺热咳喘，疮痈肿毒、毒蛇咬伤，肺结核咯血，外伤出血，脚癣、手癣，鹅掌风。	广西：来源于广东省，法国，加拿大。北京：来源于北京植物园。
	一枝黄花	*Solidago decurrens* Lour.	野黄菊、黄花草	药用全草或根。味辛、苦，性凉。疏风泄热，解毒消肿。用于风热感冒，头痛、咽喉肿痛，肺热咳嗽，痈肿疮疖，泄泻，热淋，毒蛇咬伤。	广西：原产于广西药用植物园。

（续表）

科名	植物名	拉丁学名	别名	药用部位及功效	保存地及来源
	毛果一枝黄花	*Solidago virgaurea* L.	新疆一枝黄花、一支黄蒿	药用全草或根。味苦，微辛，性凉。疏风清热，解毒消肿。用于风热感冒，咽喉肿痛，肾炎，膀胱炎，痈肿疔毒，跌打损伤。	广西：来源于波兰、法国、德国。北京：来源于四川南川。湖北：来源于湖北恩施。
	篿毛一枝黄花	*Solidago virgaurea* L. var. *dahurica* Kitag.	兴安一枝蒿	药用全草。疏风清热，健胃，利尿。	北京：来源于北京。
	裸柱菊	*Soliva anthemifolia* (Juss.) R.Br.	九龙吐珠、七星坠地、座地菊	药用全草。味辛，性温。有小毒。解毒散结，痔疮。用于风痰疔肿，风毒流注，瘰疬，痔疮。	广西：原产于广西药用植物园。
菊科 Compositae	苣荬菜	*Sonchus arvensis* L.	野苦荬、山苦荬	药用全草。味苦，性凉。清热凉湿，消肿排脓，化瘀解毒。用于阑尾炎，肠炎，痢疾，疮疖痈肿，产后瘀血腹痛，痔疮。	广西：原产于广西药用植物园。北京：来源于辽宁。
	长裂苦荬菜	*Sonchus brachyotus* DC.		药用全草。清热解毒，凉血利湿。用于急性咽喉炎，急性细菌性痢疾，尿血，痔疮肿痛。	海南：来源于海南万宁市。
	苦苣菜	*Sonchus oleraceus* L.	苦菜、荬草、滇苦荬菜	药用全草。味苦，性寒。清热解毒，凉血止血。用于肠炎，痢疾，黄疸，淋症，咽喉肿痛，痈疮肿毒，乳腺炎，痔瘘，吐血，衄血，咯血，尿血，便血，崩漏。	广西：原产于广西药用植物园。
	戴星草	*Sphaeranthus africanus* L.	荔枝草、田艾草	药用全草。健胃，利尿，止痛。	海南：来源于海南万宁市。
	美形金钮扣	*Spilanthes callimorpha* A. H.Moore	金钮扣、小铜锤、小麻药、芽爬匹（傣语）	药用全株。味辛，性温。有小毒。清火解毒，散瘀，止痛。用于风火所致的咽喉红肿疼痛，咳嗽，跌打损伤，外伤出血。	云南：来源于云南景洪市。北京：来源于云南。

科名	植物名	拉丁学名	别名	药用部位及功效	保存地及来源
菊科 Compositae	金钮扣	*Spilanthes paniculata* Wall. ex DC.	天文草、散血草、拟千日菊、苦草	药用全草。味辛、苦,性微温,有小毒。止咳平喘,消肿止痛。用于感冒咳嗽,百日咳,肺结核,痢疾,肠炎,疟疾,疮疖肿毒,风湿性关节炎,牙痛,跌打损伤,毒蛇咬伤。	广西：来源于广西百色市,英国。海南：不明确。
	甜叶菊	*Stevia rebaudiana* (Bertoni) Hemsl.	甜菊、甜茶	药用全草。味甘,性平。生津止渴,降血压。用于消渴,高血压病。	广西：来源于湖北省武汉市。
	金腰箭	*Synedrella nodiflora* (L.) Gaertn.	苞壳菊、苦草、水慈姑、猪毛草	药用全草。味微辛、微苦,性凉。清热透疹,解毒消肿。用于感冒发热,痈疹,疮痈肿毒。	广西：原产于广西药用植物园。云南：来源于景洪市。海南：不明确。
	兔儿伞	*Syneilesis aconitifolia* (Bunge) Maxim.	贴骨伞、龙头七、双音伞	药用根或全草。味苦、辛,性温,有毒。祛风除湿,解毒活血,消肿止痛。用于风湿麻木,风湿关节痛,骨折,月经不调,痛经。	北京：来源于辽宁千山。湖北：来源于恩施。
	白千里光	*Synotis nagensium* (C.B. Clarke) C. Jeffrey et Y.L.Chen	白叶火草、夏千里光、锯叶千里光	药用全草。味淡,性平。散风热,利水湿。用于感冒发热咳喘,淋浊,肾炎水肿。	广西：来源于广西金秀县。
	山牛蒡	*Synurus deltoides* (Ait.) Nakai		药用根、果实。味苦,性凉。有小毒。清热解毒,消肿,利水散结。用于顿咳,妇女炎症,带下病。果实用于瘰疬。	湖北：来源于恩施。
	万寿菊	*Tagetes erecta* L.	臭芙蓉、金菊、黄菊、篱菊、金峰菊	药用花。味苦、微辛,性凉。清热解毒,化痰止咳。用于上呼吸道感染,百日咳,结膜炎,口腔炎,咽炎,牙痛,眩晕,小儿惊风,血瘀腹痛,痈疮肿毒。	广西：来源于广西南宁市、湖北省武汉市。云南：来源于景洪市。北京：来源于北京。湖北：来源于恩施。海南：来源于海南省万宁市。

科名	植物名	拉丁学名	别名	药用部位及功效	保存地及来源
菊科 Compositae	孔雀草	*Tagetes patula* L.	藤菊、西番菊、小万寿菊	药用全草。味苦，性凉。清热解毒，止咳。用于风热感冒，咳嗽，百日咳，痢疾，腮腺炎，乳痈，疔肿，牙痛，口腔炎，目赤肿痛。	广西：来源于广西南宁市。北京：来源于北京。
	菊蒿	*Tanacetum vulgare* L.	艾菊、普通菊蒿	药用茎、花序，驱虫，利胆，退黄。用于驱除肠虫，黄疸，胆汁瘀积。用做杀虫剂。	广西：来源于法国。北京：来源于江苏南京。
	白花蒲公英	*Taraxacum leucanthum* (Ledeb.) Ledeb.	亚洲蒲公英、戟叶蒲公英	药用全草。味甘，苦，性寒。清热解毒，消痈散结。	湖北：来源于湖北恩施。
	蒲公英	*Taraxacum mongolicum* Hand-Mazz.	蒙古蒲公英、黄花地丁、婆婆丁	药用全草。味甘，性平。止血，化痰，通淋。用于吐血，衄血，咯血，崩漏，外伤出血，经闭痛经，腕腹刺痛，肿痛，血淋涩痛。	广西：来源于四川省，北京市。北京：来源于北京。湖北：来源于湖北恩施。
	药用蒲公英	*Taraxacum officinale* Wigg.		药用全草。根、叶。用于肝胆疾病，慢性水肿。天然茶剂可排石。根健胃，利尿，消痔，叶浸剂用做洗剂。用于婴幼儿肛门疾病。	广西：来源于波兰、法国。
	东北蒲公英	*Taraxacum ohwianum* Kitam.		药用全草。味苦，甘，性寒。清热解毒，消痈散结。用于乳痈，肺痈，肠痛，疔疮肿胀，瘰疬，目赤肿痛，咳嗽，感冒发热，胃炎，肠炎，痢疾，肝炎，胆囊炎，尿路感染，蛇虫咬伤。	广西：来源于北京市。
	白缘蒲公英	*Taraxacum platypecidum* Diels		药用全草。清热解毒，消肿散结，利尿通淋。	北京：来源于北京。湖北：来源于湖北恩施。
	肿柄菊	*Tithonia diversifolia* A Gray	假向日葵	药用叶。味苦，性凉。清热解毒。用于急性胃肠炎，疮疡肿毒。	广西：来源于广西龙州县。云南：来源于云南景洪市。海南：来源于海南万宁市。

（续表）

科名	植物名	拉丁学名	别名	药用部位及功效	保存地及来源
	婆罗门参	*Tragopogon pratensis* L.	草地婆罗门参	药用根。补肺降火，养胃生津。	广西：来源于法国。
	款冬	*Tussilago farfara* L.	款冬花	药用花蕾。味辛、微苦，性温。润肺下气，止咳化痰。用于急、慢性咳嗽痰喘，肺痨。	北京：来源于陕西太白山。湖北：来源于湖北恩施。
	夜香牛	*Vernonia cinerea* (L.) Less.	伤寒草、夜牵牛、寄香草、拐棍参、消山虎	药用全草或根。味苦、辛，性凉。疏风清热，除湿，解毒。用于外感发热，咳嗽，急性黄疸型肝炎，湿热腹泻，白带，疔疮肿毒，乳腺炎，鼻炎，毒蛇咬伤。	广西：原产于广西药用植物园。云南：来源于云南景洪市。海南：来源于海南万宁市。
	毒根斑鸠菊	*Vernonia cumingiana* Benth.	发痧藤、细脉斑鸠菊、大木菊	药用藤茎或根。味苦、辛，性微温。有毒。祛风解表，舒筋活络。用于感冒疟疾，喉痛，牙痛，风火赤眼，腰肌劳损，跌打损伤。	广西：来源于广西南宁市。
菊科 Compositae	滇缅斑鸠菊	*Vernonia parishii* Hook.f.	大发散、大红花、远志、镇心丸	药用根。味甘、苦，性平。祛风散寒，益心。用于感冒发热，心慌心悸，产后体虚，风湿胃痛，肝炎。	云南：来源于云南勐腊县。
	咸虾花	*Vernonia patula* (Dryand.) Merr.	展叶斑鸠菊、大叶咸虾花、狗仔花	药用全草。味苦、辛，性平。疏风清热，利湿解毒，散瘀消肿。用于感冒发热，疟疾，头痛，高血压，泄泻，痢疾，风湿痹痛，湿疹，等麻疹，疮疖，乳腺炎，颈淋巴结核，跌打损伤。	广西：来源于广西南宁市。海南：来源于海南万宁市。
	柳叶斑鸠菊	*Vernonia saligna* DC.	牙金药、白头升麻、白龙须	药用根、叶及全草。根用于催产堕胎。叶用于高烧。全草用于疟疾。	云南：来源于云南勐腊县。
	大叶斑鸠菊	*Vernonia volkameriifolia* (Wall.) DC.	大叶鸡菊花、丹毫温（傣语）	药用茎、叶、根。味涩，性凉。清热利尿，排石。用于风湿关节炎，关节疼痛，小便脓血，尿路结石，尿痛。	云南：来源于云南勐海县。

（续表）

科名	植物名	拉丁学名	别名	药用部位及功效	保存地及来源
菊科 Compositae	膨蜞菊	Wedelia chinensis (Osb.) Merr.	路边菊	药用全草或根。味甘、淡，性凉。清热解毒，泻火养阴。用于急性咽炎、扁桃体炎。	广西：来源于广西北流市。海南：不明确。
	卤地菊	Wedelia prostrata (Hook. et Arn.) Hemsl.	黄花草	药用全草。味甘、酸，性平。清热解毒。用于喉蛾、喉痹、白喉、百日咳、肺热喘咳、鼻衄、痈肿、疔疮。	海南：来源于海南万宁市。
	山膨蜞菊	Wedelia wallichii Less.	乳腺草、细针果	药用全草。味甘，性温。有毒。补血、活血。用于贫血、产后流血过多、子宫肌瘤、闭经、神经衰弱。	广西：来源于广西龙州县。
	苍耳	Xanthium sibiricum Patr. ex Widd.	苍耳子、野茄、猪耳、麻头	药用根、茎、叶、花序、果实。根用于高血压、疔疮、痈疽、丹毒。茎、叶味苦、辛，性凉。有小毒，祛风散热，解毒杀虫。用于头风、头晕、崩漏、湿疹狗痉、日齿目翳、麻风。花序用于白癜顽癣、白痢。果实味辛、苦，性温。散风湿，通鼻窍，止痛杀虫。用于鼻塞流涕、鼻塞头痛、风寒湿痹、四肢挛痛、疥癣、瘙痒。	广西：原产于广西药用植物园。云南：来源于云南景洪市。海南：来源于海南万宁市。北京：来源于广东广州、四川江津。湖北：来源于湖北恩施。
	刺苍耳	Xanthium spinosum L.		药用果实。散风止痛，祛湿，杀虫。用于风寒头痛、鼻渊、齿痛、风寒湿痹、瘙痒。	广西：来源于法国。
	黄鹌菜	Youngia japonica (L.) DC.	苦菜药、黄花菜、野青菜	药用全草或根。味甘，性凉。清热解毒，利尿消肿，止痛。用于咽炎、乳腺炎、牙痛、小便不利、肝硬化腹水；外用于疮疖肿毒。	广西：来源于广西武鸣县。云南：来源于云南景洪市。海南：来源于海南万宁市。湖北：来源于湖北恩施。
	百日菊	Zinnia elegans Jacq.	鱼尾菊、百日草、万寿菊、毛毡花	药用全草。清热利尿。用于痢疾、淋证、乳头痛。	广西：来源于广西南宁市。云南：来源于云南景洪市。北京：来源于北京。

（续表）

科名	植物名	拉丁学名	别名	药用部位及功效	保存地及来源
泽泻科 Alismataceae	窄叶泽泻	Alisma canaliculatum A. Br. Braun et Bouche	大箭、真武剑	药用全草。味淡、性微寒。清热利湿，解毒消肿。用于小便不通，水肿，无名肿毒，皮肤疱疹，湿疹，蛇咬伤。	广西：来源于重庆市。北京：来源于广西。
	膜果泽泻	Alisma lanceolatum Wither.	披针叶泽泻、光叶泽泻	药用块茎。清热，渗湿，利尿。	广西：来源于荷兰。
	泽泻	Alisma plantago-aquatica L. var.orientale Sam.	如意花、水泽、如意菜	药用干燥块茎。味甘、性寒。利小便，清湿热。用于小便不利，水肿胀满，痰饮眩晕，热淋涩痛，高血脂。	广西：来源于广西乐业县、浙江省杭州市。日本：来源于福建。湖北：来源于湖北恩施。
	矮慈姑	Sagittaria pygmaea Miq.	鸭舌草、水藓	药用全草。味甘、苦。性凉。清热解毒，行血。用于无名肿毒，小便热痛，烫伤。	海南：来源于海南万宁市。
	欧洲慈姑	Sagittaria sagittifolia L.		健脾利湿，清热排脓	北京：来源于北京。
	野慈菇	Sagittaria trifolia L.	剪刀草	药用全草。味甘、苦、性凉。清热止血，解毒消肿，散结。用于黄疸，瘰疬，蛇咬伤。	北京：来源于北京。海南：不明确。
水鳖科 Hydrocharitaceae	水鳖	Hydrocharis dubia (BL.) Backer	马尿花、秋子草、天泡草	药用全草。味苦、微咸、性凉。收敛。用于赤白带下，天泡疮。	广西：来源于四川省成都市。北京：来源于北京。
	海菜花	Otelia acuminata (Gagnep.) Dandy	水菜花、水茄子、海茄子、海菜	药用全草、根、叶。全草清热，止咳，水肿，淋症，益气，固脱。用于血尿，咳血，子宫脱垂。根、叶清热解毒。用于婴瘤，软坚散结。用于婴瘤，甲状腺肿大。	广西：来源于云南省昆明市、广西桂林市。
百合科 Liliaceae	粉条儿菜	Aletris spicata (Thunb.) Franch.	肺痨草、小肺筋草、金线吊米、蛆芽草	药用根、全草。味苦、甘、性平。清肺，化痰，止咳，活血，杀虫。用于咳嗽痰喘，顿咳，咳嗽吐血，肺痈，乳痈，肠风便血，妇人乳少，经闭，小儿疳积，蛔虫病，疳瘦。	湖北：来源于湖北恩施。
	非洲芦荟	Aloe Africana Mill.		收载于《药用植物辞典》。	广西：来源于广东省广州市。

（续表）

科名	植物名	拉丁学名	别名	药用部位及功效	保存地及来源
	木立芦荟	*Aloe arborescens* Mill.	鹿角芦荟	药用叶汁。味苦，性寒。用于结核性皮肤溃疡，面部粮疮，支气管喘息。	广西：来源于福建省福州市，深圳。北京：来源于日本。
	大芦荟	*Aloe arborescens* Mill. var. *natalensis* Berg.		抗癌，消炎，杀菌，收敛。	海南：来源于海南农科所。北京：来源于北京植物园。
	点纹芦荟	*Aloe aristata* Schult.	芝麻掌	药用全草。凉血化瘀，拔毒止痒。用于咳嗽，尿路感染，便秘，湿疹，痈疽肿毒，烧烫伤。	广西：来源于广西南宁市。
	库拉索芦荟	*Aloe barbadensis* Mill.	美国芦荟	药用叶汁浓缩膏。清肝热，通便。用于便秘，小儿疳积，惊风，湿癣。	海南：来源于海南热带农业大学。
Liliaceae	皂质芦荟	*Aloe saponaria* (Ait.) Haw	花叶芦荟、皂芦荟、美芦荟	药用新鲜包被。根茎含二蒽醌型色素类化合物，含中性 D-甘露聚糖。	广西：来源于深圳。海南：来源于海南农科所。
百合科	芦荟	*Aloe vera* L. var. *chinensis* (Haw.) Berg.	中华芦荟、雅郎（傣语）	药用叶、花。叶味苦，性寒，通便催经、凉血止痛。解毒，泻火，杀虫，用于痈疮肿毒，烧烫伤，疥癣，闭经，性凉。花味甘，淡，性凉、清热利湿，健胃。用于消化不良，尿路感染，湿疹，咳嗽，吐血，白浊。	云南：来源于云南景洪市。海南：来源于海南热带农业大学。北京：来源于海南。
	知母	*Anemarrhena asphodeloides* Bunge	蒜瓣子草、兔子油草、羊胡子草、羊草	药用根状茎。味苦，甘，性寒。清热泻火，生津润燥，用于外感热病，高热烦渴，肺热燥咳，骨蒸潮热，内热消渴，肠燥便秘。	广西：来源于广西陆川县。北京：来源于河北。
	山文竹	*Asparagus acicularis* Wang et S.C.Chen	天冬	药用根。润肺止咳。用于咳嗽。	广西：来源于广西靖西县。

科名	植物名	拉丁学名	别名	药用部位及功效	保存地及来源
百合科 Liliaceae	折枝天门冬	Asparagus angulofractus Iljin	荒漠天门冬	药用块根。润肺止咳。	湖北：来源于湖北恩施。
	天门冬	Asparagus cochinchinensis (Lour.) Merr.	小叶青、明天冬、天冬	药用块根。味甘、苦，性寒。滋阴润燥，清肺降火。用于燥热咳嗽，阴虚劳嗽，热病伤阴，内热消渴，肠燥便秘，咽喉肿痛。	广西：来源于广西金秀县、凌云县。海南：来源于海南万宁市。北京：来源于云南。湖北：来源于湖北恩施。
	非洲天门冬	Asparagus densiflorus (Kunth) Jessop	密花天门冬、武竹	药用根。清肺止咳。	广西：来源于广西南宁市、北京市。北京：来源于民主德国、北京，广西。
	羊齿天门冬	Asparagus filicinus Buch.-Ham.ex D.Don	九斤子、山天冬、土百部	药用块根。味甘、苦，性平。润肺止咳，杀虫止痒。用于阴虚肺燥，咳嗽不愈，咯痰带血，疥癣蛲虫。	广西：来源于广西隆林县。北京：来源于广西。湖北：来源于湖北恩施。
	山天冬	Asparagus gilbus Bunge		养阴，清热。	北京：来源于四川。
	多刺天门冬	Asparagus myriacanthus Wang et S.C.Chen		药用块根。味甘、微苦，性寒。养阴清热，润燥生津。	湖北：来源于湖北恩施。
	石刁柏	Asparagus officinalis L.	露笋、小百部	药用嫩茎、块根。味辛、微甘、苦，性平、温。有小毒。清热利湿，活血散结，温肺，止咳，杀虫。用于肝炎，高脂血症，乳腺增生，肩病，百日咳，风寒咳嗽，老年咳喘，疥癣虫。	广西：来源于广西南宁市。北京：来源于新疆。
	南玉带	Asparagus oligoclonos Maxim.		药用根。清热解毒，止咳平喘，利尿。	北京：来源于北京。

科名	植物名	拉丁学名	别名	药用部位及功效	保存地及来源
百合科 Liliaceae	文竹	Asparagus setaceus (Kunth) Jessop	小百部、蓬莱竹	药用块根、全草。块根味甘、微苦，性平。润肺止咳。用于肺痨咳嗽、咳嗽痰喘、阿米巴痢疾。全草味苦，性寒、凉。清凉解毒，利尿通淋。用于郁热咳血、小便淋沥。	广西：来源于广西南宁市。云南：来源于云南省景洪市。海南：来源于海南万宁市。北京：来源于北京中山公园。
	丛生蜘蛛抱蛋	Aspidistra caespitosa Pei		药用根状茎。祛风，活血，除湿，通淋，泄热通络。用于热淋、活血止咳。	广西：来源于广西桂林市。
	长药蜘蛛抱蛋	Aspidistra dolichanthera X.X.Chen		药用根状茎。用于骨折，跌打损伤。	广西：来源于广西桂林市。
	蜘蛛抱蛋	Aspidistra elatior Bl.	山蜈蚣、入地蜈蚣、竹叶伸筋、大九龙盘、竹叶盘	药用根状茎。味辛、甘，性微寒。活血止痛，清肺止咳，利尿通淋。用于跌打损伤、风湿痹痛、腰痛、经闭腹痛、砂淋、小便不利、肺热咳嗽。	广西：来源于四川成都市。云南：来源于云南勐腊县。海南：来源于广西药用植物园。北京：来源于北京。湖北：来源于湖北恩施。
	银边草	Aspidistra elatior Bl. var. variegata Hort.		清热解毒，止咳化痰，活血化瘀。	北京：来源于北京花木公司。
	隆安蜘蛛抱蛋	Aspidistra longanensis Y.Wan		药用根状茎。用于风湿骨痛，跌打损伤。	广西：来源于广西隆安县。
	长柄蜘蛛抱蛋	Aspidistra longipedunculata D.Fang	草柰艽、长柄蜘蛛抱蛋	药用根状茎。用于骨折，跌打损伤。	广西：原产广西药用植物园。
	小花蜘蛛抱蛋	Aspidistra minutiflora Stapf	毛知母、入石蜈蚣	药用根状茎。化瘀止痛，祛风解毒。用于腰痛、骨折、风湿痛。	广西：来源于广西桂林市。海南：来源于广西药用植物园。

科名	植物名	拉丁学名	别名	药用部位及功效	保存地及来源
	广西蜘蛛抱蛋	Aspidistra retusa K. Y. Lang et S.Z. Hang	铺地蜈蚣	药用根状茎。用于跌打损伤。	广西：来源于广西桂林市。
	石山蜘蛛抱蛋	Aspidistra saxicola Y. Wan		药用根状茎。用于风湿骨痛，跌打损伤。	广西：来源于广西隆安县。
	四川蜘蛛抱蛋	Aspidistra sichuanensis K.Y. Lang et Z.Y.Zhu		药用根状茎。活血通淋，泄热通络。	广西：来源于四川峨眉市。
	卵叶蜘蛛抱蛋	Aspidistra typica Baill.	棕巴叶	药用根状茎。味苦，辛，性温。滋阴润肺，止咳，清热解毒，生津消渴，活血散瘀，接骨止痛。用于痢疾，风湿瘫痛，跌打损伤，蛇咬伤。	云南：来源于云南景洪市。
百合科 Liliaceae	银边吊兰	Chlorophytum capense (L.) O. Kuntze var. Variegatum Hont.	银边兰、金边草	药用全草。味甘，苦，性凉。清热解毒，化痰止咳，活血散瘀。用于肺热咳血，咳嗽痰喘；外用于疔疮肿毒，痔疮肿痛，骨折，烧伤。	广西：来源于广西南宁市。云南：来源于云南景洪市。
	吊兰	Chlorophytum comosum (Thunb.) Baker	金边兰、葡萄兰	药用全草或根。味甘，微苦，性凉。化痰止咳，散瘀消肿，清热解毒。用于痰热咳嗽，跌打损伤骨折，痈肿，痔疮，烧伤。	广西：来源于广西南宁市。海南：来源于海南万宁市。北京：来源于四川南川。
	金心吊兰	Chlorophytum comosum (Thunb.) Baker cv.Picturatum	斑心宽叶吊兰	药用全草。清热止咳，凉血止血，肺结核咯血，咽喉炎；外用于热咳，打肿痛。	广西：来源于广西南宁市。
	小花吊兰	Chlorophytum laxum R.Br.	山韭菜、三角草	药用全草。味微苦，性凉，有毒。散瘀消肿，用于毒蛇咬伤，跌打肿痛。	广西：来源于广西龙州县、博白县。海南：来源于海南万宁市。
	铃兰	Convallaria majalis L.	香水花、芦藜草	药用根及全草。味甘，苦，性温。有毒。温阳利水，活血祛风，用于心力衰竭，浮肿，劳伤，崩漏，带下病，跌打损伤。	北京：来源于东北。

（续表）

科名	植物名	拉丁学名	别名	药用部位及功效	保存地及来源
百合科 Liliaceae	山菅兰	Dianella ensifolia (L.) DC.	山菅、山猫竹、较剪草、毒鼠草	药用根或全草。味辛，性温。有大毒。祛风去毒，杀虫，利尿。用于痈疮肿毒、疥癣、淋巴结核、风湿骨痛、喉痛。	云南：来源于云南景洪市。海南：来源于海南万宁市。北京：不明确。
	散斑竹根七	Disporopsis aspera (Hua) Engl. ex Krause	马鞭七、玉竹	药用根状茎。养阴润肺，化瘀止痛。用于肺胃阴伤，燥热咳嗽，跌打损伤。	广西：来源于湖北省武汉市。
	竹根七	Disporopsis fuscopicta Hance	石边七、盘龙七、血蜈蚣	药用根状茎。味甘、微辛，性平。养阴清肺，活血祛瘀。用于阴虚肺燥，咽干，产后虚劳，妇女干痨，跌打损伤，骨折。	广西：来源于云南省昆明市、浙江省杭州市、湖北省武汉市。北京：不明确。
	长叶水根七	Disporopsis longifolia Craib	黄精、竹根七、长叶假万寿竹	药用根状茎。味甘、微辛，性平。养阴润肺，活血，益气养阴虚肺。用于病后体虚，阴虚肺燥，咳嗽痰黏，咽干口渴，跌打损伤。	广西：来源于湖北武汉市。云南：来源于云南景洪市。北京：来源于云南。
	深裂竹根七	Disporopsis pernyi (Hua) Diels	竹根七、假万寿竹、黄脚鸡	药用根状茎。味甘、性平。养阴润肺，益气健脾，活血舒筋。用于产后虚弱，小儿疳积，服虚咳嗽，多汗，口干，跌打肿痛，风湿疼痛，腰痛。	广西：来源于四川省成都市。北京：来源于杭州。
	长蕊万寿竹	Disporum bodinieri (Lévl. et Vant.) Wang et Tang	万寿竹、竹叶参、牛尾参	药用根。味甘、淡，性平。健脾消食，舒筋活血，清肺化痰止咳，用于肺痨咳嗽，胸腹胀满，筋骨疼痛，腰腿痛；外用于烧、烫伤。	北京：来源于四川。
	万寿竹	Disporum cantoniense (Lour.) Merr.	竹叶七、竹节参、小竹根	药用根及根状茎。味苦，辛，性凉。祛风湿除湿，舒筋活络，骨蒸劳热，劳伤腰痛，结核，月经过多，痛经，骨折、挫折，外用于跌打损伤，骨折；蜂窝组织炎。	云南：来源于云南景洪市。
	大花万寿竹	Disporum megalanthum Wang et Tang	山竹花、白龙须	药用根及根状茎。祛风除湿，止痛。用于劳伤，气血虚损。	湖北：来源于湖北恩施。

科名	植物名	拉丁学名	别名	药用部位及功效	保存地及来源
百合科 Liliaceae	宝铎草	Disporum sessile D.Don.	小伸筋草、狗尾巴、遍地姜	药用根状茎。味甘、淡，性平。润肺止咳，健脾消积，舒筋活血。用于肺结核咳嗽，食欲不振，胸腹胀满，筋骨疼痛，腰腿痛；外用于烧烫伤，骨折。	海南：来源于北京药用植物园。北京：来源于南京。湖北：来源于湖北恩施。
	湖北贝母	Fritillaria hupehensis Hsiao et K.C.Hsia	贝母、窝贝、奉节贝母	药用鳞茎。镇咳化痰，润肺。用于咳嗽。	湖北：来源于湖北恩施。
	伊贝母	Fritillaria pallidiflora Sc-hrenk	伊犁贝母、生贝、西贝母	药用鳞茎。味苦，性微寒。清肺化痰，散结。用于肺热咳嗽，胸闷痰黏，瘰疬，痈肿。	北京：来源于新疆。
	浙贝母	Fritillaria thunbergii Miq.	大贝、浙贝	药用鳞茎。味苦、甘，性寒。清热化痰，开郁散结。用于风热燥咳，痰火咳嗽，肺痛，乳痈，瘰疬，疮毒，心胸郁闷。	北京：来源于浙江杭州。
	平贝母	Fritillaria ussuriensis Maxim.	平贝	药用鳞茎。味苦、甘，性微寒。清热润肺，化痰止咳。用于肺热燥咳，干咳少痰，阴虚劳咳，咯痰带血。	北京：来源于吉林。湖北：来源于湖北恩施。
	嘉兰	Gloriosa superba L.	舒筋散、乱令（傣语）	药用根状茎。有大毒。为提取秋水仙碱的原料。根用于堕胎，消化不良。块茎用于半边瘫痪的，周身关节疼痛，肿胀，高热抽搐。	广西：来源于海南省万宁市。云南：来源于云南景洪市。北京：来源于云南。
	黄花菜	Hemerocallis citrina Baroni	金针菜、黄花、萱草	药用花蕾。味甘，性凉。清热利湿，宽胸解郁，凉血解毒。用于小便短赤，黄疸，胸闷心烦，痔疮便血，少寐。	广西：来源于北京。海南：来源于广西药用植物园。北京：来源于北京。湖北：来源于湖北恩施。
	小萱草	Hemerocallis dumortieri Morr.	小萱草根	药用根。清热利湿，凉血止血。	广西：来源于北京市。
	长瓣萱草	Hemerocallis fulva (L.) L. var.kwanso Regel	重瓣萱草	药用根。利尿消肿。	广西：来源于四川省成都。北京：来源于北京达仁堂。

科名	植物名	拉丁学名	别名	药用部位及功效	保存地及来源
百合科 Liliaceae	萱草	Hemerocallis fulva (L.) L.	萱草根、竹叶麦冬、黄花菜、金针菜	药用根。味甘，性凉。有毒。清热利湿，凉血止血，解毒消肿。用于黄疸，便血，崩漏，水肿，淋浊，带下，衄血，乳痈，乳汁不通。	广西：来源于广西苍梧县。云南：来源于勐海县。海南：不明确。北京：来源于东北。湖北：来源于湖北恩施。
	北黄花菜	Hemerocallis lilio asphodelus L.		药用部位及功效参阅萱草 Hemerocallis fulva (L.) L.。	北京：来源于北京。
	肖菝葜	Heterosmilax japonica Ku-nth	白土苓、白草藓	药用块茎。味甘、淡，性平。清热利湿，解毒消肿。用于小便淋浊，白浊，带下，痈肿疮毒。	广西：原产于广西药用植物园。
	东北玉簪	Hosta ensata F.Maekawa	剑叶玉簪	药用全草、根、叶、花。味苦，性微寒。清热解毒，利尿，小便不利。用于疔疮肿毒，咽喉肿痛，痛经。	广西：来源于北京市。
	玉簪	Hosta plantaginea (Lam.) Aschers.	玉簪花、玉簪根、白花玉簪	药用花、根茎。味苦、甘，性寒。有小毒。清热解毒，下胃鲠，利水，通经，小便不利，经闭，骨鲠，瘰疬。用于咽喉肿痛，疮痈肿痛，经闭，骨鲠，瘰疬。	广西：来源于广西乐业县。北京：来源于北京。湖北：来源于湖北恩施。
	紫萼	Hosta ventricosa (Salisb.) Steam	紫玉簪、紫萼、紫玉簪花、玉簪	药用花、叶、根。味甘，性温。凉血止血，解毒。用于吐血，崩漏，湿热带下，痈肿溃疡，痈喉肿痛，胃痛，牙痛，跌打损伤，骨痛，瘰疬。	广西：来源于广西苍梧县。北京：来源于浙江。湖北：来源于湖北恩施。
	野百合	Lilium brownii F. E. Br. ex Niellez.	米百合、淡紫百合	药用鳞茎。味微苦，性平。养阴润肺，清心安神。用于阴虚久咳，痰中带血，虚烦惊悸，失眠多梦。	湖北：来源于湖北恩施。
	百合	Lilium brownii F. E. Br. var. viridulum Baker	药百合花、家百合、白花百合	药用鳞叶、鳞茎、花、种子。味甘，性寒。养阴润肺，清心安神。用于阴虚久咳，痰中带血，失眠多梦，虚烦惊悸，精神恍惚。	广西：来源于广西恭城县、玉林市、西县、贵州省。湖北：来源于湖北恩施。

科名	植物名	拉丁学名	别名	药用部位及功效	保存地及来源
百合科 Liliaceae	湖北百合	Lilium henryi Baker		药用部位及功效阅卷丹 Lilium Lancifolium Thunb。	湖北：来源于湖北恩施。
	卷丹	Lilium lancifolium Thunb.	卷丹百合	药用鳞茎。味甘，性寒。养阴润肺，清心安神。用于阴虚久咳，痰中带血，失眠多梦，精神恍惚，烦惊悸。	湖北：来源于湖北恩施。
	麝香百合	Lilium longiflorum Thunb.	岩破壳、岩百合、红岩百合	药用鳞茎及花。味甘，性平。清热解毒，润肺止咳。用于咳嗽，尿血，胎盘不下，无名肿毒。	广西：来源于贵州省贵阳市。海南：来源于广西药用植物园。北京：来源于四川南川。
	岷江百合	Lilium regale Wilson		养阴，润肺，止咳。	北京：来源于四川。
	通江百合	Lilium sargentiae Wilson		养阴，润肺，止咳。	北京：来源于四川。
	细叶百合	Lilium tenuifolium Fisch.		药用鳞茎。润肺止咳，止血。	湖北：来源于湖北恩施。
	矮小山麦冬	Liriope minor (Maxim.) Ma-kino	小麦冬	药用块根。养阴生津，润肺清心。	广西：来源于湖北省武汉市。
	阔叶山麦冬	Liriope platyphylla Wang et Tang	土麦冬、山韭菜、短葶山麦冬	药用块根。味甘，微苦，性微寒，养阴胃阴生津。用于阴虚肺燥，咳嗽痰粘，口燥咽干，肠燥便秘。	北京：来源于浙江。湖北：来源于湖北恩施。广西：来源于广西北流市。
	山麦冬	Liriope spicata (Thunb.) Lour.	麦冬、门冬、山韭菜	药用块根。味甘，微苦，性微寒，养阴胃阴生津。用于阴虚肺燥，咳嗽痰粘，口燥咽干，肠燥便秘。	海南：来源于海南万宁市。北京：来源于浙江。湖北：来源于湖北恩施。
	沿阶草	Ophiopogon bodinieri Lévl.	野麦冬、韭叶麦冬	药用块根。味甘，益胃生津，性微苦，清心除烦，滋阴润肺。用于肺燥干咳，肺痈，阴虚劳嗽，津伤口渴，心烦失眠，肠燥便秘，咽喉疼痛，血热吐衄。	广西：来源于广西乐业县，天等县。云南：来源于云南景洪市。北京：不明确。湖北：来源于湖北恩施。

科名	植物名	拉丁学名	别名	药用部位及功效	保存地及来源
百合科 Liliaceae	麦冬	Ophiopogon japonicus (L. f.) Ker-Gawl.	麦门冬、山麦冬、寸冬、沿阶草	药用块根。味甘、微苦，性微寒，养阴生津，润肺清心。用于肺燥干咳，虚痨咳嗽，津伤口渴，心烦失眠，内热消渴，肠燥便秘，咽白喉。	广西：来源于广西玉林市、湖北省武汉市。云南：来源于云南景洪市。北京：来源于浙江。湖北：来源于湖北恩施。
	大叶沿阶草	Ophiopogon latifolius Rodrig.	宽叶沿阶草	药用块根。清热润肺，养阴生津，清心除烦。	云南：来源于云南勐腊县。
	韭叶沿阶草	Ophiopogon pierrei Rodr.	山韭菜、韭叶柴胡	药用全草。化痰止咳，解热。	云南：来源于景洪市。
	虎眼万年青	Ornithogalum caudatum Jacq.		清热凉血，消肿拔毒，止痛。	北京：来源于北京中山公园。
	具柄重楼	Paris fargesii Franch. var. petiolata (Baker ex C. H. Wright) Wang et Tang	独脚莲	药用根状茎。味苦，性寒，有小毒。清热解毒，消肿止痛，凉肝定惊。	广西：来源于广西乐业县。
	球药隔重楼	Paris fargesii Franch.		药用部位及功效参阅具柄重楼 Paris fargesii Franch.var.petiolata (Baker ex C. H.Wright) Wang et Tang。	湖北：来源于湖北恩施。
	七叶一枝花	Paris polyphylla Smith	灯台七、蚤休、七子莲、铁灯台、九道箍	药用根状茎。味苦，微寒，有小毒。清热解毒，消肿止痛，凉肝定惊。用于疔肿痈肿，咽喉肿痛，惊风抽搐，毒蛇咬伤，跌扑伤。	广西：来源于广西靖西县、那坡县、防城县、恭城县、乐业县，贵州省兴义市。北京：来源于太行山。湖北：来源于湖北恩施。
	滇重楼	Paris polyphylla Smith var. yunnanensis (Franch.) Hand.-Mazz.	云南重楼、宽瓣重楼、阔瓣重楼、重楼、芽拒庄（傣语）	药用部位及功效参阅七叶一枝花 Paris polyphylla Smith。	广西：来源于云南省昆明市。云南：来源于云南景洪市。北京：来源于云南。

科名	植物名	拉丁学名	别名	药用部位及功效	保存地及来源
	短梗重楼	*Paris polyphylla* Smith. var. *appendiculata* Hara.		药用部位及功效参阅七叶一枝花 *Paris polyphylla* Smith。	湖北：来源于湖北恩施。
	宽叶重楼	*Paris polyphylla* Smith. var. *latifolia* Wang et Chang		药用部位及功效参阅七叶一枝花 *Paris polyphylla* Smith。	湖北：来源于湖北恩施。
	狭叶重楼	*Paris polyphylla* Smith. var. *stenophylla* Franch.		药用部位及功效参阅七叶一枝花 *Paris polyphylla* Smith。	湖北：来源于湖北恩施。
百合科 Liliaceae	华重楼	*Paris polyphylla* Smith. var. *chinensis* (Franch.) Hara	金钱重楼、蛇药子、独脚莲	药用根状茎，味苦，性微寒。有小毒。清热解毒，消肿止痛，凉肝定惊。用于咽喉肿痛，小儿惊风，毒蛇咬伤，疔疮肿毒；外用于痈肿，痄腮。	广西：来源于广西靖西县。
	北重楼	*Paris verticillata* M.Bieb.	露水一颗珠、轮叶王孙	药用根状茎，性寒。有小毒。清热解毒，散瘀消肿。用于高热抽搐，咽喉肿痛，瘰疬肿毒，毒蛇咬伤。	湖北：来源于湖北恩施。
	大盖球子草	*Peliosanthes macrostegia* Hance	蓼叶伸筋、扁担七、大叶球子草	药用根、茎，全草。根及根状茎味甘、淡。性平、微温。祛痰止咳，舒肝胁痛，跌打损伤，胸痛，胁痛。用于咳嗽痰稠，小心痞积。全草止血开胃，健脾补气。	广西：来源于深圳。
	葡匐球子草	*Peliosanthes sinica* Wang et Tang	老鼠竹	药用全草，疏风，清热。用于风湿痹痛。	广西：来源于广西龙州县。
	鄂西黄精	*Polygonatum cirrhifolium* (Wall.) Royle		药用部位及功效参阅多花黄精 *Polygonatum cyrtonema* Hua。	湖北：来源于湖北恩施。
	多花黄精	*Polygonatum cyrtonema* Hua	囊丝黄精、南黄精	药用根状茎，味甘，性平。补气养阴，健脾，润肺，益肾。用于脾胃虚弱，体倦乏力，口干食少，肺虚燥咳，精血不足，内热消渴。	广西：来源于广西凌云县。北京：来源于辽宁。湖北：来源于湖北恩施。

（续表）

科名	植物名	拉丁学名	别名	药用部位及功效	保存地及来源
百合科 Liliaceae	小玉竹	*Polygonatum humile* Fisch. ex Maxim.		药用部位及功效参阅玉竹 *Polygonatum odoratum* (Mill.) Druce。	北京：来源于河北。
	二苞黄精	*Polygonatum involucratum* (Franch.et Sav.) Maxim.		药用部位及功效参阅轮叶黄精 *Polygonatum verticillatum* (L.) All.。	北京：来源于吉林。
	滇黄精	*Polygonatum kingianum* Coll.et Hemsl.	德保黄精、玉竹参、节节高、仙人饭	药用根状茎。味甘，性平。补气养阴，健脾，润肺，益肾。用于脾胃虚弱，体倦乏力，口干食少，肺虚燥咳，精血不足，内热消渴。	广西：来源于广西德保县，云南省昆明市。云南：来源于云南省景洪市。北京：不明确。
	热河黄精	*Polygonatum macropodium* Turcz.		药用部位及功效参阅滇玉竹 *Polygonatu modoratum* (Mill.) Druce。	北京：来源于河北。
	节根黄精	*Polygonatum nodosum* Hua		药用部位及功效参阅滇黄精 *Polygonatum kingianum* Coll.et Hemsl.。	湖北：来源于湖北恩施。
	玉竹	*Polygonatum odoratum* (Mill.) Druce	铃铛菜、玉竹参、笔管菜、尾参	药用根状茎。味甘，性微寒。养阴润燥，生津止渴。用于肺胃阴伤，燥热咳嗽，咽干口渴，内热消渴。	广西：来源于广西乐业县，四川省成都市，湖北省武汉市，浙江省杭州市，贵州省兴义市。北京：来源于北京金山。湖北：来源于湖北恩施。
	黄精	*Polygonatum sibiricum* Delar.ex Redoute	鸡头黄精、黄鸡菜、鸡头菜、西伯利亚黄精	药用根状茎。味甘，性平。补气养阴，健脾，润肺，益肾。用于脾胃虚弱，体倦乏力，口干食少，肺虚燥咳，精血不足，内热消渴。	北京：来源于北京。湖北：来源于湖北恩施。

561

科名	植物名	拉丁学名	别名	药用部位及功效	保存地及来源
	轮叶黄精	*Polygonatum verticillatum* (L.) All.	羊角参	药用根状茎。味甘、微苦，性凉，补脾润肺，养肝，解毒消痈。用于脾胃虚弱，阴虚肺燥，咳嗽咽干，头晕目眩，疮痈肿痛。	广西：来源于广西隆林县，乐业县，四川省成都市，湖北省武汉市。
	吉祥草	*Reineckia carnea* (Andr.) Kunth	米腊参、观音草	药用全草。味甘，性平。清肺止咳，凉血止血，解毒利咽。用于肺热咳嗽，咯血，吐血，衄血，便血，目赤翳障，痈肿疮疖。	广西：来源于广西梧州市，贵州省。 北京：来源于南京、杭州、四川。 湖北：来源于湖北恩施。
百合科 Liliaceae	万年青	*Rehdea japonica* (Thunb.) Roth	冬不凋草，开喉剑，斩蛇剑	药用根、根状茎、叶。味苦、微甘，性寒。有小毒。清热解毒，强心利尿，凉血止血。用于咽喉肿痛，白喉，疮疡肿痛，水肿膨胀，蛇虫咬伤，心力衰竭，咯血，吐血，崩漏。	广西：来源于广西凌云县，四川省成都市。 北京：来源于南京。 湖北：来源于湖北恩施。
	金边万年青	*Rehdea japonica* (Thunb.) Roth var.*variegata* Hort.	银边万年青	药用根状茎、叶、花、全草。有小毒。清热解毒，强心利尿。	广西：来源于四川省成都市。
	管花鹿药	*Smilacina henryi* (Baker) Wang et Tang		药用部位及功效阅鹿药 *Smilacina japonica* A.Gray。	湖北：来源于湖北恩施。
	鹿药	*Smilacina japonica* A.Gray	偏头七、山糜子、盘龙七	药用根及根状茎。味甘、苦，性温。祛风止痛，活血消肿。用于风湿骨痛，神经性头痛；外用于乳腺炎，痈疖肿毒，跌打损伤。	北京：来源于吉林。

科名	植物名	拉丁学名	别名	药用部位及功效	保存地及来源
百合科 Liliaceae	灰叶菝葜	Smilax astrosperma Wang et Tang			海南：来源于海南万宁市。
	西南菝葜	Smilax bockii Warb.	菝葜、藏金刚藤	药用根状茎。味微辛，性温。祛风，活血，解毒。用于风湿腰腿痛，跌打损伤，瘰疬。	湖北：来源于湖北恩施。
	抱茎菝葜	Smilax ocreata A.DC.	大金刚	药用全株、根茎。用于跌打损伤，风湿痹痛；外用于疮疡肿毒，祛风湿，强筋骨。	广西：来源于广西南宁市。云南：来源于云南勐腊县。
	穿鞘菝葜	Smilax perfoliata Lour.	翅柄菝葜、九牛力	药用根状茎。味甘、淡，性平。健脾胃，强筋骨。用于脾虚少食，乏力，腰膝酸软。	广西：来源于广西南宁市，后云县。海南：来源于海南万宁市。
	软叶菝葜	Smilax riparia A.DC.	牛尾菜、白须公、草菝葜	药用根、根状茎。味甘、微苦，性平。祛风湿，通经络，祛痰止咳。用于风湿痹症，劳伤腰痛，跌打损伤，咳嗽气喘。	广西：来源于广西龙州县。海南：来源于海南万宁市。湖北：来源于湖北恩施。
	鞘菝葜	Smilax stans Maxim.		药用块茎及根。味辛、咸，性温。祛风除湿，活血顺气，止痛，跌打损伤，鱼刺鲠喉。用于风湿疼痛，外伤出血。	湖北：来源于湖北恩施。
	菝葜	Smilax china L.	鸡肝根、金刚藤	药用根状茎。味甘、微苦涩，性平。祛风利湿，解毒散瘀，用于筋骨酸痛，疔疮痈肿，小便淋漓，带下量多。	广西：来源于广西南宁市，日本。海南：来源于海南万宁市。北京：来源于杭州，广西。湖北：来源于湖北恩施。
	光叶菝葜	Smilax corbularia Kunth. var. woodii (Merr.) T.Koyama	土茯苓、九牛力	药用根状茎。味甘、淡，性平。除湿，解毒，通利关节。用于湿热淋浊，带下，痈肿，瘰疬，疥癣，梅毒及汞中毒所致的肢体拘挛，筋骨疼痛。	广西：来源于广西南宁市。

科名	植物名	拉丁学名	别名	药用部位及功效	保存地及来源
	筐条菝葜	*Smilax corbularia* Kunth	粉叶菝葜	药用根状茎。祛风除湿，消肿解毒。用于跌打风湿。	云南：来源于云南勐海县。
	托柄菝葜	*Smilax discotis* Warb.		药用根状茎。味淡、微涩，性平。清热利湿，补虚益肾，活血止血。用于风湿痛，血崩，尿血。	北京：来源于广西。
	土茯苓	*Smilax glabra* Roxb.	光叶菝葜、土萆薢	药用根状茎。味甘、淡、涩，性平。祛风解毒，消肿散结，利筋骨，健脾胃。用于消化不良，腹泻，肾炎，膀胱炎，淋巴结核，无名肿毒，疮疖，钩端螺旋体病，风湿痹痛，跌打损伤。	云南：来源于云南勐海县。 海南：来源于海南万宁市。 北京：来源于广西。
	粉背菝葜	*Smilax hypoglauca* Benth.	金刚藤头	药用根状茎或嫩叶。味甘，性平。祛风，清热，利湿，解毒。用于风湿痹症，腰腿疼痛，跌打损伤，小便淋涩，瘰疬，痈肿疮毒，臁疮。	广西：来源于广西南宁市。
百合科 Liliaceae	小叶菝葜	*Smilax microphylla* C. H.Wright	乌鱼刺、地茯苓藤	药用根状茎。味甘，微苦，性平。清热解毒，祛湿消肿，疮疖，跌打损伤。瘰疬、	湖北：来源于湖北恩施。
	蔓生百部	*Stemona japonica* (Bl.) Miq.	蔓百部、百部	药用干燥块根。味甘、苦，性微温。润肺下气止咳，杀虫。用于新久咳嗽，肺痨咳嗽，百日咳；外用于头虱，体虱，蛲虫病，阴痒。蜜百部润肺止咳。用于阴虚劳嗽。	广西：来源于江苏省南京市，湖北省武汉市。 北京：来源于四川南川。
	细花百部	*Stemona parviflora* C. H.Wright	小花百部、大百部	药用块根。味甘，苦，性微温。润肺下气，止咳，杀虫。用于新久咳嗽，百日咳，肺结核，老年咳喘，风寒头虱、体虱，蛔虫，蛲虫，皮肤疥癣，湿疹。	广西：来源于海南省万宁市。 海南：来源于海南省万宁市。

564

（续表）

科名	植物名	拉丁学名	别名	药用部位及功效	保存地及来源
百合科 Liliaceae	直立百部	Stemona sessilifolia (Miq.) Franch.et Sav.	百部裂、一窝虎	药用部位及功效阅细花百部 Stemona parviflora C.H.Wright。	广西：来源于江苏省南京市。北京：来源于浙江。
	对叶百部	Stemona tuberosa Lour.	大百部、大叶百部、芽楠光（傣语）	药用部位及功效阅细花百部 Stemona parviflora C.H.Wright。	广西：来源于广西武鸣县、靖西县。云南：来源于云南景洪市。海南：来源于海南万宁市。湖北：来源于湖北恩施。
	油点草	Tricyrtis macropoda Miq.	红酸七、粗轴油点草	药用全草或根。止咳，补虚，消积。用于肺痨咳嗽	北京：来源于北京植物园。湖北：来源于湖北恩施。
	延龄草	Trillium tschonoskii Maxim.	头顶一颗珠、芋儿七、华延龄草	药用根及根状茎。味甘、辛，性温。祛风，舒肝，活血，止血，解毒。用于高血压症，肾虚，头昏头痛，跌打骨折，腰腿疼痛，月经不调，崩漏，外用于疔疮。	湖北：来源于湖北恩施。
	橙花开口箭	Tupistra aurantiaca Wall. ex Baker			湖北：来源于湖北恩施。
	开口箭	Tupistra chinensis Baker	竹根七、牛尾七、开喉箭	药用根茎。味苦、辛，性寒。清热解毒，祛风除湿，散瘀止痛。用于白喉，咽喉肿痛，风湿痹痛，跌打损伤，胃痛，痈肿疮痛，毒蛇，狂犬咬伤。	云南：来源于云南景洪市。北京：来源于云南。湖北：来源于湖北恩施。
	筒花开口箭	Tupistra delavayi Franch.		药用部位及功效阅开口箭 Tupistra chinensis Baker。	湖北：来源于湖北恩施。
	藜芦	Veratrum nigrum L.	黑藜芦、山葱、人头发	药用根及根状茎。味辛、苦，性寒。有毒。祛痰，催吐，杀虫，用于中风痰壅，癫痫，疟疾，骨折；外用于疥癣，灭蝇蛆。	北京：来源于东北、北京。湖北：来源于湖北恩施。

（续表）

科名	植物名	拉丁学名	别名	药用部位及功效	保存地及来源
龙舌兰科 Agavaceae	龙舌兰	Agave americana L.	剑兰、番麻、菠萝麻	药用鲜叶。味辛、性平。润肺，止咳，平喘，透疹，去瘀生新。用于肺燥咳嗽，阴虚喘咳，麻疹不透，疮毒。	云南：来源于云南景洪市。海南：来源于海南万宁市。北京：来源于北京植物园、广西。
	金边龙舌兰	Agave americana L.var.variegata Nichols.	黄边龙舌兰、金边龙舌莲、金边菠萝	药用叶。味辛、性平。润肺，透疹，祛瘀生新。用于肺燥咳嗽，阴虚喘咳，麻疹不透，疮毒。	广西：来源于广西南宁市。云南：来源于云南景洪市。海南：来源于海南万宁市。北京：来源于北京植物园。
	剑麻	Agave sisalana Perr. ex Engelm.	菠萝麻	药用叶。味微甘、辛，性凉。凉血止血，消肿解毒。用于肺痨咯血、衄血，便血，痢疾，痈疮肿毒，痔疮。	广西：来源于广西南宁市。北京：来源于海南。
	剑叶朱蕉	Cordyline stricta Endl.	剑叶铁树、细叶朱蕉	药用叶或根状茎。味甘，性平。散瘀消肿，凉血止血。用于跌打损伤，外伤出血，便血，尿血，鼻衄，咳嗽咯血，哮喘，小儿疳积，痢疾。	海南：来源于海南万宁市。广西：来源于广西南宁市。云南：来源于云南景洪市。
	密叶朱蕉	Cordyline deremensis cv.Compacta		用于吐血，劳伤咳血，胃出血。	广西：来源于广西南宁市。
	朱蕉	Cordyline fruticosa (L.) A. Cheval.	红叶铁树、铁树、芽竹麻（傣语）	药用叶或根、花。叶或根味甘、淡，性平。凉血止血，散瘀定痛。用于咯血，吐血，衄血，尿血，便血，胃痛，筋骨痛，跌打肿痛。花味甘、淡，性凉。清热化浆，凉血止血。用于痰火咳嗽，咯血，吐血，尿血，血崩，痔疮出血。	广西：来源于广西博白县。云南：来源于云南景洪市。海南：来源于海南万宁市。北京：来源于北京、云南。
	长花龙血树	Dracaena angustifolia Roxb.	龙血树、竹木参、山竹蕉	药用根、叶。味甘、淡，性平。肺润止咳，清热凉血。用于慢性肝炎，支气管炎，肺结核，咯血，吐血，慢性扁桃体炎，咽喉炎，热病后余热未清。	广西：来源于广西防城市。海南：枫林木树木园、海南木树木园。北京：来源于海南。

566

科名	植物名	拉丁学名	别名	药用部位及功效	保存地及来源
	小花龙血树	*Dracaena cambodiana* Pierre ex Gagnep.	山铁树、山海带、越南龙血树、柬埔寨龙血树	药用叶。味甘、淡，性平。止血，散瘀，止咳平喘，用于咳血，吐血，衄血，二便出血，哮喘，小儿痄疾；外用于跌打外伤出血。	广西：来源于广西凭祥市。云南：来源于云南孟连。海南：来源于海南万宁市。北京：来源于海南。
	剑叶龙血树	*Dracaena cochinchinensis* (Lour.) S.C.Chen	血竭、龙血树	药用叶。用于吐血，咳血，衄血，便血，哮喘，小儿疳积，月经过多，赤白痢疾，跌打损伤及外伤出血。	广西：来源于广西龙州县。云南：来源于云南景洪市。海南：来源于海南万宁市。
	矮龙血树	*Dracaena terniflora* Roxb.	竹节兰、大剑叶木	药用根。味甘，性平。祛风除湿，通经活络，补肾壮阳。用于风湿性关节炎，腰腿痛，膀胱炎，产后大出血。	海南：来源于海南万宁市。
龙舌兰科 Agavaceae	晚香玉	*Polianthes tuberosa* L.		药用根。味微甘，淡，性凉。清热解毒。用于痈疮肿毒。	广西：来源于广西桂林市。海南：来源于广西药用植物园。北京：来源于北京。
	柱叶虎尾兰	*Sansevieria canaliculata* Carr.	棒叶虎尾兰	药用部位及功效阅虎尾兰 *Sansevieria trifasciata* Prain。	广西：来源于广西南宁市。海南：来源于海南万宁市。北京：来源于云南。
	虎尾兰	*Sansevieria trifasciata* Prain	老虎尾、弓弦麻、万岁米（傣语）	药用叶、根状茎。叶味酸。用于感冒，肺热咳嗽，疮疡肿毒，跌打损伤，毒蛇咬伤。根状茎味辛，性凉。祛风湿，通经络，活血消肿。用于风湿关节痛，四肢麻木，跌打损伤。	广西：来源于广西南宁市。云南：来源于云南景洪市。海南：来源于海南万宁市。北京：来源于云南。
	金边短叶虎尾兰	*Sansevieria trifasciata* Prain cv.Golden Hahnii		药用部位及功效阅虎尾兰 *Sansevieria trifasciata* Prain。	广西：来源于广西南宁市。

（续表）

科名	植物名	拉丁学名	别名	药用部位及功效	保存地及来源
龙舌兰科 Agavaceae	短叶虎尾兰	*Sansevieria trifasciata* Prain cv.Hahnii		药用部位及功效参阅虎尾兰 *Sansevieria trifasciata* Prain。	广西：来源于广西南宁市。
	金边虎尾兰	*Sansevieria trifasciata* Prain var.*laurentii* N.E.Br.		药用部位及功效参考虎尾兰 *Sansevieria trifasciata* Prain。	广西：来源于广西桂林市。云南：来源于云南景洪市。海南：来源于海南万宁市。北京：来源于云南。
	锡兰虎尾兰	*Sansevieria zeylanica* Willd.			北京：来源于北京植物园。
	凤尾丝兰	*Yucca gloriosa* L.	凤尾兰、波萝兰、剑麻	药用花、根、果。花用于支气管炎。根、果清热解毒，接骨止血。用于疮疡、肿毒，创伤出血，骨折。	云南：来源于云南景洪市。海南：来源于北京药用植物园。北京：来源于北京。湖北：来源于湖北恩施。
	丝兰	*Yucca smalliana* Fern.		清热，凉血，止血。	北京：来源于北京植物园。
石蒜科 Amaryllidaceae	韭菜	*Allium tuberosum* Rotl. ex Spreng	韭、扁菜	药用根、鳞茎、种子。根、鳞茎味辛，性温、行气、散瘀。用于胸痹，食积腹胀，带下病。吐血，衄血，癣疮、跌打损伤。种子味辛，甘，性温。温补肝肾，暖腰膝，壮阳固精，用于阳痿梦遗，小便频数，遗尿，腰膝酸冷痛，泄泻，带下病。	广西：来源于广西南宁市。北京：来源于北京。湖北：来源于湖北恩施。
	合被韭	*Allium tubiflorum* Rendle			北京：来源于河南荥川。
	臭厌韭	*Allium turkestanium* Regel			北京：来源于北京植物园。

（续表）

科名	植物名	拉丁学名	别名	药用部位及功效	保存地及来源
	火葱	*Allium ascalonicum* L.	细香葱，分葱	药用全草。味辛，性温。解表，通阳，解毒。用于感冒风寒，阴寒腹痛，小便不通，痈疽肿毒，跌打肿痛。	广西：来源于广西南宁市。
	藠头	*Allium chinense* G.Don	薤头，薤白头	药用干燥鳞茎，性温。苦，性温。通阳散结，行气导滞。用于胸痹疼痛，痰饮咳喘，泄痢后重。	广西：来源于广西南宁市，四川省罗定县。湖北：来源于湖北恩施。
石蒜科 Amaryllidaceae	葱	*Allium fistulosum* L.	葱白，大葱	药用鳞茎、茎或全株捣取之汁、须根、叶、花、种子。须根，性温，味辛。发表，通阳，解毒。用于感冒风寒，阴寒腹痛，二便不通，痢疾，疮痈肿痛，虫积腹痛。茎或全株捣取之汁味辛，性温。解毒，散瘀止血，通窍。头痛，耳聋，虫积，用于呕血，尿血，散瘀止血，外伤出血，跌打损伤，疮痈肿痛。须根味辛，性平。祛风散寒，解毒，散瘀。喉痹，痔疮，冻疮叶味辛，性温。发汗解表，解毒消肿，风水浮肿，疮痈肿痛。跌打损伤。花味辛，性温，散寒通阳。用于胃脘腹冷痛，种子味辛，性温。温肾，明目，解毒，视物昏暗，疮痈。遗精，目眩	广西：来源于广西南宁市。云南：来源于云南景洪市。北京：来源于北京。湖北：来源于湖北恩施。
	薤白	*Allium macrostemon* Bunge	小根蒜	药用鳞茎，味辛，苦，性温。温中通阳，理气宽胸。用于胸痹，胸闷，心绞痛，咳嗽痰喘，胁肋刺痛，胃脘痞胀，痢疾。	北京：来源于北京。
	长梗薤	*Allium neriniflorum* Baker		药用部位及功效参阅薤白 *Allium macrostemon* Bunge。	湖北：来源于湖北恩施。
	野韭	*Allium ramosum* L.			湖北：来源于湖北恩施。

科名	植物名	拉丁学名	别名	药用部位及功效	保存地及来源
	蒜	*Allium sativum* L.	葫，大蒜	药用干燥鳞茎。味辛，性温。温中行滞，解毒，杀虫。用于脘腹冷痛，痢疾，泄泻，肺痨，感冒，痈疽肿毒，肠痈，癣疮，蛇虫咬伤，钩虫病，蛲虫病，带下阴痒，疟疾，喉痹，水肿。	广西：来源于广西南宁市。北京：来源于北京。湖北：来源于湖北恩施。
	北葱	*Allium schoenoprasum* L.		药用全草或根头部。味辛，性温。通气发汗，除寒解表。用于风寒感冒头痛，外敷寒湿，红肿，痛风，疮疡。	广西：来源于广西南宁市，美国。
	山韭	*Allium senescens* L.		养血健脾，活血止痛。	广西：来源于广西。
	洋葱	*Allium cepa* L.	洋葱头，玉葱	药用鳞茎。味辛，性温。解毒消肿，杀虫。外用于创伤，贵疡，滴虫病，阴道炎。并用于动脉硬化症，消渴，肠无力症，痢疾，泄泻。	湖北：来源于湖北恩施。
	天韭	*Allium funckiaefolium* Hand.-Mazz.	岩蒜，天蒜，鹿耳韭，玉簪叶韭	药用全草。味辛，苦，性温。散瘀镇痛，祛风，止血。用于跌打损伤，瘀血肿痛，血痢，漆疮。	湖北：来源于湖北恩施。
	天蒜	*Allium paepalanthoides* Airy-Shaw		药用全草。发表散寒，通阳。	湖北：来源于湖北恩施。
石蒜科 Amaryllidaceae	君子兰	*Clivia miniata* Regel	大花君子兰	药用根。用于咳嗽痰喘。	广西：来源于广西南宁市。海南：来源于海南万宁市。北京：来源于北京药用植物园，广西。
	垂笑君子兰	*Clivia nobilis* Lindl.		药用部位及功效参阅君子兰 *Clivia miniata* Regel。	北京：来源于北京植物园，南京中山植物园。
	白线文殊兰	*Crinum asiaticum* L. cv. *Silver-Stripe*		含有加兰他敏等多种类型的生物碱。	广西：来源于云南省勐仑县。

科名	植物名	拉丁学名	别名	药用部位及功效	保存地及来源
	文殊兰	*Crinum asiaticum* L. var. *sinicum* （Roxb. ex Herb.） Baker	白花石蒜、罗裙带、里罗图（傣语）	药用叶、果实、鳞茎。叶味辛、苦，性凉。有毒，清热解毒，淋巴结炎，跌打瘀肿，头痛，咽喉炎，骨折，毒蛇咬伤。果实活血消肿，用于跌打肿痛。鳞茎味苦、辛，性凉。有毒，清热解毒，乳痈，喉痛，牙痛，散瘀止痛，用于痈疽疮肿，疥癣，风湿关节痛，跌打损伤，骨折，毒蛇咬伤。	广西：来源于广西上林县。云南：来源于云南景洪市。海南：来源于海南万宁市。北京：不明确。
	西南文殊兰	*Crinum latifolium* L.		药用部位及功效阅文殊兰 *Crinum asiaticum* L. var. *Sinicum* （Roxb. ex Herb.） Baker。	广西：来源于广西南宁市。
石蒜科 Amaryllidaceae	网球花	*Haemanthus multiflorus* Ma-rtyn	虎耳兰、火球花	药用鳞茎。味甘、辛，性温。有毒。解毒消肿，用于无名肿毒。	广西：来源于广西南宁市。云南：来源于云南景洪市。海南：来源于海南万宁市。北京：来源于云南。
	朱顶红	*Hippeastrum rutilum* （Ker-Gawl.） Herb.	红花莲、朱顶兰	药用鳞茎。味甘、辛，性温。有小毒。散瘀活血，消肿止痛，跌打肿痛；外用于痈疮疮肿毒。	广西：来源于广西南宁市。海南：来源于海南万宁市。北京：来源于北京中山公园。湖北：来源于湖北恩施。
	水鬼蕉	*Hymenocallis littoralis* （Jacq.） Salisb.	蜘蛛兰、郁蕉	药用叶。味辛，性温。性凉。舒筋活血，消肿止痛。用于跌打肿痛，风湿关节痛，甲沟炎、痈疽，痔疮。	广西：来源于广西南宁市。云南：来源于云南景洪市。海南：来源于广西药用植物园。北京：来源于海南。

571

科名	植物名	拉丁学名	别名	药用部位及功效	保存地及来源
	黄花石蒜	Lycoris aurea (L' Herit) Herb.	忽地笑、铁色箭、独蒜	药用鳞茎。味辛，性平，有小毒。润肺祛痰，催吐，疮作痒，消肿、虫。解热用于痈肿疮毒，耳下红肿，烫，烂伤。	广西：来源于广西柳州市、靖西县。北京：来源于四川南川。湖北：来源于湖北恩施。
	石蒜	Lycoris radiata (L' Herit) Herb.	螳螂花、龙爪花	药用鳞茎。味辛、甘，性温。有毒。祛痰催吐，解毒散结。用于喉风、单双乳蛾，咽喉肿痛，痰涎壅塞，食物中毒，胸腹积水，恶疮肿毒，痰核瘰疬，痔漏，跌打损伤，风湿关节痛，顽癣，烫火伤，蛇咬伤。	广西：来源于广西柳州市、兰县。北京：来源于陕西太白山，浙江、广西。湖北：来源于湖北恩施。东
石蒜科 Amaryllidaceae	水仙	Narcissus tazetta L. var. chinensis Roem.	水仙花	药用花、鳞茎。花味辛，性凉。清心悦神，理气调经，解毒碎砂。用于神经疲头昏，月经不调，痈疮，疖疾，痢疾。鳞茎味苦，微苦，性寒。有毒。清热解毒，散结消肿。用于痈疽疮肿毒，乳痈，瘰疬，疮肠肿，鱼骨梗喉。	广西：来源于广西南宁市。
	葱莲	Zephyranthes candida (Li-ndl.) Herb.	玉帘、葱兰	药用全草。味甘，性平。平肝熄风，散热解毒。用于小儿急惊风，羊癫风；外用于痈疮，红肿。	广西：来源于广西南宁市。海南：来源于海南万宁市。北京：来源于北京、广西。
	风雨花	Zephyranthes grandiflora Li-ndl.	红菖蒲莲、非莲、独蒜	药用全草。味苦，性寒。解毒消炎，活血，凉血。用于疮疖红肿，跌打红，毒蛇咬伤，吐血，血崩。	广西：来源于广西梧州市。云南：来源于云南勐腊县。海南：来源于海南万宁市。北京：来源于四川。

科名	植物名	拉丁学名	别名	药用部位及功效	保存地及来源
仙茅科 Hypoxidaceae	大叶仙茅	*Curculigo capitulata* (Lour.) O.Kuntze	大仙茅、大白麦、头花仙茅	药用根状茎。味辛、微苦，性温。补肾壮阳，祛风除湿，活血调经。用于肾虚咳喘，阳痿遗精，风湿痹痛，腰膝酸软，白浊带下，月经不调，宫冷不孕，子宫脱垂，崩漏，跌打损伤。	广西：来源于广西邕宁县，云南昆明市。云南：来源于云南景洪市。海南：来源于海南万宁市。北京：来源于广西。
	光叶仙茅	*Curculigo glabrescens* (Ridl) Merr.			海南：来源于海南万宁市。
	仙茅	*Curculigo orchioides* Gaertn.	独脚仙茅、仙茅参、地棕	药用根状茎。味辛，性热。有毒。补肾阳，强筋骨，祛寒湿。用于阳痿精冷，筋骨痿软，腰膝冷痹，阳虚冷泻。	广西：来源于广西靖西县、恭城县，贵州省兴义县。云南：来源于云南景洪市。海南：来源于海南万宁市。湖北：来源于湖北恩施。
	小金梅草	*Hypoxis aurea* Lour.	野鸡草、小仙茅	药用全株。味甘，微辛，性温。温肾壮阳，理气止痛。用于肾虚腰膝痛，失眠，寒疝腹痛。	广西：来源于广西金秀县。
箭根薯科 Taccaceae	裂果薯	*Schizocapsa plantaginea* Ha-nce	屈头鸡、水虾公、水三七、水田七	药用块茎、叶。块茎味苦、微甘，性凉。有小毒。清热解毒，理气止痛，散瘀止血。用于感冒发热，热咳嗽，百日咳，脘腹胀痛，消化不良，小儿疳积，肝炎，咽喉肿痛，牙痛，疮疡，疖肿，烫烧伤，痈疬。叶味苦，性寒。清热解毒。用于无名肿痛。	广西：来源于广西上林县。云南：来源于云南景洪市。北京：来源于广西。

573

(续表)

科名	植物名	拉丁学名	别名	药用部位及功效	保存地及来源
箭根薯科 Taccaceae	箭根薯	*Tacca chantrieri* Andre	蒟蒻薯、大叶屈头鸡、老虎须、咪火哇	药用根状茎、叶。根状茎味苦，性凉，有小毒。清热解毒，理气止痛，用于胃肠炎、胃及十二指肠溃疡、消化不良、痢疾、肺炎、疮疖、咽喉肿痛、烧、烫伤。叶味苦，辛，性寒。有小毒。解毒散结消肿。用于痈疮肿毒、淋巴结肿。	广西：来源于广西龙州县、靖西县、隆安县、武鸣县。云南：来源于云南景洪市。海南：来源于海南万宁市。北京：不明确。
	丝须蒟蒻薯	*Tacca integrifolia* Ker-Gawl.			北京：不明确。
薯蓣科 Dioscoreaceae	参薯	*Dioscorea alata* L.	毛薯、翅茎薯蓣、青山药、参薯、大薯	药用块茎。味甘、微涩，性平。健脾止泻，益肺滋肾，补肾涩精，解毒敛疮。用于脾虚泄泻，带下，小便频数，虚劳咳嗽、消渴，疮疡溃烂，烫火伤。	广西：来源于广西南宁市。云南：来源于云南景洪市。海南：来源于海南万宁市。
	薯蓣	*Dioscorea batatas* Decne.	怀山药、佛掌薯、淮山、对叶薯蓣	药用块茎。味甘，性平。补脾养胃，生津益肺，补肾涩精。用于脾虚食少，久泻不止，肺虚咳喘，肾虚遗精，带下，尿频，虚热消渴。	广西：来源于河南省安国市、四川省成都市。北京：来源于四川。湖北：来源于湖北恩施。
	黄独	*Dioscorea bulbifera* L.	黄药子、零余薯、黄药、苦卡拉（傣语）	药用块茎，叶腋内生长的紫褐色珠芽（零余子）。块茎味苦，性寒。有小毒。散结消瘿，清热解毒，凉血止血。用于瘿瘤，喉痹，痈肿疮毒、毒蛇咬伤，肿瘤，吐血，咯血，百日咳，肺热咳喘。叶腋内生长的紫褐色珠芽（零余子）味苦，辛，性平。有小毒。清热化痰，止咳平喘，散结解毒。用于百日咳、咽喉肿毒，瘰疬、疮疡肿毒、蛇犬咬伤。	广西：来源于广西隆林县。云南：来源于云南景洪市。海南：来源于海南万宁市。北京：来源于浙江。

（续表）

科名	植物名	拉丁学名	别名	药用部位及功效	保存地及来源
薯蓣科 Dioscoreaceae	菊叶薯蓣	Dioscorea composita Hemsl.	墨西哥薯蓣	药用块茎。味甘，性平。健脾止泻，补肺益肾，固肾益精。用于脾虚泄泻，久痢，虚劳咳嗽，消渴，遗精，带下，小便频数。	广西：来源于云南省景洪市。云南：来源于云南景洪市。
	山葛薯	Dioscorea chingii Prain et Burkill	三百棒	药用根状茎。消肿，止痛。用于跌打损伤。	云南：来源于云南景洪市。
	薯莨	Dioscorea cirrhosa Lour.	金花果、山羊头、抱勒（傣语）	药用块茎。味苦，性凉。有小毒。活血止血，理气止痛，清热解毒。用于咳血，咯血，衄血，尿血，便血，崩漏，月经不调，痛经，经闭，产后腹痛，脘腹胀痛，痧胀腹痛，热毒血痢，水泻，关节痛，跌打肿痛，疮疖，带状疱疹，外伤出血。	广西：来源于广西那坡县、宁市、贺州市。云南：来源于云南景洪市。北京：来源于广西。湖北：来源于湖北恩施。
	叉蕊薯蓣	Dioscorea collettii Hook.f.	饭沙子、蛇头草、黄山药	药用根状茎。味苦，微辛，性平。祛风除湿，止痹，过敏性皮炎，坐骨神经痛，跌打损伤。	广西：来源于广西南丹县。
	三角叶薯蓣	Dioscorea deltoidea Wall.ex Griseb.	藏山药	药用根状茎。味甘，性平。补脾胃，益肺肾。用于脾虚泄泻，肺虚久咳，肾虚遗精，消渴。	广西：来源于美国。
	七叶薯	Dioscorea esquirolii Prain et Burkill	朴血薯、血参	药用块茎。味甘，微辛，性凉。化瘀止血，消肿止痛。用于肺痨咳血，跌打损伤，产后腹痛，痛经，消渴。	广西：来源于广西陆川县。
	白薯莨	Dioscorea hispida Dennst.	板薯、山扑薯	药用块茎。味寒，苦，性寒。有毒。清热，解毒，消肿。用于痈疽肿毒，梅毒，下疳，跌打肿痛。	广西：原产于广西药用植物园。海南：来源于海南万宁市。
	五叶薯蓣	Dioscorea pentaphylla L.	毛团子、血参、苦卡拉（傣语）	药用块茎。味甘，性平。补脾益肾，利湿消肿。用于脾肾虚弱，浮肿，泄泻，产后瘦弱，缺乳，无名肿毒。	广西：来源于广西博白县、宁市。云南：来源于云南景洪市。

科名	植物名	拉丁学名	别名	药用部位及功效	保存地及来源
薯蓣科 Dioscoreaceae	褐苞薯蓣	Dioscorea persimilis Prain et Burkill	山薯	药用块茎。味甘，性平。健脾益肾。用于脾胃虚寒，肾阳亏损。	广西：来源于广西南宁市。海南：来源于海南万宁市。北京：来源于北京。
	盾叶薯蓣	Dioscorea zingiberensis C. H. Wright	枕头根、水黄姜	药用根状茎。味苦、微甘，性凉。有小毒。清肺止咳，利湿通淋。用于肺热咳嗽、湿热淋痛，风湿腰痛、痈肿恶疮，跌打扭伤，蜂蝥虫咬。	广西：来源于湖北省郧西县。北京：来源于山东。湖北：来源于湖北恩施。
	甜薯	Dioscorea esculenta (Lour.) Burkill	甘薯	药用块茎。补虚乏，益气力，健脾阳，壮肾阳。	海南：不明确。
	光叶薯蓣	Dioscorea glabra Roxb.	盘薯、红山药、羊角山药	药用块茎。味涩、微辛，性平。通经活络，止血止痢。用于功能性子宫出血，月经不调，腰肌劳损，外伤出血。	海南：来源于海南万宁市。
	日本薯蓣	Dioscorea japonica Thunb.	野山药、山蝴蝶	药用根状茎。功效参阅薯蓣 Dioscorea batatas Decne.。	北京：来源于四川。
	穿龙薯蓣	Dioscorea nipponica Makino	穿山龙、穿地龙、金刚骨	药用根状茎。味甘、苦，性温。祛风除湿，舒筋活血，止咳平喘，止痛。用于风湿关节痛，腰腿酸痛，麻木，大骨节病，跌打损伤，咳嗽痰喘。	北京：来源于辽宁千山。湖北：来源于湖北恩施。
	黄山药	Dioscorea panthaica Prain et Burkill	黄姜、老虎姜	药用根状茎。味苦、辛，性平。祛风除湿，消肿止痛，解毒。用于胃痛，跌打损伤，瘰疬。	北京：来源于四川。

科名	植物名	拉丁学名	别名	药用部位及功效	保存地及来源
雨久花科 Pontederiaceae	凤眼蓝	Eichhornia crassipes (Martius) Solms	凤眼兰、水葫芦、大水萍、水浮莲	药用根或全草。味辛、淡，性寒。疏散风热，利水通淋，清热解毒。用于风热感冒，水肿，热淋，尿路结石，湿疹，疔疮。	广西：来源于广西南宁市。云南：来源于云南省景洪市。海南：来源于海南万宁市。北京：不明确。
	箭叶雨久花	Monochoria hastata (L.) Solms	戟叶雨久花、山芋	药用全草。清热解毒，定喘，消肿。	云南：来源于云南省景洪市。海南：来源于海南万宁市。
	鸭舌草	Monochoria vaginalis (Burm.f.) Presl	雨久花、鸭仔菜	药用全草。味苦，性凉。清热，凉血，解毒。用于感冒高热，肺热咳喘，百日咳，咳血，吐血，崩漏，尿血，热淋，痢疾，肠炎，肠痛，丹毒，疮肿，咽喉肿痛，牙龈肿痛，风火赤眼，毒蛇咬伤，毒菇中毒。	广西：来源于广西南宁市、那坡县。海南：来源于海南万宁市。
	射干	Belamcanda chinensis (L.) DC.	扁竹兰、剪刀草、芽竹毫（傣语）	药用根、茎、叶。味苦，性寒。微毒。清热解毒，散结，消炎，止咳化痰。用于咽喉肿痛，痰延壅塞，扁桃腺炎，急性乳腺炎，慢性支气管炎，扭挫伤。	广西：来源于广西博白县、河南省安国市。云南：来源于云南省景洪市。海南：来源于海南万宁市。北京：来源于浙江。湖北：来源于湖北恩施。
鸢尾科 Iridaceae	雄黄兰	Crocosmia crocosmaeflora (Nichols.) N.E.Br.	倒挂金钩、搜山虎、山慈姑、土三七	药用球茎。味甘、辛，性平。解毒，消肿，止痛。用于蛊毒，脘胃痛，筋骨痛，疮疡，疮痈，跌打伤肿，外伤出血。	广西：来源于云南省昆明市。
	番红花	Crocus sativus L.	西红花、藏红花	药用柱头。味甘，性平。活血，祛瘀，止痛。用于血滞月经不调，产后恶露不行，瘀血作痛，跌打损伤，忧郁痞闷，胸胁胀闷。	北京：来源于浙江杭州。

（续表）

科名	植物名	拉丁学名	别名	药用部位及功效	保存地及来源
鸢尾科 Iridaceae	红葱	Eleutherine plicata Herb.	小红蒜、百步还阳	药用全草或鳞茎。全草味苦、辛，性凉。清热凉血，活血通经，闭经腹痛，消肿解毒。风湿痹痛，跌打损伤，疮疖肿毒。鳞茎味甘、辛，性微温。养血补虚，活血止血，用于体虚乏力，头晕心悸，关节痛，跌打肿痛，咯血，吐血，衄血，崩漏，外伤出血。	广西：来源于广西恭城县。云南：来源于云南景洪市。海南：来源于海南万宁市。
	香雪兰	Freesia refracta Klatt	菖蒲兰、小鸢尾	药用球茎。清热解毒，活血。用于蛇伤疮痈。	北京：来源于北京。
	唐菖蒲	Gladiolus gandavensis Van Houtte	剑兰、搜山黄	药用球茎。味苦、辛，性凉。有毒。清热解毒，散瘀消肿，用于痈肿疮毒，咽喉肿痛，痄腮，瘰疬，跌打损伤。	广西：来源于广西南宁市。北京：来源于北京。湖北：来源于湖北恩施。
	单苞鸢尾	Iris anguifuga Y.T.Zhao ex X.J.Xue	蛇视、夏无踪、避蛇参	药用根状茎。消肿解毒，泻下通便。用于毒蛇咬伤，毒蜂蜇伤，痈肿疮毒。	北京：来源于北京。
	野鸢尾	Iris dichotoma Pall.	扇子草、土射干、白射干	药用根状茎。味苦、辛，性凉。有小毒。清热解毒，活血消肿，用于咽喉肿痛，乳嗽，肝炎，肝肿大，胃痛，乳痈，牙龈肿痛。	北京：来源于北京。
	玉蝉花	Iris ensata Thunb.	花菖蒲、紫花鸢尾	药用根状茎。味辛、苦，性寒。有小毒。消积理气，活血利水，清热解毒，用于咽喉肿痛，食积饱胀，湿热痢疾，经闭腹胀，水肿。	广西：来源于广西。日本：来源于日本。
	德国鸢尾	Iris germanica L.		药用茎叶。活血化瘀，祛风利湿。	海南：来源于广西药用植物园。北京：来源于青岛、波兰。

科名	植物名	拉丁学名	别名	药用部位及功效	保存地及来源
鸢尾科 Iridaceae	蝴蝶花	*Iris japonica* Thumb.	铁扁担根、紫燕、金剪刀	药用全草、根状茎或根。全草味苦，性寒。有小毒。清热解毒，消肿止痛，用于肝炎，肝肿大，胃痛，咽喉肿痛，便血。根状茎或根味苦，辛，性寒。有小毒。消食，杀虫，通便，利水，活血，止痛，解毒。用于食积腹胀，虫积腹痛，热结便秘，水肿，癥瘕，久疟，咽喉肿痛，疮肿，瘰疬，跌打损伤，子宫脱垂，蛇犬咬伤。	广西：来源于广西桂林市。北京：来源于浙江杭州。湖北：来源于湖北恩施。
	白花马蔺	*Iris lactea* Pall.		药用花、种子、根。清热解毒，利尿，止血。用于急性咽炎，黄疸型传染性肝炎，痈肿疗疮，吐血，衄血，外伤出血等症。	广西：来源于湖北省武汉市。
	马蔺	*Iris lactea* Pall.var.*chinensis* (Fisch.) Koidz.	马连、马帚、旱蒲	药用全草、种子、花、根。全草味苦，微甘，性微寒。清热解毒，利尿通淋，活血消肿。用于喉痹，淋浊，关节痛，痈疽恶疮，金疮。种子味甘，性平。清热利湿，解毒杀虫，止血定痛。用于黄疸，淋浊，小便不利，肠痈，虫积，吐血，疟疾，风湿痛，喉痹，牙痛，痈疽，崩漏，疮疖，蛇伤。花味微苦，辛，微甘，性寒。清热解毒，凉血止血，利尿通淋。用于喉痹，吐血，疝气，痔疮，痈疽，崩漏，便血，淋浊。根味苦，性平。清热解毒，活血利尿。用于喉痹，痈疽，痔疮，风湿痹痛，淋浊。	广西：来源于北京市。北京：来源于北京。
	香根鸢尾	*Iris pallida* Lamarck Encycl		解毒，消积，破瘀。	北京：来源于波兰。

科名	植物名	拉丁学名	别名	药用部位及功效	保存地及来源
鸢尾科 Iridaceae	黄菖蒲	*Iris pseudacorus* L.		药用根状茎、浸剂、种子。根状茎含鸢尾素（irisin），鞣质。苦辣味的汁用做峻泻药。浸剂用于腹泻，痛经，白带，牙痛。种子用于祛风，健胃。	广西：来源于荷兰，法国。北京：不明确。
	溪荪	*Iris sanguinea* Donn ex Hom.	东方鸢尾，日鸢尾	药用根状茎及根。味辛，性平。消积行水。也用于胃痛。	广西：来源于江苏省南京市。
	西伯利亚鸢尾	*Iris sibirica* L.		药用根状茎。根茎中含有异黄酮苷成分。	广西：来源于瑞士。
	鸢尾	*Iris tectorum* Maxim.	蛤蟆七、扁竹根、蓝蝴蝶	药用干燥根茎。味苦，性寒。清热解毒，消痰利咽。用于咽喉肿痛，痰咳气喘。	广西：来源于广西武鸣县，北京市，江西省庐山。云南：来源于云南省景洪市。北京：来源于太白山。湖北：来源于湖北恩施。
	细叶鸢尾	*Iris tenuifolia* Pall.	细叶马蔺，安胎灵、老牛端	药用根及种子。味微苦，性凉。安胎养血。用于胎动血崩。种子的功效同马蔺。	湖北：来源于湖北恩施。
	变色鸢尾	*Iris versicolor* L.		药用根状茎。含有挥发油，苦辣味树脂，鞣质。用于催吐，通便，驱虫，利胆、催涎。利尿，肾炎疾病。	广西：来源于法国，美国。
	扇形鸢尾	*Iris wattii* Baker ex Hook.f.	大扁竹兰、老君扇	药用根状茎。全草。根状茎味苦，性寒。咳嗽痰喘，用于乳蛾，咽喉痛，清热消肿。全草味淡，微苦，性平。解毒。用于乌头、薯类中毒及其他食物中毒。	广西：来源于四川省成都市。云南：来源于云南省勐海市。
	肖鸢尾	*Moraea iridioides* L.		药用根状茎。味苦，性寒。清热解毒。用于咽喉肿痛，痈肿疮毒。	广西：来源于广东省广州市。
	庭菖蒲	*Sisyrinchium rosulatum* Bi-ckn.		清热利湿。（民间药）	广西：来源于云南省昆明市。

科名	植物名	拉丁学名	别名	药用部位及功效	保存地及来源
水玉簪科 Burmanniaceae	三品一枝花	*Burmannia coelestis* D.Don	疳积草、地沙、米洋参	药用根、根状茎。味甘，性平。健脾消积。用于小儿疳积，消化不良。	广西：原产于广西药用植物园。
田葱科 Philydraceae	田葱	*Philydrum lanuginosum* Ban-ks	水芦荟、水葱	药用全株。清热利湿。用于水肿热痹，多发性脓肿，疥癣。	海南：来源于海南万宁市。
灯心草科 Juncaceae	灯心草	*Juncus effusus* L.	灯草、水灯心、虚须草、野席草	药用茎髓或全草，根、根状茎。茎髓或全草味甘，淡，性微寒。降火。用于心烦不眠，小儿夜啼，喉痹，口疮，创伤。根、根状茎味甘，性寒。利水通淋，清心安神。用于淋病，小便不利，湿热黄疸，心悸不安。	广西：来源于四川省成都市，法国。海南：来源于海南万宁市。来源于广西、东北，北京：来源于湖北恩施。
	野灯心草	*Juncus setchuensis* Buchen.	铁灯草、仙人针、石龙刍	药用全草、根状茎、根。全草味苦，性凉。利水通淋、泄热、安神、凉血止血。用于热淋，肾炎水肿，口舌生疮，咯血，赃血，尿血，心悸失眠，目赤肿痛，齿痛、鼻衄，白带。根味甘，涩、性微寒。清热利湿、鹤膝风，止血。用于淋浊，心烦失眠，目赤肿痛，齿痛，痔疮，崩漏，便血，白带。	广西：来源于江苏省南京市，湖北省武汉市。湖北：来源于湖北恩施。
	假灯心草	*Juncus setchuensis* Buchen var. *effusoides* Buchen.	野灯心、小灯心草、拟灯心草	药用部位及功效参阅野灯心草 *Juncus setchuensis* Buchen.。	广西：来源于广西金秀县。

581

科名	植物名	拉丁学名	别名	药用部位及功效	保存地及来源
凤梨科 Bromeliaceae	凤梨	Ananas comosus (L.) Merr.	菠萝、露兜子、打锣锤	药用果皮。味涩、甘、性平。解毒，止咳，止痢。用于咳嗽，止痢，痢疾。	广西：来源于广西南宁市。云南：来源于云南景洪市。
	金边镶叶菠萝	Ananas comosus (L.) Marr. var.variegates Hort		药用部位及功效参阅凤梨 Ananas comosus (L.) Merr.。	广西：来源于广东省广州市。
	水塔花	Billbergia pyramidalis Lindl.	红苞凤梨、水星凤梨	药用叶。清热解毒，清凉散毒，脓肿。用于痈疽，脓肿。	广西：来源于广西苍梧县。海南：来源于广西药用植物园。北京：不明确。
	大比尔见亚	Billbergia liboniana De Jonghe		解毒，消肿，排脓。	北京：来源于北京植物园。
	垂花水塔花	Billbergia nutans Wendl. ex Regel		解毒，消肿，排脓。	北京：来源于北京植物园。
	穿鞘花	Amischotolype hispida (Less. et A.Rich) Hong	假山虎、独竹草	药用全草。清热解毒，利水消肿。用于风湿，跌打损伤，尿路感染，淋证，毒蛇咬伤。	广西：来源于广东省广州市。云南：来源于云南景洪市。
鸭跖草科 Commelinaceae	饭包草	Commelina bengalensis L.	兰花菜、淡竹叶、马耳草、大叶兰花草	药用全草。味苦、性寒。清热解毒，利水消肿。用于热病发热，烦渴，咽喉肿痛，热痢，痔疮，蛇虫咬伤。	广西：来源于云南省西双版纳。海南：来源于海南万宁市。
	鸭跖草	Commelina communis L.	鸭食草、竹叶菜、淡竹叶	药用干燥地上部分。味甘、淡、性寒。清热解毒，利水消肿，用于风热感冒，高热不退，咽喉肿痛，水肿尿少，热淋涩痛，痈肿疔毒。	广西：来源于广西天等县，浙江杭州市。云南：来源于云南景洪市。海南：来源于海南万宁市。北京：来源于北京植物园。湖北：来源于湖北恩施。

科名	植物名	拉丁学名	别名	药用部位及功效	保存地及来源
鸭跖草科 Commelinaceae	竹节草	Commelina diffusa Burm.f.	黄花草、竹筋草、竹节菜	药用全草。味淡，性寒。清热解毒，利尿消肿，止血。用于急性咽喉炎，疮疖，小便不利；外用于外伤出血。	海南：来源于海南万宁市。
	大苞鸭跖草	Commelina paludosa Bl.	大苞地地藕、竹叶菜	药用部位及功效参阅鸭跖草 Commelina communis L.。	云南：来源于云南景洪市。
	兰耳草	Cyanotis vaga (Lour.) J. A.et J.H.Schult.	露水草	药用根、全草。味甘、苦，性寒。补虚，除湿，舒筋活络。用于虚热不退，风湿性关节炎，湿疹，水肿。	云南：来源于云南景洪市。
	露水草	Cyanotis arachnoidea C. B.Clarke	蛛丝毛兰耳草、珍珠露水草、鸭脚菜	药用根。味辛，微苦，性温。祛风活络，利湿消肿，退虚热，痛经，止痛。用于风湿关节炎，四肢麻木。	云南：来源于云南景洪市。
	聚花草	Floscopa scandens Lour.	紫竹叶草、水波草	药用全草。清热解毒，利水消肿，活血。用于疮疖肿大，淋巴结肿大，急性肾炎。	海南：来源于海南万宁市。
	大苞水竹叶	Murdannia bracteata (C.B. Clarke) O. Kuntze ex J. K.Morton	痰火草、青鸭跖草、露水草、围夹草、癀草	药用全草。味甘，淡，性凉。化痰散结，清热通淋。用于瘰疬，咽喉肿痛，高热，咳血，吐血，小便淋痛；外用于疮疡肿毒。	广西：原产于广西药用植物园。云南：来源于云南景洪市。
	大果水竹叶	Murdannia macrocarpa Hong		药用全草及根。根朴虚弱。全草用于关节炎。	云南：来源于云南景洪市。北京：来源于云南。
	裸花水竹叶	Murdannia nudiflora (L.) Brenan	红毛草、红竹壳菜	药用全草。味甘，淡，性凉。清肺热，凉血解毒。用于肺热咳嗽，吐血，咽喉肿痛，目赤肿痛，疮痈肿毒。	广西：来源于广西龙州县。

科名	植物名	拉丁学名	别名	药用部位及功效	保存地及来源
鸭跖草科 Commelinaceae	水竹叶	*Murdannia triquetra* (Wall.) Bruckn.	三角菜、竹叶菜、鸡舌草	药用全草。味甘，性平。清热解毒，利尿消肿。用于蛇咬伤，肺热喘咳，赤白痢疾，小便不利，痈疖疔肿。	云南：来源于云南景洪市。北京：来源于云南。
	粗柄杜若	*Pollia hasskarlii* Rolla Rao	水芭蕉、大杜若、七喜草	药用根。味甘，性温。补虚，祛风湿，通经。用于风湿性关节炎，腰腿痛，产后大出血。	海南：来源于海南万宁市。
	杜若	*Pollia japonica* Thunb.	竹叶莲、竹叶花	药用根状茎。全草，味微苦，性凉。清热利尿，解毒消肿。用于小便黄赤，热淋，疔痈疮肿，蛇虫咬伤。	广西：来源于广西乐业县。北京：来源于杭州。
	长柄杜若	*Pollia secundiflora* (Bl.) Bakh.f.		药用全株。理气止痛，疏风消肿。用于胸胁气痛，胃痛，腰痛，头面痛，流泪；外用于毒蛇咬伤。	海南：来源于海南万宁市。
	蚌花	*Rhoeo discolor* Hance	紫万年青、蚌兰花、蚌兰叶	药用花序。叶味甘，淡，性凉。清热，止血，祛瘀，用于肺热燥咳，尿血，痢疾，跌打损伤。花序味甘，淡，性凉。清肺化痰，凉血，止痢。用于肺热燥咳，顿咳，瘰疬，吐血，衄血，血痢，便血。	广西：来源于广西苍梧县。云南：来源于云南景洪市。海南：来源于海南万宁市。北京：来源于北京中山公园。
	紫鸭跖草	*Tradescantia virginiana* L.	紫露草	药用全草。活血，止血，解毒。用于蛇泡疮，痈疖，跌打，损伤风湿，毒蛇咬伤。	海南：来源于海南万宁市。北京：来源于北京植物园。
	葱草	*Xyris pauciflora* Willd.	少花黄眼草、红头草	药用全草。解毒，杀虫。用于疥癣。	广西：原产于广西药用植物园。
	吊竹梅	*Zebrina pendula* Schnizl.	水竹草、红莲、花叶竹夹菜	药用全草。味甘，淡，性寒。清热利湿，凉血解毒。用于水肿，小便不利，淋症，痢疾，带下，咳嗽咯血，目赤肿痛，咽喉肿痛，疮痈肿毒，烧烫伤，毒蛇咬伤。	广西：来源于广西龙州县。云南：来源于云南景洪市。北京：来源于北京植物园。

（续表）

科名	植物名	拉丁学名	别名	药用部位及功效	保存地及来源
谷精草科 Eriocaulaceae	谷精草	*Eriocaulon buergerianum* Ko-ern.	戴星草、珍珠草、佛顶草	药用花序。味辛、甘，性平。疏散风热，明目，退翳。用于风热目赤、肿痛羞明、眼生翳膜、风热头痛。	海南：来源于海南万宁市。
	小谷精草	*Eriocaulon luzulaefolium* Mart.		药用花序或全草。明目退翳，祛风止痛。	广西：原产于广西，药用植物园。
	水蔗草	*Apluda mutica* L.	崩痘草	药用根、茎叶。祛腐解毒，壮阳。用于下肢溃烂、蛇虫咬伤、阳痿。	广西：原产于广西，药用植物园。
	荩草	*Arthraxon hispidus* (Th-unb.) Makino	菉竹、马耳草	药用全草。味甘、微苦，性凉。清热解毒，润肺止咳。用于久咳不止、肺虚咳喘、热病烦渴、疮痈肿毒。	云南：来源于云南景洪市。北京：来源于北京。
	芦竹	*Arundo donax* L.	芦荻竹、芦竹笋、芦竹根、楼梯杆	药用根状茎及嫩笋芽。味苦、甘，性寒。清热泻火，用于热病烦渴、风火牙痛、小便不利。	北京：来源于北京。湖北：来源于湖北恩施。
禾本科 Gramineae	野燕麦	*Avena fatua* L.	燕麦草、乌麦	药用全草。味甘，性温。补虚损，用于吐血、虚汗、崩漏。	北京：来源于北京。湖北：来源于湖北恩施。
	燕麦	*Avena sativa* L.	野麦、浮小麦	药用种仁。退虚热，益气，止汗，解毒。	湖北：来源于湖北恩施。
	地毯草	*Axonopus compressus* (Sw.) Beauv.	大叶油草、野地毯草		海南：来源于海南万宁市。
	刺竹	*Bambusa bambos* (L.) Voss	小刺竹	竹笋发酵（竹笋酸）凉血解毒。用于痈疮肿疖。	海南：来源于海南万宁市。
	粉单竹	*Bambusa chungii* McClure	单竹、白粉单竹	药用叶芽。用于感冒发热、皮疹、小便不利等。	广西：来源于广西南宁市。海南：来源于海南万宁市。

585

科名	植物名	拉丁学名	别名	药用部位及功效	保存地及来源
禾本科 Gramineae	凤凰竹	*Bambusa multiplex* (Lour.) Raeuschel ex J. A. et J.H.Schult	扫把竹、分界竹、蓬莱竹、凤尾竹、孝顺竹	药用全株。清热利水，除烦。	云南：来源于云南景洪市。海南：来源于海南万宁市。北京：来源于北京。
	撑篙竹	*Bambusa pervariabilis* Mc-Clure		药用叶、叶芽、茎皮。味甘、微苦，性凉。清热，除烦，止呕，用于热病烦渴，呕吐，小儿惊厥，吐血，衄血。	广西：原产于广西药用植物园。
	车筒竹	*Bambusa sinospinosa* Mc-Clure	刺竹笋、簕竹、车角竹	药用嫩茎及芽、叶、茎秆除去外皮后刮下的中间层。叶、嫩茎及芽味甘，性凉。清肠止痢，用于痢疾，消化不良。茎秆除去外皮后刮下的中间层味微苦，性凉，清热利胃消食降逆。用于胃热呕吐，呃逆。叶味甘，性凉，止血。用于小儿风热感冒，尿，止血。用于小儿风热感冒，尿，尿路感染，鼻衄。	广西：来源于广西南宁市。云南：来源于云南景洪市。
	佛肚竹	*Bambusa ventricosa* Mc-Clure	凸肚竹、密节竹	药用嫩叶。清热除烦。用于热病心烦，小儿夜啼。	广西：来源于广西南宁市。海南：来源于海南万宁市。北京：来源于北京。
	金竹	*Bambusa vulgaris* Schrad.ex Wendl.var.striata Gamble	青丝金竹	药用嫩叶。清热解毒。	海南：来源于海南万宁市。
	黄金间碧竹	*Bambusa vulgaris* Schrad.ex Wendl.var.Vittata (A.et C. Riviere) Gamble	金丝竹、青金丝竹、埋闪竿	药用茎。味微苦、甜，性寒。清火解毒，利胆退黄，用于黄疸病，尿急尿频，严重眩晕，热涩难下。	广西：来源于广西南宁市。云南：来源于云南景洪市。

科名	植物名	拉丁学名	别名	药用部位及功效	保存地及来源
禾本科 Gramineae	大佛肚竹	Bambusa vulgaris Schrad.ex H.Wendl.cv.Wamin	密节竹	药用嫩叶。味微苦、甘，性凉。清热除烦。	云南：来源于云南景洪市。
	竹节草	Chrysopogon aciculatus (Retz.) Trin.	鸡谷草、草谷子	药用全草或根。味甘、微苦，性凉。解毒。用于感冒发热，腹痛泄泻，暑热小便赤涩，风火牙痛，金疮肿痛，毒蛇咬伤。	广西：原产于广西药用植物园。
	薏米	Coix chinensis Tod.	苡米、麻膏牛（傣语）、薏仁米	药用部位及功效参阅薏苡 Coix lacryma-jobi L.。	广西：来源于北京市。云南：来源于云南景洪市。
	薏苡	Coix lacryma-jobi L.	薏米、土薏米、哈累牛（傣语）	药用干燥成熟种仁。味甘、淡，性凉。健脾渗湿，除痹止泻，清热排脓，用于水肿，脚气，小便不利，湿痹拘挛，脾虚泄泻，肺痈，肠痈，扁平疣。	广西：来源于广西武鸣县。云南：来源于云南景洪市。海南：来源于海南万宁市。北京：来源于四川、印度、云南。湖北：来源于湖北恩施。
	青香茅	Cymbopogon caesius (Ness) Stapf	桔香草、香花草	药用全草。味辛，性温。祛风除湿，消肿止痛。也用于阴瘘。	海南：来源于海南万宁市。
	香茅	Cymbopogon citratus (DC.) Stapf	香茅草、柠檬草、大风草、沙海	药用全草或花。全草味甘，止泻。用于感冒头身疼痛，风寒湿痹，脘腹冷痛，泄泻，跌打损伤。花味甘，性温，温中和胃。用于心腹冷痛，恶心呕吐。	广西：原产于广西药用植物园。云南：来源于云南景洪市。海南：来源于海南万宁市。
	狗牙根	Cynodon dactylon (L.) Pers.	细铁线草、伴根草	药用全草。味苦、微甘，性凉。祛风活络，凉血止血，解毒。用于风湿痹痛，半身不遂，劳伤吐血，鼻衄，便血，跌打损伤，疮疡肿毒。	广西：原产于广西药用植物园。海南：来源于海南万宁市。

科名	植物名	拉丁学名	别名	药用部位及功效	保存地及来源
禾本科 Gramineae	升马唐	Digitaria ciliaris (Retz.) Koel.	马鹿草, 芽勇 (傣语)	药用全草。味苦, 性凉。凉血止血, 消肿散瘀, 通气活血, 镇心安神。用于外伤出血, 跌打损伤, 心慌心跳, 周身乏力。	云南: 来源于云南景洪市。
	稗	Echinochloa crusgalli (L.) Beauv.	水高粱, 稗子	药用全草。味微苦, 性微温。止血。用于金疮及损伤出血。	云南: 来源于云南景洪市。 湖北: 来源于湖北恩施。
	牛筋草	Eleusine indica (L.) Gaertn.	蟋蟀草, 打鸡草, 芽帕杯 (傣语)	药用根或全草。味甘, 淡, 性凉。清热利湿, 凉血解毒。用于伤暑发热, 小儿惊风, 乙脑, 流脑, 淋证, 小便不利, 痢疾, 便血, 疮疡肿痛, 跌打损伤。	广西: 原产于广西药用植物园。 云南: 来源于云南景洪市。 海南: 来源于海南万宁市。 北京: 来源于北京。
	画眉草	Eragrostis pilosa (L.) Beauv.		药用全草。味甘, 淡, 性凉。疏风清热, 利尿。用于砂淋, 石淋, 水肿。花序解毒, 止痒。用于黄水疮。	云南: 来源于云南景洪市。
	蜈蚣草	Eremochloa ciliaris (L.) Merr.			海南: 不明确。
	四脉金茅	Eulalia quadrinervis (Hack.) Kuntze		解热攻毒, 祛风消炎。	北京: 来源于云南。
	黄茅	Heteropogon contortus (L.) Beauv.ex Roem.et Schult.	地筋, 老虎须	药用根状茎或全草。味甘, 性寒。清热止渴, 祛风除湿。用于内热消渴, 风湿痹痛, 咳嗽, 吐泻。	广西: 原产于广西药用植物园。
	茅香	Hierochloa odorata (L.) Beauv.	香草	药用根状茎。味甘, 性寒。凉血, 止血, 清热利尿。用于吐血, 尿血, 急、慢性肾炎浮肿, 热淋。	北京: 不明确。

（续表）

科名	植物名	拉丁学名	别名	药用部位及功效	保存地及来源
	大麦	Hordeum vulgare L.		药用发芽的果实。味甘，性平。健脾开胃，行气消食，退乳消胀。用于食积不消，脘腹胀痛，脾虚食少，乳汁郁积，乳房胀痛，妇女断乳。	北京：来源于北京。湖北：来源于湖北恩施。
	白茅	Imperata cylindrica (L.) Beauv. var. major (Nees) C. E. Hvbb. ex Hvbb. et Vaughan	茅根，龙狗尾，茅针	药用根状茎，初生未放花序，花穗，叶。根状茎味甘，性寒。凉血止血，清热生津，利尿通淋。用于血热出血，热病烦渴，胃热呕逆，水肿，肺热喘咳，黄疸。初生未放花序味甘，大便下血，解毒。用于衄血，外伤出血，疮痈肿毒。花穗味甘，性温。止血，定痛。用于吐血，衄血，刀伤。叶味辛，微苦，性平。祛风除湿。用于风湿痹痛，皮肤风疹。	广西：原产于广西药用植物园。云南：来源于云南景洪市。海南：来源于海南万宁市。北京：来源于北京。湖北：来源于湖北恩施。
禾本科 Gramineae	箬竹	Indocalamus tessellatus (Munro) Keng f.		药用叶。味甘，性寒。清热解毒，止血，消肿。用于吐血，衄血，尿血，小便淋痛不利，喉痹，痈肿。	湖北：来源于湖北恩施。
	淡竹叶	Lophatherum gracile Bro-ngn.	竹叶麦冬，山鸡米，淡竹米	药用茎叶。味甘，淡，性寒。清热除烦，利尿。用于热病烦渴，小便赤涩淋痛，口舌生疮。	广西：来源于广西上林县。云南：来源于云南景洪市。海南：来源于海南万宁市。北京：来源于海南。湖北：来源于湖北恩施。
	五节芒	Miscanthus floridulus (Lab.) Warb. ex Schum et Laut.		药用虫瘿（虫茎）。味甘，性温。理气，调经，利尿，活血，止咳。用于小儿疝气不透，小儿疝气，月经不调，微寒作痛，筋骨扭伤，淋病，热病口渴，小便不利。	海南：来源于海南万宁市。

科名	植物名	拉丁学名	别名	药用部位及功效	保存地及来源
	荻	Miscanthus sacchariflorus (Maxim.) Benth.ex Hook.f.	巴茅、山草子、红刚芦	药用根状茎。味甘，性凉，清热活血。用于失血口渴，产妇失血，潮热，牙痛。	广西：来源于浙江省杭州市。
	芒	Miscanthus sinensis Anderss.	芒草、笆芒	药用茎、根状茎、花序。茎，根状茎味甘，性平。清热解毒，利尿。用于咳嗽，带下病，小便淋痛不利。花序味甘，性平。活血通经。用于月经不调，半身不遂。幼茎肉有寄生虫味甘，性平，调气，生津，补肾。用于妊娠呕吐，精枯阴痿。	海南：来源于海南万宁市。
	类芦	Neyraudia reynaudiana (Kunth) Keng ex Hitchc.	石珍茅、篱笆竹	药用嫩苗、叶。味甘，淡，性平。清热利湿，消肿解毒。用于尿路感染，肾炎水肿，毒蛇咬伤。	广西：原产于广西药用植物园。
禾本科 Gramineae	稻	Oryza sativa L.	水稻、糯稻	药用发芽的果实。味甘，性温。和中消食，健脾开胃。用于食积不消，脾胃虚弱，不饥食少。	广西：来源于广西南宁市。云南：来源于云南景洪市。
	糯稻	Oryza sativa L.var.glutinosa Matsum.		药用根。味甘，性平。止汗。用于自汗，盗汗。	广西：来源于广西南宁市。湖北：来源于湖北恩施。
	心叶稷	Panicum notatum Retz.	土淡竹叶、骨草	药用全株。清热，生津。	广西：原产于广西药用植物园。
	铺地黍	Panicum repens L.	枯骨草、竹节草、藤草	药用全草、根状茎、根。全草味甘，微苦，性平。清热平肝，通淋利湿。用于高血压，淋浊，白带。根状茎，根味甘，性平。清热利湿解毒，活血祛瘀。用于高血压，鼻衄，鼻窦炎，腮腺炎，黄疸型肝炎，热带下，淋浊，毒蛇咬伤，跌打损伤。	广西：原产于广西药用植物园。

（续表）

科名		植物名	拉丁学名	别名	药用部位及功效	保存地及来源
禾本科	Gramineae	双穗雀稗	*Paspalum paspaloides* (Michx.) Scribn.	铜线草	药用全草。活血，生血，养血。用于跌打损伤，筋骨疼痛。	云南：来源于云南景洪市。
		狼尾草	*Pennisetum alopecuroides* (L.) Spreng	芨草、狗子尾	药用全草、根、根状茎。全草味甘，性平。清肺止咳。用于肺热咳嗽，目赤肿痛。根、根状茎味甘，性平。清肺止咳。用于肺热咳嗽，疮毒。	广西：原产于广西药用植物园。海南：来源于海南万宁市。
		象草	*Pennisetum purpureum* Schum.	紫狼尾草	药用全草。用于肝病。	广西：原产于广西药用植物园。
		芦苇	*Phragmites australis* (Cav.) Trin.ex Steud.	苇子草、大芦柴、芦根	药用根状茎。味甘，性寒。清热生津，除烦，止咳，利尿。用于热病烦渴，胃痛吐脓，肺痈吐脓，热淋涩痛。	广西：来源于广西南宁市。北京：来源于北京。
		卡开芦	*Phragmites karka* (Retz.) Trin.ex steud.	芦荻竹、水竹	药用根状茎。味苦，性寒。清热解毒，利尿消肿。用于热病发狂，泻痢，小便黄赤，肾炎水肿。	广西：原产于广西药用植物园。海南：来源于海南万宁市。
		紫竹	*Phyllostachys nigra* (Lodd) Munro	黑竹	药用根状茎。味辛，性平。祛风，破瘀，解毒，利尿。用于风湿痹痛，经闭，癥瘕，狂犬咬伤。	广西：来源于广西桂林市。
		竹茹	*Phyllostachys nigra* (Lodd.) Munro var. henonis (Mitf.) Stapf ex Rendle	毛金竹	药用茎秆的干燥中间层。味甘，性微寒。清热化痰，除烦止咳。用于痰热咳嗽，胆火挟痰，惊悸失眠，中风痰迷，舌强不语，胃热呕吐，妊娠恶阻，胎动不安。	湖北：来源于湖北恩施。

591

科名	植物名	拉丁学名	别名	药用部位及功效	保存地及来源
禾本科 Gramineae	毛竹	Phyllostachys heterocycla (Carr.) Mitford cv.Pubescens		药用幼苗、叶、根状茎。幼苗味甘，性寒。用于小儿痘疹不透。叶味甘，性寒。清热利尿，消渴，小儿发热，高热不退，痹积。根状茎用于风湿关节痛。	湖北：来源于湖北恩施。
	金丝草	Pogonatherum crinitum (Thunb.) Kunth	黄毛草、金丝茅、吉祥草、笔子草	药用全草。味甘、淡，性凉。清热解毒、凉血止血，利湿。用于热病烦渴，吐血、衄血，咳血，尿血，黄疸，水肿，淋浊带下，泻痢，小儿消热，疔疮痈肿。	广西：来源于广西百色市。云南：来源于云南景洪市。海南：来源于海南万宁市。
	金发草	Pogonatherum paniceum (Lam.) Hack.	龙奶草、吉祥草、笔须	药用全草。味甘、性凉。清热，利湿，消积。用于热病烦渴，黄疸型肝炎，脾肿大，糖尿病，消化不良，小儿消积。	广西：来源于广西龙州县。北京：不明确。
	斑茅	Saccharum arundinaceum Retz.	芭茅、管精、大密	药用根。味甘、淡。通络，利水，破血，通经。用于跌打损伤，筋骨疼痛，经闭，水肿膨胀。	海南：来源于海南万宁市。
	山竹子	Semiarundinaria shapoensis McClure			海南：来源于海南万宁市。
	大狗尾草	Setaria faberii Herrm.	法氏狗尾草	药用根。味甘，性平。清热，消疳，杀虫止痒。用于小儿疳积，风疹，牙痛。	湖北：来源于湖北恩施。
	金色狗尾草	Setaria glauca (L.) Be-auv.	黄狗尾、大尾草	药用全草。味淡，性凉。清热，明目，止泻。用于目赤肿痛，眼睑炎，赤白痢疾。	广西：原产于广西药用植物园。
	棕叶狗尾草	Setaria palmifolia (Koen.) Stapf	涩船草	药用根。用于脱肛，子宫脱垂。	云南：来源于云南景洪市。
	棕叶芦	Thysanolaena maxima (Roxb.) O.Kuntze	哥先知（傣语）	药用根、笋。味甘，性凉。清热解毒，生津止渴。用于疟疾，烦渴，虚弱多病，血崩。	云南：来源于云南景洪市。海南：来源于海南万宁市。

科名	植物名	拉丁学名	别名	药用部位及功效	保存地及来源
禾本科 Gramineae	甘蔗	*Saccharum officinarum* L.		药用茎秆，经榨去糖汁的渣滓、茎皮，节上所生出的嫩芽，茎中的液汁，制成白沙糖后再煎炼而成的乳白色结晶体，茎中液汁、经精制而成的赤色结晶体。茎秆味甘，性寒。清热生津，润燥和中，解毒。用于烦热，消渴，呕哕反胃，虚热咳嗽，大便燥结，痈疽疮肿。经榨去糖汁的渣滓味甘，性寒。清热解毒。用于秃疮，痈疽，疔疮。茎皮味甘，性寒。清热解毒。用于小儿口疳，秃疮，坐板疮。用于消渴。茎中所生出的嫩芽清热。制成白沙糖后再煎炼而成的乳白色结晶体味甘，性平。健脾和胃，润肺止咳。用于脾胃气虚，肺燥咳嗽，或痰中带血。茎中液汁，经精制而成的乳白色结晶体和中缓急，生津润燥。用于中虚腹痛，口干烦渴，肺燥咳嗽。茎中液汁，经精制而成的赤色结晶体味甘，性温。补脾缓肝，活血散瘀。用于产后恶露不行，口干呕哕，虚羸寒热。	广西：来源于广西南宁市。 海南：来源于海南万宁市。
	竹蔗	*Saccharum sinense* Roxb	甘蔗	药用茎秆。味甘，润燥，性寒，清热，生津，下气。用于热病津伤，心烦口渴，反胃呕吐，大便燥结，肺燥咳嗽。	云南：来源于云南景洪市。
	皱叶狗尾草	*Setaria pilicata* (Lam.) T.Cooke	马草，烂衣草	药用全草。味涩，性平。解毒，杀虫，祛风。化腐肉。用于铜钱癣，丹毒。	云南：来源于云南景洪市。
	狗尾草	*Setaria viridis* (L.) Beauv.		药用全草。味涩，性凉。除热，祛湿，消肿，明目。用于风热感冒，目赤疼痛，黄疸肝炎，小便不利；外用于砂眼，痔疮，瘰疬。	广西：来源于广西邕宁县。 海南：来源于海南万宁市。 北京：来源于北京。 湖北：来源于湖北恩施。

科名	植物名	拉丁学名	别名	药用部位及功效	保存地及来源
禾本科 Gramineae	慈竹	Sinocalamus affinis (Rendle) McClure [Neosinocalamus affinis (Rendle) Keng f.]	甜慈、酒米慈、钓鱼慈、丛竹	药用竹芯、竹叶、竹根（根状茎）。味苦、甘、微寒。竹芯、竹叶清热除烦。用于热病烦渴，小便不利，口舌生疮。阴笋子清热解渴。用于消渴，小便热痛。竹根通乳。用于乳汁不通。	湖北：来源于湖北恩施。
	吊丝球竹	Sinocalamus beecheyanus (Munro) McClure	甜竹	药用竹茹（竹竿去外皮刮下的中间层）。用做清热止呕药。	广西：来源于广西南宁市。
	麻竹	Sinocalamus latiflorus (Munro) McClure	甜竹、大叶乌竹	药用花。止咳化痰。	海南：来源于海南万宁市。
	高粱	Sorghum vulgare Pers.	蜀黍	药用种子。味甘、性平。燥湿祛痰，宁心安神。用于湿痰咳嗽，胃痞不舒，失眠多梦，食积。	北京：来源于北京。湖北：来源于湖北恩施。
	鬣刺	Spinifex littoreus (Burm. f) Merr.	猫鼠刺	药用叶。用于刀伤出血。	海南：来源于海南万宁市。
	鼠尾粟	Sporobolus fertilis (Stend.) W.D.Clayt.	鼠尾草、狗尿草	药用全草或根。味甘、淡，性平。清热，凉血，解毒，利尿，传染性肝炎，黄疸，痢疾，脑髓高热神昏，热淋，尿血，乳痈。	广西：来源于云南省昆明市。
	小麦	Triticum aestivum L.		药用干瘪颖果。味甘，性微寒。养心安神，止虚汗。用于神志不安，失眠。	湖北：来源于湖北恩施。
	香根草	Vetiveria zizanioides (L.) Nash	岩兰草、先飞（傣语）	药用全草、须根、油。全草补血，强心。须根提取精油，油浓褐色，稠性大，紫罗兰香型，挥发性低，用做定香剂。	广西：来源于江西省南昌市。云南：来源于云南省景洪市。海南：来源于海南万宁市。北京：来源于广西。

（续表）

科名	植物名	拉丁学名	别名	药用部位及功效	保存地及来源
	菰	*Zizania caduciflora* (Turcz.) Hand.-Mazz.	茭白、茭笋、黄尾草	药用颖果、菰根。颖果味甘，性寒。清热除烦，生津止渴。菰根味甘，小便淋痛不利。清热解毒。菰白味甘，性凉。清热除烦，止渴，通二便。	湖北：来源于湖北恩施。
禾本科 Gramineae	玉蜀黍	*Zea mays* L.	玉米、包谷、包粟	药用种子、种子经榨取而得的脂肪油、花柱和柱头、雄花穗、鞘状苞片、叶、根。种子味甘，性平。调中开胃，利尿消肿。用于食欲不振，小便不利，水肿，尿路结石。种子经榨取而得的脂肪油降血脂。用于高血压，高血脂，动脉硬化，冠心病。花柱和柱头味甘、淡，性平。利尿消肿，清肝利胆。用于水肿，小便淋沥，黄疸，胆囊炎，胆结石，高血压，糖尿病，乳汁不通。雄花穗味甘，性平。健脾利湿。用于消化不良，泻痢，小便不利，水肿，脚气，小儿夏季热，口舌糜烂。鞘状苞片味甘，性平。用于尿路结石，水肿，胃痛吐酸，和胃。叶味微甘，性凉。利尿通淋。用于砂淋，小便涩痛。根味甘，性平。利尿通淋，祛瘀止血。用于小便不利，水肿，砂淋，胃痛，吐血。	广西：来源于广西南宁市。云南：来源于云南景洪市。海南：来源于海南万宁市。北京：来源于北京。湖北：来源于湖北恩施。

科名	植物名	拉丁学名	别名	药用部位及功效	保存地及来源
	假槟榔	*Archontophoenix alexandrae* Wendl.et Drude		药用叶鞘（煅炭）。收敛止血。用于咳血、月经过多。	广西：来源于广西南宁市。云南：来源于云南景洪市。海南：来源于海南万宁市。北京：来源于云南。
	槟榔	*Areca catechu* L.	大腹皮、槟榔花、椰玉	药用干燥果皮和干燥成熟种子。干燥果皮味辛，性微温。下气宽中，行水消肿，用于湿阻气滞，脘腹胀闷，大便不爽，水肿胀满，脚气浮肿，小便不利。干燥成熟种子味苦、辛，性温。杀虫消积，降气，行水，截疟。用于绦虫、蛔虫、姜片虫病，虫积腹痛，积滞泻痢，里急后重，水肿脚气，疟疾。	广西：来源于广西东兴县。云南省西双版纳。云南：来源于云南景洪市。海南：来源于海南万宁市。北京：来源于云南。
	三药槟榔	*Areca triandra* Roxb.ex Buch.-Ham.		宽中下气，除满解闷。	北京：来源于云南。
棕榈科 Palmae	山棕	*Arenga engleri* Becc.Malesia		药用种子、果皮。种子用做滋血药。果皮滋养强壮剂。	广西：来源于广东省广州市。
	桄榔	*Arenga pinnata* (Wurmb.) Merr.	砂糖椰子、糖树、莎木、南椰、山椰子	药用果实、树干髓部的淀粉。果实味苦，性平，有毒。祛瘀破积，用于产后瘀血腹痛，心腹冷痛，树干髓部的淀粉味甘，性平，补虚。用于体虚羸瘦，腰脚无力。	广西：来源于广西凭祥市、广东省湛江市。云南：来源于云南景洪市。海南：来源于海南万宁市。北京：来源于云南。
	杖藤	*Calamus rhabdocladus* Burret	华南省藤、弹弓藤	药用幼苗。用于跌打损伤。	广西：来源于江苏省南京市。
	单叶省藤	*Calamus simplicifolius* C. F.Wei		药用全株。解毒。	广西：来源于广西凭祥市。
	白藤	*Calamus tetradactylus* Hance	鸡藤、山甘蔗	药用全株。味涩、辛，性温，有毒。发汗，祛风，活血，止血，跌打损伤，闭经，外伤出血。治风湿关节炎，类风湿关节炎，	海南：来源于海南万宁市。

科名	植物名	拉丁学名	别名	药用部位及功效	保存地及来源
	短穗鱼尾葵	*Caryota mitis* Lour.	小黄棕、西椰子	药用髓部加工后的淀粉。味甘、涩,性平。健脾,止泻。用于消化不良,腹痛腹泻,痢疾。	广西:来源于广西南宁市。云南:来源于云南景洪市。海南:来源于海南万宁市。
	单穗鱼尾葵	*Caryota monostachya* Becc.		药用根。用于高热抽搐。	广西:来源于广西南宁市。
	鱼尾葵	*Caryota ochlandra* Hance	棕木、青棕、假桃榔	药用根、叶鞘纤维。味微甘、涩,性平。根强筋壮骨。用于肝肾亏虚,筋骨痿软,叶鞘纤维收敛止血。用于咳血、吐血,便血,崩漏。	广西:来源于广西天等县。云南:来源于云南景洪市。海南:来源于海南万宁市。北京:来源于北京植物园、云南。
	董棕	*Caryota urens* L.		药用根。利尿。	广西:来源于广西靖西县。北京:来源于云南。
	散尾葵	*Chrysalidocarpus lutescens* H. Wendl.		药用叶鞘。味微苦,性凉。收敛止血。用于各种出血。	广西:来源于广西梧州市。云南:来源于云南景洪市。北京:不明确。
棕榈科 Palmae	椰子	*Cocos nucifera* L.	哈麻抱(傣语)	药用根皮、肉果皮、椰肉、椰子油、椰子叶。根皮味苦,性平。止血止痛。用于鼻衄,胃胀痛,吐泻。肉果皮用于杨梅疮,脚癣,筋骨痛;蒸膏外用于体癣,脚癣,用于姜片虫病。椰子油用于疥癣,冻疮,神经性皮炎,椰子叶味甘,性温,朴虚。椰子叶心味甘,生津利尿。用于心脏性水肿,口干烦渴。	云南:来源于云南景洪市。海南:来源于海南万宁市。

科名	植物名	拉丁学名	别名	药用部位及功效	保存地及来源
棕榈科 Palmae	贝叶棕	*Corypha umbraculifera* L.	锅横（傣语）	药用叶。味微苦、甘，性平。用于头晕，头痛，发热，咳嗽。	云南：来源于云南景洪市。
	藤血竭	*Daemonorops draco* Bl.	麒麟血竭	药用树脂。味甘，咸，性平。活血散瘀，止痛。外用于止血，敛疮生肌。用于跌打损伤，瘀血，外伤出血，疮疡久不收口。	海南：来源于马来西亚。
	黄藤	*Daemonorops margaritae* (Hance) Becc.	省藤、赤藤	药用茎。味苦，性平。驱虫，通淋，驱风止痛。用于蛔虫，蛲虫，齿痛，淋痛，齿痛。	广西：来源于广西凭祥市。海南：来源于海南万宁市。
	油棕	*Elaeis guineensis* Jacq.	油子	药用根。味苦，性凉。消肿祛痰。用于积瘀肿痛。	云南：来源于云南景洪市。
	蒲葵	*Livistona chinensis* (Jacq.) R.Br.	葵扇叶、扇叶葵	药用种子、根、叶。根味甘，性凉。止痛。用于各种疼痛，哮喘。叶味甘，涩，性平。收敛止血，止汗。用于咳血，吐血，衄血，崩漏，外伤出血，自汗，盗汗。种子味苦，性平，有小毒。活血化瘀，软坚散结。用于慢性肝炎，癥瘕积聚。	广西：来源于广西南宁市。云南：来源于云南景洪市。海南：来源于海南万宁市。北京：来源于北京。
	大叶蒲葵	*Livistona saribus* (Lour.) Merr.ex A.Chev			海南：来源于海南陵水市。
	海枣	*Phoenix dactylifera* L.	枣椰子、伊拉克枣、仙枣	药用果实。味甘，性温。益气补虚，消食除痰。用于气虚羸弱，食积不化，咳嗽有痰。	广西：来源于广西凭祥市，海南省，广东省深圳市。
	刺葵	*Phoenix hanceana* Naud.		消炎，消肿。	北京：来源于云南。湖北：来源于湖北恩施。
	软叶刺葵	*Phoenix roebelenii* O'Brien	软刺针葵	药用叶鞘（煅炭）。收敛止血。用于月经过多，吐血，咯血。	海南：来源于海南万宁市。
	山槟榔	*Pinanga discolor* Burret			海南：来源于海南万宁市。

（续表）

科名	植物名	拉丁学名	别名	药用部位及功效	保存地及来源
棕榈科 Palmae	棕竹	*Rhapis excelsa* (Thunb.) Henry ex Rehd.	棕树，筋头竹	药用根、叶、根味甘、涩，性平。祛风除湿，咯血，跌打劳伤，收敛止血。用于风湿痹痛、鼻衄，收敛止血。叶味甘，涩，性平。用于鼻衄、咯血，吐血，产后出血过多。	广西：来源于广西南宁市。云南：来源于云南景洪市。海南：来源于海南万宁市。北京：来源于北京。
	细棕竹	*Rhapis gracilis* Burret			海南：来源于广西药用植物园。
	矮棕竹	*Rhapis humilis* Bl.		药用叶鞘（煅炭）。收敛止血，咯血，月经过多。	广西：来源于广西马山县。海南：不明确。
	大王椰子	*Roystonea regia* (H.B.K) O.F.Cook.	大王棕		海南：来源于云南西双版纳植物园。
	小箬棕	*Sabal minor* (Jacq.) Pers.			海南：来源于海南万宁市。
	巨诺棕	*Serenoa serrulata* (Michx.) Hook.f.		药用果实、果实提取物、提取物片剂。果实利尿。用于膀胱炎、前列腺炎，阳痿，呼吸道感染，提取物片剂用于治疗前列腺炎、前列腺肥大及肿瘤，尿频，尿潴留，排尿困难。果实提取物用于雌激素依赖性疾病，如乳腺癌，子宫内膜异位，男子女性型乳房，精液缺乏等。已收入《美国药典》。	广西：来源于广东省广州市。
	棕榈	*Trachycarpus fortunei* (Hook.) H.Wendl.	棕树	药用棕榈根、棕榈花、茎髓、叶、棕榈根味涩、性寒。利尿通淋，止血。用于血崩、淋症，小便淋漓痛不利。茎髓用于心悸，头晕，高血压症，崩漏。叶味苦吐血，劳伤，虚弱，涩，性平。叶鞘纤维，血预防中风。棕榈花用于泻痢，肠风，崩，带下病，果实涩肠，止泻，养血，用于泻痢，崩中带下。	广西：来源于广西桂林市。云南：来源于云南景洪市。海南：来源于海南万宁市。北京：不明确。湖北：来源于湖北恩施。

599

科名	植物名	拉丁学名	别名	药用部位及功效	保存地及来源
	菖蒲	Acorus calamus L.	水菖蒲、臭蒲	药用根状茎。味辛、苦，性温。化痰开窍，除湿健胃，杀虫止痒。用于痰厥昏迷，中风，癫痫，惊悸健忘，耳鸣耳聋，食积腹痛，痢疾泄泻，风湿疼痛，湿疹，疥疮。	广西：来源于广西博白县、凌云县。海南：来源于海南万宁市。北京：来源于杭州、广西。湖北：来源于湖北恩施。
	金钱菖蒲	Acorus gramineus Soland.	钱蒲、水菖蒲、水蜈蚣	药用根状茎。味辛，性温。化湿开胃，开窍豁痰，醒神益智。用于脘痞不饥，噤口下痢，神昏癫痫，健忘耳聋。	广西：来源于湖北武汉市。海南：来源于海南万宁市。北京：来源于南京。湖北：来源于湖北恩施。
天南星科 Araceae	芋	Colocasia esculenta (L) Schott	芋头、毛芋、青皮叶、独皮叶	药用块茎、芋叶、芋头花。块茎味甘、辛，性平。消肿散结。用于瘰疬，肿毒，腹中痞块，牛皮癣，烫伤。芋叶味辛，性凉。止泻，敛汗，消肿解毒。用于泻痢，痈疖。芋头花味辛，性平。用于胃痛，吐血，痔疮，肛脱。	云南：来源于云南景洪市。海南：来源于海南万宁市。北京：来源于广西。湖北：来源于湖北恩施。
	紫芋	Colocasia tonoimo Nakai	野芋头、广菜、东南菜	药用全草。味辛、涩，性寒。消肿解毒。用于无名肿毒，止血散结。	云南：来源于云南景洪市。
	螳螂跌打	Pothos scandens L.	硬骨散、歪淋（傣语）	药用茎、叶。味苦、辛，性温。舒筋活络，接骨续筋，散瘀消肿，祛风湿。用于跌打损伤，骨折，风湿骨痛，腰腿痛。	云南：来源于云南勐腊县。北京：来源于广西。
	爬树龙	Rhaphidophora decursiva (Roxb.) Schott	过江龙、大青竹标、大青蛇	药用根、茎。味苦、寒，性寒。清热解毒，接骨，消肿，止血，镇咳。用于跌打损伤，骨折，蛇咬伤，痈疮疖肿，小儿百日咳，咽喉肿痛，感冒，四肢酸痛，风湿性腰腿痛。	云南：来源于云南景洪市。
	泉七	Steudnera colocasiaefolia C. Koch.	香芋、小毒芋、团芋	药用根、茎。味辛，性温。杀虫，止血，解毒，消炎，祛风湿，舒筋络，消肿。有毒。用于刀枪伤，创伤，蛇虫咬伤，血栓性脉管炎，胃肠炎，跌打损伤，风湿性关节炎。	云南：来源于云南景洪市。

科名	植物名	拉丁学名	别名	药用部位及功效	保存地及来源
	香菖蒲	*Acorus gramineus* Soland. var. *pusillus* Engl. f. *suaveolens* C.Y.Cheng	随手香	药用全草。味辛，性温。行气止痛，祛风逐寒，解毒利水，豁痰开窍。	广西：来源于广西桂林市，湖北省武汉市。
	细叶菖蒲	*Acorus gramineus* Soland. var.*pusillus* Engl.		滋补，消积，醒神。	北京：来源于北京植物园。
	石菖蒲	*Acorus tatarinowii* Schott	岩菖蒲、九节菖蒲	药用根状茎。味辛、苦，性微温。化痰开窍，化湿行气，祛风利痹，消肿止痛。用于热病神昏、痰厥、耳鸣、耳聋、脘腹胀痛、噤痢、风湿痹痛、跌打损伤、痈疽疥癣。	广西：来源于广西那坡县、鸣县。云南：来源于云南景洪市。
天南星科 Araceae	广东万年青	*Aglaonema modestum* Schott ex Engl.	大叶万年青、亮丝草	药用根状茎或茎叶。味寒。有毒。清热凉血，消肿拔毒，止痛。用于咽喉肿痛、白喉、肺热咳嗽、吐血、热毒便血、疮疡肿毒、毒蛇咬伤。	广西：来源于广西龙州县。海南：来源于海南万宁市。北京：来源于北京。
	尖尾芋	*Alocasia cucullata* (Lour.) Schott	卜芥、狼毒、老虎芋、假海芋、大麻芋、汪别（傣语）	药用根状茎。味辛、微苦，性寒。有大毒。清热解毒，散结止痛。用于流感、钩端螺旋体病、疮疡痛毒初起、慢性骨髓炎、蜂窝组织炎、毒品吃毒伤、毒蜂螫伤。	广西：来源于广西龙州县。云南：来源于云南景洪市。海南：来源于海南万宁市。
	海芋	*Alocasia macrorrhiza* (L.) Schott	痕芋头、野芋头、狼毒、毒三角风	药用根状茎、果实。味辛，性温。清热解毒，行气止痛，散结消肿。用于流感、感冒、腹痛、风湿骨痛、疗疮、瘰疬、肺结核、瘰疬、附骨疽、斑秃、疥癣、虫蛇咬伤、小肠疝气。	广西：来源于广西隆安县、南宁市。云南：来源于云南景洪市。海南：来源于海南万宁市。北京：来源于北京。湖北：来源于湖北恩施。

科名	植物名	拉丁学名	别名	药用部位及功效	保存地及来源
天南星科 Araceae	磨芋	Amorphophallus rivieri Durieu	天南星、花杆南星、花麻蛇	药用块茎。味辛、苦，性寒。有毒。化痰消积，解毒散结，行瘀止痛。用于痰嗽，积滞，疟疾，瘰疬，疔疮，痈肿，丹毒，烫火伤，蛇咬伤。	广西：来源于广西金秀县。云南：来源于云南景洪市。北京：来源于浙江。湖北：来源于湖北恩施。
	野魔芋	Amorphophallus variabilis Bl.	土南星	药用块茎。化痰散瘀，行瘀消肿。	海南：来源于海南万宁市。
	疣柄磨芋	Amorphophallus virosus N.E.Br.	鸡爪芋、臭魔芋	药用块茎。味辛、甘，性微温。解毒散结。用于慢性迁延性肝炎。	广西：来源于广西金秀县。云南：来源于云南景洪市。
	滇磨芋	Amorphophallus yunnanensis Engl.	岩芋、滇南磨芋	药用块茎。用于疮疡，瘰疬，红斑狼疮及蛇伤。	广西：来源于广西金秀县。
	上树莲	Anadendrum montanum (Bl.) Schott			海南：来源于海南万宁市。
	圆药南星	Arisaema exappendiculatum Hara		药用块茎。化痰散积，行瘀解毒。	湖北：来源于湖北恩施。
	东北天南星	Arisaema amurense Maxim.	山苞米、天老星、大头参	药用块茎。味苦、辛，性温。有毒。燥湿化痰，祛风止痉，风疾眩晕，中风痰壅，口眼㖞斜，半身不遂，惊风，癫痫；生品外用于痈肿及蛇虫咬伤。	北京：来源于北京。
	灯台莲	Arisaema sikokianum Franch. et Sav. var. serratum (Makino) Hand.-Mazt.	路边黄、蛇包谷、老蛇包谷	药用块茎。味苦、辛，性温。燥湿化痰，熄风止痉，消肿止痛。用于痰嗽，风痰眩晕，中风，口眼㖞斜，破伤风，癫痫，痈肿，毒蛇咬伤。	湖北：来源于湖北恩施。

科名	植物名	拉丁学名	别名	药用部位及功效	保存地及来源
天南星科 Araceae	一把伞南星	Arisaema erubescens (Wall.) Schott	一把伞、虎掌南星、天南星	药用块茎。味苦、辛，性温。有毒。散结消肿。用于顽湿化痰，风疾眩晕，中风痰壅，癫痫，口眼㖞斜，半身不遂，破伤风；蛇虫咬伤；外用于痈肿。	云南：来源于云南景洪市。湖北：来源于湖北恩施。
	螃蟹七	Arisaema fargesii Buchet	白南星、红南星	药用块茎。味苦、辛，性温。有大毒。燥湿化痰，祛风止痉，散结消肿。用于中风口眼㖞斜，半身不遂，破伤风口禁强直，风湿跌打损伤。	湖北：来源于湖北恩施。
	天南星	Arisaema heterophyllum Bl.	异叶天南星	药用块茎。味苦、辛，性温。有大毒。燥湿化痰，祛风止痉，散结消肿。用于顽湿化痰，风疾眩晕，中风痰壅，口眼㖞斜，半身不遂，蛇虫咬伤；外用于痈肿。	北京：来源于辽宁千山。湖北：来源于湖北恩施。广西：来源于广西金秀县。北京：来源于北京。
	花南星	Arisaema lobatum Engl	绿南星、蛇芋头、花包谷	药用块茎。味辛、苦，性温。祛痰止咳。用于寒痰咳嗽，蛇咬伤。	湖北：来源于湖北恩施。
	瑶山南星	Arisaema sinii Krause	独角莲三角条	药用块茎。味辛，性温。有毒。燥湿，化痰和胃，健脾。外用于蛇虫咬伤。	广西：来源于广西金秀县。
	山珠南星	Arisaema yunnanense Bu-chet	长虫磨芋、滇南星、小南星	药用块茎。有毒。消肿，散结。	广西：来源于荷兰。
	五彩芋	Caladium bicolor (Air.) Vent.	红水芋、花叶芋	药用块茎。味苦、辛，性温。有毒。祛风燥湿，散瘀止痛，跌打肿痛，解毒消肿。用于风湿痹痛，痈疽疔肿，胃痛，牙痛，湿疹，全身瘙痒，蛇虫咬伤，刀枪伤。	广西：来源于广西百色县。云南：来源于云南景洪市。海南：来源于海南万宁市。

科名	植物名	拉丁学名	别名	药用部位及功效	保存地及来源
天南星科 Araceae	野芋	*Colocasia antiquorum* Schott	红花野芋、红广菜、红芋荷	药用全草。味辛、性寒。有小毒。解毒、消肿、止痛。用于痈疔肿毒，急性颈淋巴结炎、指头疗，创伤出血，虫蛇咬伤。	海南：来源于海南万宁市。北京：来源于北京。湖北：来源于湖北恩施。
	大野芋	*Colocasia gigantea* (Bl.) Hook.f.	水芋、象耳芋	药用块茎及全草。解毒，消肿止痛，祛痰镇痉；外用于疮疡肿毒。	海南：来源于海南万宁市。
	花叶万年青	*Dieffenbachia picta* (Lodd.) Schott	粉黛万年青	药用根状茎。有小毒。清热；外用于痈疮肿毒，蛇伤，脱肛。	广西：来源于广西田林县。海南：来源于海南万宁市。
	绿萝	*Epipremnum aureum* (Linden ex Andre) Bunting		药用全株。有毒。消肿散瘀。	广西：来源于广西南宁市。北京：来源于广西。海南：来源于海南万宁市。
	麒麟叶	*Epipremnum pinnatum* (L.) Engl.	麒麟尾、羽叶藤、蓬莱蕉	药用根、茎、叶。味淡、涩、性平。清热润肺、消肿解毒、舒筋活络、散瘀止痛。用于发热、顿咳、跌打、骨折，风湿痹痛，目赤，鼻衄；外用于痈疮疖肿，蛇咬伤，阴囊红肿、孔疮。	广西：来源于广西龙州县。北京：来源于云南。海南：来源于海南万宁市。
	大千年健	*Homalomena gigantea* Engl.	大黑附子、大黑麻芋	药用根状茎。润肺止咳、止血。用于肺结核，咳血，支气管炎、流感、感冒，风湿性心脏病，风湿骨痛，疮疡疔肿。	广西：来源于广西南宁市。云南：来源于云南省西双版纳、云南景洪市。
	千年健	*Homalomena occulta* (Lour.) Schott	一包针、山藕、平丝草、香芋、芒荒（傣语）	药用根状茎。味苦、辛，性温。祛风湿、健筋骨。用于风寒湿痹，下肢拘挛麻木。	广西：来源于广西金秀县。云南：来源于云南景洪市。海南：来源于海南万宁市。北京：来源于北京。
	刺芋	*Lasia spinosa* (L.) Thwait.	勒慈姑、水蒟芋、蒟藕、旱慈姑、泊格南（傣语）	药用根状茎或全草。味苦、辛，性凉。清热利湿、解毒消肿、健胃消食。用于热病口渴，肺热咳嗽，小便黄赤、肾炎水肿，跌打肿痛，慢性胃炎，消化不良，小儿头疮，胎毒，疥癣，淋巴结结核，痈肿疮疖，毒蛇咬伤。	广西：来源于广西玉林市。云南：来源于云南勐腊县。海南：来源于海南万宁市。北京：来源于北京。

科名	植物名	拉丁学名	别名	药用部位及功效	保存地及来源
天南星科 Araceae	龟背竹	Monstera deliciosa Liebm.	蓬莱蕉	收藏于《药用植物辞典》。	广西：来源于广西南宁市。海南：来源于海南万宁市。北京：来源于北京。
	虎掌	Pinellia pedatisecta Schott	掌叶半夏，滇半夏	药用块茎。味苦、辛。性温。有毒。化痰散结。用于中风痰壅，口眼㖞斜，半身不遂，手足麻痹，风痰眩晕，癫痫，惊风，破伤风，咳嗽多痰，痈肿，瘰疬，跌打损伤，毒蛇咬伤。	广西：来源于广西龙州县。北京：来源于北京金山。
	半夏	Pinellia ternata (Thunb.) Breit.	药狗丹，小天老星，三叶半夏	药用块茎。味辛。性温。有毒。燥湿化痰，降逆止呕，消痞散结。用于痰多咳喘，痰饮眩晕，风痰眩晕，痰厥头痛，胸脘痞闷，梅核气；用于瘿瘤痰核。	北京：来源于陕西太白山。湖北：来源于湖北恩施。
	大薸	Pistia stratiotes L.	水浮莲，水葫芦，水荷莲，大浮萍	药用全草。味辛。性寒。疏风透疹，利尿除湿，凉血活血。用于风热感冒，麻疹不透，荨麻疹，血热瘙痒，汗斑，湿疹，水肿，小便不利，风湿痹痛，臁疮，丹毒，无名肿毒，跌打肿痛。	广西：来源于广西南宁市，云南省西双版纳。海南：来源于海南万宁市。
	石柑子	Pothos chinensis (Raf.) Merr.	石葫芦，风藤药，毒蛇上树	药用全草。味辛。苦。性平。有小毒。行气止痛，祛风湿，散瘀解毒。用于心、胃气痛，胃积胀满，小儿疳积，血吸虫晚期肝脾肿大，风湿痹痛，跌打损伤，胸气，骨折，中耳炎，耳疮，鼻窦炎。	广西：来源于广西南宁市，龙州县。海南：来源于海南万宁市。
	百足藤	Pothos repens (Lour.) Druce	细叶藤柑，蜈蚣草，百足草	药用全草。味辛。性温。散瘀接骨，消肿止痛。用于劳伤，跌打肿痛，骨折，疮毒。	广西：来源于广西博白县，南宁市。海南：来源于海南万宁市。
	狮子尾	Rhaphidophora hongkongensis Schott	金竹标，密脉崖角藤，水蜈蚣，大青龙	药用全株。味辛。性凉。有小毒。散瘀止痛，清热止咳，凉血解毒。用于脾肿大，跌打损伤，骨折，风湿痹痛，胃痛，腹痛，咳嗽，百日咳，疮痈肿毒，带状疱疹，淋巴腺炎，汤火伤，虫蛇咬伤。	广西：来源于广西崇左市。云南：来源于云南景洪市。海南：来源于海南万宁市。

科名	植物名	拉丁学名	别名	药用部位及功效	保存地及来源
天南星科 Araceae	海南绿萝	Scindapsus maclurei (Merr. et Metc.)		药用块茎或全草。味苦、辛，性温。解毒消肿，无名肿毒、瘰疬、血管瘤、疥癣、毒蛇咬伤、蜂蜇伤，跌打损伤，外伤出血。	海南：来源于海南万宁市。
	犁头尖	Typhonium divaricatum (L.) Decne.	土半夏、山半夏、老鼠尾	有毒。解毒消肿，无名肿毒、瘰疬、血管瘤、疥癣、毒蛇咬伤、蜂蜇伤，跌打损伤，外伤出血。	广西：来源于广西南宁市。云南：来源于云南景洪市。海南：来源于海南万宁市。北京：来源于广西。
	鞭檐犁头尖	Typhonium flagelliforme (Lodd.) Bl.	水半夏、田三七、白苞犁头尖	药用块茎。味辛，性温。止血。用于咳嗽痰多，燥湿化痰，解毒消肿，痈疮疔肿、无名肿毒，外伤出血。	广西：来源于广西上林县。云南：来源于云南景洪市。
	独角莲	Typhonium giganteum Engl.	独角莲、禹白附、牛奶白附	药用全草。块茎味辛，甘，性大温。有毒。祛风痰，定惊搐，解毒散结。用于中风痰壅，痰厥头痛，口眼歪斜，面神经麻痹，偏正头痛，喉痹咽痛，破伤风，瘰疬，蛇咬伤，跌打损伤。	北京：来源于陕西太白山。湖北：来源于湖北恩施。
	马蹄犁头尖	Typhonium trilobatum (L.) Schott	山半夏、三裂叶犁头尖	药用块茎。味辛，性温，有毒。散瘀止痛，解毒消肿。用于胃痛，跌打劳伤，外伤出血，乳痈，疮痈疔肿。	广西：来源于广西崇云县、崇左市。
	马蹄莲	Zantedeschia aethiopica (L.) Spreng.		药用块茎。有毒。清热解毒。用于预防破伤风；外用于烫火伤。	广西：来源于广西那坡县。北京：来源于北京。
	细根菖蒲	Acorus calamus L. var. verus L.	水菖蒲、白菖	药用根、茎、叶。味辛，性温，气香。化气除痰，杀虫解毒。用于癫痫中风，类风湿性关节炎、牙痛，消化不良，腹痛，腹泻，水肿，痢疾、疥癣。	云南：来源于云南勐腊县。
	越南万年青	Aglaonema pierreanum Engl.	唛腰（傣语）	药用全草。壮筋骨药用茎。用于导泄。	云南：来源于云南景洪市。
	箭叶海芋	Alocasia longiloba Miq.		药用汁液。消炎杀菌。用于家畜伤口。	云南：来源于云南景洪市。

科名	植物名	拉丁学名	别名	药用部位及功效	保存地及来源
浮萍科 Lemnaceae	浮萍	*Lemna minor* L.	浮萍、小浮萍	药用全草。味辛、性寒。利尿。用于麻疹不透，风疹瘙痒，水肿尿少。	广西：来源于广西南宁市。云南：来源于云南勐腊县。
	紫萍	*Spirodela polyrrhiza* (L.) Schleid.	萍、藻	药用部位及功效参阅浮萍 *Lemna minor* L.。	广西：来源于广西南宁市。
露兜树科 Pandanaceae	香露兜	*Pandanus amaryllifolius* Ro-xb.	香露兜	清热开胃。	海南：来源于海南万宁市。
	露兜草	*Pandanus austrosinensis* T. L. Wu.		药用根。清热祛湿。	海南：来源于海南万宁市。
	分叉露兜	*Pandanus furcatus* Roxb.	山菠萝、假菠萝、野菠萝	药用根状茎、果实。根状茎味甘、性凉。清热解毒，利尿消肿。用于感冒高热，咳嗽，肝炎，肾炎水肿，风湿痛，痢疾，胃痛。果实用于痢疾。	广西：来源于广东省深圳市。
	小露兜	*Pandanus gressitii* B.C.Stone		药用根。清扫祛湿。果实用于小肠疝气。	海南：来源于海南万宁市。
	露兜树	*Pandanus tectorius* Soland.	露兜簕、山菠萝、香露簕、林茶	药用根、核果、花、嫩叶。根味淡、辛，性寒。发汗解表，清热利湿，行气止痛。用于感冒，高热，肝炎，肝硬腹水，肾炎水肿，小便淋痛，眼结膜炎，风湿痹痛，疝气，跌打损伤。嫩叶味甘，性寒。清热，凉血，解毒。用于感冒发热，中暑，麻疹，发斑，丹毒，心烦尿赤，牙龈出血，阴囊湿疹，疮疖。花味甘，性寒。清热，利湿，热泻。用于感冒咳嗽，淋浊，小便不利，对口疮。核果味辛、性凉，补脾益血，行气止痛，化痰利湿，明目。用于痢疾，胃痛，咳嗽，疝气，痔疮，小便不利，目生翳障。	广西：原产于广西药用植物园，广西那坡县。云南：来源于云南景洪市。海南：来源于海南万宁市。北京：不明确。
	小果山菠萝	*Pandanus tonkinensis* Mart.		药用根。清热解毒，利尿消肿。	云南：来源于云南景洪市。

607

（续表）

科名	植物名	拉丁学名	别名	药用部位及功效	保存地及来源
香蒲科 Typheceae	长苞香蒲	Typha angustata Bory et Ch-aub.	蒲草、水蜡	药用部位及功效参阅水烛 Typha angustifolia L.。	湖北：来源于湖北恩施。
	水烛	Typha angustifolia L.		药用花粉、全草。花粉味甘，性平。止血，化瘀，通淋。用于吐血，崩漏，外伤出血，经闭痛经，脘腹剌痛，血淋涩痛；外用于口舌生疮，疔肿。全草用于小便不利。乳痈。	北京：来源于北京金山。
	小香蒲	Typha minima Funk Hoppe	水香蒲、细叶香蒲	药用部位及功效参阅水烛 Typha angustifolia L.。	北京：来源于北京。
	东方香蒲	Typha orientali Presl	水蜡烛、蒲黄草	药用花粉、全草、茎、果穗。花粉味甘，性平。止血，化瘀，崩漏，通淋。用于吐血，咯血，崩漏，外伤出血，经闭痛经，跌打肿痛，血淋涩痛。全草用于小便不利。茎、带部分嫩茎的根状茎味甘，性凉。清热凉血，利水消肿。用于孕妇劳热，胎动下血，消渴，口疮，热痢，淋症，带下病，水肿、瘰疬。果穗味甘，微辛，性平。用于外伤出血。	北京：来源于北京。

科名	植物名	拉丁学名	别名	药用部位及功效	保存地及来源
莎草科 Cyperaceae	浆果苔草	*Carex baccans* Nees	山稗子、红稗子	药用种子、根或全草。种子味甘、辛，性平。麻疹、透疹止咳，补中利水。用于百日咳、脱肛、浮肿。根或全草味苦、涩，性微寒。凉血止血，调经。用于月经不调、崩漏、鼻衄，消化道出血。	广西：来源于广西邕宁县。
	舌叶苔草	*Carex ligulata* Nees ex Wight		药用全草。味辛、甘，性平。凉血、止血，解表透疹。用于痢疾、麻疹不出，消化不良。	湖北：来源于湖北恩施。
	条穗薹草	*Carex nemostachys* Steud.	线穗苔草	药用全草。利水。用于水肿。	广西：来源于广西南宁市。
	花葶苔草	*Carex scaposa* C.B.Clarke		药用部位及功效参阅舌叶苔草 *Carex ligulata* Nees ex Wight。	湖北：来源于湖北恩施。
	宽叶苔草	*Carex siderosticta* Hance	崖棕	药用根、根状茎。根味甘、辛，性温。活血化瘀，通经活络。用于妇人血气、玉劳七伤。根状茎清热、利尿。	北京：来源于北京。
	风车草	*Cyperus alternifolius* L. ssp. *flabelliformis* (Rottb.) Kukenth.	九龙吐珠、水竹、旱伞草	药用茎叶。味酸、甘、微苦，性凉。行气活血，解毒。用于瘀血作痛、蛇虫咬伤。	广西：来源于广西南宁市。云南：来源于云南勐腊县。海南：来源于海南万宁市。北京：来源于北京。
	畦畔莎草	*Cyperus haspan* L.	小纸莎草、三棱草	药用全草。解热。用于婴儿破伤风。	广西：来源于福建省厦门市。
	香附	*Cyperus rotundus* L.	香附子、莎草、芽依秀母（傣语）	药用干燥根状茎。味辛、微苦、微甘，性平。行气解郁，调经止痛。用于肝郁气滞，胸、胁、脘腹胀痛，消化不良，胸脘痞闷，寒疝腹痛，乳房胀痛，月经不调，经闭痛经。	广西：原产于广西药用植物园。云南：来源于云南景洪市。海南：来源于海南万宁市。北京：来源于北京。湖北：来源于湖北恩施。

科名	植物名	拉丁学名	别名	药用部位及功效	保存地及来源
	荸荠	*Eleocharis dulcis* (Burm. f.) Trin.ex Henschel	通天草、红慈姑、马蹄	药用块茎及全草。块茎味甘，性寒。清热止咳，化痰消积，降血压，用于热病烦渴、高血压症、咽喉肿痛、口腔破溃、麻疹、肺热咳嗽、矽肺、痔疮出血。全草味苦，性平。化湿清热，通淋利尿，用于小便不利、淋症。	北京：来源于广西。
	夏飘拂草	*Fimbristylis aestivalis* (Retz.) Vahl	大牛毛毡	药用全草。清热解毒，利尿消肿，用于热病风湿关节痛、跌打损伤。	广西：原产于广西药用植物园。
	两歧飘拂草	*Fimbristylis dichotoma* (L.) Vahl	飘浮草	药用全草，味淡，性寒。清热利尿，解毒，用于小便不利、湿热浮肿、淋病、小儿胎毒。	广西：原产于广西药用植物园。
莎草科 Cyperaceae	短叶水蜈蚣	*Kyllinga brevifolia* Rottb.	水蜈蚣、水蜈蚣草、一箭草、球子草、发汗草	药用带根茎的全草。味辛，微苦，甘，性平。疏风解表，清热解毒，用于感冒发热头痛、急性支气管炎、百日咳、疟疾、黄疸、痢疾、疮疡肿毒、皮肤瘙痒、毒蛇咬伤、跌打损伤、风湿性关节炎。	广西：原产于广西药用植物园。云南：来源于云南景洪市。海南：来源于海南万宁市。湖北：来源于湖北恩施。
	单穗水蜈蚣	*Kyllinga monocephala* Rottb.	一箭球、三叶珠、三荚草、猴子草	药用带根茎的全草。味辛，苦，性平。宣肺止咳，清热解毒，散瘀消肿，杀虫截疟。用于感冒咳嗽、百日咳、疟疾、痢疾、咽喉肿痛、毒蛇咬伤、跌打损伤、皮肤瘙痒。	广西：原产于广西药用植物园。海南：来源于海南万宁市。
	三头水蜈蚣	*Kyllinga triceps* Rottb.	金纽子、护心草、五粒关草	药用带根茎的全草。味微苦，辛，性平。活血通经，行气止痛，止血，用于瘀血痛经、气滞胃痛、风湿痹痛、跌打损伤，外伤出血。	广西：原产于广西药用植物园。

科名	植物名	拉丁学名	别名	药用部位及功效	保存地及来源
莎草科 Cyperaceae	砖子苗	*Mariscus sumatrensis* (Retz.) T.Koyama	大香附子、三角草	药用全草。味辛、微苦、性平。祛风止痒。用于皮肤瘙痒、月经不调、血崩。	云南：来源于云南景洪市。
	球穗扁莎草	*Pycreus globosus* (All.) Reichb.	梳子草、飞天蜈蚣	药用全草。破血行气、止痛。用于小便不利、跌打损伤、吐血、风寒感冒、咳嗽、百日咳。	广西：原产于广西药用植物园。
	萤蔺	*Scirpus juncoides* Roxb.	野马蹄草、土灯草、水箭草	药用全草。味甘、淡、性凉。清热凉血、解毒利湿、消积开胃。用于麻疹热毒、肺痨咳血、目赤、热淋、白浊、牙痛、食积停滞。	广西：原产于广西药用植物园。
	水葱	*Scirpus validus* Vahl (*Scirpus tabernaemontani* C.C.Gmel.)	冲天草、翠管草	药用地上部分。味甘、淡、性平。利水消肿。用于水肿胀满、小便不利。	广西：来源于云南昆明市。 北京：退热。不明确。
芭蕉科 Musaceae	大蕉	*Musa sapientum* L.	牛蕉、粉蕉、贵地罕（傣语）	药用根、果实、皮。味甘、寒、微涩。根清热、凉血、解毒。用于热喘、痈淋、热疖痈肿、清肺、润肺、解酒、清脾滑肠。果实止渴、润肠、便秘，用于肺热病烦渴、痔血，脾火盛者食后能止泻止痢。果皮用于痢疾、霍乱，煎水洗皮肤瘙痒。	海南：不明确。
	地涌金莲	*Musella lasiocarpa* (Fr.) C.Y.Wu ex H.W.Li	地金莲、地涌莲	药用花。味苦、涩、性寒。止带、止血、收敛。用于白带、崩漏、便血。	广西：来源云南省昆明市。
	兰花蕉	*Orchidantha chinensis* T.L.Wu		药用根状茎。用于斑疹不退频热、咽喉肿痛。	广西：来源于广西桂林市、防城港市。

科名	植物名	拉丁学名	别名	药用部位及功效	保存地及来源
芭蕉科 Musaceae	象腿蕉	Ensete glaucum (Roxb.) Cheesm.	象腿芭蕉、桂丁掌（傣语）	药用假茎。味苦、涩，性寒。收敛止血。用于红崩、白带，便血。	云南：来源于云南景洪市。
	蝎尾蕉	Heliconia metallica Planch. et Lind.ex Hook.f.		止血。	北京：来源于海南。
	野蕉	Musa balbisiana Colla	山芭蕉、树头芭蕉	药用种子。味苦、辛，性凉。小毒。破瘀血，通大便。用于跌打损伤，大便秘结。	云南：来源于云南景洪市。海南：来源于海南万宁市。北京：来源于云南。
	芭蕉	Musa basjoo Sieb.et Zucc.	板蕉、牙蕉、大叶芭蕉	药用根、叶、茎的汁液。根味甘，性寒。清热解毒，止渴，利尿。用于热病，烦闷，消渴，痈肿疔毒，丹毒，水肿，淋浊，脚气，叶味辛、淡，性寒。清热，利尿，解毒。用于热病，中暑，水肿，胸气，痈肿，烫伤。茎的汁液味甘，性寒。清热，止渴，解毒，疗用于热病病烦渴，高血压头痛，疮痈疽，中耳炎，烫伤。	广西：来源于广西南宁市。云南：来源于云南南宁市。海南：来源于海南万宁市。北京：来源于广东，云南，湖北：来源于湖北恩施。
	红蕉	Musa coccinea Andr.	红花蕉、指天蕉、芭蕉红、小芭蕉	药用根状茎、花。味甘，资，性平。根状茎补虚弱。用于虚弱头晕，崩，带下病。花止鼻血。	广西：来源于广西桂林市。云南：来源于云南景洪市。海南：来源于海南兴隆热带花园。北京：来源于海南。
	香蕉	Musa acuminata Colla cv.Cavendish	中国矮蕉、矮角香蕉、桂尖（傣语）	药用果实、根。果实味甘，性寒。清热，润肺，润肠，解毒。用于热病病烦渴，肺燥咳嗽，便秘，痔疮，降血压，高血压，解毒。果皮味甘，涩，性寒。清热解毒，皮肤瘙痒，霍乱，清热，凉血，痈肿。根味甘，性寒。清热，凉血，血淋，用于热病烦渴，痈肿。	广西：来源于广西南宁市。云南：来源于云南景洪市。北京：来源于云南。

科名	植物名	拉丁学名	别名	药用部位及功效	保存地及来源
姜科 Zingiberaceae	竹叶山姜	Alpinia bambusifolia C. F. Liang et D.Fang	山姜	药用根、种子。祛风除湿，理气止痛。用于风湿痹症，咳吐，胃痛。	广西：来源于广西那坡县。
	云南草蔻	Alpinia blepharocalyx K. Sc-hum.	小草蔻、小白蔻	药用种子。味辛，性温。健胃，暖胃。用于心腹冷痛，嗳嗝，反胃，寒湿吐泻。燥湿，祛寒，猪满吐酸。	广西：来源于云南省西双版纳，广东省广州市。云南：来源于云南省景洪市。
	光叶云南草蔻	Alpinia blepharocalyx K. Schum. var. glabrior (Hand.-Mazz.) T.L.Wu		药用部位及功效参阅云南草蔻 Alpinia blepharocalyx K.Schum。	广西：来源于广西那坡县。
	距花山姜	Alpinia calcarata Rosc.	小良姜	药用根状茎。用于脘腹冷痛，胃寒呕吐。	广西：来源于广西南宁市。北京：来源于广西。
	华山姜	Alpinia chinensis (Retz.) Rosc.	廉姜、山姜、山姜黄	药用根状茎。味辛，性温。温中消食，散寒止痛，活血，止咳平喘。用于胃寒冷痛，嗳膈吐逆，腹痛泄泻，跌打损伤，风湿关节冷痛，风湿咳喘。	广西：来源于广西桂林市，广东省广州市，云南省西双版纳，浙江省杭州市。
	节鞭山姜	Alpinia conchigera Griff.	云南红豆蔻	药用根状茎。味辛，性温。温中，消食，解毒。用于脘腹冷痛，食滞不化，蚊虫咬伤。	广西：来源于云南省西双版纳。
	香姜	Alpinia coriandriodora D.Fang		药用根状茎。驱风行气。用于宿食不消。	广西：来源于广西南宁市。
	美山姜	Alpinia formosana K. Sc-hum.	台湾土豆蔻	药用果实。味辛，性温。散寒祛湿，行气止痛。用于脘腹冷痛，寒湿吐泻，疝气疼痛，睾丸肿痛。	广西：来源于广东省广州市。
	红豆蔻	Alpinia galanga (L.) Wi-lld.	大高良姜、大良姜、山姜、红扣、贺哈（傣语）	药用种子。味辛，性温。醒脾消食，燥湿散寒。用于脘腹冷痛，食积胀满，吸吐泄泻，饮酒过多。	广西：来源于广西南宁市。云南：来源于云南省景洪市。海南：来源于海南省万宁市。北京：来源于广西。
	海南山姜	Alpinia hainanensis K. Sc-hum	大果砂仁、野姜	药用种子。味辛，性温。燥湿健脾，温胃止呕。用于寒湿内阻，脘腹胀满冷痛，嗳气呕逆，不思饮食。	广西：来源于广西博白县，海南省海口市。
	光叶山姜	Alpinia intermedia Gagnep.		药用根状茎、果实。消食。用于脘腹胀气，消食。	广西：来源于广东省广州市。

科名	植物名	拉丁学名	别名	药用部位及功效	保存地及来源
姜科 Zingiberaceae	山姜	Alpinia japonica (Thunb.) Miq.	箭杆风、九龙盘、白寒果	药用根状茎。味辛，性温。温中、散寒，祛风，活血。用于脘腹冷痛，肺寒咳嗽，风湿痹痛，跌打损伤，月经不调，劳伤吐血。	广西：来源于广东省广州市。北京：来源于杭州植物园。
	草豆蔻	Alpinia katsumadai Hayata	草蔻、豆蔻、贺嘎（傣语）	药用果实。味辛，性温。温中健脾，除寒燥湿，解酒毒，行气。用于胃寒胀痛，消化不良，酒醉，吐泻，痰饮积聚。	云南：来源于云南省景洪市。海南：来源于海南省万宁市。北京：来源于海南。
	长柄山姜	Alpinia kwangsiensis T. L. Wu et Senjen	大豆蔻	药用根状茎、种子。味辛，性温。用于脘腹冷痛，胃寒呕吐，呃逆，寒湿吐泻。	广西：来源于广西防城县。云南：来源于云南勐腊县。
	假益智	Alpinia maclurei Merr.	假草果、藤角姜	药用根状茎。行气，止呕。用于腹胀呕吐。	广西：来源于广东省广州市，云南省西双版纳。
	毛瓣山姜	Alpinia malaccensis (Burm.f.) Rosc.	玉蔻	药用种子。用于胸腹满闷，反胃呕吐，宿食不消。	广西：来源于广东省广州市。
	黑果山姜	Alpinia nigra (Gaertn.) Burtt		药用根状茎。行气，解毒。用于腹胀呕吐。	广西：来源于云南省西双版纳，广东省广州市。云南：来源于云南勐腊县。
	高良姜	Alpinia officinarum Hance	小良姜	药用根状茎。味辛，性热。温胃散寒，消食止痛。用于脘腹冷痛，胃寒呕吐，嗳气吞酸。	广西：来源于法国。海南：来源于海南省万宁市。北京：来源于海南。
	卵果山姜	Alpinia ovoidocarpa H. Dong et G.J.Xu		药用果实《药用植物辞典》	广西：来源于广东省广州市。
	益智	Alpinia oxyphylla Miq.	益智仁、益智子	药用果实。味辛，性温。温脾止泻，摄唾，暖肾固精缩尿。用于脾寒泄泻，腹中冷痛，多唾涎，肾虚遗尿，小便频数，遗精白浊。	广西：来源于广东省广州市。云南：来源于云南省阳春市。海南：来源于云南省景洪市。来源于海南省万宁市。北京：来源于广西。

（续表）

科名	植物名	拉丁学名	别名	药用部位及功效	保存地及来源
姜科 Zingiberaceae	多花山姜	*Alpinia polyantha* D.Fang	白蔻	药用根状茎、果实。行气消积。用于胸腹满闷，反胃呕吐，宿食不消，咳嗽。	广西：来源于广东省广州市。
	花叶山姜	*Alpinia pumila* Hook.f.	箭杆风、竹节风、假砂仁	药用根状茎。味辛，微苦，性温。祛风除湿，行气止痛。用于风湿痹痛，腹泻，胃痛，跌打损伤。	广西：来源于广东省广州市。
	箭杆风	*Alpinia stachyoides* Hance	一支箭、假砂仁	药用根状茎。味辛，微苦，性温。除湿消肿，行经止痛。用于风湿痛，胃痛，跌打损伤。	广西：来源于广西那坡县、金秀县，广东省广州市。
	球穗山姜	*Alpinia strobiliformis* T. L. Wu et Senjen	野姜	药用种子。用于感冒。	广西：来源于广西那坡县。
	滑叶山姜	*Alpinia tonkinensis* Gagnep.	白蔻	药用果实。性温。行气开胃。用于胃脘疼痛，消化不良。	广西：来源于广东省广州市。
	艳山姜	*Alpinia zerumbet* (Pers.) Butt.et Smith	川砂仁、草蔻、月桃	药用根状茎。温中燥湿，行气止痛，截疟。用于心腹冷痛，胸腹胀满，消化不良，泄泻，疟疾。	广西：来源于广西武鸣县、福建省福州市。
	红壳砂仁	*Amomum aurantiacum* H.T. Tsai et S.W.Zhao	红砂仁、壳砂	药用果实。味辛，性温。行气宽中，健脾消食。用于胃腹胀脘痛，食欲不振，恶心呕吐，肠炎，痢疾，胎动不安。	云南：来源于云南勐腊县。
	海南假砂仁	*Amomum chinense* Chun ex T.L.Wu	土砂仁、海南土砂仁	药用果实。味辛，涩，性温。化湿开胃，温脾止泻，理气安胎。用于湿浊中阻，脘痞不饥，脾胃虚寒，呕吐泄泻，妊娠恶阻，胎动不安。	广西：来源于广东省广州市。云南：来源于云南景洪市。
	爪哇白豆蔻	*Amomum compactum* Soland.ex Maton	白豆蔻、多骨、白蔻	药用果实。味辛，性温。化湿消痞，行气温中，开胃消食。用于湿浊中阻，不思饮食，湿温初起，胸闷不饥，寒湿呕逆，胸腹胀痛，食积不消。	广西：来源于云南省西双版纳。云南：来源于海南。海南：来源于印度尼西亚。

科名	植物名	拉丁学名	别名	药用部位及功效	保存地来源
姜科 Zingiberaceae	长序砂仁	Amomum thyrsoideum Gagnep.	土砂仁、土山姜	药用根状茎。果实，性温。用于疟疾，脘腹胀，食欲不振，恶心呕吐，胎动不安。	广西：来源于云南省西双版纳。
	广西草果	Amomum guixiense D.Fang	白草果、麻吼	药用果实。用于脘腹胀满冷痛，呕吐，食积，痰饮，疟疾。	广西：来源于广西那坡县。
	野草果	Amomum koenigii J.F.Gmel.		药用果实。用于脘腹胀满冷痛，呕吐，疟疾。	广西：来源于广西那坡县。
	白豆蔻	Amomum kravanh Pierre ex Gagnep.	豆蔻、泰国豆蔻、波扣、圆豆蔻	药用果实。味辛，性温。化湿消痞，行气温中，开胃消食。用于湿浊中阻，不思饮食，湿温初起，胸闷不饥，寒湿呕逆，胸腹胀痛，食积不消。	广西：来源于云南省西双版纳。云南：来源于泰国。海南：来源于泰国。北京：来源于云南。
	海南砂仁	Amomum longiligulare T.L.Wu	海南壳砂仁	药用果实。味辛，性温。化湿开胃，温脾止泻，理气安胎。用于湿浊中阻，脘痞不饥，脾胃虚寒，呕吐泄泻，妊娠恶阻，胎动不安。	广西：来源于广东省广州市。云南：来源于云南景洪市。海南：来源于海南陵水市吊罗山。
	长柄豆蔻	Amomum longipetiolatum Merr.		药用果实。用于脘腹胀痛，食欲不振，恶心呕吐。	广西：来源于广西宁明县。
	九翅豆蔻	Amomum maximum Roxb.	邓嘎、贺姑（傣语）	药用果实。味辛，性温。温中止痛，开胃消食。用于脘腹冷痛，腹胀，不思饮食，嗳腐吞酸。	广西：来源于广西西林县。云南：来源于云南景洪市。
	细砂仁	Amomum microcarpum C.F.Liang et D.Fang	砂仁	药用果实。开胃，消食，行气和中，止痛安胎。用于脘腹胀痛，食欲不振，恶心呕吐，胎动不安。	广西：来源于广西防城县。
	疣果豆蔻	Amomum muricarpum Elmer.	大砂仁	药用果实。味辛，性温。温中化湿，健胃消食。用于胃脘冷痛，呕吐，泄泻，妊娠恶阻，胎动不安。	广西：来源于广西金秀县。

科名	植物名	拉丁学名	别名	药用部位及功效	保存地及来源
	红壳砂仁	Amomum aurantiacum H.T. Tsai et S.W.Zhao	红砂仁、红壳砂	药用果实。味辛，性温。行气宽中，健胃，消食，安胎。	广西：来源于云南省西双版纳。
	草果	Amomum tsao-ko Crevost et Lemarie	白草果、草果子、草果仁	药用果实。味辛，性温。燥湿温中，除痰截疟。用于寒湿内阻，脘腹胀痛，痞满呕吐，疟疾寒热。	广西：来源于广西那坡县、靖西县。云南：来源于云南勐腊县。
	阳春砂仁	Amomum villosum Lour.	春砂仁、长泰砂仁、春砂	药用果实。味辛，性温。化湿开胃，温脾止泻，理气安胎。用于湿浊中阻，脾胃虚寒，呕吐泄泻，妊娠恶阻，胎动不安。	广西：来源于广东省阳春市。云南：来源于广东省。海南：来源于广东阳春市。北京：来源于广东、云南。
姜科 Zingiberaceae	缩砂仁	Amomum villosum Lour. var. xanthioides (Wall.ex Bak.) T.L.Wu et Senjen	绿壳砂仁、麻娘（傣语）	药用果实。味辛，性温。化湿开胃，温脾止泻，理气安胎。用于湿浊中阻，脾胃虚寒，呕吐泄泻，妊娠恶阻，胎动不安。	广西：来源于云南省勐仑县。云南：来源于云南景洪市。
	莴笋花	Costus lacerus Gagnep.		药用根状茎。味辛、酸，性微寒。小毒。利水，消肿，拔毒。用于水肿，小便不利，麻疹不透，膀胱湿热淋浊，无名肿毒，跌打扭伤。	云南：来源于云南勐腊县。
	闭鞘姜	Costus speciosus (Koen.) Smith	樟柳头、广商陆、老妈妈拐杖、恩倒（傣语）	药用根状茎。味辛，性寒。有毒。利水消肿，清热解毒。用于水肿臌胀，淋症，白浊，痈肿恶疮。	广西：来源于广西苍梧县。云南：来源于云南景洪市。海南：来源于海南万宁市。北京：来源于广西、云南。
	光叶闭鞘姜	Costus tonkinensis Gagnep.		药用根状茎。味辛，性寒。利水消肿，祛风湿，解毒。用于肝硬化腹水，阴囊肿痛，尿路感染，肾炎水肿，风湿搔痒，无名肿毒，荨麻疹。	广西：来源于广西靖西县。

科名	植物名	拉丁学名	别名	药用部位及功效	保存地及来源
姜科 Zingiberaceae	毛郁金	*Curcuma aromatica* Salisb.		药用部位及功效 参阅姜黄 *Curcuma Longa* L.。	广西：来源于广西南宁市。云南：来源于云南景洪市。海南：来源于海南万宁市。北京：浙江温州、杭州植物园、广西。
	大莪术	*Curcuma elata* Roxb.		药用根状茎。用于腹部肿块，积滞腹胀，血瘀经闭，跌打损伤。	广西：来源于广西靖西县。
	广西莪术	*Curcuma kwangsiensis* S. G. Lee et C.F.Liang	莪术、莪苓	药用根状茎。味辛、苦，性温。行气破血，消积止痛。用于癥瘕痞块，食积胀痛，早期宫颈癌。	广西：来源于广西南宁市。北京：来源于广西。
	姜黄	*Curcuma longa* L.	黄姜、黄丝郁金、毫命（傣语）	药用根状茎。根状茎味苦、辛，性温。破血行气，通经止痛。用于血瘀经闭，胸胁刺痛，胸痹心痛，产后瘀阻，腹中肿痛，跌扑肿痛，风湿臂痛。块根味辛、苦，性寒。行气化瘀，清心解郁，利胆退黄。用于经闭痛经，胸腹胀痛，剌痛，热病神昏，癫痫发狂，黄疸尿赤。	广西：来源于广西南宁市、那坡县。云南：来源于云南景洪市。海南：来源于广西药用植物园。北京：来源于四川、广西。
	川郁金	*Curcuma sichuanensis* X. X.Chen	土文术、川莪术、白丝郁金	药用块根。味辛，性寒，苦。活血止痛，行气解郁，清心凉血，疏肝利胆。用于胸胁刺痛，胸腹胀闷，经闭痛经，乳房结块，热病神昏，癫狂，癫痫，吐血，衄血，血淋，砂淋，黄疸。	广西：来源于四川省峨眉市。
	温郁金	*Curcuma wenyujin* Y. H. Chen et C.Ling	黑郁金、温州蓬莪术	药用根状茎。味辛、苦，性寒。行气化瘀，清心解郁，利胆退黄。用于经闭痛经，胸腹胀痛，剌痛，热病神昏，癫痫发狂，黄疸尿赤。	广西：来源于广西玉林市、浙江杭州市。
	印尼莪术	*Curcuma zanthorrhiza* Ro-xb.	黄根姜黄	药用根状茎。作表用。涂擦治疗正癣，马来西亚榨汁含环六脉化合物，对多种肿瘤有较强的抑制作用。	广西：来源于广东省广州市。

科名	植物名	拉丁学名	别名	药用部位及功效	保存地及来源
姜科 Zingiberaceae	莪术	Curcuma aeruginosa Roxb.	山姜黄、臭屎姜、晚薯间（傣语）	药用根状茎。味辛、气劳香，性温。清火解毒，敛疮生肌，行气活血，镇心安神。用于风湿肢体关节疼痛，跌打损伤，妇女闭经，痛经，疔疮脓肿，毒虫咬伤，发热，心慌，心跳神经痛。	云南：来源于云南景洪市。北京：来源于广西。
	茴香砂仁	Achasma yunnanense T. L. Wu et Senjen	麻娘布（傣语）	药用根状茎。味微苦、甜，有清香味，性平。清火解毒，利尿，补土健胃，通气消胀。用于小便热涩疼痛，胸肋胀闷，腹胀腹痛，恶心呕吐，不思饮食，腹泻，防中暑。	广西：来源于广东省广州市，云南省西双版纳。云南：来源于云南景洪市。
	毛舞花姜	Globba barthei Gagnep.	野阳藿、洋荷	药用根状茎，全草。根茎开胃健脾，消肿止痛。全草温中散寒，祛风活血。	广西：来源于广西金秀县，云南省西双版纳。
	舞花姜	Globba racemosa Smith	舞女姜、跳舞姜、云南小豆蔻、包谷姜、竹叶草	药用果实。味辛，性温。健胃消食，用于胃脘胀痛，食欲不振，消化不良。	广西：来源于广西灵川县。云南：来源于云南景洪市。海南：来源于广西药用植物园。
	双翅舞花姜	Globba schomburgkii Hook.f.		药用果实。健胃。用于胃炎，消化不良。	广西：来源于广东省广州市。
	矮姜花	Hedychium brevicaule D.Fang	野山姜	药用根状茎。止痛。用于支气管哮喘。	广西：来源于广西那坡县。
	姜花	Hedychium coronarium Ko-en.	路边姜、姜花果实、白草果、土砂仁、白姜花	药用根状茎，果实。味辛，性温。祛风散寒，温经止痛。用于风寒表证，头痛身痛，风湿痹痛，脘腹冷痛，跌打损伤。	广西：来源于广西南宁市。云南：来源于云南勐腊县。北京：来源于南京中山植物园。
	峨眉姜花	Hedychium flavescens Carey ex Rosc.		药用根状茎，果实。解表散寒，利温消肿。用于温胃，止呕，消食，健脾。	广西：来源于四川省峨眉市。

科名	植物名	拉丁学名	别名	药用部位及功效	保存地及来源
姜科 Zingiberaceae	黄姜花	*Hedychium flavum* Roxb.	月家草	药用根状茎、花。用于咳嗽，芳香健胃。	广西：来源广西隆林县。
	圆瓣姜花	*Hedychium forrestii* Diels	大头姜	药用根状茎。用于崩漏，月经不调。	广西：来源云南省勐仓县。
	草果药	*Hedychium spicatum* Buch. Ham. ex Smith	野姜、良姜、草果	药用果实。味辛、微苦，性大温。温中散寒、理气消食。用于胃寒脘腹疼痛，寒积腹痛。	广西：来源于云南省昆明市。
	疏花草果药	*Hedychium spicatum* Ham. ex Smith var. *acuminatum* Wall.		药用根状茎，果实。温胃、燥湿、散寒。	广西：来源云南省西双版纳。
	小毛姜花	*Hedychium villosum* Wall. var. *tenuiflorum* Wall. ex Baker.		药用根状茎。用于哮喘。	广西：来源云南省勐仓县。
	毛姜花	*Hedychium villosum* Wall.		药用根状茎。祛风止咳。	云南：来源于云南景洪市。
	滇姜花	*Hedychium yunnanense* Gag-nep.		收载于《药用植物辞典》。	广西：来源于云南省勐仓县。
	大豆蔻	*Hornstedtia hainanensis* T. L. Wu et Senjen	烂包头	药用全草。用于水肿，小便不利。	广西：来源于广西防城县。
	山柰	*Kaempferia galanga* L.	沙姜、土麝香、山赖	药用根状茎。味辛，性温。行气温中消食、止痛。用于胸膈胀满，脘腹冷痛，饮食不消。	广西：来源于广西博白县。云南：来源于云南省景洪市。海南：来源于海南万宁市。北京：来源于海南、广西。
	大叶山柰	*Kaempferia galanga* L. var. *latifolia* Dunn ex Gagnepain		药用部位及功效参阅山柰 *Kaempferia galanga* L.。	广西：来源于广东省广州市。云南：来源于云南省勐腊县。
	海南三七	*Kaempferia rotunda* L.	山田七	药用根状茎。味辛，性温、有小毒。活血止痛。用于跌打损伤，胃痛。	广西：来源于广西那坡县。云南：来源于云南景洪市。北京：来源于广西。

科名		植物名	拉丁学名	别名	药用部位及功效	保存地及来源
姜科	Zingiberaceae	姜田七	Stahlianthus involucratus (King ex Bak.) Craib	姜叶三七、三七、竹叶三七	药用根状茎。味辛，微苦，性温。散瘀，止痛，止血。用于跌打瘀痛，风湿骨痛，吐血衄血，月经过多，外伤出血。	广西：来源于广西桂林恭城县。云南：来源于云南景洪市。海南：来源于海南乐东县。
		珊瑚姜	Zingiber corallinum Hance	臭姜	药用根状茎。消肿，解毒。用于传染性肝炎，风湿骨痛；外用于骨折。	广西：来源于广西天等县、云南省西双版纳。
		蘘荷	Zingiber mioga (Thunb.) Rosc.	野姜、野老姜	药用根状茎，花，果实。味辛，性温。活血调经，祛痰止咳，解毒消肿，温胃止痛。用于月经不调，痛经，跌打损伤，咳嗽气喘，痈疽肿毒，瘰疬，胃痛。	广西：来源于广西全州县。北京：来源于浙江。
		光果姜	Zingiber nudicarpum D.Fang	野姜	药用根状茎。用于风湿痹痛。	广西：来源于广东省广州市。
		姜	Zingiber officinale Rosc.	生姜、辣姜、大肉姜、辛（傣语）	药用根状茎。味辛，性微温。解表散寒，温中止呕，化痰止咳。用于风寒感冒，胃寒呕吐，寒痰咳嗽。	广西：来源于广西南宁市。云南：来源于云南景洪市。海南：来源于海南万宁市。北京：来源于广东。湖北：来源于湖北恩施。
		红冠姜	Zingiber roseum (Roxb.) Rosc.	红柄姜、阳荷	药用根状茎，叶。用于胃脘痛；外用于胎动不安。	广西：来源于广东省广州市。
		阳荷	Zingiber striolatum Diels	山阳荷、野生姜、野姜	药用根状茎，花，叶，果实。味辛。根茎温中理气，祛风止痛，止咳平喘。叶用于温疟寒热，酸嘶邪气。果实用于胃痛。	广西：来源于广西三江县、浙江杭州市。
		红球姜	Zingiber zerumbet (L.) Smith	凤姜	药用根状茎。味辛，性温。祛风解毒，助消化。用于胃脘腹胀满，消化不良，腹泻，跌打肿痛。	广西：来源于广西那坡县。云南：来源于云南景洪市。海南：来源于海南万宁市。北京：来源于广西。

621

科名	植物名	拉丁学名	别名	药用部位及功效	保存地及来源
	蕉芋	*Canna edulis* Ker-Gawl.	芭蕉芋、姜芋	药用根状茎。味甘、淡，性凉。清热利湿，解毒。用于痢疾，泄泻，黄疸，痈疮肿毒。	广西：来源于广西南宁市。云南：来源于云南景洪市。海南：来源于海南万宁市。北京：来源于北京。
	柔瓣美人蕉	*Canna flaccida* Salisb.	黄花美人蕉	药用根状茎、花。清热利湿。用于急性黄疸型肝炎，久痢，胃痛，子宫脱垂，外伤出血。	广西：来源于广西南宁市，法国。云南：来源于云南景洪市。海南：来源于海南万宁市。北京：来源于北京。
	大花美人蕉	*Canna generalis* Bailey	美人蕉根、美人蕉花、美人蕉	药用根状茎、花。味甘、淡，性寒。清热利水。用于急性黄疸型肝炎，解毒，止血，调经，月经不调，白带过多，跌打损伤，疮疡肿毒，子宫出血，外伤出血。	广西：来源于广东省广州市。云南：来源于云南景洪市。海南：来源于海南万宁市。北京：来源于北京。
美人蕉科 Cannaceae	粉美人蕉	*Canna glauca* L.		清热利湿，安神降压。	北京：来源于广西。
	美人蕉	*Canna indica* L.	破血红、洋芭蕉、小芭蕉头	药用根、茎、花。味甘、淡、苦，性凉。清热解毒，调经，利水，凉血止血，外伤出血。用于吐血，衄血，月经不调，带下，黄疸，痢疾，疮疡肿毒。	广西：来源于广西南宁市，广东省广州市。云南：来源于云南景洪市。海南：来源于海南万宁市。北京：来源于北京。湖北：来源于湖北恩施。
	黄花美人蕉	*Canna indica* L. var. *flava* Roxb.		清热，利湿，安神，降压。	北京：来源于北京。
	兰花美人蕉	*Canna orchioides* Bailey		药用根状茎、花。根茎清热利湿。用于急性黄疸型肝炎，久痢，胃痛，子宫脱垂。花用于外伤出血。	广西：来源于广西桂林市。
	紫叶美人蕉	*Canna warscewiezii* A.Dietr.		药用部位及功效参阅大花美人蕉 *Canna generalis* Bailey。	广西：来源于广东省广州市。北京：来源于杭州植物园。

（续表）

科名	植物名	拉丁学名	别名	药用部位及功效	保存地及来源
竹芋科 Marantaceae	肖竹芋	Calathea ornata (Lind.) Koern.		用于淋巴结结核。	广西：来源于广东省广州市。
	绒叶肖竹芋	Calathea zebrina (Sims) Lindl.			北京：来源于北京。
	竹芋	Maranta arundinacea L.	山百合、结粉	药用根状茎。味甘、淡、性凉。清肺止咳、清热利尿。用于肺热咳嗽、小便热痛。	广西：来源于广西南宁市。海南：来源于海南万宁市。北京：来源于海南。
	花叶竹芋	Maranta bicolor Ker-Gawl.		药用块茎。味苦、辛、性寒。有小毒。清热解毒、散结消肿。用于痈疽、疔疮、无名肿毒、跌打损伤、瘀血肿痛。	广西：来源于广东省。海南：来源于海南万宁市。
	柊叶	Phrynium capitatum Willd.	粽叶、粽粑叶	药用全草。味甘、淡、性微寒。清热解毒、凉血、止血、利尿。用于肝肿大、痢疾、小便赤痛、感冒发热、吐血、血崩、口腔溃烂。	云南：来源于云南勐腊县。海南：来源于海南万宁市。北京：来源于云南。
	尖苞柊叶	Phrynium placentarium (Lour.) Merr.	小花柊叶	药用部位及功效参阅柊叶 Phrynium capitatum Willd.。	海南：来源于海南万宁市。
兰科 Orchidaceae	多花脆兰	Acampe rigida (Buch.-Ham.ex Smith) P.F.Hunt	黑山蔗、香蕉兰、蕉兰	药用根、叶。味辛、微苦、性平。舒筋活络、活血止痛。用于跌打闪挫、骨折筋伤。	广西：来源于广西靖西县、绥县。云南：来源于云南景洪市。北京：来源于云南。
	坛花兰	Acanthephippium sylhetense Lindl.Gen.			北京：来源于云南。
	扇唇指甲兰	Aerides flabellata Rolfe ex Downie			北京：来源于云南。
	多花指甲兰	Aerides rosea Lodd.ex Lindl. et Paxt.			北京：来源于云南。

623

科名	植物名	拉丁学名	别名	药用部位及功效	保存地及来源
兰科 Orchidaceae	花叶开唇兰	Anoectochilus roxburghii (Wall.) Lindl.	金丝线、金线兰、金线莲	药用全草。味甘，性凉。清热凉血，除湿解毒。用于肺热咳嗽，肺结核咯血，尿血，小儿惊风，破伤风，肾炎水肿，风湿痹痛，跌打损伤，毒蛇咬伤。	广西：来源于广西金秀县、靖西县。云南：来源于云南景洪市。北京：来源于云南。
	牛齿兰	Appendicula cornuta Bl.	石壁兰	药用全草。清热解毒。	云南：来源于云南景洪市。海南：来源于海南万宁市。北京：来源于云南。
	蜘蛛兰	Arachnis clarkei (Rchb.f) J.J.Smith			海南：来源于海南万宁市。
	窄唇蜘蛛兰	Arachnis labrosa (Lindl. ex Paxt.) Rchb.f.			北京：来源于云南。
	禾叶竹叶兰	Arundina graminifolia (D. Don.) Hochr.	长柱杆、竹兰、文尚海（傣语）	药用全草、根状茎。味苦，性微寒。清热解毒，祛风利湿，散瘀止痛。用于黄疸，热淋，水肿，脚气浮肿，疝气腹痛，风湿痹痛，毒蛇咬伤，疮痈肿毒，跌打损伤。	广西：来源于广西武鸣县。云南：来源于云南景洪市。海南：来源于海南陵水市。
	狭叶竹叶兰	Arundina stenopetala Gagnep.		药用部位及功效参阅禾叶竹叶兰 Arundina graminifolia (D.Don.) Hochr.。	海南：来源于海南乐东县尖峰岭。
	小白及	Bletilla formosana (Hayata) Schlecht.		药用块茎。味苦，性平。补肺，止血，生肌，收敛。用于肺痨咯血，衄血，肠出血，跌打损伤。	云南：来源于云南勐海县。北京：来源于云南。
	黄花白及	Bletilla ochracea Schlecht.	黄术	药用块茎。味苦，甘，涩，性微寒。收敛止血，消肿生肌，用于咳血吐血，外伤出血，疮疡肿毒，皮肤皲裂，肺痨咯血，溃疡出血。	广西：来源于上海市、四川省成都市。湖北：来源于湖北恩施。

科名	植物名	拉丁学名	别名	药用部位及功效	保存地及来源
兰科 Orchidaceae	白及	Bletilla striata (Thunb Reichb.f)	鸡头参、白鸡儿	药用干燥块茎。味苦、甘、涩，性微寒。收敛止血，消肿生肌，用于咯血吐血，外伤出血，疮疡肿毒，皮肤皲裂；肺结核咯血，溃疡病出血。	广西：来源于靖西县、兴安县、天等县，重庆市，湖北省武汉市。北京：来源于杭州。湖北：来源于湖北恩施。
	广东石豆兰	Bulbophyllum kwangtungense Schlecht.	岩枣、扣子兰、上石虾	药用假鳞茎或全草。味甘，性凉。清热，滋阴，消肿，肺热咳嗽，用于风热咽痛，肺热，阴虚内热，热病口渴，风湿痹痛，跌打损伤，乳腺炎。	广西：来源于广西上林县，南宁市、靖西县，云南省文山县。
	赤唇石豆兰	Bulbophyllum affine Lindl.	高士佛豆兰、恒春石豆兰	药用全草。滋阴，清热，化瘀，祛瘀，止血。	广西：来源于云南省景洪市。云南：来源于云南景洪市。
	芳香石豆兰	Bulbophyllum ambrosia (Hance) Schlecht.		药用全草。清热，止咳。用于肺热咳嗽。	云南：来源于云南勐海县。
	角萼卷瓣兰	Bulbophyllum helenae (Kuntze) J.J.Smith			北京：来源于云南。
	麦斛	Bulbophyllum inconspicuum Maxim.	石仙桃	药用全草。味甘、辛，性凉。清热滋阴，润肺止咳。用于肺热咳嗽，肺痨咯血，咽喉疼痛，热病烦渴，风湿痹痛，月经不调，跌打损伤。	广西：来源于广西武鸣县，靖西县，恭城县。
	密花石豆兰	Bulbophyllum odoratiss imum (Smith) Lindl.	果上叶、极香石豆兰	药用全草。味甘，性凉。润肺化痰，通络止痛。用于肺结核咯血，慢性气管炎，慢性咽炎，疝气疼痛，风湿痹痛，月经不调，跌打损伤。	广西：来源于广西靖西县。云南：来源于云南勐海县。北京：来源于云南。
	麦穗石豆兰	Bulbophyllum orientale Seidenf.			北京：来源于云南。

（续表）

科名	植物名	拉丁学名	别名	药用部位及功效	保存地及来源
兰科 Orchidaceae	泽泻虾脊兰	Calanthe alismaefolia Li-ndl.	八仙草、九子连环草	药用全草。味辛、苦，性寒。清热解毒，祛风除湿，散瘀消肿，活血，止痛。用于肠痈，疔肿，瘰疬，热淋，尿血跌打损伤。	湖北：来源于湖北恩施。
	流苏虾脊兰	Calanthe alpina Hook. f. ex Lindl.		药用假鳞茎、根。味苦、微辛，性凉。清热解毒，散瘀止痛，用于咽喉肿痛，牙痛，脘腹疼痛，腰痛，关节痛，跌打损伤，瘰疬疮疡，毒蛇咬伤。	广西：来源于湖北省武汉市。
	虾脊兰	Calanthe discolor Lindl.	九子连环草	药用全草或根茎。味辛、微苦，性微寒。清热解毒，活血止痛。用于瘰疬，痈肿，咽喉肿痛，痔疮，风湿痹痛，跌打损伤。	广西：来源于广西靖西县，云南省西双版纳，湖北省武汉市。北京：来源于云南。湖北：来源于湖北恩施。
	葫芦茎虾脊兰	Calanthe labrosa (Rchb.f.) Rchb.f.			北京：来源于云南。
	墨脱虾脊兰	Calanthe metoensis Z.H.Tsi et K.Y.Lang			北京：来源于云南。
	反瓣虾脊兰	Calanthe reflexa Maxim.	假虾脊兰	药用全草。味辛、苦，性凉。清热解毒，软坚散结，活血，止痛。用于瘰疬，淋巴结炎，疮痈，疥癣，闭经，跌打损伤，风湿痹痛，痢疾。	广西：来源于广西资源县。
	长距虾脊兰	Calanthe sylvatica (Thou.) Lindl.		药用全草。解毒止痛，活血化瘀，拔毒生肌。用于痈肿疮毒，无名肿毒。	广西：来源于广西靖西县。
	三褶虾脊兰	Calanthe triplicata (Willem.) Ames	白花虾脊兰、三棱虾脊兰	药用根或全草。根味甘、辛，性温。祛风活血，解毒散结。用于风湿痹痛，腰肌劳损，跌打损伤，瘰疬，疮毒。全草味微苦，性寒。清热利湿，消肿散结。用于淋症，小便不利，脱肛，瘰疬，跌打损伤。	广西：来源于广西靖西县。云南：来源于云南勐海县。

科名	植物名	拉丁学名	别名	药用部位及功效	保存地及来源
	异型兰	*Chiloschista yunnanensis* Schltr.			北京：来源于云南。
	长叶隔距兰	*Cleisostoma fuerstenbergianum* Kraenzl.			北京：来源于云南。
	西藏隔距兰	*Cleisostoma medogense* Z.H.Tsi			北京：来源于云南。
	尖喙隔距兰	*Cleisostoma rostratum* (Lindl.) Garay		药用全草。用于跌打损伤，骨折。	广西：来源于广西靖西县。
	红花隔距兰	*Cleisostoma williamsonii* (Rchb.f.) Garay			北京：来源于云南。
	滇西贝母兰	*Coelogyne calcicola* Kerr			北京：来源于云南。
	毛唇贝母兰	*Coelogyne cristata* Lindl.	蜈蚣草	药用全草。润心肺，安五脏，利骨髓，消炎，消肿，消痰。	北京：来源于云南。
兰科 Orchidaceae	流苏贝母兰	*Coelogyne fimbriata* Lindl.	石仙桃	药用全草。用于感冒，咳嗽，风湿骨痛。	海南：来源于海南保亭县。北京：来源于云南。
	栗鳞贝母兰	*Coelogyne flaccida* Lindl.	大果上叶	药用全草。味酸、涩，性平。润肺止咳，消肿止痛，祛风除湿，行令结终，接骨。用于肺痨，咳嗽痰喘，风湿麻痹，疝令疼痛，跌打损伤，骨折，外伤瘀血。	北京：来源于云南。
	白花贝母兰	*Coelogyne leucantha* W.W.Smith	大果上叶	药用假鳞茎或全草。清热止咳，活血定痛，接骨续筋。用于支气管炎，感冒，疝气疼痛，风湿痛，跌打损伤，骨折，软组织挫伤。	广西：来源于广西南宁市。
	粘贝母兰	*Coelogyne viscosa* Reichb.f.		药用假鳞茎。用于感冒，风热咳喘，胃脘痛。	北京：来源于云南。
	硬叶兰	*Cymbidium bicolor* Lindl. subsp. *obtusum* Du Puy et Cribb	树菱瓜、吊兰、剑兰	药用全草、种子。味甘、性平。润肺止咳，调经止血，清热，散瘀。用于肺热咳喘，肺结核，吐血，咽喉炎，月经不调。	云南：来源于昆明市。北京：来源于云南。
	奢叶兰	*Cymbidium cyperifolium* Wall.ex Lindl.			海南：来源于海南琼中县。

627

（续表）

科名	植物名	拉丁学名	别名	药用部位及功效	保存地及来源
兰科 Orchidaceae	冬凤兰	Cymbidium dayanum Reichb.f.			海南：来源于海南琼中县。北京：来源于云南。
	独占春	Cymbidium eburneum Lindl.	象牙白		海南：不明确。
	建兰	Cymbidium ensifolium (L.) Sw.	山兰花、官兰花、红丝毛草	药用花、叶、根。花味辛、性平。调气和中、止咳。用于胸闷、腹泻、久咳、青盲内障。叶味辛、性微寒。清肺止咳、凉血止血。用于肺痛、支气管炎、咳嗽、咯血、吐血、白浊、白带、尿路感染、疮毒疔肿。根味辛、性微寒。润肺止咳、清热利湿、活血止血。用于肺结核咯血、百日咳、急性肠胃炎、热淋、带下、白浊、月经不调、崩漏、便血、跌打损伤、疮疖肿毒、痔疮、蛔虫腹痛、狂犬咬伤。	广西：来源于广西苍梧县、南宁市。北京：来源于广西。
	多花兰	Cymbidium floribundum Lindl.	牛角三七、石羊果、九头兰	药用假鳞茎或全草。味苦、甘、涩、性平。清热化痰、补肾健脑。用于肺结核咯血、百日咳、肾虚腰痛、头晕头痛、神经衰弱。	广西：来源于广西南宁市。
	春兰	Cymbidium goeringii (Reichb.f.) Reichb.f.	吊兰花、山兰、草兰、朵朵香	药用部位及功效参阅建兰 Cymbidium ensifolium (L.) Sw.。	广西：来源于广西乐业县。北京：来源于广西。

（续表）

科名	植物名	拉丁学名	别名	药用部位及功效	保存地及来源
兰科 Orchidaceae	春剑	Cymbidium goeringii (Rchb. f.) Rchb. f. var. longibracteatum Y. S. Wu et S. C. Chen		解热生津，驱风，理气。	北京：来源于广西。
	虎头兰	Cymbidium hookerianum Rchb.	青蝉、蝉兰	药用根及全草。清肺，止咳，祛风。根外用于疮疖肿毒。全草用于肺热咳嗽，痰中带血，风湿痹痛。	云南：来源于云南景洪市。
	寒兰	Cymbidium kanran Makino		药用全草。清心润肺，止咳平喘。	北京：来源于广西。
	兔耳兰	Cymbidium lancifolium Hook.	竹柏兰、地青梅、搜山虎	药用全草。补肝肺，祛风除湿，强筋骨，清热解毒，消肿。	广西：来源于广西乐业县、靖西县。云南：来源于云南勐海县。北京：来源于云南。
	碧玉兰	Cymbidium lowianum (Rchb.f.) Rchb.f.		药用全草。用于跌打损伤，骨折，扭伤，外伤出血。	广西：来源于广西南宁市。北京：来源于云南。
	墨兰	Cymbidium sinense (Andr.) Willd.	报岁兰、报春花	药用根。清心润肺，止咳平喘。	广西：来源于广西苍梧县、靖西县、乐业县、恭城县。云南：来源于云南勐海县。海南：来源于海南万宁市南林。北京：来源于云南。
	扇脉杓兰	Cypripedium japonicum Thunb.	飞蛾七、一把伞	药用全草、根及根状茎。全草味辛，性平，有毒。活血调经，祛风镇痛，用于月经不调，皮肤瘙痒，无名肿毒。根及根状茎味辛，涩，性平。有毒。祛风除湿，活血通经，截疟。用于痉挛，风湿痹痛，跌打损伤，蛇咬伤。	湖北：来源于湖北恩施。
	剑叶石斛	Dendrobium acinaciforme Roxb.		药用茎、叶。养阴益胃，生津止渴。用于胃阴不足。	云南：来源于云南勐海县。海南：来源于海南乐东县尖峰岭。
	钩状石斛	Dendrobium aduncum Wall. Lindl.	黄草石斛、大黄草、红兰草	药用茎。味甘，淡，性微寒，滋阴，清热，益胃，生津，止渴。用于热病伤津，口干烦渴，病后虚热，食欲不振。	广西：来源于广西靖西县、玉林市。云南：来源于云南勐海县。

科名	植物名	拉丁学名	别名	药用部位及功效	保存地及来源
兰科 Orchidaceae	兜唇石斛	Dendrobium aphyllum (Roxb.) C.E.C.Fisch	金耳环、黄草、无叶石斛	药用全草。味微苦，性凉。清热解毒。用于咳嗽、咽喉痛、口干舌燥、食物中毒、烧、烫伤。小儿惊风	广西：来源于广西靖西县。云南：来源于云南勐海县。北京：来源于云南。
	线叶石斛	Dendrobium aurantiacum Rchb.f.	大黄草	药用茎。鲜茎，蒸馏液（石斛露）。做石斛药用。	广西：来源于广西武鸣县、玉林市、乐业县。靖西县。
	叠鞘石斛	Dendrobium aurantiacum Rchb.f.var.denneanum (Kerr) Z.H.Tsi	大黄草、大马鞭草	药用全草、茎。全草养阴清热。热咳吐，肺结核、毒血症、脱水。茎益胃生津，滋阴清热。用于胃	广西：来源于广西南宁市。北京：来源于云南。云南：来源于云南景洪市。
	矮石斛	Dendrobium bellatulum Rolfe	耳环石斛、黑节草、小美石斛	药用茎。滋阴养胃，生津止渴，口干烦渴，病后虚热。用于热病伤津	广西：来源于广西南宁市。
	长苏石斛	Dendrobium brymerianum Rchb.f.		药用部位及功效参阅金钗石斛。	云南：来源于云南勐海县。北京：来源于云南。
	短棒石斛	Dendrobium capillipes Rchb.f.	小瓜黄草	药用部位及功效参阅金钗石斛。	云南：来源于云南勐腊县。北京：来源于云南。
	束花石斛	Dendrobium chrysanthum Wall. ex Lindl.	金兰、大黄草	药用茎。味甘，性微寒。生津养胃，滋阴清热，润肺益肾，明目强腰。用于热病伤津，口干烦渴，胃阴不足，胃痛干呕，肺燥干咳，虚热不退，阴伤目暗，腰膝软弱。	广西：来源于广西南宁市、玉林市。云南：来源于云南勐海县。北京：来源于云南。
	鼓槌石斛	Dendrobium chrysotoxum Lindl.	粗黄草、金弓石斛	药用茎。养阴性津，止渴，润肺。用于热病伤津，口干，烦渴，病后虚热。	广西：来源于广西南宁市。云南：来源于景洪市。
	玫瑰石斛	Dendrobium crepidatum Lindl.et Paxt.	大黄草石斛、靴底石斛、大黄草	药用茎。益胃，生津，滋阴清热，用于胃中虚热，胃病干咳，咽喉痹痛，腰膝痹痛，口干津。	广西：来源于广西南宁市、云南省景洪市。云南：来源于云南景洪市。北京：来源于云南。

科名	植物名	拉丁学名	别名	药用部位及功效	保存地及来源
兰科 Orchidaceae	晶帽石斛	*Dendrobium crystallinum* Rchb.f.	刚节草	含有菜植菲（chrysotoxene）和毛兰素（erianin），是抗肿瘤活性化合物。	广西:来源于云南省景洪市。云南:来源于云南省景洪市。北京:来源于云南。
	密花石斛	*Dendrobium densiflorum* Lindl.ex Wall.	粗黄草	药用茎。味甘、淡，微咸，性寒。滋阴益胃，生津止渴。用于热病伤津，口干烦渴，食欲不振，肺痨。	广西:来源于广西南宁市、环江县，云南省景洪市。海南:来源于海南保亭县。北京:来源于云南。
	齿瓣石斛	*Dendrobium devonianum* Paxt.	中黄草、紫皮兰、紫皮石斛	药用茎。益胃生津，滋阴清热。用于热病伤津，口干烦渴，病后虚弱，食欲不振。	广西:来源于广西靖西县。云南:来源于云南省景洪市。北京:来源于云南。
	串珠石斛	*Dendrobium falconeri* Hook.	米兰石斛、红鹏石斛	药用茎。味甘、淡，微咸，性寒。滋阴益胃，生津止渴。用于热病伤阴，口干烦渴，病后虚热。	云南:来源于云南省景洪市。
	流苏石斛	*Dendrobium fimbriatum* Hook.	马鞭石斛	药用茎。味甘，性微寒。益胃生津，滋阴清热。用于阴伤津亏，口干烦渴，病后虚热，少干呕，目暗不明。	广西:来源于云南省景洪市。云南:来源于云南省景洪市。北京:来源于云南。
	杯鞘石斛	*Dendrobium gratiosissimum* Rchb.f.	光节草	药用部位及功效参阅铁皮石斛 *Dendrobium officinale* kitamura et Migo。	北京:来源于云南。
	细叶石斛	*Dendrobium hancockii* Rolfe	大马鞭草、细黄草	药用茎。益胃生津，滋阴清热。用于热病伤阴，口干烦渴，病后虚热，食欲不振。	广西:来源于广西玉林市。
	疏花石斛	*Dendrobium henryi* Schlecht.	黄草石斛	药用茎。滋阴病伤津，用于热病伤津，口干烦渴，病后虚弱，肺痨食欲不振。	广西:来源于广西环江县。
	小黄花石斛	*Dendrobium jenkinsii* Wall. ex Lindl.	聚石斛、鸡骨石斛	药用茎。味甘、淡，微咸，性寒。滋阴益胃，生津止渴。用于热病伤阴，口干烦渴，病后虚热。	云南:来源于云南省景洪市。北京:来源于云南。
	聚石斛	*Dendrobium lindleyi* Stendel		药用全草。味甘、淡，性凉。滋阴养胃，润肺止咳，用于肺结核咳嗽，哮喘，痢疾，口腔炎，胃痛，小儿消积。	广西:来源于广西上林县。

科名	植物名	拉丁学名	别名	药用部位及功效	保存地及来源
兰科 Orchidaceae	美花石斛	*Dendrobium loddigesii* Rolfe	环草石斛、粉花石斛	药用茎。味甘、性微寒。生津养胃，滋阴清热，润肺益肾，明目强腰，口干烦渴，胃阴不足，虚热不退，阴伤目暗，腰膝软弱。	广西：来源于广西恭城县、靖西县、龙州县。云南：来源于云南勐腊县。海南：来源于海南白沙。
	罗河石斛	*Dendrobium loohohense* Tang et Wang	山芽草、黄竹丫	药用茎。味甘、淡、性微寒。滋阴益胃，生津止渴。用于热病伤津、口干烦渴，病后虚弱，食饮不振。	广西：来源于广西陵云县、云南省西双版纳。
	长距石斛	*Dendrobium longicornu* Lindl.		药用茎。味甘、微咸、性寒。滋阴益胃，生津止渴。用于热病伤阴，口干烦渴，病后虚热。	云南：来源于云南景洪市。
	勐海石斛	*Dendrobium minutiflorum* S.C.Chen et Z.H.Tsi		药用茎。味甘、淡、微咸、性寒。滋阴益胃，生津止渴。用于热病伤阴，口干烦渴，病后虚热。	云南：来源于云南勐海县。北京：来源于云南。
	细茎石斛	*Dendrobium moniliforme* (L.) Sw.	环草石斛、铜皮石斛、吊兰草	药用茎。味甘、淡、性寒。养伤咳血，劳伤咳嗽。用于热病伤津，口干烦渴，病后虚热，食饮不振。	广西：来源于广西西林市。云南：来源于云南思茅市。
	石斛	*Dendrobium nobile* Lindl.	金钗石斛、小黄草、扁石斛	药用茎、鲜茎生津、蒸馏液（石斛露）。养胃生津，滋阴清热，止渴。用于阴伤津亏，口干舌燥，食少干呕，咽喉肿痛，大便秘结，病后虚弱；鲜茎蒸馏液（石斛液）养胃阴，平胃胃逆，除虚热，安神志。	广西：来源于广西上林县、靖西县。云南：来源于云南勐海县。北京：来源于云南。
	铁皮石斛	*Dendrobium officinale* Kitamura et Migo	石斛、黑节草、铁皮兰	药用茎。味甘、性微寒。生津养胃，滋阴清热，润肺益肾，明目强腰，口干烦渴，胃阴不足，虚热不退，阴伤目暗，腰膝软弱。	广西：来源于广西恭城县、玉林市、乐业市、宁业市。云南：来源于云南景洪市。海南：来源于海南。

（续表）

科名	植物名	拉丁学名	别名	药用部位及功效	保存地及来源
兰科 Orchidaceae	肿节石斛	Dendrobium pendulum Ro-xb.	水打泡	药用部位及功效参阅铁皮石斛 Dendrobium officinale Kitamura et Migo。	云南：来源于云南勐腊县。
	报春石斛	Dendrobium primulinum Li-ndl.	平头、红平头	药用全草。味微苦，性凉。用于烧烫伤，瘫痪，湿疹。	广西：来源于广西靖西县。云南：来源于云南景洪市。北京：来源于云南。
	梳唇石斛	Dendrobium strongylanthum Reichb.f.		药用茎。滋阴养胃，清热生津。用于阴伤津亏，口干烦渴，食少干咳，病后虚弱，目暗不明。	北京：来源于云南。
	刀叶石斛	Dendrobium terminale Par. et Reichb.f.		药用茎。味甘，淡，性凉。养阴清热，生津止渴。用于热病伤津，口干烦渴，病后虚弱，阴伤目暗。	云南：来源于云南勐腊县。北京：来源于云南。
	球花石斛	Dendrobium thyrsiflorum Rchb.f.		含有香豆素类、肉桂酸苷类、蒽醌苷类等12个化合物，包括香豆素、泽兰内酯，东莨菪苷内酯，东莨菪苷、xeroboside、densifloroside、isodensifloroside、大黄酚-8-O-葡萄糖苷、24 (R) - 6β-hydroxy- 24-ethlcholest- 4-en- 3 one。对羟基反式肉桂酸三十烷基酯、软酯酸-1-甘油单酯。还含有具较好抗肿瘤及抗氧化活性的芴酮类、联苄类、菲类成分及具有良好抗凝血活性的黄酮类成分。	广西：来源于广西南宁市。云南省景洪市。云南：来源于云南勐海县。北京：来源于云南。
	黄花石斛	Dendrobium tosaense Makino		药用茎。滋阴，清热，益胃，生津止渴。用于热病伤津，口干烦渴，肺痨咳血，阴虚盗汗，腰膝酸软，食欲不振。	广西：来源于广西南宁市。北京：来源于福建。
	翘梗石斛	Dendrobium trigonopus Reichb.f.	老麻珠	药用茎。滋阴益胃，生津止渴，清热除烦。	广西：来源于广西南宁市。云南：来源于云南勐海县。
	大苞鞘石斛	Dendrobium wardianum Warmer.	腾冲石斛、大石笋	药用部位及功效参阅铁皮石斛 Dendrobium officinale Kitamura et Migo。	云南：来源于云南勐海县。

科名	植物名	拉丁学名	别名	药用部位及功效	保存地及来源
兰科 Orchidaceae	黑毛石斛	*Dendrobium williamsonii* Day et Reichb.f.	毛兰草、毛石斛	药用茎。养阴益胃，病后虚热，口干烦渴。用于热病伤津，生肌止渴，病后虚热。	云南：来源于云南景洪市。北京：来源于云南。
	广东石斛	*Dendrobium wilsonii* Rolfe	小石斛、铜皮兰	药用茎。味甘，性微寒。滋阴益胃，生津止渴。用于热病伤津，口干烦渴，病后虚热，食欲不振。	广西：来源于广西金秀县、南宁市。
	蛇舌兰	*Diploprora championii* (Lindl.) Hook.f.	爬石兰	药用全草。用于跌打损伤，骨折。	广西：来源于广西靖西县。
	大叶火烧兰	*Epipactis mairei* Schltr.	兰竹参、小乌纱	药用根、根状茎及全草。根及根状茎味苦，微涩，性平。有小毒。祛瘀，舒筋，活络，消肿解毒。全草理气活血。用于风湿痹痛，肢体麻木，关节屈伸不利，跌打损伤。	云南：来源于云南勐海县。
	半柱毛兰	*Eria corneri* Reichb.f.	黄绒兰、千氏毛兰	药用全草。味甘，性平。滋阴清热，生津止渴。用于热病伤津，烦渴，盗汗，肺结核，瘰疬，痈疡肿毒。	广西：来源于广西那坡县、靖西县。
	足茎毛兰	*Eria coronaria* (Lindl.) Reichb.f.		药用全草。清热解毒，益胃生津。	广西：来源于广西乐业县、南宁市。
	指叶毛兰	*Eria pannea* Lindl.	树葱、蜈蚣草、岩葱	药用全草。味苦，性凉。活血散瘀，解毒消肿，清热。用于跌打损伤，骨折，烧烫伤，荨麻疹，痈疽中毒。	云南：来源于云南景洪市。海南：来源于海南保亭县。北京：来源于云南。
	密花毛兰	*Eria spicata* (D. Don) Hand.-Mazz.			北京：来源于云南。
	马齿毛兰	*Eria szetschuanica* Schlecht.		药用全草。清肝明目，生津止渴，润肺。	北京：来源于云南。
	美冠兰	*Eulophia graminea* Lindl.		药用块茎。祛瘀，消肿，止血。用于跌打损伤，外伤出血。	云南：来源于云南景洪市。

科名	植物名	拉丁学名	别名	药用部位及功效	保存地及来源
兰科 Orchidaceae	滇金石斛	Flickingeria albopurpurea Seidenf.		药用部位及功效参阅石斛 Dendrobium nobile Lindl.。	云南：来源于云南景洪市。北京：来源于云南。
	金石斛	Flickingeria comata (Bl.) Hawkes			北京：来源于云南。
	流苏金石斛	Flickingeria fimbriata (Bl.) Hawkes		药用全草。味甘、淡，性微寒。清热润肺止咳，哮喘，肺结核，胸膜炎，津伤口渴。	广西：来源于广西靖西县。
	盆距兰	Gastrochilus calceolaris (Buch.-Ham. ex J. E. Smith) D.Don			北京：来源于云南。
	天麻	Gastrodia elata Bl.	赤箭、木浦、明天麻、定风草根、白龙皮	药用块茎。味甘，性平。平肝息风止痉。用于头痛眩晕，肢体麻木，小儿惊风，癫痫抽搐，破伤风。	北京：来源于湖北。湖北：来源于湖北恩施。
	大花地宝兰	Geodorum attenuatum Griff.			北京：来源于云南。
	地宝兰	Geodorum densiflorum (Lam.) Schltr.		药用块茎。外用于瘰疬。	广西：来源于广西靖西县。北京：来源于云南。海南：来源于海南兴隆南药园。
	多花地宝兰	Geodorum recurvum (Roxb.) Alston		药用块茎。外用于瘰疬。	广西：来源于广西靖西县。
	高斑叶兰	Goodyera procera (Ker-Gawl.) Hook.	虎头蕉、观音竹、石风丹	药用全草。味苦、辛，性温。祛风除湿，行气活血，止咳平喘。用于风寒湿痹，半身不遂，瘫痪，跌打损伤，咳喘，胃痛，水肿。	广西：来源于广西靖西县。海南：来源于海南保亭县。

科名	植物名	拉丁学名	别名	药用部位及功效	保存地及来源
兰科 Orchidaceae	鹅毛玉凤花	*Habenaria dentata* (Sw.) Schltr.	双肾参、白花草、齿片鹭兰	药用块茎、茎叶。块茎味甘、微苦、性平。补肾益肺、利湿，用于肾虚腰痛、阴挺、肺痨咳嗽、水肿、拉气、痈肿疔毒、蛇虫咬伤。茎叶多，清热利湿。用于热淋。	广西：来源于广西靖西县。北京：来源于云南。
	大根槽舌兰	*Holcoglossum amesianum* (Rchb.f.) Christenson			北京：来源于云南。
	短距槽舌兰	*Holcoglossum flavescens* (Schltr.) Z.H.Tsi		药用全草。祛风除湿，利尿。	云南：来源于云南勐海县。
	管叶槽舌兰	*Holcoglossum kimballianum* Reichb.f.		药用全草。祛风除湿，利尿。	北京：来源于云南。
	湿唇兰	*Hygrochilus parishii* (Rchb.f.) Pfitz.			北京：来源于云南。
	尖囊兰	*Kingidium braceanum* (Hook.f.) Seidenf.			北京：来源于云南。
	镰翅羊耳蒜	*Liparis bootanensis* Griff.	九莲灯、果上叶	药用全草。味甘、微苦、性微寒。解毒，利湿，润肺止咳。用于淋证，白浊，腹泻，血吸虫病腹水、瘰疬、疮疖、肺痨咳嗽。	广西：来源于广西靖西县。
	大花羊耳蒜	*Liparis distans* C.B.Clarke	虾仔兰、草斛、虎石头	药用全草。味甘、性寒。清热止咳。用于肺热咳嗽。	广西：来源于广西靖西县。
	羊耳蒜	*Liparis japonica* (Miq.) Maxim.	珍珠七、鸡心七	药用全草。味涩、性平。止血，止痛，活血调经，强心，镇静。用于带下病，崩漏，产后腹痛，外伤出血。	云南：来源于云南勐海县。

（续表）

科名	植物名	拉丁学名	别名	药用部位及功效	保存地及来源
兰科 Orchidaceae	黄花羊耳蒜	Liparis luteola Lindl.		药用全草。破瘀活血，除湿，清热解毒。用于风湿痹痛，皮炎，跌打损伤，疮疡肿毒。	湖北：来源于湖北恩施。
	紫花羊耳蒜	Liparis nigra Seidenf.	石裂风		广西：来源于广西靖西县。海南：来源于海南白沙。
	长茎羊耳蒜	Liparis viridiflora (Bl.) Li-ndl.	石蒜头、鸭儿	药用假鳞茎、全草。清热解毒，活血调经。用于血崩，白带，月经不调，风湿肿痛，劳伤，疝气，无名肿毒。	广西：来源于广西靖西县。北京：来源于云南。
	异色血叶兰	Ludisia discolor (Ker Gawl) A.Rich.	石蚕	药用全草。味甘，性凉。滋阴润肺，清热凉血。用于肺结核咳血，神经衰弱。	海南：不明确。
	大花钗子股	Luisia magniflora Z. H. Tsi et S.C.Chen			北京：来源于云南。
	钗子股	Luisia morsei Rolfe	大羊角、金环草、树葱	药用根、全草。味苦、辛，性凉。有小毒。清热解毒，催吐。用于疟疾、痈疽、咽喉肿痛，风湿痹痛，水肿，白浊，白带过多，药物或食物中毒。	广西：来源于广西凌云县、乐业县。海南：来源于海南保亭县。北京：来源于云南。
	阔叶沼兰	Malaxis latifolia.Smith		药用全草。清热解毒，利尿，消肿。	云南：来源于云南勐海县。
	沼兰	Malaxis monophyllos (L.) Sw.	夹叶一颗珠、小桂兰	药用全草。味甘，性平。清热解毒，调经活血，利尿，消肿，崩漏，带下病，产后腹痛。	北京：来源于云南。
	毛唇芋兰	Nervilia fordii (Hance) Schlecht.	青天葵、水肿药	药用块茎、全草。味甘，性凉。润肺止咳，清热解毒，散瘀止痛。用于肺痨咯血，肺热咳嗽，口腔炎，咽喉肿痛，疮疡肿毒，跌打损伤。	广西：来源于广西龙州县、靖西县。北京：来源于云南。
	毛叶芋兰	Nervilia plicata (Andr.) Schlecht.	红毛天葵、白铃子	药用块茎、全草。味涩、微苦，性凉。清热解毒润肺止咳，止带，益肾，止血，吐血，崩漏。用于肝炎，咳嗽痰喘，遗精，带下病，崩漏。	广西：来源于广西隆安县、西县。北京：来源于云南。

（续表）

科名	植物名	拉丁学名	别名	药用部位及功效	保存地及来源
兰科 Orchidaceae	鸢尾兰	*Oberonia iridifolia* Roxb. ex Lindl.		药用全草。味淡，性凉。理气消食，清热利尿，止咳止痛。用于消化不良，淋症，咳嗽，哮喘，跌打损伤，骨折。	北京：来源于云南。
	棒叶鸢尾兰	*Oberonia myosurus* (Forst. f.) Lindl.	岩葱	药用全草。味辛，微苦，性凉。清热解毒，散瘀止血。用于支气管炎，肺炎，肝炎，尿路感染，中耳炎，疮痈，骨折，外伤出血。	广西：来源于广西靖西县。
	羽唇兰	*Ornithochilus difformis* (Lindl.) Schltr.		药用全草。用于风湿病，关节疼痛，跌打损伤。	广西：来源于广西靖西县。
	耳唇兰	*Otochilus porrectus* Lindl.			北京：来源于云南。
	平卧曲唇兰	*Panisea cavalerei* Schltr.			北京：来源于云南。
	卷萼兜兰	*Paphiopedilum appletonianum* (Gower) pfitz.		药用全草。清热解毒，润肺，祛风止痛。	海南：来源于海南昌江。
	同色兜兰	*Paphiopedilum concolor* Parish et Batem.Pfitz.	巴掌草	药用全草。味苦，酸，性平。清热解毒，散瘀消肿。用于疔疮肿痛，脾肿大，肺结核咯血，跌打损伤。	广西：来源于广西隆林县，凭祥市。北京：来源于云南。
	长瓣兜兰	*Paphiopedilum dianthum* T. Tang et F.T.Wang	兜兰，斑叶兰，花叶子	药用全草。味苦，性凉。清热解毒。脑安神。用于麻疹，肺炎，神经衰弱。	云南：来源于云南勐腊县。
	亨利兜兰	*Paphiopedilum henryanum* Braem.			北京：来源于云南。
	硬叶兜兰	*Paphiopedilum micranthum* T.Tang et F.T.Wang	花叶子	药用全草。味苦，性凉。清热透疹，清心安神。用于麻疹，肺炎，心烦失眠。	广西：来源于广西南宁市。北京：来源于云南。
	凤蝶兰	*Papilionanthe teres* (Roxb.) Schltr.	棒叶万带兰	药用茎叶。活血消肿。用于肿疖疮毒，骨折，跌打损伤。	广西：来源于广西南宁市。北京：来源于云南。

（续表）

科名	植物名	拉丁学名	别名	药用部位及功效	保存地及来源
兰科 Orchidaceae	钻柱兰	Pelatantheria rivesii (Guillaum.) T. Tang et F. T. Wang			北京：来源于云南。
	海南鹤顶兰	Phaius hainanensis C. Z. Tang et S.J.Cheng			海南：来源于海南琼中县。
	鹤顶兰	Phaius tankervilleae (Banks.ex L'Herit.) Bl.	大白芨、拐子药	药用假鳞茎。味微辛，性温。有小毒。止咳祛痰，活血止血，用于咳嗽多痰，咳血，跌打肿痛，乳腺炎，外伤出血。	广西：来源于广西龙州县、防城县、靖西县，云南省西双版纳。海南：来源于海南乐东县尖峰岭。北京：来源于云南。
	蝴蝶兰	Phalaenopsis aphrodite Rchb.f.			北京：来源于云南。
	节茎石仙桃	Pholidota articulata Lindl.	石莲、石螃蟹	药用全草。味甘、淡，性凉。滋阴益气，散瘀消肿。用于肺虚咳嗽，子宫脱垂，头晕，头痛，遗精，白带，痈疮肿毒，跌打损伤，骨折筋伤。	广西：来源于广西靖西县。云南：来源于云南勐腊县。
	细叶石仙桃	Pholidota cantonensis Rolfe	双叶岩珠、果上叶	药用假鳞茎。假鳞茎味微甘，性凉。清热凉血，滋阴润肺。用于肺热病高热，咳血，头痛，牙痛，小儿疝气，咳嗽痰端，清热消肿，跌打损伤，乳蛾，口疮，用于咽喉肿痛，急性关节痛，乳痈。全草清热凉血，滋阴润肺，热病口渴，高热关节痛，乳痈。	海南：来源于海南琼中县。
	石仙桃	Pholidota chinensis Lindl.	石橄榄、上树蛤蟆	药用全草或假鳞茎。味甘、微苦，性凉。养阴润肺，清热解毒，利湿，吐血，眩晕，头痛，咳嗽，咽喉肿痛，风湿疼痛，湿热浮肿，痢疾，白带，疳积，瘰病，跌打损伤。	广西：来源于广西武鸣县、靖西县、三江县、资源县、恭城县。海南：来源于海南昌江。北京：来源于云南。

639

（续表）

科名	植物名	拉丁学名	别名	药用部位及功效	保存地及来源
兰科 Orchidaceae	小舌唇兰	Platanthera minor (Miq.) Reichb.f.	猪獠参、观音竹	药用全草。味甘，性平。补肺固肾，用于咳嗽气喘，肾虚腰痛，遗精，头晕病后体弱。	广西：来源于广西那坡县。
	独蒜兰	Pleione bulbocodioides (Franch.) Rolfe	山慈姑、冰球子	药用干燥假鳞茎。味甘，微辛，性凉。清热解毒，化痰散结。用于痈肿疔毒，瘰疬痰核，蛇虫咬伤。	广西：来源于云南省昆明市。湖北：来源于湖北恩施。
	火焰兰	Renanthera coccinea Lour.	红珊瑚	药用全草。味苦，辛，性平。祛风除湿，活血化瘀。用于风湿痹痛，骨折。	广西：来源于云南省景洪市。海南：来源于海南万宁市石梅。
	钻喙兰	Rhynchostylis retusa (L.) Bl.			北京：来源于云南。
	盖喉兰	Smitinandia micrantha (Lindl.) Holttum			北京：来源于云南。
	苞舌兰	Spathoglottis pubescens Lindl.	黄花独蒜、冰梨子	药用假鳞茎。味苦，甘，性寒。补肺，止咳，敛疮。用于咳嗽，痨嗽，咳血，咯血，跌打损伤。	广西：来源于广西靖西县。
	绶草	Spiranthes sinensis (Pers.) Ames	龙抱住、小猪獠参、盘龙参	药用根、全草。味甘，苦，性平。益气养阴，清热解毒。用于病后虚弱，阴虚内热，咳嗽吐血，头晕，腰痛酸软，遗精，淋浊带下，糖尿病，咽喉肿痛，毒蛇咬伤，疮疡痈肿。	广西：来源于广西那坡县，环江县。日本。
	白点兰	Thrixspermum centipeda Lour.			北京：来源于云南。
	笋兰	Thunia alba (Lindl.) Reichb.f.	岩角、石竹子、石笋	药用全草。味甘，性平。止咳平喘，活血祛瘀，接骨。用于肺热喘咳，胃脘痛，跌打损伤，骨折。	广西：来源于云南省景洪市。云南：来源于云南省景洪市。北京：来源于云南。

科名		植物名	拉丁学名	别名	药用部位及功效	保存地及来源
兰科	Orchidaceae	白柱万代兰	Vanda brunnea Rchb.f.			北京：来源于云南。
		大花万代兰	Vanda coerulea Griff. ex Lindl.			北京：来源于云南。
		小蓝万代兰	Vanda coerulescens Griff.			北京：来源于云南。
		矮万代兰	Vanda pumila Hook.f.		舒筋活血。含生物碱。	北京：来源于云南。
		拟万代兰	Vandopsis gigantea (Lindl.) Pfitz.			北京：来源于云南。
		香草兰	Vanilla planifolia Andr.	香子兰、香荚兰、上树蜈蚣	药用全草。清热解毒。用于蛇咬伤。	北京：来源于云南。广西：来源于海南省兴隆县。海南：不明确。
		蓬蓬纳香草	Vanilla pompona Schiede		国外药用植物。做香荚兰用。	广西：来源于法国卡恩。
		香果兰	Vanilla siamensis Rolfe	石蚕	药用全株。用于肺热咳嗽。	北京：来源于云南。
假叶树科	Ruscaceae	假叶树	Ruscus aculeata L.		药用全株。清热散瘀。用于感冒；外用于跌打。	广西：来源于广西桂林市，福建省夏门市。
旅人蕉科	Strelitziaceae	旅人蕉	Ravenala madagascariensis Adans.		清热解毒。	北京：来源于云南。
		鹤望兰	Strelitzia reginae Aiton		止痛。	北京：来源于北京。
		大鹤望兰	Strelitzia nicolai Regel et Koem.			海南：不明确。
草海桐科	Goodeniaceae	草海桐	Scaevola sericea Vahl	大网稍	药用叶。用于扭伤，风湿关节痛。	广西：来源于广西北海市。海南：来源于海南万宁市。